智能变电站二次设备调试实用技术

主　编　宋福海　邱碧丹
副主编　陈清谅　陈灵根

机 械 工 业 出 版 社

本书是针对二次检修人员的智能变电站调试技术技能培训的教材，全书共7章，主要包括二次系统配置、二次装置调试及系统联调等内容。二次系统配置部分重点介绍了智能变电站SCD文件集成、ICD及过程配置文件生成和下装的流程及方法，以及配置文件的内容及相关要求、虚端子表的设计及通信参数配置、SCD管控技术等。二次设备调试部分介绍了线路保护、母线保护、主变保护、断路器保护、合并单元、智能终端、故障录波等装置的调试，涉及5个厂家3个电压等级共30个型号的二次设备。系统联调部分主要从间隔配置、SV信息流联系、GOOSE信息流联系、光纤回路检查等详细介绍线路联调、主变联调、母差联调的具体调试要求及调试方法，并从监控后台、远动等方面介绍了站控层设备联调的具体内容。

本书可作为从事智能变电站检修、运维和管理人员的专业参考书和培训教材，也可供相关专业技术人员和高校智能变电站相关专业的师生参考。

图书在版编目（CIP）数据

智能变电站二次设备调试实用技术/宋福海，邱碧丹主编. —北京：机械工业出版社，2018.5（2024.10重印）

ISBN 978-7-111-59399-7

Ⅰ.①智… Ⅱ.①宋… ②邱… Ⅲ.①智能系统-变电所-二次系统-调试 Ⅳ.①TM63

中国版本图书馆CIP数据核字（2018）第048560号

机械工业出版社（北京市百万庄大街22号 邮政编码100037）
策划编辑：任 鑫 责任编辑：闾洪庆 朱 林 吕 潇 任 鑫
责任校对：张晓蓉 封面设计：马精明
责任印制：常天培
北京机工印刷厂有限公司印刷
2024年10月第1版第5次印刷
184mm×260mm · 24.75印张 · 666千字
标准书号：ISBN 978-7-111-59399-7
定价：99.00元

本书编写组

主　编： 宋福海　邱碧丹

副主编： 陈清谅　陈灵根

参　编： 陈月卿　陈佑健　鞠　磊　侯　晨　胡　琳　胡炳杰
李炳煌　林海源　林若寅　林　浩　林　炜　邱梓峰
邱建斌　石吉银　许丹烽　许津津　叶东华　王锦坤
翁先福　吴　宇　翟博龙　郑建芳　张春欣　周晨晖
张孝乾　张振兴

前 言

近年来，随着智能变电站的快速发展，传统的微机装置调试技术已无法适用智能变电站的二次设备调试，各电力公司没有足够的技术力量支撑智能变电站规模化投产的矛盾日益突出。现在市场上关于智能变电站书籍大多注重理论培训，满足智能变电站现场大二次设备及系统调试方法的书籍相对较为匮乏，现阶段专门介绍涵盖实际现场中各典型型号保护装置调试方法的图书并不多，同时针对实际 SCD 文件及厂家过程层配置文件的详细介绍也偏少，使得现阶段二次检修人员技术技能水平成长缓慢，从业人员智能变电站调试技术水平普遍偏低，无法适应电网技术的发展。

为解决以上问题，有效指导智能变电站大二次设备及系统调试，提高智能变电站从业人员检修技术，国网福建省电力有限公司组织全省在智能变电站大二次检修领域的权威专家及人才，编写了针对智能变电站典型设备的核心调试技巧方法和常见故障现象及分析排查等内容，希望能有效提高智能变电站大二次检修技能培训效率，进一步提升智能变电站二次检修人员的从业水平。

本书较为系统地介绍了智能变电站二次系统配置流程及方法，详细且全面地介绍了实际现场中各型号保护装置调试技巧，涉及 5 个厂家 3 个电压等级共 30 个型号的二次设备，从智能变电站中 SCD 集成、保护装置配置生成机下装、调试的试验接线及配置方法、保护常规逻辑调试和针对智能变电站中采用 SV 采样、GOOSE 跳闸的保护特有逻辑验证以及仪器配置等进行了详细说明。本书有助于二次设备调试技术人员快速掌握仪器使用及智能变电站调试和配置技能，具有较高的实用价值。

本书由宋福海、邱碧丹担任主编，陈清谅、陈灵根担任副主编。全书共分 7 章，第 1 章由宋福海、翟博龙编写；第 2 章由叶东华、郑建芳、许津津、林若寅、侯晨、张春欣、李炳煌、王锦坤编写；第 3 章由林海源、翁先福、鞠磊、许丹烽、陈灵根编写；第 4 章由陈佑健、周晨晖、邱碧丹、张孝乾编写；第 5 章由侯晨、胡琳、张振兴、陈清谅编写；第 6 章由陈月卿、胡炳杰编写；第 7 章由吴宇、石吉银、邱梓峰、邱建斌、张春欣、林浩、林炜编写。依章节顺序分别由宋福海、张春欣、林海源、陈佑健、胡琳、陈月卿、吴宇统稿并审核。全书由邱碧丹统稿，由宋福海、陈清谅、邱碧丹主审。

在编写过程中，国网福建省电力有限公司领导高度重视并给予了大力支持。同时，本书得到了南瑞继保、长园深瑞、国电南自、北京四方、许继等公司的大力支持与帮助，编写期间还参考了有关标准、资料和材料，在此谨向以上单位及相关作者表示衷心的感谢！

由于编者水平有限，书中难免有疏漏和不足之处，恳请广大读者批评指正。

编　者

目　录

第1章

智能变电站二次系统配置及应用

随着近些年来国网公司智能电网战略的全面实施，我国已建成上千座智能变电站。智能变电站有别于常规变电站的最大特征是二次系统深度依赖于变电站系统配置描述（System Configuration Description，SCD）文件。随着智能变电站的大范围推广，智能变电站前期设计、调试、运维的问题也逐渐暴露，给二次技术人员带来了很大的挑战，如用光缆替代电缆连接，整个二次系统基于SCD文件，对于运行检修人员，二次回路（虚端子、虚回路）变成了“黑匣子”，无法直观查看二次设备之间的连接关系，同时缺乏明显的隔离点，不易确认安全措施是否执行到位。因此，理解和掌握二次系统配置对二次技术人员是十分重要和必要的。

国内早期投运的智能变电站验证了基于“虚回路”装置互操作的可行性，并在早期工程基础上形成了国网系统的技术标准Q/GDW 1396—2012《IEC 61850工程继电保护应用模型》（简称1396标准），为后续智能变电站的工程配置应用奠定了基础。

1.1 智能变电站SCD配置

SCD文件描述了：①变电站一次设备模型与电气拓扑信息；②通信配置信息；③IED（智能电子设备）能力描述（ICD文件）；④功能视图：自动化功能在各间隔内的自由分配；⑤产品视图，IED视图中的LN（逻辑节点）与功能视图中的LN的映射；⑥数据流，IED之间的水平通信与垂直通信。

为了完整地描述上述内容，SCD有一个完整的配置流程，实际工程中具体实施流程如图1-1所示。

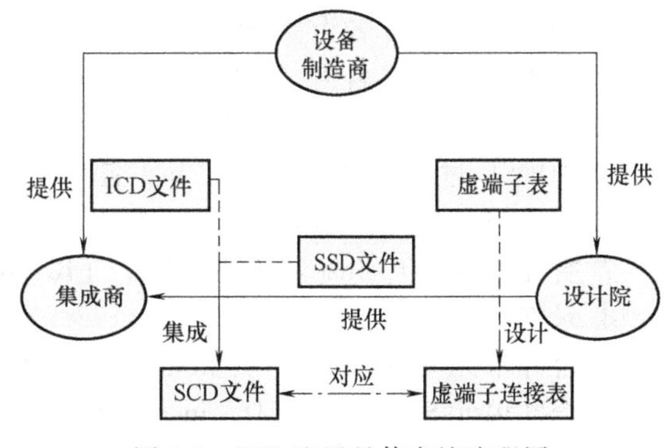

图1-1　SCD配置具体实施流程图

目前，实际工程应用中SCD应用还不够规范，仅停留在满足互联互通的基本要求，如无一次元件的应用规范，无一、二次关联模型，缺乏交换机模型，以及没有逻辑通道（端口）与物理通道（端口）的对应关系等，无法完全支持IEC 61850面向对象的应用，实现面向对象的电网故障智能分析等。从工程应用效果来说，现阶段的智能变电站二次系统仅仅实现了过程层二次回路的连接关系。

基于以上流程，集成商在制作SCD前要完成以下工作。

1.1.1 ICD文件

ICD文件是IED装置的能力描述文件，在Q/GDW 1396—2012标准中定义的配置流程中，是作为集成SCD的基础文件之一，各设备制造商应提供满足工程需要的ICD文件给工程集成商或者设计院。

1. ICD建模相关要求

Q/GDW 1396—2012《IEC 61850工程继电保护应用模型》标准中规定了智能变电站中继

电保护、测控、合并单元、智能终端装置详细的建模方式和要求，结合 Q/GDW 1161—2014《线路保护及辅助装置标准化设计规范》及 Q/GDW 1175—2013《变压器、高压并联电抗器和母线保护及辅助装置标准化设计规范》的设计要求，共同构成了设备制造商建立装置 ICD 模型文件的依据。具体对 ICD 建模的相关要求如下：

（1）对 ICD 文件的要求

1）ICD 文件应包含模型自描述信息，如 LD（逻辑设备）和 LN 实例应包含中文“desc”属性。

2）ICD 文件中数据对象实例 DOI（数字对象标识）应包含中文的“desc”描述和 dU 属性赋值，两者应一致并能完整表达该数据对象具体意义，其中 dU 是用于描述的数据属性，功能约束为 DX。

（2）对建模的要求

1）一个物理设备，应建模为一个 IED 对象。该对象是一个容器，包含 server 对象，server 对象中至少包含一个 LD 对象，每个 LD 对象中至少包含 3 个 LN 对象：LLN0、LPHD、其他应用逻辑接点。装置模型 ICD 文件中 IED 名应为“TEMPLATE”。实际工程系统应用中的 IED 名由系统配置工具统一配置。

2）服务器描述了一个设备外部可见（可访问）的行为，每个服务器至少应有一个访问点，支持过程层的间隔层设备，对上与站控层设备通信，对下与过程层设备通信，应采用 3 个不同访问点分别与站控层、过程层 GOOSE、过程层 SV 进行通信。所有访问点，应在同一个 ICD 文件中体现。

3）逻辑设备建模原则，应把某些具有公用特性的逻辑节点组合成一个逻辑设备。LD 不宜划分过多，保护功能宜使用一个 LD 来表示。SGCB 控制的数据对象不应跨 LD，数据集包含的数据对象不应跨 LD。逻辑设备的划分宜依据功能进行，按以下几种类型进行划分：

① 公用 LD，inst 名为“LD0”；

② 测量 LD，inst 名为“MEAS”；

③ 保护 LD，inst 名为“PROT”；

④ 控制 LD，inst 名为“CTRL”；

⑤ GOOSE 过程层访问点 LD，inst 名为“PIGO”；

⑥ SV 过程层访问点 LD，inst 名为“PISV”；

⑦ 智能终端 LD，inst 名为“RPIT”（Remote Process Interface Terminal）；

⑧ 录波 LD，inst 名为“RCD”；

⑨ 合并单元 GOOSE 访问点 LD，inst 名为“MUGO”；

⑩ 合并单元 SV 访问点 LD，inst 名为“MUSV”。

若装置中同一类型的 LD 超过一个可通过添加两位数字尾缀，如 PIGO01、PIGO02。

4）LN 实例建模原则：

① 分相断路器和互感器建模应分相建不同的实例；

② 同一种保护的不同段分别建不同实例，如距离保护Ⅰ段和距离保护Ⅱ段；

③ 同一种保护的不同测量方式分别建不同实例，如相过电流 PTOC 和零序过电流 PTOC，分相电流差动 PDIF 和零序电流差动 PDIF 等；

④ 涉及多个时限，动作定值相同，且有独立的保护动作信号的保护功能应按照面向对象的概念划分成多个相同类型的逻辑节点，动作定值只在第一个时限的实例中映射，如主变保护中的各侧后备保护建模等；

⑤ 保护模型中对应要跳闸的每个断路器各使用一个 PTRC 实例。如母差保护按间隔建 PTRC 实例，变压器保护按每侧断路器建 PTRC 实例，3/2 接线线路保护则建 2 个 PTRC 实例；

⑥ 保护功能软压板宜在 LLN0 中统一加 Ena 后缀扩充。停用重合闸、母线功能软压板与硬压板采用或逻辑，其他均采用与逻辑；

⑦ GOOSE 出口软压板应按跳闸、启动失灵、闭锁重合、合闸、远传等重要信号在 PTRC、RREC、PSCH 中统一加 Strp 后缀扩充出口软压板，从逻辑上隔离相应的信号输出；

⑧ GOOSE、SV 接收软压板采用 GGIO. SPCSO 建模；

⑨ 站控层和过程层存在相关性的 LN 模型，应在两个访问点中重复出现，且两者的模型和状态应关联一致，如跳闸逻辑模型 PTRC、重合闸模型 RREC、控制模型 CSWI、联闭锁模型 CILO；

⑩ 常规交流测量使用 MMXU 实例，单相测量使用 MMXN 实例，不平衡测量使用 MSQI 实例；

⑪ GOOSE、SV 输入虚端子采用 GGIO 逻辑节点，GOOSE 输入 GGIO 应加"GOIN"前缀；SV 输入 GGIO 应加"SVIN"前缀。

（3）对系统配置工具的要求

1）系统配置工具导入 ICD 文件时不应修改 ICD 文件模型实例的任何参数；

2）系统配置工具导入 ICD 文件时应能检测模板冲突；

3）系统配置工具导入 ICD 文件时保留厂家私有命名空间及其元素；

4）系统配置工具应支持数据集及其成员配置；

5）系统配置工具应支持 GOOSE 控制块、报告控制块、采样值控制块、日志控制块及相关配置参数配置；

6）系统配置工具应支持 GOOSE 和 SV 虚端子配置；

7）系统配置工具应支持 ICD 文件中功能约束为 CF 和 DC 的实例化数据属性值配置。

2. ICD 模型构成及描述示例

下面以线路保护模型为例介绍具体的模型构成：

线路保护装置访问点包括：G1（GOOSE）、M1（SV）、S1（MMS）。

逻辑设备包括：LD0（公用）、PROT（保护）、RCD（录波）、PIGO（GOOSE 过程层接口）、PISV（SV 过程层接口）。

数据集包括：dsTripInfo（保护事件）、dsRelayDin（保护遥信）、dsRelayEna（保护压板）、dsRelayRec（保护录波）、dsRelayAin（保护遥测）、dsAlarm（故障信号）、dsWarning（报警信号）、dsCommState（通信工况）、dsParameter（装置参数）、dsSetting（保护定值）、dsGOOSE（GOOSE 输出信号）、dsSV（采样输出值）。

逻辑节点包括：LLN0（管理逻辑节点），LPHD（物理设备逻辑节点），PDIF（纵联差动、零序差动、分相差动、突变量差动），PDIS（纵联距离），PDIR（纵联方向），PTOC（纵联零序）；通道：PSCH（纵联通道、远传、远传命令输出），PDIS（快速距离、接地距离Ⅰ、Ⅱ、Ⅲ段、相间距离Ⅰ、Ⅱ、Ⅲ段、距离加速动作），PTOC（零序过电流Ⅰ、Ⅱ、Ⅲ、Ⅳ段、零序过电流加速定值、PT 断线相电流、PT 断线零序过电流、零序反时限过电流），RPSB（振荡闭锁），PTOV（过电压保护、过电压起动远跳），PTOC（远跳有判据、远跳无判据），PTRC（跳闸逻辑、边断路器出口、中断路器出口），RREC（重合闸、重合闸出口），RFLO（故障定位），TVTR（线路或母线电压互感器），TCTR（线路电流互感器），GGIO（保护开入、位置输入、其他输入），GGIO（保护自检告警），MMXU（保护测量），STMP（温度监测），SCLI（通道光强监测），SPVT（电源电压监测），RDRE（故障录波）。实际应用中快速距离、接地距离Ⅰ、Ⅱ、Ⅲ段、相间距离Ⅰ、Ⅱ、Ⅲ段、距离加速动作都是逻辑节点类 PDIS 的实例，通过 inst 实例号等来区分。

上述具体描述是通过 IEC 61850 标准定义的变电站配置描述语言 SCL 来实现的，使得所有符合 IEC 61850 标准的智能电子装置都能使用这种语言实现自我描述，对整个变电站自动化系统的配置描述同样也基于 SCL。SCL 基于可扩展标记语言（eXtensible Markup Language，XML），XML 具有面向对象、跨平台以及可扩展等优点，而 IEC 61850 对 SCL 的扩展规则做了详细的规定。这样，当新的产品加入到系统中时，系统配置工具就能够识别该产品所提供的功能及其特性，并进行系统自动配置。

XML 中的标记不固定，可以建立任何需要的标记，它适用于定义特定领域有关的、语义结构化的标记语言，如化学中的化学标记语言 CML，通信中的无线标记语言 WML，都是 XML 与特定行业相结合形成的特定标记语言，SCL 是 XML 在电力行业中的具体应用，这些标记语言具有各自的语法和语义，脱离了本行业就不具有实际意义。XML 使用文档类型定义（DTD）或者模式（Schema）来描述 XML 的文档格式。XML 也是一种简单的数据存储语言，使用一系列简单的标记描述数据，XML 的文档结构具有灵活性、可扩展性。另外，从数据处理的角度看，简单且易于掌握与阅读。

SCL 定义了一种用来描述与通信相关的智能电力设备结构和参数、通信系统结构、开关间隔（功能）结构及它们之间关系的文件格式。SCL 以 XML 为基础，由于 XML 独立于平台之间，从而使得文件中的数据能够在不同厂家的智能电子设备工程工具和系统工程工具间以某种兼容的方式进行交换。

为了让大家更直观地理解模型实例及其含义，本节截取了实际线路保护部分的 ICD 模型文件，具体如下，其中#号后面的是对 SCL 语言所描述内容的注释。

```
<SCL xmlns="http://www.iec.ch/61850/2003/SCL" xmlns:xsi="http://www.w3.org/2001/XMLSchema-instance" xsi:schemaLocation="http://www.iec.ch/61850/2003/SCL SCL.xsd" xmlns:ext="http://nari-relays.com">#所有元素/属性命名空间
<Header id="PCS-902Z-DA-G-D" toolID="NRRConfig" nameStructure="IEDName"/>#
<Communication>#通信配置
  <SubNetwork name="Subnet_MMS" type="8-MMS">#MMS 网
    <BitRate unit="b/s" multiplier="M">10</BitRate>#以太网速率
    <ConnectedAP iedName="TEMPLATE" apName="S1">#站控层访问点 S1,iedName 在装置未实例化之前为 TEMPLATE
    </ConnectedAP>
</SubNetwork>
<SubNetwork name="Subnet_GOOSE" type="IECGOOSE"> #GOOSE 网
  <BitRate unit="b/s" multiplier="M">10</BitRate> #以太网速率
  <ConnectedAP iedName="TEMPLATE" apName="G1">#站控层访问点 G1,
    <GSE ldInst="PIGO" cbName="gocb0">#对应的数据集和控制块
    <Address>
        <P type="MAC-Address">01-0C-CD-01-00-00</P>#MAC 地址
        <P type="VLAN-ID">000</P>#VLAN 地址,
        <P type="VLAN-PRIORITY">4</P>#优先级,默认为 4
        <P type="APPID">3000</P>>#应用标识,范围从 0000 到 3FFF
    </Address>
      <MinTime unit="s" multiplier="m">2</MinTime>#首次触发时间
      <MaxTime unit="s" multiplier="m">5000</MaxTime>#稳态心跳时间
    </GSE>
```

```
    <PhysConn type="Connection">#物理端口配置
      <P type="Port">7-A</P>>#端口号,7 为板卡号,A 为本板卡端口顺序号
      <P type="Plug">LC</P>#插头类型
      <P type="Type">FOC</P>#接口类型
      <P type="Cable">1</P>#物理连接类型
    </PhysConn>
  </ConnectedAP>
</SubNetwork>
<SubNetwork name="Subnet_SMV" type="IECSMV">#SV 网
  <BitRate unit="b/s" multiplier="M">10</BitRate>#以太网速率
  <ConnectedAP iedName="TEMPLATE" apName="M1">#过程层访问点 M1
  </ConnectedAP>
</SubNetwork>
 </Communication>
<IED name="TEMPLATE" desc="超高压输电线路成套保护装置" type="PCS-902Z-DA-G-D"
manufacturer="南瑞继保" configVersion="V2.00">#IED 的相关信息,包括型号、厂家及版本等
    <Private type="NR_Board">Type:NR1102D,Slot:B01,Fiber:2</Private>#厂家私有元素
    <Private type="NR_Board">Type:NR1136A,Slot:B07,Fiber:8</Private>#厂家私有元素
    <Private type="IED virtual terminal conection CRC">B69126D3</Private>#厂家私有元素
    <Private type="NR_MainCpu">Type:NR1102D,Slot:B01</Private>#厂家私有元素
    <Private type="TPLInfo">version:2.00,revision:1.16,tool:PCS-Explorer_1.1.2,cidRuleVer-
sion:1.1.2</Private>#厂家私有元素
  S<Services>#IED 提供的服务
    <DynAssociation/>
      <SettingGroups>
      <SGEdit/>
      <ConfSG/>
    </SettingGroups>
    <GetDirectory/>#读服务目录
    <GetDataObjectDefinition/>#读逻辑设备目录
    <DataObjectDirectory/>#数据目录
    <GetDataSetValue/>#读数据值
    <SetDataSetValue/>#写数据值
    <DataSetDirectory/>#
    <ConfDataSet max="160" maxAttributes="512"/>#
    <ReadWrite/>#
    <ConfReportControl max="160"/>#
    <GetCBValues/>#读日志控制块值
    <ConfLogControl max="2"/>#
    <ReportSettings cbName="Conf" datSet="Conf" rptID="Dyn" optFields="Dyn" bufTime=
"Dyn" trgOps="Dyn" intgPd="Dyn"/>#
```

```
    <LogSettings cbName="Fix" datSet="Fix" logEna="Dyn" trgOps="Fix" intgPd="Conf"/>#
    <GOOSE max="64"/>#
    <FileHandling/>#
    <ConfLNs fixPrefix="true" fixLnInst="true"/>#
  </Services>
<AccessPoint name="S1" desc="超高压输电线路成套保护装置" router="false" clock="false">
<Server timeout="30">#站控层访问点
      <Authentication none="true"/>
      <LDevice inst="LD0" desc="公用">#"公用"逻辑设备
        <LN0 desc="管理逻辑节点" lnType="NRR_LLN0_V2.01__931__V1.00" lnClass="LLN0" inst="">#管理逻辑节点;lnType属性代表应用了哪一种逻辑节点类型,对应逻辑节点类型的id;lnClas为对应的逻辑节点类;inst为实例号,这里为空
          <DataSet name="dsRelayDin" desc="保护遥信">#保护遥信数据集
            <FCDA ldInst="LD0" lnClass="GGIO" lnInst="3" doName="Ind1" fc="ST"/>#功能约束为状态的数据
            <FCDA ldInst="LD0" lnClass="GGIO" lnInst="3" doName="Ind2" fc="ST"/>#
            <FCDA ldInst="LD0" lnClass="GGIO" lnInst="3" doName="Ind3" fc="ST"/>
          </DataSet>
          <DataSet name="dsTripInfo" desc="保护事件">#保护事件数据集
          <DataSet name="dsAlarm" desc="故障信号">#故障信号数据集
          <DataSet name="dsWarning" desc="告警信号">#告警信号数据集
          <DataSet name="dsCommState" desc="通信工况">#通信工况数据集
          <DataSet name="dsAin" desc="遥测">#遥测数据集
          <DataSet name="dsLog" desc="日志记录">#日志记录数据集
          <ReportControl name="brcbRelayDin" datSet="dsRelayDin" intgPd="0" rptID="NULL" confRev="1" buffered="true" bufTime="0">#保护遥信控制块,与相应的数据对应
          <ReportControl name="brcbTripInfo" datSet="dsTripInfo" intgPd="0" rptID="NULL" confRev="1" buffered="true" bufTime="0">#保护事件控制块,缓存
          <ReportControl name="brcbAlarm" datSet="dsAlarm" intgPd="0" rptID="NULL" confRev="1" buffered="true" bufTime="0">#故障信号控制块,缓存
          <ReportControl name="brcbWarning" datSet="dsWarning" intgPd="0" rptID="NULL" confRev="1" buffered="true" bufTime="0">#通信工况控制块,缓存
          <ReportControl name="brcbCommState" datSet="dsCommState" intgPd="0" rptID="NULL" confRev="1" buffered="true" bufTime="0">#通信工况控制块,缓存
          <ReportControl name="urcbAin" datSet="dsAin" intgPd="30000" rptID="NULL" confRev="1" buffered="false" bufTime="0">#遥测控制块,非缓存
          <LogControl name="logState" desc="Log" datSet="dsLog" intgPd="5000" logName="LD0" logEna="true" reasonCode="true">#日志记录控制块,缓存
          <DOI name="Mod" desc="Mode">#实例化数据对象"模式"
          <DOI name="NamPlt" desc="Name Plate">#实例化数据对象"逻辑节点铭牌"
          <DOI name="LEDRs" desc="信号复归">#实例化数据对象"复归IED"
```

```
<DOI name="FuncEna1" desc="Function 1 enabled">#实例化数据对象“保护功能压板 1”
<DOI name="FuncEna2" desc="Function 2 enabled">#实例化数据对象“保护功能压板 2”
<SettingControl numOfSGs="10" actSG="1"/>#
</LN0>
<LN desc="物理设备逻辑节点" lnType="NRR_LPHD_V2.00__931__V1.00" lnClass="LPHD" inst="1">#物理设备逻辑节点;lnType 属性代表应用了哪一种逻辑节点类型,对应逻辑节点类型的 id;lnClas 为对应的逻辑节点类;inst 为实例号
<LN desc="保护报警 1" lnType="NRR_GGIO_ALM_V2.00__NR__V1.00" lnClass="GGIO" inst="1">#逻辑节点“保护报警”;lnType 属性代表应用了哪一种逻辑节点类型,对应逻辑节点类型的 id;lnClas 为对应的逻辑节点类;inst 为实例号
<LN desc="动作元件 1" lnType="NRR_GGIO_ACT_V2.00__NR__V1.00" lnClass="GGIO" inst="2">
<LN desc="遥信 1" lnType="NRR_GGIO_IND_V2.00__NR__V1.00" lnClass="GGIO" inst="3">
<LN desc="故障信号 1" lnType="NRR_GGIO_ALM_V2.00__NR__V1.00" lnClass="GGIO" inst="4">
<LN desc="报警信号 1" lnType="NRR_GGIO_ALM_V2.00__NR__V1.00" lnClass="GGIO" inst="12">
<LN desc="通信工况 1" lnType="NRR_GGIO_ALM_V2.00__NR__V1.00" lnClass="GGIO" inst="14">
<LDevice inst="PROT" desc="超高压输电线路成套保护装置">#保护逻辑设备
<LDevice inst="RCD" desc="录波">#录波逻辑设备
</Server>
</AccessPoint>
<AccessPoint name="G1" desc="超高压输电线路成套保护装置" router="false" clock="false">#过程层访问点 G1
<Server timeout="30">
<Authentication none="true"/>
<LDevice inst="PIGO" desc="保护 GO">#GOOSE 过程层逻辑设备
</Server>
</AccessPoint>
<AccessPoint name="M1" desc="超高压输电线路成套保护装置" router="false" clock="false">#过程层访问点 M1
<Server timeout="30">
<Authentication none="true"/>
<LDevice inst="PISV" desc="保护 SV">#SV 过程层逻辑设备
</Server>
</AccessPoint>
</IED>
<DataTypeTemplates>
</SCL>
```

通过 SCL 层次化的结构描述，实现了 IED 装置的建模。在 SCD 集成之前，各设备制造商

必须预先提供符合规范要求的 ICD 文件。

1.1.2 虚端子连接表设计

如图 1-1 所示，智能变电站中设计和集成存在一定的对应关系，二次设备供应商在智能变电站建设过程中需要提供两个资料，一个是 ICD 模型文件，一个是虚端子表，其中 ICD 文件用来集成 SCD 文件，而虚端子表用来设计虚端子连接表，两者中的连接关系一一对应，设计人员基于虚端子表，结合具体工程完成“虚回路”的设计。

目前，智能变电站中设计与集成的关系有两种模式：一种是设计与集成一体，设计和集成统一由设计院负责，只用一个设计系统工具，同时生成 SCD 文件和虚端子连接表，这样的优势在于 SCD 文件中的连接关系与虚端子表中的连接关系总是一一对应；另一种是设计与集成分开，设计院先完成虚端子连接表设计，集成商（二次设备供应商）在根据虚端子连接表集成 SCD 文件，这样的优势是目前各厂家集成工具较成熟，同时集成商一般由监控系统厂家担任，兼容性较强，缺点是设计和集成不同步，集成商与设计人员沟通不利时容易造成 SCD 文件中的连接关系与虚端子表中的连接关系不对应。目前由于统一的设计工具不够成熟，主要采用第二种方式。

目前，国网公司相继出版了 Q/GDW 1175—2013《变压器、高压并联电抗器和母线保护及辅助装置标准化设计规范》、Q/GDW 1161—2014《线路保护及辅助装置标准化设计规范》等标准对虚端子的设计做了统一规定，下面结合规范中的 220kV 线路的虚端子表，来具体介绍虚端子连接表的设计。

1. 虚端子表

继电保护新“六统一”对各二次设备制造商的装置虚端子表等信息进行了规范，统一了信号名称、软压板及应用路径的要求，本书以 220kV 线路保护来介绍具体的虚端子连接，220kV 线路保护（双母线接线）对应的虚端子表见表 1-1～表 1-3。

表 1-1 220kV 线路保护装置 SV 输入虚端子表（双母线接线）

序号	信号名称	软压板	序号	信号名称	软压板
1	MU 额定延时	SV 接收软压板	9	同期电压 Ux2	SV 接收软压板
2	保护 A 相电压 Ua1		10	保护 A 相电流 Ia1	
3	保护 A 相电压 Ua2		11	保护 A 相电流 Ia2	
4	保护 B 相电压 Ub1		12	保护 B 相电流 Ib1	
5	保护 B 相电压 Ub2		13	保护 B 相电流 Ib2	
6	保护 C 相电压 Uc1		14	保护 C 相电流 Ic1	
7	保护 C 相电压 Uc2		15	保护 C 相电流 Ic2	
8	同期电压 Ux1				

220kV 线路保护和母差保护共用同一组保护电流绕组，采用双 AD 通道接入保护装置，电压和电流通道共用同一个 SV 接收软压板。

表 1-2 220kV 线路保护装置 GOOSE 输入虚端子表（双母线接线）

序号	信号名称	软压板	备注
1	断路器分相跳闸位置 TWJa	无	
2	断路器分相跳闸位置 TWJb	无	
3	断路器分相跳闸位置 TWJc	无	
4	闭锁重合闸-1	无	同一 LN
5	闭锁重合闸-2	无	
6	闭锁重合闸-3	无	
7	闭锁重合闸-4	无	
8	闭锁重合闸-5	无	
9	闭锁重合闸-6	无	

（续）

序号	信号名称	软压板	备注
10	低气压闭锁重合闸	无	
11	远传 1-1	无	同一 LN
12	远传 1-2	无	
13	远传 1-3	无	
14	远传 1-4	无	
15	远传 1-5	无	
16	远传 1-6	无	
17	远传 2-1	无	同一 LN
18	远传 2-2	无	
19	远传 2-3	无	
20	远传 2-4	无	
21	远传 2-5	无	
22	远传 2-6	无	
23	其他保护动作-1	无	同一 LN
24	其他保护动作-2	无	
25	其他保护动作-3	无	
26	其他保护动作-4	无	
27	其他保护动作-5	无	
28	其他保护动作-6	无	

220kV 线路保护接收断路器位置统一以“分相跳闸位置”命名，闭锁重合闸主要用于接收来自智能终端的闭重信号（含母差动作、手跳闭重等）。

表 1-3　线路保护装置 GOOSE 输出虚端子表（双母线接线）

序号	信号名称	典型软压板	引 用 路 径	备注
1	跳断路器 A 相	跳闸	PIGO/ * PTRC * . Tr. phsA	同一 LN
2	跳断路器 B 相		PIGO/ * PTRC * . Tr. phsB	
3	跳断路器 C 相		PIGO/ * PTRC * . Tr. phsC	
4	启动 A 相失灵	启动失灵	PIGO/ * PTRC * . StrBF. phsA	
5	启动 B 相失灵		PIGO/ * PTRC * . StrBF. phsB	
6	启动 C 相失灵		PIGO/ * PTRC * . StrBF. phsC	
7	永跳	永跳	PIGO/ * PTRC * . BlkRecST. stVal	
8	闭锁重合闸	闭锁重合闸	PIGO/ * PTRC * . BlkRecST. stVal	
9	重合闸	重合闸	PIGO/ * RREC * . Op. general	
10	三相不一致跳闸	三相不一致	PIGO/ * PTRC * . Tr. general	
11	远传 1 开出	无	PIGO/ * PSCH * . ProRx. stVal	
12	远传 2 开出	无	PIGO/ * PSCH * . ProRx. stVal	
13	过电压远跳发信	无	PIGO/ * GGIO * . Ind * . stVal	
14	保护动作	无	PIGO/ * GGIO * . Ind * . stVal	
15	通道一报警	无	PIGO/ * GGIO * . Ind * . stVal	
16	通道二报警	无	PIGO/ * GGIO * . Ind * . stVal	
17	通道故障	无	PIGO/ * GGIO * . Ind * . stVal	可选，运行通道均退出时，发此报警信号
18	过负荷报警	无	PIGO/ * GGIO * . Ind * . stVal	

220kV 线路保护包括分相跳闸、启动失灵回路，压板分开设置。PIGO/ * PTRC * . Tr. phsA 等为虚端子的引用路径，* 代表实例号和前缀等。

上述虚端子表是设计院设计“虚回路”的基础。

2. “虚回路”设计

智能变电站二次回路设计以装置的虚端子为基础，通过关联两侧的虚端子来实现各 IED 之间的信息交互。并且还应对虚端子回路进行标注，包括描述虚端子信息的虚端子定义、各智能装置中的内部数据属性以及是否配置软压板。从实际应用来看，虚端子与以前常规的电缆没有本质区别，可以按照常规变电站的回路思路进行逻辑连线。

设计人员针对每个装置都设计一个虚端子连接表，该虚端子表包含了装置的 GOOSE 及 SV 的开入、开出信息，详细描绘了该装置与外部装置的关联关系，并留出适量的备用虚端子，这样就与传统站的端子排对应起来了，同时表格中虚端子的增加或者删除也非常便捷，维护起来也比较方便。此外配合网络方案配置及光纤走向示意设计图，也便于信息的定位和查找。

实际工程应用设计中，前期根据具体工程配置环境、技术方案，完成各电压等级分组网结构的间隔虚端子信息。本书以 220kV 线路保护介绍典型“虚回路”设计。

220kV 线路保护的采样主要包括母线电压和间隔电流，上述采样均通过电流线路合并单元获取，两者的虚回路连接见表 1-4。

表 1-4 220kV 线路保护 SV 输入虚端子连接表

序号	输出装置名称	输出数据索引	输出数据描述	输入装置名称	输入数据索引	输入数据描述
1	220kV 泉洛 Ⅰ 路 211 A 套合并单元 PSMU602	MU/LLN0 MXDelayTRtg	MU 额定延时	220kV 泉洛 Ⅰ 路 211 第一套保护 PCS902Z	PISV/SVINGGIO1 MXDelayTRtg	MU 额定延时
2	220kV 泉洛 Ⅰ 路 211 A 套合并单元 PSMU602	MU/UATVTR1 MXVol1	电压采样值 1	220kV 泉洛 Ⅰ 路 211 第一套保护 PCS902Z	PISV/SVINGGIO4 MXAnIn1	保护 A 相电压 Ua1
3	220kV 泉洛 Ⅰ 路 211 A 套合并单元 PSMU602	MU/UATVTR1 MXVol2	电压采样值 2	220kV 泉洛 Ⅰ 路 211 第一套保护 PCS902Z	PISV/SVINGGIO4 MXAnIn2	保护 A 相电压 Ua2
4	220kV 泉洛 Ⅰ 路 211 A 套合并单元 PSMU602	MU/UBTVTR1 MXVol1	电压采样值 1	220kV 泉洛 Ⅰ 路 211 第一套保护 PCS902Z	PISV/SVINGGIO4 MXAnIn3	保护 B 相电压 Ub1
5	220kV 泉洛 Ⅰ 路 211 A 套合并单元 PSMU602	MU/UBTVTR1 MXVol2	电压采样值 2	220kV 泉洛 Ⅰ 路 211 第一套保护 PCS902Z	PISV/SVINGGIO4 MXAnIn4	保护 B 相电压 Ub2
6	220kV 泉洛 Ⅰ 路 211 A 套合并单元 PSMU602	MU/UCTVTR1 MXVol1	电压采样值 1	220kV 泉洛 Ⅰ 路 211 第一套保护 PCS902Z	PISV/SVINGGIO4 MXAnIn5	保护 C 相电压 Uc1
7	220kV 泉洛 Ⅰ 路 211 A 套合并单元 PSMU602	MU/UCTVTR1 MXVol2	电压采样值 2	220kV 泉洛 Ⅰ 路 211 第一套保护 PCS902Z	PISV/SVINGGIO4 MXAnIn6	保护 C 相电压 Uc2
8	220kV 泉洛 Ⅰ 路 211 A 套合并单元 PSMU602	MU/UxTVTR1 MXVol1	电压采样值 1	220kV 泉洛 Ⅰ 路 211 第一套保护 PCS902Z	PISV/SVINGGIO4 MXAnIn7	同期电压 Ux1
9	220kV 泉洛 Ⅰ 路 211 A 套合并单元 PSMU602	MU/PATCTR1 MXAmp1	电流采样值 1	220kV 泉洛 Ⅰ 路 211 第一套保护 PCS902Z	PISV/SVINGGIO5 MXAnIn1	保护 A 相电流 Ia1
10	220kV 泉洛 Ⅰ 路 211 A 套合并单元 PSMU602	MU/PATCTR1 MXAmp2	电流采样值 2	220kV 泉洛 Ⅰ 路 211 第一套保护 PCS902Z	PISV/SVINGGIO5 MXAnIn2	保护 A 相电流 Ia2
11	220kV 泉洛 Ⅰ 路 211 A 套合并单元 PSMU602	MU/PBTCTR1 MXAmp1	电流采样值 1	220kV 泉洛 Ⅰ 路 211 第一套保护 PCS902Z	PISV/SVINGGIO5 MXAnIn3	保护 B 相电流 Ib1
12	220kV 泉洛 Ⅰ 路 211 A 套合并单元 PSMU602	MU/PBTCTR1 MXAmp2	电流采样值 2	220kV 泉洛 Ⅰ 路 211 第一套保护 PCS902Z	PISV/SVINGGIO5 MXAnIn4	保护 B 相电流 Ib2
13	220kV 泉洛 Ⅰ 路 211 A 套合并单元 PSMU602	MU/PCTCTR1 MXAmp1	电流采样值 1	220kV 泉洛 Ⅰ 路 211 第一套保护 PCS902Z	PISV/SVINGGIO5 MXAnIn5	保护 C 相电流 Ic1
14	220kV 泉洛 Ⅰ 路 211 A 套合并单元 PSMU602	MU/PCTCTR1 MXAmp2	电流采样值 2	220kV 泉洛 Ⅰ 路 211 第一套保护 PCS902Z	PISV/SVINGGIO5 MXAnIn6	保护 C 相电流 Ic2

表 1-4 中的输入数据与表 1-1 中的信号对应，需要注意的是双 AD 采样数据需同时连接虚端子，不能只连接其中一个。

220kV 线路保护的开入量包括开关位置、闭锁重合闸、低气压闭锁重合闸、母差保护动作等信号，具体虚回路连接见表 1-5。

表 1-5　220kV 线路保护 GOOSE 输入虚端子连接表

序号	输出装置名称	输出数据索引	输出数据描述	输入装置名称	输入数据索引	输入数据描述
1	220kV 泉洛 I 路 211A 套智能终端 PSIU601	RPIT/Q0AXCBR1 $ ST$ Pos$ stVal	断路器 A 相位置	220kV 泉洛 I 路 211 第一套保护 PCS902Z	PIGO/GOINGGIO1$ ST $DPCSO1$ stVal	断路器分相跳闸位置 TWJa
2	220kV 泉洛 I 路 211A 套智能终端 PSIU601	RPIT/Q0BXCBR1 $ ST$ Pos$ stVal	断路器 B 相位置	220kV 泉洛 I 路 211 第一套保护 PCS902Z	PIGO/GOINGGIO1$ ST $DPCSO2$ stVal	断路器分相跳闸位置 TWJb
3	220kV 泉洛 I 路 211A 套智能终端 PSIU601	RPIT/Q0CXCBR1 $ ST$ Pos$ stVal	断路器 C 相位置	220kV 泉洛 I 路 211 第一套保护 PCS902Z	PIGO/GOINGGIO1$ ST $DPCSO3$ stVal	断路器分相跳闸位置 TWJc
4	220kV 泉洛 I 路 211A 套智能终端 PSIU601	RPIT/GODOGGIO1 ST Ind6$ stVal	重合压力低	220kV 泉洛 I 路 211 第一套保护 PCS902Z	PIGO/GOINGGIO2$ ST $SPCSO7$ stVal	低气压闭锁重合闸
5	220kV 泉洛 I 路 211A 套智能终端 PSIU601	RPIT/GODOGGIO1 ST Ind5$ stVal	闭锁重合闸	220kV 泉洛 I 路 211 第一套保护 PCS902Z	PIGO/GOINGGIO2$ ST $SPCSO1$ stVal	闭锁重合闸-1
6	220kV 第一套母差保护 PCS915A	PIGO/PTRC15$ STTr $general	支路 6_保护跳闸	220kV 泉洛 I 路 211 第一套保护 PCS902Z	PIGO/GOINGGIO3$ ST $SPCSO1$ stVal	其他保护动作-1

220kV 线路保护的输出量包括保护跳闸、启动失灵等，分别对应智能终端和母线保护等装置，目前设计院一般只提供装置的输入回路，输出回路不再专门给出相应的连接表，相应的输出回路在对侧装置的输入回路查找，为了方便大家理解，本书也列出了 220kV 线路保护输出虚端子连接表，见表 1-6。

表 1-6　220kV 线路保护 GOOSE 输出虚端子连接表

序号	输出装置名称	输出数据索引	输出数据描述	输入装置名称	输入数据索引	输入数据描述
1	220kV 泉洛 I 路 211 第一套保护 PCS902Z	PIGO/PTRC3 $ ST Tr phsA	跳断路器	220kV 泉洛 I 路 211 A 套智能终端 PSIU601	RPIT/GOINGGIO1 $ ST $SPCSO1$ stVal	A 相跳闸出口
2	220kV 泉洛 I 路 211 第一套保护 PCS902Z	PIGO/PTRC3 $ ST Tr phsB	跳断路器	220kV 泉洛 I 路 211 A 套智能终端 PSIU601	RPIT/GOINGGIO1 $ ST $SPCSO6$ stVal	B 相跳闸出口
3	220kV 泉洛 I 路 211 第一套保护 PCS902Z	PIGO/PTRC3 $ ST Tr phsC	跳断路器	220kV 泉洛 I 路 211 A 套智能终端 PSIU601	RPIT/GOINGGIO1 $ ST $SPCSO11$ stVal	C 相跳闸出口
4	220kV 泉洛 I 路 211 第一套保护 PCS902Z	PIGO/RREC1 $ ST Op general	重合闸	220kV 泉洛 I 路 211 A 套智能终端 PSIU601	RPIT/GOINGGIO1 $ ST $SPCSO31$ stVal	重合闸
5	220kV 泉洛 I 路 211 第一套保护 PCS902Z	PIGO/PTRC3 $ ST $BlkRecST$ stVal	闭锁重合闸	220kV 泉洛 I 路 211 A 套智能终端 PSIU601	RPIT/GOINGGIO1 $ ST $SPCSO16$ stVal	闭锁重合闸
7	220kV 泉洛 I 路 211 第一套保护 PCS902Z	PIGO/PTRC3 $ ST $StrBF$ phsA	启动失灵	220kV 第一套母差保护 PCS915A	PIGO/GOINGGIO13 $ ST$ SPCSO1$ stVal	支路 6_A 相启动失灵开入
8	220kV 泉洛 I 路 211 第一套保护 PCS902Z	PIGO/PTRC3 $ ST $StrBF$ phsB	启动失灵	220kV 第一套母差保护 PCS915A	PIGO/GOINGGIO13 $ ST$ SPCSO2$ stVal	支路 6_B 相启动失灵开入
9	220kV 泉洛 I 路 211 第一套保护 PCS902Z	PIGO/PTRC3 $ ST $StrBF$ phsC	启动失灵	220kV 第一套母差保护 PCS915A	PIGO/GOINGGIO13 $ ST$ SPCSO3$ stVal	支路 6_C 相启动失灵开入

1.1.3 通信参数设置

与寄快递相似，为了把货物送达目的地，需要知道相应的地址及电话等联系方式，设置网络通信参数就是填写联系方式，从而把装置报文内容送至相应的接收装置。

系统集成商按要求对全站 IED 进行站控层、间隔层、过程层通信地址分配，列出全站通信地址表，包括保护、测控装置、智能终端、合并单元、故障录波装置、远动通信管理机、网络分析仪、后台监控机等地址。

1. 基本要求

① 通信子网（SubNetwork）是 IED 的逻辑连接，其配置宜按站内电压等级及网络类型为依据划分；

② 通信子网按访问点类型宜分为 MMS 网、GOOSE 网和 SV 网三类；

③ 相同类型的通信子网均宜使用前缀区分电压等级；

④ 通信子网命名宜为 GOOSE_ Y、SV_ Y、MMS_ Y；“_ Y”代表子网类型：例如“_ A”代表 A 网，“_ B”代表 B 网，“_ U”代表单网，如 110kV GOOSE 单网命名为“GOOSE”；

⑤ 同一类通信子网内设备访问点下，宜只包含与其子网命名相符的控制块。

2. SV 通信参数配置原则

需要配置的 SV 通信参数主要包括 MAC-Address、smvID、APPID、ConfRev、VLAN-ID、VLAN-Priority 等。其中目的 MAC-Address、smvID、APPID 等 SV 通信参数应全站唯一。

目的 MAC-Address 为 12 位十六进制值，其范围为 0x01-0c-cd-04-00-00 ~ 0x01-0c-cd-04-01-FF。APPID（应用标识）为 4 位十六进制值，其范围为 0x4000 ~ 0x7FFF。APPID 习惯上与 MAC 地址配套使用，第 1 字节由 MAC-Address 的倒数第 3 字节、第 2 字节的后一个字符组合而成，第 2 字节取 MAC-Address 的最后 1 个字节，如 MAC 地址：01-0C-CD-04-01-0A，该应用标识为 410A。SV 标识（smvID）宜由“引用路径”（“IEDName”+“LD 实例名”+“/”+“LLN0”+“.”+“SV 控制块名称”）组合而成，如 P_ M2201AUMUSV/LLN0 $ SV $ MSVCB01。VLAN-Priority 为 1 位十六进制值，范围为 0 ~ 7，工程中 SV 报文的优先级为 4。VLAN-ID 为 3 位十六进制值，初始赋值 000，此时由交换机标记 VLAN-ID。ConfRev 标识控制块配置版本，初始赋值一般为 1。

3. GOOSE 通信参数配置原则

需要配置的 GOOSE 通信参数主要包括目的 MAC-Address、appID、APPID、confRev、VLAN-ID、VLAN-Priority、MinTime、MaxTime 等，其中目的 MAC-Address、appID/GOID、APPID 等 GOOSE 通信参数应全站唯一。

目的 MAC-Address 为 12 位十六进制值，其范围为 0x01-0c-cd-01-00-00 ~ 0x01-0c-cd-01-01-FF。保护、测控、合并单元、智能终端装置 GOOSE 网 MAC 地址分配时，需考虑每个 ICD 文件的 GOOSE 控制块个数，每个 GOOSE 控制块需占用一个 MAC 地址。而 GOOSE 控制块个数由 ICD 文件的 LLN0 下“DataSet”个数决定，一般“DataSet”个数与 GOCB 个数一致。与 SV 一致，APPID 习惯上与 MAC 地址配套使用，第 1 字节由 MAC-Address 的倒数第 3 字节、第 2 字节的后一个字符组合而成，第 2 字节取 MAC-Address 的最后 1 个字节，如 MAC 地址：01-0C-CD-01-01-0B，该应用标识为 110B。GOOSE 标识（appID）宜由“引用路径”（“IEDName”+“LD 实例名”+“/”+“LLN0”+“.”+“GOOSE 控制块名称”）组合而成，如 P_ L2201APIGO/LLN0. gocb1。VLAN-Priority 为 1 位十六进制值，范围为 0 ~ 7，工程中 GOOSE 报文的优先级为 4。VLAN-ID 为 3 位十六进制值，初始赋值 000，此时由交换机标记 VLAN-ID。ConfRev 标识控制块配置版本，初始赋值一般为 1。MinTime 和 MaxTime 的一般配置为 2ms 和 5000ms。

4. MMS 通信参数配置原则

需要配置的 MMS 通信参数主要包括 IP、IP-SUBNET 等，其中 IP 地址应全站唯一。IP 及子网掩码地址范围为 0.0.0.0 ~ 255.255.255.255。IP 地址采用标准的 C 类地址时，使用 192.168.Y.N 地址格式。IP 地址采用标准的 B 类地址时，使用 172.Y.X.N 地址格式。

实际工程中的各通信参数设置情况见表 1-7~表 1-9。

表 1-7 装置过程层地址表

IEDdesc	设备名称	IEDName	目的 MAC	APPID
#1 主变 220kV 侧 21A 测控	CSI200EA	C_A22T_01U	01-0C-CD-01-01-01	1101
#1 主变 110kV 侧 11A 测控	CSI200EA	C_A11T_01U	01-0C-CD-01-01-02	1102
#1 主变 10kV 侧 91A 测控	CSI200EA	C_A10T_01U	01-0C-CD-01-01-03	1103
#1 主变本体测控	CSI200EA	CBA22T_01U	01-0C-CD-01 01 04	1104
#2 主变 220kV 侧 21B 测控	CSI200EA	C_A22T_02U	01-0C-CD-01-01-05	1105
#2 主变 110kV 侧 11B 测控	CSI200EA	C_A11T_02U	01-0C-CD-01-01-06	1106
#2 主变 10kV 侧 91B 测控	CSI200EA	C_A10T_02U	01-0C-CD-01-01-07	1107
#2 主变本体测控	CSI200EA	CBA22T_02U	01-0C-CD-01-01-08	1108
220kV 母联 21M 测控	CSI200EA	C_A22J_01U	01-0C-CD-01-01-09	1109
220kV 线路一 211 测控	CSI200EA	C_A22L_01U	01-0C-CD-01-01-10	1110
220kV 线路二 212 测控	CSI200EA	C_A22L_02U	01-0C-CD-01-01-11	1111
110kV 母联 11M 保护测控	CSC122A	PCA11J_01U	01-0C-CD-01-01-12	1112
110kV 线路二 112 保护测控	PCS943A	PCA11L_01U	01-0C-CD-01-01-13	1113
110kV 线路一 111 保护测控	CSC161A	PCA11L_02U	01-0C-CD-01-01-14	1114
220kV 公用测控	CSI-200EA	C_A22P_01U	01-0C-CD-01-01-15	1115
110kV 公用测控	CSI-200EA	C_A11P_01U	01-0C-CD-01-01-16	1116
#1 主变 A 套保护	PCS-978G	P_A22T_01U	01-0C-CD-01-01-17	1117
#1 主变 B 套保护	PST1200U	P_B22T_01U	01-0C-CD-01-01-18	1118
#2 主变 A 套保护	CSC326	P_A22T_02U	01-0C-CD-01-01-19	1119
#2 主变 B 套保护	WBH801	P_B22T_02U	01-0C-CD-01-01-20	1120
220kV 母联 21M 第一套保护	PCS-923A	P_A22J_01U	01-0C-CD-01-01-21	1121
220kV 母联 21M 第二套保护	PRS-723A	P_B22J_01U	01-0C-CD-01-01-22	1122
220kV 线路一 211 第一套保护	PCS-902Z	P_A22L_01U	01-0C-CD-01-01-23	1123
220kV 线路一 211 第二套保护	PSL602U	P_B22L_01U	01-0C-CD-01-01-24	1124
220kV 线路二 212 第一套保护	WXH803BG	P_A22L_02U	01-0C-CD-01-01-25	1125
220kV 线路二 212 第二套保护	CSC103B	P_B22L_02U	01-0C-CD-01-01-26	1126
220kV 第一套母差保护	PCS915A	P_A22M_01U	01-0C-CD-01-01-27	1127
220kV 第二套母差保护	BP2CA	P_A22M_02U	01-0C-CD-01-01-28	1128
110kV 母差保护	CSC150A	P_A11M_01U	01-0C-CD-01-01-29	1129

表 1-8 装置站控层地址表

设备	IP1	IP2	设备	IP1	IP2
主服务器 SCADA1	172.20.10.1	172.21.10.1	图形浏览 scada7	172.20.10.7	172.21.10.7
备服务器 SCADA2	172.20.10.2	172.21.10.2	图形浏览 scada8	172.20.10.8	172.21.10.8
监控机 ISCADA3	172.20.10.3	172.21.10.3	五防钥匙 1	172.20.10.12	172.21.10.12
监控机 IISCADA4	172.20.10.4	172.21.10.4	五防钥匙 2	172.20.10.13	172.21.10.13
高级应用 SCADA5	172.20.10.5	172.21.10.5	GPS 网络对时	172.20.10.200	172.21.10.200
保信子站	172.20.10.6	172.21.10.6			

1.1.4 SCD 集成过程

由于智能变电站相关技术发展较快，相关程序配置软件及工具随时都可能更换或升级，本书旨在指导智能变电站集成、配置的思路，掌握了相关思路，无论软件如何更换或升级，都可适用。

表 1-9 VLAN 地址表示例

220kV 过程层 A 网交换机			220kV 过程层 B 网交换机		
网口	VLAN	接入设备	网口	VLAN	接入设备
1	2／14	220kV 线路 1 测控柜	1	2／14	220kV 线路 1 测控柜
2	2	备用	2	2	备用
3	2	220kV 线路 1 保护 A GOOSE 组网口	3	2	220kV 线路 1 保护 BGOOSE 组网口
4	2	备用	4	2	备用
5	2	备用	5	2	备用
6	2	备用	6	2／24	备用
7	2	220kV 母联保护 A	7	2	220kV 母联保护 B
8	2／13／14	220kV 母线保护 A 柜 A 网中心交换机 1	8	2／13／14	220kV 母线保护 B 柜 B 网中心交换机 1
9		备用	9		备用
10	2／13	220kV 母联测控柜	10	2／13	220kV 母联测控柜
11	2	220kV 线路 1 智能柜智能终端 A	11	2	220kV 线路 1 智能柜智能终端 B
12	2／14	220kV 线路 1 智能柜合并单元 A	12	2／14	220kV 线路 1 智能柜合并单元 B
13	2	220kV 母联智能柜智能终端 A	13	2	220kV 母联智能柜智能终端 B
14	2／13	220kV 母联智能柜合并单元 A	14	2／13	220kV 母联智能柜合并单元 B
15	2	备用	15	2	备用
16	2	备用	16	2	备用
17	2	备用	17	2	备用
18	2	备用	18	2	备用
19	2	备用	19	2	备用
20	2	备用	20	2	备用
21	2	备用	21	2	备用
22	2／13／14	级联	22	2／13／14	级联

SCD 配置工具就是用来整合一个数字化变电站内各个孤立的 IED 为一个完善的变电站自动化系统的一个系统性工具。

SCD 作为智能变电站的核心文件，在工程完成时必须保证变电站 SCD 文件的唯一性与准确性。

新建的 SCD 文件 Communication 部分，全站子网主要依据接入点类型及所属网络类别来划分，如 220kV 变电站的子网划分包括：

1）MMS：MMS_ A、MMS_ B。

2）GOOSE：GOOSE_ A、GOOSE_ B。

3）SV：SV_ A、SV_ B。

下面以南瑞继保公司的 PCS-SCD 配置工具介绍 SCD 具体的集成过程。

打开 PCS-SCD 工具后，单击右上角“文件”菜单，选择“新建”选项。在弹出的界面中，选择创建 SCD 的文件夹地址，输入新建的 SCD 文件的文件名称，如“泉州实训室”，即可创建新的 SCD 文件，如图 1-2 所示。

SCD 文件创建完成后，SCD 文件的主界面如图 1-3 所示。

从 SCL 浏览器中，可以看到 SCD 文件的主要结构：

1）修订历史：对应 Header 部分。该部分主要用于记录 SCD 文件的主要更新及维护历史。系统配置工具应能自动生成 SCD 文件版本（version）、SCD 文件修订版本（revision）和生成时间（when），修改人（who）、修改什么（what）和修改原因（why）可由用户填写。文件版本从 1.0 开始，当文件增加了新的 IED 或某个 IED 模型实例升级时，以步长 0.1 向上累加；

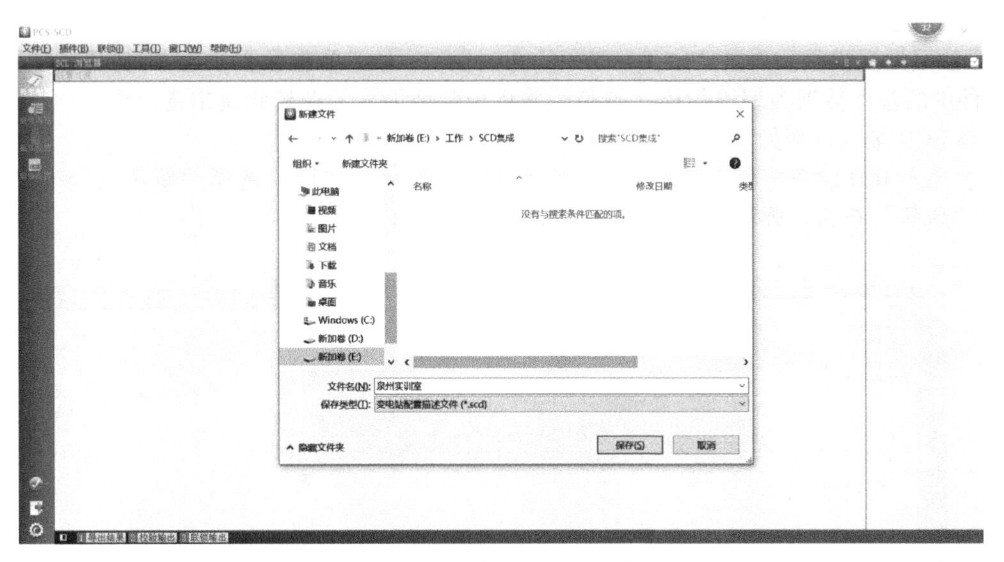

图 1-2　创建新的 SCD 文件

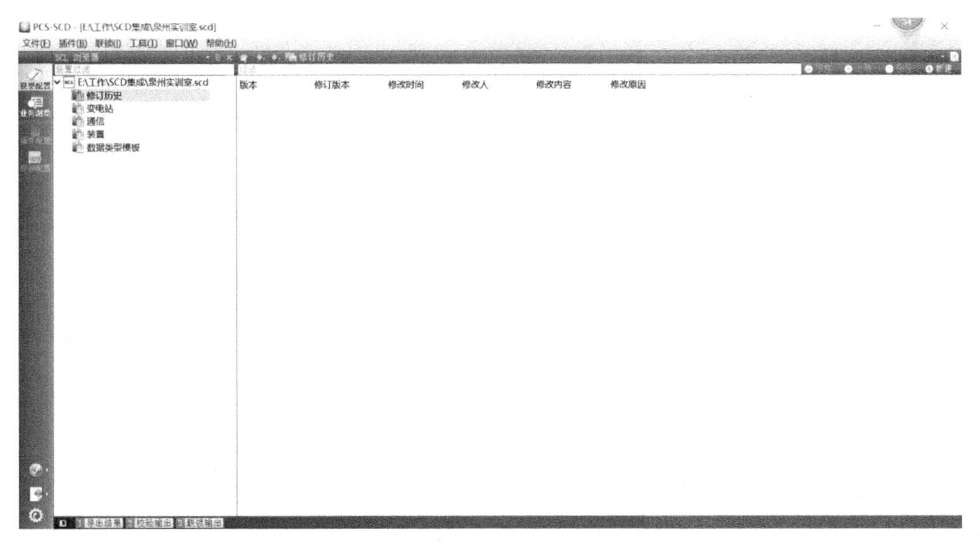

图 1-3　SCD 文件的主界面

文件修订版本从 1.0 开始，当文件做了通信配置、参数、描述修改时，以步长 0.1 向上累加，文件版本增加时，文件修订版本清零。单击 SCL 浏览器中的修订历史选项，右边会显示修订历史的编辑界面，在空白处单击右键或者单击右上角的“新建”按钮，可对 SCD 的修订历史进行编辑。当修改完 SCD 后，单击“文件”菜单中的“保存”选项后，会弹出“保存 SCL 版本”的界面，依次输入修改人、修改内容和修改原因后退出 SCD 编辑。在下一次打开 SCD 文件时，可以在 History 界面查看上一次的 SCD 修改记录。

2）变电站：对应 Substation 部分。主要用于描述一次系统拓扑结构一、二次设备关联关系及命名要求等，包含在 SSD 文件中，现阶段投运的智能站中的 SCD 文件 Substation 部分缺失，导致部分高级应用无法实现。

3）通信：对应 Communication。该列表主要用于划分变电站内的逻辑子网，包含上面提到的 MMS 网、GOOSE 网和 SMV 网。

4）装置：对应 IED 智能电子设备，主要用于对 SCD 中的 IED 进行管理，包括导入、更新和删除 IED 以及 IED 属性的编辑、完成虚端子的连线等。

5）数据类型模板：对应 DataTypeTemplates 部分，右键单击数据类型模板可对已导入的 ICD 文件中的基本数据类型进行语义校验，并将校验结果显示在校验输出窗口中。

具体 SCD 集成过程如下：

（1）导入 IED 设备　单击装置列表，在右侧空白处单击右键，选择“新建”，或者选择右上角的“新建”按钮，弹出“导入 IED 向导”，如图 1-4 所示。

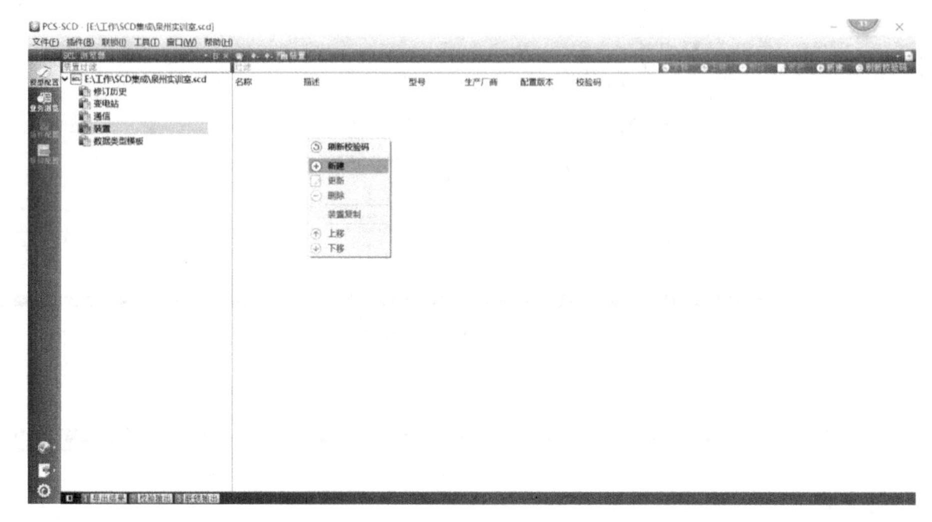

图 1-4　导入 IED 设备（一）

输入装置名称，其中根据《智能变电站系统配置描述文件技术规范》等的规范要求，装置名称（IEDName）输入规则如下：

① IEDName 由系统配置工具统一配置并确保全站唯一；

② IEDName 依据 IED 在变电站自动化系统中的作用进行命名，宜能直观反映该被作用对象、电压等级等信息，宜按全站远期规模命名；

③ IEDName 由 5 部分共 8 位合法可视字符组成，分别代表 IED 类型、归属设备类型、电压等级、归属设备编号、IED 编号；

④ IED 类型：变电站自动化系统中实现不同功能的二次设备类型；

⑤ 归属设备类型：IED 实现功能或归属的一次设备类型；

⑥ 电压等级：IED 实现功能或归属的一次设备电压等级；

⑦ 归属设备编号：IED 实现功能或归属的一次设备的站内编号，宜参照设计阶段设备编号，而不宜使用正式调度编号，避免出现后期调度编号发生改变而修改 IED Name；

⑧ IED 编号：IED 的间隔内编号。

具体示例如下：“IEDName”采用 5 层结构命名，即 IED 类型、归属设备类型、电压等级、归属设备编号、间隔内同类装置序号，见表 1-10。

表 1-10　IEDName 命名表

第 1 字符	第 2 字符	第 3 字符	第 4 字符	第 5 字符	第 6 字符	第 7 字符	第 8 字符
IED 类型		归属设备类型	电压等级		归属设备编号		IED 编号
A_(辅助装置/auxiliary)		A(避雷器)	00(公用)		同线路编号规则		A(第一套)
B_(保信子站/fault information)		B(断路器)	04(380V)		500kV 等级为对应开关编号后两位如 31,表示第三串第一个开关		B(第二套)
C_(测控装置/control)		C(电容器)	10(10kV)		同线路编号规则		C(第三套)

（续）

第 1 字符	第 2 字符	第 3 字符	第 4 字符	第 5 字符	第 6 字符	第 7 字符	第 8 字符
CM（在线状态监测/condition monitoring）		D	66（66kV）				D（第四套）
D_（测距/distance）		E	35（35kV）				X（单套）
EM（电能表/energy meter）		F	11（110kV）				
F_（低周减载/Underfrequency）		G（接地变）	22（220kV）		同线路编号规则		
FI（保信子站/fault information）		H	33（330kV）				
I_（智能终端/intelligent terminal）		I	50（500kV）				
IB（本体智能终端/transformer body）		J（母联）	75（750kV）		01 为母联一、02 为母联二		
NI（非电量和智能终端合一/NQ-IT）		K（母分）	1k（1000kV）		同母联编号规则		
IP（交直流一体化电源/Integrated power）		L（线路）			500kV 等级主变、线路、高抗间隔为对应边开关编号后两位如 31，表示该线路所对应的边开关为 5031；220kV 及以下等级按照间隔顺序如 01、02		
L_（过负荷联切/over load）		M（母线）			母线-01 为一母、02 为二母、12 为Ⅰ/Ⅱ母		
M_（组合式合并单元/merging）		N					
MC（电流合并单元/current）		O					
MV（电压合并单元/voltage）		P					
MN（中性点合并单元/neutral）		Q					
MG（间隙合并单元/gap）		R					
MB（本体合并单元/transformer body）		S（站用变）			同线路编号规则		
MI（合并单元和智能终端合一/MU-IT）		T（主变）			同线路编号规则		
P_（保护/protect）		U					
PN（非电量保护/non-electrical Quantities）		V（虚拟间隔）					
PV（电压保护/voltage）		W					
PS（短引线保护/short-lead）		X（电抗器）			同线路编号规则		
PC（保护和测控合一/protect-control）		Y					
PP（同步相量测量装置/phasor）		Z					
RF（故障录波器/fault record）							
RN（网络记录分析仪/network message record）							
RM（故录和网分合一/FR-RN）							
S_（稳控/stability）							
SP（备自投/stand-by power）							
SW（交换机/switcher）							
SC（同步时钟装置/clock）							
T_（远动机/Remote Termina）							

注：1. 括号内为名称的注释或关键词，无注释的部分为备用。

2. 主变及本体 IED 归属于高压侧电压等级，主变各侧 IED 归属于各侧电压等级。

3. 母设作为间隔归属于其电压等级。

4. 采集某电压等级范围的故障录波归属于同电压等级的母线（全站公用故障录波归属最高电压等级）。

5. 主变故障录波归属于主变高压侧电压等级间隔。

6. 采集全站范围的 PMU 等公用 IED 归属于站控层间隔类型。

7. 本表未考虑直流输变电系统情况。

8. 归属设备编号不宜采用设备调度编号。

选中所要导入的 IED 设备的 ICD 文件，如图 1-5 所示。

图 1-5　导入 IED 设备（二）

单击“下一步”按钮，进入 Schema 校验，并显示 Schema 校验结果，如图 1-6 所示。

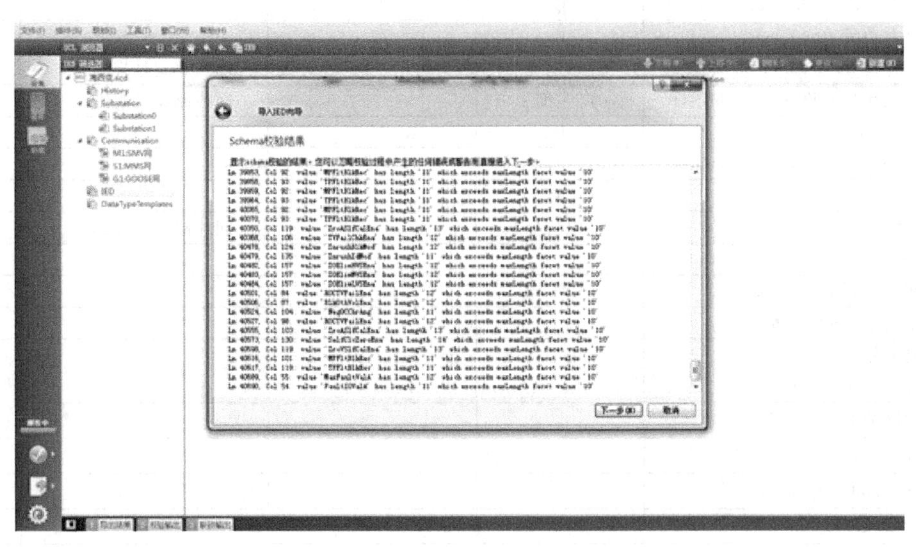

图 1-6　导入 IED 设备（三）

单击“下一步”按钮，进入“更新通讯信息”界面，可以通过勾选“不导入通讯配置信息”来选择不导入 ICD 文件中的通信配置到 SCD 中，如图 1-7 所示。如果不勾选“不导入通讯配置信息”，则要将 ICD 中的访问点与 SCD 的子网进行一一关联，如图 1-8 所示。

单击“下一步”按钮，进入结束界面，核对 IED 的配置明细，如图 1-9 所示。如果核对无误，单击“完成”按钮，完成 IED 导入，在 IED 列表中将出现刚才导入的 IED 名称及其具体信息，如图 1-10 所示。

（2）IED 设备的配置流程　结合 IED 设备的配置流程，对于 PCS-SCD 软件上的每个菜单的功能及用途做深入的讲解。

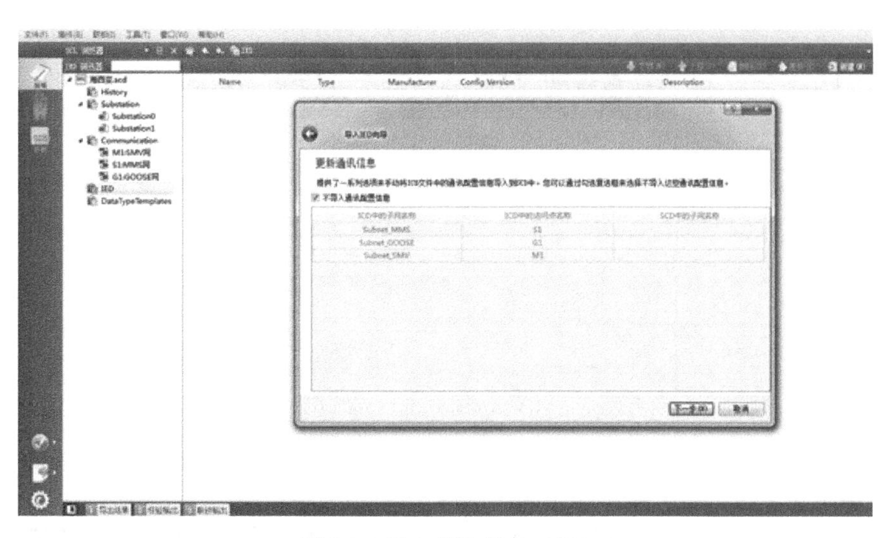

图 1-7　导入 IED 设备（四）

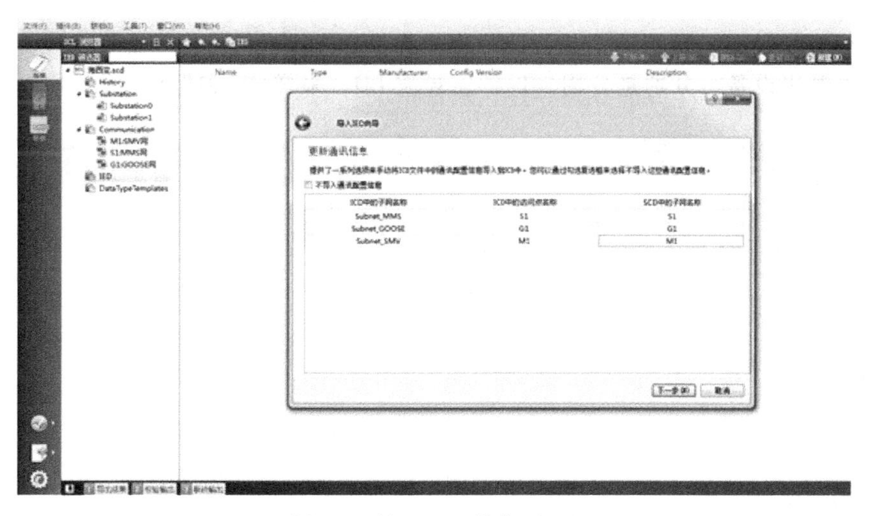

图 1-8　导入 IED 设备（五）

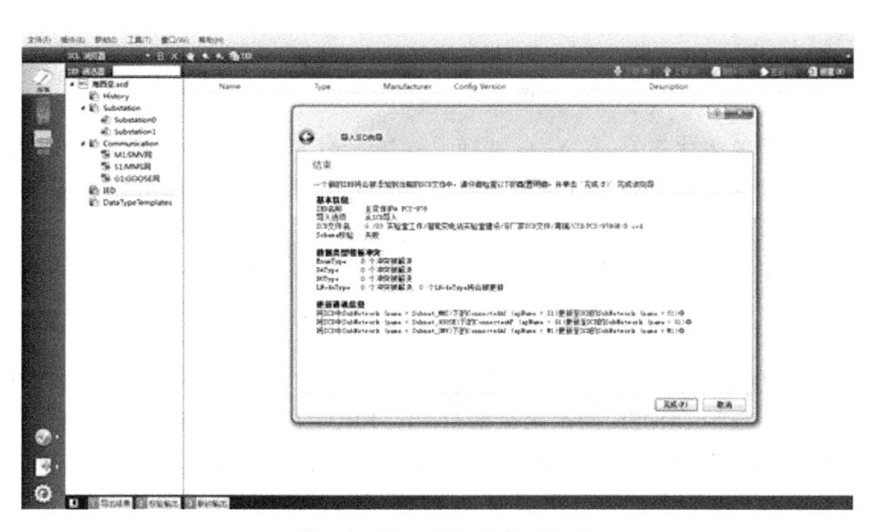

图 1-9　导入 IED 设备（六）

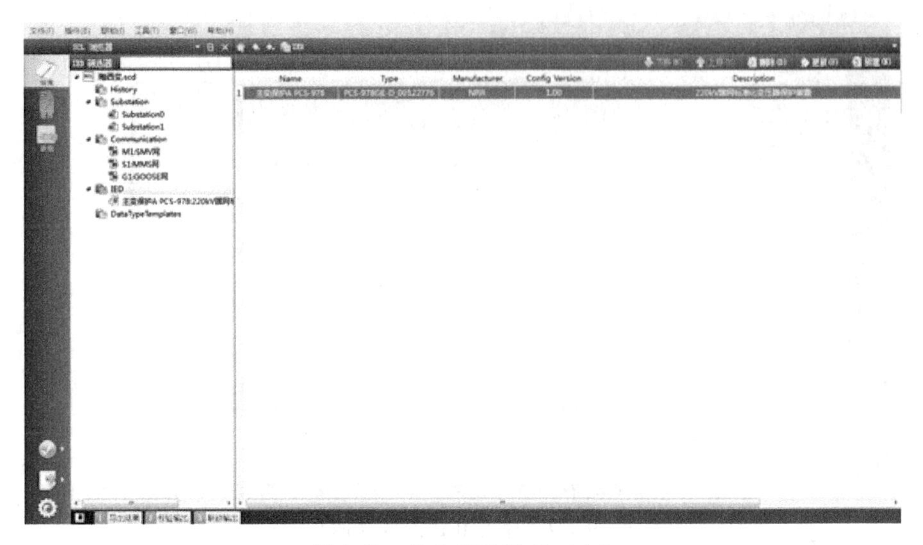

图 1-10　导入 IED 设备（七）

单击一个 IED 设备，在第一个下拉菜单中选择 Logic Device 选项。如图 1-11 所示，该 IED 设备包含五类逻辑设备，分别是公用、保护、录波 LD、采样 SV 和保护 GOOSE。

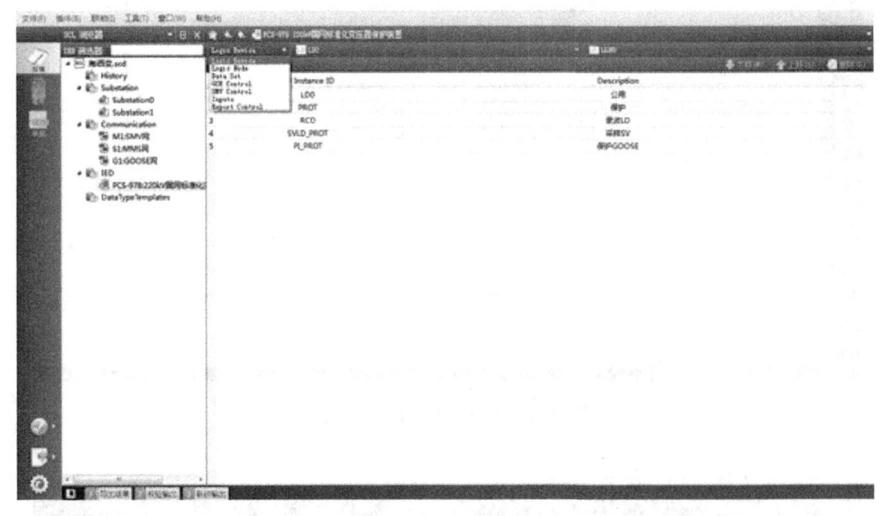

图 1-11　逻辑设备

在第一个下拉菜单中选择 Logic Node 选项，在第二个下拉菜单中选择 PROT 逻辑设备，可以查看 PROT 逻辑设备所包含的所有逻辑节点，如图 1-12 所示。同理可以查看其他逻辑设备所包含的所有逻辑节点。

在第一个下拉菜单中选择 Data Set 选项，在第二个下拉菜单中选择 PROT 逻辑设备，可以查看 PROT 逻辑设备所包含的所有数据集，如图 1-13 所示。同理可以查看其他逻辑设备所包含的所有数据集。

在第一个下拉菜单中选择 GSE Control 选项，在第二个下拉菜单中选择 PI_ PROT 逻辑设备。从图 1-14 可以看出，保护 GOOSE 的逻辑设备是 PI_ PROT，因此，只有 PI_ PROT 逻辑设备需要设置 GSE Control 选项。通过设置 GSE Control 选项来表明所关联的 GOOSE 报告的来源及属性，这样接收方才可以识别。如果有多个数据集需要设置控制块，需要添加多个控制块后，在 Data Set 栏下双击，在下拉菜单中，选择该控制块对应的数据集名称，如图 1-15 所示。

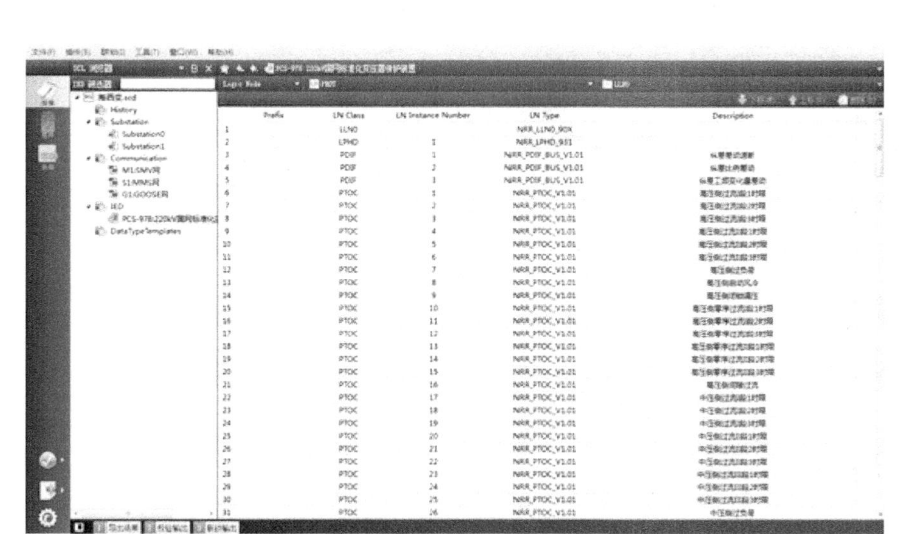

图 1-12　逻辑节点

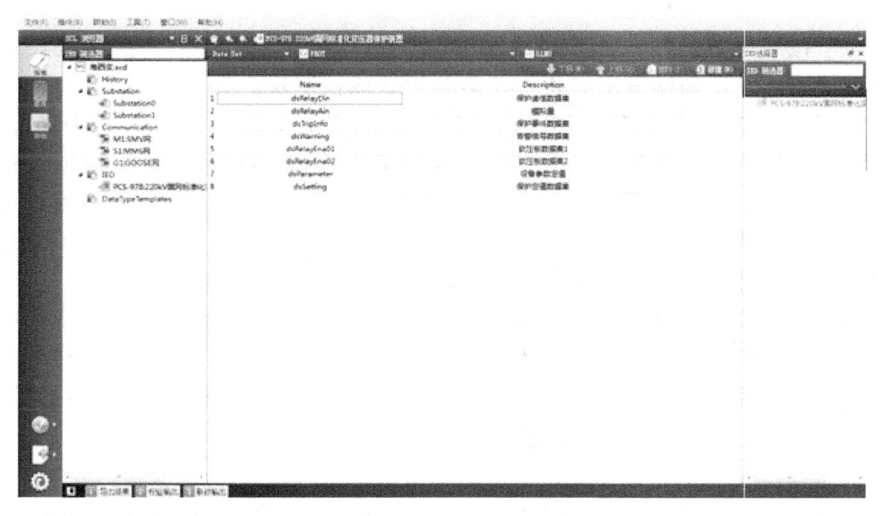

图 1-13　数据集

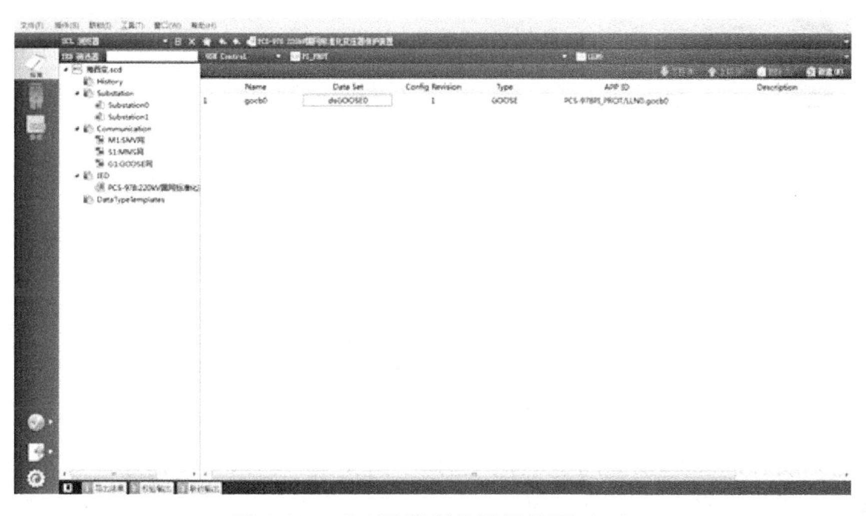

图 1-14　GOOSE 控制块设置界面（一）

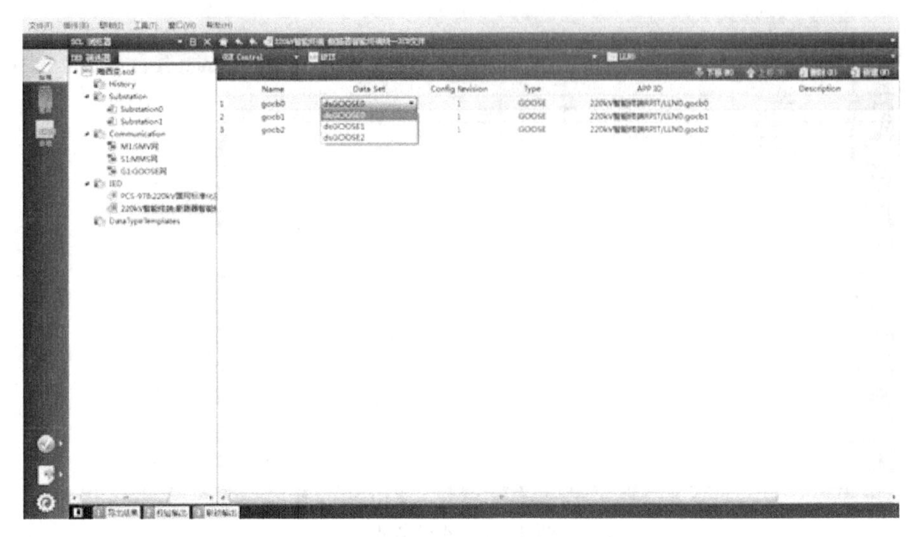

图 1-15 GOOSE 控制块设置界面（二）

在第一个下拉菜单中还有一个 SMV Control 选项，该选项是 SMV 的控制块设置选项。通常如合并单元等对外发送采样报文的装置才需要设置该控制块。

保护 GOOSE 的逻辑设备是 PI_ PROT，采样 SV 的逻辑设备是 SVLD_ PROT。因此，在第一个下拉菜单中选择 Inputs 选项，在第二个下拉菜单中选择 SVLD_ PROT 逻辑设备，可以设置保护装置的采样输入，如电压、电流的输入虚端子设置；在第一个下拉菜单中选择 Inputs 选项，在第二个下拉菜单中选择 PI_ PROT 逻辑设备，可以设置保护装置的 GOOSE 输入，如主变保护的失灵联跳开入、线路保护的断路器位置开入的虚端子设置。

在第一个下拉菜单中还有一个 Report Control 选项，即报告控制块选项。该选项是针对装置与后台的通信参数设置，不做具体描述。

(3) 变电站子网的建立及 IED 联网的通信设置　单击 Communication，在空白处单击右键，选择“新建”，或者在右上角选择“新建”按钮，如图 1-16 所示。

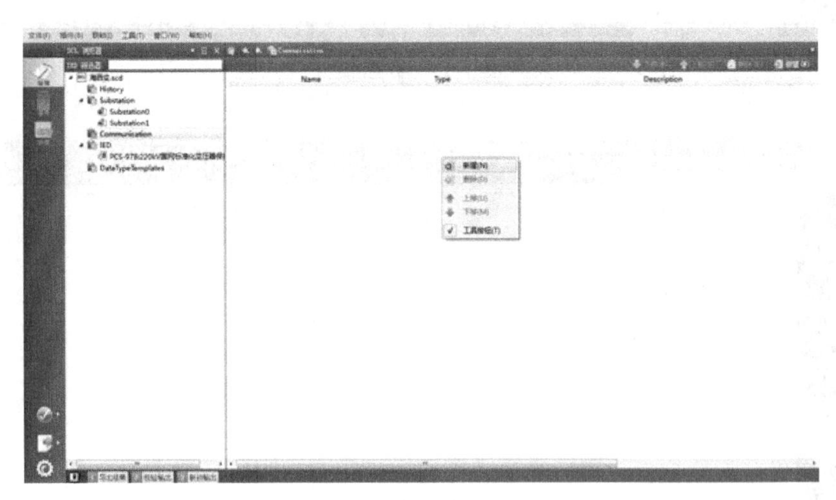

图 1-16 建立子网（一）

子网新建完成后，依次输入子网名称，选择子网类型，输入子网描述，如图 1-17 所示。

(4) IED MMS 网联网设置　单击 MMS 子网，进入 MMS 网设置界面。在右侧的 IED 选择

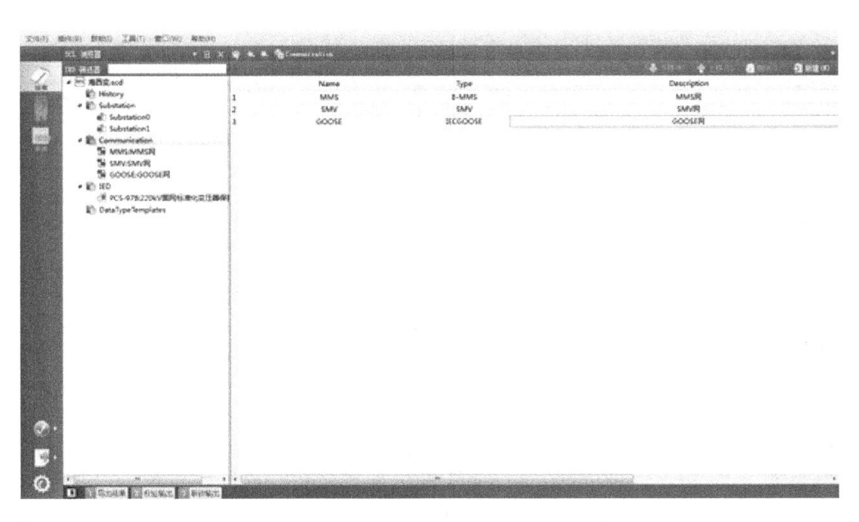

图 1-17　建立子网（二）

器中，双击需要入网的 IED，展开 IED 的访问点列表，如图 1-18 所示。其中 978 装置的 S1 表示 MMS 网的访问点、M1 表示采样访问点、G1 表示 GOOSE 访问点。界面中间窗口包含三个页面，分别是 Address、GSE 和 SMV，如图 1-18 所示。其中，Address 列出了变电站中所有装置在 MMS 网中基于 OSI 通信模型的访问点及其参数；GSE 列出了变电站中所有装置在 MMS 网中基于 OSI 链路层通信的访问点及其参数；SMV 对 MMS 网无效，不做说明。

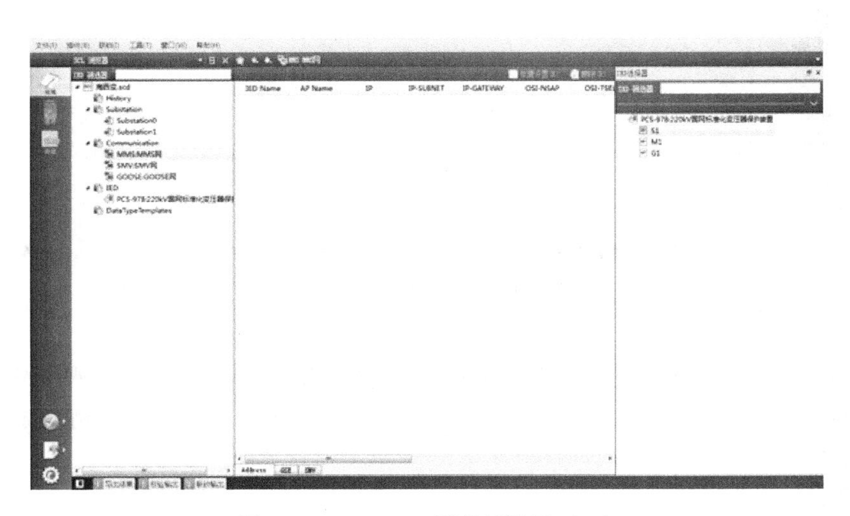

图 1-18　IED MMS 网联网设置（一）

选择 Address 页面，单击 978 装置下的 S1 访问点，将其拉入中间窗口中，如图 1-19 所示。依次设置该访问点的 IP 及 IP-SUBNET 项，其余参数默认。

当需要在 MMS 网传输 GOOSE 报文，如站控层联闭锁信息，在 MMS 网下选择 GSE 页面，将 IED 装置下的 S1 访问点拉入中间窗口中，如图 1-20 所示，并设置 MAC-Address 等通信参数。

(5) IED GOOSE 网联网设置　单击 GOOSE 子网，进入 GOOSE 网设置界面。选择 GSE 页面，单击 978 装置下的 G1 访问点，将其拉入中间页面，如图 1-21 所示。依次设置 MAC-Address 等通信参数，设置原则参照 1.1.3 节。

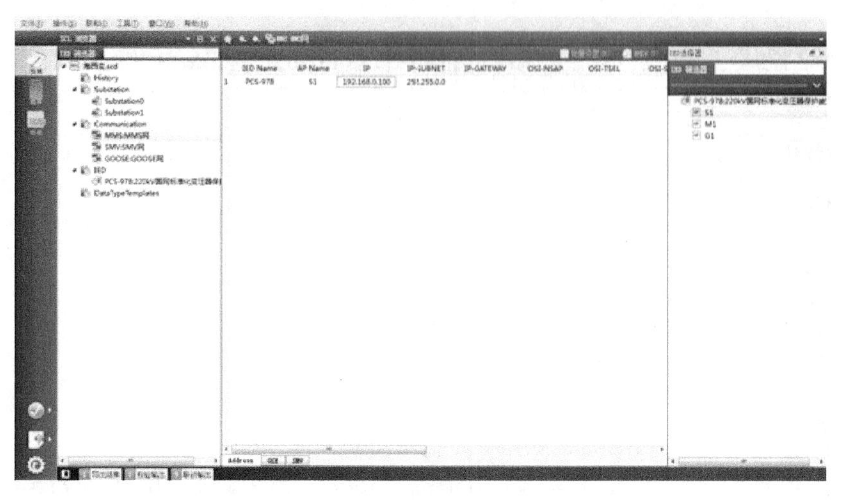

图 1-19　IED MMS 网联网设置（二）

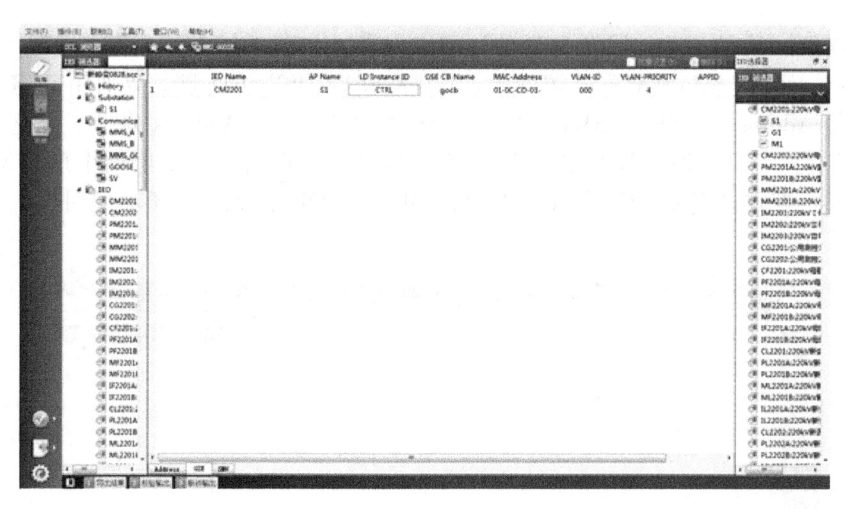

图 1-20　IED MMS 网联网设置（三）

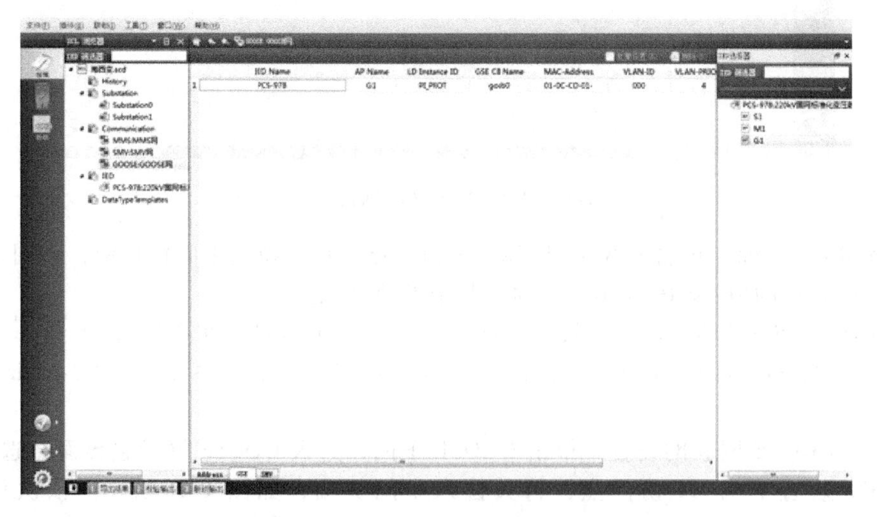

图 1-21　IED GOOSE 网联网设置

（6）IED SMV 网联网设置　单击 SMV 子网，进入 SMV 网设置界面。选择 SMV 页面，合并单元装置下的 M1 访问点，将其拉入中间页面，如图 1-22 所示。依次设置 MAC-Address 等参数，设置方法类似 GOOSE。

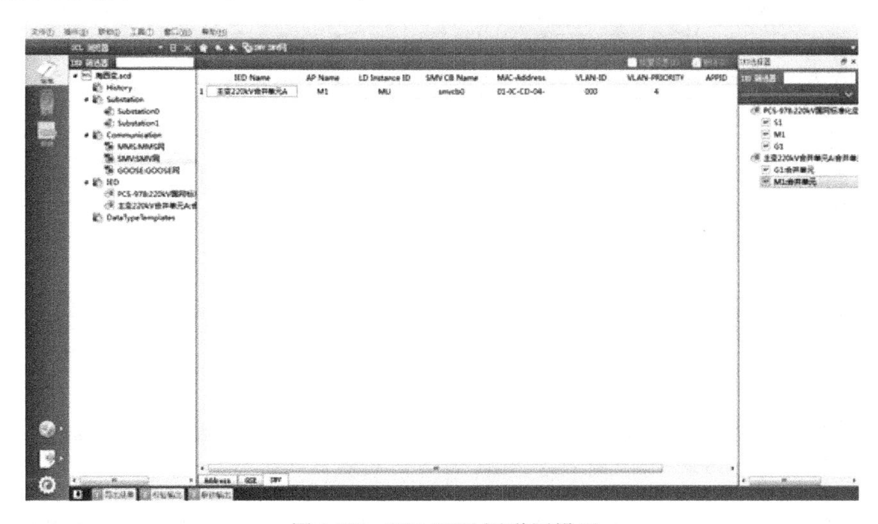

图 1-22　IED SMV 网联网设置

注：当 SMV 和 GOOSE 共网传输时，关于 SMV 网的相关操作可以在 GOOSE 子网下的 SMV 页面设置完成。

以上就是智能变电站 IED 的整个配置过程，通过以上操作可以将智能变电站中所有 IED 通过 MMS 网、GOOSE 网和 SMV 网联系在一起，最终实现变电站的正常运行。

（7）根据虚端子表进行保护装置的虚端子连线

1）SMV 虚端子连线。下面以 PCS-978 主变保护的采样为例，说明 SMV 虚端子的连线过程。

在 IED 列表中选择 1 号主变保护 A 装置，实例化名称为 TP2201A，在第一个下拉列表中选择 Inputs，在第二个下拉列表中选择 SVLD_ PROT，进入主变保护 SMV 虚端子连线的编辑界面，如图 1-23 所示。

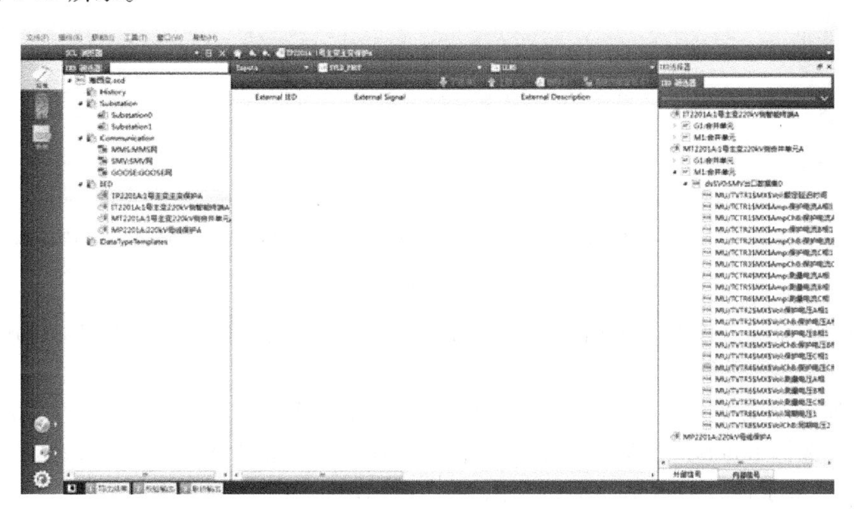

图 1-23　SMV 虚端子连线（一）

选择“发布方”。单击“IED 选择器”下方的“外部信号”按钮，双击“MT2201A：1 号主变 220kV 侧合并单元 A”，依次双击展开 M1 访问点下的“dsSV0”数据集。将主变保护需要的采样信号依次拉入中间空白，如图 1-24 所示。

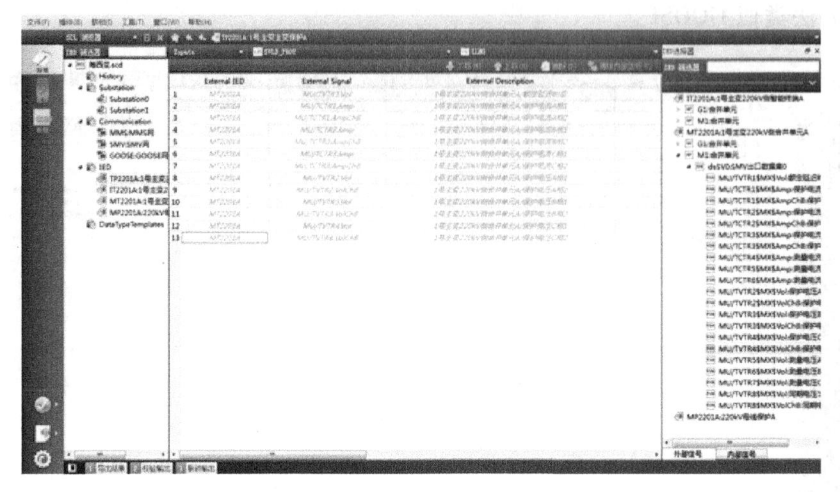

图 1-24　SMV 虚端子连线（二）

选择“接收方”。单击“IED 选择器”下方的“内部信号”按钮，依次展开主变保护 M1 访问点下 SVLD_ PROT 逻辑设备的逻辑节点列表。将逻辑节点（LN）“SVINTCTR1：高压侧 A 相电流”下的功能约束 FC 为 MX 的数据对象（DO）“Amp：高压侧保护电流 A 相”拉到外部信号对应“1 号主变 220kV 侧合并单元 A/保护电流 A 相 1”所在行释放，如图 1-25 所示。同理，对其他采样虚端子进行类似连线，如图 1-26 所示。

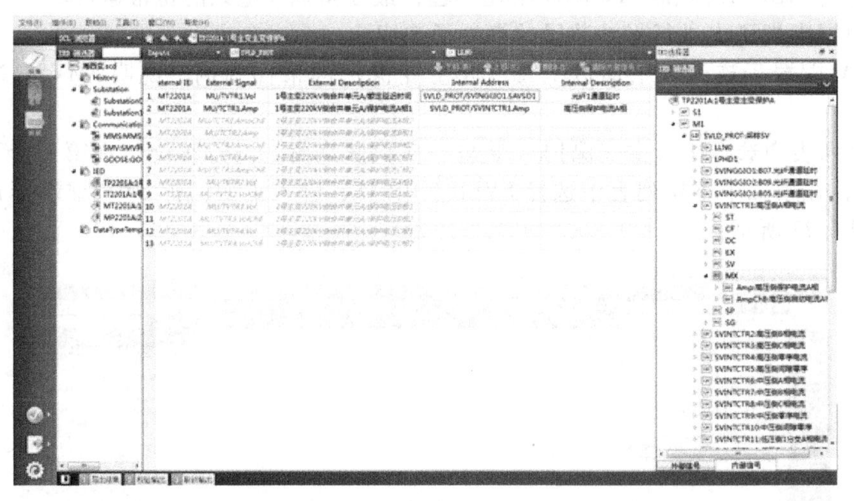

图 1-25　SMV 虚端子连线（三）

2）GOOSE 虚端子连线。下面以主变 220kV 智能终端的跳闸为例，说明 GOOSE 虚端子的连线过程。

在 IED 列表中选择 1 号主变 220kV 侧智能终端 A 装置，实例化名称为 IT2201A，在第一个下拉列表中选择 Inputs，在第二个下拉列表中选择 RPIT 逻辑设备，进入 220kV 侧智能终端 A 的 GOOSE 虚端子连线的编辑界面，如图 1-27 所示。

选择“发布方”。单击“IED 选择器”下方的“外部信号”按钮，双击“TP2201A：1 号主变主变保护 A”，依次双击展开 G1 访问点下的“dsGOOSE0”数据集。将主变保护跳 220kV

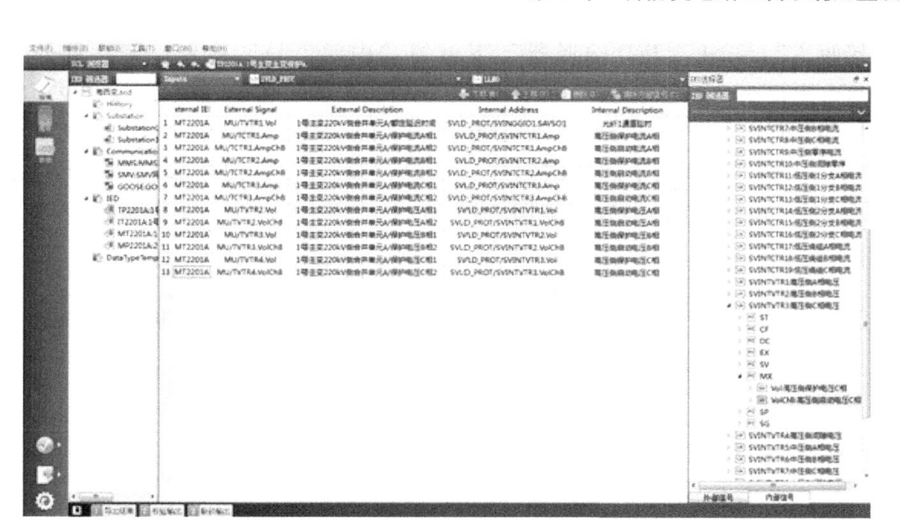

图 1-26　SMV 虚端子连线（四）

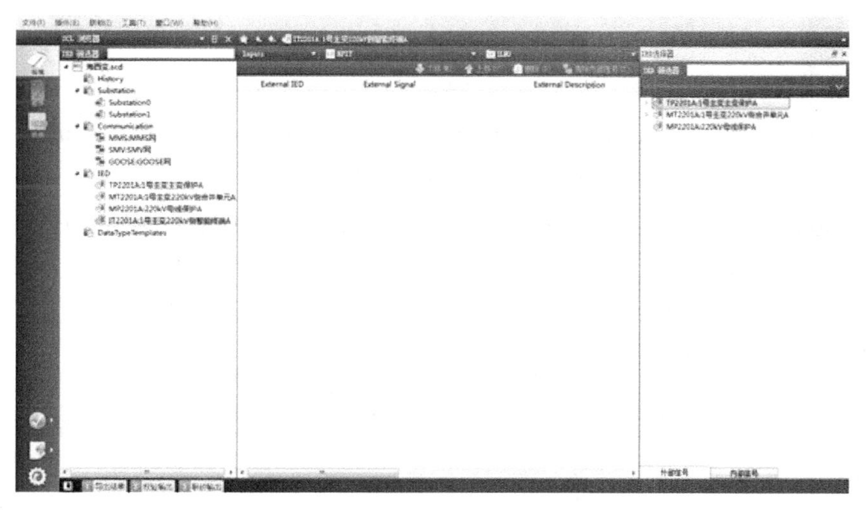

图 1-27　GOOSE 虚端子连线（一）

侧智能终端的信号依次拉入中间空白，如图 1-28 所示。

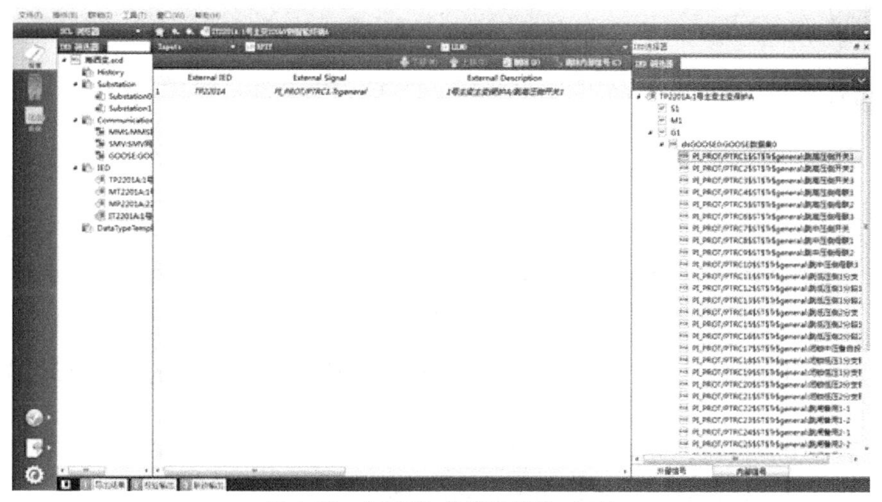

图 1-28　GOOSE 虚端子连线（二）

选择“接收方”。单击“IED 选择器”下方的“内部信号”按钮，依次展开“IT2201A：1 号主变 220kV 侧智能终端 A”的 G1 访问点下 RPIT 逻辑设备的逻辑节点列表。将逻辑节点（LN）“GOINGGIO1：保护 GOOSE 输入虚端子”下的功能约束 FC 为 ST 的数据对象（DO）“SPCSO21：TJR 闭重三跳 1”下的数据属性（DA）“stVal”拉到外部信号“1 号主变主变保护 A/跳高压侧开关 1”所在行释放，如图 1-29 所示。

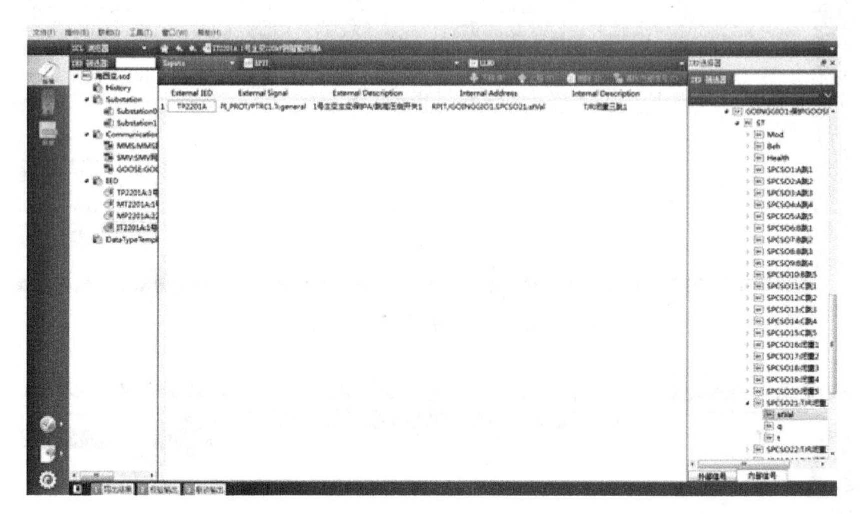

图 1-29　GOOSE 虚端子连线（三）

以上就是保护装置 SMV 和 GOOSE 虚端子的连线过程，通过上述方法，按照设计院给的虚端子表完成智能变电站全站虚端子的连接，最终生成全站 SCD 文件。

（8）更新 IED 设备　单击 IED 列表，右键单击需要更新 ICD 文件的装置，在弹出的菜单上选择“更新”，如图 1-30 所示。

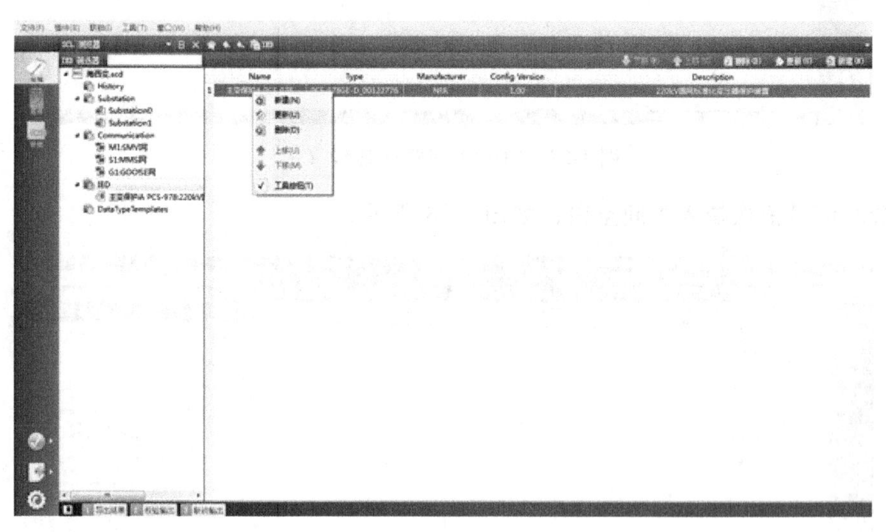

图 1-30　更新 IED 设备（一）

打开“更新 IED 向导”后，单击“浏览”按钮，选择需要更新的目标 ICD 文件，如图 1-31所示。

单击“下一步”按钮，进入 Schema 校验，并显示 Schema 校验结果，如图 1-32 所示。

单击“下一步”按钮，勾选更新选项，如图 1-33 所示。

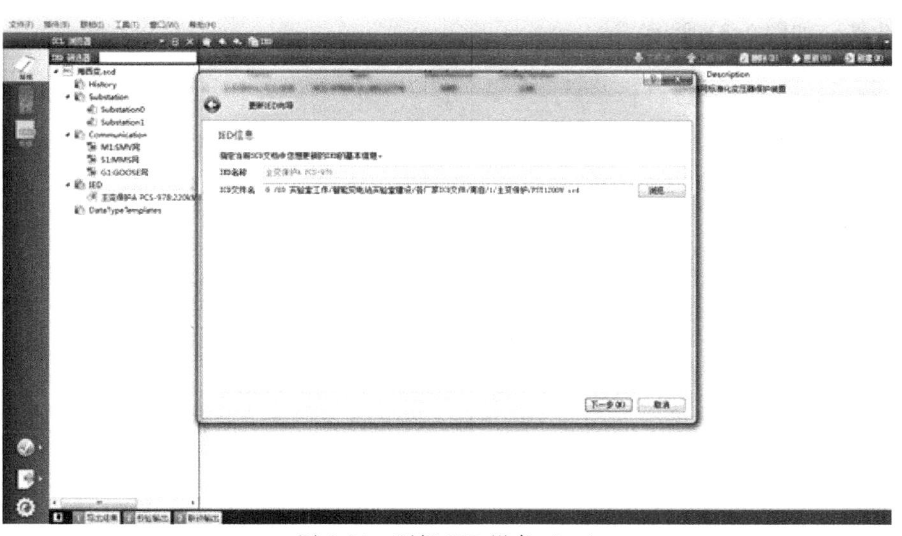

图 1-31　更新 IED 设备（二）

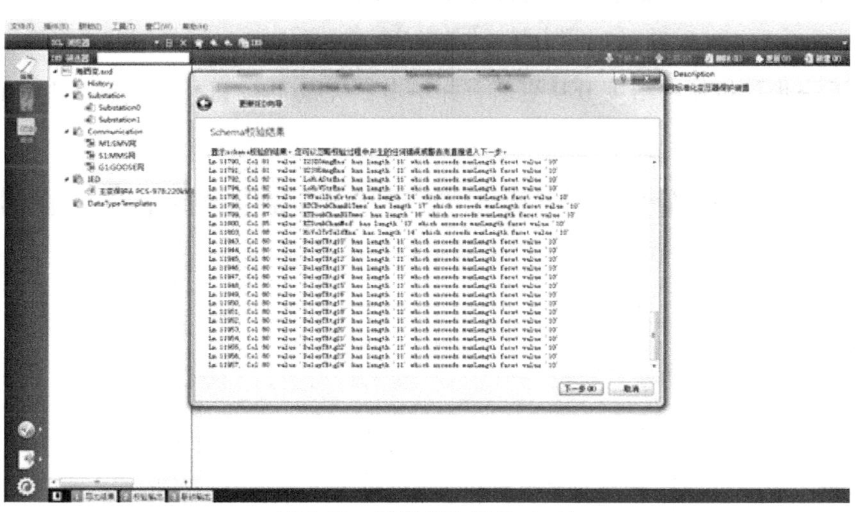

图 1-32　更新 IED 设备（三）

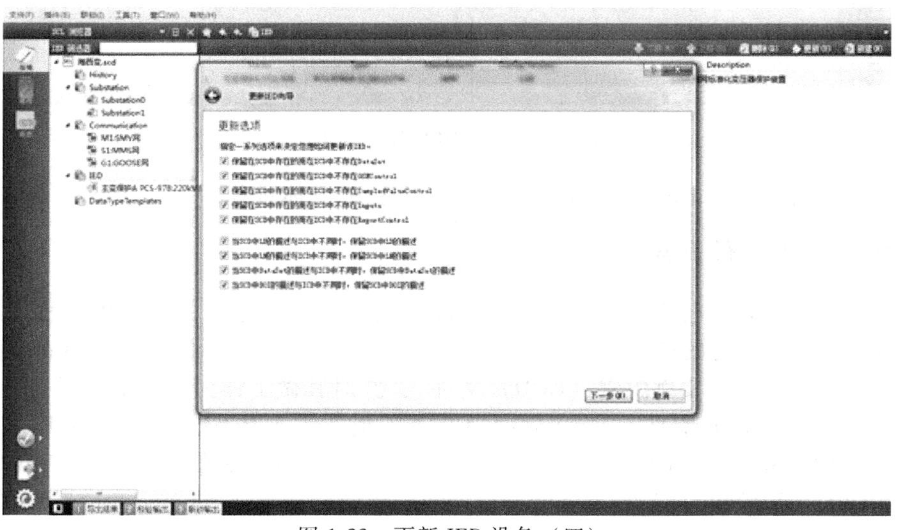

图 1-33　更新 IED 设备（四）

查看更新结果，如图 1-34 所示。

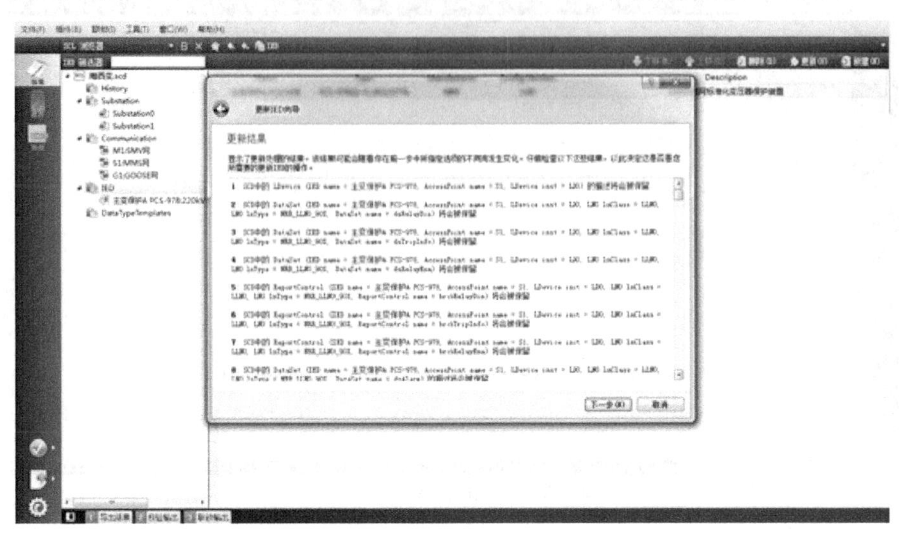

图 1-34　更新 IED 设备（五）

单击“下一步”按钮，结束 IED 更新，并单击“完成”按钮，完成更新 IED 向导，如图 1-35 所示。

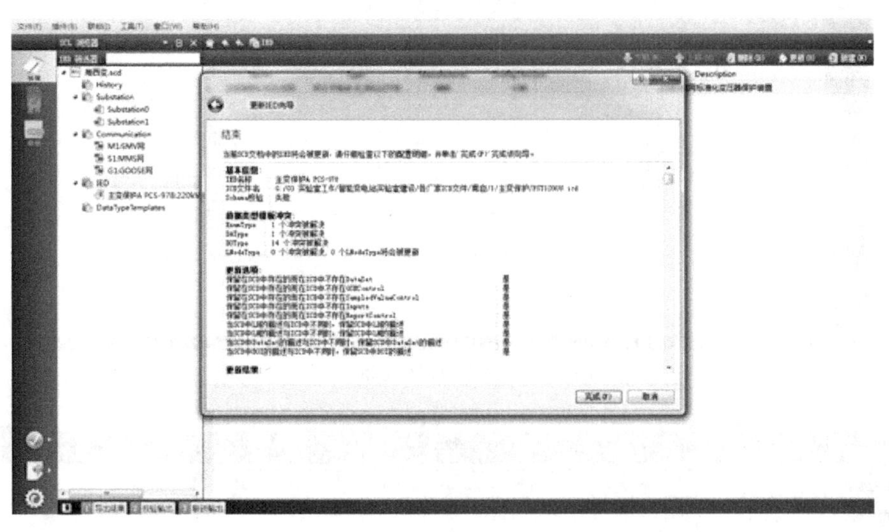

图 1-35　更新 IED 设备（六）

以上就是南瑞继保公司的 PCS-SCD 制作 SCD 文件的具体过程。

1.1.5　IED 配置文件介绍

之前已投运的智能变电站更侧重于过程层配置关系，因此除了标准配置流程中的 CID 文件，各厂家都有自己私有的过程层配置文件，差异性较大，2016 年国网公司规范了过程层配置文件，统一称为“回路实例配置（CCD）文件”，并对其做了详细的要求如下：

1）IED 元素：IED 元素是 CCD 文件的根节点，根节点下依次包含 GOOSEPUB（GOOSE 发布）元素、GOOSESUB（GOOSE 订阅）元素、SVPUB（SV 发布）元素、SVSUB（SV 订阅）元素、CRC（校验码）元素。

2）GOOSEPUB（GOOSE 发布）元素：GOOSEPUB 元素是从 SCD 文件中提取的装置过程

层 GOOSE 输出配置信息，GOOSEPUB 元素下包含按 SCD 文件顺序配置 GOOSE 控制块。

3）GOOSESUB（GOOSE 订阅）元素：GOOSESUB 元素是从 SCD 文件中提取的装置过程层 GOOSE 输入配置信息，GOOSESUB 元素下包含按 SCD 文件顺序订阅的外部 IED 的 GOOSE 控制块。

4）SVPUB（SV 发布）元素：SVPUB 元素是从 SCD 文件中提取的装置过程层 SV 输出配置信息，SVPUB 元素下包含按 SCD 文件顺序配置的 SV 控制块。

5）SVSUB（SV 订阅）元素：SVSUB 元素是从 SCD 文件中提取的装置过程层 SV 输入配置信息，SVSUB 元素下包含按 SCD 文件顺序订阅的外部 IED 的 SV 控制块。

6）CRC（校验码）元素：CRC 元素是按规则计算的 CCD 文件 CRC 校验码信息，在导出 CCD 文件时添加。

目前实际工程中，标准的回路实例配置文件的应用还较少，本书就以南瑞继保公司线路保护装置过程层配置来介绍。

PCS 902 线路保护的配置文件介绍及解释如下：

```
[GOOSETx]#GOOSE 发布
numGoCb=1 #GOOSE 发布控制块数量
[GoCB1]#发布控制块的名称
[Common]
GoCBRef=P_A22L_01UPIGO/LLN0$GO$gocb0  #控制块索引用
AppID=P_A22L_01UPIGO/LLN0.gocb0  #GOOSE 控制块标识
DatSet=P_A22L 01UPIGO/LLN0$dsGOOSE  #数据集
ConfRev=1  #配置版本号 1
numDatSetEntries=13  #通道数 13
FiberChNo=1,2,3,4,5,6,7,8  #发送端口
[DstAddr]
Addr=01-0C-CD-01-00-D5  #MAC 地址
Priority=4#优先级
VID=2#VLAN ID 号
Appid=10D5  #装置的 APPID,与 MAC 地址对应
MinTime=2  #GOOSE 首次触发时间
MaxTime=5000  #GOOSE 稳态发送间隔时间
[FCDA1]  #跳断路器
Ref=P_A22L_01UPIGO/PTRC3$ST$Tr$phsA  #信息地址索引
Type =Bool  #数据类型
InVarName =B07.GSLogicLinkMult5.out1  #内部索引
ACT=1
[FCDA2]  #跳断路器
Ref=P_A22L_01UPIGO/PTRC3$ST$Tr$phsB
Type=Bool
InVarName=B07.GSLogicLinkMult5.out2
ACT=1
[FCDA3]  #跳断路器
Ref=P_A22L_01UPIGO/PTRC3$ST$Tr$phsC
Type=Bool
```

InVarName = B07.GSLogicLinkMult5.out3
ACT = 1
[FCDA4]#启动失灵
Ref = P-A22L_01UPIGO/PTRC3STStrBF$phsA
Type = Bool
InVarName = B07.GSLogicLinkMult6.out1
ACT = 1
[FCDA5]#启动失灵
Ref = P_A22L_01UPIGO/PTRC3STStrBF$phsB
Type = Bool
InVarName = B07.GSLogicLinkMult6.out2
ACT = 1
[FCDA6] #启动失灵
Ref = P_A22L 01UPIGO/PTRC3STStrBF$phsC
Type = Bool
InVarName = B07.GSLogicLinkMult6.out3
ACT = 1
[FCDA7] #闭锁重合闸
Ref = P_22L_01UPIGO/PTRC3STBlkRecST$stVal
Type = Bool
InVarName = B07.GSLogicLink5.out
ACT = 0
[FCDA8] #重合闸
Ref = P_A22L_01UPIGO/RREC1ST0p$general
Type = Bool
InVarName = B07.GSLogicLink3.out
ACT = 1
[FCDA9] #保护动作
Ref = P_A22L 01UPIGO/GGIO1STInd2$stVal
Type = Boo1
InVarName = B04.SwitchOut1.go_io9
ACT = 0
[FCDA10]#A 相发信
Ref = P_A22L_01UPIGO/CGI02STInd1$stVal
Type = Bool
InVarName = B04.GPRelay1.FXA
ACT = 0
[FCDA11]#B 相发信
Ref = P_A22L_01UPIGO/GGI02STInd2$stVal
Type = Bool
InVarName = B04.GPRelay1.FXB
ACT = 0

```
[FCDA12]  #C 相发信
Ref=P_A22L_01UPIGO/GGI02$ST$Ind3$stVal
Type=Bool
InVarName=B04.GPRelay1.FXC
ACT=0
[FCDA13]  #通道故障
Ref=P_A22L_01UPIGO/CGI02$ST$Ind7$stVal
Type=Bool
InVarName=B04.GPRelay1.TDSY_Fail
ACT=0
[GOOSE Rx]  #GOOSE 订阅
numGoCb=0  #GOOSE 订阅控制块数量
numInput=0  #GOOSE 接收信号数量
[SMV Tx]  #SV 发布
numSmvCb=0  #SV  发布控制块数量
[SMV Rx]  #SV 订阅
numSmvCb=0  #SV 订阅控制块数量
numInput=0  #SV 接收信号数量
[FILE INFO]
IcdCrc=B69126D3  #ICD 校验码
[Private Info]
slotId=B07  #对应板件号
fileCrc=59B9E345  #文件校验码
```

1.2　SCD 管控技术

从这些年智能变电站建设运维经验来看，二次系统配置文件存在如下特点及问题：

1）智能变电站二次系统所遵循的 IEC 61850 标准是一种开放的、可扩展的标准，迄今为止各个二次设备厂家对其理解有所不同，降低了各家产品（包括硬件、软件、文档等）之间的互操作性；

2）配置文件以文档的形式存放，文件经常使用和改动，目前没有统一的机构对其进行管理以保证其源头唯一性；

3）与常规变电站直观的二次线缆不同，配置文件通过下载到设备内部实现其功能，难以直观地查看其具体设置及改动情况，无法对厂家调试人员对文件所做配置及更改进行有效的管控；

4）目前各个厂家的软、硬件产品处于不断改进之中，厂家提供的 IED 设备软件版本及 ICD 文件频繁更换，使得设计和调试过程中存在大量重复性工作，返工现象较严重，工作量大大增加，建设周期变长；

5）目前智能变电站建设过程中存在严重的“四边”现象，即边研发，边设计，边集成，边调试。建设过程协调困难、不易控制进度、管理工作比较被动，缺乏保障工程项目提高效率、保证达标的有效措施。

针对以上这些问题，很有必要对配置文件进行有效地阅读、管理、控制。在智能变电站建设、改扩建及运维检修过程中，进行全站 SCD、下载智能装置的 CID 等配置文件的全过程管控，可以明确各参与方的权利和责任，更好地协调各方工作，增强管理能力，有效督促厂家控制软件版本的变换频率，控制建设进度，缩短建设周期，保证建设及运维过程更好地遵循相关规范和标准。

另外，由于对各个智能变电站二次系统配置文件进行严格的全过程管控，可以保证配置文件源头唯一性，确保文件的实时性及准确性，提高信息共享程度，并高效集约地为智能变电站的各种扩展应用及高级应用提供数据基础和实现可能。

1.2.1 智能变电站二次系统配置文件全过程管控平台

智能变电站二次系统配置文件全过程管控工作依托全过程管控平台实现。山东容弗新信息科技有限公司开发的管控平台提供了一种实现思路。该平台以智能变电站 ICD、SCD、CID 等配置文件管控为主线，实现了对智能变电站建设过程中设计、调试、验收、运维、改扩建等各环节的配置文件、相关资料和台账进行归档和管控。平台具体功能包括项目流程管理，项目资料归档入库管理，并提供管控过程中所需要的检测工具、差异化比对工具、一致性比对工具及配置文件可视化工具等。另外为了提高实用性，平台还提供了便携式离线版全过程管控软件，弥补了建设现场不方便使用在线平台的不足。

具体来说，该平台包括项目管理、资料管理、在线服务工具三大功能模块，如图 1-36 所示，各功能模块包含的子功能模块如下：

1）项目管理。包括工程管理、变更控制、缺陷跟踪、任务管理、统计分析五个子业务功能；

2）资料管理。包括基础参数管理、ICD 入网管理、工程资料管理、历史工程管理、制度规范管理五个子业务功能；

3）在线服务工具。包括 CRC 校验、SCL 检测、SCD 差异化比较、ICD 与 ICD 比对、CID 与 CID 比对、ICD 与虚端子表比对、SCD 与 CID 比对、SCD 与 ICD 比对、SCD 与 MAC 地址表比对、SCD 与 IP 地址表比对、SCD 与虚回路表比对。

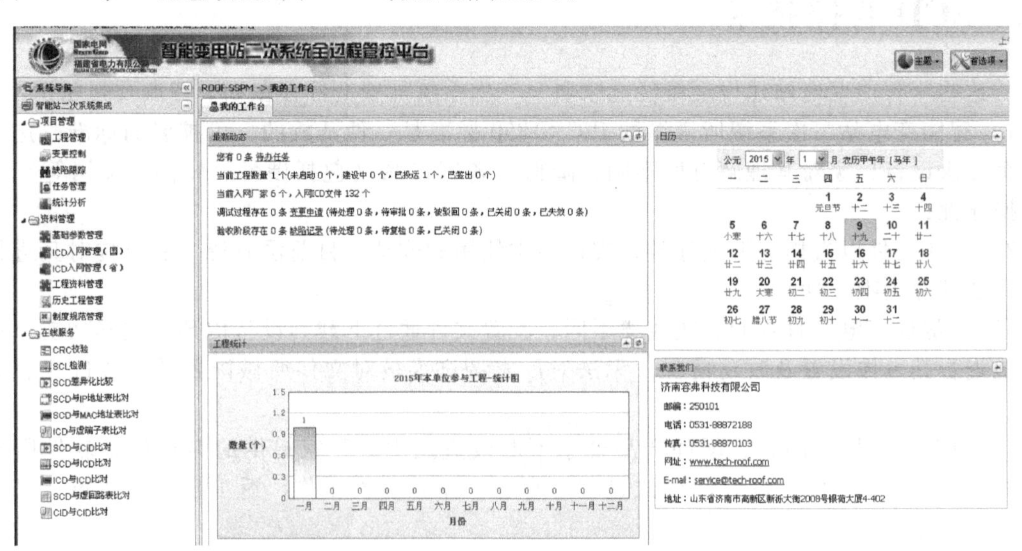

图 1-36 智能变电站二次系统配置文件全过程管控平台

1. 项目管理

项目管理主要是对智能变电站建设或改扩建工程项目的全过程管理。

（1）工程管理　整个项目的全过程包括如下几个阶段：设计阶段、调试阶段、验收阶段、运维阶段，改扩建与新建设过程类似。整个项目全过程的主要工作内容及执行单位见表 1-11。

表 1-11　全过程管控的主要工作内容及执行单位

阶段	任务名称	任务内容	配置文件管控内容
设计阶段	设备材料清册提交	工程创建后生成设备材料清册提交任务，由业主或设计单位提交设备清册	ICD 文件、虚端子接收
	ICD 入网审核	电科院审核 ICD，将符合条件的 ICD 维护到 ICD 入网管理省库里	二次智能设备的 ICD 模型入网检测，及工程提交的 ICD 模型的审核及检测
	设计成果上传	设计单位提交 SCD、图样、报表等设计成果附件，SCD 也可在集成联调阶段提交	提交的 SCD 与模型库的 ICD 文档进行比对，确认 ICD 模型的来源无误
	图样会审	设计审核单位审核图样、资料及配置文件的完整性、一致性，为集成联调做准备	资料、图样及配置文件审核管控
调试阶段	提交调试大纲	提交调试大纲，为调试做准备，利用设计单位提交（集成商集成）的 SCD 文档开展验证工作	可利用平台下载 SCD 文件，同时利用在线比对工具对 SCD 与 ICD 模型源文件进行比对，确保 SCD 与 ICD 模型一致
	提交调试报告	进入调试阶段后，对 SCD、CID 等配置文件进行试验验证，如果在调试过程中发生 ICD、SCD 变更，对变更的配置文件进行迭代更换	调试过程中配置文件修改时采用变更流程进行 SCD、ICD 配置文件的管控
	最终版配置文件上传	提交最终的 SCD、CID 及私有的配置文件上传及归档	调试后的 CID 文件与 SCD 文档进行比对，确保下载的配置文件与 SCD 一致性
验收阶段	提交验收方案	提交验收方案，利用调试后的 SCD、CID 进行试验验证	
	提交验收报告	提交验收报告，最终阶段的从装置下载的私有配置文件及 CID 上传、归档	最终的私有配置文件及 CID 可与 SCD 进行比对
运维阶段	检修及缺陷处理	相关配置文件的下载，装置功能及虚回路的检验，配置文件修改或变更的管控	配置文件修改或变更的管控
改扩建工程	在原工程下建立子项目工程流程管理	原有配置文件的下载、修改，新增或技改间隔配置文件的修改等同于新建工程	新旧配置文件的延续管理，可对新增或改动的配置文件进行差异化比对，为现场调试或运检技术人员提供可视化比对服务

一个智能变电站工程项目在平台上的具体操作流程如图 1-37 所示。

工程管理还提供流程跟踪功能如图 1-38 所示，可以很直观地查看当前所处节点、已经历的节点以及下一步任务节点，项目流程的来龙去脉一目了然。

出于电力信息安全考虑，将全过程管控平台部署在内网服务器上，这样只有通过内网计算机才能访问到该平台。而在实际变电站建设过程中，内网计算机的部署地点离工作现场比较远，势必会影响全过程业务流程的及时流转。离线工具为解决该问题提供了一个思路。该思路是利用 U 盘等移动存储介质将内网服务器中的工程项目数据“迁出”，导入到部署了离线版管控平台软件的普通计算机中，进行业务流程的推进。直到本业务流程阶段结束，或者方便使用内网计算机时，将离线版管控平台中的最新项目数据“迁入”至内网服务器中，业务流程实现了无缝衔接。在项目数据迁出之后尚未迁入之前，本工程项目无法在内网计算机中进行推进，确保了项目数据来源的唯一性和数据的准确性。

（2）变更控制　在执行完工程的设计任务后、图样会审时以及调试过程中，如果发现需要对工程中设计阶段的 ICD 文件、SCD 文件、图样文件等相关文件进行变更的操作，通过变更控制进行变更操作。在变更控制的整个执行过程中，不允许主业务流程继续往下流转。

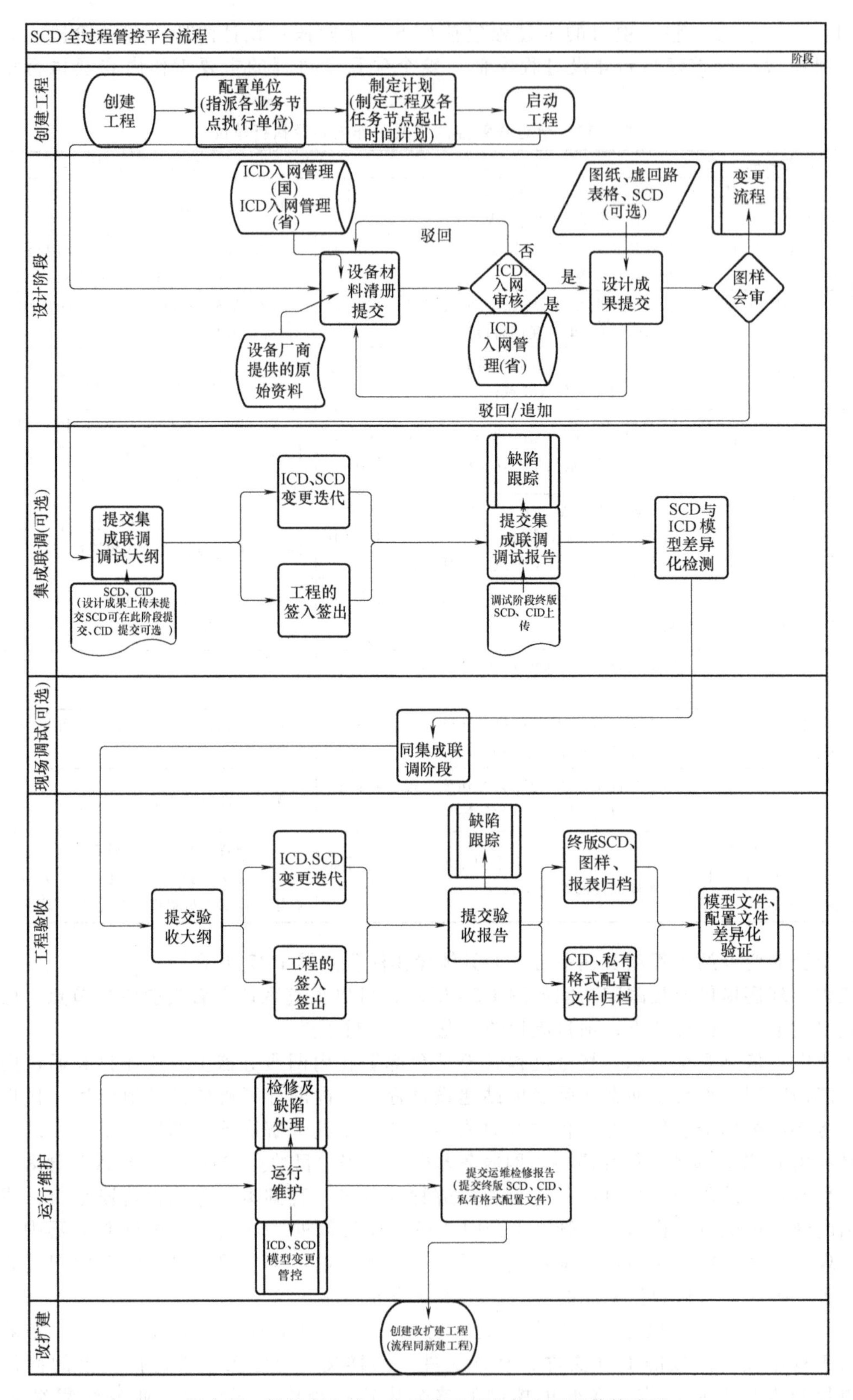

图 1-37 智能变电站二次系统配置文件全过程管控流程

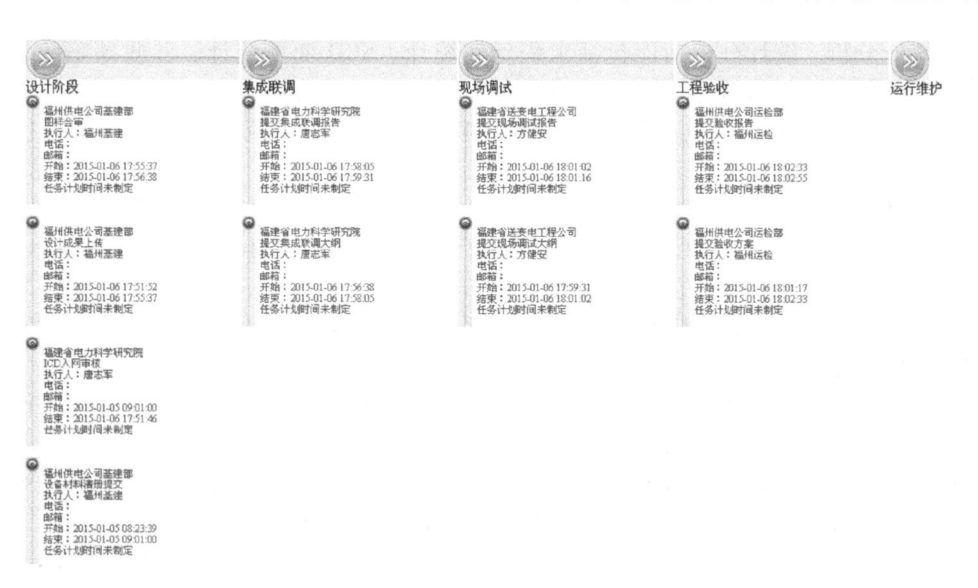

图 1-38　工程项目流程跟踪功能示意图

变更控制流程（见图 1-39）如下：

1）变更申请：用以发起变更流程，只要配置了“变更申请”功能项的单位都可以提交申请。

2）变更预处理：任何配置了“变更预处理”功能项的单位均可进行变更处理，处理内容是“确定变更审批单位”和“确定变更执行单位”。

3）变更审批：确定是否允许执行变更。

4）执行变更：具体变更内容可以是追加设备资料、变更设备资料以及提交新设计成果。

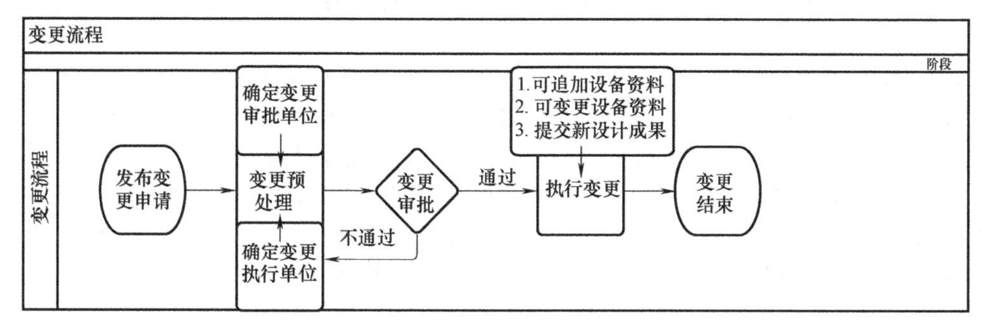

图 1-39　变更控制流程

此流程主要是实现对调试验收过程中 ICD 文件、SCD 文件更迭的管控，SCD 将与同阶段的 ICD 文件一起以不同版本的形式展现在“工程资料管理”中。

（3）缺陷跟踪　缺陷跟踪主要针对调试过程中凡是不影响到 SCD 变化的缺陷，这些缺陷各单位可以直接解决，其目的主要是进行缺陷记录，如图 1-40 所示。

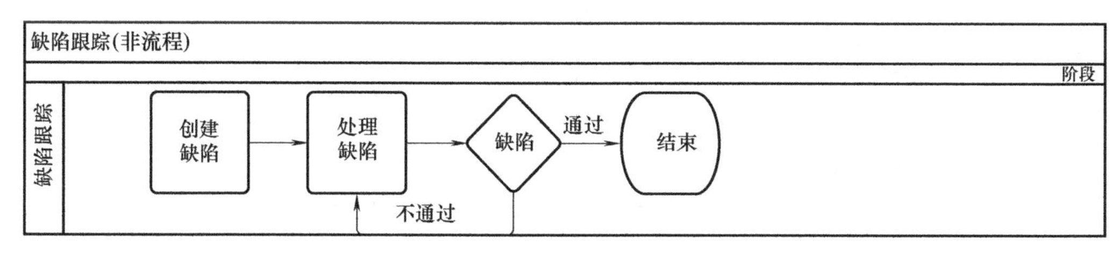

图 1-40　缺陷跟踪流程

(4) 统计分析　统计分析功能包括工程延期统计、SCD 变更统计、验收缺陷统计、任务督促统计以及任务执行偏差统计等几方面内容，旨在通过自动收集业务流程执行情况的相关数据，有助于考核各参与单位的执行效率和正确性，督促业务流程的有效流转，提高管理水平。

2. 资料管理

资料管理主要对工程中涉及的各类资料进行管理，包括基础参数管理、ICD 入网管理、工程资料管理、历史工程管理、制度规范管理。

1）基础参数管理：用以对产品类型、产品系列、标准规范、专业方向、问题类别进行增加、删减、修改等管理。

2）ICD 入网管理：SCD 文件是全站配置数据的唯一来源，而 SCD 是由 ICD 文件集成而来。一旦 ICD 文件有问题或者有缺陷，将导致 SCD 文件需要重新集成。目前由于厂家 ICD 文件频繁更改，导致调试过程频繁返工，极大地影响着调试进度和人员工作量。因此对 ICD 进行严格管理是十分必要的。具体管理流程参见 1.2.2 节“2. 管控活动”。

3）工程资料管理：用以保存工程中所录入的 ICD、SCD、CID 等配置文件，图样，报表，文档，厂家资料，装置软件版本。可以进行查看、下载。

4）历史工程管理：该功能用以维护历史变电站工程及相关的资料文件。

5）制度规范管理功能：用以录入、查看、下载国际标准、国家标准、行业标准、地方标准、企业标准、地域规范、行业规范、工程规范等资料。

3. 在线服务

在线服务提供了全过程管控过程中需要用到的辅助工具，主要包括 CRC 校验、SCL 检测、SCD 差异化比较、ICD 与 ICD 比对、CID 与 CID 比对、ICD 与虚端子表比对、SCD 与 CID 比对、SCD 与 ICD 比对、SCD 与 MAC 地址表比对、SCD 与 IP 地址表比对、SCD 与虚回路表比对，如图 1-41所示。

在线服务
CRC校验
SCL检测
SCD差异化比较
SCD与IP地址表比对
SCD与MAC地址表比对
ICD与虚端子表比对
SCD与CID比对
SCD与ICD比对
ICD与ICD比对
SCD与虚回路表比对
CID与CID比对

图 1-41　在线服务工具列表

1）CRC 校验：该功能用于检测 ICD、CID、SCD 文件的 CRC 校验码，并支持 CRC 校验码的导出，如图 1-42 所示。《IEC 61850 工程继电保护应用模型》（Q/GDW 1396—2012）中要求“系统配置工具应自动生成全站虚端子配置 CRC 版本和 IED 虚端子配置 CRC 版本并自动保存，IED 配置工具在下载过程层虚端子配置时应自动提取全站过程层虚端子配置 CRC 版本和 IED 过程层虚端子配置 CRC 版本，下载到装置并可通过人机界面查看”。

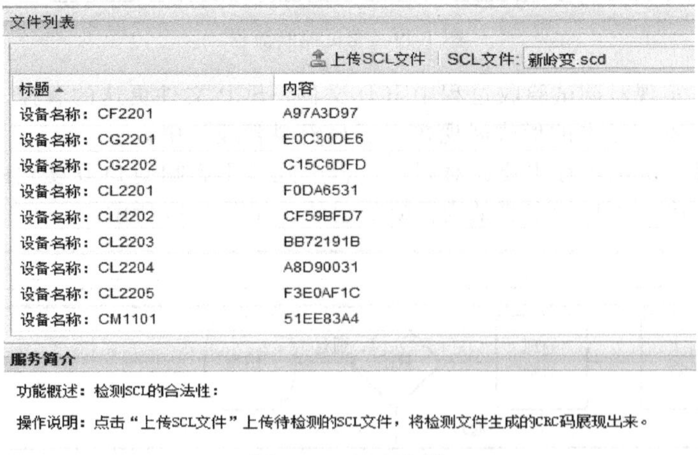

文件列表

上传SCL文件 | SCL文件: 新岭变.scd

标题	内容
设备名称：CF2201	A97A3D97
设备名称：CG2201	E0C30DE6
设备名称：CG2202	C15C6DFD
设备名称：CL2201	F0DA6531
设备名称：CL2202	CF59BFD7
设备名称：CL2203	BB72191B
设备名称：CL2204	A8D90031
设备名称：CL2205	F3E0AF1C
设备名称：CM1101	51EE83A4

服务简介

功能概述：检测SCL的合法性；

操作说明：点击“上传SCL文件”上传待检测的SCL文件，将检测文件生成的CRC码展现出来。

图 1-42　CRC 检测

2）SCL 检测：根据 IEC 61850 标准对 ICD 文件、SCD 文件、CID 文件等进行语法和语义检测，校验其合法性，如图 1-43 所示。

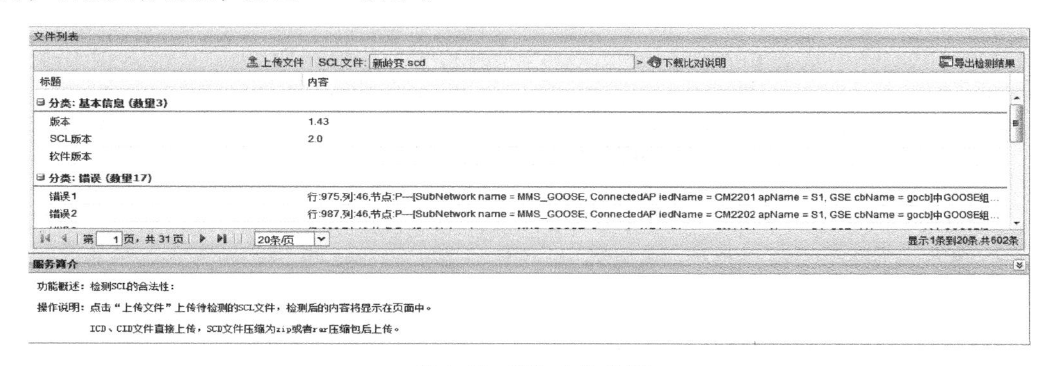

图 1-43　SCL 文件检测

3）SCD 差异化比较：用于比较不同版本 SCD 文件的差异，可以很直观地展示 SCD 文件的修改情况，如图 1-44 所示。

图 1-44　SCD 文件差异化比较

4）ICD 与 ICD 比对：ICD 与 ICD 比对服务的主要功能是比对两个 ICD 文件的差异。

5）CID 与 CID 比对：CID 与 CID 比对服务的主要功能是比对两个 CID 文件之间的差异。

6）SCD 与 IP 地址表比对：该功能用于比较 IP 地址表（Excel 文件形式）和 SCD 文件的内容一致性。比较差异时以子网、装置描述为关键值比较两个文件的 IP 地址、子网掩码是否一致，如图 1-45 所示。

7）SCD 与 MAC 地址表比对：该功能用于比较 MAC 地址表（Excel 文件形式）和 SCD 文件的内容一致性。按装置描述、访问点、控制块名称等字段进行查找，比较对应项的 MAC 地址、APPID 是否一致，如图 1-46 所示。

8）ICD 与虚端子表比对：用于比较虚端子表（Excel 文件）和 ICD 文件之间的虚端子信

IP与SCD差异化信息

上传IP与SCD压缩包 > 下载比对说明 > 下载IP模板　　导出检测结果

IP中所属...	IP中IED描述	IP中ip地址	IP中子网掩码	是否一致	SCD中所...	SCD中IED描述	SCD中ip地址	SCD中子网掩码
站控间隔层A网	QQ2202A	172.16.0.1	255.255.0.0	不一致	间隔层A网	ZF1	172.16.0.1	255.255.0.0
站控间隔层A网	PL3514A	172.16.0.10	255.255.0.0	不一致	间隔层A网	PL3514A	172.16.0.10	255.255.0.0
站控间隔层A网	WLDYJ-PG176	172.16.0.100	255.255.0.0	不一致				
站控间隔层A网	QT2203A	172.16.0.101	255.255.0.0	不一致	间隔层A网	QT2203A	172.16.0.101	255.255.0.0
站控间隔层A	QT2202A	172.16.0.102	255.255.0.0	不一致	间隔层A网	QT2202A	172.16.0.102	255.255.0.0

图 1-45　SCD 与 IP 地址表比对

MAC与SCD差异化信息

上传MAC与SCD压缩包 > 下载比对说明 > 下载MAC模板　　导出检测结果

设备标识	访问点名称	控制块名称	SCD中MAC地址	装置中MAC...	SCD中APPID	装置中APPID	是否一致
MT2204	M1	smvcb0	01-0C-CD-04-00-18		4018		不一致
MT2204	G1	gocb0	01-0C-CD-01-00-48		0048		不一致
MT2203	M1	smvcb0	01-0C-CD-04-00-17		4017		不一致
MT2203	G1	gocb0	01-0C-CD-01-00-47		0047		不一致
MT2202	M1	smvcb0	01-0C-CD-04-00-07		4007		不一致
MT2202	G1	gocb0	01-0C-CD-01-00-1F		001F		不一致
MT2201	M1	smvcb0	01-0C-CD-04-00-06		4006		不一致
MT2201	G1	gocb0	01-0C-CD-01-00-1E		001E		不一致
#2安防系统装	S1	GO_Gcb2		01-0C-CD-01-			不一致

服务简介

功能概述：比较MAC文件和SCD文件，MAC地址请采用模板填写

操作说明：点击“上传MAC和SCD压缩包”上传待比较的MAC与SCD文件，检测后的内容将以表格的形式展示在页面中。

图 1-46　SCD 与 MAC 地址表比对

息的差异，如图 1-47 所示。

装置资料比对

上传装置点与ICD压缩包 > 下载比对说明 > 下载装置模板　　导出检测结果

信号名称	EXCEL文件信号路径	ICD文件信号名称	ICD文件中信号路径	是否一致
联锁GOOSE块2#接收配置错误	PCS9621/GoWnGGIO42STInd1	联锁GOOSE块2#接收配置错误	PCS9621/GoWnGGIO42.Ind1	不一致
联锁GOOSE块3#接收A网断链	PCS9621/GoWnGGIO43STInd2	联锁GOOSE块3#接收A网断链	PCS9621/GoWnGGIO43.Ind2	不一致
联锁GOOSE块3#接收配置错误	PCS9621/GoWnGGIO43STInd1	联锁GOOSE块3#接收配置错误	PCS9621/GoWnGGIO43.Ind1	不一致
联锁GOOSE块4#接收A网断链	PCS9621/GoWnGGIO44STInd2	联锁GOOSE块4#接收A网断链	PCS9621/GoWnGGIO44.Ind2	不一致
联锁GOOSE块4#接收配置错误	PCS9621/GoWnGGIO44STInd1	联锁GOOSE块4#接收配置错误	PCS9621/GoWnGGIO44.Ind1	不一致
联锁GOOSE块5#接收A网断链	PCS9621/GoWnGGIO45STInd2	联锁GOOSE块5#接收A网断链	PCS9621/GoWnGGIO45.Ind2	不一致
联锁GOOSE块5#接收配置错误	PCS9621/GoWnGGIO45STInd1	联锁GOOSE块5#接收配置错误	PCS9621/GoWnGGIO45.Ind1	不一致
联锁GOOSE块6#接收A网断链	PCS9621/GoWnGGIO46STInd2	联锁GOOSE块6#接收A网断链	PCS9621/GoWnGGIO46.Ind2	不一致
联锁GOOSE块6#接收配置错误	PCS9621/GoWnGGIO46STInd1	联锁GOOSE块6#接收配置错误	PCS9621/GoWnGGIO46.Ind1	不一致

服务简介

功能概述：比较装置点文件和icd文件，装置点文件请采用模板填写

操作说明：点击“上传装置点和icd压缩包”上传待比较的装置点与icd文件，检测后的内容将以表格的形式展示在页面中。

图 1-47　ICD 与虚端子表比对

9）SCD 与 ICD 比对：用于比对 SCD 文件中某智能装置与该装置 ICD 文件的差异，确保装置使用的 ICD 文件与 SCD 版本的一致性。

10）SCD 与 CID 比对：用于比对 SCD 文件中某智能装置与该装置 CID 文件的差异，确保装置下载的 CID 文件与 SCD 版本的一致性，如图 1-48 所示。

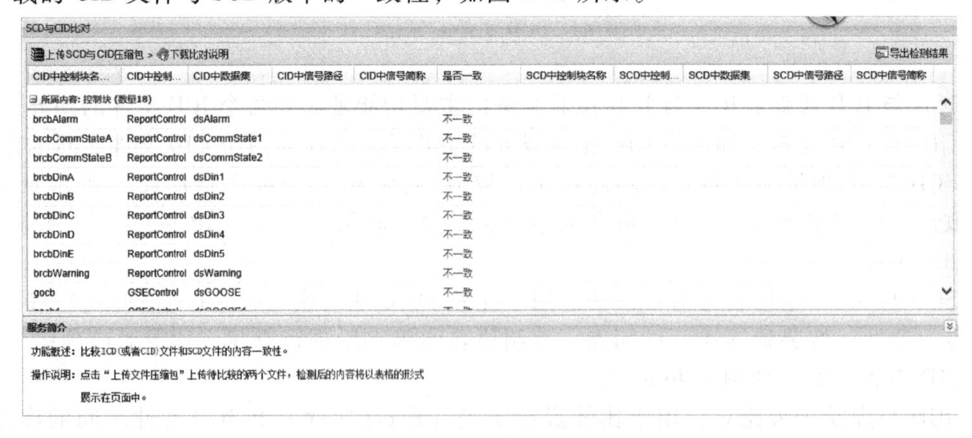

SCD与CID比对

上传SCD与CID压缩包 > 下载比对说明　　导出检测结果

所属内容：控制块（数量18）

CID中控制块名...	CID中控制...	CID中数据集	CID中信号路径	CID中信号简称	是否一致	SCD中控制块名称	SCD中控制...	SCD中数据集	SCD中信号路径	SCD中信号简称
brcbAlarm	ReportControl	dsAlarm			不一致					
brcbCommStateA	ReportControl	dsCommState1			不一致					
brcbCommStateB	ReportControl	dsCommState2			不一致					
brcbDinA	ReportControl	dsDin1			不一致					
brcbDinB	ReportControl	dsDin2			不一致					
brcbDinC	ReportControl	dsDin3			不一致					
brcbDinD	ReportControl	dsDin4			不一致					
brcbDinE	ReportControl	dsDin5			不一致					
brcbWarning	ReportControl	dsWarning			不一致					
gocb	GSEControl	dsGOOSE			不一致					

服务简介

功能概述：比较ICD（或者CID）文件和SCD文件的内容一致性。

操作说明：点击“上传文件压缩包”上传待比较的两个文件，检测后的内容将以表格的形式展示在页面中。

图 1-48　SCD 与 CID 比对

11）SCD 与虚回路表比对：用于比对 SCD 文件与虚回路表中各网络及装置的各种信息是否一致。

12）SCD 文件可视化工具：用于 SCD 文件的图形化展示，并能将两个 SCD 文件进行差异化的可视化比较，增添、删除、修改过的虚回路连接采用不同的标识直观地展现给用户，如图 1-49 所示。

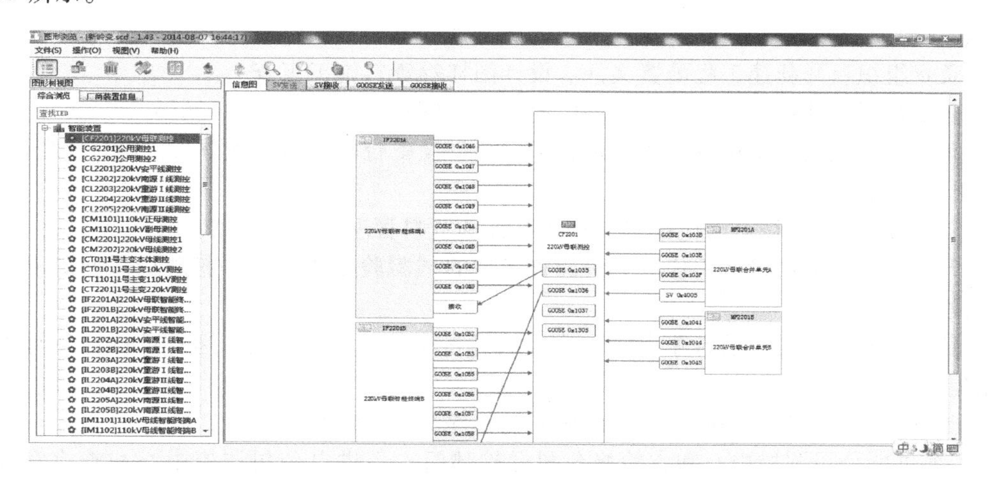

图 1-49　SCD 文件可视化工具

1.2.2　智能变电站二次系统配置文件全过程管控工作流程

1. 参与单位

（1）省级调控中心　省级调控中心负责省级电网智能变电站配置文件的专业归口管理，主要职责如下：

1）组织宣贯并落实上级发布的智能变电站配置文件相关规定和标准。

2）负责监督并考核各单位智能变电站配置文件的管控过程。

3）负责智能变电站 ICD 文件的入网管理。

（2）省级电科院　省级电科院负责省级电网智能变电站配置文件的技术管理工作，主要职责如下：

1）具体落实和执行上级发布的智能变电站配置文件相关规定和标准。

2）负责智能变电站验收及运维阶段配置文件管控平台系统（以下简称运行管控平台）的建设、升级改造及运行维护工作，并提供技术支撑和人员培训。

3）负责运行管控平台上配置文件管控流程的跟踪和监督，并定期发布智能变电站验收及运维阶段配置文件管控过程情况报告。

4）配合省级调控中心具体落实智能变电站 ICD 文件的入网管理，并在运行管控平台上建立 ICD 标准库。

（3）设计单位　设计单位负责智能变电站工程设计及施工调试阶段设计变更和配置文件管理工作，主要职责如下：

1）负责智能变电站设计及施工调试阶段配置文件的管控，宜建设本单位设计管控平台系统（以下简称设计管控平台），并负责其有效运转。

2）及时收集运行管控平台上 ICD 标准库，负责利用 ICD 标准库在设计管控平台上开展智能变电站二次系统的设计。

3）负责提供详细的设计资料，包括规范的配置文件、二次回路图样等。

4）负责设计管控平台上设计阶段配置文件的设计管控。

5）负责设计管控平台上施工调试阶段配置文件的变更和管控。

（4）设备供应商　设备供应商负责提供符合入网要求的智能装置，协助进行装置、系统的配置及下载。

（5）建设管理单位　建设管理单位负责智能变电站工程调试阶段配置文件资料管理及监督工作，主要职责如下：

1）负责组织召开新建工程配置文件、设计图样等资料施工审查会。

2）负责督促设计单位向生产运行部门提供设计资料及设计管控过程资料。

3）负责督促施工调试单位向生产运行部门提供设备台账参数、配置文件等技术资料。

（6）施工调试单位

施工调试单位负责调试阶段配置文件的验证和资料管理。

1）开展智能变电站调试工作，负责配置文件的试验验证正确，并将现场需变更设计的要求提交设计单位确认。

2）负责及时收集设备的台账参数、技术说明书等资料，提交生产运行部门在运行管控平台上创建工程。

3）验收前，应将与现场版本一致的配置文件提交生产运行部门。

（7）各供电公司调控中心和省检修公司运检部门　各供电公司调控中心和省检修公司运检部门负责落实辖区内智能变电站配置文件的具体专业管理工作，主要职责如下：

1）负责辖区内智能变电站配置文件及资料的统一管理，包括与现场版本的一致性核对、最终版配置文件归档等工作。

2）负责在运行管控平台上创建新建工程，组织录入设备台账参数，上传设备说明书、设计图样等资料，开展配置文件管控流程活动。

3）负责验收阶段的智能变电站配置文件流程管控与节点考核。

4）负责运维阶段的智能变电站配置文件的变更及运行维护管理。

2. 管控活动

智能变电站的新建、扩建及运行维护过程中，配置文件的修改应遵循“源端修改，过程受控”原则，确保智能装置中运行的配置文件版本的统一性。

智能变电站配置文件管理依托管控平台实现配置文件变更升级、配置文件校验等功能，严格按照修改、校核、审批、执行的管控流程开展工作。

（1）ICD 文件的入网管理

1）省电科院及时收集国网发布的 ICD 文件，以及经认可检测机构检测合格的 ICD 文件，并在运行管控平台上建立 ICD 标准库。

2）新入网的 ICD 文件或 ICD 文件发生变化时，应上报国网或者认可的检测机构检测合格，正式发布后方可入 ICD 标准库。

（2）设计阶段的配置文件管理

1）设计单位应使用运行管控平台 ICD 标准库开展设计，ICD 文件应先从国网 ICD 标准库中选取，其次从省网 ICD 标准库中选取。

2）设计单位提供的设计资料包括 SCD 文件、二次回路图样、虚端子表，ICD 文件版本清单等。

3）SCD 文件应严格按照《DL/T 860 实施技术规范》标准和智能变电站 SCD 工程实施规范的要求进行设计。

4）二次回路图样包括变电站配置图、通信系统配置图、变电站逻辑节点实例化功能图等。

5）设计单位应在设计管控平台上进行设计阶段的配置文件设计和管控。

（3）工程建设调试阶段的配置文件管理

1）在调试之前，建设管理单位应组织工程设计、调试、生产运行等单位，共同审核工程配置文件虚回路、虚端子配置方案等。

2）调试单位对二次系统的功能正确性进行验证，当发现配置文件不正确时，应向设计单位提交设计变更申请。

3）若涉及配置文件变化时，由设计单位负责确认并修改配置文件，调试单位负责重新验证，设备供应商协助进行装置、系统的配置调整及下载。

4）设计单位应在设计管控平台上进行施工调试阶段的配置文件的设计变更和有效闭环管控。

5）现场调试所使用的配置文件应由设计单位统一提供，调试单位应确保现场智能装置实际配置与配置文件的一致性。

6）调试过程中调试单位应管理好配置文件，包括 SCD 文件、二次回路图样、虚端子表、ICD 文件版本清单、SCD 和 CID 文件的版本变更记录、调试报告等资料。

7）验收前，调试单位应提交生产运行部门设备的台账参数及相关技术资料，包括与现场一致的厂家设备资料（图样、说明书、虚端子表、ICD 文件等）、设计资料（SSD、SCD、CID 文件和施工图样、虚端子表、IP 地址分配表以及设计更改通知单等），并作为具备验收条件之一。

（4）工程验收阶段的配置文件管理

1）验收前，生产运行部门应在运行管控平台上创建新建工程，录入设备台账参数，上传设备说明书、设计图样等资料。应确保资料录入的完整性，核实 ICD 文件版本与检测合格的 ICD 标准库模型一致。

2）验收过程中若涉及配置文件变更，生产运行部门应在运行管控平台上发起变更流程，并对各环节进行有效管控。建设管理单位应协调处理好配置文件变更需整改的内容。

3）验收结束后，生产运行部门应核实确保最终版配置文件与现场智能装置实际配置一致后，将最终版配置文件及相关资料上传运行管控平台归档，包括 SCD 文件、SSD 文件、CID 文件、交换机配置文件、IP 地址分配表、ICD 文件版本清单、SCD 和 CID 的版本变更记录以及竣工图样和调试报告等。

（5）运行维护阶段的配置文件管理

1）运行维护阶段的配置文件管理应以工程归档的配置文件及相关资料为依据，保证运维过程中现场实际运行配置文件与归档配置文件的一致性。

2）智能变电站的日常运维工作原则上不应变更配置文件。

3）由于缺陷处理、反措等引起配置文件变化，应在运行管控平台发起变更流程，进行有效闭环管控。

4）若涉及配置文件变化时，应全面协调二次系统设计变更和配置文件的变更、下载、调试、验证、资料归档等管理工作，确保变化内容与配置文件的实际改动一致。

5）若涉及配置文件变化时，应将变电站运行设备上提取的 CID 文件上传至运行管控平台，通过可视化比对校验功能实施配置文件验证管理。

（6）技改、扩建工程的配置文件管理

1）涉及技改、扩建工程，应在运行管控平台的原有工程上创建子工程，采用基于与现场一致的配置文件。

2）配置文件管理应参照新建工程管理，各环节的要求同上。

3. 监督考核

为促进全过程管控活动各参与方及时准确地履行各自的职责，提高智能变电站建设效率，保证智能变电站配置文件的有效受控，有必要对参与方及其活动进行监督考核。

监督方法可由省网技术监督单位（目前是省电科院）定期（如每季度）对各单位在运行管控平台上配置文件管控过程情况进行检查，并将结果上报省网技术主管单位（即省调控中心）。

省网技术主管单位对各单位配置文件管控过程进行考核，可以考虑将考核结果纳入继电保护指标及专业管理考核。

1.2.3 智能变电站二次系统配置文件全过程管控的后期应用

全过程管控活动若能加以有效执行，可以保证省网所有新建智能变电站配置文件的准确性和权威性。

配置文件对于智能变电站的重要性不言而喻，而智能变电站的大部分后期应用将需要依托智能变电站配置文件进行开展，例如调度主站端免维护技术、二次安措票智能开票系统、智能变电站二次设备自动化检测技术等的开发应用。

配置文件的共享及高效利用将为智能变电站建设和运行维护管理提供广阔的前景。

第2章 智能变电站的线路保护调试

2.1 CSC 103A 调试方法

2.1.1 概述

1. CSC 103A 装置功能说明

CSC 103A 线路保护装置适用于智能化变电站 220kV 及以上电压等级输电线路的主、后备保护。满足双母线、一个半断路器等各种接线形式。装置主保护为纵联电流差动保护，后备保护为三段式距离保护、两段式零序方向保护。本实验室装置的具体型号为 CSC 103A-DG-G（-DG-G 表示国网智能化装置，常规采样、GOOSE 跳闸）。装置支持面向通用对象的变电站事件（GOOSE）功能，满足数字化变电站需求。

2. 装置背板端子说明

CSC 103A-DG-G 线路保护装置插件布置如图 2-1 所示，下面主要对与单体调试相关度比较高的 X1/X2-CPU 插件以及 X5-交流插件进行介绍。

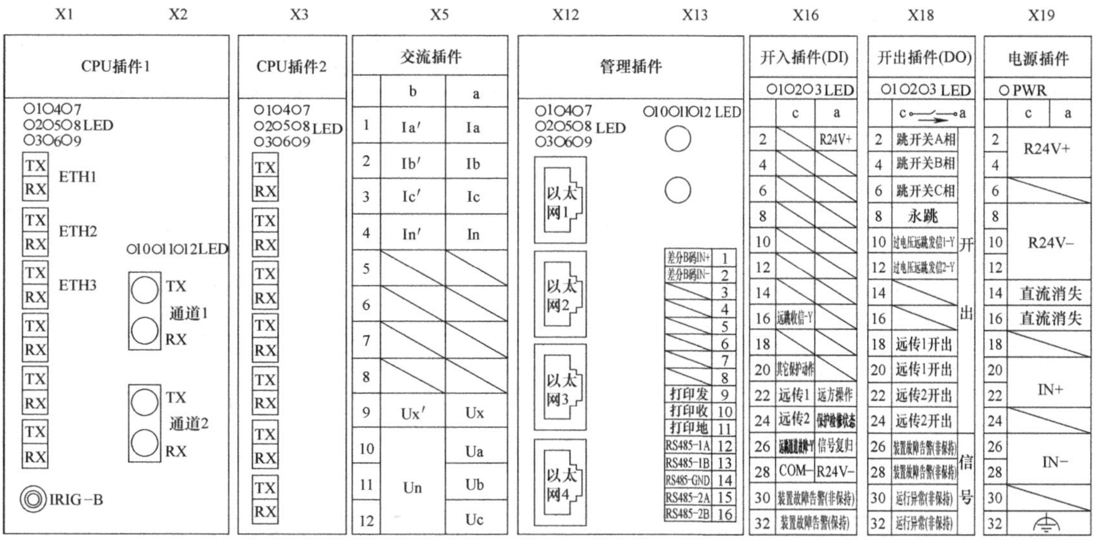

图 2-1　CSC 103A-DG-G 线路保护装置插件布置图

CPU 插件 1 包括保护 CPU 部分、GOOSE 和光纤接口装置 GOOSE 提供 3 组光以太网与交换机（或其他智能终端）相连，接收和发送数字信号。以单网方式组网时，应使用第一个网口；以双网方式组网时，应使用第一和第二网口；点对点时，可以使用任意一个网口。纵联保护可配置光纤 2M 双通道。

交流插件中模拟量端子的含义及具体的接法如图 2-2 所示。

端子标号	用途
a1－b1	A相电流回路，Ia为极性端，Ia′非极性端
a2－b2	B相电流回路，Ib为极性端，Ib′非极性端
a3－b3	C相电流回路，Ic为极性端，Ic′非极性端
a4－b4	3I0电流回路，In为极性端，In′非极性端
a9	Ux:检同期电压极性端输入
b9	Ux′:检同期电压非极性端输入
a10	A相电压Ua输入
a11	B相电压Ub输入
a12	C相电压Uc输入
b10/11/12	相电压公共端Un

图 2-2　CSC 103A-DG-G 交流插件模拟量端子含义图

3. 装置虚端子及软压板配置

装置虚端子联系情况如图 2-3 所示。

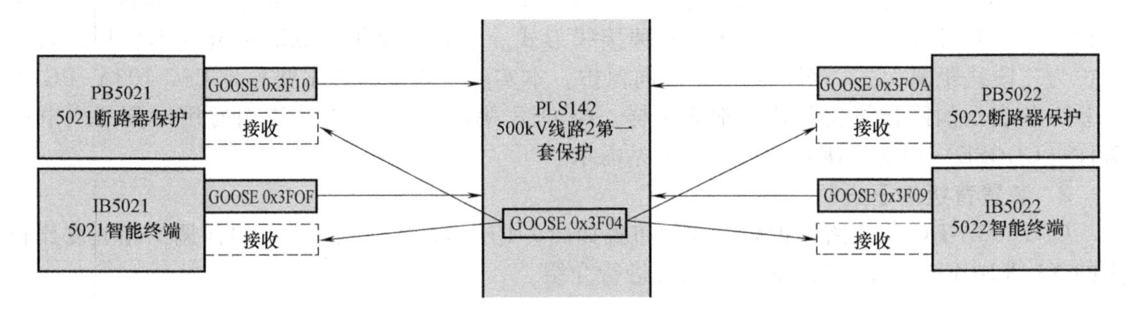

图 2-3　装置虚端子整体配置图

CSC 103A 线路保护装置虚端子开入及相关虚端子连线和软压板见表 2-1。

表 2-1　CSC 103A 线路保护虚端子开入表

序号	功能定义	终点设备:CSC 103A		起点设备		
		厂家虚端子定义	接收压板	设备名称	厂家虚端子定义	发送压板
1	边断路器 A 相跳闸位置	1.1_边断路器 A 相分位	—	5021 开关智能终端	43-断路器 A 相位置	—
2	边断路器 B 相跳闸位置	1.2_边断路器 B 相分位			45-断路器 B 相位置	
3	边断路器 C 相跳闸位置	1.3_边断路器 C 相分位			47-断路器 C 相位置	
4	中断路器 A 相跳闸位置	1.4_中断路器 A 相分位	—	5022 开关智能终端	43-断路器 A 相位置	—
5	中断路器 B 相跳闸位置	1.5_中断路器 B 相分位			45-断路器 B 相位置	
6	中断路器 C 相跳闸位置	1.6_中断路器 C 相分位			47-断路器 C 相位置	
7	远传 1	1.7_远传 1-1	—	5021 断路器保护	11-失灵跳闸 6	—
8	远传 2	1.8_远传 1-2	—	5022 断路器保护	11-失灵跳闸 6	—

CSC 103A 线路保护装置虚端子开出及相关虚端子连线和软压板见表 2-2。

表 2-2　CSC 103A 线路保护虚端子开入表

序号	功能定义	起点设备:CSC 103A		终点设备		
		厂家虚端子定义	发送软压板	设备名称	厂家虚端子定义	接收软压板
1	边断路器 A 相跳闸出口	1-边断路器跳闸	跳边断路器	5021 开关智能终端	1.1_跳 A_直跳	无
2	边断路器 B 相跳闸出口	2-边断路器跳闸			1.2_跳 B_直跳	
3	边断路器 C 相跳闸出口	3-边断路器跳闸			1.3_跳 C_直跳	

（续）

序号	功能定义	起点设备：CSC 103A		终点设备		
		厂家虚端子定义	发送软压板	设备名称	厂家虚端子定义	接收软压板
4	启动边断路器A相失灵	4-边断路器失灵	启动边断路器失灵	5021开关保护装置	1.1_保护A相跳闸1	—
5	启动边断路器B相失灵	5-边断路器失灵			1.2_保护B相跳闸1	
6	启动边断路器C相失灵	6-边断路器失灵			1.3_保护C相跳闸1	
7	边断路器永跳	7-边断路器永跳	边断路器永跳		1.4_闭锁重合闸-1	—
8	中断路器A相跳闸出口	8-中断路器跳闸	跳中断路器	5022开关智能终端	1.1_跳A_直跳	无
9	中断路器B相跳闸出口	9-中断路器跳闸			1.2_跳B_直跳	
10	中断路器C相跳闸出口	10-中断路器跳闸			1.3_跳C_直跳	
11	启动中断路器A相失灵	11-中断路器失灵	启动中断路器失灵	5022开关保护装置	1.1_保护A相跳闸1	—
12	启动中断路器B相失灵	12-中断路器失灵			1.2_保护B相跳闸1	
13	启动中断路器C相失灵	13-中断路器失灵			1.3_保护C相跳闸1	
14	中断路器永跳	14-中断路器永跳	中断路器永跳		1.4_闭锁重合闸-1	—

2.1.2 试验调试方法

测试仪器接线及配置如下：

1）将线路保护CPU插件上光纤通道1的RX与TX用单模光纤自环。

2）光纤接线：用3对尾纤分别将测试仪的“光口1”与线路保护的组网口（1口）连接，“光口2”与线路保护中断路器直跳GOOSE口（2口）连接，“光口3”与线路保护边断路器直跳GOOSE口（3口）连接。

3）测试仪配置如下：

系统参数：因本装置为常规采样、GOOSE跳闸模式，交流采样试验接线与常规变电站检验方式一样，调试仪器无须另外设置。

GOOSE订阅：设置本线路保护GOOSE输出（以跳中断路器、边断路器为例），将保护的“边断路器跳A、跳B、跳C、永跳”，“中断路器跳A、跳B、跳C、永跳”分别映射到测试仪的GOOSE开入“A、B、C、D”，“E、F、G、H”，订阅接收口设置选择“光口1”。

GOOSE发布：设置发布本线路保护对应智能终端、断路器保护GOOSE输出，并将边断路器智能终端映射到光口2，将相应的边断路器A相位置、B相位置、C相位置分别映射到开出Out1_ DBPOS、Out2_ DBPOS、Out3_ DBPOS；将中断路器智能终端映射到光口3，将相应的边断路器A相位置、B相位置、C相位置映射到开出Out4_ DBPOS、Out5_ DBPOS、Out6_ DBPOS；将边断路器保护映射到光口1，将相应的失灵联跳6映射到开出Out7；将中断路器保护映射到光口1，将相应的失灵联跳6映射到开出Out8。开入模式需选择正确，即开关位置选择“双位置接点”，失灵联跳开出选择“单位置接点”。单纯从调试的角度而言，可以只关联单个开关的位置状态。

2.1.3 纵联保护检验

1. 纵联零序差动保护定值检验——区外、区内检验

（1）相关定值　保护定值栏中设置如下：“变化量启动电流定值”：0.1A，“零序启动电流定值”：0.1A，“差动动作电流定值”：0.3A，本侧识别码：0001，对侧识别码：0001。

参数定值：PT电压比：500/0.1，CT电流比2000/1。

(2) 试验条件

1) 软压板设置如下：

a) 保护功能软压板：投入“纵联差动保护”软压板，投入“光纤通道一”软压板；

b) GOOSE发布软压板：投入“跳边断路器”软压板、投入“启动边断路器失灵”软压板、投入“边断路器永跳”软压板、投入“跳中断路器”软压板、投入“启动中断路器失灵”软压板、投入“中断路器永跳”软压板。

2) 控制字设置：“纵联差动保护”置“1”，“通道环回试验”置“1”，“三相跳闸方式”置“0”。

3) 开关状态：合上边开关及中开关（或者边、中开关任意合其一即可）。

4) 开入量检查：分相跳闸位置TWJa：开，分相跳闸位置TWJb：开，分相跳闸位置TWJc：开。

(3) 调试方法（见表2-3）

表2-3 纵联零序差动保护校验

试验项目	纵联零序差动保护校验(正向区内、外故障)		
正向区内故障试验仪器设置(A相接地故障)	状态1参数设置(故障前状态)		
	U_a:57.74∠0.00° U_b:57.74∠-120° U_c:57.74∠120°	I_a:0.00∠0.00° I_b:0.00∠0.00° I_c:0.00∠0.00°	开出:边(中)断路器A、B、C相位置置合(开出1~6打√); 状态触发条件:时间控制 10s
	说明:断路器A、B、C相位置置合,三相电压正常,电流为零,差动保护校验可删除此态或者将此状态时间减少至1s		
	状态2参数设置(故障状态)		
	U_a:50∠0.00° U_b:57.74∠-120° U_c:57.74∠120°	I_a:0.157∠-78° I_b:0.00∠0.00° I_c:0.00∠0.00°	开出:边(中)断路器A、B、C相位置置合(开出1~6打√) 状态触发条件:(时间+开入量) 时间控制:0.2s,开入量:A~H
	说明:零序差动固定延时100ms,故障态时间加量应大于150ms,可选择触发条件可以选择“时间+开入量”的模式。电流角度不限制		
	装置报文	1.4ms 保护启动;2.116ms 纵联差动保护动作 跳A相;3.116ms 零序差动动作 I=0.313A, I=0.000A,跳A相	
	装置指示灯	跳A相	
正向区外故障试验仪器设置(A相间故障)	状态1参数设置(故障前状态)		
	U_a:57.74∠0.00° U_b:57.74∠-120° U_c:57.74∠120°	I_a:0.00∠0.00° I_b:0.00∠0.00° I_c:0.00∠0.00°	开出:边(中)断路器A、B、C相位置置合(开出1~6打√) 状态触发条件:时间控制 10s
	说明:与区内故障第一态加量一致		
	状态2参数设置(故障状态)		
	U_a:50∠0.00° U_b:57.74∠-120° U_c:57.74∠120°	I_a:0.143∠-78° I_b:0.00∠0.00° I_c:0.00∠0.00°	开出:边(中)断路器A、B、C相位置置合(开出1~6打√) 状态触发条件:(时间+开入量) 时间控制:0.2s,开入量:A~H
	说明:0.95倍定值。		
	装置报文	3ms 保护启动	
	装置指示灯	无	

注：1. 计算公式：$I=mKI_{dz}$（m为系数，K在通道自环时取0.5）。

2. 定值单中的“差动动作电流定值”I_{CDSet}即为零序差动整定值，应大于一次240A。固定延时100ms。

2. 纵联分相差动保护定值检验——区外、区内检验（以分相差动低值为例）

（1）相关定值　保护定值栏中：“变化量启动电流定值”：0.1A，“零序启动电流定值”：0.1A，“差动动作电流定值”：0.3A，本侧识别码：0001，对侧识别码：0001。

参数定值：PT电压比：500/0.1，CT电流比2000/1。

（2）试验条件

1）软压板设置如下：

a）保护功能软压板：投入“纵联差动保护”软压板，投入“光纤通道一”软压板。

b）GOOSE发布软压板：投入“跳边断路器”软压板、投入“启动边断路器失灵”软压板、投入“边断路器永跳”软压板、投入“跳中断路器”软压板、投入“启动中断路器失灵”软压板、投入“中断路器永跳”软压板。

2）控制字设置：“纵联差动保护”置“1”，“通道环回试验”置“1”，“三相跳闸方式”置“0”。

3）开关状态：合上边开关及中开关（或者边、中开关任意合其一即可）。

4）开入量检查：分相跳闸位置TWJa：开，分相跳闸位置TWJb：开，分相跳闸位置TWJc：开。

（3）调试方法（见表2-4）

表2-4　纵联分相差动保护校验

<table>
<tr><td>试验项目</td><td colspan="3">纵联分相差动保护校验(正向区内、外故障)</td></tr>
<tr><td rowspan="9">正向区内故障试验仪器设置(A相接地故障)</td><td colspan="3">状态1参数设置(故障前状态)</td></tr>
<tr><td>U_{a}:57.74∠0.00°
U_{b}:57.74∠-120°
U_{c}:57.74∠120°</td><td>I_{a}:0.00∠0.00°
I_{b}:0.00∠0.00°
I_{c}:0.00∠0.00°</td><td>开出:边(中)断路器A、B、C相位置置合(开出1~6打√);
状态触发条件:时间控制10s</td></tr>
<tr><td colspan="3">说明:断路器A、B、C相位置置合,三相电压正常,电流为零,差动保护校验可删除此状态或者将此状态时间减少至1s</td></tr>
<tr><td colspan="3">状态2参数设置(故障状态)</td></tr>
<tr><td>U_{a}:50∠0.00°
U_{b}:57.74∠-120°
U_{c}:57.74∠120°</td><td>I_{a}:0.21∠-78°
I_{b}:0.00∠0.00°
I_{c}:0.00∠0.00°</td><td>开出:边(中)断路器A、B、C相位置置合(开出1~6打√)
状态触发条件:(时间+开入量)
时间控制:0.1s,开入量:A~H</td></tr>
<tr><td colspan="3">说明:1. 分相差动低值校验时,故障时间可加0.1s;分相差动高值校验时,故障时间可加0.05s。
2. 做各种类型差动试验时,故障态时间需控制好,否则可能单跳失败三跳(单相跳闸失败转三相跳闸),或者分相差动不动,而零序差动动作等异常情况</td></tr>
<tr><td>装置报文</td><td colspan="2">1. 4ms保护启动;2. 59ms纵联差动保护动作,跳A相;3. 59ms分相差动动作,I_{CDa}=0.422A,　I_{CDb}=0.000A,I_{CDc}=0.000A,跳A相</td></tr>
<tr><td>装置指示灯</td><td colspan="2">跳A</td></tr>
<tr><td colspan="3"></td></tr>
<tr><td rowspan="8">正向区外故障试验仪器设置(A相间故障)</td><td colspan="3">状态1参数设置(故障前状态)</td></tr>
<tr><td>U_{a}:57.74∠0.00°
U_{b}:57.74∠-120°
U_{c}:57.74∠120°</td><td>I_{a}:0.00∠0.00°
I_{b}:0.00∠0.00°
I_{c}:0.00∠0.00°</td><td>开出:边(中)断路器A、B、C相位置置合(开出1~6打√);状态触发条件:时间控制10s</td></tr>
<tr><td colspan="3">说明:与区内故障第一态加量一致</td></tr>
<tr><td colspan="3">状态2参数设置(故障状态)</td></tr>
<tr><td>U_{a}:50∠0.00°
U_{b}:57.74∠-120°
U_{c}:57.74∠120°</td><td>I_{a}:0.19∠-78°
I_{b}:0.00∠0.00°
I_{c}:0.00∠0.00°</td><td>开出:边(中)断路器A、B、C相位置置合(开出1~6打√);状态触发条件:(时间+开入量)
时间控制:0.1s,开入量:A~H</td></tr>
<tr><td colspan="3">说明:0.95倍定值</td></tr>
<tr><td>装置报文</td><td colspan="2">3ms保护启动</td></tr>
<tr><td>装置指示灯</td><td colspan="2">无</td></tr>
</table>

注：1. 计算公式：$I=mKI_{dz}$（m为系数，K在通道自环时取0.5，I_{dz}为电流整定定值）。

2. 分相差动低定值I_{DZL}取：$\max(I_{CDSet},\min(800A,K_1 \times I_{CDSet}))$，$K_1=1.5$。

3. 分相差动高定值I_{DZH}取：$\max(I_{CDSet},\min(10A,K_2 \times I_{CDSet}))$，$K_2=2$。

2.1.4 距离保护检验

1. 距离保护定值校验（以距离Ⅰ段为例）

（1）相关定值　保护定值栏中：“接地距离Ⅰ段保护定值” $Z_{\text{set I}}$：10Ω；“相间距离Ⅰ段保护定值” $Z_{\text{set I}}$：10Ω “零序电抗补偿系数” K_X：0.67；“零序电阻补偿系数” K_R：0.67；“线路正序灵敏角” ϕ_1：78°，“线路零序灵敏角” ϕ_0：78°。

（2）实验条件

1）软压板设置如下：

a）保护功能软压板：投入“距离保护”软压板。

b）GOOSE 发送软压板：投入“跳边断路器”软压板，投入“启动边断路器失灵”软压板，投入“边断路器永跳”软压板，投入“跳中断路器”软压板，投入“启动中断路器失灵”软压板，投入“中断路器永跳”软压板。

2）控制字设置：“距离保护Ⅰ段”置“1”，“距离保护Ⅱ段”置“1”，“距离保护Ⅲ段”置“1”，“三相跳闸方式”置“0”。

3）开关状态：合上边开关及中开关（或者边、中开关任意合其一即可）。

4）开入量检查：分相跳闸位置 TWJa：开，分相跳闸位置 TWJb：开，分相跳闸位置 TWJc：开。

（3）调试方法（见表 2-5 及表 2-6）

表 2-5　接地距离Ⅰ段保护校验

<table>
<tr><td>试验项目</td><td colspan="3">接地距离保护定值校验(正向区内、外故障;反向故障)</td></tr>
<tr><td rowspan="9">正向区内故障试验仪器设置(A 相接地故障)</td><td colspan="3">状态 1 参数设置(故障前状态)</td></tr>
<tr><td>U_a:57.74∠0.00°
U_b:57.74∠-120°
U_c:57.74∠120°</td><td>I_a:0.00∠0.00°
I_b:0.00∠0.00°
I_c:0.00∠0.00°</td><td>开出:边(中)断路器 A、B、C 相位置置合(开出 1~6打√);状态触发条件:时间控制 10s</td></tr>
<tr><td colspan="3">说明:三相电压正常,电流为零,待 PT 断线复归后即可进入下一态,也可采用手动控制的方式。</td></tr>
<tr><td colspan="3">状态 2 参数设置(故障状态)</td></tr>
<tr><td>U_a:15.865∠0.00°
U_b:57.74∠-120°
U_c:57.74∠120°</td><td>I_a:1.00∠-78°
I_b:0.00∠0.00°
I_c:0.00∠0.00°</td><td>开出:边(中)断路器 A、B、C 相位置置合(开出 1~6打√);状态触发条件:时间控制 0.1s</td></tr>
<tr><td colspan="3">说明:故障相电压降低,电流增大为计算的故障电流(1A),故障相电流滞后故障相电压的角度为线路正序灵敏角 Φ,一般加该段距离保护整定时间+0.1s 即可</td></tr>
<tr><td>装置报文</td><td colspan="2">1.2ms 启动;2.40ms 接地距离Ⅰ段动作 X=9.188Ω,R=2.016Ω,A 相,跳 A 相</td></tr>
<tr><td>装置指示灯</td><td colspan="2">跳 A 相</td></tr>
<tr><td colspan="3"></td></tr>
<tr><td rowspan="8">正向区外故障试验仪器设置</td><td colspan="3">状态 1 参数设置(故障前状态)</td></tr>
<tr><td>U_a:57.74∠0.00°
U_b:57.74∠-120°
U_c:57.74∠120°</td><td>I_a:0.00∠0.00°
I_b:0.00∠0.00°
I_c:0.00∠0.00°</td><td>开出:边(中)断路器 A、B、C 相位置置合(开出 1~6打√);状态触发条件:时间控制 10s</td></tr>
<tr><td colspan="3">说明:待 PT 断线复归后进入下一态</td></tr>
<tr><td colspan="3">状态 2 参数设置(故障状态)</td></tr>
<tr><td>U_a:17.535∠0.00°
U_b:57.74∠-120°
U_c:57.74∠120°</td><td>I_a:1.00∠-78°
I_b:0.00∠0.00°
I_c:0.00∠0.00°</td><td>开出:边(中)断路器 A、B、C 相位置置合(开出 1~6打√);状态触发条件:(时间+开入量);时间控制:0.1s,开入量:A~H</td></tr>
<tr><td colspan="3">说明: 1.05 倍定值</td></tr>
<tr><td>装置报文</td><td colspan="2">4ms 保护启动</td></tr>
<tr><td>装置指示灯</td><td colspan="2">无</td></tr>
</table>

（续）

<table>
<tr><td>试验项目</td><td colspan="2">接地距离保护定值校验（正向区内、外故障；反向故障）</td></tr>
<tr><td rowspan="3">反向故障</td><td>状态参数设置</td><td>单相接地故障：将区内故障中故障态的故障相电流角度加上 180°，电压角度不变即可</td></tr>
<tr><td>装置报文</td><td>4ms 保护启动</td></tr>
<tr><td>装置指示灯</td><td>无</td></tr>
</table>

注：1. 计算公式：$I_{\Phi}=I_{n}$；$U_{\Phi}=(1+K_{Z})mIZ_{set\,I}$。
　　2. 故障试验仪器设置以 A 相故障为例，B、C 相故障类同。
　　3. 本例子以距离 I 段为例，其他的类同，应注意时间的设置。

表 2-6　相间距离 I 段保护校验

<table>
<tr><td>试验项目</td><td colspan="3">相间距离保护定值校验（正向区内、外故障；反向故障）</td></tr>
<tr><td rowspan="8">正向区内故障试验仪器设置（BC 相接地故障）</td><td colspan="3">状态 1 参数设置（故障前状态）</td></tr>
<tr><td>U_a:57.74∠0.00°
U_b:57.74∠-120°
U_c:57.74∠120°</td><td>I_a:0.00∠0.00°
I_b:0.00∠0.00°
I_c:0.00∠0.00°</td><td>开出：边（中）断路器 A、B、C 相位置置合（开出 1~6 打√）；状态触发条件：时间控制 10s</td></tr>
<tr><td colspan="3">说明：三相电压正常，电流为零，待 PT 断线复归后即可进入下一态，也可采用手动控制的方式</td></tr>
<tr><td colspan="3">状态 2 参数设置（故障状态）</td></tr>
<tr><td>U_a:57.74∠0.00°
U_b:30.39∠-161.79°
U_c:30.39∠161.79°</td><td>I_a:0∠0.00°
I_b:1∠-168°
I_c:1∠12°</td><td>开出：边（中）断路器 A、B、C 相位置置合（开出 1~6 打√）；状态触发条件：（时间+开入量）；时间控制：0.1s，开入量：A~H</td></tr>
<tr><td colspan="3">说明：断路器 A、B、C 相位置置合，故障相电压降低，电流加入额定电流 1A</td></tr>
<tr><td>装置报文</td><td colspan="2">1.4ms 启动；2.39ms 相间距离 I 段动作 $X=9.125\Omega$，$R=2.016\Omega$，BC 相，跳 ABC 相</td></tr>
<tr><td>装置指示灯</td><td colspan="2">跳 A 相、跳 B 相、跳 C 相</td></tr>
<tr><td rowspan="8">正向区外故障试验仪器设置</td><td colspan="3">状态 1 参数设置（故障前状态）</td></tr>
<tr><td>U_a:57.74∠0.00°
U_b:57.74∠-120°
U_c:57.74∠120°</td><td>I_a:0.00∠0.00°
I_b:0.00∠0.00°
I_c:0.00∠0.00°</td><td>开出：边（中）断路器 A、B、C 相位置置合（开出 1~6打√）；　状态触发条件：时间控制 10s</td></tr>
<tr><td colspan="3">说明：待 PT 断线后进入下一态</td></tr>
<tr><td colspan="3">状态 2 参数设置（故障状态）</td></tr>
<tr><td>U_a:57.74∠0.00°
U_b:30.72∠-151.99°
U_c:30.72∠151.99°</td><td>I_a:0∠0.00°
I_b:1∠-168°
I_c:1∠12°</td><td>开出：边（中）断路器 A、B、C 相位置置合（开出 1~6 打√）；状态触发条件：（时间+开入量）；时间控制：0.1s，开入量：A~H</td></tr>
<tr><td colspan="3">说明：1.05 倍相间距离 I 定值</td></tr>
<tr><td>装置报文</td><td colspan="2">4ms 保护启动</td></tr>
<tr><td>装置指示灯</td><td colspan="2">无</td></tr>
<tr><td rowspan="3">反向故障</td><td>状态参数设置</td><td colspan="2">将区内故障中故障态的两故障相电流角度对调（I_c 为-168°，I_b 为 12°），电压角度不变即可</td></tr>
<tr><td>装置报文</td><td colspan="2">4ms 保护启动</td></tr>
<tr><td>装置指示灯</td><td colspan="2">无</td></tr>
</table>

注：1. 计算公式：$I_{\Phi}=I_{n}$；$U_{\Phi\Phi}=m2I_{\Phi\Phi}Z_{set\,I\,.\,pp}$。
　　2. 故障试验仪器设置以 BC 相故障为例，AB、CA 相故障类同。
　　3. 本例子以距离 I 段为例，其他的类同，应注意时间的设置。

2. 手合加速距离Ⅱ段、重合加速距离Ⅱ段

（1）相关定值　保护定值栏中：“接地距离Ⅱ段保护定值”$Z_{set\,II}$：20Ω，“接地距离Ⅱ段时间”T_{II}：0.7s；“接地距离Ⅲ段保护定值”$Z_{set\,III}$：30Ω，“接地距离Ⅲ段时间”T_{III}：2.1s；“相间距离Ⅱ段保护定值”$Z_{set\,II}$：20Ω，“相间距离Ⅱ段时间”T_{II}：0.7s；“相间距离Ⅲ段保护定值”$Z_{set\,III}$：20Ω，“相间距离Ⅲ段时间”T_{II}：2.1s；“零序电抗补偿系数”K_X：0.67；

“零序电阻补偿系数” K_R：0.67；“线路正序灵敏角” ϕ_1：78°、“线路零序灵敏角” ϕ_0：81°

（2）实验条件

1）软压板设置如下：

a）保护功能软压板：投入“距离保护”软压板。

b）GOOSE发送软压板：GOOSE发布软压板：投入“跳边断路器”软压板，投入“启动边断路器失灵”软压板，投入“边断路器永跳”软压板，投入“跳中断路器”软压板，投入“启动中断路器失灵”软压板，投入“中断路器永跳”软压板。

2）控制字设置：“距离保护Ⅰ段”置“1”，“距离保护Ⅱ段”置“1”，“距离保护Ⅲ段”置“1”，“三相跳闸方式”置“0”。

3）开关状态：断开边开关及中开关。

4）开入量检查：分相跳闸位置TWJa：合，分相跳闸位置TWJb：合，分相跳闸位置TWJc：合。

调试方法见表2-7。

表2-7 手合加速距离Ⅲ段、重合加速距离Ⅱ段

试验项目	手合加速距离Ⅲ段试验		
正向区内故障试验仪器设置（A相接地故障）	状态1参数设置（故障前状态）		
	U_a:57.74∠0.00° U_b:57.74∠-120° U_c:57.74∠120°	I_a:0.00∠0.00° I_b:0.00∠0.00° I_c:0.00∠0.00°	开出：边（中）断路器A、B、C相位置置分（开出1~6放空）；状态触发条件：时间控制11s
	说明：三相开关跳位10s后又有电流突变量启动，则判为手动合闸，此处第一态加11s		
	状态2参数设置（故障状态）		
	U_a:47.6∠0.00° U_b:57.74∠-120° U_c:57.74∠120°	I_a:1.00∠-78° I_b:0.00∠-0.00° I_c:0.00∠0.00°	开出：边（中）断路器A、B、C相位置置分（开出1~6放空） 状态触发条件：（时间+开入量）；时间控制：0.1s，开入量：A~H
	说明：故障相电压降低，电流增大为计算的故障电流（1A），故障相电流滞后故障相电压的角度为线路正序灵敏角Φ，距离保护Ⅲ段整定动作时间虽然为2.1s，但由于开关在分位，装置判为手合开关时合于故障，会加速跳闸，所以所加时间小于100ms即可		
	装置报文	1. 3ms启动；2. 22ms距离手合加速 X=18.50Ω，R=4.094Ω，A相，跳A、B、C相；3. 22ms距离加速动作 X=18.50Ω，R=4.094Ω，A相，跳A、B、C相；4. 24ms闭锁重合闸	
	装置指示灯	跳A相、跳B相、跳C相	
试验项目	重合加速距离Ⅱ段		
正向区内故障试验仪器设置（A相接地故障）	状态1参数设置（故障前状态）		
	U_a:57.74∠0.00° U_b:57.74∠-120° U_c:57.74∠120°	I_a:0.00∠0.00° I_b:0.00∠0.00° I_c:0.00∠0.00°	开出：边（中）断路器A、B、C相位置置合（开出1~6打√）；状态触发条件：时间控制10s
	说明：三相电压正常，电流为零，待PT断线复归即可		
	状态2参数设置（故障状态）		
	U_a:15.865∠0.00° U_b:57.74∠-120° U_c:57.74∠120°	I_a:1∠-78° I_b:0.00∠0.00° I_c:0.00∠0.00°	开出：边（中）断路器A、B、C相位置置合（开出1~6打√）；状态触发条件：（时间+开入量）；时间控制：0.1s，开入量：A~H
	说明：该状态的故障量不一定要用距离Ⅰ段的故障量，可以用其他跳闸故障量，时间比所加故障量整定略大		
	状态3参数设置（跳闸后等待重合状态）		

（续）

试验项目	重合加速距离Ⅱ段		
正向区内故障试验仪器设置（A 相接地故障）	U_a:57.74∠0.00° U_b:57.74∠-120° U_c:57.74∠120°	I_a:0.00∠0.00° I_b:0.00∠0.00° I_c:0.00∠0.00°	开出：边（中）断路器 A、B、C 相位置置分（开出 1~6放空）；状态触发条件：时间控制 0.5s
	说明：因线路保护未使用重合闸功能，模拟开关跳开重合状态，时间 0.5s 即可		
	状态 4 参数设置（故障加速状态）		
	U_a:31.73∠0.00° U_b:57.74∠-120° U_c:57.74∠120°	I_a:1∠-78° I_b:0.00∠0.00° I_c:0.00∠0.00°	开出：边（中）断路器 A、B、C 相位置置合（开出 1~6打√）；状态触发条件：（时间+开入量）；时间控制：0.1s，开入量：A~H
	说明：验证距离加速Ⅱ段定值和动作时间		
	装置报文	1. 4ms 保护启动；2. 40ms 接地距离Ⅰ段动作，跳 A 相；3. 630ms 距离加速Ⅱ段动作，A 相，跳 A、B、C 相；4. 630ms 距离加速动作，A 相，跳 A、B、C 相；5. 632ms 闭锁重合闸	
	装置指示灯	跳 A 相、跳 B 相、跳 C 相	

注：计算公式同距离保护

2.1.5　零序保护检验

1. 零序过电流定值校验（以零序Ⅱ段为例）

（1）相关定值　保护定值栏中：“零序过电流Ⅱ段保护定值” $I_{0Ⅱ}$：0.8A，“零序过电流Ⅱ段时间” $T_{0Ⅱ}$：0.7s；“零序过电流Ⅲ段保护定值” $I_{0Ⅲ}$：0.6A，“零序过电流Ⅲ段时间” $T_{0Ⅲ}$：1.5s；“零序过电流加速段定值” I_0：0.4A。

（2）实验条件

1）软压板设置。

a）保护功能软压板：投入“零序过电流保护”软压板。

b）GOOSE 发送软压板：GOOSE 发布软压板：投入“跳边断路器”软压板，投入“启动边断路器失灵”软压板，投入“边断路器永跳”软压板，投入“跳中断路器”软压板，投入“启动中断路器失灵”软压板，投入“中断路器永跳”软压板。

2）控制字设置：“零序电流保护”置“1”，“零序过电流Ⅲ段经方向”置“0”，“零序加速段带方向”置“0”，“零序反时限”置“1”，零序反时限带方向置“1”，“三相跳闸方式”置“0”。

3）开关状态：合上边开关及中开关（或者边、中开关任意合其一即可）。

4）开入量检查：分相跳闸位置 TWJa：开，分相跳闸位置 TWJb：开，分相跳闸位置 TWJc：开。

（3）调试方法（见表 2-8）

表 2-8　零序过电流定值校验

试验项目	零序过电流定值校验（正向区内、外故障；反向故障）		
正向区内故障试验仪器设置（A 相接地故障）	状态 1 参数设置（故障前状态）		
	U_a:57.74∠0.00° U_b:57.74∠-120° U_c:57.74∠120°	I_a:0.00∠0.00° I_b:0.00∠0.00° I_c:0.00∠0.00°	开出：边（中）断路器 A、B、C 相位置置合（开出 1~6打√）；状态触发条件：时间控制 10s
	说明：三相电压正常，电流为零，待 PT 断线复归即可		
	状态 2 参数设置（故障状态）		

(续)

试验项目	零序过电流定值校验(正向区内、外故障;反向故障)		
正向区内故障试验仪器设置(A相接地故障)	U_a:50∠0.00° U_b:57.74∠-120° U_c:57.74∠120°	I_a:0.84∠-81° I_b:0.00∠0.00° I_c:0.00∠0.00°	开出:边(中)断路器A、B、C相位置置合(开出1~6打√);状态触发条件:(时间+开入量);时间控制:0.8s,开入量:A~H
	说明:故障相电压降低,电流增大为计算的故障电流(0.84A),故障相电流滞后故障相电压的角度为线路零序灵敏角,固定为99°		
	装置报文	1.4ms启动;2.705ms零序过电流Ⅱ段动;3.I_0=0.836A,A相,跳A相	
	装置指示灯	跳A相	
区外故障	状态参数设置	将区内故障中故障态的故障相电流值改用m=0.95时的计算值(I=0.95×0.8A=0.76A),方向不变	
	装置报文	4ms保护启动	
反向故障	状态参数设置	将区内故障中故障态的故障相电流角度加上180°,即I_a:0.84∠99°即可	
	装置报文	4ms保护启动	

注:1. 计算公式:$I=mI_{0\text{II}}$。
2. 故障试验仪器设置以A相故障为例,B、C相类同。
3. 电压电流角度问题需理清。

2. 零序方向动作区及灵敏角、零序最小动作电压检验(见表2-9)

表2-9 零序方向动作区及灵敏角、零序最小动作电压检验

试验项目	零序方向动作区及灵敏角、零序最小动作电压检验
线路零序灵敏角试验仪器设置(A相接地故障)	步骤1(修改定值)
	修改装置定值:"零序过电流Ⅱ段时间"定值修改为0.1s。"零序Ⅲ段经方向"置1
	步骤2(边界确定)
	1. 手动试验界面 2. 先加正序电压量,并使电流为0,让PT断线恢复,按下"菜单栏"上的"输出保持"按钮(按下"输出保持"按钮可保持按下前装置输出量) 3. 输入电流值大于$I_{0\text{II}}$定值,角度调为大于边界几个角度 4. 设置变量。变量及变化步长选择,选择好变量I_a(角度)、变化步长0.5° 5. 放开"菜单栏"上的"输出保持"按钮,调节步长▲或▼,直到保护动作 通过此方法可确定两个边界1°和-162°
	说明:1. 注意保护装置要无告警信号,若出现告警须从头开始测试 2. 本装置的保护动作区间为:18°≤arg($3I_0/3U_0$)≤180° 即-162°≤arg($3I_0/U_a$)≤0° 分两个边界进行试验,可以分别求出Φ_1和Φ_2。 动作区:$\Phi_1>\Phi>\Phi_2$, 参考动作区:0°>Φ>-162° 灵敏角:$I_a(3I_0)$与U_a之间$\Psi=(\Phi_1+\|\Phi_2\|)/2-\Phi_1$,$\Phi_m$=arg($3U_0/3I_0$)=180°-$\Psi\approx$99°
零序最小动作电压试验仪器设置(A相接地故障)	说明:与角度边界的区别在于变量的设置,将变量修改为U_a(幅值),变化步长为0.1V,并单击"▼"按钮调节步长,直到零序过电流Ⅱ段保护动作。 动作电流用大于零序Ⅱ段定值的电流,保证其正常情况下可靠动作即可,装置的零序最小动作电压大约为1V,单相降低到(57.74-1)V=56.74V左右时零序过电流保护动作,保护从不动作校验到动作以确定最小动作电压,调节步长单击一下"▼"
注意事项	1. 这里线路零序灵敏角定义为$3I_0$超前于$3U_0$的角度,而非U_a超前于I_a的角度。角度间的变化应注意区分电流与电压谁超前的关系 2. $3I_0$应大于零序电流动作值,可取比保证其可靠动作的值即可 3. 控制字中"零序Ⅲ段经方向"置1,防止零序Ⅲ段应没有方向,而先动作 4. 采用手动试验来校验,期间其他保护可能先动作,可以退出差动软压板、距离保护软压板 5. 采用手动试验时,若是有采接点用来监视动作时间的话,那么结合试验仪器中的"输出保持",并将控制字中"零序Ⅲ段经方向"置1,可方便逼出角度

3. 模拟单重加速及手合加速零序电流试验

（1）相关定值　保护定值栏中：“零序过电流Ⅱ段保护定值” $I_{0Ⅱ}$：0.8A，“零序过电流Ⅱ段时间” $T_{0Ⅱ}$：0.7s；“零序过电流Ⅲ段保护定值” $I_{0Ⅲ}$：0.6A，“零序过电流Ⅲ段时间” $T_{0Ⅲ}$：1.5s；“零序过电流加速段定值” I_0：0.4A。

（2）实验条件

1）软压板设置。

a）保护功能软压板：投入“零序过电流保护”软压板。

b）GOOSE发送软压板：GOOSE发布软压板：投入“跳边断路器”软压板，投入“启动边断路器失灵”软压板，投入“边断路器永跳”软压板，投入“跳中断路器”软压板，投入“启动中断路器失灵”软压板，投入“中断路器永跳”软压板。

2）控制字设置：“零序电流保护”置“1”，“零序过电流Ⅲ段经方向”置“0”，“零序加速段带方向”置“0”，“三相跳闸方式”置“0”。

3）开关状态：断开边开关及中开关；

4）开入量检查：分相跳闸位置TWJa、TWJb、TWJc：合。

（3）调试方法（见表2-10）

表2-10　手合零序加速、零序过电流加速

试验项目	手合加速零序试验		
正向区内故障试验仪器设置(A相接地故障)	状态1参数设置(故障前状态)		
	U_a:57.74∠0.00° U_b:57.74∠-120° U_c:57.74∠120°	I_a:0.00∠0.00° I_b:0.00∠0.00° I_c:0.00∠0.00°	开出:边(中)断路器A、B、C相位置置分(开出1~6放空);状态触发条件:时间控制11s
	说明:三相开关跳位10s后又有电流突变量启动,则判为手动合闸,此处第一态加11s。		
	状态2参数设置(故障状态)		
	U_a:50∠0.00° U_b:57.74∠-120° U_c:57.74∠120°	I_a:1.00∠-81° I_b:0.00∠-0.00° I_c:0.00∠0.00°	开出:边(中)断路器A、B、C相位置置分(开出1~6放空);状态触发条件:(时间+开入量);时间控制:0.2s,开入量:A~H
	说明:零序手合加速不判方向,固定延时60ms		
	装置报文	1.3ms启动;2.110ms零序手合加速,跳A、B、C相;3.110ms零序加速动作,跳A、B、C相;4.112ms闭锁重合闸	
	装置指示灯	跳A相、跳B相、跳C相	
试验项目	重合零序加速		
正向区内故障试验仪器设置(A相接地故障)	状态1参数设置(故障前状态)		
	U_a:57.74∠0.00° U_b:57.74∠-120° U_c:57.74∠120°	I_a:0.00∠0.00° I_b:0.00∠0.00° I_c:0.00∠0.00°	开出:边(中)断路器A、B、C相位置置合(开出1~6打√);状态触发条件:时间控制10s
	说明:三相电压正常,电流为零,待PT断线复归即可		
	状态2参数设置(故障状态)		
	U_a:50∠0.00° U_b:57.74∠-120° U_c:57.74∠120°	I_a:0.84∠-81° I_b:0.00∠0.00° I_c:0.00∠0.00°	开出:边(中)断路器A、B、C相位置置合(开出1~6打√);状态触发条件:(时间+开入量);时间控制:0.8s,开入量:A~H
	说明:该状态的故障量不一定要用零序Ⅱ段的故障量,可以用其他跳闸故障量,时间比所加故障量整定略大		
	状态3参数设置(跳闸后等待重合状态)		
	U_a:57.74∠0.00° U_b:57.74∠-120° U_c:57.74∠120°	I_a:0.00∠0.00° I_b:0.00∠0.00° I_c:0.00∠0.00°	开出:边(中)断路器A、B、C相位置置分(开出1~6放空);状态触发条件:时间控制0.5s
	说明:因线路保护未使用重合闸功能,模拟开关跳开重合状态,时间0.5s即可		

（续）

<table>
<tr><td>试验项目</td><td colspan="3">重合零序加速</td></tr>
<tr><td rowspan="5">正向区内故障试验仪器设置（A 相接地故障）</td><td colspan="3">状态 4 参数设置（故障加速状态）</td></tr>
<tr><td>U_a:50∠0.00°
U_b:57.74∠−120°
U_c:57.74∠120°</td><td>I_a:0.42∠−81°
I_b:0.00∠0.00°
I_c:0.00∠0.00°</td><td>开出：边（中）断路器 A、B、C 相位置置合（开出 1~6打√）；状态触发条件：（时间+开入量）；时间控制：0.1s，开入量：A~H</td></tr>
<tr><td colspan="3">说明：零序加速有单独定值控制</td></tr>
<tr><td>装置报文</td><td colspan="2">1.4ms 保护启动；2.705ms 零序过电流Ⅱ段动作，跳 A 相；3.1386ms 零序加速动作，A 相，跳 A、B、C 相；4.1387ms 闭锁重合闸</td></tr>
<tr><td>装置指示灯</td><td colspan="2">跳 A 相、跳 B 相、跳 C 相</td></tr>
</table>

注：1. 计算公式：$I=mI_0$

2. 零序保护如果判断为手合，投入零序过电流加速段保护，动作永跳，手合时不判方向。

3. 为了躲开断路器三相不同期，手合和重合闸后零序加速段保护带 60ms 延时。

4. 零序反时限试验

（1）相关定值　保护定值栏中：“零序反时限电流定值” I_p：0.7A，“零序反时限时间” T_p：0.4s；“零序反时限配合时间” T_{ph}：1s，“零序反时限最小时间” T_{pm}：0.15s。

（2）实验条件

1）软压板设置。

a）保护功能软压板：投入“零序过电流保护”软压板。

b）GOOSE 发送软压板：GOOSE 发布软压板：投入“跳边断路器”软压板，投入“启动边断路器失灵”软压板，投入“边断路器永跳”软压板，投入“跳中断路器”软压板，投入“启动中断路器失灵”软压板，投入“中断路器永跳”软压板。

2）控制字设置：“零序电流保护”置“0”，“零序反时限”置“1”，“零序反时限带方向”置“1”，“三相跳闸方式”置“0”。

3）开关状态：合上边开关及中开关（或者边、中开关任意合其一即可）。

4）开入量检查：分相跳闸位置 TWJa：开，分相跳闸位置 TWJb：开，分相跳闸位置 TWJc：开。

（3）调试方法（见表 2-11）

表 2-11　零序反时限试验

<table>
<tr><td>试验项目</td><td colspan="3">零序反时限试验</td></tr>
<tr><td rowspan="8">正向区内故障试验仪器设置（A 相接地故障）</td><td colspan="3">状态 1 参数设置（故障前状态）</td></tr>
<tr><td>U_a:57.74∠0.00°
U_b:57.74∠−120°
U_c:57.74∠120°</td><td>I_a:0.00∠0.00°
I_b:0.00∠0.00°
I_c:0.00∠0.00°</td><td>开出：边（中）断路器 A、B、C 相位置置合（开出 1~6打√）；状态触发条件：时间控制 10s</td></tr>
<tr><td colspan="3">说明：三相电压正常，电流为零，待 PT 断线复归即可</td></tr>
<tr><td colspan="3">状态 2 参数设置（故障状态）</td></tr>
<tr><td>U_a:50∠0.00°
U_b:57.74∠−120°
U_c:57.74∠120°</td><td>I_a:10∠−81°
I_b:0.00∠−0.00°
I_c:0.00∠0.00°</td><td>开出：边（中）断路器 A、B、C 相位置置分（开出 1~6放空）；状态触发条件：（时间+开入量）；时间控制：1.3s，开入量：A~H</td></tr>
<tr><td colspan="3">说明：时间计算需综合考虑各个时间定值。</td></tr>
<tr><td>装置报文</td><td colspan="2">1.3ms 启动；2.1180ms 零序反时限动作，A 相，跳 A、B、C 相；3.1182ms 闭锁重合闸</td></tr>
<tr><td>装置指示灯</td><td colspan="2">跳 A 相、跳 B 相、跳 C 相</td></tr>
</table>

注：1. 计算公式：$T=\max[T(310),T_{ph}]-\Delta T=\max\left(\dfrac{0.14}{\left(\dfrac{310}{I_p}\right)^{0.01}-1}T_p,T_{ph}\right)+\Delta T$。

2. 需计算反时限电流与配合时间的关系，根据试验结果，绘制 IEC 标准反时限特性限曲线。

3. 零序反时限试验时，可以把零序保护控制字退出，退出差动保护、距离保护。

2.1.6 远方跳闸

（1）相关定值　保护定值栏中："变化量启动电流定值"：0.1A，"零序启动电流定值"：0.1A，"负序电流定值"：0.7A，"零序电压定值"：7V，"负序电压定值"：7V，"低电流定值"：0.7A，"低有功功率"：4W，"低功率因数角"：60°，"远跳经故障判据时间"：0.2s，"远跳不经故障判据时间"：1s，"过电压定值"：70V，"过电压保护动作时间"：1s。

（2）实验条件

1）软压板设置。

a）保护功能软压板：投入"纵联差动保护"软压板，投入"光纤通道一"软压板，投入"远方跳闸保护"软压板。

b）GOOSE 发布软压板：投入"跳边断路器"软压板，投入"启动边断路器失灵"软压板，投入"边断路器永跳"软压板，投入"跳中断路器"软压板，投入"启动中断路器失灵"软压板，投入"中断路器永跳"软压板。

2）控制字设置："纵联差动保护"置"1"，"通道环回试验"置"1"，"三相跳闸方式"置"0"，"故障电流电压启动"置"1"，"低电流低有功启动"置"1"，"低功率因素角启动"置"1"，"远方跳闸不经故障判据"置"0"。

3）开关状态：合上边开关及中开关（或者边、中开关任意合其一即可）。

4）开入量检查：分相跳闸位置 TWJa、TWJb、TWJc：开。

（3）调试方法（见表 2-12）

表 2-12　远方跳闸试验

试验项目	远传试验		
正向区内故障试验仪器设置（A 相接地故障）	状态 1 参数设置（故障前状态）		
	U_a:57.74∠0.00° U_b:57.74∠-120° U_c:57.74∠120°	I_a:0.00∠0.00° I_b:0.00∠0.00° I_c:0.00∠0.00°	开出：边（中）断路器 A、B、C 相位置置合（开出 1～6打√）；状态触发条件：时间控制 10s
	说明：三相电压正常，电流为零，待 PT 断线复归即可		
	状态 2 参数设置（故障状态）		
	U_a:57.74∠0.00° U_b:57.74∠-120° U_c:57.74∠120°	I_a:0.2∠-81° I_b:0.00∠-0.00° I_c:0.00∠0.00°	开出：开关合位（开出1～6打√），远传开出 1 或 2（开出 7、8）打√；状态触发条件：（时间+开入开入量）；时间控制：0.3s，开入量：A～H
	状态 3 参数设置（故障后状态）		
	U_a:57.74∠0.00° U_b:57.74∠-120° U_c:57.74∠120°	I_a:0.00∠0.00° I_b:0.00∠0.00° I_c:0.00∠0.00°	开出：开关分位，远传无开出（开出 1～8 均放空）；状态触发条件：时间；时间控制：3s
	说明：时间计算需综合考虑各个时间定值		
	装置报文	1.4ms 保护启动；2.4ms 电流突变量满足，采样已同步；3.26ms 远跳收信；4. 远传命令 1 开入；5. 远传命令 1 开出；6.227ms 远跳经判据动作，跳 A、B、C 相；7.230ms 闭锁重合闸	
	装置指示灯	跳 A 相、跳 B 相、跳 C 相	

注：1. 计算公式 $I>I_{cd}$。

2. 装置的远方跳闸就地判据有电流突变量、零序电流、负序电流、零序电压、负序电压、低电流、分相低有功功率、分相低功率因数。电流突变量、零序电流、负序电流、零序电压、负序电压元件由控制字"故障电流电压启动"投退；低电流、低有功功率判别元件可由控制字"低电流低有功启动"投退；低功率因数元件可由控制字"低功率因数角启动"投退。

3. 上述例子以"电流突变量"判据为例，为避免满足其他就地判据条件同时满足条件，可将其他判据控制字退出，共用控制字的其他定值改成不易满足的值。其他判据的加量方式类似，不再重复描述。

4. 各判据满足的条件为：①当零序电流、零序电压、负序电流、负序电压连续 30ms 大于相应定值时，置该条件动作标志；②当三相任一相电流连续 30ms 低于低电流定值时置低电流动作标志；③低功率判别元件为取有功功率的绝对值进行计算，当三相中任意一相有功功率连续 40ms 小于低有功功率定值时，低功率元件动作。计算公式为 P_{LDa}（二次值）= $|U_aI_a\cos\varphi_a|$。各相电压和相电流之间的角度 φ，$\cos\varphi$ 为分相低功率因数，当三相任一相低功率因数连续 40ms 小于该值时，置低功率因数动作标志。其中，低功率因数判别元件在"任一相电压小于 2V"或"任一相电流小于 $0.04I_n$"时，置低功率因数动作标志。

2.2 PCS931线路保护调试方法

2.2.1 概述

1. PCS931装置功能说明

PCS931系列保护装置为由微机实现的数字式超高压线路成套快速保护装置，可用作220kV及以上电压等级输电线路的主保护及后备保护（本节将介绍一个半开关接线931线路保护应用）。PCS931包括以分相电流差动和零序电流差动为主体的快速主保护，由工频变化量距离元件构成的快速Ⅰ段保护，由三段式相间和接地距离及多个零序方向过流构成的全套后备保护，PCS931可分相出口，配有自动重合闸功能，对单或双母线接线的开关实现单相重合、三相重合和综合重合闸。PCS931系列是根据Q/GDW 1161—2014《线路保护及辅助装置标准化设计规范》要求开发的纵联差动保护装置。

2. 装置背板端子说明（见图2-4和图2-5）

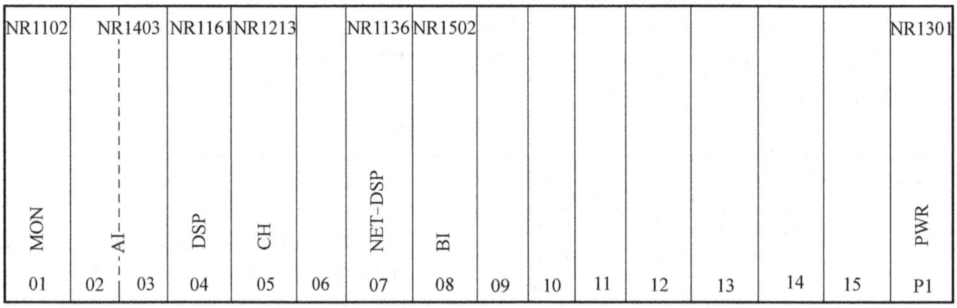

NR1102	NR1403		NR1161	NR1213		NR1136	NR1502								NR1301
MON	AI		DSP	CH		NET-DSP	BI								PWR
01	02	03	04	05	06	07	08	09	10	11	12	13	14	15	P1

图2-4 PCS 931线路保护装置插件布置图

序号	标识	插槽号	插件描述	备注
1	NR1102/NR1101	01	管理及监视插件(MON)	标准
2	NR1403	02,03	交流输入插件(AI)	标准,占2个插槽
3	NR1161	04	保护计算及故障检测插件(DSP)	标准
4	NR1213	05	保护通道插件(CH)	标准
5	NR1136	07	SV、GOOSE插件(CH)	标准
6	NR1502	08	开关量输入插件(BI)	标准
7	NR1301	P1	电源管理插件(PWR)	标准

图2-5 PCS 931线路保护装置插件说明图

本节主要对与单体调试相关度比较高的交流输入变换插件（NR1403）以及以太网DSP插件（NR1136）做一个简单介绍。I_a、I_b、I_c和I_0分别为三相电流和零序电流输入，01、03、05和07为极性端，规定线路CT的极性端在线路侧。注意，虽然保护中零序方向、零序过电流元件均采用自产的零序电流计算，但是零序电流启动元件仍由外部的输入零序电流计算，因此如果零序电流不接，则所有与零序电流相关的保护均不能动作。U_a、U_b和U_c为用于保护计算的三相电压输入，U_s为同期电压，可以是相电压或相间电压。如不适用同期相关功能，则同期电压输入可以不接。以太网DSP插件（NR1136）由高性能的数字信号处理器、2~8个百兆光纤以太网接口和可选的IRIG-B对时接口组成。插件支持GOOSE功能，完成保护发送GOOSE命令给智能操作箱等功能。该插件支持IEEE1588网络对时，可选E2E或P2P方式。

3. 装置虚端子及软压板配置

装置虚端子联系情况如图 2-6 所示。

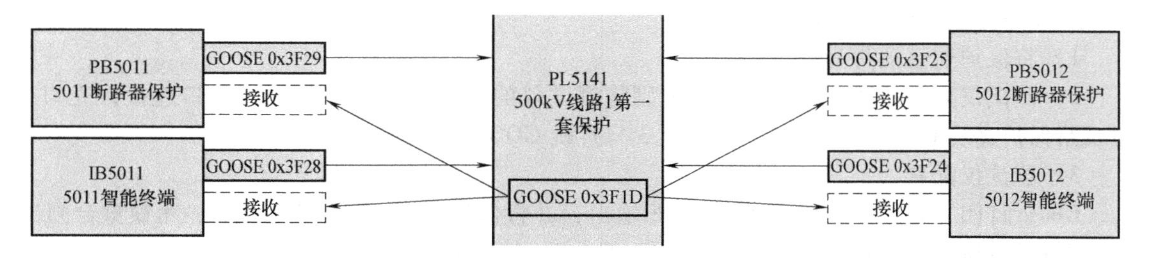

图 2-6　装置虚端子整体配置图

PCS 931 线路保护装置虚端子开入及相关虚端子连线和软压板见表 2-13。

表 2-13　PCS 931 线路保护虚端子开入表

序号	功能定义	终点设备:PCS 931		起点设备		
		厂家虚端子定义	接收软压板	设备名称	厂家虚端子定义	发送软压板
1	边断路器 A 相跳闸位置	边断路器分相跳闸位置 TWJa	无	5011 断路器智能终端	A 相断路器位置	无
2	边断路器 B 相跳闸位置	边断路器分相跳闸位置 TWJb			B 相断路器位置	
3	边断路器 C 相跳闸位置	边断路器分相跳闸位置 TWJc			C 相断路器位置	
4	中断路器 A 相跳闸位置	中断路器分相跳闸位置 TWJa	无	5012 断路器智能终端	A 相断路器位置	无
5	中断路器 B 相跳闸位置	中断路器分相跳闸位置 TWJb			B 相断路器位置	
6	中断路器 C 相跳闸位置	中断路器分相跳闸位置 TWJc			C 相断路器位置	
7	远传 1	远传 1-1	无	5011 断路器保护	失灵跳闸 6	失灵跳闸 6 软压板
8	远传 2	远传 1-2		5012 断路器保护	失灵跳闸 6	失灵跳闸 6 软压板

PCS 931 线路保护装置虚端子开出及相关虚端子连线和软压板情况见表 2-14。

表 2-14　PCS 931 线路保护装置虚端子开出

序号	功能定义	起点设备:PCS 931		终点设备		
		厂家虚端子定义	发送软压板	设备名称	厂家虚端子定义	接收软压板
1	跳边断路器 A 相	跳边断路器 A 相	跳边断路器出口软压板	5011 断路器智能终端	A 跳 1	无
2	跳边断路器 B 相	跳边断路器 B 相			B 跳 1	
3	跳边断路器 C 相	跳边断路器 C 相			C 跳 1	
4	跳中断路器 A 相	跳中断路器 A 相	跳中断路器出口软压板	5012 断路器智能终端	A 跳 1	无
5	跳中断路器 B 相	跳中断路器 B 相			B 跳 1	
6	跳中断路器 C 相	跳中断路器 C 相			C 跳 1	
7	启动边断路器 A 相失灵	启动边断路器 A 相失灵	边断路器启失灵软压板	5011 断路器保护	保护 A 相跳闸 1	无
8	启动边断路器 B 相失灵	启动边断路器 B 相失灵			保护 B 相跳闸 1	
9	启动边断路器 C 相失灵	启动边断路器 C 相失灵			保护 C 相跳闸 1	
10	闭锁边断路器重合闸	闭锁边断路器重合闸	闭锁边断路器重合闸软压板		闭锁重合闸-1	无
11	启动中断路器 A 相失灵	启动中断路器 A 相失灵	中断路器启失灵软压板	5012 断路器保护	保护 A 相跳闸 1	无
12	启动中断路器 B 相失灵	启动中断路器 B 相失灵			保护 B 相跳闸 1	
13	启动中断路器 C 相失灵	启动中断路器 C 相失灵			保护 C 相跳闸 1	
14	闭锁中断路器重合闸	闭锁中断路器重合闸	闭锁中断路器重合闸软压板		闭锁重合闸-1	无

2.2.2 试验调试方法

1. 测试仪器接线及配置

1）将保护通道插件光纤自环。

2）测试仪光纤接线：用3对尾纤分别将测试仪的光口1与线路保护组网口连接，光口2与线路保护直跳GOOSE口1连接，光口3与直跳GOOSE口2连接。

3）测试仪配置。

Goose订阅：订阅本线路保护GOOSE输出，并将保护的跳A、跳B、跳C、闭锁重合闸出口分别映射到测试仪的GOOSE开入A、B、C、D，接收光口选择“光口2”。

GOOSE发布：订阅发布本线路保护对应智能终端GOOSE输出，并映射到光口2，将相应的开关A相位置、B相位置、C相位置、另一套智能终端闭锁重合闸分别映射到仪器的开出1-4。

2. 纵联差动保护检验

（1）纵联差动保护低定值检验（稳态Ⅱ段）

1）相关定值。差动动作定值I_{cd}：1.20A，差动保护时间定值默认为0s［差动保护（稳态Ⅱ段）实际动作时间为40ms左右］。

2）试验条件。

① 软压板设置。

a）保护功能软压板：投入主保护软压板、投入停用重合闸软压板。

b）GOOSE发送软压板：投入“GOOSE跳闸出口”软压板，投入“GOOSE启动失灵”软压板，投入“GOOSE闭锁重合闸出口”软压板。

② 控制字设置：“通道一差动保护”置“1”、“多相故障闭重”置1、“三相跳闸方式”置“0”。

③ 开关状态：合上开关（一个半开关接线只需合上一个开关即可，也可以通过GOOSE发布）。

④ 开入量检查：A相跳位为0，B相跳位为0，C相跳位为0，闭锁重合闸为0。

调试方法见表2-15。

表2-15 纵联差动保护低定值检验

<table>
<tr><td>试验项目</td><td colspan="3">纵联差动保护低定值检验(稳态Ⅱ段)——区内、区外检验</td></tr>
<tr><td rowspan="9">正向区内故障试验仪器设置(A相接地故障)</td><td colspan="3">状态1参数设置(故障前状态)</td></tr>
<tr><td>U_a:57.74∠0.00°
U_b:57.74∠-120°
U_c:57.74∠120°</td><td>I_a:0.00∠0.00°
I_b:0.00∠0.00°
I_c:0.00∠0.00°</td><td>开出:断路器A、B、C相位置置合;状态触发条件:时间控制3s</td></tr>
<tr><td colspan="3">说明:断路器A、B、C相位置置合,三相电压正常,电流为零,因为禁用重合闸所以没有充电时间</td></tr>
<tr><td colspan="3">状态2参数设置(故障状态)</td></tr>
<tr><td>U_a:50∠0.00°
U_b:57.74∠-120°
U_c:57.74∠120°</td><td>I_a:0.63∠0.00°
I_b:0.00∠0.00°
I_c:0.00∠0.00°</td><td>开出:断路器A、B、C相位置置合;状态触发条件:时间控制0.06s</td></tr>
<tr><td colspan="3">说明:断路器A、B、C相位置置合,故障相电压降低,电流增大为计算的故障电流,时间不能加太久,否则会导致单跳失败三跳,考虑延时25ms动作,一般加0.06s</td></tr>
<tr><td>装置报文</td><td colspan="2">1.0000ms保护启动;2. 0041ms A纵联差动保护动作</td></tr>
<tr><td>装置指示灯</td><td colspan="2">跳A相</td></tr>
</table>

（续）

<table>
<tr><td>试验项目</td><td colspan="3">纵联差动保护低定值检验(稳态Ⅱ段)——区内、区外检验</td></tr>
<tr><td rowspan="10">正向区外故障试验仪器设置(A 相间故障)</td><td colspan="3">状态 1 参数设置(故障前状态)</td></tr>
<tr><td>U_a:57.74∠0.00°
U_b:57.74∠-120°
U_c:57.74∠120°</td><td>I_a:0.00∠0.00°
I_b:0.00∠0.00°
I_c:0.00∠0.00°</td><td>开出:断路器 A、B、C 相位置置合;状态触发条件:时间控制 3s</td></tr>
<tr><td colspan="3">说明:断路器 A、B、C 相位置置合,三相电压正常,电流为零,因为禁用重合闸所以没有充电时间</td></tr>
<tr><td colspan="3">状态 2 参数设置(故障状态)</td></tr>
<tr><td>U_a:50∠0.00°
U_b:57.74∠-120°
U_c:57.74∠120°</td><td>I_a:0.57∠0.00°
I_b:0.00∠0.00°
I_c:0.00∠0.00°</td><td>开出:断路器 A、B、C 相位置置合;状态触发条件:时间控制 0.06s</td></tr>
<tr><td colspan="3">说明:断路器 A、B、C 相位置置合,故障相电压降低,电流增大为计算的故障电流,时间不能加太久,否则会导致单跳失败三跳,一般加 0.06s</td></tr>
<tr><td>装置报文</td><td colspan="2">00000ms 保护启动</td></tr>
<tr><td>装置指示灯</td><td colspan="2">无</td></tr>
</table>

注：1. 计算公式：$I=mI_{cd}K$，m 为系数，K 在通道自环时取 0.5。
2. 故障试验仪器设置以 A 相故障为例，B、C 相故障类同。

（2）纵联差动保护高定值检验（稳态Ⅰ段）

1）相关定值。差动动作定值 I_{cd}：1.20A，差动保护默认为 0s [差动保护（稳态Ⅰ段）实际动作时间为 25ms]。

2）试验条件。

① 软压板设置。

a）保护功能软压板：投入主保护软压板、投入停用重合闸软压板。

b）GOOSE 发送软压板：投入“GOOSE 跳闸出口”软压板，投入“GOOSE 启动失灵”软压板，投入“GOOSE 闭锁重合闸出口”软压板。

② 控制字设置：“通道一差动保护”置“1”，“多相故障闭重”置“1”，“三相跳闸方式”置“0”。

③ 开关状态：合上开关（一个半开关接线只需合上一个开关即可，也可以通过 GOOSE 发布）。

④ 开入量检查：A 相跳位为 0，B 相跳位为 0，C 相跳位为 0，闭锁重合闸为 0。

3）调试方法见表 2-16。

表 2-16　纵联差动保护高定值检验

<table>
<tr><td>试验项目</td><td colspan="3">纵联差动保护高定值检验(稳态Ⅰ段)——区内、区外检验</td></tr>
<tr><td rowspan="8">正向区内故障试验仪器设置(A 相接地故障)</td><td colspan="3">状态 1 参数设置(故障前状态)</td></tr>
<tr><td>U_a:57.74∠0.00°
U_b:57.74∠-120°
U_c:57.74∠120°</td><td>I_a:0.00∠0.00°
I_b:0.00∠0.00°
I_c:0.00∠0.00°</td><td>开出:断路器 A、B、C 相位置置合;状态触发条件:时间控制 3s</td></tr>
<tr><td colspan="3">说明:断路器 A、B、C 相位置置合,三相电压正常,电流为零,因为禁用重合闸所以没有充电时间</td></tr>
<tr><td colspan="3">状态 2 参数设置(故障状态)</td></tr>
<tr><td>U_a:50∠0.00°
U_b:57.74∠-120°
U_c:57.74∠120°</td><td>I_a:0.945∠0.00°
I_b:0.00∠0.00°
I_c:0.00∠0.00°</td><td>开出:断路器 A、B、C 相位置置合;状态触发条件:时间控制 0.04s</td></tr>
<tr><td colspan="3">说明:断路器 A、B、C 相位置置合,故障相电压降低,电流增大为计算的故障电流,时间不能加太久,否则将导致单跳失败三跳,一般加 0.04s</td></tr>
<tr><td>装置报文</td><td colspan="2">1. 0000ms 保护启动;2. 0017ms,A 相,纵联差动保护动作</td></tr>
<tr><td>装置指示灯</td><td colspan="2">跳 A 相</td></tr>
</table>

（续）

<table>
<tr><td>试验项目</td><td colspan="3">纵联差动保护高定值检验（稳态Ⅰ段）——区内、区外检验</td></tr>
<tr><td rowspan="9">正向区外故障试验仪器设置（A相间故障）</td><td colspan="3">状态1参数设置（故障前状态）</td></tr>
<tr><td>U_a:57.74∠0.00°
U_b:57.74∠-120°
U_c:57.74∠120°</td><td>I_a:0.00∠0.00°
I_b:0.00∠0.00°
I_c:0.00∠0.00°</td><td>开出：断路器A、B、C相位置置合；状态触发条件：时间控制3s</td></tr>
<tr><td colspan="3">说明：断路器A、B、C相位置置合，三相电压正常，电流为零，因为禁用重合闸所以没有充电时间。</td></tr>
<tr><td colspan="3">状态2参数设置（故障状态）</td></tr>
<tr><td>U_a:50∠0.00°
U_b:57.74∠-120°
U_c:57.74∠120°</td><td>I_a:0.855∠0.00°
I_b:0.00∠0.00°
I_c:0.00∠0.00°</td><td>开出：断路器A、B、C相位置置合；状态触发条件：时间控制0.04s</td></tr>
<tr><td colspan="3">说明：断路器A、B、C相位置置合，故障相电压降低，电流增大为计算的故障电流，时间不能加太久，否则会导致单跳失败三跳，一般加0.04s</td></tr>
<tr><td>装置报文</td><td colspan="2">0ms保护启动</td></tr>
<tr><td>装置指示灯</td><td colspan="2">无</td></tr>
</table>

注：1. 计算公式：$I=m1.5I_{cd}K$，K在通道自环时取0.5。
2. 故障试验仪器设置以A相故障为例，B、C相故障类同。

（3）纵联零序差动保护定值检验

1）相关定值。差动动作定值I_{cd}：1.20A，差动保护时间定值默认为0s（零序差动保护实际动作时间为60ms左右）。

2）试验条件。

① 软压板设置。

a）保护功能软压板：投入主保护软压板，投入停用重合闸软压板。

b）GOOSE发送软压板：投入“GOOSE跳闸出口”软压板，投入“GOOSE启动失灵”软压板，投入“GOOSE闭锁重合闸出口”软压板。

② 控制字设置：“通道一差动保护”置“1”，“多相故障闭重”置“1”，“三相跳闸方式”置“0”。

③ 开关状态：合上开关（一个半开关接线只需合上一个开关即可，也可以通过GOOSE发布）。

④ 开入量检查：A相跳位为0，B相跳位为0，C位相跳位0，闭锁重合闸为0。

调试方法见表2-17。

表2-17 纵联零序差动保护定值检验

<table>
<tr><td>试验项目</td><td colspan="3">纵联零序差动保护定值检验——区内、区外检验</td></tr>
<tr><td rowspan="8">正向区内故障试验仪器设置（A相接地故障）</td><td colspan="3">状态1参数设置（故障前状态）</td></tr>
<tr><td>U_a:57.74∠0.00°
U_b:57.74∠-120°
U_c:57.74∠120°</td><td>I_a:0.54∠90.00°
I_b:0.54∠-30.00°
I_c:0.54∠210.00°</td><td>开出：断路器A、B、C相位置置合；状态触发条件：时间控制15s</td></tr>
<tr><td colspan="3">说明：断路器A、B、C相位置置合，三相电压正常，因为禁用重合闸所以没有充电时间</td></tr>
<tr><td colspan="3">状态2参数设置（故障状态）</td></tr>
<tr><td>U_a:50∠0.00°
U_b:57.74∠-120°
U_c:57.74∠120°</td><td>I_a:0.765∠0.00°
I_b:0.00∠0.00°
I_c:0.00∠0.00°</td><td>状态触发条件：时间控制0.1s</td></tr>
<tr><td colspan="3">说明：断路器A、B、C相位置置合，故障相电压降低，电流增大为计算的故障电流，时间不能加太久，否则会导致单跳失败三跳，考虑延时40ms动作，一般加0.1s</td></tr>
<tr><td>装置报文</td><td colspan="2">1. 保护启动00000ms；2. 电流差动保护，A相，00059ms</td></tr>
<tr><td>装置指示灯</td><td colspan="2">A相跳闸</td></tr>
</table>

（续）

<table>
<tr><td>试验项目</td><td colspan="3">纵联零序差动保护定值检验——区内、区外检验</td></tr>
<tr><td rowspan="8">正向区外故障试验仪器设置(A相间故障)</td><td colspan="3">状态1参数设置(故障前状态)</td></tr>
<tr><td>U_a:57.74∠0.00°
U_b:57.74∠-120°
U_c:57.74∠120°</td><td>I_a:0.54∠90.00°
I_b:0.54∠-30.00°
I_c:0.54∠210.00°</td><td>开出:断路器A、B、C相位置置合;
状态触发条件:时间控制15s</td></tr>
<tr><td colspan="3">说明:断路器A、B、C相位置置合,三相电压正常,因为禁用重合闸所以没有充电时间</td></tr>
<tr><td colspan="3">状态2参数设置(故障状态)</td></tr>
<tr><td>U_a:50∠0.00°
U_b:57.74∠-120°
U_c:57.74∠120°</td><td>I_a:0.693∠0.00°
I_b:0.00∠0.00°
I_c:0.00∠0.00°</td><td>开出:断路器A、B、C相位置置合;状态触发条件:时间控制0.1s</td></tr>
<tr><td colspan="3">说明:断路器A、B、C相位置置合,故障相电压降低,电流增大为计算的故障电流,时间不能加太久,否则会导致单跳失败三跳,一般加0.1s</td></tr>
<tr><td>装置报文</td><td colspan="2">00000ms 保护启动</td></tr>
<tr><td>装置指示灯</td><td colspan="2">无</td></tr>
</table>

注：1. 计算公式：电容电流 $I_c=0.9I_{cd}K$，故障电流 $I=1.35I_c$。m 为系数，K 在通道自环时取 0.5

2. 故障试验仪器设置以A相故障为例，B、C相故障类同。

（4）CT断线时纵联差动保护定值检验——区内、区外检验

1）相关定值。差动动作电流定值 I_{cd}：1.20A，CT断线差流定值：0.6A，动作时间装置固有（t<25ms）。

2）试验条件。

① 软压板设置。

a）保护功能软压板：投入主保护软压板、投入停用重合闸软压板。

b）GOOSE发送软压板：投入“GOOSE跳闸出口”软压板，投入“GOOSE启动失灵”软压板，投入“GOOSE闭锁重合闸出口”软压板。

② 控制字设置：“通道一差动保护”置“1”，“多相故障闭重”置“1”，“三相跳闸方式”置“0”，CT断线闭锁差动置“0”。

③ 开关状态：合上开关（一个半开关接线只需合上一个开关即可，也可以通过GOOSE发布）。

④ 开入量检查：A相跳位为0，B相跳位为0，C相跳位为0，闭锁重合闸为0。

3）调试方法见表2-18。

表2-18　CT断线时纵联差动保护定值检验

<table>
<tr><td>试验项目</td><td colspan="3">CT断线时纵联差动保护定值检验——区内、区外检验</td></tr>
<tr><td rowspan="8">正向区内故障试验仪器设置(B相接地故障)</td><td colspan="3">状态1参数设置(故障前状态)</td></tr>
<tr><td>U_a:57.74∠0.00°
U_b:57.74∠-120°
U_c:57.74∠120°</td><td>I_a:0.53∠0.00°
I_b:0.00∠-120°
I_c:0.53∠120°</td><td>开出:断路器A、B、C相位置置合;状态触发条件:时间控制15s</td></tr>
<tr><td colspan="3">说明:断路器A、B、C相位置置合,三相电压正常,因为禁用重合闸所以没有充电时间,应确保CT断线异常报警</td></tr>
<tr><td colspan="3">状态2参数设置(故障状态)</td></tr>
<tr><td>U_a:57.74∠0.00°
U_b:50∠-120°
U_c:57.74∠120°</td><td>I_a:0.53∠0.00°
I_b:0.945∠-120.00°
I_c:0.53∠120°</td><td>状态触发条件:时间控制0.05s</td></tr>
<tr><td colspan="3">说明:断路器A、B、C相位置置合,故障相电压降低,若CT断线差流定值大于差动启动电流定值,则此动作值按CT断线差流定值计算</td></tr>
<tr><td>装置报文</td><td colspan="2">1. 0ms 保护启动;2. 17ms ABC 纵联差动保护动作</td></tr>
<tr><td>装置指示灯</td><td colspan="2">跳A相、跳B相、跳C相</td></tr>
</table>

（续）

试验项目	CT断线时纵联差动保护定值检验——区内、区外检验		
正向区外故障试验仪器设置（B相接地故障）	状态1参数设置（故障前状态）		
	U_a:57.74∠0.00° U_b:57.74∠-120° U_c:57.74∠120°	I_a:0.53∠0.00° I_b:0.00∠-120° I_c:0.53∠120°	开出：断路器A、B、C相位置置合；状态触发条件：时间控制15s
	说明：断路器A、B、C相位置置合，三相电压正常，因为禁用重合闸所以没有充电时间，应确保CT断线异常报警		
	状态2参数设置（故障状态）		
	U_a:57.74∠0.00° U_b:50∠-120° U_c:57.74∠120°	I_a:0.53∠0.00° I_b:0.855∠-120° I_c:0.53∠120°	状态触发条件：时间控制0.05s
	说明：断路器A、B、C相位置置合，故障相电压降低，若CT断线差流定值大于差动启动电流定值，则此动作值按CT断线差流定值计算		
	装置报文	0ms保护启动	
	装置指示灯	无	

注：1. 计算公式：$I=m1.5I$（max［I_{cdzd}，$I_{cd.dx}$］）K（差动电流定值1.2A，CT断线差动定值0.6A）m为系数，K在通道自环时取0.5。

2. 故障试验仪器设置以B相断线B相故障为例，A、C相故障类同。

3. CT断线闭锁差动置1时，分相闭锁差动。

2.2.3 距离保护试验

1. 接地距离Ⅰ段保护检验

（1）相关定值　接地距离Ⅰ段保护定值$Z_{set\,I}$：3.40Ω，动作时间装置固有（t<35ms），零序补偿系数K_Z：0.58，正序灵敏角ϕ_1：82.30°，零序灵敏角ϕ_0：74.50°。

（2）试验条件

1）软压板设置。

a）保护功能软压板：投入距离保护软压板、投入停用重合闸软压板。

b）GOOSE发送软压板：投入“GOOSE跳闸出口”软压板，投入“GOOSE启动失灵”软压板，投入“GOOSE闭锁重合闸出口”软压板。

2）控制字设置：“距离保护Ⅰ段”置“1”，“多相故障闭重”置“1”，“三相跳闸方式”置“0”。

3）开关状态：合上开关（一个半开关接线只需合上一个开关即可，也可以通过GOOSE发布）。

4）开入量检查：A相跳位为0，B相跳位为0，C相跳位为0，闭锁重合闸为0。

（3）调试方法（见表2-19）

表2-19　接地距离Ⅰ段保护检验

试验项目	接地距离Ⅰ段保护检验——正方向：区内、区外故障；反方向		
正向区内故障试验仪器设置（A相接地故障）	状态1参数设置（故障前状态）		
	U_a:57.74∠0.00° U_b:57.74∠-120° U_c:57.74∠120°	I_a:0.00∠0.00° I_b:0.00∠0.00° I_c:0.00∠0.00°	开出：断路器A、B、C相位置置合；状态触发条件：时间控制5s
	说明：断路器A、B、C相位置置合，三相电压正常，电流为零，因为禁用重合闸所以没有充电时间。		
	状态2参数设置（故障状态）		
	U_a:25.517∠0.00° U_b:57.74∠-120° U_c:57.74∠120°	I_a:5.00∠-82.30° I_b:0.00∠0.00° I_c:0.00∠0.00°	开出：断路器A、B、C相位置置合；状态触发条件：时间控制0.05s
	说明：断路器A、B、C相位置置合，故障相电压降低，电流增大为计算的故障电流，时间不能加太久，否则会导致单跳失败三跳，一般加0.05s		
	装置报文	1. 0000ms保护启动；2. 0033ms，A相，接地距离Ⅰ段动作	
	装置指示灯	跳A相	

（续）

<table>
<tr><td>试验项目</td><td colspan="3">接地距离 I 段保护检验——正方向:区内、区外故障;反方向</td></tr>
<tr><td rowspan="8">正向区外故障试验仪器设置(A 相接地故障)</td><td colspan="3">状态 1 参数设置(故障前状态)</td></tr>
<tr><td>U_a:57.74∠0.00°
U_b:57.74∠-120°
U_c:57.74∠120°</td><td>I_a:0.00∠0.00°
I_b:0.00∠0.00°
I_c:0.00∠0.00°</td><td>开出:断路器 A、B、C 相位置置合;状态触发条件:时间控制 5s</td></tr>
<tr><td colspan="3">说明:断路器 A、B、C 相位置置合,三相电压正常,电流为零,因为禁用重合闸所以没有充电时间。</td></tr>
<tr><td colspan="3">状态 2 参数设置(故障状态)</td></tr>
<tr><td>U_a:28.203∠0.00°
U_b:57.74∠-120°
U_c:57.74∠120°</td><td>I_a:5.00∠-82.30°
I_b:0.00∠0.00°
I_c:0.00∠0.00°</td><td>开出:断路器 A、B、C 相位置置合;状态触发条件:时间控制 0.05s</td></tr>
<tr><td colspan="3">说明:断路器 A、B、C 相位置置合,故障相电压降低,电流增大为计算的故障电流,时间不能加太久,否则会导致单跳失败三跳,一般加 0.05s</td></tr>
<tr><td>装置报文</td><td colspan="2">00000ms 保护启动</td></tr>
<tr><td>装置指示灯</td><td colspan="2">无</td></tr>
<tr><td rowspan="3">反向故障</td><td>状态参数设置</td><td colspan="2">将区内故障中故障态的故障相电流角度加上 180°,即 I_a 为 5.00∠(-82.30°+180°)</td></tr>
<tr><td>装置报文</td><td colspan="2">00000ms 保护启动</td></tr>
<tr><td>装置指示灯</td><td colspan="2">无</td></tr>
</table>

注：1. 计算公式：$U_\Phi=m(1+K_z)I_\Phi Z_{set\,I.p}$，$m=0.7$ 测试时间。
2. 故障试验仪器设置以 A 相故障为例，B、C 相故障类同。

2. 相间距离Ⅰ段保护检验

（1）相关定值　相间距离Ⅰ段保护定值 $Z_{set\,I}$：3.40Ω、动作时间装置固有（$t<35$ms）；正序灵敏角 ϕ_1：82.30°。

（2）试验条件

1）软压板设置。

a）保护功能软压板：投入距离保护软压板，投入停用重合闸软压板。

b）GOOSE 发送软压板：投入“GOOSE 跳闸出口”软压板，投入“GOOSE 启动失灵”软压板，投入“GOOSE 闭锁重合闸出口”软压板。

2）控制字设置：“距离保护Ⅰ段”置“1”，“多相故障闭重”置“1”，“三相跳闸方式”置“0”。

3）开关状态：合上开关（一个半开关接线只需合上一个开关即可，也可以通过 GOOSE 发布）。

4）开入量检查：A 相跳位为 0，B 相跳位为 0，C 相跳位为 0，闭锁重合闸为 0。

（3）调试方法（见表 2-20）

表 2-20　相间距离Ⅰ段保护检验

<table>
<tr><td>试验项目</td><td colspan="3">相间距离 I 段保护检验——正方向:区内、区外故障;反方向</td></tr>
<tr><td rowspan="8">正向区内故障试验仪器设置(BC 相故障)</td><td colspan="3">状态 1 参数设置(故障前状态)</td></tr>
<tr><td>U_a:57.74∠0.00°
U_b:57.74∠-120°
U_c:57.74∠120°</td><td>I_a:0.00∠0.00°
I_b:0.00∠0.00°
I_c:0.00∠0.00°</td><td>开出:断路器 A、B、C 相位置置合;状态触发条件:时间控制 5s</td></tr>
<tr><td colspan="3">说明:断路器 A、B、C 相位置置合,三相电压正常,电流为零,因为禁用重合闸所以没有充电时间</td></tr>
<tr><td colspan="3">状态 2 参数设置(故障状态)</td></tr>
<tr><td>U_a:57.74∠0.00°
U_b:33.08∠-150.7°
U_c:33.08∠150.78°</td><td>I_a:0.00∠0.00°
I_b:5.00∠-172.30°
I_c:5.00∠7.70°</td><td>开出:断路器 A、B、C 相位置置合;状态触发条件:时间控制 0.05s</td></tr>
<tr><td colspan="3">说明:断路器 A、B、C 相位置置合,故障相电压降低,电流增大为计算的故障电流</td></tr>
<tr><td>装置报文</td><td colspan="2">1. 0000ms 保护启动;2. 0034ms,A、B、C 相,相间距离 I 段动作</td></tr>
<tr><td>装置指示灯</td><td colspan="2">跳 A 相、跳 B 相、跳 C 相</td></tr>
</table>

（续）

试验项目	相间距离Ⅰ段保护检验——正方向：区内、区外故障；反方向		
正向区外故障试验仪器设置（BC 相间故障）	状态 1 参数设置（故障前状态）		
	U_a:57.74∠0.00° U_b:57.74∠-120° U_c:57.74∠120°	I_a:0.00∠0.00° I_b:0.00∠0.00° I_c:0.00∠0.00°	开出：断路器 A、B、C 相位置置合；状态触发条件：时间控制 5s
	说明：断路器 A、B、C 相位置置合，三相电压正常，电流为零，因为禁用重合闸所以没有充电时间		
	状态 2 参数设置（故障状态）		
	U_a:57.74∠0.00° U_b:33.94∠-148.2° U_c:33.94∠148.2°	I_a:0.00∠0.00° I_b:5.00∠-172.30° I_c:5.00∠7.70°	开出：断路器 A、B、C 相位置置合；状态触发条件：时间控制 0.05s
	说明：断路器 A、B、C 相位置置合，故障相电压降低，电流增大为计算的故障电流		
	装置报文	00000ms 保护启动	
	装置指示灯	无	
反向故障	状态参数设置	将区内故障中故障态的故障相电流角度加上 180°，即为 I_b 为 5.00∠7.70°、I_c 为 5.00∠-172.30°	
	装置报文	保护启动 00000ms	
	装置指示灯	无	

注：1. 计算公式：$U_{\Phi\Phi}=m2I_{\Phi\Phi}Z_{set\,Ⅰ.pp}$；
2. 故障试验仪器设置以 BC 相故障为例，AB、CA 相故障类同。

3. 工频变化量阻抗保护试验

（1）相关定值　工频变化量阻抗保护定值 ΔZ_{set}：3.40Ω，动作时间装置固有（t<20ms），正序灵敏角 ϕ_1：82.30°。

（2）试验条件

1）软压板设置。

a）保护功能软压板：投入距离保护软压板、投入停用重合闸软压板。

b）GOOSE 发送软压板：投入“GOOSE 跳闸出口”软压板，投入“GOOSE 启动失灵”软压板，投入“GOOSE 闭锁重合闸出口”软压板。

2）控制字设置：“工频变化量距离”置“1”，“多相故障闭重”置“1”，“三相跳闸方式”置“0”。

3）开关状态：合上开关（一个半开关接线只需合上一个开关即可，也可以通过 GOOSE 发布）。

4）开入量检查：A 相跳位为 0，B 相跳位为 0，C 相跳位为 0，闭锁重合闸为 0。

（3）调试方法（见表 2-21）

表 2-21　工频变化量阻抗保护检验

试验项目	工频变化量阻抗保护试验——正方向：区内、区外故障；反方向		
正向区内故障试验仪器设置（BC 相故障）	状态 1 参数设置（故障前状态）		
	U_a:57.74∠0.00° U_b:57.74∠-120° U_c:57.74∠120°	I_a:0.00∠0.00° I_b:0.00∠0.00° I_c:0.00∠0.00°	开出：断路器 A、B、C 相位置置合；状态触发条件：时间控制 5s
	说明：断路器 A、B、C 相位置置合，三相电压正常，电流为零，因为禁用重合闸所以没有充电时间		
	状态 2 参数设置（故障状态）		
	U_a:57.74∠0.00° U_b:30.3∠-162.23° U_c:30.3∠162.23°	I_a:0.00∠0.00° I_b:5.00∠-172.30° I_c:5.00∠7.70°	开出：断路器 A、B、C 相位置置合；状态触发条件：时间控制 0.05s
	说明：断路器 A、B、C 相位置置合，故障相电压降低，电流增大为计算的故障电流		
	装置报文	1. 保护启动 00000ms；2. 工频变化量保护，A、B、C 相，00009ms；3. 工频变化量阻抗动作，A、B、C 相，0011ms	
	装置指示灯	A 相跳闸、B 相跳闸、C 相跳闸	

（续）

试验项目	工频变化量阻抗保护试验——正方向:区内、区外故障;反方向		
正向区外故障试验仪器设置(BC 相间故障)	状态 1 参数设置(故障前状态)		
	U_a:57.74∠0.00° U_b:57.74∠-120° U_c:57.74∠120°	I_a:0.00∠0.00° I_b:0.00∠0.00° I_c:0.00∠0.00°	开出:断路器 A、B、C 相位置置合;状态触发条件:时间控制 5s
	说明:断路器 A、B、C 相位置置合,三相电压正常,电流为零,因为禁用重合闸所以没有充电时间		
	状态 2 参数设置(故障状态)		
	U_a:57.74∠0.00° U_b:34.98∠-145.6° U_c:34.98∠145.63°	I_a:0.00∠0.00° I_b:5.00∠-172.30° I_c:5.00∠7.70°	开出:断路器 A、B、C 相位置置合;状态触发条件:时间控制 0.05s
	说明:断路器 A、B、C 相位置置合,故障相电压降低,电流增大为计算的故障电流		
	装置报文	00000ms 保护启动	
	装置指示灯	无	
反向故障	状态参数设置	将区内故障中故障态的故障相电流角度加上 180°,即 I_b 为 5.00∠7.70°、I_c 为 5.00∠-172.30°	
	装置报文	保护启动 00000ms	
	装置指示灯	无	

注：1. 单相故障 $U_{\Phi}=(1+K)I\Delta Z_{set}+(1-1.05m)U_n$；相间故障 $U_{\Phi\Phi}=2I\Delta Z_{set}+(1-1.05m)\sqrt{3}U_n$。

2. 故障试验仪器设置以 BC 相故障为例，AB、CA 相故障类同。

2.2.4　零序电流保护检验

1. 零序电流保护检验

（1）相关定值　零序电流Ⅱ段保护定值 $I_{0Ⅱ}$：1.60A，动作时间 $t_{0Ⅱ}$：0.70s，零序灵敏角 ϕ_0：74.50°。

（2）试验条件

1）软压板设置。

a）保护功能软压板：投入零序保护软压板，投入停用重合闸软压板。

b）GOOSE 发送软压板：投入“GOOSE 跳闸出口”软压板，投入“GOOSE 启动失灵”软压板，投入“GOOSE 闭锁重合闸出口”软压板。

2）控制字设置：“零序电流保护”置“1”，“多相故障闭重”置“1”，“三相跳闸方式”置“0”；

3）开关状态：合上开关（一个半开关接线只需合上一个开关即可，也可以通过 GOOSE 发布）。

4）开入量检查：A 相跳位为 0，B 相跳位为 0，C 相跳位为 0，闭锁重合闸为 0。

调试方法见表 2-22。

表 2-22　零序电流保护检验

试验项目	零序电流保护检验(正向区内、区外故障;反方向故障)		
正向区内故障试验仪器设置(A 相接地故障)	状态 1 参数设置(故障前状态)		
	U_a:57.74∠0.00° U_b:57.74∠-120° U_c:57.74∠120°	I_a:0.00∠0.00° I_b:0.00∠0.00° I_c:0.00∠0.00°	开出:断路器 A、B、C 相位置置合 状态触发条件:时间控制 5s
	说明:断路器 A、B、C 相位置置合,三相电压正常,电流为零,因为禁用重合闸所以没有充电时间。		
	状态 2 参数设置(故障状态)		
	U_a:50∠0.00° U_b:57.74∠-120° U_c:57.74∠120°	I_a:1.68∠-74.50° I_b:0.00∠0.00° I_c:0.00∠0.00°	状态触发条件:时间控制 0.8s

（续）

试验项目	零序电流保护检验（正向区内、区外故障；反方向故障）		
正向区内故障试验仪器设置（A 相接地故障）	说明：断路器 A、B、C 相位置置合，故障相电压降低，电流增大为计算的故障电流，时间不能加太久，否则会导致单跳失败三跳，一般加 0.8s		
	装置报文	1.0000ms 保护启动；2.0732ms A 零序过电流Ⅱ段动作	
	装置指示灯	跳 A 相	
正向区外故障试验仪器设置（A 相接地故障）	状态 1 参数设置（故障前状态）		
	U_a：57.74∠0.00° U_b：57.74∠-120° U_c：57.74∠120°	I_a：0.00∠0.00° I_b：0.00∠0.00° I_c：0.00∠0.00°	开出：断路器 A、B、C 相位置置合；状态触发条件：时间控制 5s
	说明：断路器 A、B、C 相位置置合，三相电压正常，电流为零，因为禁用重合闸所以没有充电时间		
	状态 2 参数设置（故障状态）		
	U_a：50∠0.00° U_b：57.74∠-120° U_c：57.74∠120°	I_a：1.52∠-74.50° I_b：0.00∠0.00° I_c：0.00∠0.00°	开出：断路器 A、B、C 相位置置合；状态触发条件：时间控制 0.8s
	说明：断路器 A、B、C 相位置置合，故障相电压降低，电流增大为计算的故障电流，时间不能加太久，否则会导致单跳失败三跳，一般加 0.8s		
	装置报文	00000ms 保护启动	
	装置指示灯	无	
反向故障	状态参数设置	将区内故障中故障态的故障相电流角度加上 180°，即 I_a 为 1.68∠105.50°	
	装置报文	保护启动 00000ms	
	装置指示灯	无	

注：1. 计算公式：$I=mI_{0\text{Ⅱ}}$，m 为系数，一般取 $m=1.2$。
2. 故障试验仪器设置以 A 相故障为例，B、C 相故障类同。

2. 零序方向动作区、灵敏角检验、零序最小动作电压检验

其相关定值、试验条件与零序电流保护检验相同。

调试方法见表 2-23。

表 2-23　零序方向动作区、灵敏角检验、零序最小动作电压检验

试验项目	零序方向动作区、灵敏角检验、零序最小动作电压检验	
试验方法	手动试验界面 先加正序电压量，并使电流为 0，让 PT 断线恢复，按“菜单栏”上的“输出保持”按钮（按下“输出保持”按钮可保持按下前装置输出量） 改变电流量大于 $I_{0\text{Ⅱ}}$ 定值，角度调为大于边界几个角度 在仪器界面右下角的变量及变化步长选择，选择好变量（角度）、变化步长（1.00°） 放开菜单栏”上的“输出保持”按钮，调节步长▲或▼，直到保护动作	
试验仪器设置（手动试验）	按以下步骤进行试验	
	U_a：57.00∠0.00°　I_a：0.00∠0.00° U_b：57.74∠-120°　I_b：0.00∠0.00° U_c：57.74∠120°　I_c：0.00∠0.00° 设置好后，按“菜单栏”上的“输出保持”按钮	U_a：50.00∠0.00°　I_a：2.00∠10.00°（边界 1） U_b：57.74∠-120°　I_b：0.00∠0.00° U_c：57.74∠120°　I_c：0.00∠0.00° “变量及变化步长选择”：变量为角度；变化步长为 1.00° 设置好后，放开“菜单栏”上的“输出保持”按钮调节步长▼，直到保护动作
	U_a：57.00∠0.00°　I_a：0.00∠0.00° U_b：57.74∠-120°　I_b：0.00∠0.00° U_c：57.74∠120°　I_c：0.00∠0.00° 设置好后，按“菜单栏”上的“输出保持”按钮	U_a：50.00∠0.00°　I_a：2.00∠-170.00°（边界 2） U_b：57.74∠-120°　I_b：0.00∠0.00° U_c：57.74∠120°　I_c：0.00∠0.00° “变量及变化步长选择”：变量为角度；变化步长为 1.00° 设置好后，放开“菜单栏”上的“输出保持”按钮，调节步长▲，直到保护动作

（续）

试验项目	零序方向动作区、灵敏角检验、零序最小动作电压检验	
试验仪器设置(手动试验)	动作区及灵敏角的计算： 动作区：Φ_1°>Φ>Φ_2° 参考动作区：9.0°>Φ>-167° 灵敏角：$I_a(3I_0)$与U_a之间$\Psi=(\Phi_1+\lvert\Phi_2\rvert)/2-\Phi_1$	
最小动作电压试验方法	手动试验界面 先加正常电压量，电流为0(让PT断线恢复)，按“菜单栏”上的“输出保持”按钮 改变电流量为I_n(额定电流)，角度调为灵敏角度 在仪器界面右下角的“变量及变化步长选择”，选择好变量(幅值)、变化步长。 放开菜单栏”上的“输出保持”按钮，调节步长▼，直到保护动作	
试验仪器设置	U_a:57.74∠0.00°　I_a:0.00∠0.00° U_b:57.74∠-120°　I_b:0.00∠0.00° U_c:57.74∠120°　I_c:0.00∠0.00° 设置好后，按“菜单栏”上的“输出保持”按钮	U_a:57.74∠0.00°　I_a:5.00∠-70°(灵敏角) U_b:57.74∠-120°　I_b:0.00∠0.00° U_c:57.74∠120°　I_c:0.00∠0.00° “变量及变化步长选择”：变量为(U_a)幅值；变化步长为0.1V 设置好后，放开“菜单栏”上的“输出保持”按钮，调节步长▼，直到保护动作

注：由于试验人员操作试验仪器有差别，测试出的动作区、灵敏角及最小动作电压会有略微出入。

2.2.5　手合加速试验

手合加速距离Ⅲ段（手合加速零序）检验如下：

（1）相关定值　零序加速段定值：0.75A，距离保护Ⅰ、Ⅱ、Ⅲ段定值。

（2）试验条件

1）软压板设置。

a）保护功能软压板：投入零序保护软压板、投入距离保护软压板、投入停用重合闸软压板。

b）GOOSE 发送软压板：投入“GOOSE 跳闸出口”软压板，投入“GOOSE 启动失灵”软压板，投入“GOOSE 闭锁重合闸出口”软压板。

2）控制字设置：“零序电流保护”置“1”，距离Ⅱ、Ⅲ段置 1，“多相故障闭重”置 1，“三相跳闸方式”置“0”。

3）开关状态：分掉开关（一个半开关接线需分掉两个开关才行，也可以通过 GOOSE 发布）。

4）开入量检查：A 相跳位为 1，B 相跳位为 1，C 相跳位为 1，闭锁重合闸为 0。

（3）调试方法见表 2-24。

表 2-24　手合加速试验

试验项目	手合加速距离Ⅲ段(手合加速零序)检验		
单相区内故障试验仪器设置(采用状态序列)	状态1参数设置(故障前状态)		
	U_a:57.74∠0.00° U_b:57.74∠-120° U_c:57.74∠120°	I_a:0∠0.00° I_b:0∠-120° I_c:0∠120°	状态触发条件：时间控制大于5s
	状态2参数设置(故障状态)		
	U_a:距离段∠0.00° U_b:57.74∠-120° U_c:57.74∠120°	I_a:距离段∠-85.00° I_b:0.00∠0.00° I_c:0.00∠0.00°	状态触发条件：时间控制 0.15s
	说明：1. 手合时总是加速距离Ⅲ段；2. 手合时，零序过流加速经100ms延时三相跳闸		
	装置报文	1. 保护启动 00000ms；　2. 距离加速，A、B、C 相，00029ms；　3. 零序加速，A、B、C 相，00100ms；　4. 故障相别为 A	
	装置指示灯	跳 A 相、跳 B 相、跳 C 相	

2.2.6 重合闸后加速试验

重合闸后加速试验如下：

（1）相关定值　零序加速段定值：0.75A，距离保护Ⅰ、Ⅱ、Ⅲ段定值。

（2）试验条件

1）软压板设置。

a）保护功能软压板：投入零序保护软压板、投入距离保护软压板、投入停用重合闸软压板。

b）GOOSE 发送软压板：投入“GOOSE 跳闸出口”软压板，投入“GOOSE 启动失灵”软压板，投入“GOOSE 闭锁重合闸出口”软压板。

2）控制字设置：“零序电流保护”置“1”，距离Ⅱ、Ⅲ段置 1，“多相故障闭重”置 1、“三相跳闸方式”置“0”。

3）开关状态：合上开关（一个半开关接线只需合上一个开关即可，也可以通过 GOOSE 发布）。

4）开入量检查：A 相跳位为 0，B 相跳位为 0，C 相跳位为 0，闭锁重合闸为 0。

（3）调试方法见表 2-25。

表 2-25　重合闸后加速距离Ⅱ段（重合闸后加速零序）检验

试验项目	重合闸后加速距离Ⅱ段(重合闸后加速零序)检验		
单相区内故障试验仪器设置(采用状态序列)	状态 1 参数设置(故障前状态)		
	U_a:57.74∠0.00° U_b:57.74∠-120° U_c:57.74∠120°	I_a:0∠0.00° I_b:0∠-120° I_c:0∠120°	状态触发条件:时间控制 5s
	状态 2 参数设置(故障状态)		
	U_a:故障量∠0.00° U_b:57.74∠-120° U_c:57.74∠120°	I_a:故障量∠-85.00° I_b:0.00∠0.00° I_c:0.00∠0.00°	状态触发条件:时间控制,整定时间+50ms
	状态 3 参数设置(重合闸状态)		
	U_a:57.74∠0.00° U_b:57.74∠-120° U_c:57.74∠120°	I_a:0∠0.00° I_b:0∠-120° I_c:0∠120°	状态触发条件:时间控制,重合时间+50ms 开出设置:GOOSE 发布 A 相分位双位置状态
	状态 4 参数设置(重合闸于故障状态)		
	U_a:距离Ⅱ段∠0.00° U_b:57.74∠-120° U_c:57.74∠120°	I_a:距离Ⅱ段∠-85.0° I_b:0.00∠0.00° I_c:0.00∠0.00°	状态触发条件:时间控制 0.50s
	装置报文	1. 保护启动;　2. 距离Ⅰ段动作,A 相,00031ms;　3. 距离加速(零序加速) 00969ms　4. 故障相别　A	
	装置指示灯	跳 A 相、跳 B 相、跳 C 相	

2.3 PCS 902GD 调试方法

2.3.1 概述

1. PCS 902GD 装置功能说明

PCS 902GD 线路保护装置可用于智能化变电站 220kV 及以上电压等级输电线路的主、后备保护。PCS 902GD 是以纵联距离保护为全线速动保护，以硬接点方式与对侧交换方向信息，可结合继电保护专用收发信机、继电保护光纤接口（速率为 2048kbit/s）或复用载波机，与对侧保护构成闭锁式或允许式的纵联保护。除纵联保护外，装置均设有三段式相间、接地距离保护，零序电流方向保护。保护装置设有分相跳闸出口，配有自动重合闸功能，对单或双母线接线的开关实现单相、三相重合或者禁止、停用重合闸。

2. 装置背板端子说明

PCS 902GD 线路保护装置插件布置如图 2-7 所示。本节主要对与单体调试相关度比较高的 NR1136（B07）板件做一个简单介绍。

NR1102	NR1403		NR1161				NR1502				NR1550	NR1551			NR1301
MON	AI		DSP				BI				BO	BO	BO	BO	PWR
01	02	03	04	05	06	07	08	09	10	11	12	13	14	15	P1

图 2-7 PCS 902GD 线路保护装置插件布置图

本装置提供一组保护 SV 光口，接收模拟量采样数据，型号为 LC；提供一组保护 G 光口，用于收发 GOOSE 数据，型号为 LC。光口 4 用于 SV 直采、光口 3 用于 GOOSE 直跳、光口 1 用于 GOOSE 组网。

3. 装置虚端子及软压板配置

图 2-8 所示为本装置虚端子联系图。

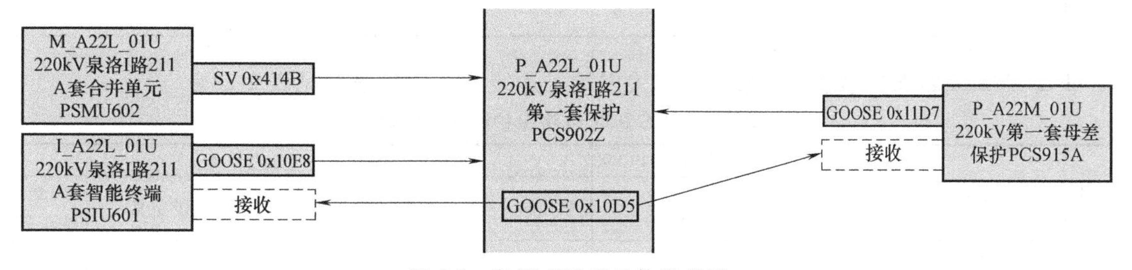

图 2-8 装置虚端子整体配置图

PCS 902GD 线路保护装置虚端子开入及相关虚端子连线和软压板见表 2-26。

表 2-26 PCS 902GD 线路保护虚端子开入表

序号	功能定义	终点设备:PCS902		起点设备		
		厂家虚端子定义	接收软压板	设备名称	厂家虚端子定义	发送软压板
1	断路器 A 相跳闸位置	1-断路器 TWJA	智能终端 GOOSE 接收	211 开关智能终端 A	5-断路器 A 相位置	无
2	断路器 B 相跳闸位置	2-断路器 TWJB			7-断路器 B 相位置	
3	断路器 C 相跳闸位置	3-断路器 TWJC			9-断路器 C 相位置	
4	低气压闭锁重合闸	4-低气压闭锁重合闸			31-重合压力低	
5	另一套智能终端闭锁本线路保护重合闸	5-闭锁重合闸 1			29-闭锁重合闸（另一套智能终端）	

（续）

序号	功能定义	终点设备：PCS 902		起点设备		
		厂家虚端子定义	接收软压板	设备名称	厂家虚端子定义	发送软压板
6	母差保护动作停信	6-其他保护动作 1	母差 GOOSE 接收	220kV 第一套母差保护 PCS-915	6-支路 6_保护跳闸	支路 6 跳闸
7	母差保护动作闭锁本线路保护重合闸	7-闭锁重合闸 2			6-支路 6_保护跳闸	

PCS 902GD 线路保护装置虚端子开出及相关虚端子连线和软压板见表 2-27。

表 2-27　PCS 902GD 线路保护虚端子开入表

序号	功能定义	起点设备：PCS 902		终点设备		
		厂家虚端子定义	发送软压板	设备名称	厂家虚端子定义	接收软压板
1	A 相跳闸出口	1-跳断路器	跳开关 1 出口 GOOSE 发送软压板	211 开关智能终端 A	1-A 相跳闸出口	无
2	B 相跳闸出口	2-跳断路器			2-B 相跳闸出口	
3	C 相跳闸出口	3-跳断路器			3-C 相跳闸出口	
4	保护重合闸出口	8-G_重合闸出口	重合闸 GOOSE 发送软压板		4-重合 1	
5	902 保护 A 相动作启动第一套母差失灵开入	4-启动失灵	GOOSE 启动失灵	220kV 第一套母差保护 PCS-915	9-支路 6_A 相启动失灵开入	支路 6_失灵开入
6	902 保护 B 相动作启动第一套母差失灵开入	5-启动失灵			10-支路 6_B 相启动失灵开入	
7	902 保护 C 相动作启动第一套母差失灵开入	6-启动失灵			11-支路 6_C 相启动失灵开入	

PCS 902 线路保护装置 SV 输入及相关虚端子连线和软压板情况见表 2-28。

表 2-28　PCS 902 线路保护装置 SV 输入

序号	功能定义	终点设备：PCS902		起点设备		
		厂家虚端子定义	接收软压板	设备名称	厂家虚端子定义	发送软压板
1	合并单元延时	1-合并器额定延时 1	SV 接收软压板	220kV 线路 1 合并单元 A	合并器额定延时	无
2	保护电压 A(主采)	2-U_a			17-保护电压 A 相 1	
3	保护电压 A(辅采)	3-U_aQ			20-保护电压 A 相 2	
4	保护电压 B(主采)	4-U_b			18-保护电压 B 相 1	
5	保护电压 B(辅采)	5-U_bQ			21-保护电压 B 相 2	
6	保护电压 C(主采)	6-U_c			19-保护电压 C 相 1	
7	保护电压 C(辅采)	7-U_cQ			22-保护电压 C 相 2	
8	保护电流 A(主采)	8-I_a			2-保护电流 A 相 1	
9	保护电流 A(辅采)	9-I_aQ			5-保护电流 A 相 2	
10	保护电流 B(主采)	10-I_b			3-保护电流 B 相 1	
11	保护电流 B(辅采)	11-I_bQ			6-保护电流 B 相 2	
12	保护电流 C(主采)	12-I_c			4-保护电流 C 相 1	
13	保护电流 C(辅采)	13-I_cQ			7-保护电流 C 相 2	
14	线路电压 A(同期)	U_xa			23-抽取电压	

2.3.2 试验调试方法

1. 测试仪器接线及配置

1）将 PCS 902GD 对应的通道接口装置 FOX41 的发信口和收信口用尾纤自环。

2）测试仪光纤接线：用 3 对尾纤分别将测试仪的光口 1 与线路保护直采 SV 口（B07-4 口）连接，光口 2 与线路保护直跳 GOOSE 口（B07-3）连接，光口 3 与组网 GOOSE 口（B07-1）连接。

3）测试仪配置。

系统参数：二次额定线电压为 100V、额定频率为 50Hz、二次额定电流为 1A、规约选择 IEC 61850-9-2、PT 电压比为 220/100、CT 电流比为 2000/1。

SV 报文映射：对应线路合并单元输出，合并单元输出三相保护电流（包括主、副采）分别映射测试仪 I_a、I_b、I_c，合并单元输出三相电压（包括主、副采）分别映射测试仪 Va、Vb、Vc，输出光口选择“光口 1”。

GOOSE 订阅：订阅本线路保护 GOOSE 输出，并将保护的跳 A 相、跳 B 相、跳 C 相、重合出口分别映射到测试仪的 GOOSE 开入 A、B、C、D，接收光口选择“光口 2”。

GOOSE 发布：订阅发布本线路保护对应智能终端 GOOSE 输出，并映射到光口 2，将相应的开关 A 相位置、B 相位置、C 相位置、另一套智能终端闭锁重合闸、气压低闭锁重合闸。

订阅发布对应母线差动保护输出，并映射到光口 3。

2. 纵联保护检验

（1）纵联距离保护检验

1）相关定值。保护定值栏中“纵联距离阻抗定值”$Z_{\text{set1.p}}$：12Ω，所加时间要小于 200ms，防止“单跳失败跳三相”。

重合闸方式：单重方式；单重时间：0.80s。

2）试验条件。

① 软压板设置。

a）保护功能软压板：投入“纵联保护”软压板，退出“停用重合闸”软压板。

b）GOOSE 发送软压板：投入“跳开关 1 出口 GOOSE 发送软压板”软压板，投入“启母差失灵 GOOSE 发送软压板”软压板，投入“重合闸 GOOSE 发送软压板”软压板。

c）SV 软压板：投入“间隔电流电压接收软压板”软压板。

② 控制字设置：“纵联距离保护”置“1”，“允许式通道”置“1”，“三相跳闸方式”置“0”，“单相重合闸”置“1”，“三相重合闸”置“0”。

③ 开关状态：合上开关。

④ 开入量检查：G 断路器 TWJA 置 0、G 断路器 TWJB 置 0、G 断路器 TWJC 置 0、G 闭锁重合闸 1（另一套智能终端闭锁重合闸）置 0、G 低气压闭锁重合闸置 0、G 闭锁重合闸 2（母差动作）置 0。A 相位置、B 相位置、C 相位置应发布 10、10、10（合位），每个状态均为设置“GOOSE 数据集”，将三相开关的位置设为合位。

加入正常电压后“充电完成”指示灯亮

3）调试方法见表 2-29。

表 2-29 纵联距离保护调试方法

试验项目	一、纵联接地距离保护校验（正向区内区外故障；反向故障）		
单相区内故障试验仪器设置（采用状态序列）	状态 1 参数设置（故障前状态）		
	U_a:57.74∠0.00° U_b:57.74∠-120° U_c:57.74∠120°	I_a:0.00∠0.00° I_b:0.00∠0.00° I_c:0.00∠0.00°	状态触发条件:时间控制 28s

（续）

<table>
<tr><td>试验项目</td><td colspan="4">一、纵联接地距离保护校验（正向区内区外故障；反向故障）</td></tr>
<tr><td rowspan="5">单相区内故障试验仪器设置（采用状态序列）</td><td colspan="4">状态 2 参数设置（故障状态）</td></tr>
<tr><td colspan="2">U_a:18.92∠0.00°
U_b:57.74∠-120°
U_c:57.74∠120°</td><td>I_a:1.00∠-78°
I_b:0.00∠0.00°
I_c:0.00∠0.00°</td><td>状态触发条件：时间控制 0.05s</td></tr>
<tr><td colspan="4">说明：PT 断线恢复需 10~12s，重合闸充电需 15s，因此故障前状态需加 28s，使得重合闸“充电”灯亮</td></tr>
<tr><td>装置报文</td><td colspan="3">1. 保护启动 00000ms； 2. 距离Ⅰ段动作，A 相，00033ms； 3. 重合闸动作 00773ms； 4. 故障相别为 A</td></tr>
<tr><td>装置指示灯</td><td colspan="3">跳 A 相、重合闸</td></tr>
<tr><td rowspan="3">区外故障</td><td>状态参数设置</td><td colspan="3">将区内故障中故障态的故障相电压改为区外计算值，即将第二态 U_a 改为 28.203∠0.00°</td></tr>
<tr><td>装置报文</td><td colspan="3">保护启动 00000ms</td></tr>
<tr><td>装置指示灯</td><td colspan="3">无</td></tr>
<tr><td rowspan="3">反向故障</td><td>状态参数设置</td><td colspan="3">将区内故障中故障态的故障相电流角度加上 180°，即 I_a 为 1∠（-78°+180°）</td></tr>
<tr><td>装置报文</td><td colspan="3">保护启动 00000ms</td></tr>
<tr><td>装置指示灯</td><td colspan="3">无</td></tr>
<tr><td>试验项目</td><td colspan="4">二、纵联相间距离保护检验——正方向：区内、区外故障；反方向</td></tr>
<tr><td rowspan="7">相间区内故障试验仪器设置（采用状态序列）</td><td colspan="4">状态 1 参数设置（故障前状态）</td></tr>
<tr><td colspan="2">U_a:57.74∠0.00°
U_b:57.74∠-120°
U_c:57.74∠120°</td><td>I_a:0.00∠0.00°
I_b:0.00∠0.00°
I_c:0.00∠0.00°</td><td>状态触发条件：时间控制 28s</td></tr>
<tr><td colspan="4">状态 2 参数设置（故障状态）</td></tr>
<tr><td colspan="2">U_a:57.74∠0.00°
U_b:31.02∠-158.45°
U_c:31.02∠158.45°</td><td>I_a:0.00∠0.00°
I_b:1.00∠-168°
I_c:1.00∠12°</td><td>状态触发条件：时间控制 0.05s</td></tr>
<tr><td colspan="4">说明：PT 断线恢复需 10~12s，重合闸充电需 15s，因此故障前状态需加 28s，使得重合闸“充电”灯亮。</td></tr>
<tr><td>装置报文</td><td colspan="3">1. 保护启动 00000ms； 2. 距离Ⅰ段动作，A、B、C 相，00033ms； 3. 故障相别为 B、C 相</td></tr>
<tr><td>装置指示灯</td><td colspan="3">跳 A 相、跳 B 相、跳 C 相</td></tr>
<tr><td rowspan="3">区外故障</td><td>状态参数设置</td><td colspan="3">将区内故障中故障态的故障相电压改为区外计算值，即 U_b 为 33.94∠-148.27°、U_c 为 33.94∠148.27°</td></tr>
<tr><td>装置报文</td><td colspan="3">保护启动 00000ms</td></tr>
<tr><td>装置指示灯</td><td colspan="3">无</td></tr>
<tr><td rowspan="3">反向故障</td><td>状态参数设置</td><td colspan="3">将区内故障中故障态的故障相电流角度加上 180°，即 I_b 为 1.00∠12°、I_c 为 1.00∠-168°</td></tr>
<tr><td>装置报文</td><td colspan="3">保护启动 00000ms</td></tr>
<tr><td>装置指示灯</td><td colspan="3">无</td></tr>
</table>

注：1. 单相故障 $U_\Phi=(1+K_Z)mIZ_{zdp2}$。
相间故障 $U_{\Phi\Phi}=2mIZ_{zdpp2}$。
2. 故障试验仪器设置以 A 相故障和 BC 相间故障为例，B、C 相故障，AB、CA 相间故障类同。

（2）纵联零序方向保护定值检验

1）相关定值。保护定值栏中“纵联零序电流定值”：0.3A，“变化量启动电流定值”：0.2A，“零序启动电流定值”：0.2A，所加时间要小于 200ms，防止“单跳失败跳三相”。重合闸方式：单重方式；单重时间：0.80s。

2）试验条件。

①保护功能软压板：投入“纵联保护”软压板，退出“停用重合闸”软压板，其他同纵联距离保护。

②控制字设置：“纵联零序保护”置“1”，“允许式通道”置“1”，“三相跳闸方式”置“0”，“单相重合闸”置“1”，“三相重合闸”置“0”。

③开关状态：合上开关。

④开入量检查：G断路器TWJA置0，G断路器TWJB置0，G断路器TWJC置0，G闭锁重合闸1（另一套智能终端闭锁重合闸）置0，G低气压闭锁重合闸置分位，G闭锁重合闸2（母差动作）置0。“重合允许”指示灯亮。

3）调试方法见表2-30。

表2-30 纵联零序保护调试方法

<table>
<tr><td>试验项目</td><td colspan="3">纵联零序方向保护校验（正向区内、外故障；反向故障）</td></tr>
<tr><td>注意事项</td><td colspan="3">待“PT断线”灯灭、“充电”指示灯亮后加故障量，所加时间应小于0.05s</td></tr>
<tr><td rowspan="8">正向区内故障试验仪器设置（A相接地故障）</td><td colspan="3">状态1参数设置（故障前状态）</td></tr>
<tr><td>U_a:57.74∠0.00°
U_b:57.74∠-120°
U_c:57.74∠120°</td><td>I_a:0.00∠0.00°
I_b:0.00∠0.00°
I_c:0.00∠0.00°</td><td>状态触发条件：时间控制28s</td></tr>
<tr><td colspan="3">说明：三相电压正常，电流为零，装置“充电”时间默认为25s，输入28s确保“充电”灯亮</td></tr>
<tr><td colspan="3">状态2参数设置（故障状态）</td></tr>
<tr><td>U_a:45∠0.00°
U_b:57.74∠-120°
U_c:57.74∠120°</td><td>I_a:0.315∠-78.00°
I_b:0.00∠0.00°
I_c:0.00∠0.00°</td><td>状态触发条件：时间控制0.1s</td></tr>
<tr><td colspan="3">说明：故障相电压降低，电流增大为计算的故障电流（0.315A），故障相电流滞后故障相电压的角度为线路阻抗角（一般线路的阻抗角约为78°）纵联零序方向保护装置固有的动作时间小于60ms，所以故障态时间不宜加太长，一般加小于60ms。</td></tr>
<tr><td>装置报文</td><td colspan="2">1. 保护启动00000ms； 2. 纵联零序方向，A相，00020ms； 3. 重合闸动作00857ms； 4. 故障相别为A相</td></tr>
<tr><td>装置指示灯</td><td colspan="2">跳A相、重合闸</td></tr>
<tr><td rowspan="2">区外故障</td><td>状态参数设置</td><td colspan="2">将区内故障中故障态的故障相电流值改用 $m=0.95$ 时的计算值（$I=0.95\times 0.3A=0.285A$），方向不变</td></tr>
<tr><td>装置报文</td><td colspan="2">保护启动00000ms</td></tr>
<tr><td rowspan="2">反向故障</td><td>状态参数设置</td><td colspan="2">将区内故障中故障态的故障相电流角度加上180°，即 I_a 为0.315A∠102.00°</td></tr>
<tr><td>装置报文</td><td colspan="2">保护启动00000ms</td></tr>
</table>

注：计算公式：$I=mKI_{dz}$（m 为系数，K 在通道自环时取0.5）。

（3）工频变化量阻抗保护校验

1）相关定值。工频变化量阻抗（ΔZ_{set}）：5.0Ω；线路正序灵敏角（Φ）：78°；零序补偿系数（K_Z）：0.66；单相重合闸时间：0.8s。

2）试验条件。

①保护功能软压板：退出“停用重合闸”软压板，其他同纵联距离保护。

②控制字设置：“工频变化量阻抗保护”置“1”，“允许式通道”置“1”，“三相跳闸方式”置“0”，“单相重合闸”置“1”，“三相重合闸”置“0”。

③开关状态：合上开关。

④开入量检查：G断路器TWJA置0，G断路器TWJB置0，G断路器TWJC置0，G闭锁重合闸1（另一套智能终端闭锁重合闸）置0，G低气压闭锁重合闸置0，G闭锁重合闸2（母差动作）置0。“重合允许”指示灯亮。

3）调试方法见表2-31。

表 2-31　工频变化量保护调试方法

试验项目	工频变化量阻抗保护校验（正向区内、外故障；反向故障）		
正向区内故障试验仪器设置（A相接地故障）	状态 1 参数设置（故障前状态）		
	U_a:57.74∠0.00° U_b:57.74∠-120° U_c:57.74∠120°	I_a:0.00∠0.00° I_b:0.00∠0.00° I_c:0.00∠0.00°	状态触发条件：时间控制 28s
	说明：三相电压正常，电流为零，装置“充电”时间默认为 25s，输入 28s 确保“充电”灯亮		
	状态 2 参数设置（故障状态）		
	U_a:13.5∠0.00° U_b:57.74∠-120° U_c:57.74∠120°	I_a:5∠-78° I_b:0.00∠0.00° I_c:0.00∠0.00°	状态触发条件：时间控制 0.02s
	说明：故障相电压降低，电流增大为计算的故障电流（5A），故障相电流滞后故障相电压的角度为线路正序灵敏角 Φ，工频变化量阻抗保护装置固有的动作时间小于 20ms，所以故障态时间不宜加太长，一般加小于 20ms		
	装置报文	1. 保护启动 00000ms；2. 工频变化量阻抗，A 相，0007ms；3. 重合闸动作 00847ms；4. 故障相别：A 相	
	装置指示灯	跳 A 相、重合闸	
正向区内故障试验仪器设置（BC 相间故障）	状态 1 参数设置（故障前状态）		
	U_a:57.74∠120° U_b:57.74∠0° U_c:57.74∠-120°	I_a:0.00∠0.00° I_b:0.00∠0.00° I_c:0.00∠0.00°	状态触发条件：时间控制 28.00s
	说明：电流为零，装置“充电”时间默认为 25s，输入 28s 确保“充电”灯亮		
	状态 2 参数设置（故障状态）		
	U_a:28.86∠178.5° U_b:57.74∠0° U_c:28.86∠-178.5°	I_a:5.00∠12.00° I_b:0∠0.00° I_c:5∠-168.00°	状态触发条件：时间控制 0.02s
	说明：两故障相电压降低，角度发生变化，电流增大为计算的故障电流（5A），故障相间电流滞后故障相间电压的角度为线路正序灵敏角 Φ，工频变化量阻抗保护装置固有的动作时间小于 20ms，所以故障态时间不宜加太长，一般加小于 20ms		
	装置报文	1. 保护启动 00000ms；2. 工频变化量阻抗，A、B、C 相，00010ms；3. 故障相别为 BC	
	装置指示灯	跳 A 相、跳 B 相、跳 C 相	
区外故障	状态参数设置	将区内故障中故障态的故障相电压、电流的值和角度改用 $m=0.9$ 时的计算值即可	
	装置报文	保护启动 00000ms	
反向故障	状态参数设置	1. 单相接地故障：将区内故障中故障态的故障相电流角度加上 180°，电压角度不变即可；2. 相间故障：将区内故障中故障态的两故障相电流角度对调（I_a 为 -168°，I_c 为 12°），电压角度不变即可	
	装置报文	保护启动 00000ms	

注：1. 计算公式：$I_\Phi=10I_n$，单相故障 $U_\Phi=(1+K_Z)I\Delta Z_{set}+(1-1.4m)U_{\Phi n}$，相间故障 $U_{\Phi\Phi}=2I\Delta Z_{set}+(1-1.7m)\sqrt{3}U_{\Phi n}$，$U_\Phi=(U_{\Phi\Phi}^2+U_{\Phi n}^2)^{1/2}/2$，$\theta=\arctan(U_{\Phi\Phi}/U_{\Phi n})$。

2. 故障试验仪器设置以 A 相故障和 CA 相间故障为例，B、C 相故障，AB、BC 相间故障类同。

（4）距离保护检验

1）相关定值。接地距离Ⅰ段定值（Z_{zdp1}）：3Ω；相间距离Ⅰ段定值（Z_{zdpp2}）：3Ω；接地距离Ⅰ段时间（T_{p1}）：0.5s；相间距离Ⅰ段时间（T_{pp1}）：0.5s；线路正序灵敏角（Φ）：78°；零序补偿系数（K_Z）：0.66；CT 二次额定值（I_n）：1A；单相重合闸时间：0.8s。

2）试验条件。

① 保护功能软压板：退出“停用重合闸”软压板，其他同上。

② 控制字设置："距离保护Ⅰ段"置"1"，"允许式通道"置"1"，"三相跳闸方式"置"0"，"单相重合闸"置"1"，"三相重合闸"置"0"。

③ 开关状态：合上开关。

④ 开入量检查：G断路器TWJA置0，G断路器TWJB置0，G断路器TWJC置0，G闭锁重合闸1（另一套智能终端闭锁重合闸）置0，G低气压闭锁重合闸置0，G闭锁重合闸2（母差动作）置0。"重合允许"指示灯亮。

3）调试方法见表2-32。

表2-32　距离保护调试方法

试验项目	距离保护定值校验(正向区内、外故障;反向故障)		
正向区内故障试验仪器设置(B相接地故障)	状态1参数设置(故障前状态)		
	U_a:57.74∠0.00° U_b:57.74∠-120° U_c:57.74∠120°	I_a:0.00∠0.00° I_b:0.00∠0.00° I_c:0.00∠0.00°	状态触发条件:时间控制28s
	说明:三相电压正常,电流为零,装置"充电"时间默认为25s,输入28s确保"充电"灯亮		
	状态2参数设置(故障状态)		
	U_a:57.74∠0.00° U_b:4.73∠-120° U_c:57.74∠120°	I_a:0.00∠0.00° I_b:1∠-198° I_c:0.00∠0.00°	状态触发条件:时间控制0.1s
	说明:故障相电压降低,电流增大为计算的故障电流(1A),故障相电流滞后故障相电压的角度为线路正序灵敏角Φ,距离保护装置固有动作时间为小于50ms,所以故障态时间不宜加太长,一般加该段距离保护整定时间+0.05s即可		
	装置报文	1. 保护启动00000ms;　2. 距离Ⅰ段动作,B相,0032ms;　3. 重合闸动作0872ms;　4. 故障相别为B	
	装置指示灯	跳B相、重合闸	
正向区内故障试验仪器设置(BC相间故障)	状态1参数设置(故障前状态)		
	U_a:57.74∠0° U_b:57.74∠-120° U_c:57.74∠120°	I_a:0.00∠0.00° I_b:0.00∠0.00° I_c:0.00∠0.00°	状态触发条件:时间控制28s
	说明:三相电压正常,由于故障态采用非故障相电压为180°,故故障前状态非故障相电压也应调整为180°,故障相电压相应调整。电流为零,装置"充电"时间默认为25s,输入28s确保"充电"灯亮		
	状态2参数设置(故障状态)		
	U_a: 57.74∠0° U_b:28.99∠-174.36° U_c:28.99∠174.36°	I_a:0.00∠0° I_b:1.00∠12° I_c:1.00∠-168°	状态触发条件:时间控制0.05s
	说明:两故障相电压降低,角度发生变化,电流增大为计算的故障电流(1A),故障相间电流滞后故障相间电压的角度(90°)为线路正序灵敏角Φ,距离保护装置固有动作时间为小于50ms,所以故障态时间不宜加太长,一般加该段相间距离保护整定时间+0.05s即可		
	装置报文	1. 保护启动00000ms;　2. 距离Ⅰ段动作,A、B、C相,0031ms;　3. 故障相别:BC相	
	装置指示灯	跳A相、跳B相、跳C相	
区外故障	状态参数设置	将区内故障中故障态的故障相电压、电流的值和角度改用m=1.05时的计算值即可	
	装置报文	保护启动00000ms	
反向故障	状态参数设置	1. 单相接地故障:将区内故障中故障态的故障相电流角度加上180°,电压角度不变即可;　2. 相间故障:将区内故障中故障态的两故障相电流角度对调(I_c为-168°,I_a为12°),电压角度不变即可	
	装置报文	保护启动00000ms	
说明:故障试验仪器设置以B相故障和BC相间故障为例,A、C相故障,CA、AB相间故障类同			

注：1. 计算公式：$I_\Phi=I_n$，单相故障 $U_\Phi=(1+K_Z)mIZ_{zdp2}$，相间故障 $U_{\Phi\Phi}=2mIZ_{zdpp2}$，$U_\Phi=(U_{\Phi\Phi}^2+U_{\Phi n}^2)^{1/2}/2$，$\theta=\arctan(U_{\Phi\Phi}/U_{\Phi n})$。

2. 故障试验仪器设置以B相故障和BC相间故障为例，A、C相故障，AB、CA相间故障类同。

(5) 手合加速距离Ⅲ段(零序)、重合加速距离Ⅱ段(零序)

1) 相关定值。接地距离Ⅲ段定值(Z_{zdp3}):20.0Ω,接地距离Ⅲ段时间(T_{p3}):2.0s,接地距离Ⅱ段定值(Z_{zdp2}):12Ω,接地距离Ⅱ段时间(T_{p2}):0.5s,线路正序灵敏角(Φ):78°,零序补偿系数(K_Z):0.66。

2) 试验条件。

① 保护功能软压板:退出“停用重合闸”软压板,其他同上。

② 控制字设置:“距离保护Ⅲ段”置“1”,“允许式通道”置“1”,“三相跳闸方式”置“0”,“单相重合闸”置“1”,“三相重合闸”置“0”。

③ 开关状态:断开开关。

④ 开入量检查:G断路器TWJA置1,G断路器TWJB置“1”,G断路器TWJC置1,G闭锁重合闸1(另一套智能终端闭锁重合闸)置0,G低气压闭锁重合闸置0,G闭锁重合闸2(母差动作)置0。

调试方法见表2-33。

表2-33 加速距离保护调试方法

<table>
<tr><td>试验项目</td><td colspan="3">手合加速距离Ⅲ段试验(手合加速零序)</td></tr>
<tr><td rowspan="9">正向区内故障试验仪器设置(A相接地故障)</td><td colspan="3">状态1参数设置(故障前状态)</td></tr>
<tr><td>U_a:57.74∠0.00°
U_b:57.74∠-120°
U_c:57.74∠120°</td><td>I_a:0.00∠0.00°
I_b:0.00∠0.00°
I_c:0.00∠0.00°</td><td>状态触发条件:时间控制 28s</td></tr>
<tr><td colspan="3">说明:三相电压正常,电流为零,装置“充电”时间默认为25s,输入28s确保“充电”灯亮</td></tr>
<tr><td colspan="3">状态2参数设置(故障状态)</td></tr>
<tr><td>U_a:31.54∠0.00°
U_b:57.74∠-120°
U_c:57.74∠120°</td><td>I_a:1.00∠-78°
I_b:0.00∠-0.00°
I_c:0.00∠0.00°</td><td>状态触发条件:时间控制 0.15s</td></tr>
<tr><td colspan="3">说明:故障相电压降低,电流增大为计算的故障电流(1A),故障相电流滞后故障相电压的角度为线路正序灵敏角Φ,距离保护Ⅲ段整定动作时间虽然为2.0s,但由于开关在分位,装置判为手合开关时合于故障,会加速跳闸,所以所加时间小于150ms即可</td></tr>
<tr><td>装置报文</td><td colspan="2">1. 保护启动00000ms; 2. 距离加速,A、B、C相,00031ms; 3. 零序加速ABC 00110ms; 4. 故障相别为A</td></tr>
<tr><td>装置指示灯</td><td colspan="2">跳A相、跳B相、跳C相</td></tr>
</table>

<table>
<tr><td>试验项目</td><td colspan="3">重合加速距离Ⅱ段(重合加速零序)</td></tr>
<tr><td rowspan="10">正向区内故障试验仪器设置(A相接地故障)</td><td colspan="3">状态1参数设置(故障前状态)</td></tr>
<tr><td>U_a:57.74∠0.00°
U_b:57.74∠-120°
U_c:57.74∠120°</td><td>I_a:0.00∠0.00°
I_b:0.00∠0.00°
I_c:0.00∠0.00°</td><td>状态触发条件:时间控制 28s</td></tr>
<tr><td colspan="3">说明:三相电压正常,电流为零,装置“充电”时间默认为25s,输入28s确保“充电”灯亮</td></tr>
<tr><td colspan="3">状态2参数设置(故障状态)</td></tr>
<tr><td>U_a:5∠0.00°(故障电压)
U_b:57.74∠-120°
U_c:57.74∠120°</td><td>I_a:1.00∠-78°(故障电流)
I_b:0.00∠0.00°
I_c:0.00∠0.00°</td><td>状态触发条件:时间控制 故障整定时间+0.03s</td></tr>
<tr><td colspan="3">说明:该状态的故障量不一定要用距离Ⅱ段的故障量,可以用其他跳闸故障量,时间比所加故障量整定略大,但不能过长造成单跳失败三跳</td></tr>
<tr><td colspan="3">状态3参数设置(跳闸后等待重合状态)</td></tr>
<tr><td>U_a:57.74∠0.00°
U_b:57.74∠-120°
U_c:57.74∠120°</td><td>I_a:0.00∠0.00°
I_b:0.00∠0.00°
I_c:0.00∠0.00°</td><td>状态触发条件:时间控制 0.8s+0.05s=0.85s</td></tr>
<tr><td colspan="3">说明:所加时间需略大于重合闸整定时间</td></tr>
</table>

（续）

<table>
<tr><td>试验项目</td><td colspan="3">重合加速距离Ⅱ段(重合加速零序)</td></tr>
<tr><td rowspan="5">正向区内故障试验仪器设置(A相接地故障)</td><td colspan="3">状态 4 参数设置(故障加速状态)</td></tr>
<tr><td>U_a:18.92∠0.00°
U_b:57.74∠-120°
U_c:57.74∠120°</td><td>I_a:1.00∠-78°
I_b:0.00∠0.00°
I_c:0.00∠0.00°</td><td>状态触发条件:时间控制 0.02s</td></tr>
<tr><td colspan="3">说明:重合加速距离保护用的是距离Ⅱ段定值来校验,零序加速用的是“零序过流加速段定值”</td></tr>
<tr><td>装置报文</td><td colspan="2">1. 保护启动;　2. 所加故障量(如纵联距离)动作 00018ms;　3. 重合闸动作 00859ms;　4. 00909ms 距离加速,A、B、C 相;　5. 00947ms　零序加速,A、B、C 相</td></tr>
<tr><td>装置指示灯</td><td colspan="2">跳 A 相、跳 B 相、跳 C 相,重合闸</td></tr>
</table>

3. 零序保护检验

（1）零序过电流定值校验（以零序Ⅱ段为例）

1）相关定值。零序过电流Ⅱ段定值（$I_{0\text{Ⅱ}}$）：0.6A，零序过电流Ⅱ段时间（$t_{0\text{Ⅱ}}$）：0.3s，零序灵敏角（ϕ_0）：78°，单相重合闸时间：0.8s。

2）试验条件。

① 保护功能软压板：退出“停用重合闸”软压板，其他同上。

② 控制字设置：“零序电流保护”置“1”，“允许式通道”置“1”，“三相跳闸方式”置“0”，“单相重合闸”置“1”，“三相重合闸”置“0”。

③ 开关状态：合上开关。

④ 开入量检查：G 断路器 TWJA 置“0”，G 断路器 TWJB 置“0”，G 断路器 TWJC 置“0”，G 闭锁重合闸“1”（另一套智能终端闭锁重合闸）置“0”，G 低气压闭锁重合闸置“0”，G 闭锁重合闸 2（母差动作）置“0”。

3）调试方法见表 2-34。

表 2-34　零序保护调试方法

<table>
<tr><td>试验项目</td><td colspan="3">零序过电流定值校验(正向区内、外故障;反向故障)</td></tr>
<tr><td rowspan="8">正向区内故障试验仪器设置(C相接地故障)</td><td colspan="3">状态 1 参数设置(故障前状态)</td></tr>
<tr><td>U_a:57.74∠0.00°
U_b:57.74∠-120°
U_c:57.74∠120°</td><td>I_a:0.00∠0.00°
I_b:0.00∠0.00°
I_c:0.00∠0.00°</td><td>状态触发条件:时间控制 28s</td></tr>
<tr><td colspan="3">说明:三相电压正常,电流为零,装置“充电”时间默认为 25s,输入 28s 确保“充电”灯亮</td></tr>
<tr><td colspan="3">状态 2 参数设置(故障状态)</td></tr>
<tr><td>U_a:57.74∠0.00°
U_b:57.74∠-120°
U_c:50.00∠120°</td><td>I_a:0.00∠0.00°
I_b:0.00∠0.00°
I_c:0.63∠42.00°</td><td>状态触发条件:时间控制 $t_{0\text{Ⅱ}}$+0.05s=0.35s</td></tr>
<tr><td colspan="3">说明:故障相电压降低,电流增大为计算的故障电流(0.63A),故障相电流滞后故障相电压的角度为零序灵敏角 ϕ_0(保证零序功率为正方向),零序保护装置固有动作时间应小于 50ms,所以故障态时间不宜加太长,一般加该段零序过流整定时间+0.03s 即可</td></tr>
<tr><td>装置报文</td><td colspan="2">1. 保护启动 00000ms;　2. 零序过电流Ⅱ段,C 相,00317ms;　3. 重合闸动作 01157ms;　4. 故障相别为 C</td></tr>
<tr><td>装置指示灯</td><td colspan="2">跳 C 相、重合闸</td></tr>
<tr><td rowspan="2">区外故障</td><td>状态参数设置</td><td colspan="2">将区内故障中故障态的故障相电流值改用 m=0.95 时的计算值(I=0.95×0.6A=0.57A),方向不变</td></tr>
<tr><td>装置报文</td><td colspan="2">保护启动 00000ms</td></tr>
<tr><td rowspan="2">反向故障</td><td>状态参数设置</td><td colspan="2">将区内故障中故障态的故障相电流角度加上 180°,即 I_c 为 0.63∠222.0°</td></tr>
<tr><td>装置报文</td><td colspan="2">保护启动 00000ms</td></tr>
<tr><td colspan="4">说明:故障试验仪器设置以 C 相故障为例,A、B 相类同</td></tr>
<tr><td colspan="4">思考:自产零序采样正常,外接零序采样为零的情况下对零序保护的动作行为有何影响?</td></tr>
</table>

（2）零序方向动作区及灵敏角、零序最小动作电压检验

1）相关定值。零序过电流Ⅱ段定值（$I_{0Ⅱ}$）：0.6A，零序过电流Ⅱ段时间（$t_{0Ⅱ}$）：0.3s，零序过电流Ⅲ段定值（$I_{0Ⅲ}$）：0.4A，零序过电流Ⅲ段时间（$t_{0Ⅲ}$）：1.2s，CT二次额定值（I_n）：1A。

2）试验条件与零序过电流定值校验相同。

3）调试方法见表2-35。

表2-35　零序保护动作区、最小动作电压调试方法

试验项目	零序方向动作区及灵敏角、零序最小动作电压检验
零序灵敏角试验仪器设置(A相接地故障)	步骤1(修改定值)
	修改装置定值:退出距离保护Ⅰ、Ⅱ、Ⅲ段控制字,“零序Ⅲ段经方向”控制字置“1”
	说明:零序过电流Ⅱ段定值不能低于零序Ⅲ段定值($I_{0Ⅲ}$)1.5A,定值设置不合理装置会报“定值校验出错”,造成运行灯会灭,“零序Ⅲ段经方向”控制字置“1”是为了防止试验过程中零序Ⅲ段反方向动作
	步骤2(等待PT断线恢复)
	切换到“手动试验”状态,在模拟量输入框中输入: U_a:57.74∠0.00°　I_a:0.00∠-0° U_b:57.74∠-120°　I_b:0.00∠-120° U_c:57.74∠120°　I_c:0.00∠-120° 再按下“菜单栏”上的“输出保持”黄色按钮,这时状态输出被保持
	说明:该步骤为故障前状态,保持10s以上,待“PT断线”灯灭,该试验不校验重合闸,可不必等25s“充电”灯亮
	步骤3(确定边界1)
	修改模拟量输入框中模拟量为 U_a:50.00∠0.00°　I_a:0.63∠12° U_b:57.74∠-120°　I_b:0.00∠-150° U_c:57.74∠120°　I_c:0.00∠-90° 变量及变化步长选择:变量为“I_a”、“相位”;变化步长为“1°” 设置好后再次单击右下角的“锁定”按钮,并单击“向下箭头”按钮调节步长,直到零序过电流Ⅱ段保护动作。
	说明:装置的第1个动作边界为I_a在11°的位置,从15°开始下降,可使保护从不动作校验到动作以确定该边界,调节步长每秒单击一下“向下箭头”
	步骤4(确定边界2)
	重复步骤2,待“PT断线”灯灭后修改模拟量输入框中模拟量为 U_a:50.00∠0.00°　I_a:0.63∠-172° U_b:57.74∠-120°　I_b:0.00∠-150° U_c:57.74∠120°　I_c:0.00∠-90° 变量及变化步长选择:变量为“I_a”、“相位”;变化步长为“1°” 设置好后再次单击右下角的“锁定”按钮,并单击“向上箭头”按钮调节步长,直到零序过电流Ⅱ段保护动作
	说明:装置的第2个动作边界为I_a在-166°的位置,从-172°开始上升,可使保护从不动作校验到动作以确定该边界,调节步长每秒单击一下“向上箭头”
	步骤5(改回定值)
	说明:将步骤1中修改的定值改回原值
零序最小动作电压试验仪器设置(A相接地故障)	步骤1(等待PT断线恢复)
	切换到“手动试验”状态,在模拟量输入框中输入: U_a:57.74∠0.00°　I_a:0.00∠-30° U_b:57.74∠-120°　I_b:0.00∠-150° U_c:57.74∠120°　I_c:0.00∠-90° 再单击右下角的“锁定”按钮,这时状态输出被保持
	说明:该步骤为故障前状态,保持10s以上,待“PT断线”灯灭,该试验不校验重合闸,可不必等25s“充电”灯亮

（续）

试验项目	零序方向动作区及灵敏角、零序最小动作电压检验
零序最小动作电压试验仪器设置（A 相接地故障）	步骤 2（确定最小动作电压）
	修改模拟量输入框中模拟量为 U_a:57.74.00∠0.00°　I_a:1.00∠-78° U_b:57.74∠-120°　I_b:0.00∠-150° U_c:57.74∠120°　I_c:0.00∠-90° 变量及变化步长选择：变量为“U_a”、“幅值”；变化步长为“0.1”V 设置好后再次单击右下角的“锁定”按钮，并单击“▼”按钮调节步长，直到零序过电流Ⅱ段保护动作
	说明：动作电流用额定二次电流，装置的零序最小动作电压大约为 0.55V，单相降低到 57.74V-0.55V=57.19V 时零序过电流保护动作，保护从不动作校验到动作以确定最小动作电压，调节步长每秒单击一下“▼”

4. 重合闸检验

（1）相关定值　三相重合闸时间：0.8s，同期合闸角：30°。

（2）试验条件　“单相重合闸”置“0”，“三相重合闸”置“1”，“禁止重合闸”置“0”，“停用重合闸”置“0”，“重合闸检同期”置“1”，“重合闸检无压”置“0”。

试验接线：除三相电压外，同期电压也需配置到 U'_a。

（3）三相重合闸同期定值校验　调试方法见表 2-36。

表 2-36　三相重合闸调试方法

试验项目	三相重合闸同期定值校验		
相关定值	三相重合闸时间：0.8s 同期合闸角：30°		
说明	三相重合闸时间逻辑校验时使用的计算值与单相重合闸相同，以下不再重复计算		
检同期合闸同期定值校验试验仪器设置（A 相接地故障）	状态 1 参数设置（故障前状态）		
	U_a:57.74∠0.00° U_b:57.74∠-120° U_c:57.74∠120° U_x:57.74∠0.00°	I_a:0.00∠0.00° I_b:0.00∠0.00° I_c:0.00∠0.00°	状态触发条件：时间控制 28s
	说明：三相电压正常，同期电压正常（以 A 相电压做同期电压），电流为零，装置“充电”时间默认为 25s，输入 28s 确保“充电”灯亮		
	状态 2 参数设置（故障状态）		
	U_a:故障电压∠0.00° U_b:57.74∠-120° U_c:57.74∠120° U_x:故障电压∠0.00°	I_a:故障电流∠-78.00° I_b:0.00∠0.00° I_c:0.00∠0.00°	状态触发条件：时间控制所加时间应小于所模拟故障保护整定时间+30ms
	说明：输入计算好的故障电流、电压，同期电压与 A 相电压的幅值和相角需一致，所加时间小于所模拟的故障保护动作时间+50ms，不要加太长，否则相当于开关拒动		
	状态 3 参数设置（跳闸后等待重合状态）		
	U_a:57.74∠0.00° U_b:57.74∠-120° U_c:57.74∠120° U'_a:>40∠∈(0°±30°)（能重合） U'_a:>40∠∉(0°±30°)（不能重合）	I_a:0.00∠0.00° I_b:0.00∠0.00° I_c:0.00∠0.00°	状态触发条件：时间控制 0.6s
	说明： 1. 该装置检同期的前提条件是有电压，装置默认的有压定值为相电压大于 40V，同期合闸角：30°是个可改变的定值，要校验同期角边界可以取 U_x 小于 40∠29°或 U_x 小于 40∠-29°（能重合），U_x 大于 40∠31°或 U_x 大于 40∠-31°（不能重合）来确定两个同期角边界。 2. 该状态时间控制为三相重合闸时间 0.8s+0.1s=0.9s		

（续）

试验项目	三相重合闸同期定值校验		
检同期合闸无压定值校验试验仪器设置（A 相接地故障）	状态 1 参数设置（故障前状态）		
	U_a:57.74∠0.00° U_b:57.74∠-120° U_c:57.74∠120° U_x:57.74∠0.00°	I_a:0.00∠0.00° I_b:0.00∠0.00° I_c:0.00∠0.00°	状态触发条件：时间控制 28s
	说明：三相电压正常，同期电压正常（A 相电压为同期电压），电流为零，装置“充电”时间默认为 25s，输入 28s 确保“充电”灯亮		
	状态 2 参数设置（故障状态）		
	U_a:故障电压∠0.00° U_b:57.74∠-120° U_c:57.74∠120° U_x:故障电压∠0.00°	I_a:故障电流∠-80.00° I_b:0.00∠0.00° I_c:0.00∠0.00°	状态触发条件：时间控制所加时间小于所模拟故障保护整定时间+30ms
	说明：输入计算完的故障电流、电压，同期电压和 A 相电压相同，所加时间小于所模拟的故障保护动作时间+60ms，不要加太长，否则相当于开关拒动		
	状态 3 参数设置（跳闸后等待重合状态）		
	U_a:57.74∠0.00° U_b:57.74∠-120° U_c:57.74∠120° U_x:<30V∠0.00°（能重合） U_x:>30V∠0.00°（不能重合）	I_a:0.00∠0.00° I_b:0.00∠0.00° I_c:0.00∠0.00°	状态触发条件：时间控制 10s
	说明： 1. 该装置在母线或线路电压小于 30V 时，检无压条件满足，故可输入 U_x:29V∠0.00°（能重合），U_x:31V∠0.00°（不能重合）来校验无压边界定值 2. 该状态时间控制应大于三相重合闸时间 0.5s+0.1s=0.6s		

（4）重合闸脉冲宽度测试　调试方法见表 2-37。

表 2-37　重合闸脉冲宽度调试方法

试验项目	重合闸脉冲宽度测试		
重合闸脉冲宽度测试试验仪器设置（A 相接地故障）	状态 1 参数设置（故障前状态）		
	U_a:57.74∠0.00° U_b:57.74∠-120° U_c:57.74∠120°	I_a:0.00∠0.00° I_b:0.00∠0.00° I_c:0.00∠0.00°	状态触发条件：时间控制 28s
	说明：三相电压正常，电流为零，装置“充电”时间默认为 25s，输入 28s 确保“充电”灯亮		
	状态 2 参数设置（故障状态）		
	U_a:故障电压∠0.00° U_b:57.74∠-120° U_c:57.74∠120°	I_a:故障电流∠-80.00° I_b:0.00∠0.00° I_c:0.00∠0.00°	状态触发条件：时间控制所加时间小于所模拟故障保护整定时间+30ms
	说明：输入计算好的故障电流、电压，所加时间小于所模拟的故障保护动作时间+60ms，不要加太长，否则相当于开关拒动		
	状态 3 参数设置（跳闸后等待重合状态）		
	U_a:57.74∠0.00° U_b:57.74∠-120° U_c:57.74∠120°	I_a:0.00∠0.00° I_b:0.00∠0.00° I_c:0.00∠0.00°	状态触发条件： 单击“通用参数”→“开入翻转参考状态”设置为“上一个状态” 在“触发条件”→“状态触发条件”中勾选“开入量翻转触发” 在“开入量”栏中仅勾选“重合闸接点”
	说明：勾选“开关量输入”是因为“重合闸出口”接点连接到关联试验仪器的开关量输入上，若该接点闭合，则停止本状态。为了避免其他开入影响，则只勾选重合闸开入接点，其他接点不勾选		
	状态 4 参数设置（等待重合闸出口接点返回状态）		

（续）

试验项目	重合闸脉冲宽度测试		
重合闸脉冲宽度测试试验仪器设置（A 相接地故障）	U_a:57.74∠0.00° U_b:57.74∠-120° U_c:57.74∠120°	I_a:0.00∠0.00° I_b:0.00∠0.00° I_c:0.00∠0.00°	状态触发条件：时间控制大于 200ms
	说明：该状态的设置是为了等待重合闸出口接点返回，并记录从动作到返回的时间（即脉冲宽度）所以该状态只需加入正常电压保证让重合闸不放电，时间大于 100ms 是为了比该装置的正常重合闸脉冲长度（70ms 左右）长，一般设置 1s 即可		

2.4　CSC-101B 线路保护调试

2.4.1　概述

1. CSC-101B 适用范围及主要功能配置

CSC-101B 数字式超高压线路保护装置适用于 220kV 及以上电压等级的高压输电线路，满足双母线、一个半断路器等各种接线方式的数字化变电站。主保护为纵联距离保护，后备保护为三段式距离保护、两段式零序方向保护及零序反时限保护等。另外，装置还配置了自动重合闸、三相不一致保护，主要用于双母线接线情况。若不使用本装置三相不一致保护，控制字“三相不一致保护”置“0”。

保护装置可配置收信直跳就地判据及跳闸逻辑，通过软压板“远方跳闸保护”和控制字“过电压远跳功能”投退。根据运行要求可投入低电流、分相低有功、电流变化量、零负序电流、分相低功率因数、零负序过电压等就地判据，能够提高远方跳闸保护的安全性，而不降低保护的可靠性。装置可配置过电压跳闸和过电压发信（启动远方跳闸）功能，通过软压板“过电压保护”和控制字“过电压远跳功能”投退。

装置通过版本来配置保护功能、接线方式，各版本的主要功能配置见表 2-38（本教程以双母线接线、不带过电压及远方跳闸的 V1. ＊＊B 版本为例）。

表 2-38　各版本的主要功能配置

装置版本	主保护	后备保护			自动重合闸	三相不一致	过电压及远方跳闸	接线形式
	纵联保护	三段式相间和接地距离	两段定时限和反时限零序	PT 断线后过电流保护				
V1. ＊＊B	√	√	√	√	√	√		双母线
V1. ＊＊Y	√	√	√	√	√	√	√	双母线
V1. ＊＊A	√	√	√	√	√	√	√	一个半

2. 装置背板端子说明

本节将对与单体调试相关度比较高的 X2 组 CPU 插件（见图 2-9）及 X6 组 GOOGE 插件

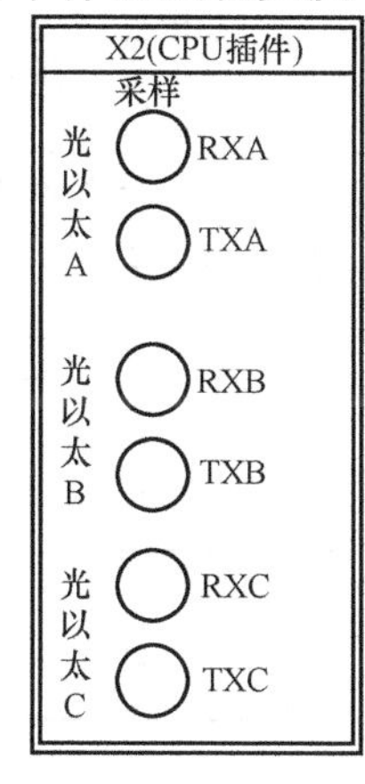

图 2-9　X2 板 CPU 插件部分

（见图 2-10）进行简单介绍。

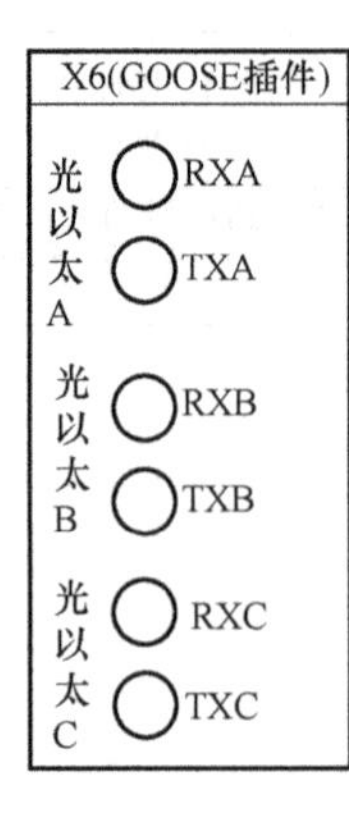

装置GOOSE插件提供 3 组光以太网与交换机(或其他智能终端)相连，接收和发送数字信号。

在直采直跳方式下，A口为组网口；B口、C口为直采直跳口(对于一个半接线方式，B口接中开关，C口接边开关；其他方式，B口接开关，C口为备用)。

在单网方式下，A口为组网口；B口、C口备用。

在冗余双网方式下，A口、B口为组网口(分别处理同源双网数据)、C口备用。

图 2-10　X6 板 GOOGE 插件部分

3. 装置虚端子及软压板配置

装置虚端子联系情况如图 2-11 所示。

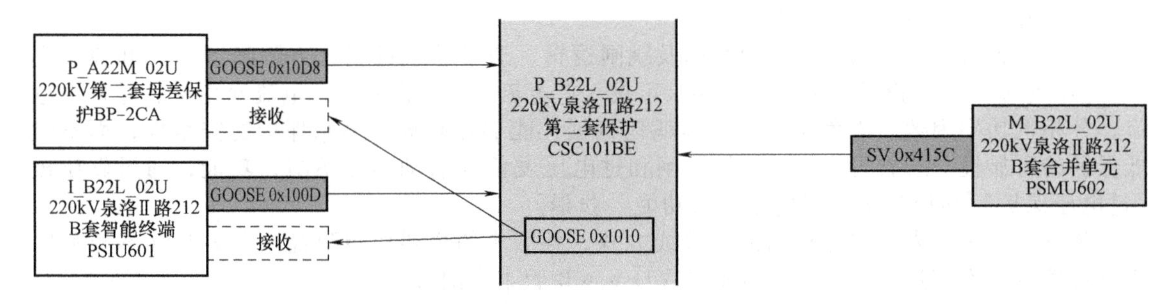

图 2-11　装置虚端子整体配置图

1）CSC-101B 线路保护装置虚端子开入及相关虚端子连线和软压板见表 2-39。

表 2-39　CSC-101B 线路保护虚端子开入

序号	功能定义	终点设备:CSC-101BE		起点设备		
		厂家虚端子定义	接收软压板	设备名称	厂家虚端子定义	发送软压板
1	分相跳闸位置 TWJA	1-分相跳闸位置 TWJA	无	212 开关 B 套智能终端	5-断路器 A 相位置	无
2	分相跳闸位置 TWJB	2-分相跳闸位置 TWJB			7-断路器 B 相位置	
3	分相跳闸位置 TWJC	3-分相跳闸位置 TWJC			9-断路器 C 相位置	
4	低气压闭锁重合	4-低气压闭锁重合			31-重合压力低	
5	另一套智能终端闭锁本套线路保护重合闸	6-闭锁重合闸点对点			29-闭锁重合闸（另一套智能终端）	
6	母差保护动作停信	5-其他保护停信	GO 其他保护停信	220kV 第二套母差保护 BP-2CA	8-支路 8 _ 保护跳闸	支路 8 跳闸

2）CSC-101B 线路保护装置虚端子开出及相关虚端子连线和软压板情况见表 2-40。

表 2-40　CSC-101B 线路保护装置虚端子开出表

序号	功能定义	起点设备:CSC-101BE		终点设备		
		厂家虚端子定义	发送软压板	设备名称	厂家虚端子定义	接收软压板
1	保护装置 A 相跳闸出口	1-跳 A 相	GO 跳闸	212 开关 B 套智能终端	3-A 相跳闸出口	无
2	保护装置 B 相跳闸出口	2-跳 B 相			4-B 相跳闸出口	
3	保护装置 C 相跳闸出口	3-跳 C 相			5-C 相跳闸出口	
4	保护装置闭锁重合闸出口	18-闭锁重合闸	GO 闭锁重合闸		6-闭锁重合闸	
5	保护装置重合闸出口	19-合闸出口	GO 合闸		7-重合 1	
6	CSC101B 保护 A 相动作启动第二套母差保护失灵开入	7-A 相启动失灵	GO 启动失灵	220kV 第二套母差保护 BP-2CA	18-支路 8_A 相启动失灵开入	支路 8_失灵开入
7	CSC101B 保护 B 相动作启动第二套母差保护失灵开入	8-B 相启动失灵			19-支路 8_B 相启动失灵开入	
8	CSC101B 保护 C 相动作启动第二套母差保护失灵开入	9-C 相启动失灵			20-支路 8_C 相启动失灵开入	

3）CSC-101B 线路保护装置 SV 输入及相关虚端子连线和软压板情况见表 2-41。

表 2-41　CSC-101B 线路保护装置 SV 输入

序号	功能定义	终点设备:CSC-101BE		起点设备		
		厂家虚端子定义	接收软压板	设备名称	厂家虚端子定义	发送软压板
1	合并单元延时	14-MU1 采样延时	MU 压板	212 线路 B 套合并单元	1-合并器额定延时	无
2	保护电压 A(主采)	1-U_a			17-电压 A 相	
3	保护电压 A(辅采)	5-U_aR			20-电压 A 相	
4	保护电压 B(主采)	2-U_b			18-电压 B 相	
5	保护电压 B(辅采)	6-U_bR			21-电压 B 相	
6	保护电压 C(主采)	3-U_c			19-电压 C 相	
7	保护电压 C(辅采)	7-U_cR			22-电压 C 相	
8	保护电流 A(主采)	8-I_a1			2-保护电流 A 相	
9	保护电流 A(辅采)	11-I_a1R			5-保护电流 A 相	
10	保护电流 B(主采)	9-I_b1			3-保护电流 B 相	
11	保护电流 B(辅采)	12-I_b1R			6-保护电流 B 相	
12	保护电流 C(主采)	10-I_c1			4-保护电流 C 相	
13	保护电流 C(辅采)	13-I_c1R			7-保护电流 C 相	
14	线路电压 A(同期)	U_x			23-电压采样值 1	

2.4.2　试验调试方法

1. 测试仪器接线及配置

1）将线路保护对应的通道接口装置 CSY-102A 的发信口和收信口用尾纤自环。

2）测试仪光纤接线：用 3 对尾纤分别将测试仪的光口 1 与线路保护直采 SV 口（X2 板通道 A）连接，光口 2 与线路保护直跳 GOOSE 口（X6 板通道 B）连接，光口 3 与组网 GOOSE

口（X6 板通道 A）连接。

3）测试仪配置。

系统参数：二次额定线电压 100V、额定频率 50Hz、二次额定电流 1A、规约选择 IEC61850-9-2、PT 电压比 220/100、CT 电流比 2500/1。

SV 报文映射：对应线路合并单元输出，合并单元输出三相保护电流（包括主、副采）分别映射测试仪 Ia、Ib、Ic，合并单元输出三相电压（包括主、副采）分别映射测试仪 Va、Vb、Vc，输出光口选择“光口 1”，设置好合并单元额定延时，对应 SV 通道的品质为 bit11 设置为 1（即品质位为 0800 表示该通道处于检修状态）。

Goose 订阅：订阅本线路保护 GOOSE 输出，并将保护的跳 A、跳 B、跳 C、重合出口、闭锁重合闸分别映射到测试仪的 GOOSE 开入 A、B、C、D、E，接收光口选择“光口 2”。

GOOSE 发布：订阅发布本线路保护对应智能终端 GOOSE 输出，并映射到光口 2，并设置测试（test）选项为 True；订阅发布对应母线差动保护输出，并映射到光口 3，并设置测试（test）选项为 True。

2. 纵联保护检验

（1）纵联距离保护定值校验

1）相关定值。纵联距离阻抗定值：5Ω；零序电抗补偿系数 K_X：0.8，零序电阻补偿系数 K_R：1，线路正序灵敏角：85°；重合闸方式：单重方式，单相重合闸时间：0.7s。

2）试验条件。

① 硬压板设置：投入保护置检修状态硬压板 1KLP1。

② 软压板设置如下：

a）保护功能软压板：投入“纵联保护”、“总出口”软压板，退出“停用重合闸”软压板。

b）GOOSE 发送软压板：投入“GOOSE 总出口软压板”、“GOOSE 跳闸压板”、“GOOSE 合闸压板”、“GOOSE 启动失灵”、“GOOSE 闭锁重合闸”软压板。

c）GOOSE 接收软压板：投入“GOOSE 其他保护停信”软压板。

d）MU 软压板：投入“MU 接收”软压板。

③ 控制字设置：纵联距离（方向）保护置“1”，允许式通道置“1”，“单相重合闸”置“1”，“三相重合闸”置“0”，“三相跳闸方式”置“0”。

④ 开关状态：合位。

⑤ GOOSE 开入量检查：TWJA 为 0、TWJB 为 0、TWJC 为 0、闭锁重合闸为 0、低气压闭锁重合闸为 0。

3）调试方法见表 2-42。

表 2-42 纵联距离保护调试方法

<table>
<tr><td>试验项目</td><td colspan="3">纵联距离保护检验（正向区内、区外故障，反方向）</td></tr>
<tr><td rowspan="6">正向区内故障试验仪器设置（A 相接地故障 m = 0.95）</td><td colspan="3">状态 1 参数设置（故障前状态）</td></tr>
<tr><td>U_a:57.74∠0.00°
U_b:57.74∠-120°
U_c:57.74∠120°</td><td>I_a:0.00∠0.00°
I_b:0.00∠0.00°
I_c:0.00∠0.00°</td><td>开出：断路器 A、B、C 相位置置合；状态触发条件：时间控制 16s</td></tr>
<tr><td colspan="3">说明：断路器 A、B、C 相位置置合，三相电压正常，电流为零，保护装置充电默认时间 15s，输入 16s 确保“告警”（PT 断线）指示灯灭，“充电”指示灯点亮</td></tr>
<tr><td colspan="3">状态 2 参数设置（故障状态）</td></tr>
<tr><td>U_a:8.55∠0.00°
U_b:57.74∠-120°
U_c:57.74∠120°</td><td>I_a:1.00∠-85°
I_b:0.00∠0.00°
I_c:0.00∠0.00°</td><td>开出：断路器 A、B、C 相位置置合；状态触发条件：时间控制 0.05s</td></tr>
</table>

（续）

试验项目	纵联距离保护检验（正向区内、区外故障，反方向）		
正向区内故障试验仪器设置（A 相接地故障 $m=0.95$）	说明：断路器 A、B、C 相位置置合，故障相电压降低为计算值，故障相电流加额定电流（1A），故障相电流滞后故障相电压的角度为线路正序灵敏角 Φ，故障态时间不宜加太长，纵联距离保护动作时间 $t_{dz}\leqslant 30ms$，一般加 0.05s，否则会导致单跳失败三跳		
	状态 3 参数设置（跳闸后等待重合状态）		
	U_a:57.74∠0.00° U_b:57.74∠-120° U_c:57.74∠120°	I_a:0.00∠0.00° I_b:0.00∠0.00° I_c:0.00∠0.00°	开出：断路器 A 相位置置分，B、C 相位置置合；状态触发条件：时间控制 0.8s
	说明：所加时间需略大于重合闸整定时间		
	装置报文	1. 保护启动 4ms； 2. 纵联阻抗发信 A 相 19ms； 3. 纵联保护动作 25ms 跳 A 相； 4. 单跳启动重合闸 121ms； 5. 重合闸动作 827ms	
	装置指示灯	跳 A 相、重合闸	
正向区内故障试验仪器设置（BC 相间故障 $m=0.95$）	状态 1 参数设置（故障前状态）		
	U_a:57.74∠180° U_b:57.74∠60° U_c:57.74∠-60°	I_a:0.00∠0.00° I_b:0.00∠0.00° I_c:0.00∠0.00°	开出：断路器 A、B、C 相位置置合；状态触发条件：时间控制 16s
	说明：断路器 A、B、C 相位置置合，三相电压正常，电流为零，保护装置充电默认时间 15s，输入 16s 确保"告警"（PT 断线）指示灯灭，"充电"指示灯点亮		
	状态 2 参数设置（故障状态）		
	U_a:57.74∠0.00° U_b:28.97∠-175.3° U_c:28.97∠175.3°	I_a:0.00∠0.00° I_b:1.00∠-175° I_c:1.00∠5°	开出：断路器 A、B、C 相位置置合；状态触发条件：时间控制 0.05s
	说明：断路器 A、B、C 相位置置合，两故障相电压降低为计算值，角度发生变化，故障相电流加额定电流（1A），故障相间电流滞后故障相间电压的角度为线路正序灵敏角 Φ，故障态时间不宜加太长，纵联距离保护动作时间 $t_{dz}\leqslant 30ms$，一般加 0.05s，否则会导致单跳失败三跳		
	装置报文	1. 保护启动 4ms； 2. 纵联阻抗发信 BC 相 19ms； 3. 纵联保护动作 25ms，跳 A、B、C 相； 4. 三跳闭锁重合闸 25ms	
	装置指示灯	跳 A 相、跳 B 相、跳 C 相	
区外故障	状态参数设置	将区内故障中故障态的故障相电压、电流的值和角度改用 $m=1.05$ 时的计算值即可	
	装置报文	保护启动 0ms	
	装置指示灯	无	
反向故障	状态参数设置	1. 单相接地故障：将区内故障中故障态的故障相电流角度加上 180°，电压角度不变即可。2. 相间故障：将区内故障中故障态的两故障相电流角度对调（I_b 为 5°，I_c 为-175°），电压角度不变即可	
	装置报文	保护启动 0000ms	
	装置指示灯	无	
说明：1. 单相故障 $U=mIX_{DZ}(1+K_X)$（当 $I=I_n$ 时），m 为系数、X_{DZ} 纵联距离定值、K_X 零序补偿系数电抗分量；相间故障 $U_{\Phi\Phi}=mI_{\Phi\Phi}X_{DZ}$（当 $I=I_n$ 时），m 为系数、X_{DZ} 纵联距离定值。 2. 故障试验仪器设置以 A 相故障和 BC 相间故障为例，B、C 相故障，AB、CA 相间故障类同			
注意事项	待"告警"（PT 断线）灯灭、"重合"指示灯亮后加故障量，纵联距离保护动作时间 $t_{dz}\leqslant 30ms$，故障态所加时间小于 0.1s		

（2）纵联零序方向保护定值检验

1）相关定值。零序启动电流定值：0.5A，纵联零序电流定值：1A；零序电抗补偿系数 K_X：0.8，零序电阻补偿系数 K_R：1，线路零序灵敏角：80°；重合闸方式：单重方式，单相重合闸时间：0.7s。

2）试验条件。

① 硬压板设置：投入保护置检修状态硬压板 1KLP1。

② 软压板设置如下：

a）保护功能软压板：投入“纵联保护”、“总出口”软压板，退出“停用重合闸”软压板。

b）GOOSE 发送软压板：投入“GOOSE 总出口软压板”、“GOOSE 跳闸压板”、“GOOSE 合闸压板”、“GOOSE 启动失灵”、“GOOSE 闭锁重合闸”软压板。

c）GOOSE 接收软压板：投入“GOOSE 其他保护停信”软压板。

d）MU 软压板：投入“MU 接收”软压板。

③ 控制字设置：纵联零序保护置“1”、允许式通道置“1”、“单相重合闸”置“1”、“三相重合闸”置“0”、“三相跳闸方式”置“0”。

④ 开关状态：合位。

⑤ GOOSE 开入量检查：TWJA 为 0，TWJB 为 0，TWJC 为 0，闭锁重合闸为 0，低气压闭锁重合闸为 0。

3）调试方法见表 2-43。

表 2-43 纵联零序方向保护调试方法

试验项目	纵联零序方向保护检验——正向区内、区外故障,反方向		
正向区内故障试验仪器设置(A相接地故障 $m=1.05$)	状态 1 参数设置(故障前状态)		
	U_a:57.74∠0.00° U_b:57.74∠-120° U_c:57.74∠120°	I_a:0.00∠0.00° I_b:0.00∠0.00° I_c:0.00∠0.00°	开出:断路器 A、B、C 相位置置合;状态触发条件:时间控制 16s
	说明:断路器 A、B、C 相位置置合,三相电压正常,电流为零,保护装置充电默认时间 15s,输入 16s 确保“告警”(PT 断线)指示灯灭,“充电”指示灯点亮		
	状态 2 参数设置(故障状态)		
	U_a:50.00∠0.00° U_b:57.74∠-120° U_c:57.74∠120°	I_a:1.05∠-80° I_b:0.00∠0.00° I_c:0.00∠0.00°	开出:断路器 A、B、C 相位置置合;状态触发条件:时间控制 0.05s
	说明:断路器 A、B、C 相位置置合,故障相电压降低,电流增大为计算的故障电流(1.05A),故障相电流滞后故障相电压的角度为线路零序灵敏角 ϕ;故障态时间不宜加太长,纵联零序保护动作时间 $t_{dz}\leqslant$ 35ms,一般加 0.05s,否则会导致单跳失败三跳		
	状态 3 参数设置(跳闸后等待重合状态)		
	U_a:57.74∠0.00° U_b:57.74∠-120° U_c:57.74∠120°	I_a:0.00∠0.00° I_b:0.00∠0.00° I_c:0.00∠0.00°	开出:断路器 A 相位置置分,B、C 相位置置合;状态触发条件:时间控制 0.8s
	说明:所加时间需略大于重合闸整定时间		
	装置报文	1. 保护启动 4ms; 2. 纵联零序发信 A 相 24ms; 3. 纵联保护动作 34ms,跳 A 相; 4. 单跳启动重合闸 127ms; 5. 重合闸动作 829ms	
	装置指示灯	跳 A 相、重合闸	
正向区外故障试验仪器设置(A相接地故障 $m=0.95$)	状态 1 参数设置(故障前状态)		
	U_a:57.74∠0.00° U_b:57.74∠-120° U_c:57.74∠120°	I_a:0.00∠0.00° I_b:0.00∠0.00° I_c:0.00∠0.00°	开出:断路器 A、B、C 相位置置合;状态触发条件:时间控制 16s
	说明:断路器 A、B、C 相位置置合,三相电压正常,电流为零,保护装置充电默认时间 15s,输入 16s 确保“告警”(PT 断线)指示灯灭,“充电”指示灯点亮		
	状态 2 参数设置(故障状态)		
	U_a:50.00∠0.00° U_b:57.74∠-120° U_c:57.74∠120°	I_a:0.95∠-80° I_b:0.00∠0.00° I_c:0.00∠0.00°	开出:断路器 A、B、C 相位置置合;状态触发条件:时间控制 0.05s

（续）

试验项目	纵联零序方向保护检验——正向区内、区外故障，反方向	
正向区外故障试验仪器设置（A 相接地故障 m = 0.95）	说明：断路器 A、B、C 相位置置合，故障相电压降低，电流增大为计算的故障电流（0.95A），故障相电流滞后故障相电压的角度为线路零序灵敏角 ϕ；故障态时间不宜加太长，纵联零序保护动作时间 t_{dz} ≤ 35ms，一般加 0.05s，否则会导致单跳失败三跳	
	装置报文	保护启动 0ms
	装置指示灯	无
反向故障	状态参数设置	单相接地故障：将区内故障中故障态的故障相电流角度加上 180°，电压角度不变即可
	装置报文	保护启动 0ms
	装置指示灯	无
说明：1. 计算公式：$I=m3I_0$，m 为系数、$3I_0$ 纵联零序电流定值 2. 故障试验仪器设置以 A 相故障为例，B、C 相故障		
注意事项	待"告警"（PT 断线）灯灭、"重合"指示灯亮后加故障量，纵联零序保护动作时间 t_{dz} ≤35ms，故障态所加时间不大于 0.1s	

3. 距离保护检验

（1）距离保护定值检验（以距离Ⅰ段为例）

1）相关定值。接地距离Ⅰ段保护定值 XD_1：3Ω，相间距离Ⅰ段保护定值 XX_1：5Ω，零序电抗补偿系数 K_X = 0.8，线路正序灵敏角：85°；重合闸方式：单重方式，单相重合闸时间：0.7s。

2）试验条件。

① 硬压板设置：投入保护置检修状态硬压板 1KLP1。

② 软压板设置如下：

a）保护功能软压板：投入"总出口"软压板，退出"纵联保护"、"停用重合闸"软压板；

b）GOOSE 发送软压板：投入"GOOSE 总出口软压板"、"GOOSE 跳闸压板"、"GOOSE 合闸压板"、"GOOSE 启动失灵"、"GOOSE 闭锁重合闸"软压板。

c）GOOSE 接收软压板：投入"GOOSE 其他保护停信"软压板。

d）MU 软压板：投入"MU 接收"软压板。

③ 控制字设置：距离保护Ⅰ段置"1"，"单相重合闸"置"1"，"三相重合闸"置"0"，"三相跳闸方式"置"0"。

④ 开关状态：合位。

⑤ GOOSE 开入量检查：TWJA 为 0，TWJB 为 0，TWJC 为 0，闭锁重合闸为 0，低气压闭锁重合闸为 0。

3）调试方法见表 2-44。

表 2-44　接地、相间距离保护调试方法

试验项目	距离保护定值检验（正向区内、区外故障，反方向）		
正向区内故障试验仪器设置（A 相接地故障 m = 0.95）	状态 1 参数设置（故障前状态）		
	U_a：57.74∠0.00° U_b：57.74∠−120° U_c：57.74∠120°	I_a：0.00∠0.00° I_b：0.00∠0.00° I_c：0.00∠0.00°	开出：断路器 A、B、C 相位置置合；状态触发条件：时间控制 16s
	说明：断路器 A、B、C 相位置置合，三相电压正常，电流为零，保护装置充电默认时间 15s，输入 16s 确保"告警"（PT 断线）指示灯灭，"充电"指示灯点亮		
	状态 2 参数设置（故障状态）		
	U_a：5.13∠0.00° U_b：57.74∠−120° U_c：57.74∠120°	I_a：1.00∠−85° I_b：0.00∠0.00° I_c：0.00∠0.00°	开出：断路器 A、B、C 相位置置合；状态触发条件：时间控制 0.05s

(续)

试验项目	距离保护定值检验(正向区内、区外故障,反方向)		
正向区内故障试验仪器设置(A相接地故障 $m=0.95$)	说明:断路器A、B、C相位置置合,故障相电压降低为计算值,故障相电流加额定电流(1A),故障相电流滞后故障相电压的角度为线路正序灵敏角 Φ,故障态时间不宜加太长,距离保护Ⅰ段动作时间 $t_{dz}\leqslant 30ms$,一般加0.05s,否则会导致单跳失败三跳		
	状态3参数设置(跳闸后等待重合状态)		
	U_a:57.74∠0.00° U_b:57.74∠-120° U_c:57.74∠120°	I_a:0.00∠0.00° I_b:0.00∠0.00° I_c:0.00∠0.00°	开出:断路器A相位置置分,B、C相位置置合;状态触发条件:时间控制0.8s
	说明:所加时间需略大于重合闸整定时间		
	装置报文	1. 保护启动2ms; 2. 接地距离Ⅰ段动作,跳A相29ms; 3. 单跳启动重合闸79ms; 4. 重合闸动作774ms	
	装置指示灯	跳A相、重合闸	
正向区内故障试验仪器设置(BC相间故障 $m=0.95$)	状态1参数设置(故障前状态)		
	U_a:57.74∠180° U_b:57.74∠60° U_c:57.74∠-60°	I_a:0.00∠0.00° I_b:0.00∠0.00° I_c:0.00∠0.00°	开出:断路器A、B、C相位置置合;状态触发条件:时间控制16s
	说明:断路器A、B、C相位置置合,三相电压正常,电流为零,保护装置充电默认时间15s,输入16s确保"告警"(PT断线)指示灯灭,"充电"指示灯点亮		
	状态2参数设置(故障状态)		
	U_a:57.74∠0.00° U_b:28.97∠-175.3° U_c:28.97∠175.3°	I_a:0.00∠0.00° I_b:1.00∠-175° I_c:1.00∠5°	开出:断路器A、B、C相位置置合;状态触发条件:时间控制0.05s
	说明:断路器A、B、C相位置置合,两故障相电压降低为计算值,角度发生变化,故障相电流加额定电流(1A),故障相间电流滞后故障相间电压的角度为线路正序灵敏角 Φ,故障态时间不宜加太长,纵联距离保护动作时间 $t_{dz}\leqslant 30ms$,一般加0.05s,否则会导致单跳失败三跳		
	装置报文	1. 保护启动2ms; 2. 接地距离Ⅰ段动作,跳A、B、C相,29ms	
	装置指示灯	跳A相、跳B相、跳C相	
区外故障	状态参数设置	将区内故障中故障态的故障相电压、电流的值和角度改用 $m=1.05$ 时的计算值即可	
	装置报文	保护启动0ms	
	装置指示灯	无	
反向故障	状态参数设置	1. 单相接地故障:将区内故障中故障态的故障相电流角度加上180°,电压角度不变即可 2. 相间故障:将区内故障中故障态的两故障相电流角度对调(I_b 为5°,I_c 为-175°),电压角度不变即可	
	装置报文	保护启动0ms	
	装置指示灯	无	
说明:1. 单相故障 $U_{\Phi}=mI_{\Phi}XD_1(1+K_X)$(当 $I=I_n$ 时),m 为系数、XD_1 接地距离Ⅰ段定值、K_X 零序补偿系数电抗分量。 相间故障 $U_{\Phi\Phi}=mI_{\Phi\Phi}XX_1$(当 $I=I_n$ 时),m 为系数、XX 相间距离Ⅰ段定值。 2. 故障试验仪器设置以A相故障和BC相间故障为例,B、C相故障,AB、CA相间故障类同。			
注意事项	待"告警"(PT断线)灯灭、"重合"指示灯亮后加故障量,距离保护Ⅰ段动作时间 $t_{dz}\leqslant 30ms$,故障态所加时间≤0.1s		

(2) 手合加速距离Ⅰ段、重合加速距离Ⅲ段定值检验

1) 相关定值。接地距离Ⅰ段保护定值 XD_1:3Ω;接地距离Ⅲ段保护定值 XD_3:5Ω;接地距离Ⅲ段时间:2s(距离Ⅲ段1.5s延时加速);零序电抗补偿系数 $K_X=0.8$;线路正序灵敏角:85°;重合闸方式:单重方式;单相重合闸时间:0.7s。

2) 试验条件

① 硬压板设置:投入保护置检修状态硬压板1KLP1。

② 软压板设置如下：

a）保护功能软压板：投入“总出口”软压板，退出“纵联保护”、“停用重合闸”软压板。

b）GOOSE 发送软压板：投入“GOOSE 总出口软压板”、“GOOSE 跳闸压板”、“GOOSE 合闸压板”、“GOOSE 启动失灵”、“GOOSE 闭锁重合闸”软压板。

c）GOOSE 接收软压板：投入“GOOSE 其他保护停信”软压板；

d）MU 软压板：投入“MU 接收”软压板。

③ 控制字设置：距离保护Ⅰ段置“1”，“距离保护Ⅲ段”置“1”，“单相重合闸”置“1”，“三相重合闸”置“0”，“三相跳闸方式”置“0”。

④ 开关状态：分位。

⑤ GOOSE 开入量检查：TWJA 为 1，TWJB 为 1，TWJC 为 1，闭锁重合闸为 0，低气压闭锁重合闸为 0。

3）调试方法见表 2-45。

表 2-45 手合加速距离Ⅰ段、重合加速距离Ⅲ段调试方法

<table>
<tr><td>试验项目</td><td colspan="3">手合加速距离Ⅰ段定值检验</td></tr>
<tr><td rowspan="9">正向区内故障试验仪器设置（A 相接地故障 $m=0.95$）</td><td colspan="3">状态 1 参数设置（故障前状态）</td></tr>
<tr><td>U_a:57.74∠0.00°
U_b:57.74∠−120°
U_c:57.74∠120°</td><td>I_a:0.00∠0.00°
I_b:0.00∠0.00°
I_c:0.00∠0.00°</td><td>开出：断路器 A、B、C 相位置置分；状态触发条件：时间控制 11s</td></tr>
<tr><td colspan="3">说明：断路器 A、B、C 相位置置分，三相电压正常，电流为零。手合加速判别为：三相开关跳位 10s 后又有电流突变量启动，则判为手动合闸，投入手合加速功能；PT 断线后，不闭锁距离手合加速动作</td></tr>
<tr><td colspan="3">状态 2 参数设置（故障状态）</td></tr>
<tr><td>U_a:5.13∠0.00°
U_b:57.74∠−120°
U_c:57.74∠120°</td><td>I_a:1.00∠−85°
I_b:0.00∠0.00°
I_c:0.00∠0.00°</td><td>开出：断路器 A、B、C 相位置置分；状态触发条件：时间控制 0.05s</td></tr>
<tr><td colspan="3">说明：断路器 A、B、C 相位置置分，故障相电压降低为计算值，故障相电流加额定电流（1A），故障相电流滞后故障相电压的角度为线路正序灵敏角 Φ，故障态时间加 0.05s，距离保护采用阻抗加速判别是否手合于故障</td></tr>
<tr><td>装置报文</td><td colspan="2">1. 保护启动 10ms； 2. 距离手合加速动作 A 相，跳 ABC 相 21ms</td></tr>
<tr><td>装置指示灯</td><td colspan="2">跳 A 相、跳 B 相、跳 C 相</td></tr>
</table>

<table>
<tr><td>试验项目</td><td colspan="3">重合加速距离Ⅲ段</td></tr>
<tr><td rowspan="9">正向区内故障试验仪器设置（A 相接地故障 $m=0.95$）</td><td colspan="3">状态 1 参数设置（故障前状态）</td></tr>
<tr><td>U_a:57.74∠180°
U_b:57.74∠60°
U_c:57.74∠−60°</td><td>I_a:0.00∠0.00°
I_b:0.00∠0.00°
I_c:0.00∠0.00°</td><td>开出：断路器 A、B、C 相位置置合；状态触发条件：时间控制 16s</td></tr>
<tr><td colspan="3">说明：断路器 A、B、C 相位置置合，三相电压正常，电流为零，保护装置充电默认时间 15s，输入 16s 确保“告警”（PT 断线）指示灯灭，“充电”指示灯点亮</td></tr>
<tr><td colspan="3">状态 2 参数设置（故障状态）</td></tr>
<tr><td>U_a:5.13∠0.00°
U_b:57.74∠−120°
U_c:57.74∠120°</td><td>I_a:1.00∠−85°
I_b:0.00∠0.00°
I_c:0.00∠0.00°</td><td>开出：断路器 A、B、C 相位置置合；状态触发条件：时间控制 0.05s</td></tr>
<tr><td colspan="3">说明：断路器 A、B、C 相位置置合，故障相电压降低为计算值，故障相电流加额定电流（1A），故障相电流滞后故障相电压的角度为线路正序灵敏角 Φ，故障态时间不宜加太长，距离保护Ⅰ段动作时间 $t_{dz}\leqslant 30ms$，一般加 0.05s，否则会导致单跳失败三跳</td></tr>
<tr><td colspan="3">状态 3 参数设置（跳闸后等待重合状态）</td></tr>
<tr><td>U_a:57.74∠0.00°
U_b:57.74∠−120°
U_c:57.74∠120°</td><td>I_a:0.00∠0.00°
I_b:0.00∠0.00°
I_c:0.00∠0.00°</td><td>开出：断路器 A 相位置置分，B、C 相位置置合；A 状态触发条件：时间控制 0.8s</td></tr>
</table>

（续）

试验项目	重合加速距离Ⅲ段		
正向区内故障试验仪器设置（A相接地故障 $m=0.95$）	说明：所加时间需略大于重合闸整定时间		
	状态4参数设置（故障加速状态）		
	U_a:8.55∠0.00° U_b:57.74∠-120° U_c:57.74∠120°	I_a:1.00∠-85° I_b:0.00∠0.00° I_c:0.00∠0.00°	开出：断路器A、B、C相位置置合；状态触发条件：时间控制1.55s
	说明：距离Ⅲ段1.5s延时加速，一般时间加故障整定时间+0.05s		
	装置报文	1. 保护启动3ms；2. 距离Ⅰ段动作29ms，A相，跳A相；3. 单跳启动重合79ms；4. 重合闸动作774ms；5. 距离Ⅲ段加速动作，A相，跳A、B、C相，2305ms。	
	装置指示灯	跳A相、跳B相、跳C相、重合闸	
注意事项	三相开关跳位10s后又有电流突变量启动，则判为手动合闸，投入手合加速功能；PT断线后，不闭锁距离手合加速动作；距离保护采用阻抗加速判别是否手合于故障；距离Ⅲ段1.5s延时加速		

4. 零序保护检验

(1) 零序过电流定值校验（以零序过电流Ⅱ段为例）

1) 相关定值。

零序过电流Ⅱ段定值 $I_{0\mathrm{II}}$：4A，零序Ⅱ段时间：0.5s；线路零序灵敏角：80°；重合闸方式：单重方式；单相重合闸时间：0.7s。

2) 试验条件

① 硬压板设置：投入保护置检修状态硬压板1KLP1。

② 软压板设置如下：

a) 保护功能软压板：投入“总出口”软压板，退出“纵联保护”、“停用重合闸”软压板。

b) GOOSE发送软压板：投入“GOOSE总出口软压板”、“GOOSE跳闸压板”、“GOOSE合闸压板”、“GOOSE启动失灵”、“GOOSE闭锁重合闸”软压板。

c) GOOSE接收软压板：投入“GOOSE其他保护停信”软压板。

d) MU软压板：投入“MU接收”软压板。

③ 控制字设置：零序电流保护置“1”，“零序过电流Ⅲ段经方向”置“1”，“单相重合闸”置“1”，“三相重合闸”置“0”，“三相跳闸方式”置“0”。

④ 开关状态：合位。

⑤ GOOSE开入量检查：TWJA为0，TWJB为0，TWJC为0，闭锁重合闸为0，低气压闭锁重合闸为0。

3) 调试方法见表2-46。

表2-46 零序过电流Ⅱ段保护调试方法

试验项目	零序过电流Ⅱ段保护检验——正向区内、区外故障，反方向		
正向区内故障试验仪器设置（A相接地故障 $m=1.05$）	状态1参数设置（故障前状态）		
	U_a:57.74∠0.00° U_b:57.74∠-120° U_c:57.74∠120°	I_a:0.00∠0.00° I_b:0.00∠0.00° I_c:0.00∠0.00°	开出：断路器A、B、C相位置置合；状态触发条件：时间控制16s
	说明：断路器A、B、C相位置置合，三相电压正常，电流为零，保护装置充电默认时间15s，输入16s确保“告警”（PT断线）指示灯灭，“充电”指示灯点亮		
	状态2参数设置（故障状态）		
	U_a:50.00∠0.00° U_b:57.74∠-120° U_c:57.74∠120°	I_a:4.20∠-80° I_b:0.00∠0.00° I_c:0.00∠0.00°	开出：断路器A、B、C相位置置合；状态触发条件：时间控制0.55s

（续）

试验项目	零序过电流Ⅱ段保护检验——正向区内、区外故障，反方向		
正向区内故障试验仪器设置（A 相接地故障 m = 1.05）	说明：断路器 A、B、C 相位置置合，故障相电压降低，电流增大为计算的故障电流（1.05A），故障相电流滞后故障相电压的角度为线路零序灵敏角 ϕ；故障态时间不宜加太长，一般加零序故障整定时间+0.05s，否则会导致单跳失败三跳		
	状态 3 参数设置（跳闸后等待重合状态）		
	U_a:57.74∠0.00° U_b:57.74∠-120° U_c:57.74∠120°	I_a:0.00∠0.00° I_b:0.00∠0.00° I_c:0.00∠0.00°	开出：断路器 A 相位置置分，B、C 相位置置合；状态触发条件：时间控制 0.8s
	说明：所加时间需略大于重合闸整定时间		
	装置报文	1. 保护启动 3ms；　2. 零序电流Ⅱ段 A 相，跳 A 相，507ms；　3. 单跳启动重合闸 552ms；　4. 重合闸动作 1253ms	
	装置指示灯	跳 A 相、重合闸	
正向区外故障试验仪器设置（A 相接地故障 m = 0.95）	状态 1 参数设置（故障前状态）		
	U_a:57.74∠0.00° U_b:57.74∠-120° U_c:57.74∠120°	I_a:0.00∠0.00° I_b:0.00∠0.00° I_c:0.00∠0.00°	开出：断路器 A、B、C 相位置置合；状态触发条件：时间控制 16s
	说明：断路器 A、B、C 相位置置合，三相电压正常，电流为零，保护装置充电默认时间 15s，输入 16s 确保"告警"（PT 断线）指示灯灭，"充电"指示灯点亮		
	状态 2 参数设置（故障状态）		
	U_a:50.00∠0.00° U_b:57.74∠-120° U_c:57.74∠120°	I_a:3.80∠-80° I_b:0.00∠0.00° I_c:0.00∠0.00°	开出：断路器 A、B、C 相位置置合；状态触发条件：时间控制 0.55s
	说明：断路器 A、B、C 相位置置合，故障相电压降低，电流增大为计算的故障电流（1.05A），故障相电流滞后故障相电压的角度为线路零序灵敏角 ϕ；故障态时间不宜加太长，一般加零序故障整定时间+0.05s，否则会导致单跳失败三跳		
	装置报文	保护启动 0ms	
	装置指示灯	无	
反向故障	状态参数设置	单相接地故障：将区内故障中故障态的故障相电流角度加上 180°，电压角度不变即可	
	装置报文	保护启动 0ms	
	装置指示灯	无	

说明：1. 计算公式：$I=mI_{0\text{Ⅱ}}$，m 为系数，$I_{0\text{Ⅱ}}$ 零序过电流Ⅱ段定值。
2. 故障试验仪器设置以 A 相故障为例，B、C 相故障

（2）零序方向动作区、灵敏角、最小动作电压检验

相关定值、试验条件同零序过电流定值校验。

调试方法见表 2-47。

表 2-47　零序方向动作区、灵敏角、最小动作电压调试方法

试验项目	零序方向动作区、灵敏角、最小动作电压检验
线路零序灵敏角试验仪器设置（A 相接地故障）	采用调试仪通用试验（4U，3I）
	步骤 1（故障前状态，等待 PT 断线恢复）
	在模拟量输入框中输入： U_a:57.74∠0.00°　I_a:0.00∠0.00° U_b:57.74∠-120°　I_b:0.00∠0.00° U_c:57.74∠120°　I_c:0.00∠0.00° 再按下"菜单栏"上的"输出保持"按钮，这时状态输出被保持
	说明：等待"告警"（PT 断线告警）灯灭，报文显示"PT 恢复正常"后加入故障量；该试验不校验重合闸，可不必等"重合"灯亮
	步骤 2（确定边界 1）

（续）

试验项目	零序方向动作区、灵敏角、最小动作电压检验
线路零序灵敏角试验仪器设置（A相接地故障）	修改模拟量输入框中模拟量为 U_a:50.00∠0.00°　I_a:5∠2° U_b:57.74∠-120°　I_b:0.00∠0.00° U_c:57.74∠120°　I_c:0.00∠0.00° 变量及变化步长选择:变量——角度,变化步长为0.50°。 设置好后再次单击:"菜单栏"上的"输出保持"按钮,并单击"▼"按钮调节步长,直到零序过电流Ⅱ段保护动作;记录保护动作的角度Φ_1(-0.5°)
	说明:动作电流比零序Ⅱ段定值(4A)大一点即可,根据装置说明书第一个动作边界为I_a在0°的位置,从2°开始下降,可使保护从不动作校验到动作以确定该边界,调节步长每秒单击一下"▼"
	步骤3(确定边界2)
	重复步骤1,待"告警"(PT断线告警)灯灭后修改模拟量输入框中模拟量为 U_a:50.00∠0.00°　I_a:5∠-164° U_b:57.74∠-120°　I_b:0.00∠0.00° U_c:57.74∠120°　I_c:0.00∠0.00° 变量及变化步长选择:变量——角度,变化步长为0.50° 设置好后再次单击:"菜单栏"的"输出保持"按钮,并单击"▲"按钮调节步长,直到零序过电流Ⅱ段保护动作,记录保护动作的角度Φ_2(-162.0°)
	说明:根据装置说明书第2个动作边界为I_a在-162°的位置,从-164°开始上升,可使保护从不动作校验到动作以确定该边界,调节步长每秒单击一下"▲"
	零序灵敏角：动作区:-0.5°>Φ>-162.0°,零序灵敏角$3I_0$与$3U_0$之间角度,即 $\varphi=180°-\mid(\Phi_2-\Phi_1)/2+\Phi_1\mid$ $=180°-\mid(-162.0°-(-0.5°))/2+(-0.5°)\mid=99.75°$
	说明:该角度是在定值"线路零序灵敏角"为80°的情况下模拟的;装置参考零序正方向动作区为0°>Φ>-162.0°
零序最小动作电压试验仪器设置（A相接地故障）	采用调试仪通用试验($4U$,$3I$)
	步骤1(故障前状态,等待PT断线恢复)
	在模拟量输入框中输入: U_a:57.74∠0.00°　I_a:0.00∠0.00° U_b:57.74∠-120°　I_b:0.00∠0.00° U_c:57.74∠120°　I_c:0.00∠0.00° 再按下"菜单栏"上的"输出保持"按钮,这时状态输出被保持
	说明:等待"告警"(PT断线告警)灯灭,报文显示"PT恢复正常"后加入故障量;该试验不校验重合闸,可不必等"重合"灯亮
	步骤2(确定最小动作电压)
	修改模拟量输入框中模拟量为 U_a:57.74∠0.00°　I_a:4.20∠-80° U_b:57.74∠-120°　I_b:0.00∠0.00° U_c:57.74∠120°　I_c:0.00∠0.00° 变量及变化步长选择:幅值——U_a,变化步长为0.1V 设置好后再次单击:"菜单栏"上的"输出保持"按钮,并单击"▼"按钮调节步长,直到零序过电流Ⅱ段保护动作;记录此时动作的电压(56.64V)
	说明:动作电流用1.05倍零序过电流Ⅱ段电流,装置的零序最小动作电压大约为1.1V,单相降低到57.74V-1.1V=56.64V左右时零序过电流保护动作,保护从不动作校验到动作以确定最小动作电压,调节步长每秒单击一下"▼"
注意事项	1. 这里线路零序灵敏角定义为$3I_0$超前于$3U_0$的角度,而非U_a超前于I_a的角度 2. $3I_0$应大于零序电流动作值,这里取大于零序Ⅱ段1.05倍时的电流值 3. 控制字中"零序过电流Ⅲ段经方向"置1,防止零序Ⅲ段应没有方向,而先动作 4. 采用手动试验来校验,期间可能造成距离保护先动作,校验前可将距离保护的控制字退出 5. 定值"线路零序灵敏角"会影响试验的边界角度

(3) 手合加速零序、重合加速零序校验

1) 相关定值。零序过电流Ⅱ段定值 $I_{0Ⅱ}$：4A，零序Ⅱ段时间：0.5s；零序过电流加速段定值：1.5A；线路零序灵敏角：80°；重合闸方式：单重方式；单相重合闸时间：0.7s。

2) 试验条件

① 硬压板设置：投入保护置检修状态硬压板 1KLP1。

② 软压板设置如下：

a) 保护功能软压板：投入“总出口”软压板，退出“纵联保护”、“停用重合闸”软压板。

b) GOOSE 发送软压板：投入“GOOSE 总出口软压板”、“GOOSE 跳闸压板”、“GOOSE 合闸压板”、“GOOSE 启动失灵”、“GOOSE 闭锁重合闸”软压板。

c) GOOSE 接收软压板：投入“GOOSE 其他保护停信”软压板。

d) MU 软压板：投入“MU 接收”软压板。

③ 控制字设置：零序电流保护置“1”，“零序过电流Ⅲ段经方向”置“1”，“零序加速段带方向”置“1”，“单相重合闸”置“1”，“三相重合闸”置“0”，“三相跳闸方式”置“0”。

④ 开关状态：分位。

⑤ GOOSE 开入量检查：TWJA 为 1，TWJB 为 1，TWJC 为 1，闭锁重合闸为 0，低气压闭锁重合闸为 0。

3) 调试方法见表 2-48。

表 2-48　手合加速零序、重合加速零序调试方法

试验项目	零序手合加速定值检验		
正向区内故障试验仪器设置(A相接地故障 m=0.95)	状态 1 参数设置(故障前状态)		
	U_a:57.74∠0.00° U_b:57.74∠-120° U_c:57.74∠120°	I_a:0.00∠0.00° I_b:0.00∠0.00° I_c:0.00∠0.00°	开出:断路器 A、B、C 相位置置分;状态触发条件:时间控制 11s
	说明:断路器 A、B、C 相位置置分,三相电压正常,电流为零。手合加速判别为:三相开关跳位 10s 后又有电流突变量启动,则判为手动合闸,投入手合加速功能		
	状态 2 参数设置(故障状态)		
	U_a:50.00∠0.00° U_b:57.74∠-120° U_c:57.74∠120°	I_a:1.575∠-80° I_b:0.00∠0.00° I_c:0.00∠0.00°	开出:断路器 A、B、C 相位置置分;状态触发条件:时间控制 0.11s
	说明:零序保护通过零序过流加速段判别是否手合于故障,延时 60ms 动作;零序手合加速时不判方向;零序手合和重合闸加速段保护带 60ms 延时,是为了躲开断路器三相不同期		
	装置报文	1. 保护启动 10ms;　2. 零序手合加速动作,A 相,跳 A、B、C 相,81ms	
	装置指示灯	跳 A 相、跳 B 相、跳 C 相	

试验项目	重合加速零序定值检验		
正向区内故障试验仪器设置(A相接地故障 m=0.95)	状态 1 参数设置(故障前状态)		
	U_a:57.74∠180° U_b:57.74∠60° U_c:57.74∠-60°	I_a:0.00∠0.00° I_b:0.00∠0.00° I_c:0.00∠0.00°	开出:断路器 A、B、C 相位置置合;状态触发条件:时间控制 16s
	说明:断路器 A、B、C 相位置置合,三相电压正常,电流为零,保护装置充电默认时间 15s,输入 16s 确保“告警”(PT 断线)指示灯灭,“充电”指示灯点亮		
	状态 2 参数设置(故障状态)		
	U_a:50.00∠0.00° U_b:57.74∠-120° U_c:57.74∠120°	I_a:4.20∠-80° I_b:0.00∠0.00° I_c:0.00∠0.00°	开出:断路器 A、B、C 相位置置合;状态触发条件:时间控制 0.55s

（续）

<table>
<tr><td>试验项目</td><td colspan="3">重合加速零序定值检验</td></tr>
<tr><td rowspan="10">正向区内故障试验仪器设置（A相接地故障 m = 0.95）</td><td colspan="3">说明：断路器 A、B、C 相位置置合，故障相电压降低，电流增大为计算的故障电流（1.05A），故障相电流滞后故障相电压的角度为线路零序灵敏角 ϕ；故障态时间不宜加太长，一般加零序故障整定时间+0.05s，否则会导致单跳失败三跳</td></tr>
<tr><td colspan="3">状态 3 参数设置（跳闸后等待重合状态）</td></tr>
<tr><td>U_{a}:57.74∠0.00°
U_{b}:57.74∠-120°
U_{c}:57.74∠120°</td><td>I_{a}:0.00∠0.00°
I_{b}:0.00∠0.00°
I_{c}:0.00∠0.00°</td><td>开出：断路器 A 相位置置分，B、C 相位置置合；状态触发条件：时间控制 0.8s</td></tr>
<tr><td colspan="3">说明：所加时间需略大于重合闸整定时间</td></tr>
<tr><td colspan="3">状态 4 参数设置（故障加速状态）</td></tr>
<tr><td>U_{a}:50.00∠0.00°
U_{b}:57.74∠-120°
U_{c}:57.74∠120°</td><td>I_{a}:1.575∠-80°
I_{b}:0.00∠0.00°
I_{c}:0.00∠0.00°</td><td>开出：断路器 A、B、C 相位置置合；状态触发条件：时间控制 0.11s</td></tr>
<tr><td colspan="3">说明：零序重合闸加速段带方向；零序手合和重合闸加速段保护带 60ms 延时，故障时间设置为 0.06s+0.05s</td></tr>
<tr><td>装置报文</td><td colspan="2">1. 保护启动 3ms；2. 零序电流Ⅱ段，A 相，跳 A 相，507ms；3. 单跳启动重合闸，552ms；4. 重合闸动作 1253ms；5. 零序加速段动作 1330ms，A 相，跳 A、B、C 相；6. 三跳闭锁重合闸 1330ms</td></tr>
<tr><td>装置指示灯</td><td colspan="2">跳 A 相、跳 B 相、跳 C 相、重合闸</td></tr>
<tr><td>说明</td><td colspan="2">计算公式：$I=mI_{0js}$，m 为系数，I_{0js} 为零序加速段定值</td></tr>
<tr><td>注意事项</td><td colspan="3">1. 手合加速判别为：三相开关跳位 10s 后又有电流突变量启动，则判为手动合闸，投入手合加速功能
2. 零序保护通过零序过电流加速段判别是否手合于故障，延时 60ms 动作
3. 零序手合加速时不判方向
4. 零序手合和重合闸加速段保护带 60ms 延时，是为了躲开断路器三相不同期</td></tr>
</table>

5. PT 断线相过电流、零序过电流定值校验

1）相关定值。PT 断线相过电流定值：2A；PT 断线零序过流定值：2A；PT 断线过电流时间：2.00s；重合闸方式：单重方式，单相重合闸时间：0.7s。

2）试验条件。

① 硬压板设置：投入保护置检修状态硬压板 1KLP1。

② 软压板设置如下：

a）保护功能软压板：投入“总出口”软压板，退出“纵联保护”、“停用重合闸”软压板。

b）GOOSE 发送软压板：投入“GOOSE 总出口软压板”、“GOOSE 跳闸压板”、“GOOSE 合闸压板”、“GOOSE 启动失灵”、“GOOSE 闭锁重合闸”软压板。

c）GOOSE 接收软压板：投入“GOOSE 其他保护停信”软压板。

d）MU 软压板：投入“MU 接收”软压板。

③ 控制字设置：距离保护各段均置“1”，零序电流保护置“1”，“单相重合闸”置“1”，“三相重合闸”置“0”，“三相跳闸方式”置“0”。

开关状态：合位。

④ GOOSE 开入量检查：TWJA：0，TWJB：0，TWJC：0，闭锁重合闸：0、低气压闭锁重合闸：0。

3）调试方法见表 2-49。

表 2-49　PT 断线相过电流、零序过电流保护调试方法

<table>
<tr><td>试验项目</td><td colspan="3">PT 断线相过电流定值校验</td></tr>
<tr><td rowspan="6">PT 断线相过电流校验试验仪器设置（三相过流 $m=1.05$）</td><td colspan="3">状态 1 参数设置（故障状态）</td></tr>
<tr><td>U_a：00.00∠0.00°
U_b：00.00∠-120°
U_c：00.00∠120°</td><td>I_a：2.10∠0.00°
I_b：2.10∠0.00°
I_c：2.10∠0.00°</td><td>开出：断路器 A、B、C 相位置置合；状态触发条件：时间控制 2.10s</td></tr>
<tr><td colspan="3">说明：断路器 A、B、C 相位置置合，三相电压为零，电流为 1.05 倍 PT 断线相过电流定值，时间略大于 PT 断线时过电流整定时间</td></tr>
<tr><td>装置报文</td><td colspan="2">1. 保护启动 3ms；2. PT 断线相过电流动作 2005ms，跳 A、B、C 相；3. 三跳闭锁重合闸 2005ms</td></tr>
<tr><td>装置指示灯</td><td colspan="2">跳 A 相、跳 B 相、跳 C 相</td></tr>
<tr><td>试验项目</td><td colspan="3">PT 断线零序过电流定值校验</td></tr>
<tr><td rowspan="5">PT 断线零序过电流校验试验仪器设置（A 相 $m=1.05$）</td><td colspan="3">状态 1 参数设置（故障状态）</td></tr>
<tr><td>U_a：00.00∠0.00°
U_b：00.00∠-120°
U_c：00.00∠120°</td><td>I_a：2.10∠0.00°
I_b：0.00∠0.00°
I_c：0.00∠0.00°</td><td>开出：断路器 A、B、C 相位置置合；状态触发条件：时间控制 2.10s</td></tr>
<tr><td colspan="3">说明：断路器 A、B、C 相位置置合，三相电压为零，故障相电流为 1.05 倍 PT 断线零序过电流定值，时间略大于 PT 断线时过电流整定时间</td></tr>
<tr><td>装置报文</td><td colspan="2">1. 保护启动 3ms；2. PT 断线零序动作 2010ms，跳 A、B、C 相；3. 三跳闭锁重合闸 2010ms</td></tr>
<tr><td>装置指示灯</td><td colspan="2">跳 A 相、跳 B 相、跳 C 相</td></tr>
<tr><td>说明</td><td colspan="3">计算公式：$I=mI_{0L}$，$I=mI_L$，m 为系数，I_{0L} 为 PT 断线零序过电流定值，I_L 为 PT 断线相过电流定值</td></tr>
</table>

2.5　WXH-803G 型微机线路保护装置

2.5.1　概述

1. WXH-803G 装置功能说明

WXH-803G 系列超高压线路保护装置适用 220kV 及以上电压等级输电线路成套数字式保护装置，主保护为光纤差动保护，后备保护为距离保护及零序保护，用于 500kV 变电站时不配置自动重合闸。

2. 装置背板端子说明

WXH-803G 超高压线路保护装置插件布置图如图 2-12 所示。

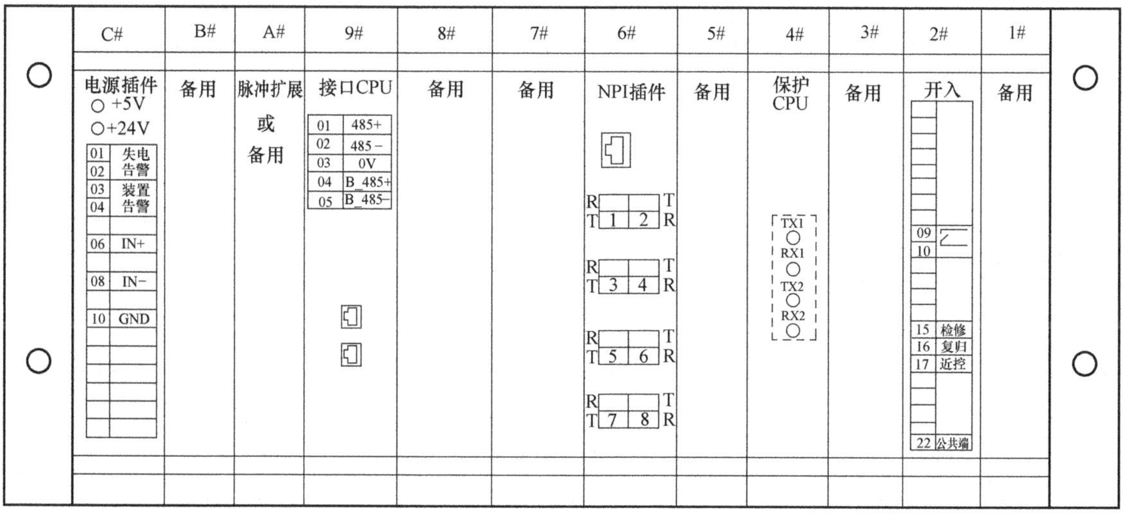

图 2-12　装置背板图

图中，2#开入板板件上提供了现有智能变电站的硬接点开入，如检修、复归、远方遥控投入等压板。

4#插件为保护 CPU 插件，保护 CPU 位于该插件内，该插件背板包含纵联通道 1 收口 RX1、发口 TX1，纵联通道 2 收口 RX2、发口 TX2。

6#保护 CPU 板件上提供 8 组光口，8 组光口均为 LC 口。各光口可经配置更改后对应不同功能，分别供装置的 SV 采样，GOOSE 直跳，GOOSE 组网等。以某装置配置为例，1 口为 GOOSE 组网口，3 口线路保护直跳，4 口线路保护直采。其中，光口旁边有标记 R 的为收口，标记 T 的为发口。对于 GOOSE 组网及 GOOSE 直跳端口来说，他们的发口均提供同样的 GOOSE 发送数据包，由对侧装置根据自身配置订阅获得相应数据。WXH-803BG 装置的 SV 及 GOOSE 口不可对换使用，如对侧装置与配置不符，则无法正常接收数据。WXH-803BG 装置的 SV 口允许只接入接收口，可以正常接收 SV 数据。

9#为接口 CPU 插件，提供了装置与后台通信及对时的接口。

C#为电源插件，提供了直流电源接入接口及装置异常、闭锁等告警节点供连接。

3. 装置虚端子及软压板配置（见图 2-13）

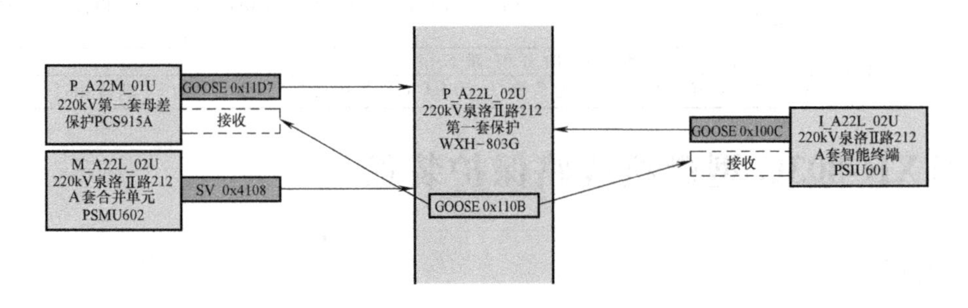

图 2-13　803 线路保护的虚端子互连图

1）WXH-803G 线路保护装置虚端子 GOOSE 开入联系情况见表 2-50。

表 2-50　WXH-803G 线路保护装置虚端子 GOOSE 开入

序号	功能定义	终点设备:WXH-803G 线路保护		起点设备		
		厂家虚端子定义	接收软压板	设备名称	厂家虚端子定义	发送软压板
1	断路器 A 相跳闸位置	断路器 A 相位置	智能终端 GOOSE 接收软压板	212 开关智能终端 A	断路器 A 相位置	无
2	断路器 B 相跳闸位置	断路器 B 相位置			断路器 B 相位置	
3	断路器 C 相跳闸位置	断路器 C 相位置			断路器 C 相位置	
4	压力低闭锁线路保护重合闸	低气压闭锁重合闸			重合压力低	
5	另一套智能终端闭锁本套线路保护重合闸	闭锁重合闸-1			闭锁重合闸(另一套智能终端)	
6	母差保护动作启远传	其他保护动-1	母差 GOOSE 接收压板	220kV 第一套母差保护 PCS-915A	支路 8-保护跳闸	跳 212 开关
7	母差保护动作闭锁本线路保护重合闸	闭锁重合-2			支路 8-保护跳闸	

2）WXH-803G 线路保护装置虚端子 GOOSE 开出联系情况见表 2-51。

表 2-51　WXH-803G 线路保护装置虚端子 GOOSE 开出

序号	功能定义	起点设备：WXH-803G		终点设备		
		厂家虚端子定义	发送软压板	设备名称	厂家虚端子定义	接收软压板
1	保护装置 A 相跳闸出口	1-跳断路器	跳闸	212 开关智能终端 A	A 相跳闸出口	无
2	保护装置 B 相跳闸出口	2-跳断路器			B 相跳闸出口	
3	保护装置 C 相跳闸出口	3-跳断路器			C 相跳闸出口	
4	启母差失灵 A 相	4-启动失灵	启动失灵	220kV 第一套母差保护 PCS-915A	支路 8-A 相启动失灵开入	支路 8 失灵开入
5	启母差失灵 B 相	5-启动失灵			支路 8-B 相启动失灵开入	
6	启母差失灵 C 相	6-启动失灵			支路 8-C 相启动失灵开入	
7	闭锁另一套保护重合闸	7-闭锁重合闸	闭锁重合闸	212 开关智能终端 A	闭锁重合闸	无
8	重合闸	8-重合闸	重合闸		重合 1	

3）WXH-803G 线路保护装置虚端子 SV 开入虚端子联系情况见表 2-52。

表 2-52　WXH-803G 线路保护装置虚端子 SV 开入

序号	功能定义	终点设备：WXH-803G 线路保护		起点设备		
		厂家虚端子定义	接收软压板	设备名称	厂家虚端子定义	发送软压板
1	母线 MU 额定延时	MU 额定延时	SV 接收	220kV 母线合并单元 A 套	合并器额定延时	无
2	保护 A 相电压主采	保护 A 相电压 U_a1			电压 A 相	
3	保护 A 相电压副采	保护 A 相电压 U_a2			电压 A 相	
4	保护 B 相电压主采	保护 B 相电压 U_b1			电压 B 相	
5	保护 B 相电压副采	保护 B 相电压 U_b2			电压 B 相	
6	保护 C 相电压主采	保护 C 相电压 U_c1			电压 C 相	
7	保护 C 相电压副采	保护 C 相电压 U_c2			电压 C 相	
8	线路同期电压	同期电压 U_x1			抽取电压	
9	线路 MU 额定延时	SV2MU 额定延时	无	泉洛Ⅱ路 212A 套合并单元 PSMU602	合并器额定延时	无
10	保护 A 相电流主采	保护 A 相电流 I_a1			电流采样值 1	
11	保护 A 相电流副采	保护 A 相电流 I_a2			电流采样值 2	
12	保护 B 相电流主采	保护 B 相电流 I_b1			保护电流 B 相	
13	保护 B 相电流副采	保护 B 相电流 I_b2			保护电流 B 相	
14	保护 C 相电流主采	保护 C 相电流 I_c1			保护电流 C 相	
15	保护 C 相电流副采	保护 C 相电流 I_c2			保护电流 C 相	

注：起点为母线合并单元的 SV 虚端子是由母线合并单元由光纤级联至线路合并单元后经线路合并单元电压切换逻辑判断后转发至保护装置的，两者之间无直接光纤连接。

2.5.2　保护装置逻辑校验

1. 测试仪器接线及配置

1）光纤接线。用三对尾纤分别将测试仪的光口 1 与线路保护直采 SV 口（4 口）连接，光口 2 与线路保护直跳 GOOSE 口（3 口）连接，光口 3 与组网 GOOSE 口（1 口）连接。

2）电流采样。对应开关间隔合并单元输出，合并单元输出三相保护电流（包括主、副采）分别映射测试仪 I_a、I_b、I_c，电压采样映射测试仪 U_a、U_b、U_c，输出光口选择“光口 1”，其余参数默认即可。

3）GOOSE 发布。发布本线路保护对应智能终端 GOOSE 输出：选择发送光口为“光口 1”则该对应发布将从“光口 1”发送，依调试仪型号不同可能需要将相应的开关 A 相位置、B 相位置、C 相位置，另一套智能终端闭锁重合闸、气压低闭锁重合闸分别映射到仪器的开出 1—5；发布本线路保护对应组网个保护 GOOSE 开出，发布对应母线差动保护输出，并映射到光口 2，部分仪器将母差保护启动本线路远跳的 GOOSE 开出映射到测试仪的开出 6。

4）Goose 订阅。订阅本线路保护 GOOSE 输出，并将保护的跳 A、跳 B、跳 C、重合出口分别映射到测试仪的 GOOSE 开入 A、B、C、D，接收光口选择“光口 1”或“光口 2”。对应“光口 1”或者“光口 2”接收口与保护 GOOSE 板上对应光口连接，之后选择 G1 口为“光口 1”或者“光口 2”。

2. 光纤电流差动保护检验

（1）差动保护电流定值检验——区外、区内检验

1）相关定值。保护定值栏中主保护中“差动动作电流定值”：0.2A ，“变化量启动电流定值”：0.06A，“零序启动电流定值”：0.06A，所加时间要小于等于 100ms，防止“单跳失败跳三相”。重合闸方式：单重方式；单重时间：0.70s。

2）试验条件。

① 软压板设置：投入“纵联差动保护”软压板，投入“光纤通道一”软压板，退出“停用重合闸”软压板，退出“距离保护”软压板，退出“零序保护”软压板；GOOSE 发送软压板：投入“跳闸出口”软压板，投入“启动失灵”软压板，投入“重合闸”软压板；SV 软压板：投入“SV 接收”软压板。

② 控制字设置：“纵联差动保护”置“1”，“单相重合闸”置“1”，“三相重合闸”置“0”，“三相跳闸方式”置“0”，“电流补偿”置“0”。

③ 开关状态：合上开关。

④ 开入量检查：A 相跳位为 0、A 相合位为 1、B 相跳位为 0、B 相合位为 1、C 相跳位为 0、C 相合位为 1、闭锁重合闸-1 为 0、闭锁重合闸-2 为 0、低气压闭锁重合闸为 0。

3）调试方法见表 2-53。

表 2-53　差动保护调试方法

试验项目	差动保护检验		
试验仪器设置（单相区内故障）$m=1.05$	状态 1 参数设置(故障前状态)		
	U_a:57∠0° U_b:57∠240° U_a:57∠120°	I_a:0.00∠0.00° I_b:0.00∠0.00° I_c:0.00∠0.00°	状态触发条件:时间控制 18s
	说明:开关合位,电压正常 15s 后,PT 断线复归,充电灯亮,待充电灯亮后触发下一态		
	状态 2 参数设置(故障状态)		
	U_a:57∠0° U_b:57∠240° U_a:57∠120°	I_a:1.05∠0° I_b:0.00∠0° I_c:0.00∠0°	状态触发条件:时间控制 0.1s
	说明:低定值 $I=mK\mathrm{Max}(I_{set}$,0.75×制动电流(两侧电流矢量差)),m 为系数,K 在通道自环时取 0.5,$m=2$ 时测量动作时间		
	装置报文	1. 保护启动 4ms；2. 通道 1 分相差动动作,A 相,25ms；3. 保护动作,A 相,25ms；4. 重合闸动作 798ms	
	装置指示灯	跳 A 相、重合闸	

（续）

试验项目	差动保护检验		
试验仪器设置（单相区外故障）$m=0.95$	状态 1 参数设置（故障前状态）		
	U_a:57∠0° U_b:57∠240° U_a:57∠120°	I_a:0.00∠0.00° I_b:0.00∠0.00° I_c:0.00∠0.00°	状态触发条件:时间控制 18s
	说明:开关合位,电压正常 15s 后,PT 断线复归,充电灯亮,待充电灯亮后触发下一态		
	状态 2 参数设置（故障状态）		
	U_a:57∠0° U_b:57∠240° U_a:57∠120°	I_a:0.95∠0° I_b:0.00∠0° I_c:0.00∠0°	状态触发条件:时间控制 0.1s
	装置报文	保护启动 4ms	
	装置指示灯	无	
说明:1. 故障试验仪器设置以 A 相故障为例,B、C 相类同 2. 测量保护动作时间应取电流定值的 1.2 倍			
注意事项:低定值 $I=mK\text{Max}[I_{set},0.75\times$制动电流（两侧电流矢量差）$]$;WXH-803-DA-G 保护内设三个差动元件,采样值差动,分相稳态量差动及分相增量差动元件。其中分相稳态量差动有快速段（高值 $1.98I_{set}$）,延时段（低值 I_{set}）,其中延时段动作时间经 40ms 延时动作。但需注意,由于增量差动元件定值为 I_{set},我们无法直接测出高低值时间差。如果需要测量高值时,会导致增量差动元件抢动,即便分级动作（$0.95I_{set}$、$1.9I_{set}$）也无法达到高值的动作值,而分三次（$0.7I_{set}$、$1.4I_{set}$、$1.98I_{set}$）动作时间,由于延时段 40ms 的动作延时限制,由 $0.7I_{set}$ 至 $1.98I_{set}$ 的延时必须小于 40ms,不满足避开增量差动元件条件,由此无法分辨开增量差动及稳态量快速段。			

（2）零序差动保护电流定值检验——区外、区内检验

相关定值、试验条件同差动保护电流定值检验。

调试方法见表 2-54。

表 2-54 零序差动保护调试方法

试验项目	差动保护检验		
试验仪器设置（单相区内故障）$m=1.05$	状态 1 参数设置（故障前状态）		
	U_a:57∠0° U_b:57∠240° U_a:57∠120°	I_a:0.00∠0.00° I_b:0.00∠0.00° I_c:0.00∠0.00°	状态触发条件:时间控制 18s
	说明:开关合位,电压正常 15s 后,PT 断线复归,充电灯亮,待充电灯亮后触发下一态		
	状态 2 参数设置（故障状态）		
	U_a:57∠0° U_b:57∠240° U_a:57∠120°	I_a:0.085∠0° I_b:0.02∠0° I_c:0.00∠0°	状态触发条件:时间控制 0.1s
	说明:低定值 $I_{cd0}=mK\text{Max}(I_{set},0.75\times$制动电流（两侧零序电流矢量差））,$m$ 为系数,K 在通道自环时取 0.5,$m=2$ 时测量动作时间。 $m=1.05$,$I_{cd0}=1.05\times0.5\times0.2=0.105$。根据试验,受限于启动元件精度单相零序电流至少需大于 0.08A 零序差动才可以正确动作		
	装置报文	1. 保护启动 4ms;2. 通道 1 零序差动动作,A 相,104ms;3. 保护动作,A 相,104ms;4. 重合闸动作 901ms	
	装置指示灯	跳 A 相、重合闸	
试验仪器设置（单相区外故障）$m=0.95$	状态 1 参数设置（故障前状态）		
	U_a:57∠0° U_b:57∠240° U_a:57∠120°	I_a:0.00∠0.00° I_b:0.00∠0.00° I_c:0.00∠0.00°	状态触发条件:时间控制 18s
	说明:开关合位,电压正常 15s 后,PT 断线复归,充电灯亮,待充电灯亮后触发下一态		
	状态 2 参数设置（故障状态）		

（续）

试验项目	差动保护检验		
试验仪器设置（单相区外故障）$m=0.95$	U_a:57∠0° U_b:57∠240° U_a:57∠120°	I_a:0.075∠0° I_b:0.02∠0° I_c:0.00∠0°	状态触发条件：时间控制 0.1s
	装置报文	保护启动 4ms	
	装置指示灯	无	

（3）快速距离保护校验

1）整定定值。快速距离（ΔZ_{set}）：2.5Ω，线路正序灵敏角（Φ）：82°，零序补偿系数（K_Z）：0.66，CT 二次额定值（I_n）：1A，单相重合闸时间：0.7s。

2）试验条件。

① 软压板设置：退出“纵联差动保护”软压板、退出“停用重合闸”软压板，投入“距离保护”软压板、退出“零序保护”软压板；GOOSE 发送软压板：投入“跳闸出口”软压板，投入“启动失灵”软压板，投入“重合闸”软压板；SV 软压板：投入“SV 接收”软压板。

② 控制字设置：“快速距离保护”置“1”，“三相跳闸方式”置“0”，“单相重合闸”置“1”，“三相重合闸”置“0”，“停用重合闸”置“0”，“零序电流保护”置“0”。

③ 开关状态：三相开关均处于合位。

④ 开入量检查：A 相跳位为 0、A 相合位为 1、B 相跳位为 0、B 相合位为 1、C 相跳位为 0、C 相合位为 1、闭锁重合闸-1 为 0、闭锁重合闸-2 为 0、低气压闭锁重合闸为 0 。

⑤“告警”（PT 断线）灯灭（故障前状态大于 10s），“重合允许”指示灯会自动计时，自动点亮。

3）调试方法见表 2-55。

表 2-55 快速距离保护调试方法

试验项目	快速距离保护检验		
正向区内故障试验仪器设置（A 相接地故障）	状态 1 参数设置（故障前状态）		
	U_a:57.74∠0.00° U_b:57.74∠-120° U_c:57.74∠120°	I_a:0.00∠0.00° I_b:0.00∠0.00° I_c:0.00∠0.00°	状态触发条件：时间控制 18s
	说明：三相电压正常，电流为零，装置“告警”（PT 断线）指示灯灭时间默认为 15s，输入 18s 确保“告警”（PT 断线）指示灯灭，“重合运行”指示灯会自动点亮		
	状态 2 参数设置（故障状态）		
	U_a:16.68∠0.00° U_b:57.74∠-120° U_c:57.74∠120°	I_a:10∠-82° I_b:0.00∠0.00° I_c:0.00∠0.00°	状态触发条件：时间控制 0.1s
	说明：故障相电压降低，电流增大为计算的故障电流（10A），故障相电流滞后故障相电压的角度为线路正序灵敏角 Φ，快速距离保护装置固有的动作时间小于 20ms，所以故障态时间不宜加太长，一般加 0.1s		
	装置报文	1. 保护启动 3ms； 2. 快速距离保护动作，A 相，20ms； 3. 重合闸动作 803ms	
	装置指示灯	跳 A 相、重合闸	
正向区内故障试验仪器设置（BC 相间故障）	状态 1 参数设置（故障前状态）		
	U_a:57.74∠180° U_b:57.74∠60° U_c:57.74∠-60°	I_a:0.00∠0.00° I_b:0.00∠0.00° I_c:0.00∠0.00°	状态触发条件：时间控制 18s
	第一态同接地距离		
	状态 2 参数设置（故障状态）		

（续）

<table>
<tr><td>试验项目</td><td colspan="3">快速距离保护检验</td></tr>
<tr><td rowspan="3">正向区内故障试验仪器设置（BC相间故障）</td><td>U_a:57.74∠180°
U_b:29.06V∠6.91°
U_c:29.06V∠-6.91°</td><td>I_a:0.00∠0.00°
I_b:10∠8.00°
I_c:10∠-172.00°</td><td>状态触发条件:时间控制0.1s</td></tr>
<tr><td>装置报文</td><td colspan="2">1. 保护启动3ms； 2. 快速距离保护动作,BC相,26ms； 3. 保护动作,ABC相,20ms</td></tr>
<tr><td>装置指示灯</td><td colspan="2">跳A相、跳B相、跳C相</td></tr>
<tr><td rowspan="3">区外故障</td><td>状态参数设置</td><td colspan="2">将区内故障中故障态的故障相电压、电流的值和角度改用 $m=0.9$ 时的计算值即可</td></tr>
<tr><td>装置报文</td><td colspan="2">保护启动00000ms</td></tr>
<tr><td>装置指示灯</td><td colspan="2">无</td></tr>
<tr><td rowspan="3">反向故障</td><td>状态参数设置</td><td colspan="2">1. 单相接地故障:将区内故障中故障态的故障相电流角度加上180°,电压角度不变即可； 2. 相间故障:将区内故障中故障态的两故障相电流角度对调（I_b 为 -172°,I_c 为 8°）,电压角度不变即可</td></tr>
<tr><td>装置报文</td><td colspan="2">保护启动00000ms</td></tr>
<tr><td>装置指示灯</td><td colspan="2">无</td></tr>
</table>

3. 距离保护检验

（1）距离保护定值校验

1）整定定值。以距离Ⅱ段为例：接地距离Ⅱ段定值（Z_{zdp2}）：2.5Ω，相间距离Ⅱ段定值（Z_{zdpp2}）：2.5Ω，接地距离Ⅱ段时间（T_{p2}）：0.6s，相间距离Ⅱ段时间（T_{pp2}）：0.6s；线路正序灵敏角（Φ）：82°，零序补偿系数（K_Z）：0.66，CT二次额定值（I_n）：1A，单相重合闸时间：0.7s。

2）试验条件同快速距离保护校验。

3）调试方法见表2-56。

表2-56 距离保护调试方法

<table>
<tr><td>试验项目</td><td colspan="3">距离保护检验</td></tr>
<tr><td rowspan="9">正向区内故障试验仪器设置（B相接地故障）</td><td colspan="3">状态1参数设置（故障前状态）</td></tr>
<tr><td>U_a:57.74∠-60°
U_b:57.74∠180°
U_c:57.74∠60°</td><td>I_a:0.00∠0.00°
I_b:0.00∠0.00°
I_c:0.00∠0.00°</td><td>状态触发条件:时间控制18s</td></tr>
<tr><td colspan="3">说明:三相电压正常,由于故障态采用非故障相电压为180°,故故障前状态非故障相电压也应调整为180°,故障相电压相应调整。电流为零,装置“告警”（PT断线）默认归复时间为15s,输入18s确保“告警”（PT断线）信号归复,“重合允许”指示灯会自动点亮</td></tr>
<tr><td colspan="3">状态2参数设置（故障状态）</td></tr>
<tr><td>U_a:57.74∠-60°
U_b:19.71∠180°
U_c:57.74∠60°</td><td>I_a:0.00∠0.00°
I_b:5∠-202°
I_c:0.00∠0.00°</td><td>状态触发条件:时间控制0.6s+0.1s=0.7s</td></tr>
<tr><td colspan="3">说明:故障相电压降低,电流增大为计算的故障电流（5A）,故障相电流滞后故障相电压的角度为线路正序灵敏角 Φ,距离保护装置固有动作时间应小于50ms,所以故障态时间不宜加太长,一般加该段距离保护整定时间+0.1s即可。
计算公式如下：
电流计算数据:$I_\Phi=5I_n=5A$
电压计算数据:区内故障单相故障 $m=0.95$
$U_\Phi=(1+K_Z)mIZ_{zdp2}=(1+0.66)\times0.95\times2.5\times5V=19.71V$</td></tr>
<tr><td>装置报文</td><td colspan="2">1. 保护启动3ms;2. 距离Ⅱ段动作,B相,620ms;3. 重合闸动作1404ms</td></tr>
<tr><td>装置指示灯</td><td colspan="2">跳B、重合闸</td></tr>
</table>

（续）

<table>
<tr><td>试验项目</td><td colspan="3">距离保护检验</td></tr>
<tr><td rowspan="8">正向区内故障试验仪器设置（CA相间故障）</td><td colspan="3">状态1参数设置（故障前状态）</td></tr>
<tr><td>U_a:57.74∠-60°
U_b:57.74∠180°
U_c:57.74∠60°</td><td>I_a:0.00∠0.00°
I_b:0.00∠0.00°
I_c:0.00∠0.00°</td><td>状态触发条件:时间控制 18s</td></tr>
<tr><td colspan="3">说明:三相电压正常,由于故障态采用非故障相电压为180°,所以故障前状态非故障相电压也应调整为180°,故障相电压相应调整。电流为零,装置“告警”(PT断线)指示灯熄灭时间默认为15s,输入18s确保“告警”(PT断线)指示灯熄灭,“重合允许”指示灯会自动点亮</td></tr>
<tr><td colspan="3">状态2参数设置(故障状态)</td></tr>
<tr><td>U_a:31.2∠-22.37°
U_b:57.74∠180°
U_c:31.2∠22.37°</td><td>I_a:5.00∠-172°
I_b:0.00∠0.00°
I_c:5.00∠8°</td><td>状态触发条件:时间控制 0.6s+0.1s=0.7s</td></tr>
<tr><td colspan="3">说明:两故障相电压降低,角度发生变化,电流增大为计算的故障电流(5A),故障相间电流滞后故障相间电压的角度(90°)为线路正序灵敏角 Φ,距离保护装置固有动作时间应小于50ms,所以故障态时间不宜加太长,一般加该段相间距离保护整定时间+0.1s即可</td></tr>
<tr><td>装置报文</td><td colspan="2">1. 00000ms 保护启动;2. 距离Ⅱ段动作,A、C相,621ms</td></tr>
<tr><td>装置指示灯</td><td colspan="2">跳A相、跳B相、跳C相</td></tr>
<tr><td rowspan="3">区外故障</td><td>状态参数设置</td><td colspan="2">将区内故障中故障态的故障相电压、电流的值和角度改用 $m=1.05$ 时的计算值即可</td></tr>
<tr><td>装置报文</td><td colspan="2">保护启动 0ms</td></tr>
<tr><td>装置指示灯</td><td colspan="2">无</td></tr>
<tr><td rowspan="3">反向故障</td><td>状态参数设置</td><td colspan="2">1. 单相接地故障:将区内故障中故障态的故障相电流角度加上180°,电压角度不变即可； 2. 相间故障:将区内故障中故障态的两故障相电流角度对调(I_c 为 -172°,I_a 为 8°),电压角度不变即可</td></tr>
<tr><td>装置报文</td><td colspan="2">保护启动 0ms</td></tr>
<tr><td>装置指示灯</td><td colspan="2">无</td></tr>
</table>

注：1. 故障试验仪器设置以B相故障和CA相间故障为例，A、C相故障，AB、BC相间故障类同。
2. 模拟相间故障时第一态故障前状态的相位角要更改（非故障相电压设为180°，超前故障相电压角为60°，滞后故障相电压角为-60°），否则可能影响试验数据。
3. 装置距离Ⅰ段时间默认为0，不能整定，模拟距离Ⅰ、Ⅲ段时故障态所加时间为该段距离保护时间整定值+0.1s。

（2）距离加速段定值校验

1）手合加速距离Ⅲ段。

① 整定定值。接地距离Ⅲ段定值（Z_{zdp3}）：19.0Ω，接地距离Ⅲ段时间（T_{p3}）：2.0s，线路正序灵敏角（Φ）：82°，零序补偿系数（K_Z）：0.66。

② 试验条件。

a）软压板设置：退出“纵联差动保护”软压板，退出“停用重合闸”软压板，投入“距离保护”软压板、退出“零序保护”软压板。

GOOSE发送软压板：投入“跳闸出口”软压板，投入“启动失灵”软压板，投入“重合闸”软压板。SV软压板：投入“SV接收”软压板。

b）控制字设置：“距离保护Ⅲ段”置“1”，“三相跳闸方式”置“0”，“单相重合闸”置“1”，“三相重合闸”置“0”，“停用重合闸”置“0”，“零序电流保护”置“0”。

c）开关状态：三相开关均处于跳位。

d）开入量检查：A相跳位为0，A相合位为1，B相跳位为0，B相合位为1，C相跳位为0，C相合位为1，闭锁重合闸-1为0，闭锁重合闸-2为0，低气压闭锁重合闸为0。

③ 调试方法见表2-57。

表 2-57　手合加速距离Ⅲ段调试方法

<table>
<tr><td>试验项目</td><td colspan="3">手合加速距离保护检验</td></tr>
<tr><td rowspan="10">正向区内故障试验仪器设置(A 相接地故障)</td><td colspan="3">状态 1 参数设置(故障前状态)</td></tr>
<tr><td>U_a:57.74∠0.00°
U_b:57.74∠-120°
U_c:57.74∠120°</td><td>I_a:0.00∠0.00°
I_b:0.00∠0.00°
I_c:0.00∠0.00°</td><td>状态触发条件:时间控制 12s</td></tr>
<tr><td colspan="3">说明:三相电压正常,电流为零,装置“告警”(PT 断线)指示灯熄灭时间默认为 10s,输入 12s 确保“告警”(PT 断线)指示灯熄灭</td></tr>
<tr><td colspan="3">状态 2 参数设置(故障状态)</td></tr>
<tr><td>U_a:29.96∠0.00°
U_b:57.74∠-120°
U_c:57.74∠120°</td><td>I_a:1.00∠-82°
I_b:0.00∠-0.00°
I_c:0.00∠0.00°</td><td>状态触发条件:时间控制 0.1s</td></tr>
<tr><td colspan="3">说明:故障相电压降低,电流增大为计算的故障电流(1A),故障相电流滞后故障相电压的角度为线路正序灵敏角 Φ,距离保护Ⅲ段整定动作时间虽然为 2.0s,但由于开关在分位,装置判为手合开关时合于故障,会加速跳闸,所以所加时间应小于 100ms。
按距离保护定值校验方法计算距离Ⅲ定值。
电流计算数据:$I_\Phi = I_n = 1A$
电压计算数据:区内故障 $m = 0.95$
$$U_\Phi = (1+K_Z)\ mIZ_{zbp2}$$</td></tr>
<tr><td>装置报文</td><td colspan="2">1. 保护启动 3ms;　2. 距离加速动作 A35ms;　3. 永跳动作 35ms;　4. 保护动作 ABC 35ms</td></tr>
<tr><td>装置指示灯</td><td colspan="2">跳 A 相、跳 B 相、跳 C 相</td></tr>
</table>

2）重合加速距离Ⅱ段。

① 整定定值。接地距离Ⅱ段定值（Z_{zdp2}）：2.5Ω，接地距离Ⅱ段时间（T_{p2}）：0.6s；线路正序灵敏角（Φ）：82°，零序补偿系数（K_Z）：0.66，单相重合闸时间：0.7s。

② 试验条件。

a）软压板设置：退出“纵联差动保护”软压板，退出“停用重合闸”软压板，投入“距离保护”软压板、退出“零序保护”软压板；GOOSE 发送软压板：投入“跳闸出口”软压板，投入“启动失灵”软压板，投入“重合闸”软压板；SV 软压板：投入“SV 接收”软压板。

b）控制字设置：“距离保护Ⅱ段”置“1”，“三相跳闸方式”置“0”，“单相重合闸”置“1”，“三相重合闸”置“0”，“停用重合闸”置“0”，“零序电流保护”置“0”，“Ⅱ段保护闭锁重合闸”控制字置“0”。

c）开关状态：三相开关均处于合位。

d）开入量检查：A 相跳位为 0 、A 相合位为 1 、B 相跳位为 0 、B 相合位为 1、C 相跳位为 0 、C 相合位为 1、闭锁重合闸-1 为 0 、闭锁重合闸-2 为 0、低气压闭锁重合闸为 0。

“告警”（PT 断线）灯灭，“重合允许”指示灯自动点亮。

③ 调试方法见表 2-58。

表 2-58　重合加速距离Ⅱ段调试方法

<table>
<tr><td>试验项目</td><td colspan="3">重合加速距离保护检验</td></tr>
<tr><td rowspan="4">正向区内故障试验仪器设置(A 相接地故障)</td><td colspan="3">状态 1 参数设置(故障前状态)</td></tr>
<tr><td>U_a:57.74∠0.00°
U_b:57.74∠-120°
U_c:57.74∠120°</td><td>I_a:0.00∠0.00°
I_b:0.00∠0.00°
I_c:0.00∠0.00°</td><td>状态触发条件:时间控制 18s</td></tr>
<tr><td colspan="3">说明:三相电压正常,电流为零,装置“告警”(PT 断线)指示灯熄灭时间默认为 10s,输入 12s 确保“告警”(PT 断线)指示灯熄灭,“重合允许”指示灯会自动点亮</td></tr>
<tr><td colspan="3">状态 2 参数设置(故障状态)</td></tr>
</table>

（续）

试验项目	重合加速距离保护检验		
正向区内故障试验仪器设置（A 相接地故障）	U_a：19.71∠0.00° U_b：57.74∠-120° U_c：57.74∠120°	I_a：1.00∠-82° I_b：0.00∠0.00° I_c：0.00∠0.00°	状态触发条件：时间控制 0.6s+0.1s
	说明：该状态的故障量不一定要用距离Ⅱ段的故障量，可以用其他跳闸故障量，时间比所加故障量整定略大，但不能闭锁重合闸。		
	状态 3 参数设置（跳闸后等待重合状态）		
	U_a：57.74∠0.00° U_b：57.74∠-120° U_c：57.74∠120°	I_a：0.00∠0.00° I_b：0.00∠0.00° I_c：0.00∠0.00°	状态触发条件：时间控制 0.7s+0.1s=0.8s
	说明：所加时间需略大于重合闸整定时间		
	状态 4 参数设置（故障加速状态）		
	U_a：19.71∠0.00° U_b：57.74∠-120° U_c：57.74∠120°	I_a：5.00∠-82° I_b：0.00∠0.00° I_c：0.00∠0.00°	状态触发条件：时间控制 0.2s
	说明：验证重合加速距离Ⅱ段定值和动作时间。		
	装置报文	1. 保护启动，2ms； 2. 接地距离Ⅱ段动作，A 相，616ms； 3. 保护动作，A 相，616ms； 4. 重合闸动作 1407ms； 5. 距离加速动作，A 相，1538ms； 6. 永跳动作 1538ms； 7. 保护动作，ABC 相，1538ms	
	装置指示灯	跳 A 相、跳 B 相、跳 C 相、重合闸	

4. 零序保护检验

（1）零序过电流定值校验

1）整定定值。接地距离Ⅱ段定值（Z_{zdp2}）：2.5Ω，接地距离Ⅱ段时间（T_{p2}）：0.6s，线路正序灵敏角（Φ）：82°，零序补偿系数（K_Z）：0.66，单相重合闸时间：0.7s。

2）试验条件。

① 软压板设置：退出“纵联差动保护”软压板、退出“停用重合闸”软压板，投入“距离保护”软压板、投入“零序保护”软压板；GOOSE 发送软压板：投入“跳闸出口”软压板，投入“启动失灵”软压板，投入“重合闸”软压板；SV 软压板：投入“SV 接收”软压板。

② 控制字设置：“零序电流保护”置“1”，“零序过电流Ⅲ段经方向”置“1，“单相重合闸”置“1”，“三相重合闸”置“0”，“停用重合闸”置“0”，距离保护Ⅰ、Ⅱ、Ⅲ段控制字置“0”；“Ⅱ段保护停用重合闸”控制字置“1”。

③ 开关状态：三相开关均处于合位。

④ 开入量检查：A 相跳位为 0、A 相合位为 1、B 相跳位为 0、B 相合位为 1、C 相跳位为 0、C 相合位为 1、闭锁重合闸-1 为 0、闭锁重合闸-2 为 0、低气压闭锁重合闸为 0。“告警”（PT 断线）灯灭，“重合允许”指示灯自动点亮。

3）调试方法见表 2-59。

表 2-59　零序保护调试方法

试验项目	零序保护检验		
正向区内故障试验仪器设置（C 相接地故障）	状态 1 参数设置（故障前状态）		
	U_a：57.74∠0.00° U_b：57.74∠-120° U_c：57.74∠120°	I_a：0.00∠0.00° I_b：0.00∠0.00° I_c：0.00∠0.00°	状态触发条件：时间控制 18s
	说明：三相电压正常，电流为零，装置“告警”指示灯时间默认为 15s，输入 18s 确保“告警”指示灯灭，“重合允许”指示灯会自动点亮		
	状态 2 参数设置（故障状态）		

（续）

<table>
<tr><th>试验项目</th><th colspan="4">零序保护检验</th></tr>
<tr><td rowspan="4">正向区内故障试验仪器设置（C 相接地故障）</td><td colspan="2">U_a:57.74∠0.00°
U_b:57.74∠-120°
U_c:50.00∠120°</td><td>I_a:0.00∠0.00°
I_b:0.00∠0.00°
I_c:4.2∠48.00°</td><td>状态触发条件：时间控制 $t_{0Ⅱ}$+0.1s=1.1s</td></tr>
<tr><td colspan="4">说明：故障相电压降低，电流增大为计算的故障电流（4.2A），故障相电流滞后故障相电压的角度为线路零序灵敏角 ϕ_0（保证零序功率为正方向），零序保护装置固有动作时间小于 50ms，所以故障态时间不宜加太长，一般加该段零序过流整定时间+0.1s 即可。</td></tr>
<tr><td>装置报文</td><td colspan="3">1. 保护启动 5ms；　2. 零序过电流Ⅱ段动作，C 相，1018ms；　3. 重合闸动作 1806ms</td></tr>
<tr><td>装置指示灯</td><td colspan="3">跳 C 相、重合闸</td></tr>
<tr><td rowspan="2">区外故障</td><td>状态参数设置</td><td colspan="3">将区内故障中故障态的故障相电流值改用 m=0.95 时的计算值（I=0.95×4A=3.8A），方向不变</td></tr>
<tr><td>装置报文</td><td colspan="3">保护启动 00000ms</td></tr>
<tr><td rowspan="2">反向故障</td><td>状态参数设置</td><td colspan="3">将区内故障中故障态的故障相电流角度加上 180°，即 I_c 为 4.2∠228.0°</td></tr>
<tr><td>装置报文</td><td colspan="3">保护启动 00000ms</td></tr>
</table>

注：1. 故障试验仪器设置以 C 相故障为例，A、B 相类同。
2. 若控制字中“零序Ⅲ段经方向”置 0，即零序Ⅲ段不经方向原件闭锁，那么模拟零序Ⅲ段时反方向依然能动作。

（2）零序方向动作区及灵敏角、零序最小动作电压检验

1）整定定值。零序过电流Ⅱ段定值（$I_{0Ⅱ}$）：4A，零序过电流Ⅱ段时间（$t_{0Ⅱ}$）：1s，零序过电流Ⅲ段定值（$I_{0Ⅲ}$）：2A，零序过电流Ⅲ段时间（$t_{0Ⅲ}$）：3s，线路零序灵敏角（ϕ_0）：78°，CT 二次额定值（I_n）：1A。

2）试验条件。

① 软压板设置：退出“纵联差动保护”软压板，退出“停用重合闸”软压板，退出“距离保护”软压板、投入“零序保护”软压板；GOOSE 发送软压板：投入“跳闸出口”软压板，投入“启动失灵”软压板，投入“重合闸”软压板；SV 软压板：投入“SV 接收”软压板。

② 控制字设置：“零序电流保护”置“1”，“零序过电流Ⅲ段经方向”置“1”，“单相重合闸”置“1”，“三相重合闸”置“0”，“停用重合闸”置“0”，距离保护Ⅰ、Ⅱ、Ⅲ段控制字置“0”。

③ 开关状态：三相开关均处于合位。

④ 开入量检查：A 相跳位为 0 、A 相合位为 1 、B 相跳位为 0 、B 相合位为 1、C 相跳位为 0 、C 相合位为 1、闭锁重合闸-1 为 0、闭锁重合闸-2 为 0、低气压闭锁重合闸为 0 。

“告警”（PT 断线）灯灭，“重合允许”指示灯自动点亮。

3）调试方法见表 2-60。

表 2-60　零序方向动作区及灵敏角、零序最小动作电压检验

<table>
<tr><th>试验项目</th><th>零序保护检验</th></tr>
<tr><td rowspan="6">线路零序灵敏角试验仪器设置（A 相接地故障）</td><td>步骤 1（修改定值）</td></tr>
<tr><td>修改装置定值：“零序Ⅲ段经方向”控制字置“1”</td></tr>
<tr><td>说明：等待“告警”（PT 断线）灯灭，加入故障量</td></tr>
<tr><td>步骤 2（等待 PT 断线恢复）</td></tr>
<tr><td>切换到“手动试验”状态，在模拟量输入框中输入：
U_a:57.74∠0.00°　I_a:0.00∠0.00°
U_b:57.74∠-120°　I_b:0.00∠0.00°
U_c:57.74∠120°　I_c:0.00∠0.00°
再按下“菜单栏”上的“输出保持”按钮，这时状态输出被保持</td></tr>
<tr><td>说明：该步骤为故障前状态，保持 18s 以上，待“告警”（PT 断线）灯灭，该试验不校验重合闸，可不必等“重合允许”灯亮</td></tr>
</table>

（续）

试验项目	零序保护检验
线路零序灵敏角试验仪器设置（A 相接地故障）	步骤 3（确定边界 1）
	修改模拟量输入框中模拟量为 U_a:50.00∠0.00°　I_a:5∠13° U_b:57.74∠-120°　I_b:0.00∠0.00° U_c:57.74∠120°　I_c:0.00∠0.00° 变量及变化步长选择:变量——角度;变化步长为 1.00° 设置好后再次单击:“菜单栏”上的“输出保持”按钮,并单击“▼”按钮调节步长,直到零序过电流Ⅱ段保护动作
	说明:动作电流比定值(4A)大一点即可,装置的第一个动作边界为 I_a 在 10°的位置,从 13°开始下降,可使保护从不动作校验到动作以确定该边界,调节步长每秒单击一下“▼”按钮。需要注意,若动作边界确定时间不够快,可能会出现 CT 断线报警,在出现报警后,可重新加量,从断线前角度继续尝试动作边界
	步骤 4（确定边界 2）
	重复步骤 2,待“告警”(PT 断线)灯灭后修改模拟量输入框中模拟量为 U_a:50.00∠0.00°　I_a:5∠210° U_b:57.74∠-120°　I_b:0.00∠0.00° U_c:57.74∠120°　I_c:0.00∠0.00° 变量及变化步长选择:变量——角度,变化步长为 1.00° 设置好后再次单击“菜单栏”上的“输出保持”按钮,并单击“▲”按钮调节步长,直到零序过电流Ⅱ段保护动作。
	说明:装置的第 2 个动作边界为 I_a 在 210°的位置,从 205°开始上升,可使保护从不动作校验到动作以确定该边界,调节步长每秒单击一下“▲”按钮
	步骤 5（改回定值）
	说明:该角度是在定值“线路零序灵敏角”为 78°的情况下模拟的。
零序最小动作电压试验仪器设置（A 相接地故障）	步骤 1（等待 PT 断线恢复）
	切换到“手动试验”状态,在模拟量输入框中输入: U_a:57.74∠0.00°　I_a:0.00∠0.00° U_b:57.74∠-120°　I_b:0.00∠0.00° U_c:57.74∠120°　I_c:0.00∠0.00° 再按下“菜单栏”上的“输出保持”按钮,这时状态输出被保持
	说明:该步骤为故障前状态,保持 12s 以上,待“告警”(PT 断线)灯灭,该试验不校验重合闸,可不必等“重合允许”灯亮
	步骤 2（确定最小动作电压）
	修改模拟量输入框中模拟量为 U_a:57.74.00∠0.00°　I_a:5.00∠-78° U_b:57.74∠-120°　I_b:0.00∠0.00° U_c:57.74∠120°　I_c:0.00∠0.00° 变量及变化步长选择:幅值——U_a,变化步长为 0.1V 设置好后再次单击“菜单栏”上的“输出保持”按钮,并单击“▼”按钮调节步长,直到零序过电流Ⅱ段保护动作。
	说明:动作电流用额定二次电流,装置的零序最小动作电压大约为 1.04V,单相降低到 57.74V-1.04V=56.7V 时零序过电流保护动作,保护从不动作校验到动作以确定最小动作电压,调节步长每秒单击一下“▼”按钮 计算说明:$3U_0=U_a+U_b+U_c$,单相试验时,U_a 降低的值 ΔU_a 就是 $3U_0$ 增大的部分,$3I_0=I_a$,为保证通入的试验电流不影响动作功率,取 $3I_0$ 为额定二次电流值 $I_n=5A$,逐步降低 U_a 以致零序过电流保护动作

（续）

试验项目	零序保护检验
注意事项	1. 这里线路零序灵敏角定义为 $3I_0$ 超前于 $3U_0$ 的角度，而非 U_A 超前于 I_A 的角度 2. $3I_0$ 应大于零序电流动作值，这里取零序Ⅱ段 1.05 倍时的电流值 3. 控制字中“零序Ⅲ段经方向”置 1，防止零序Ⅲ段因没有方向，而先动作 4. 采用手动试验来校验，期间可能造成距离保护先动作，校验前可将距离保护的控制字退出，并将零序Ⅱ段定值适当降低（不能低于零序Ⅲ段，否则装置会告警） 5. 采用手动试验时，若是有采接点用来监视动作时间的话，那么结合试验仪器中的“输出保持”，并将控制字中“零序Ⅲ段经方向”置 1，可方便逼出角度 6. 定值“线路零序灵敏角”会影响测试边界的角度 7. 试验前可以考虑将零序保护动作延时修改成较小的值，方便试验，减低延时及提高精度 8. PT 断线后方向元件退出会导致零序保护在未到动作区前提前动作，因此测试边界角度时注意时间，如 PT 断线后保护动作了，则可以从更接近的角度继续测试

（3）模拟单重加速及手合加速零序电流试验

1）单重加速。

① 整定定值。零序过电流加速段定值 I_{0js}：1A，动作时间（装置固定），线路零序灵敏角 ϕ_0：78°，重合闸方式：单重方式，单重时间：0.70s。

② 试验条件。

a）软压板设置：退出“纵联差动保护”软压板，退出“停用重合闸”软压板，退出“距离保护”软压板，投入“零序保护”软压板。GOOSE 发送软压板：投入“跳闸出口”软压板，投入“启动失灵”软压板，投入“重合闸”软压板；SV 软压板：投入“SV 接收”软压板。

b）控制字设置：“零序电流保护”置“1”，“零序过电流Ⅲ段经方向”置“1”，“单相重合闸”置“1”，“三相重合闸”置“0”，“停用重合闸”置“0”，“距离保护Ⅱ段”控制字置“1”，“Ⅱ段保护停用重合闸”置“0”。

c）开关状态：三相开关均处于合位。

d）开入量检查：A 相跳位为 0 、A 相合位为 1 、B 相跳位为 0 、B 相合位为 1、C 相跳位为 0 、C 相合位为 1、闭锁重合闸-1 为 0 、闭锁重合闸-2 为 0、低气压闭锁重合闸为 0 。

“告警”（PT 断线）灯灭，“重合允许”指示灯自动点亮。

③ 调试方法见表 2-61。

表 2-61　单重加速零序检验

试验项目	单重加速零序检验		
单重加速试验方法	状态 1 加正常电压量，电流为 0，待“告警”（PT 断线）及“重合允许”灯灭后转入下一状态 状态 2 加故障量（单相故障），所加时间应小于所模拟故障保护整定时间+0.1s 状态 3 加正常电压量，电流为 0，所加时间应大于重合时间+0.1s 状态 4 加故障量（零序过电流加速值），所加时间应小于 0.2s		
单重加速 A 相为例	状态 1 参数设置（故障前状态）		
	U_a:57.74∠0.00° U_b:57.74∠-120° U_c:57.74∠120°	I_a:0.00∠0.00° I_b:0.00∠0.00° I_c:0.00∠0.00°	状态触发条件：时间控制 18s
	说明：故障前状态 18s 使得“告警”（PT 断线）复归		
	状态 2 参数设置（故障状态）		
	U_a:20.00∠0.00° U_b:57.74∠-120° U_c:57.74∠120°	I_a:5.00∠-85.00° I_b:0.00∠0.00° I_c:0.00∠0.00°	状态触发条件：时间控制 0.1s
	说明：故障态时间保证有保护动作即可，不可加太长时间		
	状态 3 参数设置（重合状态）		

（续）

试验项目	单重加速零序检验		
单重加速 A相为例	U_a:57.74∠0.00° U_b:57.74∠-120° U_c:57.74∠120°	I_a:0.00∠0.00° I_b:0.00∠0.00° I_c:0.00∠0.00°	状态触发条件：时间控制 0.8s
	说明：重合态时间稍大于重合闸时间定值		
	状态 4 参数设置（重合后状态）		
	U_a:50.00∠0.00° U_b:57.74∠-120° U_c:57.74∠120°	I_a:1.1∠-85.00° I_b:0.00∠0.00° I_c:0.00∠0.00°	状态触发条件：时间控制 0.2s
	说明：此实验为模拟故障，不校验定值，且不论正、反方向都能正确动作		
	装置报文	1. 保护启动 5ms；2. 零序过电流Ⅱ段动作，C 相，1018ms；3. 重合闸动作 1806ms；	
	装置指示灯	跳 A 相、跳 B 相、跳 C 相、重合闸	

2）模拟手合加速零序电流试验。

① 整定定值。零序过流加速段定值 $I_{0js}=1A$，动作时间（装置固定）；线路零序灵敏角 ϕ_0：78°；重合闸方式：单重方式；单重时间：0.70s。

② 试验条件。

软压板设置：退出“纵联差动保护”软压板，退出“停用重合闸”软压板，退出“距离保护”软压板、投入“零序保护”软压板。

GOOSE 发送软压板：投入“跳闸出口”软压板，投入“启动失灵”软压板，投入“重合闸”软压板；

SV 软压板：投入“SV 接收”软压板。

控制字设置：“零序电流保护”置“1”，“零序过电流Ⅲ段经方向”置“1”，“单相重合闸”置“1”，“三相重合闸”置“0”，“停用重合闸”置“0”；距离保护Ⅰ、Ⅱ、Ⅲ段控制字置 0；“Ⅱ段保护停用重合闸”置“0”。

开关状态：三相开关均处于分位。

开入量检查：A 相跳位为 1、A 相合位为 0、B 相跳位为 1、B 相合位为 0、C 相跳位为 1、C 相合位为 0、闭锁重合闸-1 为 0、闭锁重合闸-2 为 0、低气压闭锁重合闸为 0。

③ 调试方法见表 2-62。

表 2-62　手合加速零序检验

试验项目	手和加速零序检验		
试验仪器设置	采用状态序列		
	状态 1		
	U_a:57.74∠0.00° U_b:57.74∠-120° U_c:57.74∠120°	I_a:0.00∠0.00° I_b:0.00∠0.00° I_c:0.00∠0.00°	状态触发条件：时间控制 12s
	状态 2		
	U_a:50.00∠0.00° U_b:57.74∠-120° U_c:57.74∠120°	I_a:0.40∠-85.00° I_b:0.40∠-85.00° I_c:0.40∠-85.00°	状态触发条件：时间控制 0.200s
装置报文	1. 保护启动；2. 零序加速动作，ABC 相，113ms		
装置指示灯	跳 A 相、跳 B 相、跳 C 相		

（4）PT 断线过电流检验

1）整定定值。PT 断线相过电流定值（$I_{pt\phi}$）：6.0A；PT 断线零序过电流（I_{pt0}）：1.8A；PT 断线过电流时间：4s。

2）试验条件。

① 软压板设置：投入“纵联差动保护”软压板，退出“停用重合闸”软压板，投入“距离保护”软压板，退出“零序保护”软压板，投入“光纤通道一”软压板；GOOSE 发送软压板：投入“跳闸出口”软压板，投入“启动失灵”软压板，投入“重合闸”软压板；SV 软压板：投入“SV 接收”软压板。

② 控制字设置：“纵联差动保护”置“1”，“零序电流保护”置“1”，“单相重合闸”置“1”，“三相重合闸”置“0”，“停用重合闸”置“0”，“距离保护Ⅱ段”控制字置“1”，“Ⅱ段保护停用重合闸”置“0”。

③ 开关状态：三相开关均处于合位。

④ 开入量检查：A 相跳位为 0 、A 相合位为 1 、B 相跳位为 0 、B 相合位为 1、C 相跳位为 0 、C 相合位为 1、闭锁重合闸-1 为 0 、闭锁重合闸-2 为 0、低气压闭锁重合闸为 0 。

⑤“告警”（PT 断线）灯灭，“重合允许”指示灯自动点亮。

3）调试方法见表 2-63。

表 2-63　PT 断线过电流检验

试验项目	PT 断线过流检验		
PT 断线相过电流校验试验仪器设置（三相过电流）	状态 1 参数设置（故障前状态）		
	U_a:0∠0.00° U_b:0∠-120° U_c:0∠120°	I_a:0∠0.00° I_b:0∠-120° I_c:0∠120°	状态触发条件：时间控制 18s
	说明：三相电压为 0，电流为零，装置“告警”指示灯时间默认为 15s，输入 18s 确保“告警”指示灯亮，正常情况如果告警指示灯已点亮，可不加此状态，直接加故障状态		
	状态 2 参数设置（故障状态）		
	U_a:57.74∠0.00° U_b:57.74∠-120° U_c:57.74∠120°	I_a:6.3∠0.00° I_b:6.3∠-120° I_c:6.3∠120°	状态触发条件：时间控制 4.1s
	说明：由于加入模拟量前装置已经处“告警”（PT 断线）灯亮，故三相电压虽正常，但不影响试验结果，电流直接加三相对称的 1.05 倍的值，时间略大于 PT 断线时过电流时间		
	装置报文	1. 保护启动 3ms；　2. PT 断线过电流动作，A、B、C 相，4005ms	
	装置指示灯	跳 A 相、跳 B 相、跳 C 相	
PT 断线零序过电流校验试验仪器设置（C 相接地）	状态 1 参数设置（故障状态）		
	U_a:57.74∠0.00° U_b:57.74∠-120° U_c:57.74∠120°	I_a:0∠0.00° I_b:0∠-120° I_c:0∠120°	状态触发条件：时间控制 4.1s
	说明：三相电压正常，电流为零，装置“告警”指示灯时间默认为 15s，输入 18s 确保“告警”指示灯亮，正常情况如果告警指示灯已点亮，可不加此状态，直接加故障状态		
	状态 1 参数设置（故障状态）		
	I_a:6.3∠0.00° I_b:6.3∠-120° I_c:6.3∠120°	I_a:0.00∠0.00° I_b:0.00∠0.00° I_c:1.89∠50.00°	状态触发条件：时间控制 4.1s
	说明：由于加入模拟量前装置已经处“告警”（PT 断线）灯亮，故三相电压虽正常，但不影响试验结果，电流直接加单相对称的 1.05 倍的值，时间略大于 PT 断线时过电流时间。		
	装置报文	1. 保护启动 2ms；2. PT 断线过电流动作，C 相，4005ms	
	装置指示灯	跳 A 相、跳 B 相、跳 C 相	
区外故障	状态参数设置	将区内故障中故障态的故障相电流值改用 m=0.95 时的计算值。	
	装置报文	保护启动 00000ms	
注意事项	1. 装置在没有模拟量输入状态时“告警”（PT 断线）灯亮 2.“距离保护Ⅰ或Ⅱ或Ⅲ段”控制 PT 断线相过电流投退，“零序电流保护”控制 PT 断线零序过电流。 3. PT 断线相过电流定值往往比 PT 断线零序过电流定值大，在校验相过电流定值时零序过电流也会动作，故校验相过电流定值时用三相对称电流，这样不产生零序电流，而校验零序过电流定值时，用单相电流校验		

注：PT 断线整组试验可直接用手动试验加模拟量，不必在意时间。

5. 三相不一致保护检验

1）整定定值。不一致零负序电流定值 2.00A，三相不一致保护时间 2.50s。

2）试验条件。

① 软压板设置：投入“纵联差动保护”软压板，退出“停用重合闸”软压板，投入“距离保护”软压板，退出“零序保护”软压板，投入“光纤通道一”软压板；GOOSE 发送软压板：投入“跳闸出口”软压板，投入“启动失灵”软压板，投入“重合闸”软压板；SV 软压板：投入“SV 接收”软压板。

② 控制字设置：“纵联差动保护”置“1”，“零序电流保护”置“1”，“单相重合闸”置“1”，“三相重合闸”置“0”，“停用重合闸”置“0”，“距离保护Ⅱ段”控制字置“1”，“Ⅱ段保护停用重合闸”置“0”，“三相不一致保护”控制字置“1”，“不一致经零负序电流”控制字置“1”。

③ 开关状态：三相开关中一相处于合位。

④ 开入量检查：A 相跳位为 1，A 相合位为 0，B 相跳位为 0，B 相合位为 1，C 相跳位为 1，C 相合位为 0，闭锁重合闸-1 为 0，闭锁重合闸-2 为 0，低气压闭锁重合闸为 0。

“告警”（PT 断线）灯灭，“重合允许”指示灯自动点亮。

3）调试方法见表 2-64。

表 2-64 三相不一致保护检验

试验方法	加故障电流大于不一致零负序电流定值，所加时间大于三相不一致保护时间		
开关不一致，B 相分位 A 相故障	状态 1 参数设置（非全相）		
	U_a:57.74∠0.00° U_b:57.74∠-120° U_c:57.74∠120°	I_a:2.1∠0.00° I_b:0.00∠-205° I_c:0.00∠0.00°	状态触发条件：时间控制 2.6s A 相跳位为 1，A 相合位为 0；B 相跳位为 0，B 相合位为 1；C 相跳位为 1，C 相合位为 0
装置报文	保护启动 3m；三相不一致保护动作 ABC　2048ms		
装置指示灯	跳 A 相、跳 B 相、跳 C 相		
控制字说明	若仅投入“三相不一致保护”控制字，则动作值只需大于启动电流即可		

6. 重合闸检验

1）整定定值。三相重合闸时间：0.7s；同期合闸角：20°。

2）试验条件。

① 软压板设置：投入“纵联差动保护”软压板、退出“停用重合闸”软压板、退出“距离保护”软压板、退出“零序保护”软压板、投入“光纤通道一”软压板；GOOSE 发送软压板：投入“跳闸出口”软压板，投入“启动失灵”软压板，投入“重合闸”软压板；SV 软压板：投入“SV 接收”软压板。

② 控制字设置：“纵联差动保护”置“1”，“单相重合闸”置“0”，“三相重合闸”置“1”，“停用重合闸”置“0”，“重合闸检同期”置 1，“重合闸检无压”置 0。

③ 开关状态：三相开关均处于合位。

④ 开入量检查：A 相跳位为 0 、A 相合位为 1 、B 相跳位为 0 、B 相合位为 1、C 相跳位为 0 、C 相合位为 1、闭锁重合闸-1 为 0 、闭锁重合闸-2 为 0、低气压闭锁重合闸为 0 。

⑤“告警”（PT 断线）灯灭，“重合允许”指示灯自动点亮。

3）调试方法见表 2-65。

表 2-65 重合闸检验

<table>
<tr><th>试验项目</th><th colspan="3">重合闸检验</th></tr>
<tr><td rowspan="9">检同期合闸同期定值校验试验仪器设置（A 相接地故障）</td><td colspan="3">状态 1 参数设置(故障前状态)</td></tr>
<tr><td>U_a:57.74∠0.00°
U_b:57.74∠-120°
U_c:57.74∠120°
$U_{a'}$:57.74∠0.00°</td><td>I_a:0.00∠0.00°
I_b:0.00∠0.00°
I_c:0.00∠0.00°</td><td>状态触发条件:时间控制 18s</td></tr>
<tr><td colspan="3">说明:三相电压正常,同期电压正常,电流为零,装置“重合允许”时间默认为 15s,输入 18s 确保“充电”亮</td></tr>
<tr><td colspan="3">状态 2 参数设置(故障状态)</td></tr>
<tr><td>U_a:故障电压∠0.00°
U_b:57.74∠-120°
U_c:57.74∠120°
$U_{a'}$:故障电压∠0.00°</td><td>I_a:故障电流∠-80.00°
I_b:0.00∠0.00°
I_c:0.00∠0.00°</td><td>状态触发条件:时间控制所加时间大于所模拟故障保护整定时间+30ms</td></tr>
<tr><td colspan="3">说明:输入计算好的故障电流、电压,同期电压和 A 相电压相同,所加时间小于所模拟的故障保护动作时间+60ms,不要加太长,否则相当于开关拒动</td></tr>
<tr><td colspan="3">状态 3 参数设置(跳闸后等待重合状态)</td></tr>
<tr><td>U_a:57.74∠0.00°
U_b:57.74∠-120°
U_c:57.74∠120°
U_x:57.7∠θ</td><td>I_a:0.00∠0.00°
I_b:0.00∠0.00°
I_c:0.00∠0.00°</td><td>状态触发条件:时间控制 0.7s</td></tr>
<tr><td colspan="3">说明:
1. 该装置检同期的前提条件是有电压,装置默认的有压定值为相电压大于 40V,这里直接取 57.7V。同期合闸角 20°是个范围,表示 U_a 和 U_x 的角度差小于 20°,可以同期合闸。校验同期角边界:取 U_x 的相位角为∠19°或∠-19°时,保护应能正确重合;相位角为∠21°或∠-21°时,保护不能重合
2. 该状态时间控制为三相重合闸时间 0.7s+0.1s=0.8s</td></tr>
<tr><td rowspan="11">检同期合闸无压定值校验试验仪器设置(A 相接地故障)</td><td>试验条件</td><td colspan="2">1. 试验接线:除三相电压外,同期电压的 SV 通道也要加量
2. 修改定值:“单相重合闸”置 0,“三相重合闸”置 1,“禁止重合闸”置 0,“停用重合闸”置 0,“重合闸检同期”置 0,“重合闸检无压”置 1</td></tr>
<tr><td>注意事项</td><td colspan="2">1. 待“告警”PT 断线灯灭,“重合允许”指示灯亮后加单相重合闸的故障量
2. 三相重合闸不同于单相重合闸,单相重合时装置不判线路同期电压,三相重合时故障前状态的线路电压要输入,不能只在第 3 态输入同期条件</td></tr>
<tr><td colspan="3">状态 1 参数设置(故障前状态)</td></tr>
<tr><td>U_a:57.74∠0.00°
U_b:57.74∠-120°
U_c:57.74∠120°
U_x:57.74∠0.00°</td><td>I_a:0.00∠0.00°
I_b:0.00∠0.00°
I_c:0.00∠0.00°</td><td>状态触发条件:时间控制 32s</td></tr>
<tr><td colspan="3">说明:三相电压正常,同期电压正常(以 A 相电压做同期电压),电流为零,装置“重合允许”时间默认为 20s,输入 32s 确保“充电”亮</td></tr>
<tr><td colspan="3">状态 2 参数设置(故障状态)</td></tr>
<tr><td>U_a:故障电压∠0.00°
U_b:57.74∠-120°
U_c:57.74∠120°
U_x:故障电压∠0.00°</td><td>I_a:故障电流∠-80.00°
I_b:0.00∠0.00°
I_c:0.00∠0.00°</td><td>状态触发条件:时间控制所加时间小于所模拟故障保护整定时间+30ms</td></tr>
<tr><td colspan="3">说明:输入计算好的故障电流、电压,同期电压和 A 相电压相同,所加时间小于所模拟的故障保护动作时间+60ms,不要加太长,否则相当于开关拒动</td></tr>
<tr><td colspan="3">状态 3 参数设置(跳闸后等待重合状态)</td></tr>
<tr><td>U_a:57.74∠0.00°
U_b:57.74∠-120°
U_c:57.74∠120°
U_x:<30V∠0.00°(能重合)
U_x:>30V∠0.00°(不能重合)</td><td>I_a:0.00∠0.00°
I_b:0.00∠0.00°
I_c:0.00∠0.00°</td><td>状态触发条件:时间控制 0.6s</td></tr>
</table>

（续）

试验项目	重合闸检验
检同期合闸无压定值校验试验仪器设置（A相接地故障）	说明： 1. 该装置在母线或线路电压小于30V时，检无压条件满足，故可输入 U_x：29V∠0.00°（能重合），U_x：31V∠0.00°（不能重合）来校验无压边界定值。 2. 该状态时间控制为三相重合闸时间0.7s+0.1s=0.8s
注意事项	1. 待“告警”PT断线灯灭、“重合允许”指示灯亮后加单相重合闸的故障量 2. 三相重合闸不同于单相重合闸，单相重合时装置不判线路同期电压（即同期合闸角定值仅三相重合闸有用），三相重合时故障前状态的线路电压要输入，不能只在第3态输入同期条件

7. 重合闸脉冲宽度测试

1）整定定值。单相重合闸时间：0.7s。

2）试验条件。

① 软压板设置：投入“纵联差动保护”软压板，退出“停用重合闸”软压板，投入“距离保护”软压板、退出“零序保护”软压板、投入“光纤通道一”软压板；GOOSE发送软压板：投入“跳闸出口”软压板，投入“启动失灵”软压板，投入“重合闸”软压板；SV软压板：投入“SV接收”软压板。

② 控制字设置：“零序电流保护”置“1”，“零序过电流Ⅲ段经方向”置“1”，“单相重合闸”置“1”，“三相重合闸”置“0”，“停用重合闸”置“0”，“距离保护Ⅱ段”控制字置“1”，“Ⅱ段保护停用重合闸”置“0”。

③ 开关状态：三相开关均处于合位。

④ 开入量检查：A相跳位为0、A相合位为1、B相跳位为0、B相合位为1、C相跳位为0、C相合位为1、闭锁重合闸-1为0、闭锁重合闸-2为0、低气压闭锁重合闸为0。

⑤“告警”（PT断线）灯灭，“重合允许”指示灯自动点亮。

3）调试方法见表2-66。

表2-66　重合闸脉冲宽度测试

<table>
<tr><th>试验项目</th><th colspan="3">重合闸检验</th></tr>
<tr><td rowspan="9">重合闸脉冲宽度测试试验仪器设置（A相接地故障）</td><td>试验条件</td><td colspan="2">1. 输入的故障为能实现屏内试验单相重合闸的状态
2. 订阅保护装置“重合闸出口”GOOSE报文给试验仪器（开关量输入D）作为开入量触发条件</td></tr>
<tr><td>注意事项</td><td colspan="2">待“告警”（PT断线）灯灭、“重合允许”指示灯亮后加故障量</td></tr>
<tr><td colspan="3">状态1参数设置（故障前状态）</td></tr>
<tr><td>U_a：57.74∠0.00°
U_b：57.74∠-120°
U_c：57.74∠120°</td><td>I_a：0.00∠0.00°
I_b：0.00∠0.00°
I_c：0.00∠0.00°</td><td>状态触发条件：时间控制18s</td></tr>
<tr><td colspan="3">说明：三相电压正常，电流为零，装置“告警”（PT断线）灯灭默认为10s，输入15s确保灯灭，若是状态2用差动模拟动作，则这态只需加1s就可以</td></tr>
<tr><td colspan="3">状态2参数设置（故障状态）</td></tr>
<tr><td>U_a：故障电压∠0.00°
U_b：57.74∠-120°
U_c：57.74∠120°</td><td>I_a：故障电流∠-80.00°
I_b：0.00∠0.00°
I_c：0.00∠0.00°</td><td>状态触发条件：
1. 在“状态参数”界面左下角“开入量翻转判别条件”设置中勾选“以上一个状态”为参考
2. 在“触发条件”→“状态触发条件”中勾选“开入量翻转触发”</td></tr>
<tr><td colspan="3">状态3参数设置（跳闸后等待重合状态）</td></tr>
</table>

（续）

试验项目	重合闸检验		
重合闸脉冲宽度测试试验仪器设置（A相接地故障）	U_{a}:57.74∠0.00° U_{b}:57.74∠-120° U_{c}:57.74∠120°	I_{a}:0.00∠0.00° I_{b}:0.00∠0.00° I_{c}:0.00∠0.00°	状态触发条件： 1. 在“触发条件”——“状态触发条件”中勾选“开入量翻转触发”。 2. 在“开关量输入”栏中将“A”的钩去掉
	说明：开关量输入选择A是因为订阅设置时把“跳闸出口A相”映射至仪器开关量输入A上，如果状态2的“跳闸出口”接点接到其他上，就相应的将该输入勾去掉。该设置可以保证如跳闸出口开入量持续一定时间的时候不会导致该状态直接翻转，而在开入D（重合闸命令）出现时进入下一态		
	状态4参数设置（等待重合闸出口接点返回状态）		
	U_{a}:57.74∠0.00° U_{b}:57.74∠-120° U_{c}:57.74∠120°	I_{a}:0.00∠0.00° I_{b}:0.00∠0.00° I_{c}:0.00∠0.00°	状态触发条件：时间控制1s
	说明：该状态的设置是为了等待重合闸出口接点返回，并记录从动作到返回的时间（即脉冲宽度）所以该状态的模拟量不用设置，按默认的就可以，时间大于200ms，是为了比该装置的正常重合闸脉冲长度为110ms左右，一般设置1s即可		
注意	在“状态参数”界面左下角“开入量翻转判别条件”设置中勾选“以上一个状态为参考”，装置默认的为“以第一个状态为参考”		

2.6　PSL 602UI线路保护调试

2.6.1　概述

1. PSL 602UI装置功能说明

PSL 602UI线路保护装置可用作智能化变电站220kV及以上电压等级输电线路的主、后备保护。PSL 602UI是以纵联距离保护为全线速动保护，纵联保护以接点方式连接载波通道，也可以配置光纤接口以2048kbit/s速率连接专用光纤通道或复用光纤通道。除纵联保护外，装置均设有三段式相间、接地距离保护，零序电流方向保护。保护装置分相跳闸出口，具有自动重合闸功能，可实现单相重合闸、三相重合闸、禁止重合闸和停用重合闸功能。

2. 装置背板端子说明

PSL 602UI线路保护装置插件布置如图2-14所示。本书将对与单体调试相关度比较高的X2-CPU板件以及X8-CCb板件进行介绍。

X2-CPU板件提供一组保护SV光口，接收模拟量采样数据，型号为ST，该光口通过光纤级联到X8-CC板的0口，用于扩展SV接口；提供一组保护G光口，用于收发GOOSE数据，型号为ST，该光口通过光纤级联到X8-CC板的6口，用于扩展GOOSE接口。

X8-CCb板件光口提供12组光以太网，其中光口0和光口6用于CC级联，光口7用于SV直采，光口1用于GOOSE直跳，光口2用于GOOSE组网。

3. 装置虚端子及软压板配置

装置虚端子联系情况如图2-15所示。

下面列出本装置虚端子联系，内部GOOSE接收、发布及SV接收软压板配置表。

1）PSL 602UI线路保护装置虚端子开入及相关虚端子连线和软压板见表2-67。

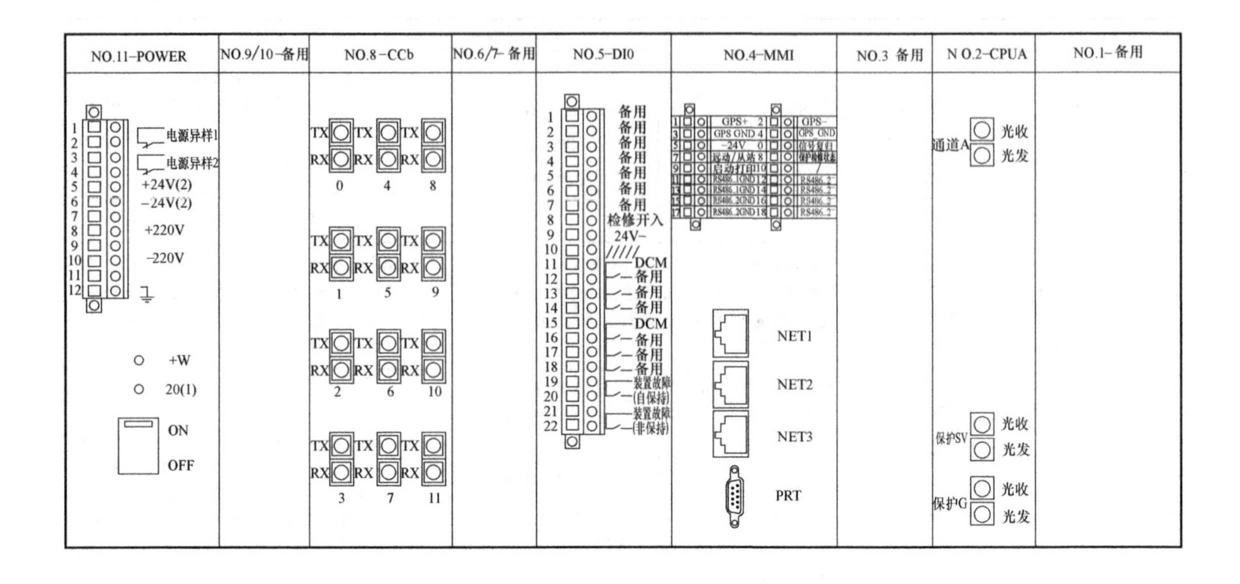

图 2-14　PSL 602UI 线路保护装置插件布置图

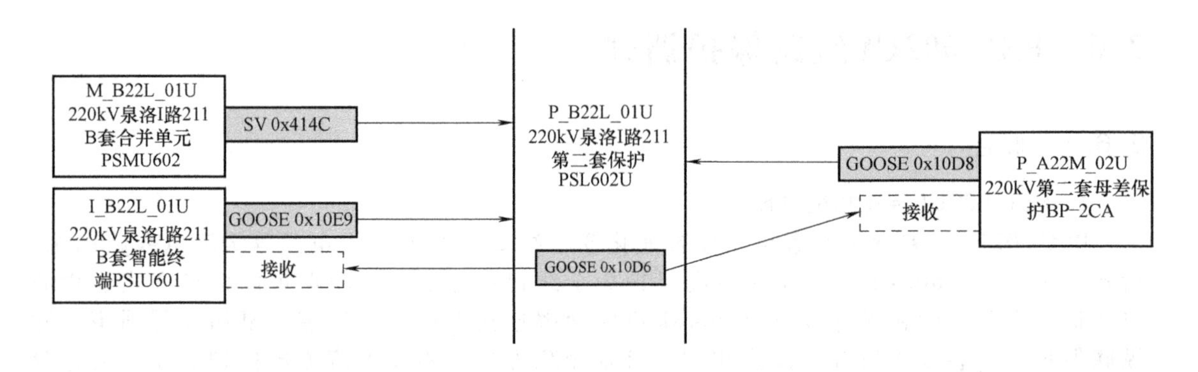

图 2-15　装置虚端子整体配置图

表 2-67　PSL 602UI 线路保护虚端子开入表

序号	功能定义	终点设备：PSL 602UI		起点设备		
		厂家虚端子定义	接收软压板	设备名称	厂家虚端子定义	发送软压板
1	断路器 A 相跳闸位置	1-G_断路器 TWJA	智能终端 GOOSE 接收	211 开关智能终端 B	5-断路器 A 相位置	无
2	断路器 B 相跳闸位置	2-G_断路器 TWJB			7-断路器 B 相位置	
3	断路器 C 相跳闸位置	3-G_断路器 TWJC			9-断路器 C 相位置	
4	压力低闭锁线路保护重合闸	4-G_低气压闭锁重合闸			31-重合压力低	
5	另一套智能终端闭锁本套线路保护重合闸	6-G_闭锁重合闸 1			29-闭锁重合闸（另一套智能在终端）	
6	母差保护动作停信	5-G_其他保护动作 1	母差 GOOSE 接收	220kV 第二套母差保护 BP-2CA	6-支路 6_保护跳闸	支路 6 跳闸
7	母差保护动作闭锁本线路保护重合闸	7-G_闭锁重合闸 2			6-支路 6_保护跳闸	

2）PSL 602UI 线路保护装置虚端子开出及相关虚端子连线和软压板情况见表 2-68。

表 2-68 PSL 602UI 线路保护装置虚端子开出

序号	功能定义	起点设备:PSL 602UI		终点设备		
		厂家虚端子定义	发送软压板	设备名称	厂家虚端子定义	接收软压板
1	保护 A 相跳闸出口	1-跳闸	GOOSE 跳闸出口	211 开关智能终端 B	1-A 相跳闸出口	无
2	保护 B 相跳闸出口	2-跳闸			2-B 相跳闸出口	
3	保护 C 相跳闸出口	3-跳闸			3-C 相跳闸出口	
4	保护重合闸出口	8-G_重合闸出口	GOOSE 重合闸出口		4-重合 1	
5	602UI 保护 A 相动作启动第二套母差保护失灵开入	4-启动失灵	GOOSE 启动失灵	220kV 第二套母差保护 BP-2CA	7-支路 6_A 相启动失灵开入	支路 6_失灵开入
6	602UI 保护 B 相动作启动第二套母差保护失灵开入	5-启动失灵			8-支路 6_B 相启动失灵开入	
7	602UI 保护 C 相动作启动第二套母差保护失灵开入	6-启动失灵			9-支路 6_C 相启动失灵开入	

3）PSL 602UI 线路保护装置 SV 输入及相关虚端子连线和软压板情况见表 2-69。

表 2-69 PSL 602UI 线路保护装置 SV 输入

序号	功能定义	终点设备:PSL 602UI		起点设备		
		厂家虚端子定义	接收软压板	设备名称	厂家虚端子定义	发送软压板
1	合并单元延时	1-合并器额定延时 1	SV 接收软压板	220kV 线路 1 合并单元 B	合并器额定延时	无
2	保护电压 A(主采)	2-Ua			17-保护电压 A 相 1	
3	保护电压 A(辅采)	3-UaQ			20-保护电压 A 相 2	
4	保护电压 B(主采)	4-Ub			18-保护电压 B 相 1	
5	保护电压 B(辅采)	5-UbQ			21-保护电压 B 相 2	
6	保护电压 C(主采)	6-UC			19-保护电压 C 相 1	
7	保护电压 C(辅采)	7-UcQ			22-保护电压 C 相 2	
8	保护电流 A(主采)	8-Ia			2-保护电流 A 相 1	
9	保护电流 A(辅采)	9-IaQ			5-保护电流 A 相 2	
10	保护电流 B(主采)	10-Ib			3-保护电流 B 相 1	
11	保护电流 B(辅采)	11-IbQ			6-保护电流 B 相 2	
12	保护电流 C(主采)	12-Ic			4-保护电流 C 相 1	
13	保护电流 C(辅采)	13-IcQ			7-保护电流 C 相 2	
14	线路电压 A(同期)	Uxa			23-抽取电压	

2.6.2 试验调试方法

1. 测试仪器接线及配置

1）将 GXC-01M 光纤信号传输装置的发信口和收信口用尾纤自环。

2）测试仪光纤接线：用三对尾纤分别将测试仪的光口 1 与线路保护直采 SV 口（8-8 口）连接，光口 2 与线路保护直跳 GOOSE 口（8-2）连接，光口 3 与组网 GOOSE 口（8-3）连接。

3）测试仪配置。

① 系统参数：二次额定线电压 100V，额定频率 50Hz，二次额定电流 1A、规约选择 IEC61850-9-2、PT 电压比 220/100、CT 电流比 2000/1。

② SV 报文映射：对应线路合并单元输出，合并单元输出三相保护电流（包括主、副采）分别映射测试仪 I_a、I_b、I_c，合并单元输出三相电压（包括主、副采）分别映射测试仪 U_a、

U_b、U_c，输出光口选择“光口1”。

③ GOOSE订阅：订阅本线路保护GOOSE输出，并将保护的跳A、跳B、跳C、重合出口分别映射到测试仪的GOOSE开入A、B、C、D，接收光口选择“光口2”。

④ GOOSE发布：订阅发布本线路保护对应智能终端GOOSE输出，并映射到光口2，将相应的开关A相位置、B相位置、C相位置、另一套智能终端闭锁重合闸、气压低闭锁重合闸分别映射到仪器的开出1—5（PNF系列测试仪可不用映射；订阅发布对应母线差动保护输出，并映射到光口3，部分仪器将母差保护启动本线路远跳的GOOSE开出映射到测试仪的开出6。

2. 纵联保护检验

（1）纵联零序保护定值检验——区外、区内检验

1）相关定值。保护定值栏中“纵联零序电流定值”$3I_{0zdf}$：1A，“变化量启动电流定值”：0.5A，“零序启动电流定值”I_{oset}：0.5A，单重时间：0.70s。

2）试验条件

① 软压板设置如下：

a）保护功能软压板：投入“纵联保护”软压板，退出“停用重合闸”软压板；

b）GOOSE发送软压板：投入“GOOSE跳闸出口”软压板，投入“GOOSE启动失灵”软压板，投入“GOOSE重合闸出口”软压板。

c）GOOSE接收软压板：投入“智能终端GOOSE接收”软压板，投入“母差GOOSE接收”软压板。

d）SV软压板：投入“SV接收”软压板。

② 控制字设置：“纵联零序保护”置“1”，“允许式通道”置“1”，“单相重合闸”置“1”。

③ 开关状态：合上开关。

④ 开入量检查：“G闭锁重合闸1”（另一套智能终端闭锁重合闸）处“分位”，“G低气压闭锁重合闸”处“分位”，“G闭锁重合闸2（母差动作）”处“分位”。“重合允许”指示灯亮。

3）调试方法见表2-70。

表2-70 纵联零序保护定值检验

<table>
<tr><td>试验项目</td><td colspan="3">纵联零序保护校验(正向区内、外故障;反向故障)</td></tr>
<tr><td rowspan="8">正向区内故障试验仪器设置(A相接地故障)</td><td colspan="3">状态1参数设置(故障前状态)</td></tr>
<tr><td>U_a:57.74∠0.00°
U_b:57.74∠-120°
U_c:57.74∠120°</td><td>I_a:0.00∠0.00°
I_b:0.00∠0.00°
I_c:0.00∠0.00°</td><td>开出:断路器A、B、C相位置置合;
状态触发条件:时间控制16s</td></tr>
<tr><td colspan="3">说明:断路器A、B、C相位置置合,三相电压正常,电流为零,装置“重合允许”指示灯亮默认时间15s,输入16s确保“运行异常”(PT断线)指示灯灭,“重合允许”指示灯会自动点亮</td></tr>
<tr><td colspan="3">状态2参数设置(故障状态)</td></tr>
<tr><td>U_a:50∠0.00°
U_b:57.74∠-120°
U_c:57.74∠120°</td><td>I_a:1.05∠-70°
I_b:0.00∠0.00°
I_c:0.00∠0.00°</td><td>开出:断路器A、B、C相位置置合;
状态触发条件:时间控制0.1s</td></tr>
<tr><td colspan="3">说明:断路器A、B、C相位置置合,故障相电压降低,电流增大为计算的故障电流(1.05A),零序电压与故障相电压方向相反,零序电流与故障相电流方向相同,所以故障相电流滞后故障相电压的角度为零序灵敏角减去180°(即250°-180°=70°)。所以故障态时间不宜加太长,否则会导致单跳失败三跳,一般加0.1s</td></tr>
<tr><td>装置报文</td><td colspan="2">1.00000ms 启动； 2.00039ms纵联保护动作； 3.00039ms保护A跳出口； 4.000779ms,重合闸,选相A</td></tr>
<tr><td>装置指示灯</td><td colspan="2">跳A相、重合闸</td></tr>
</table>

（续）

<table>
<tr><td>试验项目</td><td colspan="4">纵联零序保护校验（正向区内、外故障；反向故障）</td></tr>
<tr><td rowspan="8">正向区外故障试验仪器设置（A 相接地故障）</td><td colspan="4">状态 1 参数设置（故障前状态）</td></tr>
<tr><td colspan="2">U_a：57.74∠180°
U_b：57.74∠60°
U_c：57.74∠-60°</td><td>I_a：0.00∠0.00°
I_b：0.00∠0.00°
I_c：0.00∠0.00°</td><td>开出：断路器 A、B、C 相位置置合；
状态触发条件：时间控制 16.00s</td></tr>
<tr><td colspan="4">说明：断路器 A、B、C 相位置置合，三相电压正常，电流为零，装置"重合允许"指示灯亮默认时间 15s，输入 16s 确保"运行异常"（PT 断线）指示灯灭，"重合允许"指示灯会自动点亮</td></tr>
<tr><td colspan="4">状态 2 参数设置（故障状态）</td></tr>
<tr><td colspan="2">U_a：50∠0.00°
U_b：57.74∠-120°
U_c：57.74∠120°</td><td>I_a：0.95∠-70°
I_b：0.00∠0.00°
I_c：0.00∠0.00°</td><td>开出：断路器 A、B、C 相位置置合；
状态触发条件：时间控制 0.1s</td></tr>
<tr><td colspan="4">说明：断路器 A、B、C 相位置置合，故障相电压降低，电流增大为计算的故障电流（1.05A），零序电压与故障相电压方向相反，零序电流与故障相电流方向相同，所以故障相电流滞后故障相电压的角度为零序灵敏角减去 180°（即 250°-180°=70°）。所以故障态时间不宜加太长，否则会导致单跳失败三跳，一般加 0.1s</td></tr>
<tr><td>装置报文</td><td colspan="3">00000ms 保护启动</td></tr>
<tr><td>装置指示灯</td><td colspan="3">无</td></tr>
<tr><td rowspan="3">反向故障</td><td>状态参数设置</td><td colspan="3">单相接地故障：将区内故障中故障态的故障相电流角度加上 180°，电压角度不变即可</td></tr>
<tr><td>装置报文</td><td colspan="3">保护启动 00000ms</td></tr>
<tr><td>装置指示灯</td><td colspan="3">无</td></tr>
</table>

注：1. 计算公式：$I=mI_{dz}$。
2. 零序正方向动作范围：175°≤arg（$3U_0/3I_0$）≤325°。
3. 灵敏角度为：$3U_0/3I_0=250°$。
4. 故障试验仪器设置以 A 相故障为例，B、C 相故障。

（2）纵联距离保护定值检验——区外、区内检验

1）相关定值。保护定值栏中"纵联距离阻抗定值"Z_{zd}：6Ω，"零序电抗补偿系数"K_X：0.67，零序电阻补偿系数 K_R：0.67，线路正序灵敏角 ϕ：80°，"变化量启动电流定值"：0.5A，"零序启动电流定值"I_{oset}：0.5A，单重时间：0.70s。

2）试验条件。

① 软压板设置如下：

a）保护功能软压板：投入"纵联保护"软压板，退出"停用重合闸"软压板。

b）GOOSE 发送软压板：投入"GOOSE 跳闸出口"软压板，投入"GOOSE 启动失灵"软压板，投入"GOOSE 重合闸出口"软压板；投入"三相不一致出口"软压板。

c）GOOSE 接收软压板：投入"智能终端 GOOSE 接收"软压板，投入"母差 GOOSE 接收"软压板。

d）SV 软压板：投入"SV 接收"软压板。

② 控制字设置："纵联零序保护"置"0"，"纵联距离保护"置"1"，"允许式通道"置"1"，"三相跳闸方式"置"0"，"单相重合闸"置"1"，"三相重合闸"置"0"。

③ 开关状态：合上开关。

④ 开入量检查："G 断路器 TWJA"处"分位"，"G 断路器 TWJB"处"分位"，"G 断路器 TWJC"处"分位"，"G 闭锁重合闸 1"（另一套智能终端闭锁重合闸）处"分位"，"G 低气压闭锁重合闸"处"分位"，"G 闭锁重合闸 2"（母差动作）处"分位"。

3）调试方法见表 2-71。

表 2-71　纵联距离保护调试方法

试验项目	纵联零序保护校验(正向区内、外故障;反向故障)		
正向区内故障试验仪器设置(A 相接地故障)	状态 1 参数设置(故障前状态)		
	U_a:57.74∠0.00° U_b:57.74∠-120° U_c:57.74∠120°	I_a:0.00∠0.00° I_b:0.00∠0.00° I_c:0.00∠0.00°	开出:断路器 A、B、C 相位置置合; 状态触发条件:时间控制 12s
	说明:断路器 A、B、C 相位置置合,三相电压正常,电流为零,装置"重合允许"指示灯亮默认时间 15s,输入 16s 确保"运行异常"(PT 断线)指示灯灭,"重合允许"指示灯会自动点亮		
	状态 2 参数设置(故障状态)		
	U_a:19∠0.00° U_b:57.74∠-120° U_c:57.74∠120°	I_a:2∠-81° I_b:0.00∠0.00° I_c:0.00∠0.00°	开出:断路器 A、B、C 相位置置合; 状态触发条件:时间控制 0.1s
	说明:断路器 A、B、C 相位置置合,故障相电压降低,电流增大为计算的故障电流(2A),故障相电流滞后故障相电压的角度为线路正序灵敏角 Φ,故障态时间不宜加太长,一般加 0.1s,否则导致单跳失败三跳		
	装置报文	1. 00000ms 保护启动;　2. 000027ms 纵联保护动作;　3. 000027ms 保护 A 跳出口;　4. 00764ms 重合闸出口	
	装置指示灯	跳 A 相、重合闸、后备保护动作	
正向区内故障试验仪器设置(BC 相间故障)	状态 1 参数设置(故障前状态)		
	U_a:57.74∠180° U_b:57.74∠60° U_c:57.74∠-60°	I_a:0.00∠0.00° I_b:0.00∠0.00° I_c:0.00∠0.00°	开出:断路器 A、B、C 相位置置合; 状态触发条件:时间控制 12s
	说明:断路器 A、B、C 相位置置合,三相电压正常,由于故障态采用非故障相电压为 180°,故故障前状态非故障相电压也应调整为 180°,故障相电压相应调整。电流为零,装置"运行异常"(PT 断线)指示灯时间默认为 10s,输入 12s 确保"运行异常"(PT 断线)指示灯,"重合允许"指示灯会自动点亮		
	状态 2 参数设置(故障状态)		
	U_a:57.74∠180° U_b:31∠22.5° U_c:31∠-22.5°	I_a:0.00∠0.00° I_b:2∠9.00° I_c:2∠-171.00°	开出:断路器 A、B、C 相位置置合; 状态触发条件:时间控制 0.1s
	说明:断路器 A、B、C 相位置置合,两故障相电压降低,角度发生变化,电流增大为计算的故障电流(2A),故障相间电流滞后故障相间电压的角度(90°)为线路正序灵敏角 Φ,故障态时间不宜加太长,一般加 0.1s,否则导致单跳失败三跳		
	装置报文	1. 00000ms 保护启动;　2. 000027ms 纵联保护动作;　3. 000027ms,保护永跳出口 故障选相 B、C 相	
	装置指示灯	跳 A 相、跳 B 相、跳 C 相	
区外故障	状态参数设置	将区内故障中故障态的故障相电压、电流的值和角度改用 $m=1.1$ 时的计算值即可	
	装置报文	保护启动 00000ms	
	装置指示灯	无	
反向故障	状态参数设置	1. 单相接地故障:将区内故障中故障态的故障相电流角度加上 180°,电压角度不变即可 2. 相间故障:将区内故障中故障态的两故障相电流角度对调(I_b 为-171°,I_c 为 9°),电压角度不变即可	
	装置报文	保护启动 00000ms	
	装置指示灯	无	

说明:1. 单相故障 $U_{\Phi}=(1+K_Z)mIZ_{zdp2}$,相间故障 $U_{\Phi\Phi}=2mIZ_{zdpp2}$。

2. 故障试验仪器设置以 A 相故障和 BC 相间故障为例,B、C 相故障,AB、CA 相间故障类同。

3. 快速距离保护校验

1) 相关定值。快速距离 (ΔZ_{set}): 2.0Ω,距离Ⅰ段保护定值临时改为: 0.2Ω,试验项目结束后恢复。线路正序灵敏角（Φ）：80°，零序补偿系数（K_Z）：0.67。

CT 二次额定值（I_n）：1A，单相重合闸时间：0.7s。

2）试验条件。

① 软压板设置如下：

a）保护功能软压板：退出“纵联保护”软压板，退出“停用重合闸”软压板。

b）GOOSE 发送软压板：投入“GOOSE 跳闸出口”软压板，投入“GOOSE 启动失灵”软压板，投入“GOOSE 重合闸出口”软压板。

c）GOOSE 接收软压板：投入“智能终端 GOOSE 接收”软压板，投入“母差 GOOSE 接收”软压板；

d）SV 软压板：投入“SV 接收”软压板。

② 控制字设置：“距离保护 I 段”置“1”，“快速距离保护”置“1”，“三相跳闸方式”置“0”，“单相重合闸”置“1”，“三相重合闸”置“0”，“距离保护 I 段”和“快速距离保护”控制字必须同时置“1”，快速距离保护才能动作。

③ 开关状态：合上开关。

④ 开入量检查：G 断路器 TWJA 置 0，G 断路器 TWJB 置 0，G 断路器 TWJC 置 0，G 闭锁重合闸 1（另一套智能终端闭锁重合闸）置 0。

3）调试方法见表 2-72。

表 2-72 快速距离保护调试方法

<table>
<tr><th>试验项目</th><th colspan="4">快速距离保护校验（正向区内、外故障；反向故障）</th></tr>
<tr><td rowspan="9">正向区内故障试验仪器设置（A 相接地故障）</td><td colspan="4">状态 1 参数设置（故障前状态）</td></tr>
<tr><td colspan="2">U_a：57.74∠0.00°
U_b：57.74∠-120°
U_c：57.74∠120°</td><td>I_a：0.00∠0.00°
I_b：0.00∠0.00°
I_c：0.00∠0.00°</td><td>开出：断路器 A、B、C 相位置合；
状态触发条件：时间控制 16s</td></tr>
<tr><td colspan="4">说明：断路器 A、B、C 相位置合，三相电压正常，电流为零，装置“运行异常”（PT 断线）指示灯灭时间默认为 10s，输入 12s 确保“运行异常”（PT 断线）指示灯灭，“重合运行”指示灯会自动点亮</td></tr>
<tr><td colspan="4">状态 2 参数设置（故障状态）</td></tr>
<tr><td colspan="2">U_a：2.2∠0.00°
U_b：57.74∠-120°
U_c：57.74∠120°</td><td>I_a：10∠-80°
I_b：0.00∠0.00°
I_c：0.00∠0.00°</td><td>开出：断路器 A、B、C 相位置合；
状态触发条件：时间控制 0.1s</td></tr>
<tr><td colspan="4">说明：断路器 A、B、C 相位置合，故障相电压降低，电流增大为计算的故障电流（10A），故障相电流滞后故障相电压的角度为线路正序灵敏角 Φ，快速距离保护装置固有的动作时间小于 20ms，所以故障态时间不宜加太长，一般加 0.1s</td></tr>
<tr><td>装置报文</td><td colspan="3">1. 00000ms 保护启动；2. 00009ms 快速距离动作；3. 00009ms 保护，A 相跳出口；4. 00767ms 重合闸动作</td></tr>
<tr><td>装置指示灯</td><td colspan="3">跳 A 相、重合闸、后备保护动作</td></tr>
<tr></tr>
<tr><td rowspan="5">正向区内故障试验仪器设置（BC 相间故障）</td><td colspan="4">状态 1 参数设置（故障前状态）</td></tr>
<tr><td colspan="2">U_a：57.74∠0°
U_b：57.74∠240°
U_c：57.74∠120°</td><td>I_a：0.00∠0.00°
I_b：0.00∠0.00°
I_c：0.00∠0.00°</td><td>开出：断路器 A、B、C 相位置合；
状态触发条件：时间控制 16s</td></tr>
<tr><td colspan="4">说明：三相电压正常，电流为零，装置“运行异常”（PT 断线）指示灯时间默认为 10s，输入 12s 确保“运行异常”（PT 断线）指示灯灭，“重合允许”指示灯会自动点亮</td></tr>
<tr><td colspan="4">状态 2 参数设置（故障状态）</td></tr>
<tr><td colspan="2">U_a：57.74∠0°
U_b：29.6∠-167.3°
U_c：29.6∠167.3°</td><td>I_a：0.00∠0.00°
I_b：25∠-170°
I_c：25∠10°</td><td>开出：断路器 A、B、C 相位置合；
状态触发条件：时间控制 0.1s</td></tr>
</table>

（续）

试验项目	快速距离保护校验（正向区内、外故障；反向故障）	
正向区内故障试验仪器设置（BC 相间故障）	说明：两故障相电压降低，角度发生变化，电流增大为计算的故障电流（25A），故障相间电流滞后故障相间电压的角度（90°）为线路正序灵敏角 Φ，快速距离保护装置固有的动作时间小于 20ms，所以故障态时间不宜加太长，一般加小于 0.1s	
	装置报文	1. 00000ms 保护启动； 2. 000011ms 快速距离动作； 3. 000011ms 保护永跳出口，选相 BC
	装置指示灯	跳 A 相、跳 B 相、跳 C 相
区外故障	状态参数设置	将区内故障中故障态的故障相电压、电流的值和角度改用 $m=0.9$ 时的计算值即可
	装置报文	保护启动 00000ms
	装置指示灯	无
反向故障	状态参数设置	1. 单相接地故障：将区内故障中故障态的故障相电流角度加上 180°，电压角度不变即可 2. 相间故障：将区内故障中故障态的两故障相电流角度对调（I_b 为 10°，I_c 为 −172°），电压角度不变即可
	装置报文	保护启动 00000ms
	装置指示灯	无

注：1. 计算公式：$I_\Phi=10I_n$，单相故障 $U_\Phi=(1+K_Z)I\triangle Z_{set}+(1-1.4m)U_{\Phi n}$，相间故障 $U_{\Phi\Phi}=2I\triangle Z_{set}+(1-1.7m)\sqrt{3}U_{\Phi n}$，$U_\Phi=(U_{\Phi\Phi}^2+U_{\Phi n}^2)^{1/2}/2$，$\theta=\arctan(U_{\Phi\Phi}/U_{\Phi n})$。

2. 故障试验仪器设置以 A 相故障和 BC 相间故障为例，B、C 相故障，AB、CA 相间故障类同。

4. 距离保护检验

（1）距离保护定值校验（以距离Ⅱ段为例）

1）相关定值。接地距离Ⅱ段定值（Z_{zdp2}）：4.0Ω，相间距离Ⅱ段定值（Z_{zdpp2}）：4.0Ω，接地距离Ⅱ段时间（T_{p2}）：0.6s，相间距离Ⅱ段时间（T_{pp2}）：0.6s，线路正序灵敏角（Φ）：80°，零序补偿系数（K_Z）：0.67，CT 二次额定值（I_n）：1A，单相重合闸时间：0.7s。

2）实验条件。

① 软压板设置如下：

a）保护功能软压板：退出“纵联保护”软压板，退出“停用重合闸”软压板。

b）GOOSE 发送软压板：投入“GOOSE 跳闸出口”软压板，投入“GOOSE 启动失灵”软压板，投入“GOOSE 重合闸出口”软压板。

c）GOOSE 接收软压板：投入“智能终端 GOOSE 接收”软压板，投入“母差 GOOSE 接收”软压板。

d）SV 软压板：投入“SV 接收”软压板。

② 控制字设置：“距离保护Ⅱ段”置“1”，“三相跳闸方式”置“0”，“单相重合闸”置“1”，“三相重合闸”置“0”。

③ 开关状态：合上开关。

④ 开入量检查：G 断路器 TWJA 置 0，G 断路器 TWJB 置 0，G 断路器 TWJC 置 0，G 闭锁重合闸 1（另一套智能终端闭锁重合闸）置 0，G 低气压闭锁重合闸置 0、G 闭锁重合闸 2（母差动作）置 0。

3）调试方法见表 2-73。

表 2-73 距离保护调试方法

<table>
<tr><td>试验项目</td><td colspan="3">距离保护定值校验(正向区内、外故障;反向故障)</td></tr>
<tr><td rowspan="8">正向区内故障试验仪器设置(B 相接地故障)</td><td colspan="3">状态 1 参数设置(故障前状态)</td></tr>
<tr><td>U_a:57.74∠0.00°
U_b:57.74∠-120°
U_c:57.74∠120°</td><td>I_a:0.00∠0.00°
I_b:0.00∠0.00°
I_c:0.00∠0.00°</td><td>状态触发条件:时间控制 12s</td></tr>
<tr><td colspan="3">说明:三相电压正常,电流为零,装置“运行异常”(PT 断线)指示灯时间默认为 10s,输入 12s 确保“运行异常”(PT 断线)指示灯灭,“重合允许”指示灯会自动点亮</td></tr>
<tr><td colspan="3">状态 2 参数设置(故障状态)</td></tr>
<tr><td>U_a:57.74∠0.00°
U_b:31.7∠-120°
U_c:57.74∠120°</td><td>I_a:0.00∠0.00°
I_b:5∠-200°
I_c:0.00∠0.00°</td><td>状态触发条件:时间控制 0.6s+0.1s=0.7s</td></tr>
<tr><td colspan="3">说明:故障相电压降低,电流增大为计算的故障电流(5A),故障相电流滞后故障相电压的角度为线路正序灵敏角 Φ,距离保护装置固有动作时间小于 50ms,所以故障态时间不宜加太长,一般加该段距离保护整定时间+0.1s 即可。</td></tr>
<tr><td>装置报文</td><td colspan="2">1. 00000ms 保护启动; 2. 00601ms 距离保护Ⅱ段; 3. 00601ms 保护 B 相跳出口; 4. 01424ms 重合闸动作</td></tr>
<tr><td>装置指示灯</td><td colspan="2">跳 B 相、重合闸</td></tr>
<tr><td rowspan="8">正向区内故障试验仪器设置(CA 相间故障)</td><td colspan="3">状态 1 参数设置(故障前状态)</td></tr>
<tr><td>U_a:57.74∠-60°
U_b:57.74∠180°
U_c:57.74∠60°</td><td>I_a:0.00∠0.00°
I_b:0.00∠0.00°
I_c:0.00∠0.00°</td><td>状态触发条件:时间控制 12.00s</td></tr>
<tr><td colspan="3">说明:三相电压正常,由于故障态采用非故障相电压为 180°,故故障前状态非故障相电压也应调整为 180°,故障相电压相应调整。电流为零,装置“运行异常”(PT 断线)指示灯时间默认为 10s,输入 12s 确保“运行异常”(PT 断线)指示灯灭,“重合允许”指示灯会自动点亮</td></tr>
<tr><td colspan="3">状态 2 参数设置(故障状态)</td></tr>
<tr><td>U_a:34.5∠-33.4°
U_b:57.74∠180°
U_c:34.5∠33.4°</td><td>I_a:5.00∠-170°
I_b:0.00∠0.00°
I_c:5.00∠10°</td><td>状态触发条件:时间控制 0.6s+0.1s=0.7s</td></tr>
<tr><td colspan="3">说明:两故障相电压降低,角度发生变化,电流增大为计算的故障电流(5A),故障相间电流滞后故障相间电压的角度(90°)为线路正序灵敏角 Φ,距离保护装置固有动作时间小于 50ms,所以故障态时间不宜加太长,一般加该段相间距离保护整定时间+0.1s 即可</td></tr>
<tr><td>装置报文</td><td colspan="2">1. 00000ms 保护启动; 2. 00601ms 相间距离Ⅱ段动作; 3. 00601ms 保护永跳出口,选相 CA</td></tr>
<tr><td>装置指示灯</td><td colspan="2">跳 A 相、跳 B 相、跳 C 相</td></tr>
<tr><td rowspan="3">区外故障</td><td>状态参数设置</td><td colspan="2">将区内故障中故障态的故障相电压、电流的值和角度改用 m=1.05 时的计算值即可</td></tr>
<tr><td>装置报文</td><td colspan="2">保护启动 00000ms</td></tr>
<tr><td>装置指示灯</td><td colspan="2">无</td></tr>
<tr><td rowspan="3">反向故障</td><td>状态参数设置</td><td colspan="2">1. 单相接地故障:将区内故障中故障态的故障相电流角度加上 180°,电压角度不变即可; 2. 相间故障:将区内故障中故障态的两故障相电流角度对调(I_c 为-170°, I_a 为 10°),电压角度不变即可</td></tr>
<tr><td>装置报文</td><td colspan="2">保护启动 00000ms</td></tr>
<tr><td>装置指示灯</td><td colspan="2">无</td></tr>
</table>

注:1. 计算公式:$I_\Phi=I_n$,单相故障 $U_\Phi=(1+K_Z)mIZ_{zdp2}$,相间故障 $U_{\Phi\Phi}=2mIZ_{zdpp2}$,$U_\Phi=(U_{\Phi\Phi}{}^2+U_\Phi n^2)^{1/2}/2$,$\theta=\arctan\ (U_{\Phi\Phi}/U_{\Phi n})$

2. 故障试验仪器设置以 B 相故障和 CA 相间故障为例,A、C 相故障,AB、BC 相间故障类同。

(2) 手合加速距离Ⅲ段、重合加速距离Ⅱ段

1) 相关定值。接地距离Ⅱ段定值 (Z_{zdp2}):4.0Ω,接地距离Ⅱ段时间 (T_{p2}):0.6s,接

地距离Ⅲ段定值（Z_{zdp3}）：6.0Ω，接地距离Ⅲ段时间（T_{p3}）：2.1s，线路正序灵敏角（Φ）：80°，零序补偿系数（K_Z）：0.67。

2）实验条件。

① 软压板设置如下：

a）保护功能软压板：退出“纵联保护”软压板，退出“停用重合闸”软压板。

b）GOOSE 发送软压板：投入“GOOSE 跳闸出口”软压板，投入“GOOSE 启动失灵”软压板，投入“GOOSE 重合闸出口”软压板。

c）GOOSE 接收软压板：投入“智能终端 GOOSE 接收”软压板，投入“母差 GOOSE 接收”软压板。

② 控制字设置：“距离保护Ⅲ段”置“1”，“三相跳闸方式”置“0”，“单相重合闸”置“1”，“三相重合闸”置“0”。

③ 开关状态：断开开关。

④ 开入量检查：G 断路器 TWJA 置 1，G 断路器 TWJB 置 1，G 断路器 TWJC 置 1，G 闭锁重合闸 1（另一套智能终端闭锁重合闸）置 0，G 低气压闭锁重合闸置 0，G 闭锁重合闸 2（母差动作）置 0。

3）调试方法见表 2-74。

表 2-74　手合加速距离Ⅲ段、重合加速距离Ⅱ段

<table>
<tr><td>试验项目</td><td colspan="3">手合加速距离Ⅲ段试验</td></tr>
<tr><td rowspan="8">正向区内故障试验仪器设置（A 相接地故障）</td><td colspan="3">状态 1 参数设置（故障前状态）</td></tr>
<tr><td>U_a:57.74∠0.00°
U_b:57.74∠-120°
U_c:57.74∠120°</td><td>I_a:0.00∠0.00°
I_b:0.00∠0.00°
I_c:0.00∠0.00°</td><td>开关位置：分位；状态触发条件：时间控制 12s</td></tr>
<tr><td colspan="3">说明：三相电压正常，电流为零，装置“运行异常”（PT 断线）指示灯灭时间默认为 10s，输入 12s 确保“运行异常”（PT 断线）灭</td></tr>
<tr><td colspan="3">状态 2 参数设置（故障状态）</td></tr>
<tr><td>U_a:47.6∠0.00°
U_b:57.74∠-120°
U_c:57.74∠120°</td><td>I_a:5.00∠-80°
I_b:0.00∠-0.00°
I_c:0.00∠0.00°</td><td>开关位置：分位；状态触发条件：时间控制 0.1s</td></tr>
<tr><td colspan="3">说明：故障相电压降低，电流增大为计算的故障电流（5A），故障相电流滞后故障相电压的角度为线路正序灵敏角 Φ，距离保护Ⅲ段整定动作时间虽然为 2.1s，但由于开关在分位，装置判为手合开关时合于故障，会加速跳闸，所以所加时间小于 100ms 即可</td></tr>
<tr><td>装置报文</td><td colspan="2">1. 00000ms　保护启动；　2. 00037ms　距离手合加速出口；　3. 00037ms　保护永跳出口，选相 A</td></tr>
<tr><td>装置指示灯</td><td colspan="2">跳 A 相、跳 B 相、跳 C 相</td></tr>
<tr><td>试验项目</td><td colspan="3">重合加速距离Ⅱ段</td></tr>
<tr><td rowspan="7">正向区内故障试验仪器设置（A 相接地故障）</td><td colspan="3">状态 1 参数设置（故障前状态）</td></tr>
<tr><td>U_a:57.74∠0.00°
U_b:57.74∠-120°
U_c:57.74∠120°</td><td>I_a:0.00∠0.00°
I_b:0.00∠0.00°
I_c:0.00∠0.00°</td><td>开关位置：三相合位；
状态触发条件：时间控制 16s</td></tr>
<tr><td colspan="3">说明：三相电压正常，电流为零，装置“运行异常”（PT 断线）指示灯灭时间默认为 10s，输入 12s 确保“运行异常”（PT 断线）指示灯灭</td></tr>
<tr><td colspan="3">状态 2 参数设置（故障状态）</td></tr>
<tr><td>U_a:故障电压∠0.00°
U_b:57.74∠-120°
U_c:57.74∠120°</td><td>I_a:故障电流∠-82°
I_b:0.00∠0.00°
I_c:0.00∠0.00°</td><td>开关位置：三相合位；
状态触发条件：时间控制故障整定时间+0.1s</td></tr>
<tr><td colspan="3">说明：该状态的故障量不一定要用距离Ⅱ段的故障量，可以用其他跳闸故障量，时间比所加故障量整定略大，但不能闭锁重合闸</td></tr>
<tr><td colspan="3">状态 3 参数设置（跳闸后等待重合状态）</td></tr>
</table>

（续）

试验项目	重合加速距离Ⅱ段		
正向区内故障试验仪器设置（A 相接地故障）	U_a:57.74∠0.00° U_b:57.74∠-120° U_c:57.74∠120°	I_a:0.00∠0.00° I_b:0.00∠0.00° I_c:0.00∠0.00°	开关位置:A 分位,B、C 合位;状态触发条件:时间控制 0.7s+0.1s=0.8s
	说明:所加时间需略大于重合闸整定时间		
	状态 4 参数设置(故障加速状态)		
	U_a:33.3∠0.00° U_b:57.74∠-120° U_c:57.74∠120°	I_a:5.00∠-82° I_b:0.00∠0.00° I_c:0.00∠0.00°	开关位置:三相合位;状态触发条件:时间控制 0.2s
	说明:验证重合加速距离Ⅱ段定值和动作时间。		
	装置报文	1. 00000ms 保护启动; 2. 00012ms 接地距离Ⅰ段动作,00012ms 保护 A 相跳出口,选相 A; 3. 00124ms 重合闸启动,00824ms 重合闸出口; 4. 00935ms距离重合加速动作	
	装置指示灯	跳 A 相、跳 B 相、跳 C 相重合闸	

5. 零序保护检验

（1）零序过电流定值校验（以零序Ⅱ段为例）

1）相关定值。零序过电流Ⅱ段定值（$I_{0Ⅱ}$）：4A，零序过电流Ⅱ段时间（$t_{0Ⅱ}$）：1s，线路零序灵敏角（ϕ_0）：81°，单相重合闸时间：0.7s。

2）实验条件。

① 软压板设置如下

a）保护功能软压板：退出“纵联保护”软压板，退出“停用重合闸”软压板。

b）GOOSE 发送软压板：投入“GOOSE 跳闸出口”软压板，投入“GOOSE 启动失灵”软压板，投入“GOOSE 重合闸出口”软压板。

c）GOOSE 接收软压板：投入“智能终端 GOOSE 接收”软压板，投入“母差 GOOSE 接收”软压板。

d）SV 软压板：投入“SV 接收”软压板。

② 控制字设置：“零序电流保护”置“1”，“三相跳闸方式”置“0”，“单相重合闸”置“1”，“三相重合闸”置“0”。

③ 开关状态：合上开关。

④ 开入量检查：G 断路器 TWJA 置 0，G 断路器 TWJB 置 0，G 断路器 TWJC 置 0，G 闭锁重合闸 1（另一套智能终端闭锁重合闸）置 0，G 低气压闭锁重合闸置 0，G 闭锁重合闸 2（母差动作）置 0。

3）调试方法见表 2-75。

表 2-75　零序过电流定值校验调试方法

试验项目	零序过电流定值校验（正向区内、外故障;反向故障）		
正向区内故障试验仪器设置（C 相接地故障）	状态 1 参数设置(故障前状态)		
	U_a:57.74∠0.00° U_b:57.74∠-120° U_c:57.74∠120°	I_a:0.00∠0.00° I_b:0.00∠0.00° I_c:0.00∠0.00°	状态触发条件:时间控制 16s
	说明:三相电压正常,电流为零,装置“运行异常”指示灯时间默认为 10s,输入 12s 确保“运行异常”指示灯灭		
	状态 2 参数设置(故障状态)		
	U_a:57.74∠0.00° U_b:57.74∠-120° U_c:50.00∠120°	I_a:0.00∠0.00° I_b:0.00∠0.00° I_c:4.2∠39.00°	状态触发条件:时间控制 $t_{0Ⅱ}$+0.1s=1.1s

（续）

试验项目	零序过电流定值校验（正向区内、外故障；反向故障）	
正向区内故障试验仪器设置（C相接地故障）	说明：故障相电压降低，电流增大为计算的故障电流（4.2A），故障相电流滞后故障相电压的角度为线路零序灵敏角 ϕ_0（保证零序功率为正方向），零序保护装置固有动作时间小于50ms，所以故障态时间不宜加太长，一般加该段零序过电流整定时间+0.1s即可	
	装置报文	1. 00000ms保护启动；2. 01034ms零序保护Ⅱ段动作，保护A跳出口，选相C；3. 01822ms重合闸动作
	装置指示灯	跳C、重合闸、后备保护动作
区外故障	状态参数设置	将区内故障中故障态的故障相电流值改用 $m=0.95$ 时的计算值（$I=0.95\times4A=3.8A$），方向不变
	装置报文	保护启动00000ms
反向故障	状态参数设置	将区内故障中故障态的故障相电流角度加上180°，即 I_c 为4.2∠219.0°即可
	装置报文	保护启动00000ms

注：1. 计算公式：$I=mI_{0\text{Ⅱ}}$。
2. 故障试验仪器设置以C相故障为例，A、B相类同。

（2）零序方向动作区及灵敏角、零序最小动作电压检验

相关定值和实验条件同零序过电流校验。

调试方法见表2-76。

表2-76　零序方向动作区及灵敏角、零序最小动作电压检验

试验项目	零序方向动作区及灵敏角、零序最小动作电压检验
线路零序灵敏角试验仪器设置（A相接地故障）	步骤1（修改定值）
	修改装置定值："零序过电流Ⅲ段经方向"控制字置"1"
	说明：等待"运行异常"（PT断线）灯灭，加入故障量
	步骤2（等待PT断线恢复）
	切换到"手动试验"状态，在模拟量输入框中输入： U_a:57.74∠0.00°　I_a:0.00∠0.00° U_b:57.74∠-120°　I_b:0.00∠0.00° U_c:57.74∠120°　I_c:0.00∠0.00° 再按下"菜单栏"的"输出保持"按钮，这时状态输出被保持
	说明：该步骤为故障前状态，保持12s以上，待"运行异常"（PT断线）灯灭，该试验不校验重合闸，可不必等"重合允许"灯亮
	步骤3（确定边界1）
	修改模拟量输入框中模拟量为 U_a:50.00∠0.00°　I_a:5∠12° U_b:57.74∠-120°　I_b:0.00∠0.00° U_c:57.74∠120°　I_c:0.00∠0.00° 变量及变化步长选择：变量——角度，变化步长：1.00° 设置好后再次单击："菜单栏"上的"输出保持"按钮，并单击"▼"按钮调节步长，直到零序过电流Ⅱ段保护动作
	说明：动作电流比定值（4A）大一点即可，装置的第1个动作边界为 I_a 在10°的位置，从12°开始下降，可使保护从不动作校验到动作以确定该边界，调节步长每秒单击一下"▼"按钮
	步骤4（确定边界2）
	重复步骤2，待"运行异常"（PT断线）灯灭后修改模拟量输入框中模拟量为 U_a:50.00∠0.00°　I_a:5∠-172° U_b:57.74∠-120°　I_b:0.00∠0.00° U_c:57.74∠120°　I_c:0.00∠0.00° 变量及变化步长选择：变量——角度，变化步长：1.00° 设置好后再次单击："菜单栏"上的"输出保持"按钮，并单击"▲"按钮调节步长，直到零序过电流Ⅱ段保护动作。

（续）

试验项目	零序方向动作区及灵敏角、零序最小动作电压检验
线路零序灵敏角试验仪器设置（A 相接地故障）	说明：装置的第 2 个动作边界为 I_a 在 -170°的位置，从 -172°开始上升，可使保护从不动作校验到动作以确定该边界，调节步长每秒单击一下“▲”按钮
	步骤 5（改回定值）
	说明：该角度是在定值“线路零序灵敏角”为 79°的情况下模拟的
零序最小动作电压试验仪器设置（A 相接地故障）	步骤 1（等待 PT 断线恢复）
	切换到“手动试验”状态，在模拟量输入框中输入： U_a：57.74∠0.00°　I_a：0.00∠0.00° U_b：57.74∠-120°　I_b：0.00∠0.00° U_c：57.74∠120°　I_c：0.00∠0.00° 再按下“菜单栏”上的“输出保持”按钮，这时状态输出被保持
	说明：该步骤为故障前状态，保持 12s 以上，待“运行异常”（PT 断线）灯灭，该试验不校验重合闸，可不必等“重合允许”灯亮
	步骤 2（确定最小动作电压）
	修改模拟量输入框中模拟量为 U_a：57.74.00∠0.00°　I_a：5.00∠-81° U_b：57.74∠-120°　I_b：0.00∠0.00° U_c：57.74∠120°　I_c：0.00∠0.00° 变量及变化步长选择：幅值——U_a，变化步长：0.1V 设置好后再次单击：“菜单栏”上的“输出保持”按钮，并单击“▼”按钮调节步长，直到零序过电流Ⅱ段保护动作。
	说明：动作电流用额定二次电流，装置的零序最小动作电压大约为 1.04V，单相降低到 57.74V-1.04V=56.7V 时零序过电流保护动作，保护从不动作校验到动作以确定最小动作电压，调节步长每秒单击一下“▼”按钮
注意事项	1. 这里线路零序灵敏角定义为 $3I_0$ 超前于 $3U_0$ 的角度，而非 U_a 超前于 I_a 的角度 2. $3I_0$ 应大于零序电流动作值，这里取零序Ⅱ段 1.05 倍时的电流值 3. 控制字中“零序Ⅲ段经方向”置 1，防止零序Ⅲ段因没有方向，而先动作 4. 采用手动试验来校验，期间可能造成距离保护先动作，校验前可将距离保护的硬压板退出，并将零序Ⅱ段定值适当降低（不能低于零序Ⅲ段，否则装置会告警） 5. 采用手动试验时，若是有采接点用来监视动作时间的话，那么结合试验仪器中的“输出保持”，并将控制字中“零序Ⅲ段经方向”置 1，可方便测试动作边界角度 6. 定值“线路零序灵敏角”会影响测试的边界的角度

（3）模拟单重加速及手合加速零序电流试验

1）相关定值。零序过电流加速段定值 I_{0js}：3A，动作时间（装置固定）；线路零序灵敏角 ϕ_0：81°；单重时间：0.70s。

2）实验条件同零序过电流校验。

3）调试方法见表 2-77。

表 2-77　零序加速调试方法

试验项目	模拟单重加速试验		
单重加速 A 相为例	状态 1 参数设置（故障前状态）		
	U_a：57.74∠0.00° U_b：57.74∠-120° U_c：57.74∠120°	I_a：0.00∠0.00° I_b：0.00∠0.00° I_c：0.00∠0.00°	状态触发条件：时间控制 12s
	说明：故障前状态 12s 使得“运行异常”（PT 断线）复归		
	状态 2 参数设置（故障状态）		
	U_a：20.00∠0.00° U_b：57.74∠-120° U_c：57.74∠120°	I_a：5.00∠-85.00° I_b：0.00∠0.00° I_c：0.00∠0.00°	状态触发条件：时间控制 0.1s
	说明：故障态时间保证有保护动作即可，不可加太长时间		

（续）

<table>
<tr><th>试验项目</th><th colspan="3">模拟单重加速试验</th></tr>
<tr><td rowspan="9">单重加速
A 相为例</td><td colspan="3">状态 3 参数设置（重合状态）</td></tr>
<tr><td>U_a:57.74∠0.00°
U_b:57.74∠-120°
U_c:57.74∠120°</td><td>I_a:0.00∠0.00°
I_b:0.00∠0.00°
I_c:0.00∠0.00°</td><td>状态触发条件：时间控制 0.8s</td></tr>
<tr><td colspan="3">说明：重合态时间稍大于重合闸时间定值</td></tr>
<tr><td colspan="3">状态 4 参数设置（重合后状态）</td></tr>
<tr><td>U_a:50.00∠0.00°
U_b:57.74∠-120°
U_c:57.74∠120°</td><td>I_a:3.15∠-81.00°
I_b:0.00∠0.00°
I_c:0.00∠0.00°</td><td>状态触发条件：时间控制 0.2s</td></tr>
<tr><td colspan="3">说明：此实验为模拟故障，不校验定值，不论正、反方向都能正确动作</td></tr>
<tr><td>装置报文</td><td colspan="2">00000ms 保护启动；xxms，选相 A；xxms 重合闸 选相 A；xxms 零序过电流后加速段</td></tr>
<tr><td>装置指示灯</td><td colspan="2">跳 A 相、跳 B 相、跳 C 相、重合闸</td></tr>
<tr><td colspan="3"></td></tr>
<tr><td rowspan="4">手合加速</td><td colspan="3">状态 1</td></tr>
<tr><td>U_a:57.74∠0.00°
U_b:57.74∠-120°
U_c:57.74∠120°</td><td>I_a:0.00∠0.00°
I_b:0.00∠0.00°
I_c:0.00∠0.00°</td><td>G 断路器 TWJA 置 1，G 断路器 TWJB 置 1，G 断路器 TWJC 置 1。状态触发条件：时间控制 12s</td></tr>
<tr><td colspan="3">状态 2</td></tr>
<tr><td>U_a:50.00∠0.00°
U_b:57.74∠-120°
U_c:57.74∠120°</td><td>I_a:3.15∠-85.00°
I_b:0.00∠0.00°
I_c:0.00∠0.00°</td><td>G 断路器 TWJA 置 1，G 断路器 TWJB 置 1，G 断路器 TWJC 置 1。状态触发条件：时间控制 0.2s</td></tr>
<tr><td>装置报文</td><td colspan="3">1. 保护启动； 2. 113ms 零序过电流后加速段</td></tr>
<tr><td>装置指示灯</td><td colspan="3">跳 A 相、跳 B 相、跳 C 相</td></tr>
<tr><td>说明</td><td colspan="3">计算公式：$I=mI_{0js}$，m 为系数</td></tr>
</table>

6. PT 断线过电流检验

1）相关定值。PT 断线相过电流定值（$I_{pt\phi}$）：3.0A；PT 断线零序过电流（I_{pt0}）：2.0A；PT 断线过电流时间：4s。

2）实验条件。

① 软压板设置如下：

a）保护功能软压板：退出“纵联保护”软压板，退出“停用重合闸”软压板。

b）GOOSE 发送软压板：投入“GOOSE 跳闸出口”软压板，投入“GOOSE 启动失灵”软压板，投入“GOOSE 重合闸出口”软压板。

c）GOOSE 接收软压板：投入“智能终端 GOOSE 接收”软压板，投入“母差 GOOSE 接收”软压板。

d）SV 软压板：投入“SV 接收”软压板。

② 控制字设置：“距离保护Ⅰ或Ⅱ或Ⅲ段”置“1”或“零序电流保护”置“1”，“零序电流保护”置“1”，“三相跳闸方式”置“0”，“单相重合闸”置“1”，“三相重合闸”置“0”。

③ 开关状态：合上开关。

④ 开入量检查：G 断路器 TWJA 置 0，G 断路器 TWJB 置 0，G 断路器 TWJC 置 0，G 闭锁重合闸 1（另一套智能终端闭锁重合闸）置 0，G 低气压闭锁重合闸置分位，G 闭锁重合闸 2（母差动作）置 0。

调试方法见表 2-78。

表 2-78　PT 断线相过电流、零序过电流调试方法

试验项目	PT 断线相过流、零序过电流		
PT 断线相过电流校验试验仪器设置(三相过流)	状态 1 参数设置(故障状态)		
	U_a:0∠0.00° U_b:0∠-120° U_c:0∠120°	I_a:3.15∠0.00° I_b:3.15∠-120° I_c:3.15∠120°	状态触发条件:时间控制 4.1s
	说明:由于加入模拟量前装置已经处"运行异常"(PT 断线)灯亮,故三相电压虽正常,但不影响试验结果,电流直接加三相对称的 1.05 倍的值,时间略大于 PT 断线时过电流时间		
	装置报文	1.00000ms 保护启动;2. 04011ms　PT 断线相过电流动作;004011ms 保护永跳出口	
	装置指示灯	跳 A 相、跳 B 相、跳 C 相	
PT 断线零序过电流校验试验仪器设置(A 相接地)	状态 1 参数设置(故障状态)		
	U_a:0∠0.00° U_b:0∠-120° U_c:0∠120°	I_a:0.00∠0.00° I_b:0.00∠0.00° I_c:2.1∠0.00°	状态触发条件:时间控制 4.1s
	说明:电流直接加单相 1.05 倍的值,时间略大于 PT 断线时过电流时间。		
	装置报文	1.00000ms　保护启动;　2.04036ms　PT 断线零序段动作;　3. 04036ms 保护永跳出口	
	装置指示灯	跳 A 相、跳 B 相、跳 C 相	
区外故障	状态参数设置	将区内故障中故障态的故障相电流值改用 m=0.95 时的计算值	
	装置报文	保护启动 00000ms	

注：1. PT 断线整组试验可直接用手动试验加模拟量，不必在意时间。

2. 计算公式：PT 断线相过电流：$I=mI_{pt\phi}$，PT 断线零序过电流：$I=mI_{pt0}$，m 为系数。

2.7　PCS 943A 线路保护调试

2.7.1　概述

1. PCS 943A 装置功能说明

PCS 943A 为由微机实现的数字式高压输电线路成套快速保护装置，可用作 110kV 电压等级输电线路的主保护及后备保护。

PCS 943A 包括完整的电流差动保护、三段相间和接地距离保护、四段零序方向过流保护。该装置配有三相一次重合闸功能、过负荷告警功能。此外，还带有跳合闸操作回路以及交流电压切换回路。

2. 装置背板端子说明

PCS 943A 线路保护装置插件布置如图 2-16 所示，本节主要对与单体调试相关度比较高的 NR1136A 插件进行介绍。

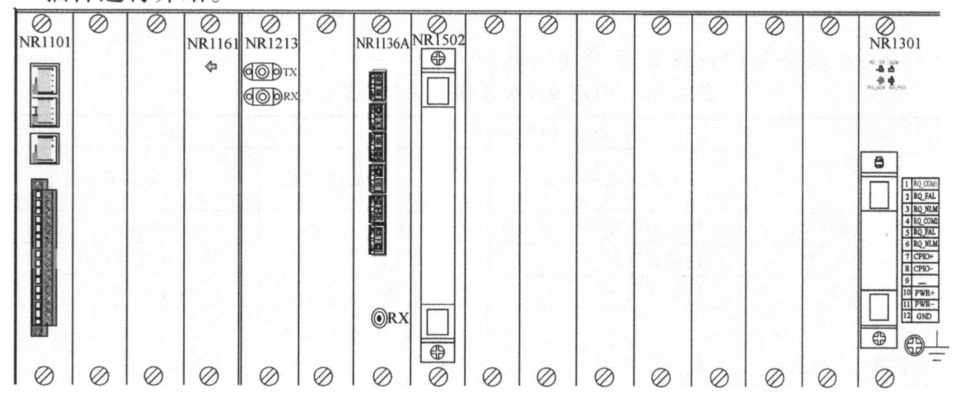

图 2-16　PCS 943A 线路保护装置插件布置图

NR1136A 插件光口布置如图 2-16 所示。其提供一组保护直采 SV 光口 ETH2，用于接收线路间隔合并单元模拟量采样数据，型号为 LC；提供一组保护直跳 GOOSE 光口 ETH1，用于接收线路智能终端开关、压力、闭重等信息，同时用于发送保护跳闸和重合闸等 GOOSE 信息，型号为 LC。该插件上的光口 ETH3，型号为 LC，SV/GOOSE 组网，用于保护测控一体装置的遥测、遥信、遥控、录波、网络分析仪等信息的接收与发送。

3. 装置虚端子及软压板配置

装置虚端子联系情况如图 2-17 所示。

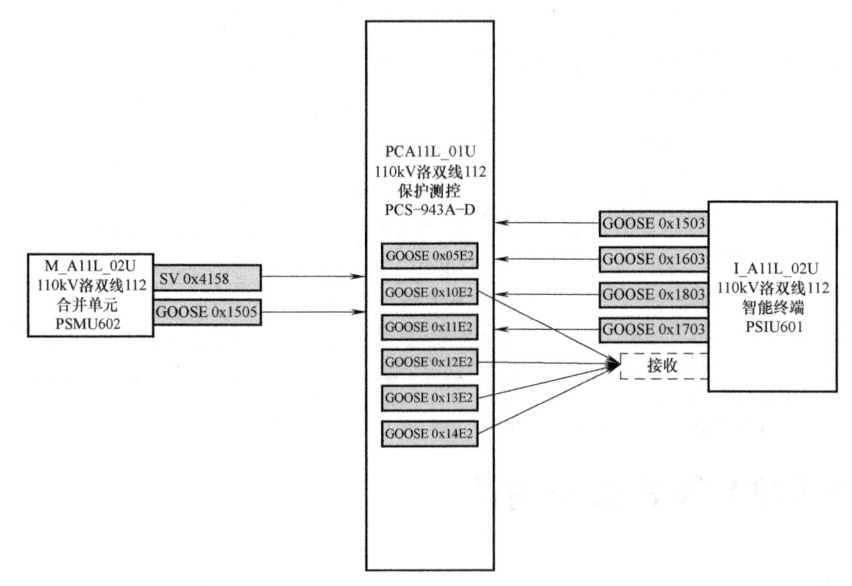

图 2-17　整体配置图

下面列出本装置虚端子联系，内部 GOOSE 接收、发布及 SV 接收软压板配置表。

1）PCS 943A 线路保护装置虚端子开入见表 2-79。

表 2-79　PCS 943A 线路保护虚端子开入表

序号	功能定义	终点设备:PCS 943A		起点设备		
		厂家虚端子定义	接收软压板	设备名称	厂家虚端子定义	发送软压板
1	断路器合闸位置_GOOSE	4-断路器位置	无	111 开关智能终端	3-断路器总位置	无
2	合后位置_GOOSE	5-合后位置			15-DI2_18	
3	低气压(弹簧未储能)闭锁重_GOOSE	2-低气压(弹簧未储能)闭锁重合闸			31-重合压力低	

2）PCS 934A 线路保护装置虚端子开出见表 2-80。

表 2-80　PCS 943A 线路保护虚端子开出表

序号	功能定义	起点设备:PCS 943A		终点设备		
		厂家虚端子定义	接收软压板	设备名称	厂家虚端子定义	发送软压板
1	保护装置跳闸出口	1-保护跳闸	保护跳闸 GOOSE 发布软压板	111 开关智能终端	1-A 相跳闸出口	无
2	保护装置跳闸出口	1-保护跳闸			26-B 相跳闸出口	
3	保护装置跳闸出口	1-保护跳闸			27-C 相跳闸出口	
4	保护装置重合闸出口	4-重合闸	重合闸 GOOSE 发布软压板		2-重合 1	

3）PCS 943A 线路保护装置 SV 输入见表 2-81。

表 2-81　PCS 943A 线路保护装置 SV 输入

序号	功能定义	终点设备:PCS 943A		起点设备		
		厂家虚端子定义	接收软压板	设备名称	厂家虚端子定义	发送软压板
1	合并单元延时	1-MU 额定延时	SV 接收软压板	110kV 洛双线 112 合并单元	合并器额定延时	无
2	保护电压 A(主采)	2-Ua1			17-保护电压 A 相 1	
3	保护电压 A(辅采)	3-Ua2			20-保护电压 A 相 2	
4	保护电压 B(主采)	4-Ub1			18-保护电压 B 相 1	
5	保护电压 B(辅采)	5-Ub2			21-保护电压 B 相 2	
6	保护电压 C(主采)	6-Uc1			19-保护电压 C 相 1	
7	保护电压 C(辅采)	7-Uc2			22-保护电压 C 相 2	
8	线路电压 A(同期)	Uxa			23-抽取电压	
9	保护电流 A(主采)	9-Ia1			2-保护电流 A 相 1	
10	保护电流 A(辅采)	10-Ia2			5-保护电流 A 相 2	
11	保护电流 B(主采)	11-Ib1			3-保护电流 B 相 1	
12	保护电流 B(辅采)	12-Ib2			6-保护电流 B 相 2	
13	保护电流 C(主采)	13-Ic1			4-保护电流 C 相 1	
14	保护电流 C(辅采)	14-Ic2			7-保护电流 C 相 2	

2.7.2　试验调试方法

1. 测试仪器接线及配置

1）将 PCS 943A 差动保护光纤信号传输装置的发信口和收信口用尾纤自环。

2）投入保护装置的“检修状态投入 1RLP2”压板，保护显示“检修状态投入”。

3）连接保护和测试仪之间的光纤、配置测试仪（变比 3000/1A）。

4）接线：

a）SV 接线。PNF801 型智能继电保护测试仪的 LC 光口 1 的 RX、TX 与 PCS-943 保护装置背板 NR1136A 插件的第二个光口（保护直采口）的 TX2、RX2 用尾纤直接连接。

b）GOOSE 接线。光口 2 的 RX2、TX2 与 943 保护装置背板 NR1136A 插件的第一个光口（保护直跳口）的 TX1、RX1 用尾纤直接连接。

5）配置：

a）通道映射。单击 IEC 报文设置，导入 SCL，单击 IEC61850-9-2，选择“洛双线 112 合并单元”，选择“SMV Outputs”，在右侧控制块列表中选择“√”，再单击左下角的“配置 SMV”，选择“确定”。单击选择第一组，将各通道的映射对应设置好，如果不考虑双 AD 不一致，则电流电压采样值 1 和采样值 2 的映射可以设置为一样的，线路电压即描述里的抽取电压映射选择为 Ua’。同时，将电流电压主采及副采的低位均设为 0800（即测试检修状态）。

b）变比设置。单击系统参数设置，进行第一组 PT 变比（即 CT 变比）设置。电压为 110kV/100V，电流为 2000/1A。

c）GOOSE 发布（用于发布智能终端断路器合位）。单击“GOOSE 发布”，导入 SCL，选择“洛双线 112 智能终端”→“GOOSE Outputs”，从控制列表中选择“AppID”为 1503 的这一行，再单击左下角“GOOSE 发布”，单击“确定”，选择“从 1 组导入”，再单击“确定”。接下来选择“断路器总位置”，选择 GOOSE 发布右边的“发送口”为 PNF801 的第二个 LC 光口，添加开关合位 GOOSE 开入量映射通道完成。同理，从控制列表中选择 AppID 为 1603 的这一行，再单击左下角 GOOSE 发布，单击“确定”，选择“从 1 组导入”，再单击“确定”。接下来选择“DI2_ 18”，选择 GOOSE 发布右边的“发送口”为 PNF801 的第二个 LC 光口，添加开关合后位置 GOOSE 开入量映射通道完成。然后将状态序列中“GOOSE 数据集”内，描述为“断路器总位置”的“数据类型”选为“［10］”（合位，如果为 01 则为分位），同理，把描述为“GOOSE 遥信 DI2_ 18”的“数据类型”选为“［10］”（合位，如果为 01 则为分位）。同时再把 1 态及 2 态中的“检修位”打钩“√”。

d）GOOSE 订阅（用于订阅保护动作出口，测量保护动作时间）。单击“GOOSE 订阅”，导入 SCL，选择“洛双线 112 线路保护”→“GOOSE Outputs”，控制列表中选择“AppID”为 10D0 的这一行，再单击左下角“GOOSE 订阅”，单击“确定”，选择“从 1 组导入”，再单击“确定”。接下来选择“保护跳闸”，选择“绑定”下方的绿色框，选择“单组 GOOSE 订阅接收口设置”为 PNF801 的第二个 LC 光口，即 G1 选择“2”，添加保护跳闸开出量映射通道完成。

2. 纵联差动保护检验

（1）纵联差动保护稳态Ⅱ段定值检验——区内、区外检验

1）相关定值。差动动作电流定值 I_{cdqd}：0.40A，动作时间装置固有（t=40ms）；重合闸时间 T_{ch}=1.5s；本侧纵联码：1234，对侧纵联码：1234。

2）试验条件

a）硬压板设置：投入洛双线检修状态投入 1RLP2 压板。

b）软压板设置：投入纵联差动保护功能软压板、SV 接收软压板、保护跳闸 GOOSE 发送软压板、重合闸 GOOSE 发送软压板。

c）控制字设置：纵联差动保护为 1，通信内时钟为 1，TWJ 启动重合闸为 0，PT 断线闭锁重合闸为 1；

d）开关状态：合位。

3）调试方法见表 2-82。

表 2-82　PCS 943A 纵联差动保护稳态Ⅱ段保护调试方法

试验项目	纵联差动保护稳态Ⅱ段定值检验——区内、区外检验		
正向区内故障试验仪器设置(A 相故障) m=1.05	状态 1 参数设置(故障前状态)		
	U_a:57.74∠0.00° U_b:57.74∠-120° U_c:57.74∠120°	I_a:0.00∠0.00° I_b:0.00∠0.00° I_c:0.00∠0.00°	开出:断路器位置置合位，合后位置置合位;状态触发条件:时间控制 28s(待重合闸充电满)
	说明:加正常电压量,电流为空载状态(即 I=0),开关置合位,待 PT 断线恢复转入状态 2;所加时间大于 28s		
	状态 2 参数设置(故障状态)		
	U_a:57.74∠0.00° U_b:57.74∠-120° U_c:57.74∠120°	I_a:0.21∠0° I_b:0.00∠0.00° I_c:0.00∠0.00°	开出:断路器位置置合位，合后位置置合位;状态触发条件:时间控制 0.06s
	说明:加故障量,开关置合位,所加故障时间=整定时间+60ms		
	装置报文	1. 0ms 保护启动;2. 41ms 纵联差动保护动作,A 相;3. 1555ms 重合闸动作	
	装置指示灯	跳闸、重合闸红色指示灯亮	
正向区外故障试验仪器设置(A 相故障) m=0.95	状态 1 参数设置(故障前状态)		
	U_a:57.74∠0.00° U_b:57.74∠-120° U_c:57.74∠120°	I_a:0.00∠0.00° I_b:0.00∠0.00° I_c:0.00∠0.00°	开出:断路器位置置合位，合后位置置合位;状态触发条件:时间控制 28s(待重合闸充电满)
	说明:加正常电压量,电流为空载状态(即 I=0),开关置合位,待 PT 断线恢复转入状态 2;所加时间不小于 28s		
	状态 2 参数设置(故障状态)		

（续）

<table>
<tr><td>试验项目</td><td colspan="4">纵联差动保护稳态Ⅱ段定值检验——区内、区外检验</td></tr>
<tr><td rowspan="4">正向区外故障试验仪器设置（A 相故障）m=0.95</td><td colspan="2">U_a:57.74∠0.00°
U_b:57.74∠-120°
U_c:57.74∠120°</td><td>I_a:0.19∠0.00°
I_b:0.00∠0.00°
I_c:0.00∠0.00°</td><td>开出:断路器位置置合位;合后位置置合位;状态触发条件:时间控制 0.06s</td></tr>
<tr><td colspan="4">说明:加故障量,开关置合位,所加故障时间=整定时间+60ms</td></tr>
<tr><td>装置报文</td><td colspan="3">5ms 保护启动</td></tr>
<tr><td>装置指示灯</td><td colspan="3">无</td></tr>
</table>

注：计算公式：$I=0.5mI_{cdqd}$，m 分别为 0.95、1.05 和 1.2（保护时间测试）。

（2）纵联差动保护稳态Ⅰ段定值检验——区内、区外检验

1）相关定值。差动动作电流定值 I_{cdqd}：0.40A、动作时间装置固有（$t<25$ms）；重合闸时间 $T_{ch}=1.5$s；本侧纵联码：1234，对侧纵联码：1234。

2）试验条件

① 硬压板设置：投入洛双线检修状态投入 1RLP2 压板。

② 软压板设置：投入纵联差动保护功能软压板、SV 接收软压板、保护跳闸 GOOSE 发送软压板、重合闸 GOOSE 发送软压板。

③ 控制字设置：纵联差动保护为 1，通信内时钟为 1，TWJ 启动重合闸为 0，PT 断线闭锁重合闸为 1。

④ 开关状态：合位。

3）调试方法见表 2-83。

表 2-83　PCS 943A 纵联差动保护稳态Ⅰ段保护调试方法

<table>
<tr><td>试验项目</td><td colspan="4">纵联差动保护稳态Ⅰ段定值检验——区内、区外检验</td></tr>
<tr><td rowspan="8">正向区内故障试验仪器设置（A 相故障）m=1.05</td><td colspan="4">状态 1 参数设置（故障前状态）</td></tr>
<tr><td colspan="2">U_a:57.74∠0.00°
U_b:57.74∠-120°
U_c:57.74∠120°</td><td>I_a:0.00∠0.00°
I_b:0.00∠0.00°
I_c:0.00∠0.00°</td><td>开出:断路器位置置合位,合后位置置合位;状态触发条件:时间控制 28s（待重合闸充电满）</td></tr>
<tr><td colspan="4">说明:加正常电压量,电流为空载状态（即 $I=0$）,开关置合位,待 PT 断线恢复转入状态 2;所加时间不小于 28s</td></tr>
<tr><td colspan="4">状态 2 参数设置（故障状态）</td></tr>
<tr><td colspan="2">U_a:57.74∠0.00°
U_b:57.74∠-120°
U_c:57.74∠120°</td><td>I_a:0.315∠0.00°
I_b:0.00∠0.00°
I_c:0.00∠0.00°</td><td>开出:断路器位置置合位,合后位置置合位;状态触发条件:时间控制 0.03s</td></tr>
<tr><td colspan="4">说明:加故障量,开关置合位,所加故障时间=整定时间+30ms</td></tr>
<tr><td>装置报文</td><td colspan="3">1. 0ms 保护启动;2. 15ms　纵联差动保护动作,A 相;3. 1547ms　重合闸动作</td></tr>
<tr><td>装置指示灯</td><td colspan="3">跳闸、重合闸红色指示灯亮</td></tr>
<tr><td rowspan="5">正向区外故障试验仪器设置（A 相故障）m=0.95</td><td colspan="4">状态 1 参数设置（故障前状态）</td></tr>
<tr><td colspan="2">U_a:57.74∠0.00°
U_b:57.74∠-120°
U_c:57.74∠120°</td><td>I_a:0.00∠0.00°
I_b:0.00∠0.00°
I_c:0.00∠0.00°</td><td>开出:断路器位置置合位,合后位置置合位;状态触发条件:时间控制 28s</td></tr>
<tr><td colspan="4">说明:加正常电压量,电流为空载状态（即 I=0）,开关置合位,待 PT 断线恢复转入状态 2;所加时间不小于 28s</td></tr>
<tr><td colspan="4">状态 2 参数设置（故障状态）</td></tr>
<tr><td colspan="2">U_a:57.74∠0.00°
U_b:57.74∠-120°
U_c:57.74∠120°</td><td>I_a:0.285∠0.00°
I_b:0.00∠0.00°
I_c:0.00∠0.00°</td><td>开出:断路器位置置合位,合后位置置合位;
状态触发条件:时间控制 0.03s</td></tr>
</table>

（续）

试验项目	纵联差动保护稳态Ⅰ段定值检验——区内、区外检验	
正向区外故障试验仪器设置（A相故障）$m=0.95$	说明：加故障量，开关置合位，所加故障时间=整定时间+30ms	
	装置报文	5ms 保护启动
	装置指示灯	无

说明：1. 计算公式：$I=m0.5\times1.5(I_{cdqd})$，$m$ 分别为 0.95、1.05 和 1.2（保护时间测试），$I_e=1A$

2. 故障试验仪器设置以 A 相故障为例，B、C 相类同

思考：若在做区外故障时所加故障时间大于 0.05s，则会出现什么情况？

（3）纵联零序差动保护定值检验

1）相关定值。差动动作电流定值 I_{cdqd}：0.40A、动作时间装置固有（t>100ms，为 120ms 左右）；重合闸时间 $T_{ch}=1.5s$；本侧纵联码：1234，对侧纵联码：1234。

2）试验条件

① 硬压板设置：投入洛双线检修状态投入 1RLP2 压板。

② 软压板设置：投入纵联差动保护功能软压板、SV 接收软压板、保护跳闸 GOOSE 发送软压板、重合闸 GOOSE 发送软压板。

③ 控制字设置：纵联差动保护为 1，通信内时钟为 1，TWJ 启动重合闸为 0，PT 断线闭锁重合闸为 1。

④ 开关状态：合位。

3）调试方法见表 2-84。

表 2-84　PCS 943A 纵联零序差动保护调试方法

试验项目	纵联零序差动保护定值检验		
正向区内故障试验仪器设置（A相故障）	状态 1 参数设置（补偿电容性电流状态）		
	U_a:57.74∠0.00° U_b:57.74∠-120° U_c:57.74∠120°	I_a:0.156∠90° I_b:0.156∠-30° I_c:0.156∠210°	开出：断路器位置置合位，合后位置置合位；状态触发条件：时间控制 28s（待重合闸充电满）
	说明：加正常电压量，电流为补偿电容性电流状态（即 $I=I_c$），开关置合位，待 PT 断线恢复转入状态 2；所加时间大于 27s		
	状态 2 参数设置（故障状态）		
	U_a:50∠0.00° U_b:57.74∠-120° U_c:57.74∠120°	I_a:0.25∠0° I_b:0.00∠0.00° I_c:0.00∠0.00°	开出：断路器位置置合位，合后位置置合位；状态触发条件：时间控制 0.2s
	说明：加故障量，开关置分位，所加故障时间=整定时间+60ms		
	装置报文	1. 3ms　保护启动；2. 77ms　纵联差动保护动作，A 相；3. 1706ms　重合闸动作	
	装置指示灯	跳闸、重合闸红色指示灯亮	

注：1. 计算公式：电容电流 $I_c>0.75\times0.5\times I_{cdqd}$，取 $I_c=0.78\times0.5$（I_{cdqd}），故障相电流：$I=1.25\times0.5\times I_{cdqd}$，另外相电流为 0。

2. 故障试验仪器设置以 A 相故障为例，B、C 相类同。

（4）CT 断线时纵联差动保护定值检验——区内、区外检验

1）相关定值。差动动作电流定值 I_{cdqd}：0.40A，CT 断线后分相差动定值 I_{ctdx}：0.24A，动作时间装置固有（t<25ms）；重合闸时间 $T_{ch}=1.5s$；本侧纵联码：1234，对侧纵联码：1234。

2）试验条件

① 硬压板设置：投入洛双线检修状态投入 1RLP2 压板。

② 软压板设置：投入纵联差动保护功能软压板、SV 接收软压板、保护跳闸 GOOSE 发送

软压板、重合闸 GOOSE 发送软压板。

③ 控制字设置：纵联差动保护为 1，CT 断线闭锁差动为 0，通信内时钟为 1，TWJ 启动重合闸为 0，PT 断线闭锁重合闸为 1。

④ 开关状态：合位。

3）调试方法见表 2-85。

表 2-85　PCS 943A　CT 断线闭锁差动保护调试方法

试验项目	CT 断线时纵联差动保护定值检验——区内、区外检验		
试验仪器设置（CT 断线闭锁差动”置“0”时）	状态 1 参数设置（CT 断线告警状态）		
	U_a:57.74∠0.00° U_b:57.74∠-120° U_c:57.74∠120°	I_a:0.105∠0° I_b:0.00∠0.00° I_c:0.00∠0.00°	开出：断路器位置置合位，合后位置置合位；状态触发条件：时间控制 15s
	说明：加正常电压量，只有 A 相电流为 0.105A（即大于 $0.1I_e$），开关置合位，待自检报告内 CT 断线告警状态 2；所加时间不小于 15s		
	状态 2 参数设置（故障状态）		
	U_a:0∠0.00° U_b:0∠-120° U_c:0∠120°	I_a:0∠0° I_b:0.21∠-120° I_c:0. ∠0.00°	开出：断路器位置置合位；合后位置置合位；状态触发条件：时间控制 0.2s
	说明：加故障量，A 相加 0.21A+0.105A=0.315A，或者 B 相加 0.21A，开关置合位，所加故障时间=整定时间+60ms		
	装置报文	1. CT 断线；　2. 0ms 保护启动；　3. 7ms 纵联差动保护动作，A 相	
	装置指示灯	跳闸、重合闸红色指示灯亮	
试验仪器设置（CT 断线闭锁差动”置“1”时）	状态 1 参数设置（CT 断线告警状态）		
	U_a:57.74∠0.00° U_b:57.74∠-120° U_c:57.74∠120°	I_a:0.105∠0° I_b:0.00∠0.00° I_c:0.00∠0.00°	开出：断路器位置置合位，合后位置置合位；状态触发条件：时间控制 15s（待重合闸充电满）
	说明：加正常电压量，只有 A 相电流为 0.105A（即大于 $0.1I_e$），开关置合位，待自检报告内 CT 断线告警状态 2；所加时间不小于 28s		
	状态 2 参数设置（故障状态）		
	U_a:0∠0.00° U_b:0∠-120° U_c:0∠120°	I_a:0∠0° I_b:0.21∠-120° I_c:0. ∠0.00°	开出：断路器位置置合位，合后位置置合位；状态触发条件：时间控制 0.2s
	说明：加故障量，A 相加 0.21A+0.105A=0.315A，或者 B 相加 0.21A，开关置合位，所加故障时间=整定时间+60ms		
	装置报文	保护启动 00000ms	
	装置指示灯	无	

注：1. $I=mI(\max[I_{cdqd}, I_{ctdx}])K$，$m$ 分别为 0.95、1.05，K 在通道自环时取 0.5。

2. 故障试验仪器设置以 A 相故障为例，B、C 相类同。

3. 当“CT 断线闭锁差动”置“1”时，只要出现 CT 断线，保护永远闭锁差动保护。

3. 距离保护检验

（1）距离保护定值校验（以距离Ⅰ段为例）

1）相关定值。接地距离Ⅰ段保护电抗定值 Z_{set}Ⅰ：5.000Ω，相间距离Ⅰ段保护电抗定值 Z_{set}^{I}：5.0Ω，动作时间装置固有（t<35ms）；重合闸时间 $T_{ch}=1.5s$；零序电抗补偿系数 K_Z：0.66，线路正序灵敏角：85°，线路零序灵敏角：80°。

2）试验条件。

① 硬压板设置：投入洛双线检修状态投入 1RLP2 压板。

② 软压板设置：投入距离保护功能软压板、SV 接收软压板、保护跳闸 GOOSE 发送软压板、重合闸 GOOSE 发送软压板。

③ 控制字设置：距离保护Ⅰ段为1，TWJ启动重合闸为0，PT断线闭锁重合闸为1；

④ 开关状态：合位。

3）调试方法见表2-86。

表2-86 PCS 943A距离保护调试方法

试验项目	距离保护定值校验（正向区内、外故障；反向故障）：以距离Ⅰ段为例		
正向区内故障试验仪器设置（A相故障）$m=0.95$	状态1参数设置（故障前状态）		
	U_a:57.74∠0.00° U_b:57.74∠-120° U_c:57.74∠120°	I_a:0.00∠0° I_b:0.00∠0.00° I_c:0.00∠0.00°	开出：断路器位置置合位，合后位置置合位；状态触发条件：时间控制 28s
	说明：加正常电压量，电流为空载状态（即$I=0$），开关置合位，待PT断线恢复转入状态2；所加时间不小于28s		
	状态2参数设置（故障状态）		
	U_a:7.885∠0.00° U_b:57.74∠-120° U_c:57.74∠120°	I_a:1.00∠-85° I_b:0.00∠0.00° I_c:0.00∠0.00°	开出：断路器位置置合位；合后位置置合位状态触发条件：时间控制 0.06s
	说明：加故障量，开关置合位，所加故障时间=整定时间+60ms		
	装置报文	1. 3ms保护启动； 2. 26ms接地距离Ⅰ段动作，A相； 3. 1573ms重合闸动作	
	装置指示灯	跳闸、重合闸红灯亮	
正向区外故障试验仪器设置（BC相间故障）$m=0.95$	状态1参数设置（故障前状态）		
	U_a:57.74∠0.00° U_b:57.74∠-120° U_c:57.74∠120°	I_a:0.00∠0° I_b:0.00∠0.00° I_c:0.00∠0.00°	开出：断路器位置置合位，合后位置置合位；状态触发条件：时间控制 28s
	说明：加正常电压量，电流为空载状态（即$I=0$），开关置合位，待PT断线恢复转入状态2；所加时间不小于28s		
	状态2参数设置（故障状态）		
	U_a:57.74∠0.00° U_b:29.26∠-170.66° U_c:29.26∠170.66°	I_a:0.00∠0.00° I_b:1.00∠-175° I_c:1.00∠5.00°	开出：断路器位置置合位；合后位置置合位状态触发条件：时间控制 0.03s
	说明：加故障量，开关置合位，所加故障时间=整定时间+30ms		
	装置报文	1. 0ms保护启动； 2. 26ms相间距离Ⅰ段动作，B、C相； 3. 1545ms重合闸动作	
	装置指示灯	跳闸、重合闸红灯亮	
区外故障	状态参数设置	将区内故障中故障态的故障相电压、电流的值和角度改用$m=1.05$时的计算值即可	
	装置报文	保护启动 00000ms	
	装置指示灯	无	
反向故障	状态参数设置	将区内故障中故障态的故障相电流角度加上180°，电压角度不变即可	
	装置报文	保护启动 00000ms	
	装置指示灯	无	

注：1. 计算公式：单相故障 $U_{\Phi}=(1+K_x)mIZ_{set\,I}$，相间故障 $U_{\Phi\Phi}=2mIZ_{set\,I}$，$U_{\Phi}=(U_{\Phi\Phi}^2+U_{\Phi n}^2)^{1/2}/2$，$\theta=\arctan(U_{\Phi\Phi}/U_{\Phi n})$。

2. 故障试验仪器设置以A相故障和BC相间故障为例，B、C相故障，AB、CA相间故障类同。

3. 距离Ⅱ、Ⅲ段试验方法同距离Ⅰ段。

（2）手合加速距离Ⅲ段

1）相关定值。接地距离Ⅰ段保护电抗定值 $Z_{set\,I}$：5.000Ω、相间距离Ⅰ段保护电抗定值 Z_{setI}：5.0Ω，动作时间装置固有（$t<35$ms），重合闸时间 $T_{ch}=1.5$s；零序电抗补偿系数 K_Z：0.66，线路正序灵敏角：85°，线路零序灵敏角：80°。

2）试验条件

① 硬压板设置：投入洛双线检修状态投入 1RLP2 压板。

② 软压板设置：投入距离保护功能软压板、SV 接收软压板、保护跳闸 GOOSE 发送软压板、重合闸 GOOSE 发送软压板。

③ 控制字设置：距离保护Ⅰ段为 1，距离保护Ⅱ段为 1，距离保护Ⅲ段为 1，TWJ 启动重合闸为 0，PT 断线闭锁重合闸为 1，重合加速距离Ⅲ段为 1。

④ 开关状态：分位。

3）调试方法见表 2-87。

表 2-87　PCS 943A 距离手合后加速保护调试方法

<table>
<tr><td>试验项目</td><td colspan="3">手合加速距离Ⅲ段试验</td></tr>
<tr><td rowspan="8">手合加速距离Ⅲ段试验仪器设置（工频分量）m=0.95</td><td colspan="3">状态 1 参数设置（故障前状态）</td></tr>
<tr><td>U_a:57.74∠0.00°
U_b:57.74∠-120°
U_c:57.74∠120°</td><td>I_a:0.00∠0°
I_b:0.00∠0.00°
I_c:0.00∠0.00°</td><td>开出：断路器位置置分位；合后位置置 0；状态触发条件：时间控制 5s</td></tr>
<tr><td colspan="3">说明：加正常电压量，电流为空载状态（即 I=0），开关置分位，待 PT 断线恢复转入状态 2；所加时间不小于 5s</td></tr>
<tr><td colspan="3">状态 2 参数设置（故障状态）</td></tr>
<tr><td>U_a:31.54∠0.00°
U_b:57.74∠-120°
U_c:57.74∠120°</td><td>I_a:1.00∠-85°
I_b: 0.00∠0.00°
I_c:0.00∠0.00°</td><td>开出：断路器位置置分位；合后位置置 0；状态触发条件：时间控制 0.04s</td></tr>
<tr><td colspan="3">说明：加故障量距离Ⅲ段范围内均可，开关置分位，所加时间小于 150ms</td></tr>
<tr><td>装置报文</td><td colspan="2">1. 0ms　保护启动；2. 44ms 距离加速动作</td></tr>
<tr><td>装置指示灯</td><td colspan="2">动作红色指示灯亮</td></tr>
<tr><td rowspan="8">手合加速距离Ⅲ段试验仪器设置（谐波分量超过 20%）m=0.95</td><td colspan="3">状态 1 参数设置（故障前状态）</td></tr>
<tr><td>U_a:57.74∠0.00°
U_b:57.74∠-120°
U_c:57.74∠120°</td><td>I_a:0.00∠0°
I_b:0.00∠0.00°
I_c:0.00∠0.00°</td><td>开出：断路器位置置分位，合后位置置 0；状态触发条件：时间控制 5s</td></tr>
<tr><td colspan="3">说明：加正常电压量，电流为空载状态（即 I=0），开关置分位，待 PT 断线恢复转入状态 2；所加时间不小于 5s</td></tr>
<tr><td colspan="3">状态 2 参数设置（故障状态）</td></tr>
<tr><td>U_a:31.54∠0.00°
U_b:57.74∠-120°
U_c:57.74∠120°</td><td>I_a:1.00∠-85°　(50Hz)
I_b:0.20∠0.00°　(100Hz)
I_c:0.00∠0.00°　(50Hz)</td><td>开出：断路器位置置分位，合后位置置 0；状态触发条件：时间控制 0.04s</td></tr>
<tr><td colspan="3">说明：加故障量距离Ⅲ段范围内均可，开关置分位，所加时间小于 150ms</td></tr>
<tr><td>装置报文</td><td colspan="2">1. 3ms　保护启动；　2. 209ms 手合阻抗加速动作；</td></tr>
<tr><td>装置指示灯</td><td colspan="2">跳闸红灯亮</td></tr>
</table>

注：计算公式为 $U_\Phi = m(1+K_Z)I_e Z_{set.Ⅲ}$，$m$ 为系数。

4. 不对称相继速动保护

1）相关定值

接地距离Ⅱ段保护电抗定值 $Z_{setⅡ}$：12.00Ω，动作时间 $t_Ⅱ$=0.5s，重合闸时间 T_{ch}=1.5s，零序电抗补偿系数 K_X：0.66，零序电阻补偿系数 K_R：0.66，线路正序灵敏角：85°，线路零序灵敏角：80°。

2）试验条件

① 硬压板设置：投入洛双线检修状态投入 1-1KLP2 压板。

② 软压板设置：投入距离保护功能软压板、SV 接收软压板、保护跳闸 GOOSE 发布软压板、重合闸 GOOSE 发布软压板。

③ 距离保护Ⅰ段为 1，距离保护Ⅱ段为 1，距离保护Ⅲ段为 1，TWJ 启动重合闸为 0，PT 断线闭锁重合闸为 1，重合加速距离Ⅲ段为 1，不对称相继速动为 1。

④ 开关状态：合位。

3）调试方法见表2-88。

表2-88 PCS 943A不对称相继速动保护调试方法

试验项目	不对称相继速动保护		
正向区内故障试验仪器设置(A相接地故障)$m=0.95$	状态1参数设置(故障前状态)		
	U_a:57.74∠0.00° U_b:57.74∠-120° U_c:57.74∠120°	I_a:0.18∠0° I_b:0.18∠-120° I_c:0.18∠120°	开出:断路器位置置合位,合后位置置合位;电流为0.18A,即大于0.16I_n;状态触发条件:时间控制15s
	状态2参数设置(A相接地距离Ⅱ段)		
	U_a:18.924∠0.00° U_b:57.74∠-120.00° U_c:57.74∠120.00°	I_a:1.00∠-85° I_b:0.18∠-120° I_c:0.18∠120°	开出:断路器位置置分位;合后位置置0;状态触发条件:时间控制0.4s(小于接地距离Ⅱ段时间定值0.5s)
	状态3参数设置(故障态)		
	U_a:18.924∠0.00° U_b:57.74∠-120.00° U_c:57.74∠120.00°	I_a:1.00∠-85° I_b:0.00∠-120° I_c:0.00∠120°	开出:断路器位置置分位;合后位置置分位;状态触发条件:时间控制0.06s
	装置报文	1. 0ms保护启动;2. 438ms不对称相继动作;3. 1970ms重合闸动作	
	装置指示灯	跳闸、重合闸红色指示灯亮	

注：不对称故障相继速动的条件如下：

1）定值中“不对称相继速动”功能投入；

2）本侧距离Ⅱ段区内；

3）有一相电流由故障时有电流（大于0.16I_n）突然变为无电流（小于0.08I_n）；

4）本侧距离Ⅱ段在满足2）的条件后经短延时（30ms）不返回。

5. 零序保护检验

（1）零序过电流定值校验

1）相关定值。零序电流Ⅱ段保护定值$I_0=2.0\text{A}$，整定时间：0.5s，重合闸时间$T_{ch}=1.5\text{s}$，电抗零序补偿系数K_X：0.66，电阻零序补偿系数K_R：0.66，线路零序灵敏角ϕ_{lm}：80°。

2）试验条件。

① 硬压板设置：投入洛双线检修状态投入1-1KLP2压板。

② 软压板设置：投入距离保护功能软压板，SV接收软压板，保护跳闸GOOSE发布软压板、重合闸GOOSE发布软压板。

③ 控制字设置：零序过电流Ⅱ段为1，零序过电流Ⅱ段经方向为1，TWJ启动重合闸为0，PT断线闭锁重合闸为1。

④ 开关状态：合位。

3）调试方法见表2-89。

表2-89 PCS-943A零序过电流保护调试方法

试验项目	零序过电流定值校验(正向区内、外故障;反向故障):以零序Ⅱ段为例		
正向区内故障试验仪器设置(A相接地故障)$m=1.05$	状态1参数设置(故障前状态)		
	U_a:57.74∠0.00° U_b:57.74∠-120° U_c:57.74∠120°	I_a:0.00∠0.00° I_b:0.00∠0.00° I_c:0.00∠0.00°	开出:断路器位置置合位,合后位置置合位;状态触发条件:时间控制16s
	状态2参数设置(故障状态)		
	U_a:57.74∠0.00° U_b:57.74∠-120° U_c:57.74∠120°	I_a:2.1∠-80° I_b:0.00∠0.00° I_c:0.00∠0.00°	开出:断路器位置置分位;合后位置置合位;状态触发条件:时间控制$t_{0Ⅱ}$+0.06s=0.56s
	说明:故障相电压降低,电流增大为计算的故障电流(2.1A),故障相电流滞后故障相电压的角度为线路零序灵敏角ϕ_0(保证零序功率为正方向),零序保护装置固有动作时间小于50ms,所以故障态时间不宜加太长,一般加该段零序过电流整定时间+0.06s即可		

（续）

试验项目	零序过电流定值校验(正向区内、外故障;反向故障):以零序Ⅱ段为例	
正向区内故障试验仪器设置(A 相接地故障)$m=1.05$	装置报文	1.0ms 保护启动;2.519ms 零序过电流Ⅱ段动作,A 相;3.2073ms 重合闸动作
	装置指示灯	跳闸、重合闸红色指示灯亮
区外故障	状态参数设置	将区内故障中故障态的故障相电流值改用 $m=0.95$ 时的计算值,方向不变
	装置报文	保护启动 00000ms
反向故障	状态参数设置	将区内故障中故障态的故障相电流角度加上 180°,即 I_C 为 2.1∠100.0°即可
	装置报文	2ms 保护启动

注：1. 计算公式：$I=mI_{0Ⅱ}$。
2. 仅校验零序过电流定值时故障相电压降低到零序功率方向能动作即可（建议故障相电压 $U=50V$），$m=1.2$ 时，测量动作时间。
3. 故障试验仪器设置以 A 相故障为例，B、C 相类似。

（2）零序方向动作区及灵敏角试验

1）相关定值，同零序过电流定值校验。

2）试验条件，同零序过电流定值校验。

3）调试方法见表 2-90。

表 2-90　PCS-943A 零序方向及灵敏角调试方法

试验项目	零序方向动作区及灵敏角检验、零序最小动作电压
动作区试验方法	1. 手动试验界面 2. 先加正序电压量及电流为 0,让 PT 断线恢复,按"菜单栏"上的"输出保持"按钮(按下"输出保持"可保持按下前装置输出量) 3. 改变电流量大于 $I_{0Ⅱ}$ 定值,角度调为大于边界几个角度 4. 在仪器界面右下角的变量及变化步长选择中选择好变量(角度)、变化步长 5. 放开菜单栏"上的"输出保持"按钮,调节步长▲或▼,直到保护动作
注意事项	1. 这里线路零序灵敏角定义为 $3I_0$ 超前于 $3U_0$ 的角度,而非 U_a 超前于 I_a 的角度 2. $3I_0$ 应大于零序电流动作值,这里取零序Ⅱ段 1.05 倍时的电流值 3. 控制字中"零序过电流Ⅱ段经方向"置 1,防止零序Ⅱ段应没有方向,而先动作 4. 采用手动试验来校验,期间可能造成距离保护先动作,校验前可将距离保护的硬压板退出,并将零序Ⅱ段定值适当降低(不能低于零序Ⅲ段,否则装置会告警) 5. 采用手动试验时,若是有采接点用来监视动作时间的话,那么结合试验仪器中的"输出保持",并将控制字中"零序过电流Ⅱ段经方向"置 1,可方便测量出角度 6. 定值"线路零序灵敏角"会影响测试的边界角度
边界 1	步骤 1(等待 PT 断线恢复)
	切换到"手动试验"状态,在模拟量输入框中输入: U_a:57.74∠0.00°　U_b:57.74∠-120°　U_c:57.74∠120° I_a:0.00∠0.00°　I_b:0.00∠0.00°　I_c:0.00∠0.00°。 变量及变化步长选择:变量 I_a 相位,变化步长为 0.5°
	说明:该步骤为故障前状态,保持 12s 以上,待"运行异常"(PT 断线)灯灭,该试验不校验重合闸,可不必等"重合允许"灯亮
	步骤 2(保持状态 1 电压输出)
	设置好后,按下"开始",再按下"菜单栏"上的"输出保持"按钮
	步骤 3(零序Ⅱ段)
	改变 U_a 幅值、I_a 幅值和相位(相位考虑在动作区的边界值附近并不让保护装置动作,其他不变。U_a:50∠0.00°,I_a:2.1∠-0.5°,设置好后,放开"菜单栏"上的"输出保持"按钮
	步骤 4(确定边界 1 的角度)
	调节步长▲,直到保护动作;记录保护动作的角度 ϕ_1(3.5°)。

（续）

试验项目	零序方向动作区及灵敏角检验、零序最小动作电压
边界 2	步骤 1（等待 PT 断线恢复）
	切换到“手动试验”状态，在模拟量输入框中输入： U_a:57.74∠0.00° U_b:57.74∠-120° U_c:57.74∠120° I_a:0.00∠0.00° I_b:0.00∠0.00° I_c:0.00∠0.00°。 变量及变化步长选择：变量 I_a，相位变化步长为 0.5°
	说明：该步骤为故障前状态，保持 12s 以上，待“运行异常”（PT 断线）灯灭，该试验不校验重合闸，可不必等“重合允许”灯亮
	步骤 2（保持状态 1 电压输出）
	设置好后，按下“开始”，再按下“菜单栏”上的“输出保持”按钮
	步骤 3（零序Ⅱ段）
	改变 U_a 幅值、I_a 幅值和相位（相位考虑在动作区的边界值附近并不让保护装置动作，其他不变。U_a:50∠0.00°V，I_a:2.1∠-162°A，设置好后，放开“菜单栏”上的“输出保持”按钮
	步骤 4（确定边界 2 的角度）
	调节步长▲，直到保护动作；记录保护动作的角度 ϕ_2（-164.0°）
零序最小动作电压试验仪器设置（A 相接地故障）	步骤 1（等待 PT 断线恢复）
	U_a:57.74∠0.00° U_b:57.74∠-120° U_c:57.74∠120° I_a:0.00∠0.00° I_b:0.00∠0.00° I_c:0.00∠0.00° 变量及变化步长选择：变量 U_a 幅值；变化步长为 0.1V
	步骤 2（确定最小动作电压）
	设置好后，按下“开始”，再按下“菜单栏”上的“输出保持”按钮
	步骤 3（零序Ⅱ段）
	改变 U_a 幅值、I_a 幅值。U_a:57.74∠0.00°，I_a:2.1∠-80°。设置好后，放开“菜单栏”上的“输出保持”按钮
	步骤 4（确定最小动作电压幅值）
	调节变化步长▼，直到保护动作，记录此时动作的电压（56.54V）
	说明： 1. 注意保护装置要无告警信号，若出现告警须从头开始测试。 2. 本装置的保护动作区间为：$-162° \leqslant \arg(3\dot{I}_0/3\dot{U}_a) \leqslant 18°$ 3. 动作电流用额定二次电流，装置的零序最小动作电压大约为 1.2V，单相降低到 57.74V-1.24V=56.5V 时零序过电流保护动作，保护从不动作校验到动作以确定最小动作电压，调节步长每秒单击一下“▼”

（3）重合加速零序Ⅱ段（重合加速零序）

相关定值和试验条件同零序过电流定值校验。

调试方法见表 2-91。

表 2-91 PCS-943A 零序重合闸后加速保护调试方法

<table>
<tr><th>试验项目</th><th colspan="3">重合后加速零序Ⅱ段</th></tr>
<tr><td rowspan="6">重合后加速零序Ⅱ段试验仪器设置（A 相为例）</td><td colspan="3">状态 1 参数设置（故障前状态）</td></tr>
<tr><td>U_a:57.74∠0.00°
U_b:57.74∠-120°
U_c:57.74∠120°</td><td>I_a:0.00∠0.00°
I_b:0.00∠0.00°
I_c:0.00∠0.00°</td><td>开出：断路器位置置合位，合后位置置合位；状态触发条件：时间控制 15s</td></tr>
<tr><td colspan="3">说明：故障前状态 15s 使得“运行异常”（PT 断线）复归</td></tr>
<tr><td colspan="3">状态 2 参数设置（故障状态）</td></tr>
<tr><td>U_a:50∠0.00°
U_b:57.74∠-120°
U_c:57.74∠120°</td><td>I_a:2.1∠-80°
I_b:0.00∠0.00°
I_c:0.00∠0.00°</td><td>开出：断路器位置置分位，合后位置置合位；状态触发条件：时间控制 0.56s</td></tr>
<tr><td colspan="3">说明：故障态时间保证有保护动作即可，亦不可加太长时间</td></tr>
</table>

（续）

<table>
<tr><td>试验项目</td><td colspan="3">重合后加速零序Ⅱ段</td></tr>
<tr><td rowspan="8">重合后加速零序Ⅱ段试验仪器设置（A 相为例）</td><td colspan="3">状态 3 参数设置（重合状态）</td></tr>
<tr><td>U_a:57.74∠0.00°
U_b:57.74∠-120°
U_c:57.74∠120°</td><td>I_a:0.00∠0.00°
I_b:0.00∠0.00°
I_c:0.00∠0.00°</td><td>开出：断路器位置置合位，合后位置置合位；状态触发条件：时间控制 1.6s</td></tr>
<tr><td colspan="3">说明：重合态时间稍大于重合闸时间定值</td></tr>
<tr><td colspan="3">状态 4 参数设置（重合后状态）</td></tr>
<tr><td>I_a:50∠0.00°
U_b:57.74∠-120°
U_c:57.74∠120°</td><td>I_a:5.25∠-80°
I_b:0.00∠0.00°
I_c:0.00∠0.00°</td><td>开出：断路器位置置分位，合后位置置合位；状态触发条件：时间控制 0.19s</td></tr>
<tr><td colspan="3">说明：此实验为模拟故障，不校验定值，且不论正、反方向都能正确动作</td></tr>
<tr><td>装置报文</td><td colspan="2">1. 2ms 保护启动； 2. 505ms 零序过电流Ⅱ段动作，A 相；
3. 2087ms 重合闸动作； 4. 2246ms 零序过电流加速动作</td></tr>
<tr><td>装置指示灯</td><td colspan="2">跳闸、重合闸红灯亮</td></tr>
</table>

注：1. 状态 1 加正常电压量，电流为 0，GOOSE 数据集中的“断路器总位置”的“数据类型”选择为[10]，“合后位置”的“数据类型”选择为[10]，待 PT 断线恢复及面板“已充满”出现指示。
2. 状态 2 加故障量（I_{02}定值），GOOSE 数据集中的“断路器总位置”的“数据类型”选择为[01]，“合后位置”的“数据类型”选择为[10]，即开关分位，所加时间应小于所模拟故障保护整定时间+100ms。
3. 在状态 2 的基础上，单击鼠标右键，选择“添加测试项”，单击是，状态 3 加正常电压量，电流为 0，GOOSE 数据集中的“断路器总位置”的“数据类型”选择为[10]，“合后位置”的“数据类型”选择为[10]，即开关合位，所加时间=重合时间+100ms。
4. 在状态 3 的基础上，单击鼠标右键，选择“添加测试项”，单击“是”，状态 4 加故障量（零序过电流加速段定值），GOOSE 数据集中的“断路器总位置”的“数据类型”选择为[01]，“合后位置”的“数据类型”选择为[10]，即开关分位，所加时间应小于 200ms。

6. PT 断线过电流保护检验

1）相关定值。PT 断线相过电流定值 $I_{PT\phi}$为 3.0A，PT 断线零序过电流定值 I_{PT}为 2.0A，PT 断线过电流时间 t:1.6s。

2）试验条件。

① 压板设置如下：

a）硬压板设置：投入洛双线检修状态投入 1-1KLP2 压板。

b）软压板设置：投入零序过电流、距离保护功能软压板，SV 接收软压板，保护跳闸 GOOSE 发送软压板、重合闸 GOOSE 发送软压板。进行 PT 断线相过电流保护校验需投距离保护软压板；进行 PT 断线零序过电流保护校验需投距离保护软压板，或者投入零序保护软压板。

② 控制字设置：接地距离Ⅱ段为 1，零序过电流Ⅱ段为 1，零序过电流Ⅱ段经方向为 1，TWJ 启动重合闸为 0，PT 断线闭锁重合闸为 1。

③ 开关状态：合位。

3）调试方法见表 2-92

表 2-92　PCS-943A PT 断线过电流保护调试方法

<table>
<tr><td>试验项目</td><td colspan="3">PT 断线相过电流、零序过电流校验</td></tr>
<tr><td rowspan="5">PT 断线相过电流校验试验仪器设置（三相过电流）m=1.05</td><td colspan="3">状态 1 参数设置（故障状态）</td></tr>
<tr><td>U_a:0∠0.00°
U_b:57.74∠-120°
U_c:57.74∠120°</td><td>I_a:3.15∠0.00°
I_b:3.15∠-120°
I_c:3.15∠120°</td><td>开出：断路器位置置合位，合后位置置合位；状态触发条件：时间控制 1.66s</td></tr>
<tr><td colspan="3">说明：由于加入模拟量前装置已经处“运行异常”（PT 断线）灯灭，故三相电压虽正常，但不影响试验结果，电流直接加三相对称的 1.05 倍的值，时间略大于 PT 断线时过电流时间</td></tr>
<tr><td>装置报文</td><td colspan="2">1. 4ms 保护启动； 2. 1609ms PT 断线过电流动作</td></tr>
<tr><td>装置指示灯</td><td colspan="2">动作灯亮</td></tr>
</table>

（续）

试验项目	PT 断线相过电流、零序过电流校验		
PT 断线零序过电流校验试验仪器设置（A 相接地）$m=1.05$	状态 1 参数设置（故障状态）		
	U_a：0∠0.00° U_b：57.74∠−120° U_c：57.74∠120°	I_a：3.15∠0.00° I_b：0∠−120° I_c：0∠120°	开出：断路器位置置合位，合后位置置合位；状态触发条件：时间控制 1.66s
	说明：电流直接加单相对称的 1.05 倍的值，时间略大于 PT 断线时过电流时间		
	装置报文	1. 4ms 保护启动；　2. 1609ms PT 断线过电流动作	
	装置指示灯	动作灯亮	
区外故障	状态参数设置	将区内故障中故障态的故障相电流值改用 $m=0.95$ 时的计算值。	
	装置报文	保护启动 00000ms	

注：1. 计算公式：PT 断线相过流：$I=mI_{pt\phi}$，PT 断线零序过流：$I=mI_{pt0}$

2. PT 断线整组试验可直接用手动试验加模拟量，不必在意时间。

2.8 线路保护逻辑校验

2.8.1 测试仪器接线及配置

1）将 GXC-01M 光纤信号传输装置的发信口和收信口用尾纤自环。

2）测试仪光纤接线：用三对尾纤分别将测试仪的光口 1 与线路保护直采 SV 口（8-8 口）连接，光口 2 与线路保护直跳 GOOSE 口（8-2）连接，光口 3 与组网 GOOSE 口（8-3）连接。

3）测试仪配置

① 系统参数：二次额定线电压为 100V，额定频率为 50Hz，二次额定电流为 1A，规约选择 IEC61850-9-2，PT 电压比为 220/100，CT 电流比 2000/1。

② SV 报文映射：对应线路合并单元输出，合并单元输出三相保护电流（包括主、副采）分别映射测试仪 IA、IB、IC，合并单元输出三相电压（包括主、副采）分别映射测试仪 VA、VB、VC，输出光口选择“光口 1”。

③ GOOSE 订阅：订阅本线路保护 GOOSE 输出，并将保护的跳 A、跳 B、跳 C、重合出口分别映射到测试仪的 GOOSE 开入 A、B、C、D，接收光口选择“光口 2”。

④ GOOSE 发布：订阅发布本线路保护对应智能终端 GOOSE 输出，并映射到光口 2，将相应的开关 A 相位置、B 相位置、C 相位置、另一套智能终端闭锁重合闸、气压低闭锁重合闸分别映射到仪器的开出 1-5（PNF 系列测试仪可不用映射；订阅发布对应母线差动保护输出，并映射到光口 3，部分仪器将母差保护启动本线路远跳的 GOOSE 开出映射到测试仪的开出 6。

2.8.2 GOOSE 检修逻辑检查

1. 检查目的

GOOSE 检修逻辑检查的目的是为了确保智能变电站的检修机制正确可用，验证不同装置的检修位置配合逻辑情况正确。GOOSE 接收侧和发送侧的检修状态一致时，即同时投入检修装置时和同时退出检修状态时，装置应能正确响应 GOOSE 开入量变位。GOOSE 接收侧和发送侧的检修状态不一致时，即只有一侧投入检修状态时，装置应不对 GOOSE 开入量变位进行响应，且稳态量开入保持检修不一致前的状态，暂停量开入保持 0 状态。

2. 检验内容

检验内容以 PSL 602U 保护为例，见表 2-93。

表 2-93 PSL 602U 保护 GOOSE 检修逻辑检查

对侧装置				本装置检修位	
				0	1
装置名称	GOOSE 类型	信号名称	检修位	装置逻辑检查结果	装置逻辑检查结果
线路智能终端	稳态开入量	断路器 A 相跳闸位置	0	正常变位	保持上一态
			1	保持上一态	正常变位
		断路器 B 相跳闸位置	0	正常变位	保持上一态
			1	保持上一态	正常变位
		断路器 C 相跳闸位置	0	正常变位	保持上一态
			1	保持上一态	正常变位
	暂态开入量	压力低闭锁线路保护重合闸	0	正常变位	清零
			1	清零	正常变位
		另一套智能终端闭锁本套线路保护重合闸	0	正常变位	清零
			1	清零	正常变位
母差保护	暂态开入量	母差保护动作停信	0	正常变位	清零
			1	清零	正常变位
		母差保护动作闭锁本线路保护重合闸	0	正常变位	清零
			1	清零	正常变位
备注	稳态开入量包括开关、刀闸等位置信号，暂态开入量包括闭重、失灵、跳闸等信号。GOOSE 检修状态不一致时，开关、刀闸、合后位置等稳态开入量保持上一态，闭锁重合、启动失灵等暂态开入量清零，保护不应误动作且告警灯亮，发送正确告警信号至监控后台。不能以装置显示作为“装置逻辑检查结果”，应测试装置实际逻辑				

3. 检验方法

下面以 PSL 602UI 线路保护为例，其他装置检验方法类似。

模拟两侧检修状态方法：PSL 602UI 保护装置的检修状态直接用“置检修状态”硬压板进行投切。模拟智能终端检修状态：在 GOOSE 发布参数设置中，设置 GOOSE 报文的 Test 位置 1 或“TRUE”状态。

下面以模拟智能终端检修，线路保护装置正常运行时的逻辑为例进行说明，其他情况的逻辑检查做法类似。

退出 PSL 602UI 保护装置的“置检修状态”硬压板，在测试仪的 GOOSE 发布参数中将 Test 位置 1，用手动或状态序列设置 GOOSE 发布中对应设备的开出量状态变位，检查保护装置的开入量变位情况。

（1）稳态量检验实例

用测试状态序列模式，第一态模拟 PSL 602UI 线路保护装置的“开关位置 TWJA”初始状态为 1，即智能终端“开关 A 相位置”处分闸位置，智能终端“检修位”置 0；第二态模拟智能终端“开关 A 相位置”处合闸位置，智能终端“检修位”置 1，保持 15s；检查 602UI 的开入量“开关位置 TWJA”的变位情况。根据逻辑要求，因为开关位置为稳态量开入，所以保持之前的状态，即保持 1，检查保护装置“重合允许灯”保持灭。

（2）暂态量检验实例

用测试状态序列模式，第一态模拟 PSL 602UI 线路保护装置的“压力低闭锁重合闸”初始状态为 1，即智能终端“压力低闭锁线路保护重合闸”置 1，智能终端“检修位”置 0，并模拟三相开关合位，保持 15s，“重合允许”灯亮；第二态模拟智能终端“压力低闭锁线路保护重合闸”置 1，智能终端“检修位”置 1；检查 PSL 602UI 的开入量“压力低闭锁重合闸”的变位情况。根据逻辑要求，因为“压力低闭锁重合闸”为暂态量开入，所以开入清 0，检查保护装置“重合允许灯”由灭变亮。

2.8.3 GOOSE 断链逻辑检查

1. 检验目的

GOOSE 断链逻辑检查是为了验证 GOOSE 链路中断情况下，装置开入量的变位逻辑，确保 GOOSE 断链情况下不会引起保护误动。GOOSE 断链后，稳态量开入（如开关、刀闸位置等）应保持断链前的状态，暂态量开入（如闭重、启动失灵、跳闸等）应清零。

2. 检验内容

检验内容以 PSL 602U 保护为例，见表 2-94。

表 2-94 PSL 602U 保护 GOOSE 断链逻辑检查

对侧装置			本装置逻辑检查结果
装置名称	GOOSE 类型	信号名称	
线路智能终端	稳态开入量	断路器 A 相跳闸位置	保持上一态
		断路器 B 相跳闸位置	保持上一态
		断路器 C 相跳闸位置	保持上一态
	暂态开入量	压力低闭锁线路保护重合闸	清零
		另一套智能终端闭锁本套线路保护重合闸	清零
母差保护	暂态开入量	母差保护动作停信	清零
		母差保护动作闭锁本线路保护重合闸	清零
备注	稳态开入量包括开关、刀闸等位置信号，暂态开入量包括闭重、失灵、跳闸等信号。GOOSE 断链时，开关、刀闸、合后位置等稳态开入量保持上一态，闭锁重合、启动失灵等暂态开入量清零，保护不应误动作且告警灯亮，发送正确告警信号至监控后台。不应以装置显示作为“装置逻辑检查结果”，应测试装置实际逻辑		

3. 检验方法

以 PSL 602UI 线路保护为例，其他装置检验方法类似。

模拟 GOOSE 断链的方法：断开被测试 GOOSE 链路的光纤通道。

下面以模拟智能终端检修，线路保护装置正常运行时的逻辑为例进行说明，其他情况的逻辑检查做法类似。

PSL 602UI 保护装置的“置检修状态”硬压板，在测试仪的 GOOSE 发布参数中将 Test 位置 0，用手动或状态序列设置 GOOSE 发布中对应设备的开出量状态变位，检查保护装置的开入量变化情况，确认保护装置开入量变位正确。

（1）稳态量检验实例

用手动或状态序列模式，模拟 PSL 602UI 线路保护装置的“开关位置 TWJA”初始状态为 1，断开智能终端到保护装置的直连光纤；检查 PSL 602UI 的开入量“开关位置 TWJA”的变位情况。根据逻辑要求，因为开关位置为稳态量开入，所以保持之前的状态，即保持为 1，检查保护装置“重合允许灯”保持灭。

（2）暂态量检验实例

用手动或测试状态序列模式，模拟 PSL 602UI 线路保护装置的“压力低闭锁重合闸”初始状态为 1，断开智能终端至线路保护直连光纤；检查 PSL 602UI 的开入量“压力低闭锁重合闸”的变位情况。根据逻辑要求，因为“压力低闭锁重合闸”为暂态量开入，所以开入清 0，检查保护装置“重合允许灯”由灭变亮。

2.8.4 SV 检修逻辑检查

1. 检验目的

SV 检修逻辑检查是为了验证保护装置本身的检修状态和的 SV 数据的检修状态之间的配

合逻辑关系。电流通道检修不一致时，应闭锁所有保护。电压通道检修不一致时，按照 PT 断线逻辑处理。

2. 检验内容

检验内容以 PSL 602U 保护为例，见表 2-95。

表 2-95　PSL 602U 保护 SV 检修逻辑检查

对侧装置				本装置检修位	
				0	1
装置名称	SV 通道类型	信号名称	检修位	装置逻辑检查结果	装置逻辑检查结果
线路合并单元	电流通道	线路电流	0	正常动作	闭锁保护
			1	闭锁保护	正常动作
	电压通道	母线电压	0	正常动作	PT 断线
			1	PT 断线	正常动作
备注	投入所有功能软压板。电流通道无效闭锁所有保护并正确告警发送闭锁信号,电压通道无效的处理同 PT 断线。应在双 AD 一致前提下进行此试验。不应以装置显示作为“装置逻辑检查结果”,应测试装置实际逻辑。				

3. 检验方法

以 PSL 602UI 线路保护为例，其他装置检验方法类似。

模拟两侧检修状态方法：602UI 保护装置的检修状态直接用“置检修状态”硬压板进行投切。模拟合并检修状态：在 SV 发布参数设置中，设置 SV 报文的 Test 位置 1 或“TRUE”状态。

SV 电流通道检修，线路保护装置正常运行时的逻辑检验。

退出 602UI 保护装置的“置检修状态”硬压板，在测试仪的电流通道的数据属性中的“检修位”或“Test 位”置 1。模拟装置差动逻辑，此时保护应闭锁。

SV 电压通道检修，线路保护装置正常运行时的逻辑检验。

退出 602UI 保护装置的“置检修状态”硬压板，在测试仪的电压通道的数据属性中的“检修位”或“Test 位”置 1。模拟装置距离保护逻辑，此时距离保护应闭锁，PT 断线过流保护动作。

2.8.5 SV 无效逻辑检查

1. 检验目的

SV 无效逻辑检查是为了验证电子互感器或合并单元采样数据异常时保护装置的处理逻辑。电流通道品质位异常时，应闭锁所有保护。电压通道品质位异常时，按照 PT 断线逻辑处理。

2. 检验内容

检验内容以 PSL 602U 保护为例，见表 2-96。

表 2-96　PSL 602U 保护 SV 无效逻辑检查

对侧装置				本装置
装置名称	SV 通道类型	信号名称	无效位	装置逻辑检查结果
线路合并单元	电流通道	线路电流	0	正常动作
			1	闭锁保护
	电压通道	母线电压	0	正常动作
			1	PT 断线
备注	投入所有功能软压板。电流通道无效闭锁所有保护并正确告警发送闭锁信号,电压通道无效的处理同 PT 断线。应在双 AD 一致前提下进行此试验。不应以装置显示作为“装置逻辑检查结果”,应测试装置实际逻辑。			

3. 检验方法

以 PSL 602UI 线路保护为例，其他装置检验方法类似。

电流通道无效逻辑检验：线路保护装置正常运行，在测试仪的电流通道的数据属性中的“无效位”置 1。模拟装置差动逻辑，此时保护应闭锁。

电压通道无效逻辑检验：线路保护装置正常运行，在测试仪的电压通道的数据属性中的“无效位”置 1。模拟装置距离保护逻辑，此时距离保护应闭锁，PT 断线过流保护动作。

第3章

智能变电站的主变保护装置调试

本章主要介绍500kV的主变保护及220kV的主变保护装置调试。以国内常见的几种智能变电站变压器保护PST1200、CSC326、PCS978、WBH801为例，根据变电站的实例配置，从光纤连接、测试仪配置、计算思路、调试方法等入手，对主变保护的调试进行全过程的分解。内容包括主变差动保护、阻抗保护、复压过电流保护、零序过电流保护、间隙保护、过负荷等，基本涵盖所有的变压器保护。同时对智能变电站保护的特有逻辑，如检修机制、光纤断链、SV无效、GOOSE无效、双AD不一致等的验证方法进行详细说明。

3.1　500kV的PST1200主变保护调试

3.1.1　概述

1. 保护装置简介

PST-1200U系列数字式成套变压器保护装置适用于500kV电压等级大型电力变压器，主后备保护共用一组TA。PST-1200UT5-DG-G型号采用常规互感器接入方式和GOOSE跳闸方式，除基本配置外，选配自耦变（公共绕组后备保护）功能，且使用国网六统一原则设计。

2. 保护装置功能配置

PST-1200UT5-DG-G变压器保护装置功能配置见表3-1。

表3-1　保护功能配置

保护分类	保护功能模块	模块内容
主保护	纵差差动保护	纵差差动速断保护
		纵差稳态比率差动保护
		纵差故障量差动保护
	分相差动保护	分相差动速断保护
		分相稳态比率差动保护
		分相故障量差动保护
	低压侧小区差动保护	低压侧小区稳态比率差动保护
	分侧差动保护	分侧稳态比率差动保护
后备保护	后备保护	相间阻抗保护
		接地阻抗保护
		复压过电流保护
		零序(方向)过电流保护
		过励磁保护
		断路器失灵保护
		公共绕组后备保护
		差流越限告警
		过负荷告警

3. 保护装置背板说明

图3-1所示的5号板件为主CPU、6号板件为从CPU、9号板件为光口扩展。

5号、6号板件：装置提供一组SV级联光口NET1，接收模拟量采样数据，型号为LC，因装置采用常规互感器接入方式采样数据，故该光口未启用；提供一组 GOOSE 级联光口 NET2，用于收发 GOOSE 数据，型号为 LC，该光口通过光纤级联到 9 号板的光口 0（主 CPU）、光口 1（从 CPU），用于扩展 GOOSE 接口。

9 号板件：装置提供 12 组光以太网，其中光口 0 和光口 1 用于级联、光口 2 用于 500kV GOOSE 组网、光口 3 用于 220kV GOOSE 组网、光口 4 用于 GOOSE 直跳边开关、光口 5 用于 GOOSE 直跳中开关、光口 6 用于 GOOSE 直跳中压侧开关、光口 7 用于 GOOSE 直跳低压侧开关。

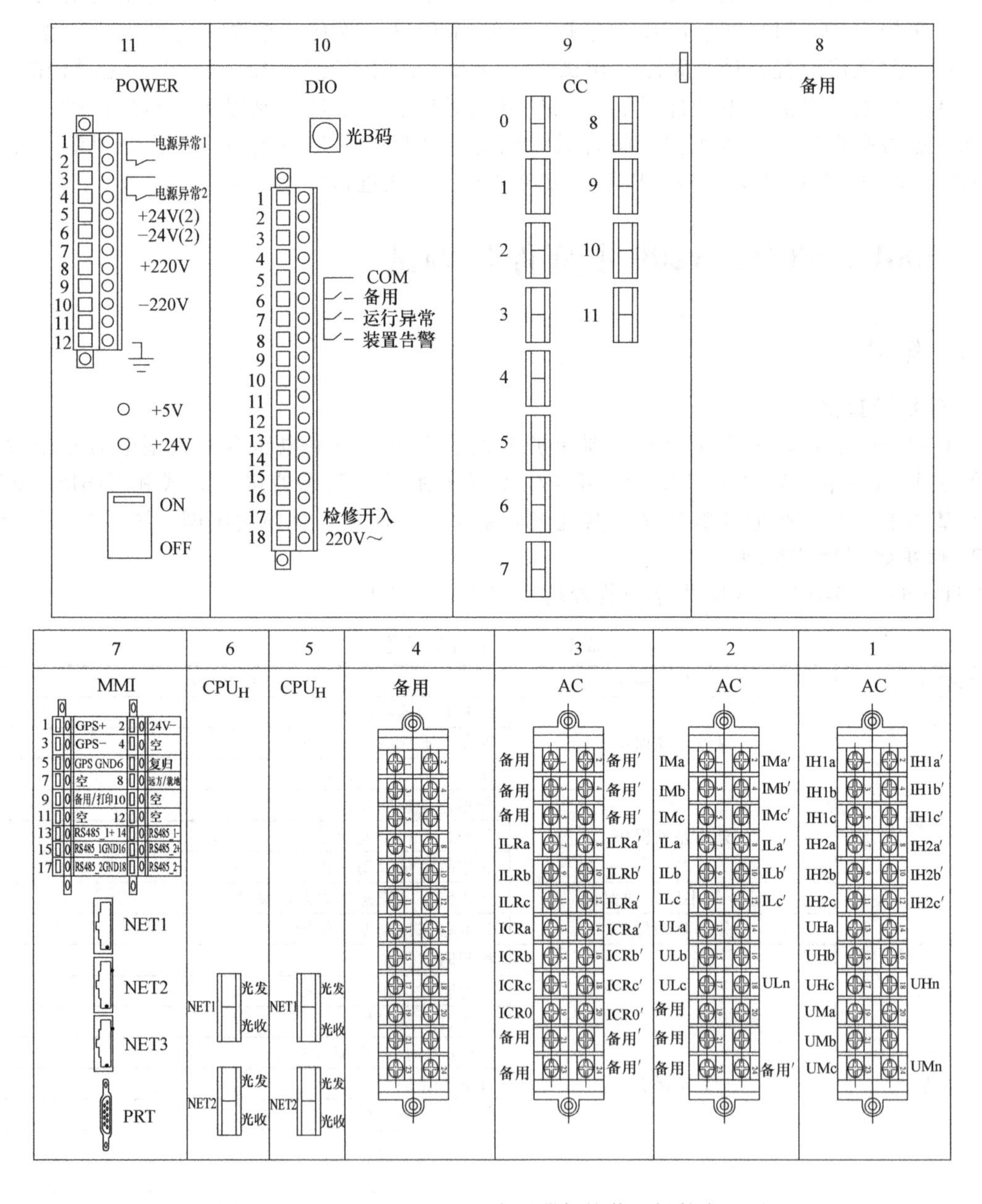

图 3-1　PST-1200UT5-DG-G 变压器保护装置插件布置图

4. 虚端子及软压板配置

图 3-2 为 PST-1200UT5-DG-G 主变保护装置虚端子联系示意图。

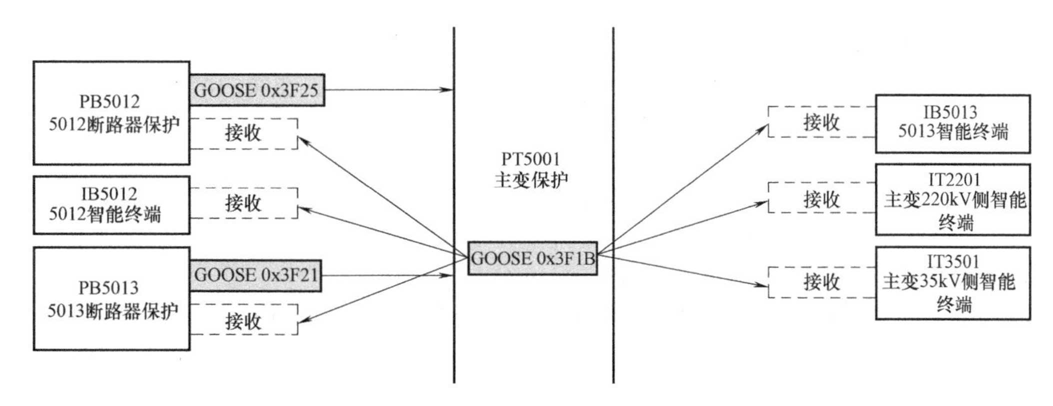

图 3-2　PST-1200UT5-DG-G 主变保护装置虚端子联系示意图

表 3-2、表 3-3 所示内容为 PST-1200UT5-DG-G 主变保护装置虚端子内部联系和 GOOSE 接收、发布软压板配置情况。

表 3-2　PST-1200UT5-DG-G 主变保护装置虚端子开入及软压板配置表

序号	功能定义	终点设备:主变保护		起点设备		
		厂家虚端子定义	接收软压板	设备名称	厂家虚端子定义	发送软压板
1	中开关失灵联跳开入	1-高压 2 侧失灵联跳开入	高压 2 侧失灵联跳开入软压板	5012 断路器保护	10-失灵跳闸 5	失灵跳闸 5 软压板
2	边开关失灵联跳开入	2-高压 1 侧失灵联跳开入	高压 1 侧失灵联跳开入软压板	5013 断路器保护	10-失灵跳闸 5	失灵跳闸 5 软压板

表 3-3　PST-1200UT5-DG-G 主变保护装置虚端子开出及软压板配置表

序号	功能定义	起点设备:主变保护		终点设备		
		厂家虚端子定义	发送软压板	设备名称	厂家虚端子定义	接收软压板
1	边开关跳闸出口	1-跳高压 1 侧断路器	跳高压 1 侧断路器软压板	5013 智能终端	9-TJR 闭重三跳 1	无
2	启动边开关保护失灵	2-启动高压 1 侧失灵	启动高压 1 侧失灵软压板	5013 断路器保护	8-保护三相跳闸 1	无
3	中开关跳闸出口	3-跳高压 2 侧断路器	跳高压 2 侧断路器软压板	5012 智能终端	4-TJR 闭重三跳 1	无
4	启动中开关保护失灵	4-启动高压 2 侧失灵	启动高压 2 侧失灵软压板	5012 断路器保护	5-保护三相跳闸 1	无
5	中压侧开关跳闸出口	5-跳中压侧断路器	跳中压侧断路器软压板	2011 智能终端	3-三跳并闭锁重合闸	无
6	低压侧开关跳闸出口	11-跳低压侧断路器	跳低压侧断路器软压板	3001 智能终端	3-三跳并闭锁重合闸	无

3.1.2　保护装置常规校验

1. 试验计算

参数定值如下：

$$S_{e_{HM}} = 800\text{MV}\cdot\text{A};\ S_{e_L} = 256\text{MV}\cdot\text{A}$$

$$U_{e_H} = 525\text{kV};\ U_{e_M} = 230\text{kV};\ U_{e_L} = 36\text{kV}$$

$$n_H = 1200/1;\ n_M = 2000/1;\ n_{L外} = 5000/1;\ n_{L套} = 6000/1;\ n_{公共} = 2000/1$$

各侧二次额定电流计算如下：

$$I_{eH}=\frac{S_{e_{HM}}}{\sqrt{3}U_{e_H}n_H}=\frac{800\times10^3}{\sqrt{3}\times525\times1200}A\approx0.733A;\quad I_{eM}=\frac{S_{e_{HM}}}{\sqrt{3}U_{e_M}n_M}=\frac{800\times10^3}{\sqrt{3}\times230\times2000}A\approx1.004A$$

$$I_{eL外}=\frac{S_{e_{HM}}}{\sqrt{3}U_{e_L}n_{L外}}=\frac{800\times10^3}{\sqrt{3}\times36\times5000}A\approx2.566A;\quad I_{eL套}=\frac{S_{e_{HM}}}{3U_{e_L}n_{L套}}=\frac{800\times10^3}{3\times36\times6000}A\approx1.235A$$

2. 光纤接线及 GOOSE 配置、软压板

（1）测试仪光纤接线　测试仪的光口 1 与主变保护 500kV GOOSE 组网口（9X-2 口）连接。

（2）GOOSE 配置

1）GOOSE 订阅：订阅主变保护 GOOSE 输出，并将保护的跳高压 1 侧断路器、启动高压 1 侧失灵、跳高压 2 侧断路器、启动高压 2 侧失灵、跳中压侧断路器、跳低压侧断路器、过负荷分别映射到测试仪的 GOOSE 开入 A、B、C、D、E、F、G，接收光口选择光口 1。

2）GOOSE 发布：模拟发布高压 1 侧、高压 2 侧断路器保护的输出，并映射到光口 1，将高压 1 侧断路器保护的失灵跳闸 5、高压 2 侧断路器保护的失灵跳闸 5 分别映射到仪器的开出 1、2。

（3）GOOSE 发送、接收软压板

1）GOOSE 发送软压板：投入“跳高压 1 侧断路器”“启动高压 1 侧失灵”“跳高压 2 侧断路器”“启动高压 2 侧失灵”“跳中压侧断路器”“跳低压侧断路器”软压板。

2）GOOSE 接收软压板：投入“高压 1 侧失灵联跳开入”“高压 2 侧失灵联跳开入”软压板。

3.1.3 调试方法

1. 主保护检验

（1）纵差差动保护启动值、速断定值、差流越限告警校验

1）相关定值、控制字及功能软压板：

① 保护定值栏中“差动保护启动电流定值”：$0.5I_e$；“差动速断电流定值”：$4I_e$；

② 内部固定定值：差流越限门槛为启动值的 0.33 倍；

③ 保护功能软压板：投入“主保护”软压板；

④ 控制字设置：“纵差保护”置“1”、“差动速断”置“1”。

2）计算方法（以纵差差动保护启动值校验为例）：

Y 侧（单相）：$I=m\times\sqrt{3}\times0.5I_e$；Y 侧（三相）：$I=m\times0.5I_e$；△侧外附（单相或三相）：$I=m\times0.5I_e$。

式中，m 取 1.05 或 0.95，I_e 为各侧二次额定电流。

3）调试数据见表 3-4。

表 3-4　纵差差动保护启动值、速断定值、差流越限告警校验

<table>
<tr><td>试验项目</td><td colspan="3">纵差差动保护启动值、速断定值、差流越限告警校验</td></tr>
<tr><td>注意事项</td><td colspan="3">1. 电压不考虑；2. 采用状态序列；3. 以高压侧单相校验为例</td></tr>
<tr><td rowspan="5">区内故障试验仪器设置（m=1.05）</td><td colspan="3">状态 1 参数设置（故障状态）</td></tr>
<tr><td>U_a:57.735∠0.00°
U_b:57.735∠-120°
U_c:57.735∠120°</td><td>I_a:0.667∠0.00°
I_b:0.00∠0.00°
I_c:0.00∠0.00°</td><td>状态触发条件：
时间控制:0.1s</td></tr>
<tr><td colspan="3">说明：以 A 相故障为例，B、C 相故障类似</td></tr>
<tr><td>装置报文</td><td colspan="2">1. 000000ms 主保护启动；2. 000018ms 纵差保护</td></tr>
<tr><td>装置指示灯</td><td colspan="2">保护动作灯亮</td></tr>
</table>

（续）

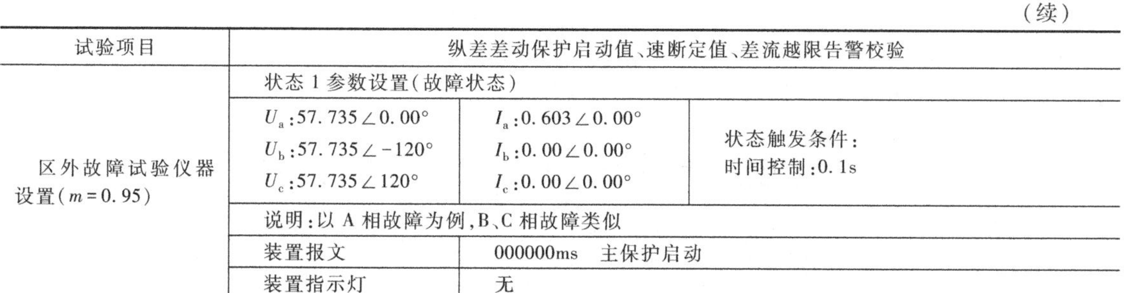

试验项目	纵差差动保护启动值、速断定值、差流越限告警校验		
区外故障试验仪器设置（$m=0.95$）	状态1参数设置（故障状态）		
	U_a:57.735∠0.00° U_b:57.735∠-120° U_c:57.735∠120°	I_a:0.603∠0.00° I_b:0.00∠0.00° I_c:0.00∠0.00°	状态触发条件： 时间控制：0.1s
	说明：以A相故障为例，B、C相故障类似		
	装置报文	000000ms　主保护启动	
	装置指示灯	无	
思考：1. 高压侧三相校验如何加量？2. 纵差差动速断定值、差流越限告警如何校验？			

（2）纵差差动保护比率制动系数校验

1）相关定值、控制字及功能软压板：

① 保护定值栏中“差动保护启动电流定值”：$0.5I_e$；

② 内部固定定值：拐点一取$0.8I_e$，拐点二取$3I_e$，第二折线斜率取0.5，第三折线斜率取0.7；

③ 保护功能软压板：投入“主保护”软压板；

④ 控制字设置：“纵差保护”置“1”。

2）计算方法：

$I_r=I_e$时，$I_d=0.6I_e \rightarrow I_1+I_2=2I_r=2I_e$，$I_1-I_2=I_d=0.6I_e \rightarrow I_1=1.3I_e$，$I_2=0.7I_e$；

$I_r=2I_e$时，$I_d=1.1I_e \rightarrow I_1+I_2=2I_r=4I_e$，$I_1-I_2=I_d=1.1I_e \rightarrow I_1=2.55I_e$，$I_2=1.45I_e$。

式中，I_e为各侧二次额定电流。

3）调试数据见表3-5。

表3-5　纵差差动保护比率制动系数校验

试验项目	纵差差动保护比率制动系数校验		
注意事项及电流接线	1. 电压不考虑；2. 采用手动试验；3. 电流接线：仪器电流AN接高压侧AN，BN接低压侧外附AN，CN接低压侧外附CN；4. C相差流为0		
$I_r=I_e$试验仪器设置	手动试验参数设置		
	U_a:57.735∠0.00° U_b:57.735∠-120° U_c:57.735∠120°	I_a:1.65∠0.00° I_b:1.792∠180° I_c:3.36∠0.00°	变量为I_b，多升高点I_b值，否则故障量差动保护会先动作，再降低I_b至保护动作
	说明：以A相故障为例，B、C相故障类似		
	装置报文	纵差保护	
	装置指示灯	保护动作灯亮	
$I_r=2I_e$试验仪器设置	手动试验参数设置		
	U_a:57.735∠0.00° U_b:57.735∠-120° U_c:57.735∠120°	I_a:3.237∠0.00° I_b:3.721∠180° I_c:6.543∠0.00°	变量为I_b，多升高点I_b值，否则故障量差动保护会先动作，再降低I_b至保护动作
	说明：以A相故障为例，B、C相故障类似		
	装置报文	纵差保护	
	装置指示灯	保护动作灯亮	
思考：为什么低压侧外附要这么加量？			

（3）分相差动保护启动值、速断定值、差流越限告警校验

1）相关定值、控制字及功能软压板：

① 保护定值：同纵差启动；

② 内部固定定值：同纵差启动；

③ 保护功能软压板：同纵差启动；

④ 控制字设置："分相差动保护"置"1"、"差动速断"置"1"。

2）计算方法（以分相差动保护启动值校验为例）：

Y 侧：$I=m\cdot 0.5I_e$；△侧套管：$I=m\cdot 0.5I_e$。

3）调试数据见表 3-6。

表 3-6　分相差动保护启动值、速断定值、差流越限告警校验

试验项目	分相差动保护启动值、速断定值、差流越限告警校验		
注意事项	1. 电压不考虑；　2. 采用状态序列；　3. 以高压侧单相校验为例		
区内故障试验仪器设置（$m=1.05$）	状态 1 参数设置（故障状态）		
	U_a:57.735∠0.00° U_b:57.735∠-120° U_c:57.735∠120°	I_a:0.385∠0.00° I_b:0.00∠0.00° I_c:0.00∠0.00°	状态触发条件： 时间控制:0.1s
	说明：以 A 相故障为例，B、C 相故障类似		
	装置报文	1. 000000ms　主保护启动；　2. 000018ms　分相差动	
	装置指示灯	保护动作灯亮	
区外故障试验仪器设置（$m=0.95$）	状态 1 参数设置（故障状态）		
	U_a:57.735∠0.00° U_b:57.735∠-120° U_c:57.735∠120°	I_a:0.348∠0.00° I_b:0.00∠0.00° I_c:0.00∠0.00°	状态触发条件： 时间控制:0.1s
	说明：以 A 相故障为例，B、C 相故障类似		
	装置报文	000000ms　主保护启动	
	装置指示灯	无	
思考：1. 分相差动是否需要作移相处理？2. 纵差差动速断定值、差流越限告警如何校验？			

（4）分相差动保护比率制动系数校验

1）相关定值、控制字及功能软压板：

① 保护定值：同纵差比率；

② 内部固定定值：同纵差比率；

③ 保护功能软压板：同纵差比率；

④ 控制字设置："分相差动保护"置"1"。

2）计算方法：同纵差差动保护比率制动系数校验计算公式。

3）调试数据见表 3-7。

表 3-7　分相差动保护比率制动系数校验

试验项目	分相差动保护比率制动系数校验		
注意事项及电流接线	1. 电压不考虑；　2. 采用手动试验；　3. 电流接线：仪器电流 AN 接高压侧 AN，BN 接低压侧套管 AN		
$I_r=I_e$ 试验仪器设置	手动试验参数设置		
	U_a:57.735∠0.00° U_b:57.735∠-120° U_c:57.735∠120°	I_a:0.953∠0.00° I_b:0.865∠180° I_c:0.00∠0.00°	变量为 I_b，多升高点 I_b 值，否则故障量差动保护会先动作，再降低 I_b 至保护动作
	说明：以 A 相故障为例，B、C 相故障类似		
	装置报文	分相差动	
	装置指示灯	保护动作灯亮	
$I_r=2I_e$ 试验仪器设置	手动试验参数设置		
	U_a:57.735∠0.00° U_b:57.735∠-120° U_c:57.735∠120°	I_a:1.869∠0.00° I_b:1.791∠180° I_c:0.00∠0.00°	变量为 I_b，多升高点 I_b 值，否则故障量差动保护会先动作，再降低 I_b 至保护动作
	说明：以 A 相故障为例，B、C 相故障类似		
	装置报文	分相差动	
	装置指示灯	保护动作灯亮	
思考：分相差动保护和纵差差动保护的保护范围有何不同？			

（5）故障量差动保护定值校验

1）相关定值、控制字及功能软压板

① 保护定值栏中“故障分量差动启动电流定值”：0.5I_e，故拐点取 I_e；

②内部固定定值：折线斜率取 0.5；

③ 保护功能软压板：投入“主保护”软压板；

④ 控制字设置：“纵差保护”置“1”或“分相差动保护”置“1”。

2）计算方法：

$I_r = I_e$ 时，$I_d = 0.5I_e \rightarrow I_1 + I_2 = 2I_r = 2I_e$，$I_1 - I_2 = I_d = 0.5I_e \rightarrow I_1 = 1.25I_e$，$I_2 = 0.75I_e$；

$I_r = 2I_e$ 时，$I_d = I_e \rightarrow I_1 + I_2 = 2I_r = 4I_e$，$I_1 - I_2 = I_d = I_e \rightarrow I_1 = 2.5I_e$，$I_2 = 1.5I_e$。

3）调试数据见表 3-8。

表 3-8　故障量差动保护定值校验

试验项目	故障量差动保护定值校验		
注意事项及电流接线	1. 电压不考虑；2. 采用手动试验；3. 纵差故障量差动保护电流接线：仪器电流 AN 接高压侧 AN，BN 接低压侧外附 AN，CN 接低压侧外附 CN；4. 分相故障量差动保护电流接线：仪器电流 AN 接高压侧 AN，BN 接低压侧套管 AN		
纵差故障量差动保护 $I_r = I_e$ 试验仪器设置	手动试验参数设置		
	U_a:57.735∠0.00° U_b:57.735∠-120° U_c:57.735∠120°	I_a:1.587∠0.00° I_b:1.925∠180° I_c:3.208∠0.00°	变量为 I_b，升高点 I_b 值，保护不动作，降低点 I_b 值，保护动作
	说明：以 A 相故障为例，B、C 相故障类似		
	装置报文	纵差保护	
	装置指示灯	保护动作灯亮	
分相故障量差动保护 $I_r = 2I_e$ 试验仪器设置	手动试验参数设置		
	U_a:57.735∠0.00° U_b:57.735∠-120° U_c:57.735∠120°	I_a:1.833∠0.00° I_b:1.853∠180° I_c:0.00∠0.00°	变量为 I_b，升高点 I_b 值，保护不动作，降低点 I_b 值，保护动作
	说明：以 A 相故障为例，B、C 相故障类似		
	装置报文	分相差动	
	装置指示灯	保护动作灯亮	
思考：故障量差动加量能否缓慢加量？			

（6）二次谐波制动校验

1）相关定值、控制字及功能软压板：

① 保护定值栏中“二次谐波制动系数”：0.15；

② 保护功能软压板：投入“主保护”软压板；

③ 控制字设置：“纵差保护”置“1”。

2）调试数据见表 3-9。

表 3-9　二次谐波制动校验

试验项目	二次谐波制动校验		
注意事项及电流接线	1. 采用手动试验；2. 电流接线：仪器电流 AN 接高压侧 AN，BN 接高压侧 AN；3. 计算公式：基波分量 1A，二次谐波分量 0.15A1＝0.15A		
试验仪器设置	手动试验参数设置		
	U_a:57.735∠0.00° U_b:57.735∠-120° U_c:57.735∠120°	I_a:1∠0.00°(50Hz) I_b:0.15∠0.00°(100Hz) I_c:0.00∠0.00°	变量为 I_b，升高点 I_b 值，缓慢下降直至保护动作
	说明：以 A 相故障为例，B、C 相故障类似		
	装置报文	纵差保护	
	装置指示灯	保护动作灯亮	
思考：1. 五次谐波制动如何加量？2. 校验分相差动保护二次、五次谐波制动？			

（7）低压侧小区差动保护启动值、差流越限告警校验　低压侧套管 CT 正极性和高压侧 CT 正极性指向正好相反，因此低压侧套管的低压侧小区差动保护启动值、差流越限告警校验和高压侧的纵差差动保护启动值、差流越限告警校验方法类似。

（8）低压侧小区差动保护比率制动系数校验　低压侧套管 CT 正极性和高压侧 CT 正极性指向正好相反，因此低压侧套管与低压侧外附的低压侧小区差动保护比率制动系数校验和高压侧与低压侧外附的纵差差动保护比率制动系数校验方法类似，只是低压侧套管和高压侧角度刚好相反，即低压侧套管、低压侧外附同相角度一致。

（9）分侧差动保护启动值、差流越限告警校验

1）相关定值、控制字及功能软压板：

① 保护定值栏中“分侧差动启动电流定值”：$0.5I_e$（启动值校验）；

② 内部固定定值：同纵差启动；

③ 保护功能软压板：同纵差启动；

④ 控制字设置：“分侧差动保护”置“1”。

2）计算方法：

高压侧：$I=m\cdot 0.5I_{eH}$；中压侧：$I=m\cdot 1200/2000\times 0.5I_{eH}$；公共绕组：$I=m\cdot 1200/2000\times 0.5I_{eH}$。

式中，m 取 1.05 或 0.95，I_{eH} 为高压侧二次额定电流。

3）调试数据见表 3-10。

表 3-10　分侧差动保护启动值、速断定值、差流越限告警校验

<table>
<tr><td>试验项目</td><td colspan="3">分侧差动保护启动值、差流越限告警校验</td></tr>
<tr><td>注意事项</td><td colspan="3">1. 电压不考虑；　2. 采用状态序列</td></tr>
<tr><td rowspan="5">区内故障试验仪器设置（m=1.05）</td><td colspan="3">状态 1 参数设置（故障状态）</td></tr>
<tr><td>U_a:57.735∠0.00°
U_b:57.735∠-120°
U_c:57.735∠120°</td><td>I_a:0.385∠0.00°
I_b:0.00∠0.00°
I_c:0.00∠0.00°</td><td>状态触发条件：
时间控制：0.1s</td></tr>
<tr><td colspan="3">说明：以 A 相故障为例，B、C 相故障类似</td></tr>
<tr><td>装置报文</td><td colspan="2">1. 000000ms　主保护启动；　2. 000018ms　分侧差动</td></tr>
<tr><td>装置指示灯</td><td colspan="2">保护动作灯亮</td></tr>
<tr><td rowspan="5">区外故障试验仪器设置（m=0.95）</td><td colspan="3">状态 1 参数设置（故障状态）</td></tr>
<tr><td>U_a:57.735∠0.00°
U_b:57.735∠-120°
U_c:57.735∠120°</td><td>I_a:0.348∠0.00°
I_b:0.00∠0.00°
I_c:0.00∠0.00°</td><td>状态触发条件：
时间控制：0.1s</td></tr>
<tr><td colspan="3">说明：以 A 相故障为例，B、C 相故障类似</td></tr>
<tr><td>装置报文</td><td colspan="2">000000ms　主保护启动</td></tr>
<tr><td>装置指示灯</td><td colspan="2">无</td></tr>
<tr><td colspan="4">思考：1. 分侧差动是否需要作移相处理？ 2. 分侧差动差流越限告警如何校验？</td></tr>
</table>

（10）分侧差动保护比率制动系数校验

1）相关定值、控制字及功能软压板：

① 保护定值栏中“分侧差动启动电流定值”：$0.5I_e$；

② 内部固定定值：同纵差比率；

③ 保护功能软压板：同纵差比率；

④ 控制字设置：“分侧差动保护”置“1”。

2）计算方法：同纵差差动保护比率制动系数校验计算公式。

3）调试数据见表 3-11。

表 3-11　分侧差动保护比率制动系数校验

试验项目	分侧差动保护比率制动系数校验		
注意事项及电流接线	1. 电压不考虑；　2. 采用手动试验；　3. 电流接线：仪器电流 AN 接高压侧 AN，BN 接公共绕组 AN		
$I_r=I_e$ 试验仪器设置	手动试验参数设置		
	U_a：57.735∠0.00° U_b：57.735∠-120° U_c：57.735∠120°	I_a：0.953∠0.00° I_b：0.308∠180° I_c：0.00∠0.00°	变量为 I_b，升高点 I_b 值，再降低 I_b 至保护动作
	说明：以 A 相故障为例，B、C 相故障类似		
	装置报文	分侧差动	
	装置指示灯	保护动作灯亮	
$I_r=2I_e$ 试验仪器设置	手动试验参数设置		
	U_a：57.735∠0.00° U_b：57.735∠-120° U_c：57.735∠120°	I_a：1.869∠0.00° I_b：0.638∠180° I_c：0.00∠0.00°	变量为 I_b，升高点 I_b 值，再降低 I_b 至保护动作
	说明：以 A 相故障为例，B、C 相故障类似		
	装置报文	分侧差动	
	装置指示灯	保护动作灯亮	
思考：分侧差动保护和纵差差动保护的保护范围有何不同？			

（11）Y 侧区外接地故障电流平衡

1）模拟主变中压侧区外 a 相故障，投入所有差动保护，要求差动平衡，纵差 $I_r=2I_e$，中压侧、公共绕组、低压侧外附及套管均需加电流。

2）电流接线示意图如图 3-3 所示。

3）计算方法：

① 计算公式：$I_1+I_2=2I_r=4I_e$，$I_1-I_2=I_d=0 \rightarrow I_1=I_2=I_r=2I_e$。

② 计算数据：

中压侧 $I_{ma}=\sqrt{3}\times2\times1.004=3.478\text{A}$，公共绕组 $I_{cwa}=\sqrt{3}\times2\times1.004=3.478\text{A}$；

低压侧套管 $I_{1a}=\sqrt{3}\times2\times1.235=4.278\text{A}$；低压侧外附 $I_{1a}=2\times2.566=5.132\text{A}$，$I_{1c}=2\times2.566=5.132\text{A}$。

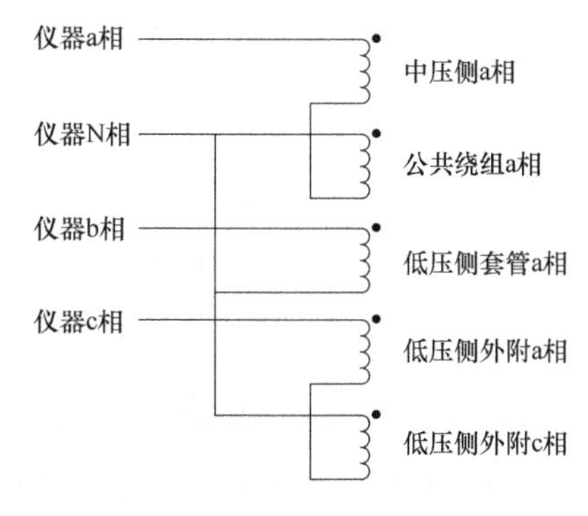

图 3-3　电流接线示意图

4）调试数据见表 3-12。

表 3-12　Y 侧区外接地故障电流平衡

试验项目	Y 侧区外接地故障电流平衡		
注意事项及电流接线	1. 电压不考虑；　2. 采用手动试验；　3. 中压侧与公共绕组变比相同，高压侧空载，可以采用三相四线接法，否则需增加接线；　4. 电流接线：中压侧 A 相、公共绕组 A 相反串；低压侧套管 A 相单独；低压侧外附 A 相、C 相反串		
纵差 $I_r=2I_e$ 试验仪器设置	手动试验参数设置		
	U_a：57.735∠0.00° U_b：57.735∠-120° U_c：57.735∠120°	I_a：3.478∠0.00° I_b：4.278∠180° I_c：5.132∠180°	无
	说明：以中压侧 A 相故障为例，B、C 相故障类似		
	装置报文	无	
	装置指示灯	无	
思考：中压侧和公共绕组电压比不同或高压侧不是空载时，中压侧区外接地故障电流平衡如何计算？			

（12）Y 侧区外相间故障电流平衡

1）模拟主变高压侧区外 BC 相间故障，投入所有差动保护，要求差动平衡，分相 $I_r=2I_e$，中压侧 0.5A，各侧均需加电流。

2）计算方法：

① 计算公式：$I_1+I_2+I_3=2I_r=4I_e$，$I_1-I_2-I_3=I_d=0$（高压侧电流与其他侧电流方向相反）$\rightarrow I_1=I_2+I_3=I_r=2I_e$；$I_m=1.004I_2/I_e=0.5A \rightarrow I_2=0.498I_e \rightarrow I_3=I_1-I_2=2I_e-0.498I_e=1.502I_e$。

② 计算数据：

高压侧 $I_{hb}=2\times0.733=1.466A$，$I_{hc}=1.466A$；中压侧 $I_{mb}=0.5A$，$I_{mc}=0.5A$；

公共绕组 $I_{cwb}=(1.466\times1200-0.5\times2000)/2000=0.380A$，$I_{cwc}=0.380A$；

低压侧套管 $I_{1b}=1.502\times1.235=1.855A$，$I_{1b}=1.855A$；

低压侧外附 $I_{1b}=2\times1.502\times2.566/\sqrt{3}=4.45A$，$I_{1a}=I_{1c}=1.502\times2.566/\sqrt{3}=2.225A$。

3）调试数据见表 3-13。

表 3-13　Y 侧区外相间故障电流平衡

试验项目	Y 侧区外相间故障电流平衡		
注意事项及电流接线	1. 电压不考虑；2. 采用手动试验；3. 采用六相七线接法；4. Y 侧相间故障，△侧三相有流，对应超前相电流为故障相电流的 $2/\sqrt{3}$，其余两相电流均为故障相电流的 $1/\sqrt{3}$，方向与超前相的电流相反；5. 电流接线：高压侧 B 相、C 相反串；中压侧 B 相、C 相反串；公共绕组 B 相、C 相反串；低压侧套管 B 相、C 相反串；低压侧外附 B 相单独；低压侧外附 A 相、C 相正串，需解开端子排 N 端短接片		
分相 $I_r=2I_e$ 试验仪器设置	手动试验参数设置		
	U_a:57.735∠0.00° U_b:57.735∠-120° U_c:57.735∠120° U_X:57.735∠0.00° U_Y:57.735∠-120° U_Z:57.735∠120°	I_a:1.466∠0.00° I_b:0.5∠180° I_c:0.380∠180° I_X:1.855∠180° I_Y:4.45∠180° I_Z:2.225∠0.00°	无
	说明：以高压侧 BC 相间故障为例，AB、CA 相间故障类似		
	装置报文	无	
	装置指示灯	无	

（13）△侧区外相间故障电流平衡

1）模拟主变低压侧区外 BC 相间故障，投入纵差差动保护，要求差动平衡，$I_r=2I_e$，高压侧、低压侧外附均需加电流。

2）计算方法：

① 计算公式：$I_1+I_2=2I_r=4I_e$，$I_1-I_2=I_d=0\rightarrow I_1=I_2=I_r=2I_e$。

② 计算数据：

高压侧 $I_{hb}=I_{ha}=2\times0.733/\sqrt{3}=0.846A$，$I_{hc}=2\times2\times0.733/\sqrt{3}=1.693A$；

低压侧外附 $I_{1b}=2\times2.566=5.132A$，$I_{1c}=2\times2.566=5.132A$。

3）调试数据见表 3-14。

表 3-14　△侧区外相间故障电流平衡

试验项目	△侧区外相间故障电流平衡
注意事项及电流接线	1. 电压不考虑；2. 采用手动试验；3. 采用三相四线接法；4. △侧相间故障，Y 侧三相有流，对应滞后相电流为故障相电流的 $2/\sqrt{3}$，其余两相电流均为故障相电流的 $1/\sqrt{3}$，方向与滞后相的电流相反；5. 电流接线：高压侧 A 相、B 相正串，需解开端子排 N 端短接片（或高压 1 侧 A 相、高压 2 侧 B 相正串）；高压侧 C 相单独（或高压 2 侧 C 相单独）；低压侧外附 B 相、C 相反串

（续）

<table>
<tr><td>试验项目</td><td colspan="3">△侧区外相间故障电流平衡</td></tr>
<tr><td rowspan="5">$I_r=2I_e$ 试验仪器设置</td><td colspan="3">手动试验参数设置</td></tr>
<tr><td>U_a:57.735∠0.00°
U_b:57.735∠-120°
U_c:57.735∠120°</td><td>I_a:0.846∠0.00°
I_b:1.693∠180°
I_c:5.132∠180°</td><td>无</td></tr>
<tr><td colspan="3">说明:以低压侧 BC 相间故障为例,AB、CA 相间故障类似</td></tr>
<tr><td>装置报文</td><td colspan="2">无</td></tr>
<tr><td>装置指示灯</td><td colspan="2">无</td></tr>
<tr><td colspan="4">思考:△侧区外相间故障所有差动电流平衡如何校验?</td></tr>
</table>

2. 高压侧后备保护检验

（1）高压侧相间阻抗保护定值校验

1）相关定值、控制字及功能软压板：

① 保护定值栏中“指向主变相间阻抗定值”：10A，“指向母线相间阻抗定值”：8A ，“相间阻抗 1 时限”：0.5s；

② 内部固定定值：指向主变灵敏角固定 80°，指向母线灵敏角固定-100°；

③ 保护功能软压板：投入“高压侧后备保护”“高压侧电压”软压板；

④ 控制字设置：“相间阻抗 1 时限”置“1”。

2）计算方法：$U_{\Phi\Phi}=m\cdot 2I_{\Phi\Phi}Z_{set}$。

3）调试数据见表 3-15。

表 3-15　高压侧相间阻抗保护定值校验

<table>
<tr><td>试验项目</td><td colspan="3">高压侧相间阻抗保护定值校验</td></tr>
<tr><td>注意事项</td><td colspan="3">1. 采用状态序列； 2. 指向母线的相间故障计算方法同上,所加电流角度取反即可； 3. 以主变侧 BC 相间故障为例</td></tr>
<tr><td rowspan="9">指向主变区内故障试验仪器设置(BC 相间故障)</td><td colspan="3">状态 1 参数设置(故障前状态)</td></tr>
<tr><td>U_a:57.735∠0.00°
U_b:57.735∠-120°
U_c:57.735∠120°</td><td>I_a:0.00∠0.00°
I_b:0.00∠0.00°
I_c:0.00∠0.00°</td><td>状态触发条件:
时间控制:1.00s</td></tr>
<tr><td colspan="3">说明:本状态为空载,待 PT 断线恢复转入状态 2</td></tr>
<tr><td colspan="3">状态 2 参数设置(故障状态)</td></tr>
<tr><td>U_a:57.735∠0.00°
U_b:30.39∠-161.78°
U_c:30.39∠161.78°</td><td>I_a:0.00∠0.00°
I_b:1.00∠-170.00°
I_c:1.00∠10.00°</td><td>状态触发条件:
时间控制:0.6s</td></tr>
<tr><td colspan="3">说明:以 BC 相间故障为例,AB、CA 相间故障类似</td></tr>
<tr><td>装置报文</td><td colspan="2">1. 000000ms 后备保护启动； 2. 000516ms 高相间阻抗 1 时限。</td></tr>
<tr><td>装置指示灯</td><td colspan="2">保护动作灯亮</td></tr>
<tr><td colspan="3"></td></tr>
<tr><td rowspan="8">指向主变区外故障试验仪器设置(BC 相间故障)</td><td colspan="3">状态 1 参数设置(故障前状态)</td></tr>
<tr><td>U_a:57.735∠0.00°
U_b:57.735∠-120°
U_c:57.735∠120°</td><td>I_a:0.00∠0.00°
I_b:0.00∠0.00°
I_c:0.00∠0.00°</td><td>状态触发条件:
时间控制:1.00s</td></tr>
<tr><td colspan="3">说明:本状态为空载,待 PT 断线恢复转入状态 2</td></tr>
<tr><td colspan="3">状态 2 参数设置(故障状态)</td></tr>
<tr><td>U_a:57.735∠0.00°
U_b:30.72∠-160.01°
U_c:30.72∠160.01°</td><td>I_a:0.00∠0.00°
I_b:1.00∠-170.00°
I_c:1.00∠10.00°</td><td>状态触发条件:
时间控制:0.6s</td></tr>
<tr><td colspan="3">说明:以 BC 相间故障为例,AB、CA 相间故障类似</td></tr>
<tr><td>装置报文</td><td colspan="2">000000ms 后备保护启动</td></tr>
<tr><td>装置指示灯</td><td colspan="2">无</td></tr>
<tr><td colspan="4">思考:反向故障是否会动作?</td></tr>
</table>

(2) 高压侧接地阻抗保护定值校验

1) 相关定值、控制字及功能软压板：

① 保护定值栏中“指向主变接地阻抗定值”：10A，“指向母线接地阻抗定值”：8A，“接地阻抗1时限”：0.5s，“接地阻抗零序补偿系数”：0.67；

② 内部固定定值：同高压侧相间阻抗；

③ 保护功能软压板：同高压侧相间阻抗；

④ 控制字设置：“接地阻抗1时限”置“1”。

2) 计算方法：

① 说明：由于变压器的零序阻抗和正序阻抗相同，故 $K=0$；而线路的零序阻抗大于正序阻抗，故指向母线接地阻抗需考虑零序补偿，即 $K=0.67$。

② 计算公式：$U_{\Phi}=m(1+K)I_{\Phi}Z_{\text{set}}$。

3) 调试数据见表3-16。

表3-16 高压侧接地阻抗保护定值校验

试验项目	高压侧接地阻抗保护定值校验		
注意事项	1. 采用状态序列； 2. 指向母线的接地故障计算方法同上，但需考虑零序补偿，所加电流角度取反即可； 3. 以主变侧A相故障为例		
指向主变区内故障试验仪器设置(A相故障)	状态1参数设置(故障前状态)		
	U_a:57.735∠0.00° U_b:57.735∠-120° U_c:57.735∠120°	I_a:0.00∠0.00° I_b:0.00∠0.00° I_c:0.00∠0.00°	状态触发条件： 时间控制:1.00s
	说明：本状态为空载，待PT断线恢复转入状态2		
	状态2参数设置(故障状态)		
	U_a:9.5∠0.00° U_b:57.735∠-120° U_c:57.735∠120°	I_a:1.00∠-80.00° I_b:0.00∠0.00° I_c:0.00∠0.00°	状态触发条件： 时间控制:0.6s
	说明：以A相故障为例，B、C相故障类似		
	装置报文	1. 000000ms 后备保护启动； 2. 000517ms 高接地阻抗1时限	
	装置指示灯	保护动作灯亮	
指向主变区外故障试验仪器设置(A相故障)	状态1参数设置(故障前状态)		
	U_a:57.735∠0.00° U_b:57.735∠-120° U_c:57.735∠120°	I_a:0.00∠0.00° I_b:0.00∠0.00° I_c:0.00∠0.00°	状态触发条件： 时间控制:1.00s
	说明：本状态为空载，待PT断线恢复转入状态2		
	状态2参数设置(故障状态)		
	U_a:10.5∠0.00° U_b:57.735∠-120° U_c:57.735∠120°	I_a:1.00∠-80.00° I_b:0.00∠0.00° I_c:0.00∠0.00°	状态触发条件： 时间控制:0.6s
	说明：以A相故障为例，B、C相故障类似		
	装置报文	000000ms 后备保护启动	
	装置指示灯	无	
思考：反向故障是否会动作？			

(3) 高压侧复压过电流保护定值校验

1) 相关定值、控制字及功能软压板：

① 保护定值栏中“低电压闭锁定值”：70V，“负序电压闭锁定值”：4V，“复压过电流

定值”：2A，“复压过电流时间”：2s；

② 保护功能软压板：投入“高压侧后备保护”“高压侧电压”软压板；

③ 控制字设置：“复压过电流保护”置“1”。

2）计算方法：

低电压闭锁：$U_{\Phi}=m\dfrac{U_{\Phi\Phi set}}{\sqrt{3}}$；负序电压闭锁：$U_2=57.735-3mU_{2set}$；过电流：$I=mI_{set}$。

3）调试数据见表 3-17。

表 3-17　高压侧复压过电流保护定值校验

试验项目	高压侧复压过流保护定值校验		
注意事项	1. 采用状态序列；　2. 以负序电压闭锁校验为例		
m = 1.05 时负序电压闭锁试验仪器设置	状态 1 参数设置（故障前状态）		
	U_a:57.735∠0.00° U_b:57.735∠-120° U_c:57.735∠120°	I_a:0.00∠0.00° I_b:0.00∠0.00° I_c:0.00∠0.00°	状态触发条件： 时间控制:1.00s
	说明：本状态为空载，待 PT 断线恢复转入状态 2		
	状态 2 参数设置（故障状态）		
	U_a:45.14∠0.00° U_b:57.735∠-120° U_c:57.735∠120°	I_a:2.10∠0.00° I_b:0.00∠0.00° I_c:0.00∠0.00°	状态触发条件： 时间控制:2.1s
	说明：以 A 相故障为例，B、C 相故障类似		
	装置报文	1. 000000ms　后备保护启动；　2. 002013ms 高复压过电流	
	装置指示灯	保护动作灯亮	
m = 0.95 时负序电压闭锁试验仪器设置	状态 1 参数设置（故障前状态）		
	U_a:57.735∠0.00° U_b:57.735∠-120° U_c:57.735∠120°	I_a:0.00∠0.00° I_b:0.00∠0.00° I_c:0.00∠0.00°	状态触发条件： 时间控制:1.00s
	说明：本状态为空载，待 PT 断线恢复转入状态 2		
	状态 2 参数设置（故障状态）		
	U_a:46.34∠0.00° U_b:57.735∠-120° U_c:57.735∠120°	I_a:2.10∠0.00° I_b:0.00∠0.00° I_c:0.00∠0.00°	状态触发条件： 时间控制:2.1s
	说明：以 A 相故障为例，B、C 相故障类似		
	装置报文	000000ms　后备保护启动	
	装置指示灯	无	

（4）高压侧零序方向过电流保护定值校验

1）相关定值、控制字及功能软压板：

① 保护定值栏中“零序过电流 I 段定值”：1A，“零序过电流 I 段 1 时限”：1s；

② 内部固定定值：指向主变灵敏角为-90°，指向母线灵敏角为 90°；

③ 保护功能软压板：投入“高压侧后备保护”、“高压侧电压”软压板；

④ 控制字设置：“零序过电流 I 段 1 时限”、“零序过电流 I 段带方向”、“零序过电流 I 段指向母线”置“1”。

2）计算方法：$I=mI_{set}$。

3）调试数据见表 3-18。

表 3-18　高压侧零序方向过电流保护定值校验

试验项目	高压侧零序方向过电流保护定值校验		
注意事项	1. 采用状态序列； 2. 指向主变故障的计算方法同上，所加电流角度取反即可		
指向母线区内故障试验仪器设置（A 相故障）	状态 1 参数设置（故障前状态）		
	U_a:57.735∠0.00° U_b:57.735∠-120° U_c:57.735∠120°	I_a:0.00∠0.00° I_b:0.00∠0.00° I_c:0.00∠0.00°	状态触发条件： 时间控制：1.00s
	说明：本状态为空载，待 PT 断线恢复转入状态 2		
	状态 2 参数设置（故障状态）		
	U_a:0.00∠0.00° U_b:57.735∠-120° U_c:57.735∠120°	I_a:1.05∠90.00° I_b:0.00∠0.00° I_c:0.00∠0.00°	状态触发条件： 时间控制：1.1s
	说明：以 A 相故障为例，B、C 相故障类似		
	装置报文	1. 000000ms　后备保护启动； 2. 001013ms　高零流Ⅰ段 1 时限	
	装置指示灯	保护动作灯亮	
指向母线区外故障试验仪器设置（A 相故障）	状态 1 参数设置（故障前状态）		
	U_a:57.735∠0.00° U_b:57.735∠-120° U_c:57.735∠120°	I_a:0.00∠0.00° I_b:0.00∠0.00° I_c:0.00∠0.00°	状态触发条件： 时间控制：1.00s
	说明：本状态为空载，待 PT 断线恢复转入状态 2		
	状态 2 参数设置（故障状态）		
	U_a:0.00∠0.00° U_b:57.735∠-120° U_c:57.735∠120°	I_a:0.95∠90.00° I_b:0.00∠0.00° I_c:0.00∠0.00°	状态触发条件： 时间控制：1.1s
	说明：以 A 相故障为例，B、C 相故障类似		
	装置报文	000000ms　后备保护启动	
	装置指示灯	无	
动作区	状态 1 参数设置（故障前状态）		
	U_a:57.735∠0.00° U_b:57.735∠-120° U_c:57.735∠120°	I_a:0.00∠0.00° I_b:0.00∠0.00° I_c:0.00∠0.00°	状态触发条件： 时间控制：1.00s
	说明：本状态为空载，待 PT 断线恢复转入状态 2		
	状态 2 参数设置（故障状态）		
	U_a:0.00∠0.00° U_b:57.735∠-120° U_c:57.735∠120°	I_a:1.05∠0.00° I_b:0.00∠0.00° I_c:0.00∠0.00°	状态触发条件： 时间控制：1.1s
	说明：改变 A 相电流的角度，指向母线的参考动作区为 0°~179°		
	装置报文	1. 000000ms　后备保护启动； 2. 001004ms　高零流Ⅰ段 1 时限	
	装置指示灯	保护动作灯亮	

（5）高压侧过励磁保护定值校验

1）相关定值、控制字及功能软压板：

① 保护定值栏中“反时限过励磁 1 段倍数”：1.1，“反时限过励磁 1 段时间”：7s，“高压侧 PT 一次值”：500kV，“高压侧额定电压”：525kV；

② 内部固定定值：反时限每段级差为 0.05，即 2 段为 1.15，如此类推；

③ 保护功能软压板：投入“高压侧后备保护”、“高压侧电压”软压板；

④ 控制字设置："过励磁保护跳闸" 置 "1"。

2）计算方法：$N=\dfrac{u/f}{u_e/f_e}$

式中，N 为反时限过励磁某段倍数，U_e 为一次额定电压对应的二次电压，即 $U_e=57.735\times525/500=60.62\text{V}$，$f_e=50\text{Hz}$。

3）调试数据见表 3-19。

表 3-19　高压侧过励磁保护定值校验

试验项目	高压侧过励磁保护定值校验		
注意事项	1. 采用状态序列； 2. 电流可不考虑		
频率不变,校验电压仪器设置	状态 1 参数设置(故障前状态)		
	U_a:57.735∠0.00°(50Hz) U_b:57.735∠-120°(50Hz) U_c:57.735∠120°(50Hz)	I_a:0.00∠0.00° I_b:0.00∠0.00° I_c:0.00∠0.00°	状态触发条件: 时间控制:1.00s
	说明:本状态为空载,待 PT 断线恢复转入状态 2		
	状态 2 参数设置(故障状态)		
	U_a:66.68∠0.00°(50Hz) U_b:66.68∠-120°(50Hz) U_c:66.68∠120°(50Hz)	I_a:0.00∠0.00° I_b:0.00∠0.00° I_c:0.00∠0.00°	状态触发条件: 时间控制:7.1s
	说明:三相电压要同时升高,加量比计算值多加 0.5V,否则在临界值有可能不动作		
	装置报文	1. 000000ms　后备保护启动； 2. 006978ms　反时限过励磁； 3. 006978ms　过励磁告警	
	装置指示灯	保护动作、过励磁发信灯亮	
电压不变,校验频率仪器设置	状态 1 参数设置(故障前状态)		
	U_a:60.62∠0.00°(50Hz) U_b:60.62∠-120°(50Hz) U_c:60.62∠120°(50Hz)	I_a:0.00∠0.00° I_b:0.00∠0.00° I_c:0.00∠0.00°	状态触发条件: 时间控制:1.00s
	说明:本状态为空载,待 PT 断线恢复转入状态 2		
	状态 2 参数设置(故障状态)		
	U_a:60.62∠0.00°(45.45Hz) U_b:60.62∠-120°(45.45Hz) U_c:60.62∠120°(45.45Hz)	I_a:0.00∠0.00° I_b:0.00∠0.00° I_c:0.00∠0.00°	状态触发条件: 时间控制:7.1s
	说明:三相频率要同时降低,加量比计算值少加 0.2Hz,否则在临界值有可能不动作		
	装置报文	1. 000000ms　后备保护启动； 2. 006978ms　反时限过励磁； 3. 006978ms　过励磁告警	
	装置指示灯	保护动作、过励磁发信灯亮	
思考:定时限过励磁告警怎么校验?			

（6）高压侧断路器失灵保护定值校验

1）相关定值、控制字及功能软压板：

① 内部固定定值：零序、负序电流门槛均为 $0.2I_e$，突变量门槛不大于 $0.25I_e$，带 50ms 延时；

② 保护功能软压板：投入 "高压侧后备保护" 软压板；

③ 控制字设置："高压侧失灵经主变跳闸" 置 "1"。

2）调试数据见表 3-20。

表 3-20 高压侧断路器失灵保护定值校验

<table>
<tr><td>试验项目</td><td colspan="3">高压侧断路器失灵保护定值校验</td></tr>
<tr><td>注意事项</td><td colspan="3">1. 采用状态序列； 2. 电压可不加</td></tr>
<tr><td rowspan="7">高压侧断路器失灵联跳试验仪器设置</td><td colspan="3">状态 1 参数设置(故障前状态)</td></tr>
<tr><td>U_a:57.735∠0.00°
U_b:57.735∠-120°
U_c:57.735∠120°</td><td>I_a:0.00∠0.00°
I_b:0.00∠0.00°
I_c:0.00∠0.00°</td><td>开出量断开；
状态触发条件：
时间控制:1.00s</td></tr>
<tr><td colspan="3">状态 2 参数设置(故障状态)</td></tr>
<tr><td>U_a:57.735∠0.00°
U_b:57.735∠-120°
U_c:57.735∠120°</td><td>I_a:0.30∠0.00°
I_b:0.00∠0.00°
I_c:0.00∠0.00°</td><td>开出量闭合；
状态触发条件：
时间控制:0.1s</td></tr>
<tr><td colspan="3">说明:开出 1 闭合对应在高压 1 侧加电流,开出 2 闭合对应在高压 2 侧加电流</td></tr>
<tr><td>装置报文</td><td colspan="2">1. 000000ms 后备保护启动； 2. 000048ms 高断路器失灵联跳</td></tr>
<tr><td>装置指示灯</td><td colspan="2">保护动作灯亮</td></tr>
</table>

（7）高压侧过负荷校验（与高压侧复压过电流保护定值校验类似） 过负荷 $I=1.1I_{eH}$，其中 I_{eH} 为高压侧额定电流。

3. 中压侧后备保护检验（与高压侧后备保护类似）

4. 低压侧绕组后备保护检验

（1）低压侧绕组过电流保护定值校验

1）相关定值、控制字及功能软压板：

① 保护定值栏中“过电流定值”：$1.5I_e$，“过电流 1 时限”：0.5s；

② 保护功能软压板：投入“低压侧绕组后备保护”、“低压侧电压”软压板；

③ 控制字设置：“过电流 1 时限”置“1”。

2）计算方法：

$$I_{eL套}=\frac{S_{eL}}{3U_{eL}n_{L套}}=\frac{256\times10^3}{3\times36\times6000}\approx0.395\text{A}；单相加量 I=\sqrt{3}mI_{set}；三相加量 I=mI_{set}。$$

3）调试数据见表 3-21。

表 3-21 低压侧绕组过电流保护定值校验

<table>
<tr><td>试验项目</td><td colspan="3">低压侧绕组过电流保护定值校验</td></tr>
<tr><td>注意事项</td><td colspan="3">1. 采用状态序列； 2. 以单相故障为例</td></tr>
<tr><td rowspan="8">$m=1.05$ 时过电流试验仪器设置</td><td colspan="3">状态 1 参数设置(故障前状态)</td></tr>
<tr><td>U_a:57.735∠0.00°
U_b:57.735∠-120°
U_c:57.735∠120°</td><td>I_a:0.00∠0.00°
I_b:0.00∠0.00°
I_c:0.00∠0.00°</td><td>状态触发条件：
时间控制:1.00s</td></tr>
<tr><td colspan="3">说明:本状态为空载,待 PT 断线恢复转入状态 2</td></tr>
<tr><td colspan="3">状态 2 参数设置(故障状态)</td></tr>
<tr><td>U_a:0.00∠0.00°
U_b:57.735∠-120°
U_c:57.735∠120°</td><td>I_a:1.078∠0.00°
I_b:0.00∠0.00°
I_c:0.00∠0.00°</td><td>状态触发条件：
时间控制:0.6s</td></tr>
<tr><td colspan="3">说明:以 A 相故障为例,B、C 相故障类似</td></tr>
<tr><td>装置报文</td><td colspan="2">1. 000000ms 后备保护启动； 2. 000508ms 低绕组过电流 1 时限</td></tr>
<tr><td>装置指示灯</td><td colspan="2">保护动作灯亮</td></tr>
</table>

（续）

试验项目	低压侧绕组过电流保护定值校验		
m = 0.95 时过电流试验仪器设置	状态1参数设置（故障前状态）		
	U_a:57.735∠0.00° U_b:57.735∠-120° U_c:57.735∠120°	I_a:0.00∠0.00° I_b:0.00∠0.00° I_c:0.00∠0.00°	状态触发条件： 时间控制：1.00s
	说明：本状态为空载，待PT断线恢复转入状态2		
	状态2参数设置（故障状态）		
	U_a:0.00∠0.00° U_b:57.735∠-120° U_c:57.735∠120°	I_a:0.975∠0.00° I_b:0.00∠0.00° I_c:0.00∠0.00°	状态触发条件： 时间控制：0.6s
	说明：以A相故障为例，B、C相故障类似		
	装置报文	000000ms 后备保护启动	
	装置指示灯	无	

（2）低压侧绕组复压过电流保护定值校验（与低压侧绕组过电流保护定值校验类似）

（3）低压侧绕组过负荷校验（与低压侧绕组过电流保护定值校验类似） 过负荷 $I=1.1I_{eL套}$，其中 $I_{eL套}$ 为低压侧绕组额定电流（需用低压侧额定容量）。

5. 低压侧后备保护检验（与低压侧绕组后备保护类似）

$I_{eL外}=\frac{S_{eL}}{\sqrt{3}U_{eL}n_{L外}}=\frac{256\times10^3}{\sqrt{3}\times36\times5000}\approx0.821A$；单相、三相计算公式均为 $I=mI_{set}$。

6. 公共绕组后备保护检验

（1）公共绕组零序过电流校验 取自产或外接，定值按自产CT整定，外接定值自动折算成自产定值，具体校验方法参考高压侧零序方向过电流保护。

（2）公共绕组过负荷校验

$$S_{GR}=S_{eHM}\left(1-\frac{U_{eM}}{U_{eH}}\right)=800\times\left(1-\frac{230}{525}\right)\approx449.5MV\cdot A$$

$$I_{e公共}=\frac{S_{GR}}{\sqrt{3}U_{eM}n_{公共}}=\frac{449.5\times10^3}{\sqrt{3}\times230\times2000}\approx0.564A$$

过负荷 $I=1.1I_{e公共}$，其中 $I_{e公共}$ 为公共绕组额定电流。

3.2 220kV的PCS-978主变保护调试

3.2.1 概述

1. PCS-978装置功能说明

PCS-978系列数字式变压器保护适用于35kV及以上电压等级，需要提供双套主保护、双套后备保护的各种接线方式的变压器。PCS-978装置中可提供一台变压器所需要的全部电量保护，主保护和后备保护可共用同一CT。配置的保护主要有：纵差稳态比率差动、纵差差动速断、纵差工频变化量比率差动、复合电压闭锁方向过电流、零序方向过电流、间隙过电压、间隙过电流等。

2. 装置背板端子说明

现场实际光口配置如图3-4所示：B07插件的1光口为220kV组网、2光口为110kV组网、3光口为直跳21A、4光口为21A合并单元的直采、5光口为直跳11A、6光口为11A直采；B09 插件的 3 光口为直跳 91A、4 光口为 91A 直采。

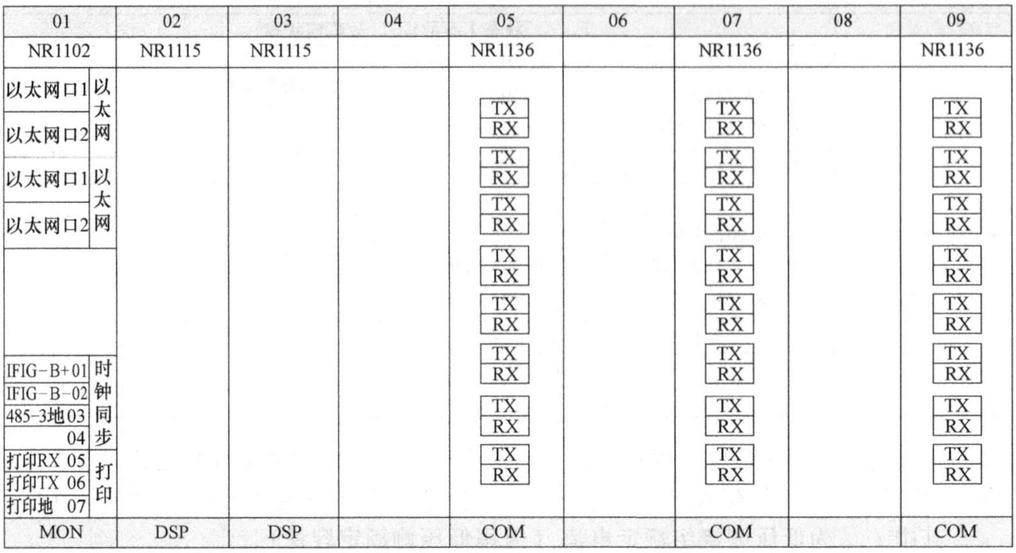

01	02	03	04	05	06	07	08	09
NR1102	NR1115	NR1115		NR1136		NR1136		NR1136
以太网口1 以太网口2 以太网 以太网口1 以太网口2 以太网 IFIG-B+01 IFIG-B-02 485-3地03 04 时钟同步 打印RX 05 打印TX 06 打印地 07 打印				TX RX TX RX TX RX TX RX TX RX TX RX TX RX TX RX		TX RX TX RX TX RX TX RX TX RX TX RX TX RX TX RX		TX RX TX RX TX RX TX RX TX RX TX RX TX RX TX RX
MON	DSP	DSP		COM		COM		COM

图 3-4　PCS-978 背板端子排图

3. 装置虚端子及软压板配置（见图 3-5）

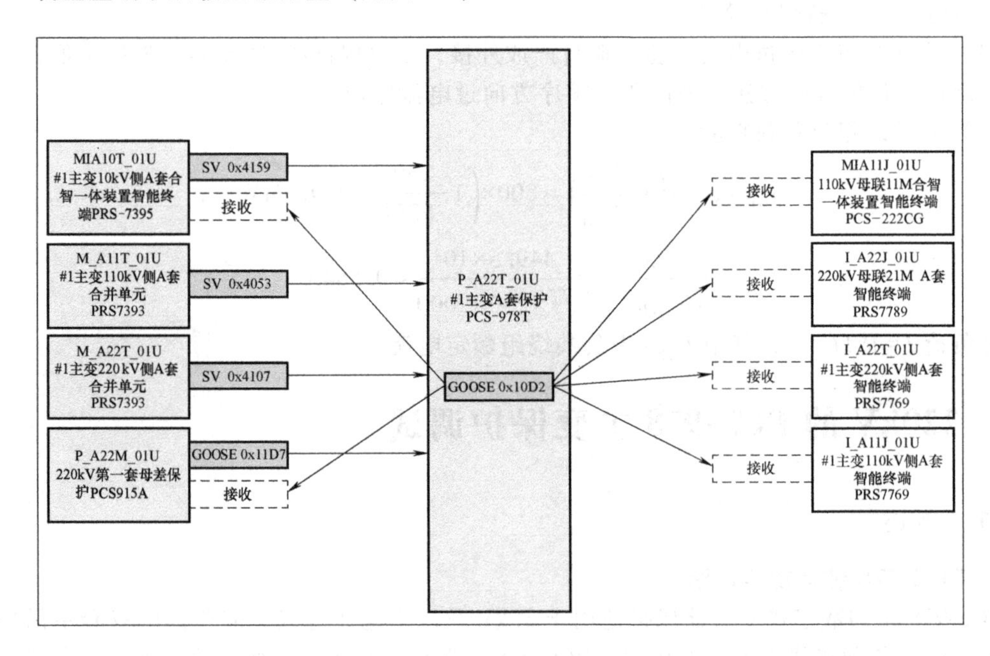

图 3-5　虚端子配置联系图

本装置虚端子联系，内部 GOOSE 接收、发布及 SV 接收软压板配置如下所示：

（1）GOOSE 接收虚端子（见表 3-22）

（2）GOOSE 发送虚端子（见表 3-23）

（3）SV 接收虚端子（只列出 220kV 侧部分）（见表 3-24）

表 3-22　PCS-978 装置 GOOSE 接收虚端子表

序号	功能定义	终点设备:#1 主变第一套 PCS-978 保护		起点设备		
		厂家虚端子定义	接收软压板	设备名称	厂家虚端子定义	发送软压板
1	失灵联跳	1-高压 1 侧失灵联跳开入	高压 1 侧失灵联跳开入软压板	220kV 第一套母差保护	22-支路 4 失灵联跳主变	

表 3-23　PCS-978 装置 GOOSE 发送虚端子表

序号	功能定义	起点设备:#1 主变第一套 PCS-978 保护		终点设备		
		厂家虚端子定义	发送软压板	设备名称	厂家虚端子定义	接收软压板
1	跳高压 1 侧断路器	1-跳高压 1 侧断路器	跳高压 1 侧断路器软压板	#1 主变 220kV 侧第一套智能终端	23-保护跳闸	无
2	启动高压 1 侧断路器失灵	2-启动高压 1 侧断路器失灵	启动高压 1 侧失灵软压板	220kV 第一套母差保护	支路 4-三相启动失灵开入	
3	跳高压侧母联 1	5-跳高压侧母联 1	跳高压侧母联 1 软压板	220kV 母联第一套智能终端	2-保护三闸	无
4	跳中压侧断路器	9-跳中压侧断路器	跳中压侧断路器软压板	#1 主变 110kV 侧第一套智能终端	23-保护三闸	无
5	跳中压侧母联 1	11-跳中压侧母联 1	跳中压侧母联 1 软压板	110kV 母联合智一体装置	18-保护三跳	无
6	跳低压 1 分支断路器	16-跳低压 1 分支断路器	跳低压 1 分支断路器软压板	#1 主变 10kV 侧第一套合智一体装置	5-保护三跳	无

表 3-24　PCS-978 装置 SV 接收虚端子表

序号	功能定义	终点设备:#1 主变第一套 PCS-978 保护		起点设备		
		厂家虚端子定义	接收软压板	设备名称	厂家虚端子定义	发送软压板
1	通道延时	28-MU 额定延时	高压侧 SV 接收软压板	#1 主变 220kV 侧第一套合并单元	1-MU 额定延时	无
2	高压 1 侧 A 相电流 1	36-高压 1 侧 A 相电流 1	高压侧 SV 接收软压板	#1 主变 220kV 侧第一套合并单元	2-保护 A 相电流 1	无
3	高压 1 侧 A 相电流 2	37-高压 1 侧 A 相电流 2	高压侧 SV 接收软压板	#1 主变 220kV 侧第一套合并单元	3-保护 A 相电流 2	无
4	高压 1 侧 B 相电流 1	38-高压 1 侧 B 相电流 1	高压侧 SV 接收软压板	#1 主变 220kV 侧第一套合并单元	4-保护 B 相电流 1	无
5	高压 1 侧 B 相电流 2	39-高压 1 侧 B 相电流 2	高压侧 SV 接收软压板	#1 主变 220kV 侧第一套合并单元	5-保护 B 相电流 2	无
6	高压 1 侧 C 相电流 1	40-高压 1 侧 C 相电流 1	高压侧 SV 接收软压板	#1 主变 220kV 侧第一套合并单元	6-保护 C 相电流 1	无
7	高压 1 侧 C 相电流 2	41-高压 1 侧 C 相电流 2	高压侧 SV 接收软压板	#1 主变 220kV 侧第一套合并单元	7-保护 C 相电流 1	无
8	高压侧零序电流 1	42-高压侧零序电流 1	高压侧 SV 接收软压板	#1 主变 220kV 侧第一套合并单元	8-第二路保护 A 相电流 1	无
9	高压侧零序电流 2	43-高压侧零序电流 2	高压侧 SV 接收软压板	#1 主变 220kV 侧第一套合并单元	9-第二路保护 A 相电流 2	无
10	高压侧间隙电流 1	44-高压侧间隙电流 1	高压侧 SV 接收软压板	#1 主变 220kV 侧第一套合并单元	10-第二路保护 B 相电流 1	无

（续）

序号	功能定义	终点设备:#1 主变第一套 PCS-978 保护		起点设备		
		厂家虚端子定义	接收软压板	设备名称	厂家虚端子定义	发送软压板
11	高压侧间隙电流 2	45-高压侧间隙电流 2	高压侧 SV 接收软压板	#1 主变 220kV 侧第一套合并单元	11-第二路保护 B 相电流 2	无
12	高压侧 A 相电压 1	29-高压侧 A 相电压 1	高压侧 SV 接收软压板	#1 主变 220kV 侧第一套合并单元	17-A 相电压 1	无
13	高压侧 A 相电压 2	30-高压侧 A 相电压 2	高压侧 SV 接收软压板	#1 主变 220kV 侧第一套合并单元	18-A 相电压 2	无
14	高压侧 B 相电压 1	31-高压侧 B 相电压 1	高压侧 SV 接收软压板	#1 主变 220kV 侧第一套合并单元	19-B 相电压 1	无
15	高压侧 B 相电压 2	32-高压侧 B 相电压 2	高压侧 SV 接收软压板	#1 主变 220kV 侧第一套合并单元	20-B 相电压 2	无
16	高压侧 C 相电压 1	33-高压侧 C 相电压 1	高压侧 SV 接收软压板	#1 主变 220kV 侧第一套合并单元	21-C 相电压 1	无
17	高压侧 C 相电压 2	34-高压侧 C 相电压 2	高压侧 SV 接收软压板	#1 主变 220kV 侧第一套合并单元	22-C 相电压 2	无
18	高压侧零序电压	35-高压侧零序电压	高压侧 SV 接收软压板	#1 主变 220kV 侧第一套合并单元	29-零序电压	无

3.2.2 试验调试方法

1. 测试仪器接线及配置

（1）测试仪光纤接线　准备 5 对尾纤用来连接测试仪与保护装置，具体接法如下：

1）测试仪的光口 1 与主变保护装置的高压侧 SV 输入（B07：4 口）连接。

2）测试仪的光口 2 与主变保护装置的中压侧 SV 输入（B07：6 口）连接。

3）测试仪的光口 3 与主变保护装置的低压侧 SV 输入（B07：4 口）连接。

4）测试仪的光口 4 与主变保护装置的跳高压侧开关的光口（B07：3 口）连接。用于接收主变保护装置的动作情况，目前保护厂家通常在几个 GOOSE 输出口光口都配置同样的数据集，因此光口 3 可以连至引去跳高压侧开关的光口（B07：3 口），也可以连至引去跳中压侧开关光口（B07：5 口）、跳低压侧开关光口（B09：3 口）。

5）测试仪的光口 5 与主变保护装置 220kV 组网口（B07：1 口）相连。因为主变保护接收母差保护装置的失灵联跳主变三侧开关，以及主变保护启动母差保护失灵和主变保护动作解除复压闭锁通常采用组网方式传输，因此要向主变保护开入失灵联跳主变三侧开关，必须接在主变保护装置引至光交换机的光口。

（2）测试仪配置

1）SV 配置第一组：导入全站 SCD，选择#1 主变 220kV 侧 A 套合并单元 PRS7393，点击“SMVoutputs”配置 SMV。将测试仪 I_a、I_b、I_c、U_a、U_b、U_c 分别映射到#1 主变 220kV 侧 A 套合并单元的三相电流和三相电压，输出光口选择“光口 1”，品质 bit11 设置为 1（测试），即低位为 0800（检修）。

2）SV 配置第二组：导入全站 SCD，选择#1 主变 110kV 侧 A 套合并单元 PRS7393，点击

"SMVoutputs" 配置 SMV。将测试仪 I'_a、I'_b、I'_c、U'_a、U'_b、U'_c分别映射到#1 主变 110kV 侧 A 套合并单元的三相电流和三相电压，输出光口选择"光口 2"，品质 bit11 设置为 1（测试），即低位为 0800（检修）。

3）SV 配置第三组：导入全站 SCD，选择#1 主变 10kV 侧 A 套合智一体装置 PRS7395，点击"SMVoutputs"配置 SMV。将测试仪 I_{sa}、I_{sb}、I_{sc}、U_{sa}、U_{sb}、U_{sc}分别映射到#1 主变 10kV 侧 A 套合智一体装置 PRS7395 的三相电流和三相电压，输出光口选择"光口 3"，品质 bit11 设置为 1（测试），即低位为 0800（检修）。

4）GOOSE 订阅 G1 组：导入全站 SCD，查找#1 主变 A 套保护 PCS-978，选择"GOOSE Outputs"，配置 GOOSE。订阅本主变保护 GOOSE 输出，并将保护的跳高压侧、跳高压侧失灵、跳高压侧母联、跳中压侧、跳中压侧母联、跳低压侧、跳低压侧分段分别映射到测试仪的 GOOSE 开入 A、B、C、D、E、F、G，接收光口选择"光口 4"。

5）GOOSE 发布 G1 组：导入全站 SCD，查找 220kV 母差第一套保护 PCS-915，选择"GOOSE Outputs"，右上角勾选含"支路 4-失灵联跳变压器"的数据集，配置 GOOSE。发布对应的 220kV 母差第一套保护的失灵联跳输出，映射到光口 5，并设置测试（test）为 True，将"支路 4-失灵联跳变压器"关联到仪器的"out1"。

6）系统参数：二次额定线电压 100V，额定频率 50Hz，二次额定电流 1A，规约选择 IEC 61850-9-2，第一组（映射为主变 220kV 侧合并单元）PT 电压比 220/100、CT 电压比 1200/1，第二组（映射为主变 110kV 侧合并单元）PT 电压比 110/100、CT 电流比 3000/1，第三组（映射为主变 10kV 侧合并单元）PT 电压比 10/100、CT 电流比 6000/1。

注：以上所述的测试仪的光口、电流、开入可以任意配置不一定按以上顺序！

2. 纵差差动保护启动值检验

（1）相关定值　主变高中压侧额定容量为 180MVA，高压侧额定电压为 230kV，中压侧额定电压为 115kV，低压侧额定电压为 10kV，高压侧 PT 一次值为 220kV，中压侧 PT 一次值为 110kV，低压侧 PT 一次值为 10kV，高压侧 CT 电流比为 1200/1，中压侧 CT 电流比为 3000/1，低压侧 CT 电流比为 6000/1，接线方式为 YN/yn/d11，差动保护启动电流定值为 $0.5I_e$。

（2）试验条件

1）功能软压板设置：投入"投主保护"压板。

2）SV 接收软压板：投入"高压侧 SV 接收"软压板；退出"中压侧 SV 接收"软压板；退出"低压侧 SV 接收"软压板。

3）GOOSE 发送软压板：投入"跳高压 1 侧断路器"软压板；投入"启动高压 1 侧失灵"；投入"跳高压侧母联 1"；投入"跳中压侧断路器"；投入"跳中压侧母联 1"；投入"跳低压 1 分支断路器"。

4）控制字设置："纵差差动保护"置"1"。

（3）计算方法

$$高压侧二次额定电流=\frac{180\times10^6}{\sqrt{3}\times230\times10^3\times1200}=0.377A$$

$$中压侧二次额定电流=\frac{180\times10^6}{\sqrt{3}\times115\times10^3\times3000}=0.301A$$

$$低压侧二次额定电流=\frac{180\times10^6}{\sqrt{3}\times10\times10^3\times6000}=1.732A$$

1）由图 3-6 所示的 PCS-978 保护装置的纵差图，根据定值 $I_{cdqd}=0.5I_e$，可以得出做高压

侧启动值试验时有

$$I_d>0.2I_r+0.5I_e \rightarrow I_h>0.2(I_h/2)+0.5I_e \rightarrow I_h>(10/9)\times 0.5I_e$$

高压侧若通入三相对称电流或相间电流（A、B 相电流反向），则

1.05×(10/9)×0.5×0.377=0.220A 可靠动作

0.95×(10/9)×0.5×0.377=0.199A 可靠不动作

PCS-978 装置对 Y 的处理是 $I'_h=I_h-I_0$，当加入单相电流时，$3I_0=I_h$，因此 $I'_h=I_h-(1/3)I_h=(2/3)I_h$，因此高压侧若通入单相电流则

1.05×(10/9)×0.5×0.377×(3/2)= 0.330A 可靠动作

0.95×(10/9)×0.5×0.377×(3/2)= 0.299A 可靠不动作

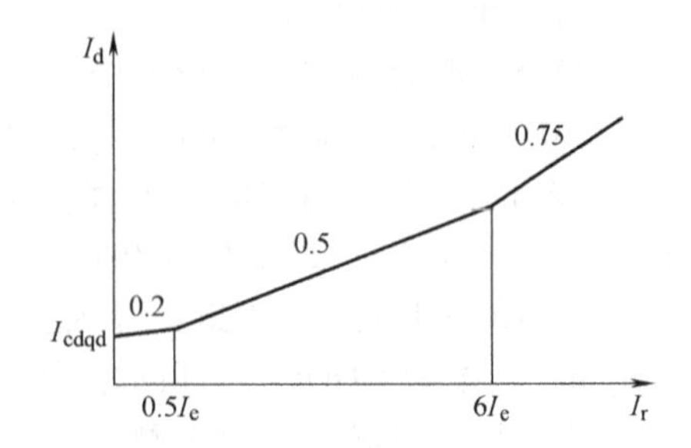

图 3-6 PCS-978 保护装置的纵差动作特性图

2）中压侧方法同高压侧，只需将额定电流由高压侧改为中压侧，代进去计算即可。

3）做低压侧启动值时，计算式同高压侧，但 PCS-978 装置通过低压侧转角的方式进行相位补偿，$I'_{La}=(I_{La}-I_{Lc})\sqrt{3}$，$I'_{Lb}=(I_{Lb}-I_{La})\sqrt{3}$，$I'_{Lc}=(I_{Lc}-I_{Lb})\sqrt{3}$。当低压侧通入三相电流时，则有

1.05×(10/9)×0.5×1.732=1.01A 可靠动作

0.95×(10/9)×0.5×1.732=0.914A 可靠不动作

当低压侧通入单相电流时需要乘以$\sqrt{3}$倍，即

1.05×(10/9)×0.5×1.732×$\sqrt{3}$=1.749A 可靠动作

0.95×(10/9)×0.5×1.732×$\sqrt{3}$=1.583A 可靠不动作

（4）调试方法（见表 3-25）

表 3-25 纵差差动保护启动值检验

注意事项	当“CT 断线闭锁差动保护”控制字整定为“0”时，纵差差动保护的启动值不经 CT 断线闭锁。当“CT 断线闭锁差动保护”控制字整定为“1”时，纵差差动保护的启动值经 CT 断线闭锁	
纵差差动保护启动值校验	采用交流测试模块参数设置（以高压侧为例）	
	在测试仪内将测试仪的 I_a、I_b、I_c 配置给主变的高压侧的三相电流虚端子。 I_a:0.15∠0° I_b:0.15∠-120° I_c:0.15∠120°	I_a、I_b、I_c 的变化量步长设为 0.001A，缓慢上升，直到保护装置动作
	说明：如采用状态序列模块，电流直接设为 1.05 倍和 0.95 倍，状态控制时间 0.05s	
	装置报文	1. 00000ms 保护启动；2. 0020ms 纵差比率差动
	装置指示灯	跳闸
	测试仪	开入 A、开入 B、开入 C 动作并有动作时间（跳闸矩阵正常整定）
思考：低压侧通单相电流进行启动值试验时，测试仪所加电流为何要乘以$\sqrt{3}$？		

3. 纵差比率差动保护检验

（1）相关定值　纵差差动比率制动系数固定为 0.5，差流越限告警定值固定为 0.8 倍启动定值，其他定值同差动启动值试验项目。

（2）试验条件

1）功能软压板设置：投入“投主保护”压板。

2）SV接收软压板：投入“高压侧SV接收”软压板；退出“中压侧SV接收”软压板；投入“低压侧SV接收”软压板。

3）GOOSE发送软压板：投入“跳高压1侧断路器”软压板、投入“启动高压1侧失灵”、投入“跳高压侧母联1”、投入“跳中压侧断路器”、投入“跳中压侧母联1”、投入“跳低压1分支断路器”。

4）控制字设置：“纵差差动保护”置“1”。

（3）计算方法　图3-6所示为PCS-978装置的稳态比率差动保护的动作特性图。

以高、低压侧AB相间为例，假设制动电流 $I_r=I_e$。

$$I_d=0.5(I_r-0.5I_e)+0.2\times0.5I_e+I_{cdqd}$$
$$=0.85I_e=I_{高}-I_{低}$$
$$I_r=(I_{高}+I_{低})/2$$

据以上两式，求得

$$I_{高}=1.425I_e,\ I_{低}=0.575I_e$$

同上述纵联差动启动值校验，低压侧如加单相需乘$\sqrt{3}$，因此测试仪加入的电流分别为

$$I_h=I_{高}=1.425\times0.377=0.537\text{A}$$
$$I_L=\sqrt{3}\times I_{低}=\sqrt{3}\times0.575\times1.732=1.725\text{A}$$

（4）调试方法（见表3-26）

表3-26　纵差比率差动保护检验

	采用交流模块时参数设置（以高、低压侧AB相间为例）	
纵差比率差动校验	在测试仪内设置如下： I_a:0.537∠0°　I_{sa}:2∠180° I_b:0.537∠180°　I_{sb}:0.00∠0° I_c:0.00∠0°　I_{sc}:0.00∠0°	保持I_a、I_b值不变，I_{sa}的变化量步长设为0.001A，缓慢下降，直到保护装置动作
	装置报文	1. 00000ms保护启动；　2. 0020ms纵差比率差动
	装置指示灯	跳闸
	测试仪	开入A、开入B、开入C动作并有动作时间（跳闸矩阵正常整定）

4. 差动速断保护检验

（1）相关定值　差动速断电流定值：$5I_e$。

（2）试验条件

1）功能软压板设置：投入“投主保护”压板。

2）SV接收软压板：投入“高压侧SV接收”软压板；退出“低压侧SV接收”软压板；退出“中压侧SV接收”软压板。

3）GOOSE发送软压板：投入所有出口软压板。

4）控制字设置：“纵差差动速断”置“1”，“纵差差动保护”置“1”。

（3）计算方法　高压侧若通入三相对称电流或相间电流（A、B相电流反向），则

$$1.05\times5\times0.377=1.979\text{A}\ 可靠动作$$
$$0.95\times5\times0.377=1.791\text{A}\ 可靠不动作$$

高压侧若通入单相电流，则

$$1.05\times5\times0.377\times(3/2)=2.969\text{A}\ 可靠动作$$
$$0.95\times5\times0.377\times(3/2)=2.686\text{A}\ 可靠不动作$$

（4）调试方法（见表3-27）

表 3-27　差动速断保护检验

<table>
<tr><td rowspan="2">差动速断保护检验</td><td colspan="2">采样状态序列模块
区内故障(1.05 倍)</td><td>采样状态序列模块
区外故障(0.95 倍)</td></tr>
<tr><td colspan="2">I_a:1.979∠0°
I_b:1.979∠180°
I_c:0.00∠0°
或者(加单相电流):
I_a:2.969∠0°
I_b:0.00∠0°
I_c:0.00∠0°
状态控制时间为 0.05s</td><td>I_a:1.791∠0°
I_b:1.791∠180°
I_c:0.00∠0°
或者(加单相电流):
I_a:2.686∠0°
I_b:0.00∠0°
I_c:0.00∠0°
状态控制时间为 0.05s</td></tr>
<tr><td></td><td colspan="2">保护动作</td><td>保护不动作</td></tr>
<tr><td></td><td>装置报文</td><td colspan="2">1. 00000ms 保护启动；　2. 0020ms 纵差差动速断</td></tr>
<tr><td></td><td>装置指示灯</td><td colspan="2">跳闸</td></tr>
<tr><td></td><td>测试仪</td><td colspan="2">开入 A、开入 B、开入 C 动作并有动作时间(跳闸矩阵正常整定)</td></tr>
</table>

5. 二次谐波测试

（1）相关定值　二次谐波制动系数：0.15。

（2）试验条件

1）功能软压板设置：投入“主保护”压板。

2）SV 接收软压板：投入“高压侧 SV 接收”软压板；退出“中压侧 SV 接收”软压板；退出“低压侧 SV 接收”软压板。

3）GOOSE 发送软压板：投入所有出口软压板。

4）控制字设置：“纵联差动保护”、“二次谐波制动”置“1”。

（3）计算方法　二次谐波量 I>0.15I_a 时，差动保护制动。

（4）调试方法（见表 3-28）

表 3-28　二次谐波测试

<table>
<tr><td rowspan="2">二次谐波测试</td><td colspan="2">谐波测试模块参数设置</td></tr>
<tr><td>基波:
I_a:2∠0°(超过差动动作值)
I_b:0.00∠0°
I_c:0.00∠0°
二次谐波
I_a:0.4A</td><td>二次谐波百分比的变化量步长设为 0.01,缓慢下降,直到保护装置动作</td></tr>
</table>

6. 高压侧复合电压闭锁过电流保护检验

（1）相关定值　低电压闭锁定值：70V；负序电压闭锁定值：7V；复压闭锁过电流 I 段定值：1.50A；复压闭锁过电流 I 段 1 时限：1.5s。

（2）试验条件

1）功能软压板设置：投入“高压侧后备保护”压板；投入“高压侧电压”压板；退出“中压侧电压”压板；退出“低压侧电压”压板；退出“主保护”压板。

2）SV 接收软压板：投入“高压侧 SV 接收”软压板。

3）GOOSE 发送软压板：投入所有出口软压板。

4）控制字设置：“复压过电流 I 段带方向”、“复压过电流 I 段经复压闭锁”置“1”，“复压过电流 I 段指向母线”置“0”。

（3）计算方法

复压闭锁过电流定值 $I=mI_{set}$

$m=1.05$ 时，$I=1.05\times1.50=1.575\text{A}$ 可靠动作

$m=0.95$ 时，$I=0.95\times1.50=1.425\text{A}$ 可靠不动作

$m=1.2$ 时，$I=1.2\times1.50=1.8\text{A}$ 测量动作时间

低电压闭锁定值 $U=mU_{set}$

$m=1.05$ 时，$U=1.05\times(70/\sqrt{3})=42.4\text{V}$ 可靠不动作

$m=0.95$ 时，$U=0.95\times(70/\sqrt{3})=38.4\text{V}$ 可靠动作

负序电压闭锁定值 $U=U_n-3mU_{set}$

$m=1.05$ 时，$U=57.74-3\times1.05\times7=35.69\text{V}$ 可靠动作

$m-0.95$ 时，$U-57.74-3\times0.95\times7=37.79\text{V}$ 可靠不动作

（4）调试方法（见表 3-29）

表 3-29　高压侧复合电压闭锁过电流保护检验

注意事项	PT 断线时闭锁该保护		
高压侧复合电压闭锁过电流保护检验（过电流 $m=0.95$）	参数设置（以高压侧 A 相时为例）		
	状态 1 参数设置（故障前状态）		
	U_a:57.74∠0° U_b:57.74∠-120° U_c:57.74∠120°	I_a:0∠0° I_b:0∠0° I_c:0∠0°	保持时间:12s
	状态 2 参数设置（故障状态）		
	U_a:0∠0° U_b:57.74∠-120° U_c:57.74∠120°	I_a:1.425∠0° I_b:0∠0° I_c:0∠0°	保持时间:1.6s
	装置报文	无	
	装置指示灯	无	
高压侧复合电压闭锁过电流保护检验（过电流 $m=1.05$）	状态 1 参数设置（故障前状态）		
	U_a:57.74∠0.00° U_b:57.74∠-120° U_c:57.74∠120°	I_a:0∠0° I_b:0∠0° I_c:0∠0°	保持时间:12s
	状态 2 参数设置（故障状态）		
	U_a:0∠0.00° U_b:57.74∠-120° U_c:57.74∠120°	I_a:1.575∠0° I_b:0∠0° I_c:0∠0°	保持时间:1.6s
	装置报文	1. 00000ms 保护启动；　2. 1515ms 高复流 I 段 1 时限	
	装置指示灯	跳闸	
高压侧复合电压闭锁过电流保护检验（过电流 $m=1.2$）	状态 1 参数设置（故障前状态）		
	U_a:57.74∠0.00° U_b:57.74∠-120° U_c:57.74∠120°	I_a:0∠0° I_b:0∠0° I_c:0∠0°	保持时间:12s
	状态 2 参数设置（故障状态）		
	U_a:0∠0.00° U_b:57.74∠-120° U_c:57.74∠120°	I_a:1.8∠0° I_b:0∠0° I_c:0∠0°	保持时间:1.6s
	装置报文	1. 00000ms 保护启动；　2. 1516ms 高复流 I 段 1 时限	
	装置指示灯	跳闸	
备注	改变 A 相电流的角度，I_A 的动作角度为-135°～44°		

（续）

注意事项	PT 断线时闭锁该保护		
高压侧复合电压闭锁过电流保护检验（低电压 m=1.05）	状态 1 参数设置（故障前状态）		
	U_a:57.74∠0.00° U_b:57.74∠-120° U_c:57.74∠120°	I_a:0∠0° I_b:0∠0° I_c:0∠0°	保持时间:12s
	状态 2 参数设置（故障状态）		
	U_a:42.4∠0.00° U_b:42.4∠-120° U_c:42.4∠120°	I_a:1.575∠0° I_b:0∠0° I_c:0∠0°	保持时间:1.6s
	装置报文	无	
	装置指示灯	无	
高压侧复合电压闭锁过电流保护检验（低电压 m=0.95）	状态 1 参数设置（故障前状态）		
	U_a:57.74∠0.00° U_b:57.74∠-120° U_c:57.74∠120°	I_a:0∠0° I_b:0∠0° I_c:0∠0°	保持时间:12s
	状态 2 参数设置（故障状态）		
	U_a:38.4∠0.00° U_b:38.4∠-120° U_c:38.4∠120°	I_a:1.575∠0° I_b:0∠0° I_c:0∠0°	保持时间:1.6s
	装置报文	1. 00000ms 保护启动； 2. 1505ms 高复流 I 段 1 时限	
	装置指示灯	跳闸	
高压侧复合电压闭锁过电流保护检验（负序电压 m=1.05）	状态 1 参数设置（故障前状态）		
	U_a:57.74∠0.00° U_b:57.74∠-120° U_c:57.74∠120°	I_a:0∠0° I_b:0∠0° I_c:0∠0°	保持时间:12s
	状态 2 参数设置（故障状态）		
	U_a:35.69∠0.00° U_b:57.74∠-120° U_c:57.74∠120°	I_a:1.575∠0° I_b:0∠0° I_c:0∠0°	保持时间:1.6s
	装置报文	1. 00000ms 保护启动； 2. 1505ms 高复流 I 段 1 时限	
	装置指示灯	跳闸	
高压侧复合电压闭锁过电流保护检验（负序电压 m=0.95）	状态 1 参数设置（故障前状态）		
	U_a:57.74∠0.00° U_b:57.74∠-120° U_c:57.74∠120°	I_a:0∠0° I_b:0∠0° I_c:0∠0°	保持时间:12s
	状态 2 参数设置（故障状态）		
	U_a:37.79∠0.00° U_b:57.74∠-120° U_c:57.74∠120°	I_a:1.575∠0° I_b:0∠0° I_c:0∠0°	保持时间:1.6s
	装置报文	无	
	装置指示灯	无	
思考:PT 断线对主变后备保护动作行为的影响			

7. 高压侧零序方向过电流保护检验

（1）相关定值　零序过电流 I 段定值：0.4A；零序过电流 I 段 1 时限：2.4s。

（2）试验条件

1）功能软压板设置：投入“高压侧后备保护”压板；投入“高压侧电压”压板；退出“中压侧电压”压板；退出“低压侧电压”压板；退出“主保护”压板。

2）SV接收软压板：投入“高压侧SV接收”软压板。

3）GOOSE发送软压板：投入所有出口软压板。

4）控制字设置：“零序过电流Ⅰ段带方向”、“零序过电流Ⅰ段1时限”置“1”；“零序过电流Ⅰ段指向母线”置“0”。

（3）计算方法

零序过电流Ⅰ段定值 $I=mI_{set}$

$m=1.05$ 时，$I=1.05\times0.40=0.42$A 可靠动作

$m=0.95$ 时，$I=0.95\times0.40=0.38$A 可靠不动作

$m=1.2$ 时，$I=1.2\times0.40=0.48$A 测量动作时间

（4）调试方法（见表3-30）

表3-30 高压侧零序方向过电流保护检验

注意事项	零序过电流保护是否经方向闭锁，通过“零序方向指向”控制字整定		
高压侧零序方向过电流保护检验（$m=1.05$）	参数设置		
	状态1参数设置（故障前状态）		
	U_a:57.74∠0.00° U_b:57.74∠-120° U_c:57.74∠120°	I_a:0∠0° I_b:0∠0° I_c:0∠0°	状态触发条件： 时间控制：12s
	状态2参数设置（故障状态）		
	U_a:0∠0.00° U_b:57.74∠-120° U_c:57.74∠120°	I_a:0.42∠-75° I_b:0∠0° I_c:0∠0°	状态触发条件： 时间控制：2.5s
	装置报文	1. 00000ms 保护启动； 2. 2409ms 高压侧零序过电流Ⅰ段	
	装置指示灯	跳闸	
高压侧零序方向过电流保护检验（$m=0.95$）	状态1参数设置（故障前状态）		
	U_a:57.74∠0.00° U_b:57.74∠-120° U_c:57.74∠120°	I_a:0∠0° I_b:0∠0° I_c:0∠0°	状态触发条件： 时间控制：12s
	状态2参数设置（故障状态）		
	U_a:0∠0.00° U_b:57.74∠-120° U_c:57.74∠120°	I_a:0.38∠-75° I_b:0∠0° I_c:0∠0°	状态触发条件： 时间控制：2.5s
	装置报文	无	
	装置指示灯	无	
高压侧零序方向过电流保护检验（动作区）	状态1参数设置（故障前状态）		
	U_a:57.74∠0.00° U_b:57.74∠-120° U_c:57.74∠120°	I_a:0∠0° I_b:0∠0° I_c:0∠0°	状态触发条件： 时间控制：12s
	状态2参数设置（故障状态）		
	U_a:0∠0.00° U_b:57.74∠-120° U_c:57.74∠120°	I_a:0.42∠15° I_b:0∠0° I_c:0∠0°	状态触发条件： 时间控制：0.35s
	备注	改变 I_a 的角度，I_a 的动作角度为-165°~14°	

8. 零序过电压保护检验

（1）相关定值　当间隙过电压采用自产零序电压时，零序电压保护的定值 $3U_0$ 固定为104（180/1.732）V，当间隙过压采用外接零序电压时，零序电压保护的定值 $3U_0$ 固定为

180V，零序过电压时间为 0.5s。

（2）试验条件

1）功能软压板设置：投入“高压侧后备保护”压板；投入“高压侧电压”压板；退出“中压侧电压”压板；退出“低压侧电压”压板；退出“主保护”压板。

2）SV 接收软压板：投入“高压侧 SV 接收”软压板。

3）GOOSE 发送软压板：投入所有出口软压板。

4）控制字设置：高压侧零序过电压置“1”、零序电压采用自产零压置“0”；在测试仪内将 U'_a 映射给零序电压。

（3）计算方法

计算公式：$U=mU_0$，式中，m 为系数。

计算数据：$m=1.05$ 时，$U=1.05\times180=189$V；$m=0.95$ 时，$U=0.95\times180=171$V。

（4）调试方法（见表 3-31）

表 3-31　零序过电压保护检验

试验方法及注意事项	状态 1：加正常电压量，电流为 0，时间控制：5s 状态 2：加故障量，时间控制：整定时间+0.1s	
零序过电压保护检验（$m=1.05$）	状态 1： U_a：57.74∠0.00° U_b：57.74∠-120° U_c：57.74∠120° 状态触发条件： 时间控制：5s	状态 2： U_a：57.74∠0.00° U_b：57.74∠-120° U_c：57.74∠120° U'_a：189∠0.00° 状态触发条件： 时间控制：0.6s
装置报文	高零序过电压	
指示灯	后备保护红灯亮	
零序过电压保护检验（$m=0.95$）	状态 1： U_a：57.74∠0.00° U_b：57.74∠-120° U_c：57.74∠120° 状态触发条件： 时间控制：5s	状态 2： U_a：57.74∠0.00° U_b：57.74∠-120° U_c：57.74∠120° U'_a：171∠0.00° 状态触发条件： 时间控制：0.6s
装置报文	启动	
指示灯	无	
说明	零序过电压保护动作电压可通过控制字选择取外接或自产。外接时通过映射零序电压开入实现，自产时直接加 A 相电压	

9. 间隙过电流保护检验

（1）相关定值　间隙零序过电流保护定值固定为一次值 100A，间隙过电流时间定值为 1.0s，间隙 CT 电流比为 100/1；间隙零序过电流保护固定采用零序电压与零序电流的“或”出口方式。

（2）试验条件

1）功能软压板设置：投入“高压侧后备保护”压板；投入“高压侧电压”压板；退出“中压侧电压”压板；退出“低压侧电压”压板；退出“主保护”压板。

2）SV 接收软压板：投入“高压侧 SV 接收”软压板。

3）GOOSE 发送软压板：投入所有出口软压板。

4）控制字设置：高压侧间隙过电流置“1”。

（3）计算方法

计算公式：$I=mI_0$，式中，m 为系数

计算数据：$m=1.05$ 时，$U=1.05\times1=1.05$A；

$m=0.95$ 时，$U=0.95\times1=0.95$A。

（4）调试方法（见表 3-32）

表 3-32　间隙过电流保护检验

注意事项	状态 1：加正常电压量，电流为 0，时间控制：5s 状态 2：加故障量，时间控制：整定时间+0.1s	
间隙过电流保护检验（$m=1.05$）	状态 1： U_a：57.74∠0.00° U_b：57.74∠-120° U_c：57.74∠120° I_a：0.00∠0.00°（映射到间隙过电流） 状态触发条件： 时间控制：5s	状态 2： U_a：57.74∠0.00° U_b：57.74∠-120° U_c：57.74∠120° I_a：1.05∠0.00°（映射到间隙过电流） 状态触发条件： 时间控制：1.1s
装置报文	高间隙过电流	
装置指示灯	后备保护红灯亮	
间隙过电流保护检验（$m=0.95$）	状态 1： U_a：57.74∠0.00° U_b：57.74∠-120° U_c：57.74∠120° I_a：0.00∠0.00°（映射到间隙过电流） 状态触发条件： 时间控制：5s	状态 2： U_a：57.74∠0.00° U_b：57.74∠-120° U_c：57.74∠120° I_a：0.95∠0.00°（映射到间隙过电流） 状态触发条件： 时间控制：1.1s
装置报文	启动	
装置指示灯	无	
说明	试验时应将 I_a 映射到间隙过电流，并在参数设置内将 I_a 的电流比改为 100/1	

10. 高压侧失灵联跳保护检验

（1）相关定值　不需整定，固定延时 50ms 跳闸。

（2）试验条件

1）功能软压板设置：投入“投高压侧后备保护”压板。

2）SV 接收软压板：投入“高压侧 SV 接收”软压板。

3）GOOSE 接收软压板：投入“高压 1 侧失灵联跳开入软压板”。

4）GOOSE 发送软压板：投入所有出口软压板。

5）控制字设置：“高压侧失灵经主变跳闸”置“1”。

（3）计算方法　无

（4）调试方法（见表 3-33）

11. 低压侧开关复压闭锁过电流保护检验

（1）相关定值　复压过电流定值：1.5A；复压过电流 I 段 1 时限：1.4s；低电压闭锁定值：70V；负序电压闭锁定值：4V。

（2）试验条件

1）功能软压板设置：投入“投低压侧后备保护”压板；投入“投低压侧电压”压板；退出“投中压侧电压”压板；退出“投高压侧电压”压板。

2）SV 接收软压板：投入“低压侧 SV 接收”软压板。

3）GOOSE 发送软压板：投入所有出口软压板。

表 3-33　高压侧失灵联跳保护检验

<table>
<tr><td>注意事项</td><td colspan="3">本侧相电流需大于 1.1 倍额定电流，或零序电流大于 0.1I_n，或负序电流大于 0.1I_n</td></tr>
<tr><td rowspan="9">高压侧失灵联跳保护检验（采用状态序列模式）</td><td colspan="3">参数设置</td></tr>
<tr><td colspan="3">状态 1 参数设置（故障前状态）</td></tr>
<tr><td>U_a:57.74∠0°
U_b:57.74∠-120°
U_c:57.74∠120°</td><td>I_a:0∠0°
I_b:0∠0°
I_c:0∠0°</td><td>状态触发条件：
out1：断开
时间控制：1s</td></tr>
<tr><td colspan="3">状态 2 参数设置（故障状态）</td></tr>
<tr><td>U_a:57.54∠0°
U_b:57.54∠-120°
U_c:57.54∠120°</td><td>I_a:0.12∠-80°
I_b:0∠-200°
I_c:0∠40°</td><td>状态触发条件：
out1：闭合
时间控制：0.1s</td></tr>
<tr><td>装置报文</td><td colspan="2">50ms 高断路器失灵联跳</td></tr>
<tr><td>装置指示灯</td><td colspan="2">无</td></tr>
<tr><td colspan="4">说明：将测试 out1 开出映射保护装置的接收 220kV 第一套母差的支路 4-失灵联跳开入</td></tr>
</table>

4）控制字设置：“复压过电流 I 段 1 时限”置“1”，“复压过电流 I 段经复压闭锁”置“1”。

（3）计算方法

复压闭锁过电流定值 $I = mI_{set}$

m=1.05 时，I=1.05×1.5=1.575A 可靠动作

m=0.95 时，I=0.95×1.5=1.425A 可靠不动作

m=1.2 时，I=1.2×1.5=1.8A 测量动作时间

（4）调试方法（见表 3-34）　复压校验同高压侧此处略去。

表 3-34　低压侧开关复压闭锁过电流保护检验

<table>
<tr><td rowspan="7">低压侧开关复压闭锁过电流保护检验（m=0.95）</td><td colspan="3">参数设置（以低压侧 A 相 m=0.95 时为例）</td></tr>
<tr><td colspan="3">状态 1 参数设置（故障前状态）</td></tr>
<tr><td>U_{sa}:57.74∠0°
U_{sb}:57.74∠-120°
U_{sc}:57.74∠120°</td><td>I_{sa}:0∠0°
I_{sb}:0∠0°
I_{sc}:0∠0°</td><td>状态触发条件：
时间控制：5s</td></tr>
<tr><td colspan="3">状态 2 参数设置（故障状态）</td></tr>
<tr><td>U_{sa}:0∠0°
U_{sb}:57.74∠-120°
U_{sc}:57.74∠120°</td><td>I_{sa}:1.425∠0°
I_{sb}:0∠0°
I_{sc}:0∠0°</td><td>状态触发条件：
时间控制：1.5s</td></tr>
<tr><td>装置报文</td><td colspan="2">无</td></tr>
<tr><td>装置指示灯</td><td colspan="2">无</td></tr>
<tr><td rowspan="6">低压侧开关复压闭锁过电流保护检验（m=1.05）</td><td colspan="3">状态 1 参数设置（故障前状态）</td></tr>
<tr><td>U_{sa}:57.74∠0°
U_{sb}:57.74∠-120°
U_{sc}:57.74∠120°</td><td>I_{sa}:0∠0°
I_{sb}:0∠0°
I_{sc}:0∠0°</td><td>状态触发条件：
时间控制：3s</td></tr>
<tr><td colspan="3">状态 2 参数设置（故障状态）</td></tr>
<tr><td>U_{sa}:0∠0°
U_{sb}:57.74∠-120°
U_{sc}:57.74∠120°</td><td>I_{sa}:1.575∠0°
I_{sb}:0∠0°
I_{sc}:0∠0°</td><td>状态触发条件：
时间控制：1.5s</td></tr>
<tr><td>装置报文</td><td colspan="2">1.00000ms 保护启动；　2.1402ms 低压开关复压过电流 1 时限</td></tr>
<tr><td>装置指示灯</td><td colspan="2">跳闸</td></tr>
</table>

12. 过负荷保护检验

（1）相关定值　固定为高压侧额定电流的 1.1 倍，延时固定为 6s。

（2）试验条件

1）功能软压板设置：投入“投高压侧后备保护”压板。

2）SV 接收软压板：投入“高压侧 SV 接收”软压板。

（3）计算方法

高压侧过负荷 $I=1.1mI_{额定值}$

$m=1.05$ 时，$I=1.05\times0.377\times1.1=0.435$A 可靠动作

$m=0.95$ 时，$I=0.95\times0.377\times1.1=0.394$A 可靠不动作

$m=1.2$ 时，$I=1.2\times0.377\times1.1=0.498$A 测量动作时间

（4）调试方法（见表 3-35）

表 3-35　过负荷保护检验

过负荷保护检验	参数设置(以 $m=1.05$ 倍为例)		
	状态 1 参数设置(故障前状态)		
	U_a:57.74∠0° U_b:57.74∠-120° U_c:57.74∠120°	I_a:0∠0° I_b:0∠0° I_c:0∠0°	状态触发条件: 时间控制:5s
	状态 2 参数设置(故障状态)		
	U_a:57.74∠0° U_b:57.74∠-120° U_c:57.74∠120°	I_a:0.435∠0° I_b:0.435∠-120° I_c:0.435∠120°	状态触发条件: 时间控制:7s
	装置报文	高压侧过负荷	
	装置指示灯	无	

3.3　220kV 的 CSC-326T 主变保护调试

3.3.1　概述

1. CSC-326T 装置功能说明

CSC-326T2-DA-G 数字式变压器保护装置，采用主后一体化的设计原则，主要适用于 220kV 及以上的数字化变电站。主保护类型配置有比率差动、差动速断功能，后备保护配置有Ⅲ段式复压过电流、Ⅲ段式零序过电流、间隙过电流、零序过电压、过负荷等保护功能。

2. 装置背板说明

如图 3-7 所示，X1、X3 为两块软硬件完全相同的保护 CPU 及 SV 插件；插件提供多组光以太网络接口与合并单元 MU 相连，用以接收模拟量采样数据。X7、X9、X11 为三块软硬件完全相同的 GOOSE 插件；GOOSE 插件提供三组光以太网络接口与交换机（或其他智能终端）相连，用以接收和发送数字信号。

3. 装置虚端子及软压板配置

装置虚端子联系情况如图 3-8 所示。

（1）CSC-326T 保护装置虚端子开入（见表 3-36）

表 3-36　CSC-326T 保护装置虚端子开入表

序号	功能定义	终点设备:#2 主变 A 套主变保护		起点设备:220kV 第一套母差保护		
		厂家虚端子定义	接收软压板	设备名称	厂家虚端子定义	发送软压板
1	主变失灵联跳开入	高压 1 侧失灵开入	高 1 侧失灵联跳	220kV 第一套母差保护 PCS915A	支路 5 失灵联跳变压器	支路 5 失灵联跳

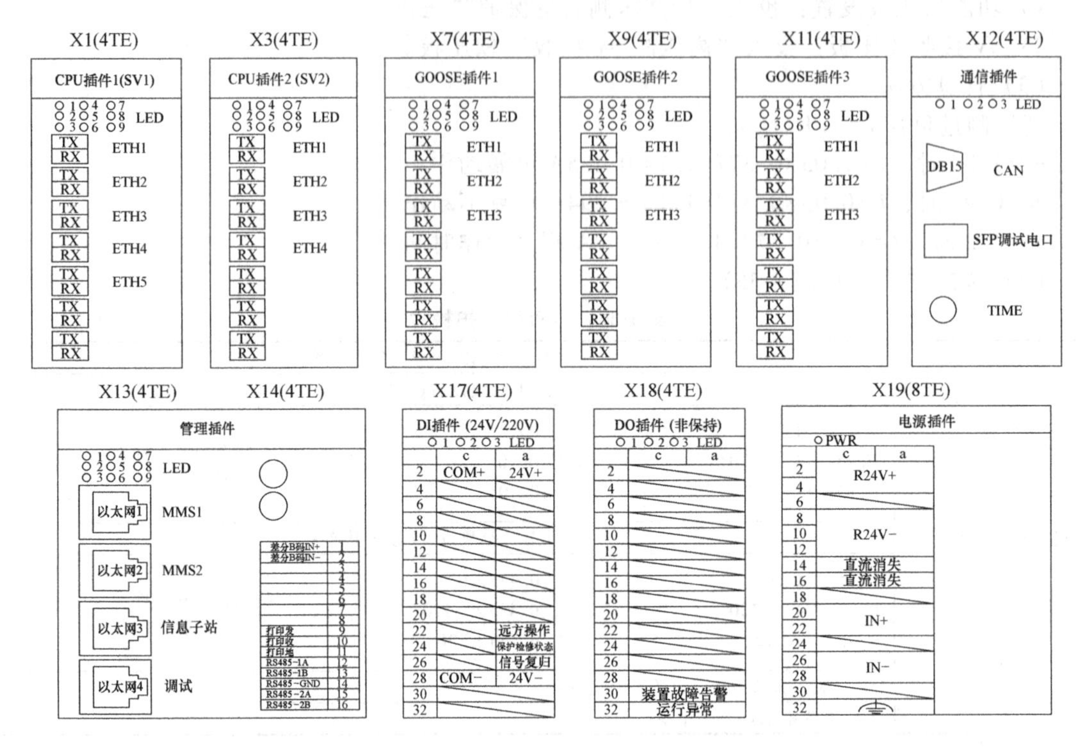

图 3-7　CSC-326T 主变保护背板插件布置图

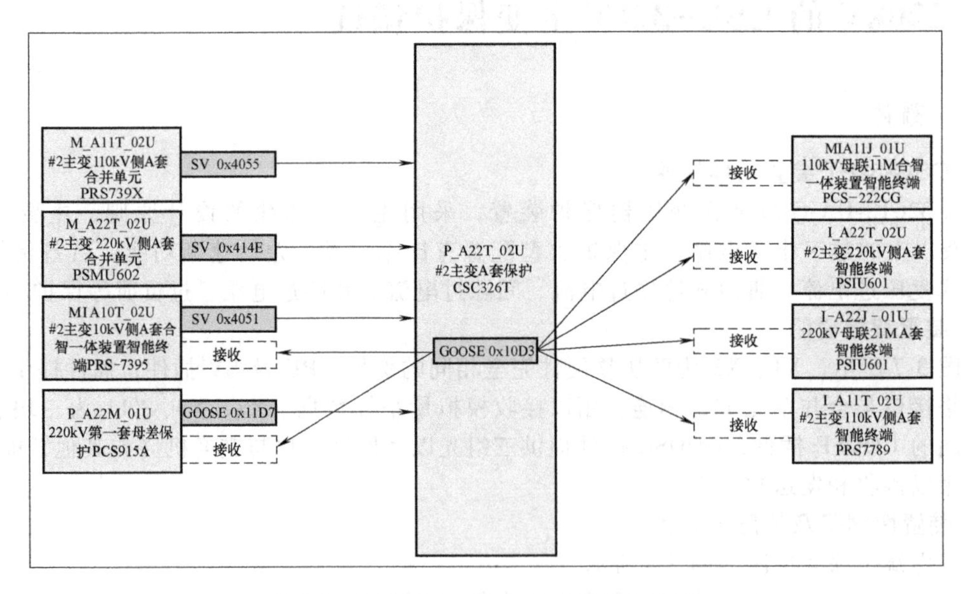

图 3-8　CSC-326T 主变保护虚端子联系图

（2）CSC-326T 保护装置虚端子开出（见表 3-37）

（3）CSC-326T 主变保护装置 SV 输入（见表 3-38）

中压侧、低压侧 SV 接收配置与高压侧 SV 接收顺序基本一致，不再详细列出。

投入 SV 压板后，装置接收对应支路 MU 的采样值及相关品质状态；退出此压板，装置将屏蔽该支路 MU 的采样值及品质状态，表明该支路退出。

表 3-37　CSC-326T 保护装置虚端子开出表

序号	功能定义	起点设备:#2 主变 A 套主变保护		终点设备		
		厂家虚端子定义	发送软压板	设备名称	厂家虚端子定义	接收软压板
1	主变保护跳高压侧断路器	跳高压侧 1 断路器	跳高 1 侧断路器	#2 主变 220kV 第一套智能终端 PRS7789	跳高压侧 1 断路器	无
2	主变保护跳高压侧启动母差失灵	启动高压 1 侧失灵	启动高 1 侧失灵	220kV 第一套母差保护 PCS915A	支路 5 三相失灵开入	无
3	主变保护跳 220kV 母联	跳高压侧分段 1	跳高压侧分段 1	220kV 母联第一套智能终端 PRS7789	跳高压侧分段 1	无
4	主变保护跳中压侧断路器	跳中压侧断路器	跳中压侧断路器	#2 主变 110kV 第一套智能终端 PRS7789	跳中压侧断路器	无
5	主变保护跳中压侧母联	跳中压侧母联 1	跳中压侧母联 1	110kV 母联第一套智能终端 PCS-222CG	跳中压侧母联	无
6	主变保护跳低压侧断路器	跳低 1 分支断路器	跳低 1 分支断路器	#2 主变 10kV 第一套智能终端 PRS7395	跳低压侧断路器	无

表 3-38　CSC-326T 保护装置高压侧 SV 接收表

序号	功能定义	终点设备:第二套线路保护 PSL602		起点设备		
		厂家虚端子定义	接收软压板	设备名称	厂家虚端子定义	发送软压板
1	高压侧 MU 额定延时	29-额定延时 1	高压侧 SV 软压板	#2 主变 220kV 第一套合并单元 PRS7393	合并器额定延时	无
2	高压侧保护电压 A 相(主采)	30-Uha1			17-A 相电压采样 1	
3	高压侧保护电压 A 相(辅采)	31-Uha2			18-A 相电压采样 2	
4	高压侧保护电压 B 相(主采)	32-Uhb1			19-B 相电压采样 1	
5	高压侧保护电压 B 相(辅采)	33-Uhb2			20-B 相电压采样 2	
6	高压侧保护电压 C 相(主采)	34-Uhc1			21-C 相电压采样 1	
7	高压侧保护电压 C 相(辅采)	35-Uhc2			22-C 相电压采样 2	
8	高压侧零序电压(主采)	36-U0h1			29-零序电压 1	
9	高压侧保护电流 A 相(主采)	37-Iha1			2-保护 A 相电流采样值 1	
10	高压侧保护电流 A 相(辅采)	38-Iha2			3-保护 A 相电流采样值 2	
11	高压侧保护电流 B 相(主采)	39-Ihb1			4-保护 B 相电流采样值 1	
12	高压侧保护电流 B 相(辅采)	40-Ihb2			5-保护 B 相电流采样值 2	
13	高压侧保护电流 C 相(主采)	41-Ihc1			6-保护 C 相电流采样值 1	
14	高压侧保护电流 C 相(辅采)	42-Ihc2			7-保护 C 相电流采样值 2	
15	高压侧零序电流(主采)	43-Ih01			8-保护 A 相电流采样值 1	
16	高压侧零序电流(辅采)	44-Ih02			9-保护 A 相电流采样值 2	
17	高压侧间隙电流(主采)	45-Ihj1			10-保护 B 相电流采样值 1	
18	高压侧间隙电流(辅采)	46-Ihj2			11-保护 B 相电流采样值 2	
19	高压侧零序电压(辅采)	47-U0h2			29-零序电压 1	

3.3.2 保护调试

1. 试验仪器设置

1）系统参数：二次额定线电压100V、额定频率50Hz、二次额定电流1A、规约选择IEC 61850-9-2、PT电压比220/100、CT电流比2500/1。

2）第一组SV报文映射：对应主变高压侧合并单元输出，合并单元输出三相保护电流（包括主、副采）分别映射测试仪 I_a、I_b、I_c，合并单元输出三相电压（包括主、副采）分别映射测试仪 U_a、U_b、U_c，输出光口选择“光口1”，设置好合并单元额定延时，品质bit11设置为1（测试），即低位为0800（检修）。

3）第二组SV报文映射：对应主变中压侧合并单元输出，设置同高压侧。

4）第三组SV报文映射：对应主变低压侧合并单元输出，设置同高压侧。

5）GOOSE订阅：订阅本主变保护GOOSE输出，并将保护的跳高压侧、跳高压侧失灵、跳高压侧母联、跳中压侧、跳中压侧母联、跳低压侧、跳低压侧分段分别映射到测试仪的GOOSE开入A、B、C、D、E、F、G，接收光口选择“光口4”。

6）GOOSE发布：订阅发布对应母线差动保护输出，并映射到光口5，并设置测试（test）为True。

2. 差动保护

1）相关定值：

主变高中低压侧额定容量：120MVA。

高压侧电压：220kV，中压侧电压：110kV，低压侧电压：10kV。

CT电流比：高压侧1200/1；中压侧3000/1；低压侧6000/1。

差动启动电流 $I_{cdqd}=0.5I_e$，差动速断电流 $I_{sdzd}=6I_e$，比率差动制动系数低值 k_{b1}：0.5，二次谐波制动：0.15。

2）试验条件：

硬压板设置：投入保护置检修状态硬压板。

软压板设置：投入“主保护”软压板。

控制字设置：纵差差动速断置“1”、纵差差动保护置“1”、二次谐波制动置“1”、CT断线闭锁差动保护置“1”。

3）计算方法：

计算公式：$I_e=\dfrac{S}{\sqrt{3}U_n nTA}$（Y侧）　　$I_e=\dfrac{S}{\sqrt{3}U_n nTA}$（△侧）

式中，S 为容量，U_n 为各侧额定电压，nTA 为各侧额定电流。

计算数据：$I_{1e}=120\times10^3/(1.732\times220\times1200/1)=0.262\text{A}$　Ⅰ侧

$I_{2e}=120\times10^3/(1.732\times110\times3000/1)=0.209\text{A}$　Ⅱ侧

$I_{3e}=120\times10^3/(1.732\times10\times6000/1)=1.154\text{A}$　Ⅲ侧

（1）差动启动值定值检验

1）计算方法：$I=mI_d$，式中 m 为系数。

计算数值：

高压侧：$I_d=0.5\times I_e=0.131\text{A}$

$m=1.05$ 时，$I=1.05\times0.131=0.138\text{A}$

$m=0.95$ 时，$I=0.95\times0.131=0.124\text{A}$

2）调试方法：见表3-39。

表 3-39 高压侧差动启动值校验

试验方法及注意事项	状态:加故障量,所加故障时间:整定时间+50ms,电压可不考虑	
试验仪器设置 ($m=1.05$)	状态1参数设置(故障状态)	
	单相(AN/BN/CN)(高压侧输出光口1)	三相(ABCN)(高压侧输出光口1)
	状态参数设置: I_a:$0.138\sqrt{3}\angle 0.0°$($0.239\angle 0.0°$) I_b:$0\angle -120°$ I_c:$0\angle 120°$	状态参数设置: I_a:$0.138\angle 0.0°$ I_b:$0.138\angle -120°$ I_c:$0.138\angle 120°$
装置报文	纵差保护 动作相别A相(/B相/C相)	纵差保护 动作相别ABC相
装置指示灯	差动动作红灯亮	差动动作红灯亮

（2）差动速断定值检验

1）计算方法：$I=mI_d$，式中 m 为系数。

计算数值：

中压侧：$I_d=6I_e=1.254A$

$m=1.05$ 时，$I=1.05\times1.254=1.317A$

$m=0.95$ 时，$I=0.95\times1.254=1.191A$

2）调试方法：见表3-40。

表 3-40 中压侧差动速断校验

试验方法及注意事项	同启动值校验	
试验仪器设置 ($m=1.05$)	状态1参数设置(故障状态)	
	单相(AN/BN/CN)(中压侧输出光口2)	三相(ABCN)(中压侧输出光口2)
	状态参数设置: I_a:$0.00\angle 0.0°$ I_b:$0.00\angle 0.0°$ I_c:$1.317\sqrt{3}\angle 0.0°$($2.281\angle 0.0°$)	状态参数设置: I_a:$1.317\angle 0.0°$ I_b:$1.317\angle -120°$ I_c:$1.317\angle 120°$
装置报文	纵差差动速断 动作相别C相(/B相/A相)	纵差差动速断 动作相别ABC相
装置指示灯	差动动作红灯亮	差动动作红灯亮

（3）比率差动平衡态校验

1）计算方法：无须进行计算，用额定电流值进行校验。

2）调试方法：见表3-41~表3-43。

表 3-41 高压侧与中压侧三相平衡态

试验方法及注意事项(高、中)	1. 通用试验界面 2. 在仪器界面左下角→变量及变化步长选择→选择好变量(幅值)、变化步长 3. 仪器先加入保护不动的数值,调节步长▲或▼ 高中侧都是Y形接线,故不存在补偿问题,直接加高中侧二次额定电流,注意角度相反,差流才会为零	
试验仪器设置(三相)	1. 高压侧状态参数设置: I_a:$0.262\angle 0.0°$ I_b:$0.262\angle -120°$ I_c:$0.262\angle 120°$	2. 中压侧状态参数设置: I_a:$0.209\angle 180.0°$ I_b:$0.209\angle 60°$ I_c:$0.209\angle 300°$
装置报文	无告警信号	

表 3-42　中压侧与低压侧三相平衡态

试验方法及注意事项（中、低）	试验方法同高中两侧试验 因中压侧是Y形接线，低压侧是△形接线，在同时通入三相试验电流，实际的差动电流等于所通入的电流，若每侧只通入单相试验电流，则实际的单相差动电流：Y侧为通入电流值的$\sqrt{3}/3$，△侧为通入的实际电流值	
试验仪器设置（三相）	1. 中压侧状态参数设置： I_a：0.209∠0.0° I_b：0.209∠-120° I_c：0.209∠120°	2. 低压侧状态参数设置： I_{sa}：1.154∠180.0° I_{sb}：1.154∠60° I_{sc}：1.154∠300°
装置报文	无告警信号	

表 3-43　中压侧与低压侧单相平衡态

试验仪器设置（单相）	1. 中压侧状态参数设置： I_a：$0.209\sqrt{3}$∠0.0°（0.361∠0.0°） I_b：0∠-120° I_c：0∠120°	2. 低压侧状态参数设置： I_{sa}：1.154∠180.0° I_{sb}：0∠60° I_{sc}：1.154∠0°
装置报文	无告警信号	

（4）比率差动保护定值校验

1）计算方法（以中低压为例）：

计算公式：I_1 为中压侧电流，I_2 为低压侧电流。

$$I_d \geqslant K_{b2}(I_r - 0.6I_e) + K_{b1}0.6I_e + I_{cdqd} \qquad 0.6I_e \leqslant I_r \leqslant 5I_e$$

以制动电流 $I_r = 2I_e$ 为例，

$I_d = K_{b2}(I_r - 0.6I_e) + K_{b1}0.6I_e + I_{cdqd} = 0.5(2I_e - 0.6I_e) + 0.2 \times 0.6I_e + 0.5I_e = 1.32I_e$

有：

$$I_r = (I_1 + I_2)/2 = 2I_e$$

$$I_d = I_1 - I_2 = 1.32I_e$$

解得 $I_1 = 2.66I_e$，$I_2 = 1.34I_e$

即

$$I_1 = 2.66I_{eh} = 2.66 \times 0.209 = 0.556\text{A}$$

仪器所加电流$\sqrt{3}I_1 = 1.732 \times 0.556 = 0.963\text{A}$

$$I_2 = 1.34I_{el} = 1.34 \times 1.154 = 1.546\text{A}$$

2）调试方法：见表 3-44。

表 3-44　中低压比率差动定值校验

试验方法及注意事项（中、低）	1. 通用试验界面； 2. 在仪器界面左下角→变量及变化步长选择→选择好变量（幅值）、变化步长； Y/△-11（在A相加电流，由于相位补偿会使值C相产生相位相反的电流）	
	采用通用试验	
试验仪器设置（中、低A相）	1. 中压侧状态参数设置： I_a：0.963∠0.0° I_b：0∠-120° I_c：0∠120°	2. 低压侧状态参数设置： I_{sa}：1.546∠180.0° I_{sb}：0∠60° I_{sc}：1.546∠0°
	变量：低压侧 I_{sa} 幅值，适当升高 I_{sa} 值，直到 $I_{sa} \approx 1.556$A（满足）比率差动保护动作	
装置报文	纵差保护　A相	

（5）二次谐波制动特性校验

1）计算方法：

计算公式：$I_2 = KI_1$

式中，I_2 为二次谐波幅值，I_1 为基波幅值，K 为二次谐波制动系数。

计算数据：当 $I_1=0.5\text{A}$（大于启动值）时，$I_2=0.15\times0.5=0.075\text{A}$

2）调试方法：见表 3-45。

表 3-45　二次谐波制动特性校验

试验方法及注意事项	1. 通用试验(谐波叠加)界面 2. 在仪器界面左下角→变量及变化步长选择→选择好变量(幅值)、变化步长 3. 仪器先加入保护不动的数值,调节步长▲或▼,直到保护动作
	采用通用试验(谐波叠加)
试验仪器设置	基波:0.5∠0 .00°　　50Hz 谐波:0.075∠0.00°　　100Hz 变量:谐波幅值 变化步长:0.01A(可调) 适当升高谐波值,再降低至保护动作
装置报文	纵差保护　A 相
装置指示灯	差动动作红灯亮

(6) CT 断线闭锁功能检查

1）计算方法：无须进行计算。

2）调试方法：见表 3-46。

表 3-46　CT 断线闭锁功能检查

<table>
<tr><td>试验方法及注意事项</td><td colspan="2">状态 1:加入电流值使装置“TA 断线”
状态 2:报警后加入一个电流突变量使差动电流达到差动保护动作</td></tr>
<tr><td rowspan="3">试验仪器设置</td><td>状态 1(TA 断线)</td><td>状态 2(故障态)</td></tr>
<tr><td>I_a:0.2∠0 .00°　　50Hz
I_b:0∠0.00°　　50Hz
I_c:0∠0.00°　　50Hz
时间控制:差动保护报警“TA 断线”时
⇒</td><td>I_a:0.2∠0 .00°　　50Hz
I_b:0∠0.00°　　50Hz
I_c:0∠0.00°　　50Hz
设置 I_a 为突变量,步长为 1A,通过按钮调节步长,虽然电流达到纵差保护动作值,但是纵差保护不动作</td></tr>
<tr><td>I_a:0.2∠0 .00°　　50Hz
I_b:0∠0.00°　　50Hz
I_c:0∠0.00°　　50Hz
时间控制:差动保护报警“TA 断线”时
⇒</td><td>I_a:0.2∠0 .00　　50Hz
I_b:0∠0.00°　　50Hz
I_c:0∠0.00　　50Hz
设置 I_a 为突变量,步长为 3A,通过按钮调节步长,使差动电流大于速断定值此时差动速断动作</td></tr>
</table>

3. 复合电压闭锁过电流保护检验（以高后备为例）

1）相关定值：低电压闭锁定值：70V、负序电压闭锁定值：8V、复压过电流 I 段定值：1.5A、复压过电流 I 段 1 时限时间：1.5s（I 段为例，方向指向变压器）。

2）试验条件：硬压板设置：投入保护置检修状态硬压板。

软压板设置：保护功能软压板：投入“高压侧后备保护”、“高压侧电压”软压板。

控制字设置：复压过电流 Ⅰ 段 1 时限置“1”、复压过电流 Ⅰ 段带方向置“1”、复压过电流 Ⅰ 段指向母线置“0”、复压过电流 Ⅰ 段经复压闭锁置“1”。

开关状态：合位。

3）相关说明：复压闭锁方向过电流保护方向元件采用 90°接线，最大灵敏角 ϕ 固定取 −30°。保护的动作范围为 ϕ ±85°。方向元件的方向可以通过控制字投退，方向指向可选择为指向系统或指向变压器。固定取本侧电压判方向。

(1) 验证复压过电流定值

1）计算方法：

$m=1.05$ 时，$I=1.05\times1.5=1.575\mathrm{A}$

$m=0.95$ 时，$I=0.95\times1.5=1.425\mathrm{A}$

2）调试方法：见表 3-47。

表 3-47　复合电压闭锁过电流保护检验

试验方法及注意事项	状态 1：加正常电压量，电流为 0，时间控制：25s 状态 2：加故障量，时间控制：整定时间+0.1s	
试验仪器设置（$m=1.05$，正向区内）	状态 1： U_a：57.00∠0.00° U_b：57.00∠-120° U_c：57.00∠120° I_a：0.00∠0.00° I_b：0.00∠0.00° I_c：0.00∠0.00° 状态触发条件： 时间控制：25.00s	状态 2： U_a：30∠0.00° U_b：30∠-120° U_c：30∠120° I_a：1.575∠-30° I_b：0.00∠0.00° I_c：0.00∠0.00° 状态触发条件： 时间控制：1.6s
装置报文	高复流 I 段 1 时限	
装置指示灯	后备动作红灯亮	
试验仪器设置（$m=0.95$，正向区内）	状态 1： U_a：57.00∠0.00° U_b：57.00∠-120° U_c：57.00∠120° I_a：0.00∠0.00° I_b：0.00∠0.00° I_c：0.00∠0.00° 状态触发条件： 时间控制：25.00s	状态 2： U_a：30∠0.00° U_b：30∠-120° U_c：30∠120° I_a：1.425∠-30° I_b：0.00∠0.00° I_c：0.00∠0.00° 状态触发条件： 时间控制：1.6s
装置报文	启动	

（2）验证复压元件低压定值、负序电压元件

1）计算方法：

低电压：70/1.732=40.4V

负序电压：降单相电压方法时，$3U_2=U_A+U_B+U_C=24\mathrm{V}$

2）调试方法：见表 3-48。

表 3-48　复压元件低压定值、负序电压定值校验

试验方法及注意事项	1. 采用通用试验 2. 改变电压量<U_0 定值，电流角度调为大于边界几个角度	
试验仪器设置（低电压校验）	U_a：57.00∠0.00° U_b：57.00∠-120° U_c：57.00∠120° I_a：0.00∠0.00° I_b：0.00∠0.00° I_c：0.00∠0.00	U_a：40.3∠0.00° U_b：40.3∠-120° U_c：40.3∠120° I_a：2∠-30° I_b：0.00∠0.00° I_c：0.00∠0.00° 调节步长▼，直到保护动作（40.4V 左右）
试验仪器设置（负序电压校验）	U_a：57∠0.00° U_b：57∠-120° U_c：57∠120° I_a：0.00∠0.00° I_b：0.00∠0.00° I_c：0.00∠0.00°	U_a：33∠0.00° U_b：57∠-120° U_c：57∠120° I_a：2∠-30° I_b：0.00∠0.00° I_c：0.00∠0.00° 调节步长▼，直到保护动作（33V 左右）
装置报文	高复流 I 段 1 时限	
装置指示灯	后备动作红灯亮	

（3）模拟单相接地正方向动作区及灵敏角

1）计算方法：无需计算。

2）调试方法：见表 3-49。

表 3-49 模拟单相接地正方向动作区及灵敏角校验

试验仪器设置	1. 通用试验界面 2. 先加正常电压，锁死电压输出后修改变化量	
方向指向主变，A 相故障	U_a:57.74∠0.00° U_b:57.74∠-120° U_c:57.74∠120° I_a:0.00∠0.00° I_b:0.00∠0.00° I_c:0.00∠0.00°	U_a:30.00∠0.00° U_b:57.74∠-120° U_c:57.74∠120° I_a:1.575∠-20.00°（边界 1）边界 2 做法相同 I_b:0.00∠0.00° I_c:0.00∠0.00° 调节步长▲，直到保护动作（25°左右）
动作区	参考动作区：20°>Φ>-140° 灵敏角：I_a（$3I_0$）与 U_a 之间 $\Psi=(\Phi_1+\Phi_2)/2=-30°$	
装置报文	高复流 I 段 1 时限	
装置指示灯	后备动作红灯亮	

4. 零序保护检验

1）相关定值：零序过电流 I 段定值：3A；零序过电流 I 段 1 时限：1s。

2）试验条件：压板设置：同复压过电流。控制字设置：零序过电流 I 段带方向置“1”、零序过电流 I 段指向母线置“0”、零序过电流 I 段采用自产零流置“1”、零序过电流 I 段 1 时限置“1”。

3）相关说明：零序方向元件中的零序过电压和零序电流采用自产 $3U_0$（$U_a+U_b+U_c$）和自产 $3I_0$（$I_a+I_b+I_c$），动作范围为 $\phi\pm80°$；方向元件可以通过控制字投退，方向指向可整定；指向变压器时最大灵敏角 ϕ_m 为-100°，指向母线时最大灵敏角 ϕ_m 为 80°。

（1）验证零序过电流 I 段、Ⅱ段、Ⅲ段保护定值（以高压侧零序 I 段 1 时限为例）

1）计算方法：

计算公式：$I=mI_{01}$

计算数据：$m=1.05$ 时，$I=1.05\times3=3.15$A；$m=0.95$ 时，$I=0.95\times3=2.85$A

2）调试方法：见表 3-50。

表 3-50 零序过电流Ⅰ段、Ⅱ段、Ⅲ段保护定值检验

试验方法及注意事项	状态 1：加正常电压量，电流为 0，时间控制：25s 状态 2：加故障量，时间控制：整定时间+0.1s	
试验仪器设置（$m=1.05$，正向区内）	第一态： U_a:57.00∠0.00° U_b:57.00∠-120° U_c:57.00∠120° I_a:0.00∠0.00° I_b:0.00∠0.00° I_c:0.00∠0.00° 状态触发条件： 时间控制：25.00s	第二态： U_a:30∠0.00° U_b:57.74∠-120° U_c:57.74∠120° I_a:3.15∠-80° I_b:0.00∠0.00° I_c:0.00∠0.00° 状态触发条件： 时间控制：1.6s
装置报文	高零流 I 段 1 时限	
装置指示灯	后备动作红灯亮	

（续）

试验方法及注意事项	状态 1：加正常电压量，电流为 0，时间控制：25s 状态 2：加故障量，时间控制：整定时间+0.1s	
试验仪器设置（m=0.95，正向区内）	第一态： U_a：57.00∠0.00° U_b：57.00∠-120° U_c：57.00∠120° I_a：0.00∠0.00° I_b：0.00∠0.00° I_c：0.00∠0.00° 状态触发条件： 时间控制：25.00s	第二态： U_a：30∠0.00° U_b：57.74∠-120° U_c：57.74∠120° I_a：2.85∠-80° I_b：0.00∠0.00° I_c：0.00∠0.00° 状态触发条件： 时间控制：1.6s
装置报文	启动	

（2）零序方向动作区、灵敏角检验

1）计算方法：无须计算。

2）调试方法：见表 3-51。

表 3-51　零序方向动作区、灵敏角检验

试验仪器设置	采用手动试验（以指向系统为例）	
以指向系统为例（边界 1）	U_a：57.74∠0.00° U_b：57.74∠-120° U_c：57.74∠120° I_a：0.00∠0.00° I_b：0.00∠0.00° I_c：0.00∠0.00° 设置好后⇓按“菜单栏”→“输出保持”按钮 ⟹	U_a：30.00∠0.00° U_b：57.74∠-120° U_c：57.74∠120° I_a：3.2∠5°（边界 1）　同方法做边界 2 I_b：0.00∠0.00° I_c：0.00∠0.00° “变量及变化步长选择” 变量→角度 变化步长为 0.1°
以指向系统为例动作区	参考动作区：155°>Φ>5° 灵敏角：$I_a(3I_0)$与 $3U_0$ 之间 $\Psi=(\Phi_1+\Phi_2)/2=80°$	
装置报文	高零流Ⅰ段 1 时限	
装置指示灯	后备动作红灯亮	

5. 零序过电压保护校验

1）相关定值：零序过电压保护电压取外接时零序电压定值 $3U_0$ 固定为 180V，取自产零序电压时零序电压定值 $3U_0$ 固定为 120V。零序过电压时间：1.0s。

2）试验条件：

压板设置：同复压过电流。

控制字设置：高压侧零序过电压置“1”、零序电压采用自产零压置“0”。

3）计算方法：

计算公式：$U=mU_0$

计算数据：m=1.05 时，U=1.05×180=189V；m=0.95 时，U=0.95×180=171V

4）调试方法：见表 3-52。

6. 间隙过电流保护校验

1）相关定值：高压侧间隙 CT 一次值：100A，高压侧间隙 CT 二次值：1A，间隙过电流时间：1.0s。

2）试验条件：

压板设置：同复压过电流。

控制字设置：高压侧零序过电压置“1”、零序电压采用自产零压置“0”。

3）计算方法：

计算公式：$I=mI_0$

表 3-52 零序过电压保护校验

试验方法及注意事项	状态 1:加正常电压量,电流为 0,时间控制:5s 状态 2:加故障量,时间控制:整定时间+0.1s	
试验仪器设置 $m=1.05$ 时	状态 1: U_a:57.74∠0.00° U_b:57.74∠-120° U_c:57.74∠120° I_a:0.00∠0.00° I_b:0.00∠0.00° I_c:0.00∠0.00° 状态触发条件: 时间控制:5s	状态 2: U_a:189∠0.00° U_b:0.00∠0.00° U_c:0.00∠0.00° I_a:0.00∠0.00° I_b:0.00∠0.00° I_0:0.00∠0.00° 状态触发条件: 时间控制:1.1s
装置报文	高零序过电压	
装置指示灯	后备保护红灯亮	
试验仪器设置 $m=0.95$ 时	状态 1: U_a:57.74∠0.00° U_b:57.74∠-120° U_c:57.74∠120° I_a:0.00∠0.00° I_b:0.00∠0.00° I_c:0.00∠0.00° 状态触发条件: 时间控制:5s	状态 2: U_a:171∠0.00° U_b:0.00∠0.00° U_c:0.00∠0.00° I_a:0.00∠0.00° I_b:0.00∠0.00° I_c:0.00∠0.00° 状态触发条件: 时间控制:1.1s
装置报文	启动	

计算数据：$m=1.05$ 时，$U=1.05\times1=1.05$A；$m=0.95$ 时，$U=0.95\times1=0.95$A

4）调试方法：见表 3-53。

表 3-53 间隙过电流保护校验

试验方法及注意事项	状态 1:加正常电压量,电流为 0,时间控制:5s 状态 2:加故障量,时间控制:整定时间+0.1s	
试验仪器设置 $m=1.05$ 时	状态 1: U_a:57.74∠0.00° U_b:57.74∠-120° U_c:57.74∠120° I_a:0.00∠0.00° I_b:0.00∠0.00° I_c:0.00∠0.00° 状态触发条件: 时间控制:5s	状态 2: U_a:57.74∠0.00° U_b:57.74∠-120° U_c:57.74∠120° I_a:1.05∠0.00° I_b:0.00∠0.00° I_c:0.00∠0.00° 状态触发条件: 时间控制:1.1s
装置报文	高间隙过电流	
装置指示灯	后备保护红灯亮	
试验仪器设置 $m=0.95$ 时	状态 1: U_a:57.74∠0.00° U_b:57.74∠-120° U_c:57.74∠120° I_a:0.00∠0.00° I_b:0.00∠0.00° I_c:0.00∠0.00° 状态触发条件: 时间控制:5s	状态 2: U_a:57.74∠0.00° U_b:57.74∠-120° U_c:57.74∠120° I_a:0.95∠0.00° I_b:0.00∠0.00° I_c:0.00∠0.00° 状态触发条件: 时间控制:1.1s
装置报文	启动	

3.4 220kV 的 WBH-801 主变保护调试

3.4.1 概述

1. WBH-801 装置功能说明

WBH-801 系列数字式变压器保护适用于 35kV 及以上电压等级，需要提供双套主保护、双套后备保护的各种接线方式的变压器。WBH-801 装置中可提供一台变压器所需要的全部电量保护，主保护和后备保护可共用同一 CT。配置的保护主要有：纵差稳态比率差动 、纵差差动速断、纵差工频变化量比率差动、复合电压闭锁方向过电流、零序方向过电流 、间隙过电压、间隙过电流。

2. 装置背板端子说明

现场实际光口配置如图 3-9 所示：InX6 插件的 1 光口为 220kV 组网、4 光口为 110kV 组网、5 光口为直跳 21 B、6 光口为直跳 11B、7 光口为 91B 合并单元的直采、8 光口为 21B 直采；InX7 插件的 3 光口为 11B 开关合并单元直接采、4 光口为 91B 直采。

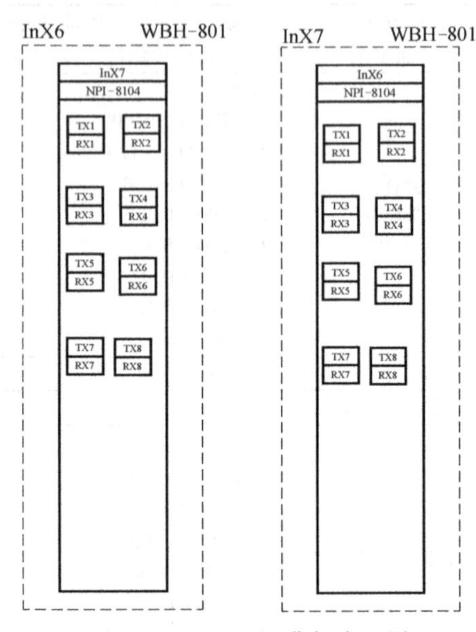

图 3-9　WBH-801 背板光口图

3. 装置虚端子及软压板配置

装置虚端子联系情况如图 3-10 所示。

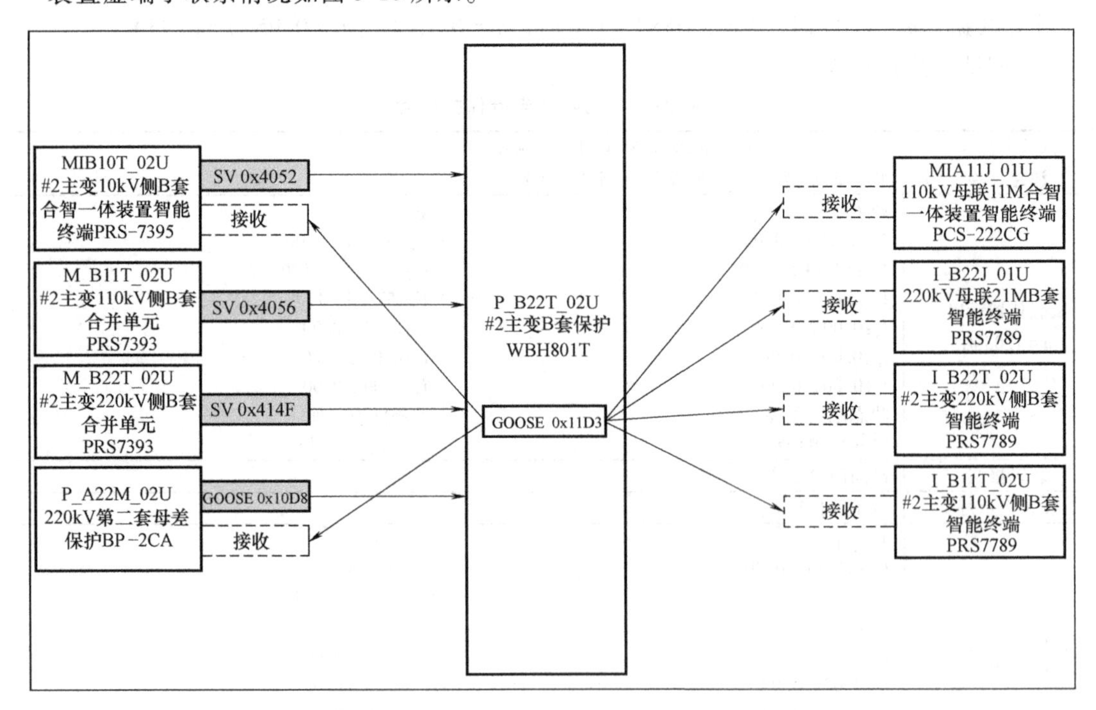

图 3-10　保护装置虚端子联系图

(1) GOOSE 接收虚端子（见表 3-54）

表 3-54　WBH801 装置 GOOSE 接收虚端子表

序号	功能定义	终点设备:#2 主变 B 套 WBH-801 保护		起点设备		
		厂家虚端子定义	接收软压板	设备名称	厂家虚端子定义	发送软压板
1	失灵联跳	1-高压 1 侧失灵联跳开入	高压 1 侧失灵联跳开入软压板	220kV 第二套母差保护	29-支路 5 失灵联跳主变	

（2）GOOSE 发送虚端子表（见表 3-55）

表 3-55　WBH-801 装置 GOOSE 发送虚端子表

序号	功能定义	起点设备:#2 主变第二套 WBH-801 保护		终点设备		
		厂家虚端子定义	发送软压板	设备名称	厂家虚端子定义	接收软压板
1	跳高压 1 侧断路器	1-跳高压 1 侧断路器	跳高压 1 侧断路器软压板	#2 主变 220kV 侧 B 套智能终端	2-保护三跳	无
2	启动高压 1 侧断路器失灵	2-启动高压 1 侧断路器失灵	启动高压 1 侧失灵软压板	220kV 第二套母差保护	支路 5-三相启动失灵开入	无
3	跳高压侧母联 1	5-跳高压侧母联 1	跳高压侧母联 1 软压板	220kV 母联 B 套智能终端	3-保护三闸	无
4	跳中压侧断路器	9-跳中压侧断路器	跳中压侧断路器软压板	#2 主变 110kV 侧 B 套智能终端	2-保护三闸	无
5	跳中压侧母联 1	11-跳中压侧母联 1	跳中压侧母联 1 软压板	110kV 母联合智一体装置	22-保护三跳	无
6	跳低压 1 分支断路器	16-跳低压 1 分支断路器	跳低压 1 分支断路器软压板	#2 主变 10kV 侧 B 套合智一体装置	2-保护三跳	无

（3）SV 接收虚端子表（只列出 220kV 侧部分）（见表 3-56）

表 3-56　WBH-801 装置 SV 接收虚端子

序号	功能定义	终点设备:#2 主变第二套 WBH-801 保护		起点设备		
		厂家虚端子定义	接收软压板	设备名称	厂家虚端子定义	发送软压板
1	通道延时	37-MU 额定延时	高压侧 SV 接收软压板	#2 主变 220kV 侧 B 套合并单元	1-MU 额定延时	无
2	高压 1 侧 A 相电流 1	38-高压 1 侧 A 相电流 1	高压侧 SV 接收软压板	#2 主变 220kV 侧 B 套合并单元	2-保护 A 相电流 1	无
3	高压 1 侧 A 相电流 2	39-高压 1 侧 A 相电流 2	高压侧 SV 接收软压板	#2 主变 220kV 侧 B 套合并单元	3-保护 A 相电流 2	无
4	高压 1 侧 B 相电流 1	40-高压 1 侧 B 相电流 1	高压侧 SV 接收软压板	#2 主变 220kV 侧 B 套合并单元	4-保护 B 相电流 1	无
5	高压 1 侧 B 相电流 2	41-高压 1 侧 B 相电流 2	高压侧 SV 接收软压板	#2 主变 220kV 侧 B 套合并单元	5-保护 B 相电流 2	无

（续）

序号	功能定义	终点设备:#2 主变第二套 WBH-801 保护		起点设备		
		厂家虚端子定义	接收软压板	设备名称	厂家虚端子定义	发送软压板
6	高压 1 侧 C 相电流 1	42-高压 1 侧 C 相电流 1	高压侧 SV 接收软压板	#2 主变 220kV 侧 B 套合并单元	6-保护 C 相电流 1	无
7	高压 1 侧 C 相电流 2	43-高压 1 侧 C 相电流 2	高压侧 SV 接收软压板	#2 主变 220kV 侧 B 套合并单元	7-保护 C 相电流 1	无
8	高压侧零序电流 1	44-高压侧零序电流 1	高压侧 SV 接收软压板	#2 主变 220kV 侧 B 套合并单元	8-第二路保护 A 相电流 1	无
9	高压侧零序电流 2	45-高压侧零序电流 2	高压侧 SV 接收软压板	#2 主变 220kV 侧 B 套合并单元	9-第二路保护 A 相电流 2	无
10	高压侧间隙电流 1	46-高压侧间隙电流 1	高压侧 SV 接收软压板	#2 主变 220kV 侧 B 套合并单元	10-第二路保护 B 相电流 1	无
11	高压侧间隙电流 2	47-高压侧间隙电流 2	高压侧 SV 接收软压板	#2 主变 220kV 侧 B 套合并单元	11-第二路保护 B 相电流 2	无
12	高压侧电压额定延时	29-高压侧电压 MU 额定延时	高压侧 SV 接收软压板	#2 主变 220kV 侧 B 套合并单元	1-MU 额定延时	无
13	高压侧 A 相电压 1	30-高压侧 A 相电压 1	高压侧 SV 接收软压板	#2 主变 220kV 侧 B 套合并单元	17-A 相电压 1	无
14	高压侧 A 相电压 2	31-高压侧 A 相电压 2	高压侧 SV 接收软压板	#2 主变 220kV 侧 B 套合并单元	18-A 相电压 2	无
15	高压侧 B 相电压 1	32-高压侧 B 相电压 1	高压侧 SV 接收软压板	#2 主变 220kV 侧 B 套合并单元	19-B 相电压 1	无
16	高压侧 B 相电压 2	33-高压侧 B 相电压 2	高压侧 SV 接收软压板	#2 主变 220kV 侧 B 套合并单元	20-B 相电压 2	无
17	高压侧 C 相电压 1	34-高压侧 C 相电压 1	高压侧 SV 接收软压板	#2 主变 220kV 侧 B 套合并单元	21-C 相电压 1	无
18	高压侧 C 相电压 2	35-高压侧 C 相电压 2	高压侧 SV 接收软压板	#2 主变 220kV 侧 B 套合并单元	22-C 相电压 2	无
19	高压侧零序电压	36-高压侧零序电压	高压侧 SV 接收软压板	#2 主变 220kV 侧 B 套合并单元	29-零序电压	无

3.4.2 试验调试方法

1. 测试仪器接线及配置

（1）测试仪光纤接线　准备 5 对尾纤用来连接测试仪与保护装置，具体接法如下：

1）测试仪的光口 1 与主变保护装置的高压侧 SV 输入（1nX6：8 口）连接。

2）测试仪的光口2与主变保护装置的中压侧SV输入（1nX7：3口）连接。

3）测试仪的光口3与主变保护装置的低压侧SV输入（1nX7：4口）连接。

4）测试仪的光口4与主变保护装置的跳高压侧开关的光口（1nX6：5口）连接。用于接收主变保护装置的动作情况，目前保护厂家通常在几个GOOSE输出光口都配置同样的数据集，因此光口3可以连至引去跳高压侧开关的光口（1nX6：5口），也可以连至引去跳中压侧开关光口（1nX6：6）、跳低压侧开关光口（1nX6：7口）。

5）测试仪的光口5与主变保护装置220kV组网口（1nX6：1口）相连。因为主变保护接收母差保护装置的失灵联跳主变三侧开关，以及主变保护启动母差保护失灵和主变保护动作解除复压闭锁通常采用组网方式传输，因此要向主变保护开入失灵联跳主变三侧开关，必须接在主变保护装置引至光交换机的光口。

（2）测试仪配置

1）SV配置第一组：导入全站SCD，选择#2主变220kV侧B套合并单元PRS7393，点击“SMVoutputs”配置SMV。将测试仪I_a、I_b、I_c、U_a、U_b、U_c分别映射到#2主变220kV侧B套合并单元的三相电流和三相电压，输出光口选择“光口1”，品质bit11设置为1（测试），即低位为0800（检修）。

2）SV配置第二组：导入全站SCD，选择#2主变110kV侧B套合并单元PRS7393，点击“SMVoutputs”配置SMV。将测试仪I'_a、I'_b、I'_c、U'_a、U'_b、U'_c分别映射到#2主变110kV侧B套合并单元的三相电流和三相电压，输出光口选择“光口2”，品质bit11设置为1（测试），即低位为0800（检修）。

3）SV配置第三组：导入全站SCD，选择#2主变10kV侧B套合智一体装置PRS7395，点击“SMVoutputs”配置SMV。将测试仪I_{sa}、I_{sb}、I_{sc}、U_{sa}、U_{sb}、U_{sc}分别映射到#2主变10kV侧B套合智一体装置PRS7395的三相电流和三相电压，输出光口选择“光口3”，品质bit11设置为1（测试），即低位为0800（检修）。

4）GOOSE订阅G1组：导入全站SCD，查找#2主变B套保护WBH-801，选择“GOOSE Outputs”，配置GOOSE。订阅本主变保护GOOSE输出，并将保护的跳高压侧、跳高压侧失灵、跳高压侧母联、跳中压侧、跳中压侧母联、跳低压侧、跳低压侧分段分别映射到测试仪的GOOSE开入A、B、C、D、E、F、G，接收光口选择“光口4”。

5）GOOSE发布G1组：导入全站SCD，查找220kV母差第二套保护BP-2C，选择“GOOSE Outputs”，右上角勾选含“支路5-失灵联跳变压器”的数据集，配置GOOSE。发布对应的220kV母差第二套保护的失灵联跳输出，映射到光口5，并设置测试（test）为True，将“支路5-失灵联跳变压器”关联到仪器的“out1”。

6）系统参数：二次额定线电压100V，额定频率50Hz，二次额定电流1A，规约选择IEC 61850-9-2，第一组（映射为主变220kV侧合并单元）PT电压比220/100、CT电流比1200/1，第二组（映射为主变110kV侧合并单元）PT电压比110/100、CT电流比3000/1，第三组（映射为主变10kV侧合并单元）PT电压比10/100、CT电流比6000/1。

2. 纵差差动保护启动值

（1）相关定值　主变高中压侧额定容量为180MVA，高压侧额定电压为230kV，中压侧额定电压为115kV，低压侧额定电压为10kV，高压侧PT一次值为220kV，中压侧PT一次值为110kV，低压侧PT一次值为10kV，高压侧CT电流比为1200/1，中压侧CT电流比为3000/1，低压侧CT电流比为6000/1，接线方式为YN/yn/d11，差动保护启动电流定值为$0.5I_e$。

（2）试验条件

1）功能软压板设置：投入“投主保护”压板。

2）SV接收软压板：投入“高压侧SV接收”软压板；退出“中压侧SV接收”软压板；

退出“低压侧 SV 接收”软压板。

3）GOOSE 发送软压板：投入“跳高压 1 侧断路器”软压板、投入“启动高压 1 侧失灵”、投入“跳高压侧母联 1”、投入“跳中压侧断路器”、投入“跳中压侧母联 1”、投入“跳低压 1 分支断路器”。

4）控制字设置：“纵差差动保护”置“1”。

（3）计算方法

$$高压侧二次额定电流=\frac{180\times10^6}{\sqrt{3}\times230\times10^3\times1200}=0.377A$$

$$中压侧二次额定电流=\frac{180\times10^6}{\sqrt{3}\times115\times10^3\times3000}=0.301A$$

$$低压侧二次额定电流=\frac{180\times10^6}{\sqrt{3}\times10\times10^3\times6000}=1.732A$$

1）由图 3-11 所示的 WBH-801 保护装置的纵差保护动作特性图，可以得出做高压侧启动值试验时有

$$I_d>I_{cdqd}\rightarrow I_h>0.5I_e$$

高压侧若通入三相对称电流，则

1.05×0.5×0.377=0.198A 可靠动作

0.95×0.5×0.377=0.179A 可靠不动作

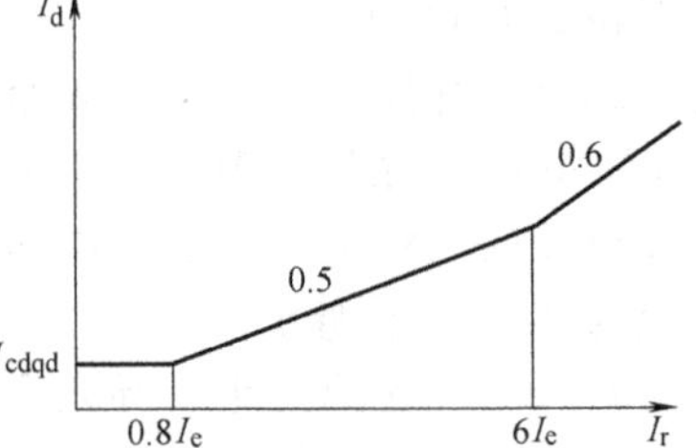

图 3-11　WBH-801 保护装置的纵差保护动作特性图

WBH-801 装置对 Y 的处理是 $I'_{ha}=(I_{ha}-I_{hb})/\sqrt{3}$，$I'_{hb}=(I_{hb}-I_{hc})/\sqrt{3}$，$I'_{hc}=(I_{hc}-I_{ha})/\sqrt{3}$。当加入单相电流时，如加 A 相电流，则 $I'_{ha}=(I_{ha}-0)/\sqrt{3}$，$I'_{hb}=(0-0)/\sqrt{3}$，$I'_{hc}=(0-I_{ha})/\sqrt{3}$，即 A、C 相均有差流且值为 $1/\sqrt{3}$ 所加电流，因此高压侧若通入单相电流，则

1.05×0.5×0.377×1.732=0.343A 可靠动作

0.95×0.5×0.377×1.732=0.310A 可靠不动作

2）中压侧方法同高压侧，只需将额定电流由高压侧改为中压侧，代进去计算即可。

3）做低压侧启动值时，计算式同低压侧，但 WBH-801 装置为高压侧转角，低压侧未进行处理。当低压侧通入三相电流或单相电流时，则有

1.05×0.5×1.732=0.909A 可靠动作

0.95×0.5×1.732=0.823A 可靠不动作

（4）调试方法（见表 3-57）

表 3-57　纵差差动保护启动值检验

<table>
<tr><td>注意事项</td><td colspan="3">当“CT 断线闭锁差动保护”控制字整定为“0”时，纵差差动保护的启动值不经 CT 断线闭锁。当“CT 断线闭锁差动保护”控制字整定为“1”时，纵差差动保护的启动值经 CT 断线闭锁</td></tr>
<tr><td rowspan="6">纵差差动保护启动值检验</td><td colspan="3">采用交流测试模块参数设置（以高压侧 AB 相间为例）</td></tr>
<tr><td colspan="2">在测试仪内将测试仪的 I_a、I_b、I_c 配置给主变的高压侧的三相电流虚端子
I_a:0.15∠0°　或　I_a:0.3∠0°
I_b:0.15∠-120°　I_b:0∠0°
I_c:0.15∠120°　I_c:0∠0°</td><td>I_a、I_b、I_c 的变化量步长设为 0.001A，缓慢上升，直到保护装置动作</td></tr>
<tr><td colspan="3">说明：如采用状态序列模块，电流直接设为 1.05 倍和 0.95 倍，状态控制时间 0.05s</td></tr>
<tr><td>装置报文</td><td colspan="2">1. 00000ms 保护启动；　2、0020ms 纵差保护</td></tr>
<tr><td>装置指示灯</td><td colspan="2">跳闸</td></tr>
<tr><td>测试仪</td><td colspan="2">开入 A、开入 B、开入 C 动作并有动作时间（跳闸矩阵正常整定）</td></tr>
</table>

3. 纵差比率差动保护检验

（1）相关定值　纵差差动比率制动系数固定为0.5。当纵差差动保护投入且任一相差动电流大于0.5倍的纵差保护启动电流定值时，延时5s报差流越限告警。

（2）试验条件

1）功能软压板设置：投入“投主保护”压板。

2）SV接收软压板：投入“高压侧SV接收”软压板；退出“中压侧SV接收”软压板；“投入“低压侧SV接收”软压板。

3）GOOSE发送软压板：投入所有出口软压板。

4）控制字设置：“纵差差动保护”置“1”。

（3）计算方法　以低压侧A相为例，假设制动电流 $I_r=I_e$

$$I_d=0.5(I_r-0.8I_e)+I_{cdqd}=0.85I_e=I_{高}-I_{低}$$

$$I_r=\max(I_{高},I_{低})=I_{高}$$

据以上两式，求得　$I_{高}=I_e$，$I_{低}=0.4I_e$

同上述纵联差动启动值校验，高压侧如加单相需乘$\sqrt{3}$，因此测试仪加入的电流分别为

当加三相时

$$I_h=I_{高}=I_e=0.377\text{A}$$

$$I_l=0.4\times I_{低}=0.4\times1.732=0.6928\text{A}$$

当加单相时

$$I_h=1.732\times I_{高}=1.732\times0.377=0.653\text{A}$$

$$I_l=0.4\times I_{低}=0.4\times1.732=0.6928\text{A}$$

（4）调试方法（见表3-58）

表3-58　纵差比率差动保护检验

<table>
<tr><td rowspan="5">纵差比率差动保护检验</td><td colspan="3">采用交流模块时参数设置(以高、低压侧AB相间为例)</td></tr>
<tr><td colspan="2">当加单相时：
在测试仪内设置如下：
I_a:0.55∠0°　　I_{sa}:0.6928∠180°
I_b:0.00∠0°　　I_{sb}:0.00∠0°
I_c:0.00∠0°　　I_{sc}:0.6928∠0°
当加三相时：
在测试仪内设置如下：
I_a:0.25∠0°　　I_{sa}:0.6928∠-150°
I_b:0.25∠-120°　　I_{sb}:0.6928∠90°
I_c:0.25∠120°　　I_{sc}:0.6928∠-30°</td><td>加单相时：保持I_{sa}、I_{sc}值不变，I_a的变化量步长设为0.001A，缓慢上升，直到保护装置动作；
加三相时：保持I_{sa}、I_{sb}、I_{sc}值不变，I_a、I_b、I_c的变化量步长设为0.001A，缓慢上升，直到保护装置动作</td></tr>
<tr><td>装置报文</td><td colspan="2">1. 00000ms保护启动；　2. 0020ms纵差保护</td></tr>
<tr><td>装置指示灯</td><td colspan="2">跳闸</td></tr>
<tr><td>测试仪</td><td colspan="2">开入A、开入B、开入C动作并有动作时间(跳闸矩阵正常整定)</td></tr>
</table>

4. 差动速断保护检验

（1）相关定值　差动速断电流定值：$5I_e$。

（2）试验条件

1）功能软压板设置：投入“投主保护”压板。

2）SV接收软压板：投入“高压侧SV接收”软压板；退出“低压侧SV接收”软压板；退出“中压侧SV接收”软压板。

3）GOOSE发送软压板：投入所有出口软压板。

4）控制字设置：“纵差差动保护”置“1”，“纵差差动速断”置“1”。

(3) 计算方法　高压侧若通入三相对称电流或相间电流（a、b 相电流反向），则

1.05×5×0.377=1.979A 可靠动作

0.95×5×0.377=1.791A 可靠不动作

高压侧若通入单相电流，则

1.05×5×0.377×1.732=3.43A 可靠动作

0.95×5×0.377×1.732=3.10A 可靠不动作

(4) 调试方法（见表 3-59）

表 3-59　差动速断保护检验

<table>
<tr><td rowspan="5">差动速断保护检验</td><td colspan="2">采样状态序列模块
区内故障(1.05 倍)</td><td>采样状态序列模块
区外故障(0.95 倍)</td></tr>
<tr><td colspan="2">I_a:1.979∠0°
I_b:1.979∠180°
I_c:0.00∠0°
或者(加单相电流):
I_a:3.43∠0°
I_b:0.00∠0°
I_c:0.00∠0°
状态控制时间为 0.05s</td><td>I_a:1.791∠0°
I_b:1.791∠180°
I_c:0.00∠0°
或者(加单相电流):
I_a:3.10∠0°
I_b:0.00∠0°
I_c:0.00∠0°
状态控制时间为 0.05s</td></tr>
<tr><td colspan="2">保护动作</td><td>保护不动作</td></tr>
<tr><td>装置报文</td><td colspan="2">1. 00000ms 保护启动；　2. 0020ms 纵差差动速断</td></tr>
<tr><td>装置指示灯</td><td colspan="2">跳闸</td></tr>
<tr><td></td><td>测试仪</td><td colspan="2">开入 A、开入 B、开入 C 动作并有动作时间(跳闸矩阵正常整定)</td></tr>
</table>

5. 二次谐波检验

(1) 相关定值　二次谐波制动系数：0.15。

(2) 试验条件

1) 功能软压板设置：投入“主保护”压板。

2) SV 接收软压板：投入“高压侧 SV 接收”软压板；退出“中压侧 SV 接收”软压板；退出“低压侧 SV 接收”软压板。

3) GOOSE 发送软压板：投入所有出口软压板。

4) 控制字设置：“纵联差动保护”、“二次谐波制动”置“1”。

(3) 计算方法　无

(4) 调试方法（见表 3-60）

表 3-60　二次谐波检验

<table>
<tr><td rowspan="2">二次谐波校验</td><td colspan="2">谐波测试模块参数设置</td></tr>
<tr><td>基波：
I_a:2∠0°(超过差动动作值)
I_b:0.00∠0°
I_c:0.00∠0°
二次谐波：
I_a 为 0.4 A 的二次谐波</td><td>二次谐波的变化量步长设为 0.01A，缓慢下降，直到保护装置动作</td></tr>
</table>

6. 高压侧复合电压闭锁过电流保护检验

(1) 相关定值　低电压闭锁定值：70V；负序电压闭锁定值：7V；复压闭锁过电流 I 段定值：1.50A；复压闭锁过电流 I 段 1 时限：1.5s。

(2) 试验条件

1) 功能软压板设置：投入“高压侧后备保护”压板；投入“高压侧电压”压板；退出“中压侧电压”压板；退出“低压侧电压”压板；退出“主保护”压板。

2) SV 接收软压板：投入“高压侧 SV 接收”软压板。

3) GOOSE 发送软压板：投入所有出口软压板。

4）控制字设置：“复压过电流 I 段带方向”、“复压过电流 I 段经复压闭锁” 置 “1”，“复压过电流 I 段指向母线” 置 “0”。

（3）计算方法

1）复压闭锁过电流定值 $I=mI_{set}$：

$m=1.05$ 时，$I=1.05\times1.50=1.575A$ 可靠动作

$m=0.95$ 时，$I=0.95\times1.50=1.425A$ 可靠不动作

$m=1.2$ 时，$I=1.2\times1.50=1.8A$ 测量动作时间

2）低电压闭锁定值 $U=mU_{set}$：

$$m=1.05\text{ 时}，U=1.05\times(70/\sqrt{3})=42.4V\text{ 可靠不动作}$$

$$m=0.95\text{ 时}，U=0.95\times(70/\sqrt{3})=38.4V\text{ 可靠动作}$$

3）负序电压闭锁定值 $U=U_n-3mU_{set}$

$$m=1.05\text{ 时}，U=57.74-3\times1.05\times7=35.69V\text{ 可靠动作}$$

$$m=0.95\text{ 时}，U=57.74-3\times0.95\times7=37.79V\text{ 可靠不动作}$$

（4）调试方法（见表 3-61）

表 3-61　高压侧复合电压闭锁过电流保护检验

<table>
<tr><td>注意事项</td><td colspan="3">PT 断线时闭锁该保护</td></tr>
<tr><td rowspan="8">高压侧复合电压闭锁过电流保护检验（过电流 $m=0.95$）</td><td colspan="3">参数设置（以高压侧 A 相时为例）</td></tr>
<tr><td colspan="3">状态 1 参数设置（故障前状态）</td></tr>
<tr><td>U_a:57.74∠0°
U_b:57.74∠-120°
U_c:57.74∠120°</td><td>I_a:0∠0°
I_b:0∠0°
I_c:0∠0°</td><td>状态触发条件：
时间控制：12s</td></tr>
<tr><td colspan="3">状态 2 参数设置（故障状态）</td></tr>
<tr><td>U_a:0∠0°
U_b:57.74∠-120°
U_c:57.74∠120°</td><td>I_a:1.425∠0°
I_b:0∠0°
I_c:0∠0°</td><td>状态触发条件：
时间控制：1.6s</td></tr>
<tr><td>装置报文</td><td colspan="2">无</td></tr>
<tr><td>装置指示灯</td><td colspan="2">无</td></tr>
<tr><td colspan="3"></td></tr>
<tr><td rowspan="6">高压侧复合电压闭锁过电流保护检验（过电流 $m=1.05$）</td><td colspan="3">状态 1 参数设置（故障前状态）</td></tr>
<tr><td>U_a:57.74∠0.00°
U_b:57.74∠-120°
U_c:57.74∠120°</td><td>I_a:0∠0°
I_b:0∠0°
I_c:0∠0°</td><td>状态触发条件：
时间控制：12s</td></tr>
<tr><td colspan="3">状态 2 参数设置（故障状态）</td></tr>
<tr><td>U_a:0∠0.00°
U_b:57.74∠-120°
U_c:57.74∠120°</td><td>I_a:1.575∠0°
I_b:0∠0°
I_c:0∠0°</td><td>状态触发条件：
时间控制：1.6s</td></tr>
<tr><td>装置报文</td><td colspan="2">1. 00000ms 保护启动；　2. 1515ms 高复流 I 段 1 时限</td></tr>
<tr><td>装置指示灯</td><td colspan="2">跳闸</td></tr>
<tr><td rowspan="6">高压侧复合电压闭锁过电流保护检验（过电流 $m=1.2$）</td><td colspan="3">状态 1 参数设置（故障前状态）</td></tr>
<tr><td>U_a:57.74∠0.00°
U_b:57.74∠-120°
U_c:57.74∠120°</td><td>I_a:0∠0°
I_b:0∠0°
I_c:0∠0°</td><td>状态触发条件：
时间控制：12s</td></tr>
<tr><td colspan="3">状态 2 参数设置（故障状态）</td></tr>
<tr><td>U_a:0∠0.00°
U_b:57.74∠-120°
U_c:57.74∠120°</td><td>I_a:1.8∠0°
I_b:0∠0°
I_c:0∠0°</td><td>状态触发条件：
时间控制：1.6s</td></tr>
<tr><td>装置报文</td><td colspan="2">1. 00000ms 保护启动；　2. 1516ms 高复流 I 段 1 时限</td></tr>
<tr><td>装置指示灯</td><td colspan="2">跳闸</td></tr>
<tr><td>备注</td><td colspan="3">改变 A 相电流的角度，I_a 的动作角度为-149°~29°</td></tr>
</table>

（续）

<table>
<tr><td>注意事项</td><td colspan="3">PT 断线时闭锁该保护</td></tr>
<tr><td rowspan="6">高压侧复合电压闭锁过电流保护检验（低电压 m=1.05）</td><td colspan="3">状态 1 参数设置（故障前状态）</td></tr>
<tr><td>U_a:57.74∠0.00°
U_b:57.74∠-120°
U_c:57.74∠120°</td><td>I_a:0∠0°
I_b:0∠0°
I_c:0∠0°</td><td>状态触发条件：
时间控制:12s</td></tr>
<tr><td colspan="3">状态 2 参数设置（故障状态）</td></tr>
<tr><td>U_a:42.4∠0.00°
U_b:42.4∠-120°
U_c:42.4∠120°</td><td>I_a:1.575∠0°
I_b:0∠0°
I_c:0∠0°</td><td>状态触发条件：
时间控制:1.6s</td></tr>
<tr><td>装置报文</td><td colspan="2">无</td></tr>
<tr><td>装置指示灯</td><td colspan="2">无</td></tr>
<tr><td rowspan="6">高压侧复合电压闭锁过电流保护检验（低电压 m=0.95）</td><td colspan="3">状态 1 参数设置（故障前状态）</td></tr>
<tr><td>U_a:57.74∠0.00°
U_b:57.74∠-120°
U_c:57.74∠120°</td><td>I_a:0∠0°
I_b:0∠0°
I_c:0∠0°</td><td>状态触发条件：
时间控制:12s</td></tr>
<tr><td colspan="3">状态 2 参数设置（故障状态）</td></tr>
<tr><td>U_a:38.4∠0.00°
U_b:38.4∠-120°
U_c:38.4∠120°</td><td>I_a:1.575∠0°
I_b:0∠0°
I_c:0∠0°</td><td>状态触发条件：
时间控制:1.6s</td></tr>
<tr><td>装置报文</td><td colspan="2">1. 00000ms 保护启动； 2. 1505ms 高复流 I 段 1 时限</td></tr>
<tr><td>装置指示灯</td><td colspan="2">跳闸</td></tr>
<tr><td rowspan="6">高压侧复合电压闭锁过电流保护检验（负序电压 m=1.05）</td><td colspan="3">状态 1 参数设置（故障前状态）</td></tr>
<tr><td>U_a:57.74∠0.00°
U_b:57.74∠-120°
U_c:57.74∠120°</td><td>I_a:0∠0°
I_b:0∠0°
I_c:0∠0°</td><td>状态触发条件：
时间控制:12s</td></tr>
<tr><td colspan="3">状态 2 参数设置（故障状态）</td></tr>
<tr><td>U_a:35.69∠0.00°
U_b:57.74∠-120°
U_c:57.74∠120°</td><td>I_a:1.575∠0°
I_b:0∠0°
I_c:0∠0°</td><td>状态触发条件：
时间控制:1.6s</td></tr>
<tr><td>装置报文</td><td colspan="2">1. 00000ms 保护启动； 2. 1505ms 高复流 I 段 1 时限</td></tr>
<tr><td>装置指示灯</td><td colspan="2">跳闸</td></tr>
<tr><td rowspan="6">高压侧复合电压闭锁过电流保护检验（负序电压 m=0.95）</td><td colspan="3">状态 1 参数设置（故障前状态）</td></tr>
<tr><td>U_a:57.74∠0.00°
U_b:57.74∠-120°
U_c:57.74∠120°</td><td>I_a:0∠0°
I_b:0∠0°
I_c:0∠0°</td><td>状态触发条件：
时间控制:12s</td></tr>
<tr><td colspan="3">状态 2 参数设置（故障状态）</td></tr>
<tr><td>U_a:37.79∠0.00°
U_b:57.74∠-120°
U_c:57.74∠120°</td><td>I_a:1.575∠0°
I_b:0∠0°
I_c:0∠0°</td><td>状态触发条件：
时间控制:4.1s</td></tr>
<tr><td>装置报文</td><td colspan="2">无</td></tr>
<tr><td>装置指示灯</td><td colspan="2">无</td></tr>
<tr><td colspan="4">思考:PT 断线对主变后备保护动作行为的影响</td></tr>
</table>

7. 高压侧零序方向过电流保护检验

（1）相关定值　零序过电流Ⅰ段定值：0.4A；零序过电流Ⅰ段 1 时限：2.4s。

（2）试验条件

1）功能软压板设置：投入“高压侧后备保护”压板；投入“高压侧电压”压板；退出“中压侧电压”压板；退出“低压侧电压”压板；退出“主保护”压板。

2）SV 接收软压板：投入“高压侧 SV 接收”软压板。

3）GOOSE 发送软压板：投入所有出口软压板。

4）控制字设置：“零序过电流Ⅰ段带方向”、“零序过电流Ⅰ段 1 时限” 置 “1”。“零序过电流Ⅰ段指向母线” 置 “0”。

（3）计算方法

1）零序过电流Ⅰ段定值 $I=mI_{01}$：

$m=1.05$ 时，$I=1.05\times0.40=0.42\text{A}$ 可靠动作

$m=0.95$ 时，$I=0.95\times0.40=0.38\text{A}$ 可靠不动作

$m=1.2$ 时，　$I=1.2\times0.40=0.48\text{A}$ 测量动作时间

2）零序过电流Ⅱ段定值 $I=mI_{02}$：

$m=1.05$ 时，$I=1.05\times0.30=0.315\text{A}$ 可靠动作

$m=0.95$ 时，$I=0.95\times0.30=0.285\text{A}$ 可靠不动作

$m=1.2$ 时，　$I=1.2\times0.30=0.36\text{A}$ 测量动作时间

（4）调试方法（见表 3-62）

表 3-62　高压侧零序方向过电流保护检验

<table>
<tr><td>注意事项</td><td colspan="3">零序过电流保护是否经方向闭锁，通过“零序方向指向”控制字整定</td></tr>
<tr><td rowspan="8">零序过电流Ⅰ段
定值检验
$m=1.05$ 时</td><td colspan="3">参数设置</td></tr>
<tr><td colspan="3">状态 1 参数设置（故障前状态）</td></tr>
<tr><td>U_a：57.74∠0.00°
U_b：57.74∠−120°
U_c：57.74∠120°</td><td>I_a：0∠0°
I_b：0∠0°
I_c：0∠0°</td><td>状态触发条件：
时间控制：12s</td></tr>
<tr><td colspan="3">状态 2 参数设置（故障状态）</td></tr>
<tr><td>U_a：0∠0.00°
U_b：57.74∠−120°
U_c：57.74∠120°</td><td>I_a：0.42∠−75°
I_b：0∠0°
I_c：0∠0°</td><td>状态触发条件：
时间控制：2.5s</td></tr>
<tr><td>装置报文</td><td colspan="2">1. 00000ms 保护启动；　2. 2409ms 高压侧零序过电流Ⅰ段</td></tr>
<tr><td>装置指示灯</td><td colspan="2">跳闸</td></tr>
<tr style="display:none"></tr>
<tr><td rowspan="6">零序过电流Ⅰ
段定值检验
$m=0.95$ 时</td><td colspan="3">状态 1 参数设置（故障前状态）</td></tr>
<tr><td>U_a：57.74∠0.00°
U_b：57.74∠−120°
U_c：57.74∠120°</td><td>I_a：0∠0°
I_b：0∠0°
I_c：0∠0°</td><td>状态触发条件：
时间控制：12s</td></tr>
<tr><td colspan="3">状态 2 参数设置（故障状态）</td></tr>
<tr><td>U_a：0∠0.00°
U_b：57.74∠−120°
U_c：57.74∠120°</td><td>I_a：0.38∠−75°
I_b：0∠0°
I_c：0∠0°</td><td>状态触发条件：
时间控制：2.5s</td></tr>
<tr><td>装置报文</td><td colspan="2">无</td></tr>
<tr><td>装置指示灯</td><td colspan="2">无</td></tr>
<tr><td rowspan="5">动作区</td><td colspan="3">状态 1 参数设置（故障前状态）</td></tr>
<tr><td>U_a：57.74∠0.00°
U_b：57.74∠−120°
U_c：57.74∠120°</td><td>I_a：0∠0°
I_b：0∠0°
I_c：0∠0°</td><td>状态触发条件：
时间控制：12s</td></tr>
<tr><td colspan="3">状态 2 参数设置（故障状态）</td></tr>
<tr><td>U_a：0∠0.00°
U_b：57.74∠−120°
U_c：57.74∠120°</td><td>I_a：0.42∠15°
I_b：0∠0°
I_c：0∠0°</td><td>状态触发条件：
时间控制：0.35s</td></tr>
<tr><td>备注</td><td colspan="2">改变 a 相电流的角度，I_a 的动作角度为−159°～19°</td></tr>
</table>

8. 零序过电压保护检验

（1）相关定值　当间隙过电压采用自产零序电压时，零序电压保护的定值 $3U_0$ 固定为 104（180/1.732）V，当间隙过电压采用外接零序电压时，零序电压保护的定值 $3U_0$ 固定为

180V，零序过电压时间为0.5s。

（2）试验条件

1）功能软压板设置：投入“高压侧后备保护”压板；投入“高压侧电压”压板；退出“中压侧电压”压板；退出“低压侧电压”压板；退出“主保护”压板。

2）SV接收软压板：投入“高压侧SV接收”软压板。

3）GOOSE发送软压板：投入所有出口软压板。

4）控制字设置：高压侧零序过电压置“1”、零序电压采用自产零压置“0”；在测试仪内将U'_a映射给零序电压，并修改U'_a的系统参数中的PT电压比。

（3）计算方法

计算公式：$U=mU_0$，式中，m为系数。

计算数据：$m=1.05$时，$U=1.05\times180=189V$；$m=0.95$时，$U=0.95\times180=171V$。

（4）调试方法（见表3-63）

表3-63 零序过电压保护检验

试验方法及注意事项	状态1：加正常电压量，电流为0，时间控制：5s 状态2：加故障量，时间控制：整定时间+0.1s	
零序过电压保护检验 $m=1.05$时	状态1： U_a：57.74∠0.00° U_b：57.74∠-120° U_c：57.74∠120° I_a：0.00∠0.00° I_b：0.00∠0.00° I_c：0.00∠0.00° 状态触发条件： 时间控制：5s	状态2： U_a：57.74∠0.00° U_b：57.74∠-120° U_c：57.74∠120° I_a：0.00∠0.00° I_b：0.00∠0.00° I_c：0.00∠0.00° U'_a：189∠0.00° 状态触发条件： 时间控制：0.6s
装置报文	高零序过电压	
装置指示灯	后备保护红灯亮	
零序过电压保护检验 $m=0.95$时	状态1： U_a：57.74∠0.00° U_b：57.74∠-120° U_c：57.74∠120° I_a：0.00∠0.00° I_b：0.00∠0.00° I_c：0.00∠0.00° 状态触发条件： 时间控制：5s	状态2： U_a：57.74∠0.00° U_b：57.74∠-120° U_c：57.74∠120° I_a：0.00∠0.00° I_b：0.00∠0.00° I_c：0.00∠0.00° U'_a：171∠0.00° 状态触发条件： 时间控制：0.6s
装置报文	启动	
装置指示灯	无	
说明	零序过电压保护动作电压可通过控制字选择取外接或自产。外接时通过映射零序电压开入实现，自产时直接加A相电压	

9. 间隙过电流保护检验

（1）相关定值　间隙零序过电流保护定值固定为一次值100A，间隙过电流时间定值为1.0s，间隙CT电流比为100/1；间隙零序过电流保护固定采用零序电压与零序电流的“或”出口方式。

(2) 试验条件

1) 功能软压板设置：投入“高压侧后备保护”压板；投入“高压侧电压”压板；退出“中压侧电压”压板；退出“低压侧电压”压板；退出“主保护”压板。

2) SV 接收软压板：投入“高压侧 SV 接收”软压板。

3) GOOSE 发送软压板：投入所有出口软压板。

4) 控制字设置：高压侧间隙过电流置“1”。

(3) 计算方法

计算公式：$I=mI_0$ 式中，m 为系数。

计算数据：$m=1.05$ 时，$U=1.05\times1=1.05\text{A}$；$m=0.95$ 时，$U=0.95\times1=0.95\text{A}$。

(4) 调试方法（见表 3-64）

表 3-64 间隙过电流保护检验

试验方法及注意事项	状态 1:加正常电压量,电流为 0,时间控制:5s 状态 2:加故障量,时间控制:整定时间+0.1s	
间隙过电流保护检验 $m=1.05$ 时	状态 1: U_a:57.74∠0.00° U_b:57.74∠-120° U_c:57.74∠120° I_a:0.00∠0.00°(映射到间隙过电流) 状态触发条件: 时间控制:5s	状态 2: U_a:57.74∠0.00° U_b:57.74∠-120° U_c:57.74∠120° I_a:1.05∠0.00°(映射到间隙过电流) 状态触发条件: 时间控制:1.1s
装置报文	高间隙过电流	
装置指示灯	后备保护红灯亮	
间隙电流保护检验 $m=0.95$ 时	状态 1: U_a:57.74∠0.00° U_b:57.74∠-120° U_c:57.74∠120° I_a:0.00∠0.00°(映射到间隙过电流) 状态触发条件: 时间控制:5s	状态 2: U_a:57.74∠0.00° U_b:57.74∠-120° U_c:57.74∠120° I_a:0.95∠0.00°(映射到间隙过电流) 状态触发条件: 时间控制:1.1s
装置报文	启动	
装置指示灯	无	
说明	间隙过电流保护动作电流取自变压器经间隙接地回路的间隙零序 CT 的电流,因此试验时应将 I_a 映射到间隙过电流,并在参数设置内将 I_a 的电流比改为 100/1	

10. 高压侧失灵联跳保护检验

(1) 相关定值 无

(2) 试验条件

1) 功能软压板设置：投入“投高压侧后备保护”压板。

2) SV 接收软压板：投入“高压侧 SV 接收”软压板。

3) GOOSE 接收软压板：投入“高压 1 侧失灵联跳开入软压板。

4) GOOSE 发送软压板：投入所有出口软压板。

5) 控制字设置：“高压侧失灵经主变跳闸”置“1”。

(3) 计算方法 无

(4) 调试方法（见表 3-65）

表 3-65 高压侧失灵联跳保护检验

注意事项	本侧相电流大于 $1.2I_e$，或零序电流大于 $0.2I_e$，或负序电流大于 $0.2I_e$		
失灵联跳保护仪器设置（采用状态序列模式）	参数设置		
	状态 1 参数设置（故障前状态）		
	U_a:57.74∠0.00° U_b:57.74∠-120° U_c:57.74∠120°	I_a:0∠0° I_b:0∠0° I_c:0∠0°	状态触发条件： out1：断开 时间控制：1s
	状态 2 参数设置（故障状态）		
	U_a:57.54∠0.00° U_b:57.54∠-120° U_c:57.54∠120°	I_a:0.10∠-80° I_b:0∠-200° I_c:0∠40°	状态触发条件： out1：闭合 时间控制：0.1s
	装置报文	50ms 高断路器失灵联跳	
	装置指示灯	无	
说明：将测试 out1 开出映射保护装置的接收 220kV 第二套母差的支路 5-失灵联跳开入			

11. 低压侧开关复压闭锁过电流保护检验

（1）相关定值　复压过电流定值：1.5A；复压过电流 I 段 1 时限：1.4s；低电压闭锁定值：70V；负序电压闭锁定值：4V。

（2）试验条件

1）功能软压板设置：投入“投低压侧后备保护”压板；投入“投低压侧电压”压板；退出“投中压侧电压”压板；退出“投高压侧电压”压板。

2）SV 接收软压板：投入“低压侧 SV 接收”软压板。

3）GOOSE 发送软压板：投入所有出口软压板。

4）控制字设置：控制字设置：“复压过电流 I 段 1 时限”置“1”，“复压过电流 I 段经复压闭锁”置“1”。

（3）计算方法　复压闭锁过电流定值 $I = mI_{set}$

$m=1.05$ 时，$I=1.05\times1.5=1.575$A　可靠动作

$m=0.95$ 时，$I=0.95\times1.5=1.425$A　可靠不动作

$m=1.2$ 时，$I=1.2\times1.5=1.8$A　测量动作时间

（4）调试方法（见表 3-66）

12. 过负荷保护检验

（1）相关定值　固定为高压侧额定电流的 1.1 倍，延时固定为 6s。

（2）试验条件

1）功能软压板设置：投入“投高压侧后备保护”压板。

2）SV 接收软压板：投入“高压侧 SV 接收”软压板。

（3）计算方法　高压侧过负荷 $I=1.1mI_{额定值}$

$m=1.05$ 时，$I=1.05\times0.377\times1.1=0.435$A　可靠动作

$m=0.95$ 时，$I=0.95\times0.377\times1.1=0.394$A　可靠不动作

$m=1.2$ 时，$I=1.2\times0.377\times1.1=0.498$A　测量动作时间

（4）调试方法（见表 3-67）

低压侧复压校验方法同高压侧此处略去。

表 3-66　低压侧开关复压闭锁过电流保护检验

注意事项			
低压侧开关复压闭锁过电流保护检验 $m=0.95$ 时（采用状态序列模式）	参数设置（以低压侧 A 相 $m=0.95$ 时为例）		
	状态 1 参数设置（故障前状态）		
	U_{sa}:57.74∠0° U_{sb}:57.74∠-120° U_{sc}:57.74∠120°	I_{sa}:0∠0° I_{sb}:0∠0° I_{sc}:0∠0°	状态触发条件： 时间控制:5s
	状态 2 参数设置（故障状态）		
	U_{sa}:0∠0° U_{sb}:57.74∠-120° U_{sc}:57.74∠120°	I_{sa}:1.425∠0° I_{sb}:0∠0° I_{sc}:0∠0°	状态触发条件： 时间控制:1.5s
	装置报文	无	
	装置指示灯	无	
低压侧开关复压闭锁过电流保护检验 $m=1.05$ 时（采用状态序列模式）	状态 1 参数设置（故障前状态）		
	U_{sa}:57.74∠0° U_{sb}:57.74∠-120° U_{sc}:57.74∠120°	I_{sa}:0∠0° I_{sb}:0∠0° I_{sc}:0∠0°	状态触发条件： 时间控制:3s
	状态 2 参数设置（故障状态）		
	U_{sa}:0∠0° U_{sb}:57.74∠-120° U_{sc}:57.74∠120°	I_{sa}:1.575∠0° I_{sb}:0∠0° I_{sc}:0∠0°	状态触发条件： 时间控制:1.5s
	装置报文	1. 00000ms 保护启动；　2. 1402ms 低压开关复压过电流 1 时限	
	装置指示灯	跳闸	

表 3-67　过负荷保护检验

注意事项			
过负荷保护检验	参数设置（以 $m=1.05$ 倍为例）		
	状态 1 参数设置（故障前状态）		
	U_a:57.74∠0.00° U_b:57.74∠-120° U_c:57.74∠120°	I_a:0∠0° I_b:0∠0° I_c:0∠0°	状态触发条件： 时间控制:5s
	状态 2 参数设置（故障状态）		
	U_a:57.74∠0.00° U_b:57.74∠-120° U_c:57.74∠120°	I_a:0.435∠0° I_b:0.435∠-120° I_c:0.435∠120°	状态触发条件： 时间控制:7s
	装置报文	高压侧过负荷	
	装置指示灯	无	
思考：过负荷定值整定的依据是什么？			

3.5　220kV 的 PST-1200U 主变保护调试

3.5.1　概述

1. PST-1200U 装置功能说明

PST-1200U 可作为 220~500kV 电压等级智能变电站的差动保护和后备保护为基本配置的成套变压器保护。PST-1200U 是以纵联差动速断、比率差动保护为主保护，以复合电压闭锁过电流保护、零序保护、零序过电压间隙过电流保护为后备保护，告警功能包括差流越限告警、CT 断线告警、PT 断线告警和过负荷告警等。

2. 装置背板端子说明

4X CCE 板件光口布置如图 3-12a 所示。装置提供 12 组 LC 型保护 SV 光口，接收各侧合并单元发出的采样数据，0 口和 1 口分别通过光纤级联至 6X CPUH 和 7X CPUH 的 NET1 口，用于主从 CPU SV 采样；定义 4 口-21A 直采，5 口-11A 直采，6 口-91A 直采。

2X CCE 板件光口布置如图 3-12b 所示。装置提供 12 组 LC 型保护 GOOSE 光口，接收发送至各侧智能终端数据，0 口和 1 口分别通过光纤级联至 6X CPUH 和 7X CPUH 的 NET2 口，用于主从 CPU GOOSE 接收；定义 2 口-220kV 组网，3 口-110kV 组网，4 口-21A 直跳，5 口-11A 直跳，6 口-91A 直跳。

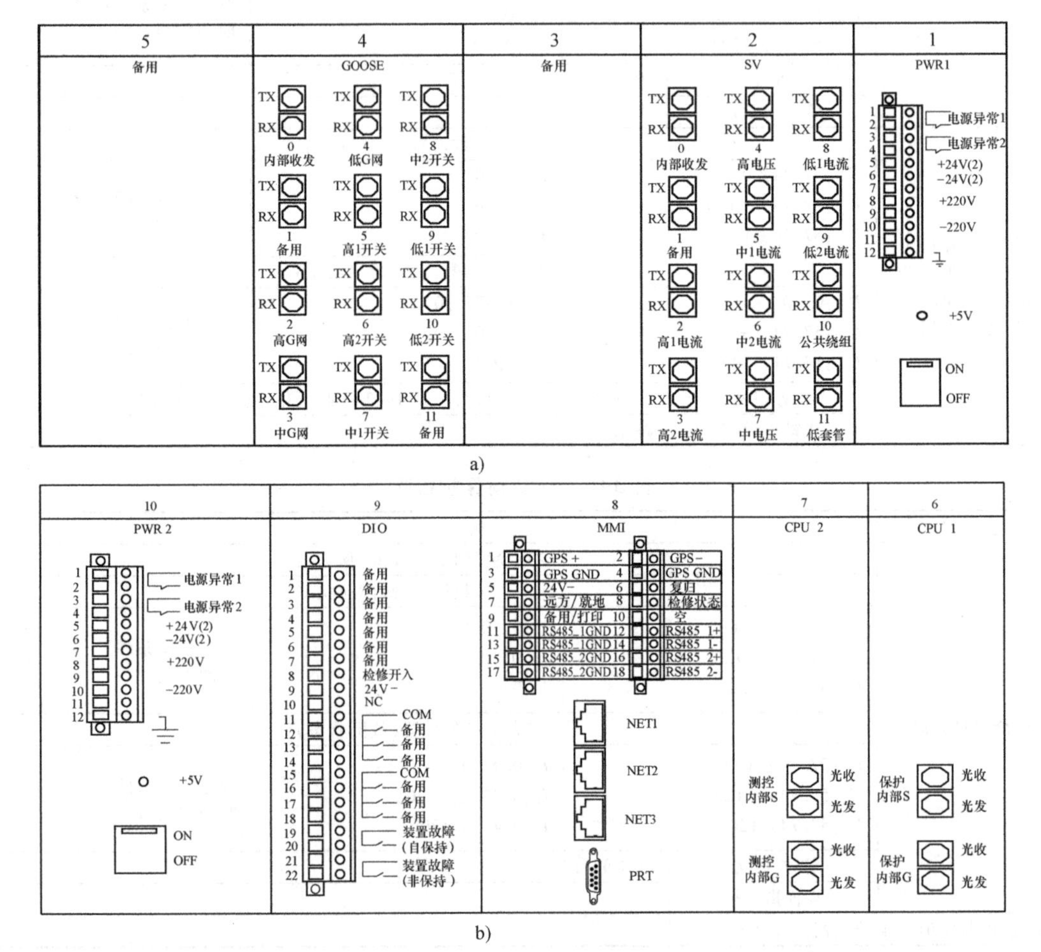

图 3-12　保护背板布置图

3. 装置虚端子及软压板配置

（1）PST-1200U 虚端子图（见图 3-13）

（2）SMV 配置　SMV 配置先导入全站 SCD，查找对应 PST-1200U 保护，选择“SMV Inputs”，右上角勾选对应合并单元，点击左下角“配置 SMV”，选择输出组别及输出光口后，分别映射采样主副通道。

光口 1 对应#1 主变 220kV 侧 B 套合并单元，接至主变保护高压侧 21A 直采 4X-4 收发端。

光口 2 对应#1 主变 110kV 侧 B 套合并单元，接至主变保护中压侧 11A 直采 4X-5 收发端。

光口 3 对应#1 主变 10kV 侧 B 套合并单元，接至主变保护低压 1 分支 91A 直采 4X-6 收发端。

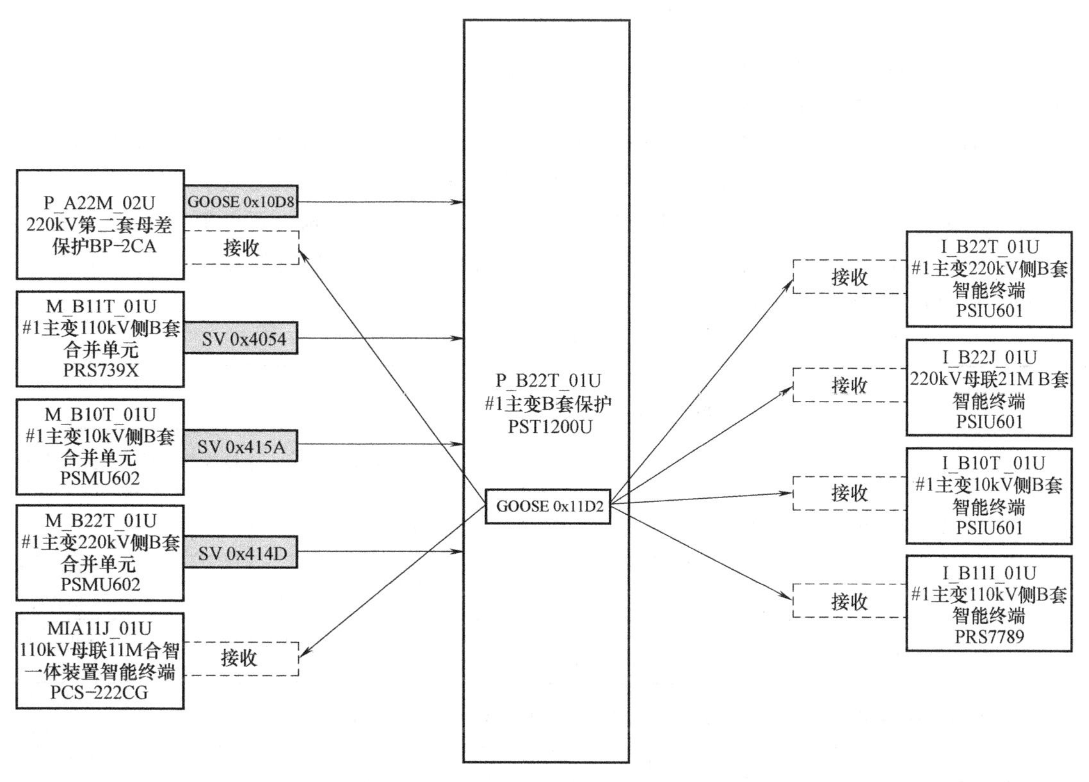

图 3-13　整体配置图

各合并单元输出的三相保护电流和电压（主副采）对应映射标识为 $I_a/I'_a/I_{sa}/V_a/V'_a/V_{sa}$，相别依次类推。虚端子映射见表 3-68。

表 3-68　SMV 采样虚端子映射（高压侧）

序号	功能定义	终点:1#主变第二套PST-1200U 保护		起点		
		虚端子定义	接收软压板	虚端子定义	接收软压板	设备名称
1	合并单元额定延时	/	/	合并单元额定延时	/	21A 合并单元
2	高压 1 侧 A 相电流(主采)	I_{h1a1}	高压 1 侧电流 SV 接收	保护电流 A 相(电流采样 1)	/	
3	高压 1 侧 B 相电流(主采)	I_{h1b1}		保护电流 B 相(电流采样 1)		
4	高压 1 侧 C 相电流(主采)	I_{h1c1}		保护电流 C 相(电流采样 1)		
5	高压 1 侧 A 相电流(副采)	I_{h1a2}		保护电流 A 相(电流采样 2)		
6	高压 1 侧 B 相电流(副采)	I_{h1b2}		保护电流 B 相(电流采样 2)		
7	高压 1 侧 C 相电流(副采)	I_{h1c2}		保护电流 C 相(电流采样 2)		
8	高压侧零序电流(主采)	I_{h01}		零序电流(电流采样 1)		
9	高压侧零序电流(副采)	I_{h02}		零序电流(电流采样 2)		
10	高压侧间隙电流(主采)	I_{hj1}		间隔电流(电流采样 1)		
11	高压侧间隙电流(副采)	I_{hj1}		间隔电流(电流采样 2)		
17	高压侧 A 相电压(主采)	U_{ha1}	高压侧电压 SV 接收	保护电压 A 相(电流采样 1)		
18	高压侧 B 相电压(主采)	U_{hb1}		保护电压 B 相(电流采样 1)		
19	高压侧 C 相电压(主采)	U_{hc1}		保护电压 C 相(电流采样 1)		
20	高压侧 A 相电压(副采)	U_{ha2}		保护电压 A 相(电流采样 2)		
21	高压侧 B 相电压(副采)	U_{hb2}		保护电压 B 相(电流采样 2)		
22	高压侧 C 相电压(副采)	U_{hc2}		保护电压 C 相(电流采样 2)		
23	高压侧零序电压	U_{h01}		零序电压		

（3）GOOSE 配置

1）GOOSE 订阅：GOOSE 配置先导入全站 SCD，查找对应 PST-1200U 保护，选择“GOOSE Outputs”，右上角勾选。

保护 G1 模块，点击左下角“GOOSE 订阅”，选择接收光口及组别后，分别映射各开入。

光口 4 对应#1 主变 B 套 PST-1200U 保护 220kV GOOSE 组网口 2X-2 收发端。

开入量映射：开入 A-跳高压 1 侧断路器，开入 B-启动高压 1 侧失灵，开入 C-跳中压侧断路器，开入 D-跳中压侧母联 1，开入 E-闭锁中压侧备自投，开入 F-跳低压 1 分支断路器。

GOOSE 出口虚端子映射见表 3-69。

表 3-69 GOOSE 出口虚端子映射

序号	功能定义	终点：1#主变第二套 PST-1200 保护		起点		
		虚端子定义	发送软压板	虚端子定义	接收软压板	设备名称
1	跳 21A 智能终端 B	跳高压 1 侧断路器	跳高压 1 侧断路器	闭锁三跳重合	/	21A 智能终端 B
2	跳 21M 智能终端 B	跳高压侧母联 1	跳高压侧母联 1	闭锁三跳重合 2	/	21M 智能终端 B
3	启动 21A 失灵二	启动高压 1 侧断路器失灵	启动高压 1 侧失灵	支路 4 三相启动失灵开入	/	220kV 母差二
4	跳 11A 智能终端 B	跳中压侧断路器	跳中压侧断路器	TJR1	/	11A 智能终端 B
5	跳 11M 智能终端	跳中压侧母联 1	跳中压侧母联 1	保护 TRJ 三跳 5	/	11M 智能终端
6	跳 91A 智能终端 B	跳低压 1 分支断路器	跳低压 1 分支断路器	A 相跳闸出口 B 相跳闸出口 C 相跳闸出口	/	91A 智能终端 B

2）GOOSE 发布：如图 3-14 所示，GOOSE 配置先导入全站 SCD，查找对应 PST-1200U 保护，选择“GOOSE Iutputs”，右上角勾选。

“220kV 第二套母差”，点击左下角“GOOSE 发布”，选择发送光口及组别后映射开出。

开出量映射：开出 1-支路 4_ 失灵联跳变压器。

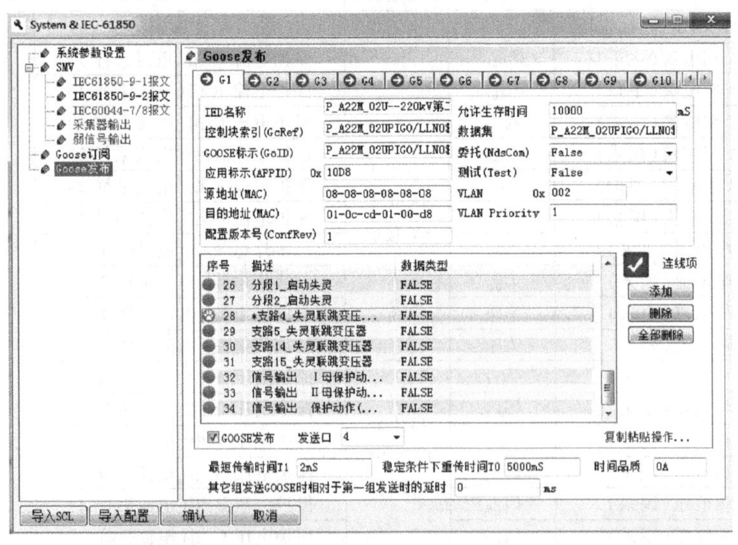

图 3-14 GOOSE 发布映射

（4）系统设置配置（见图 3-15）

System & IEC-61850

系统参数设置
SMV
IEC61850-9-1报文
IEC61850-9-2报文
IEC60044-7/8报文
采集器输出
弱信号输出
Goose订阅
Goose发布

系统参数设置

额定线电压	100.000 V	额定频率	50.000 Hz
额定电流	1.000 A	开入防抖时间	0 mS
输出选择	IEC61850-9-2	弱信号输出设置	弱信号不输出
IEC61588接收口	8	被测装置IP地址	192 . 168 . 1 . 234

第一组(Ua, Ub, Uc, Ia, Ib, Ic/报文测试光口A)
PT变比 220.000 kV / 100.000 V　CT变比 1200.000 A / 1.000 A

第二组(Ua', Ub', Uc', Ia', Ib', Ic'/报文测试光口B)
PT变比 115.000 kV / 100.000 V　CT变比 3000.000 A / 1.000 A

第三组(Usa, Usb, Usc, Isa, Isb, Isc/报文测试光口C)
PT变比 10.500 kV / 100.000 V　CT变比 6000.000 A / 1.000 A

第四组(Uta, Utb, Utc, Ita, Itb, Itc/报文测试光口D)
PT变比 0.000 kV / 0.000 V　CT变比 0.000 A / 0.000 A

参数设置选择：一次值　◉二次值
报文输出选择：◉一次值　二次值
B码逻辑：◉正逻辑　负逻辑
光纤连接：◉双回　单回
IEC61588同步机制：延时请求-响应　◉对等延时

导入SCL　导入配置　确认　取消

图 3-15　系统参数配置图

主变高低压侧额定容量：180MV · A。

PT 电压比：高压侧额定电压为 220kV，中压侧额定电压为 115kV，低压侧额定电压为 10.5kV。

CT 电流比：高压侧 1200/1，中压侧 3000/1，低压侧 6000/1。

以三侧为例，Ⅰ侧-高压 1 侧，Ⅱ侧-中压侧、Ⅲ侧-低压 1 分支。

（5）测试仪接线（见图 3-16）

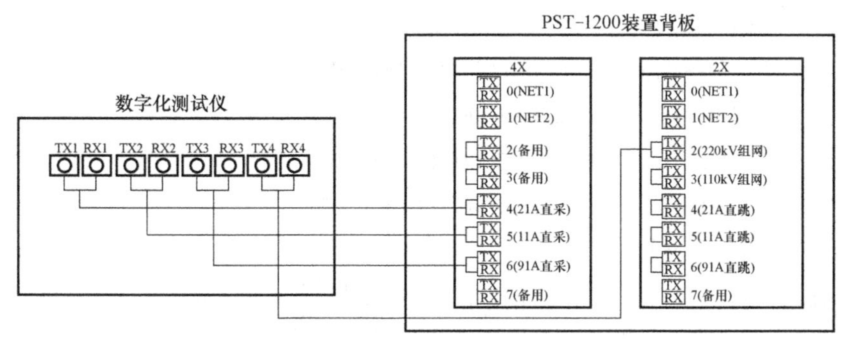

图 3-16　测试仪接线简图

3.5.2　装置交流回路及开入量检查

1. 装置检查

1）执行安措，检查装置外观及信号是否正常。

2）查看“输入监视”→“事件状态”显示动作的事项。

3）打印核对定值，检查装置参数、保护定值、压板设置是否正确。

2. 交流采样

1）投入保护装置的“状态检修压板”，检查装置报文是否出现：“保护检修状态（合），SV 采样数据异常，SV 总告警”，检查“输入量监视”→“开入量”→CPU1、CPU2 条目下“保护检修状态”置合位，检查“输入量监视”→“遥信量”→CPU1、CPU2 条目下“保护检修状态”置合位。

2）确认“软压板”→“SV 接收软压板”→“高压侧电压 SV 接收软压板、高压 1 侧电流 SV 接收软压板、中压侧 SV 接收软压板、低压 1 分支 SV 接收软压板”已投入。

3）进入“系统测试”→“交流测试”，输入密码后按“确认”。

4）连接光纤、配置测试仪，分配仪器光口至保护直采收发端，模拟主变各侧合并单元发出数字量。

5）在系统参数界面设置各侧 CT、PT 变比，在 IEC 61850-9-2 界面根据光口映射三相电流至对应的虚端子。

6）结合 SCD 查看工具，手动配置采样虚端子，避免配错相序或主副采通道。

7）测试加量。

3. 开入量检查

1）“输入量监视”→“开入量”→CPU1、CPU2、监控 CPU（常规开入，如保护装置的状态检修压板、复归按钮等）。

2）“输入量监视”→“遥信量”→CPU1、CPU2（高压侧失灵联跳开入等通过 GOOSE 组网传输的开入）。

3.5.3 保护装置实用调试方法与技巧

1. 差动保护校验

（1）参数定值　主变高低压侧额定容量：180MVA；高压侧额定电压：220kV，中压侧额定电压：115kV，低压侧额定电压：10.5kV；CT 电流比：高压 1 侧（Ⅰ侧）1200/1，中压侧（Ⅱ侧）3000/1，低压 1 分支（Ⅲ侧）6000/1。

（2）额定电流计算

计算公式：$I_e = \dfrac{S}{\sqrt{3}U_n nTA}$

式中，S 为容量，U_n 为各侧额定电压，nTA 为各侧额定电流。

计算数据：$I_{1e} = 180\times10^3/(\sqrt{3}\times220\times1200/1) = 0.394\text{A}$

$I_{2e} = 180\times10^3/(\sqrt{3}\times115\times3000/1) = 0.301\text{A}$

$I_{3e} = 180\times10^3/(\sqrt{3}\times10.5\times6000/1) = 1.65\text{A}$

高压侧平衡系数：$K_h = 1$

中压侧平衡系数：$K_m = (U_m n_{a.m})/(U_h n_{a.h}) = \dfrac{3000\times115}{1200\times220} \approx 1.306$

低压侧平衡系数：$K_1 = (U_1 n_{a.1})/(U_h n_{a.h}) = \dfrac{6000\times10.5}{1200\times220} \approx 0.239$

2. 差动启动值校验

（1）定值　差动启动电流 $I_{cdqd} = 0.5I_e$

（2）计算方法　$I = mI_{zd}$

单相校验法：高、中压侧 $I = \sqrt{3}mI_{zd}$

三相校验法：高、中压侧 $I = mI_{zd}$

两种方法低压侧 $I = mI_{zd}$

（3）试验条件

1）保护功能软压板：“主保护”置 1，退出其他功能压板；SV 接收软压板：“高压 1 侧电流 SV 接收软压板”置 1，“低压 1 分支 SV 接收软压板”置 1。

2）控制字："纵联差动保护"置 1，"CT 断线闭锁差动保护"置 0。

3）分配仪器光口 1 至高压 1 侧 21A 直采 4X-4 收发端，光口 2 至中压侧 11A 直采 4X-5 收发端，光口 3 至低压 1 分支 91A 直采口 4X-6 收发端，逐一映射主副采通道及相序。

4）分配仪器光口 4 至 220kV GOOSE 组网口 2X-2 收发端。

5）电压输入不考虑，可采用状态序列或手动试验。

（4）调试方法（见表 3-70）

表 3-70　差动启动值校验

高压侧		
	单相校验	三相校验
$m=1.05$	I_a:0.358∠0° I_b:0∠0° I_c:0∠0° 状态触发条件:时间控制:0.05s	I_a:0.207∠0° I_b:0.207∠-120° I_c:0.207∠120° 状态触发条件:时间控制:0.05s
装置报文	18ms 纵联差动	18ms 纵联差动保护
装置指示灯	保护动作灯亮	保护动作灯亮
$m=0.95$	I_a:0.324∠0° I_b:0∠0° I_c:0∠0° 状态触发条件:时间控制:0.05s	I_a:0.187∠0° I_b:0.187∠-120° I_c:0.187∠120° 状态触发条件:时间控制:0.05s
装置报文	0ms 主保护启动	0ms 主保护启动
装置指示灯	—	—
低压侧		
	单相校验	三相校验
$m=1.05$	I_{sa}:0.866∠0.0° I_{sb}:0∠0.0° I_{sc}:0∠0.0° 状态触发条件:时间控制:0.05s	I_{sa}:0.866∠0.0° I_{sb}:0.866∠-120° I_{sc}:0.866∠120° 状态触发条件:时间控制:0.05s
装置报文	18ms 纵联差动保护	18ms 纵联差动保护
装置指示灯	保护动作灯亮	保护动作灯亮
$m=0.95$	I_{sa}:0.784∠0.0° I_{sb}:0∠0.0° I_{sc}:0∠0.0° 状态触发条件:时间控制:0.05s	I_{sa}:0.784∠0.0° I_{sb}:0.784∠-120° I_{sc}:0.784∠120° 状态触发条件:时间控制:0.05s
装置报文	0ms 主保护启动	0ms 主保护启动
装置指示灯	—	—

备注：
1. 试验前将"CT 断线闭锁差动保护"置 0，防止装置频繁报"CT 断线"并闭锁差动，影响试验。
2. 电压输入不考虑，可采用状态序列或手动试验。
3. 保护动作仅跳三侧开关及高压失灵，应检查跳闸矩阵是否正确。
4. 高压侧单相校验加入量为计算值$\sqrt{3}$倍，三相校验加入量为计算值。
5. 低压侧单相校验或三相校验加入量均为计算值。

3. 纵联差动速断校验（高压侧）

1）纵联差动速断电流定值：$6I_e$。

2）计算方法：$I=mI_{zd}$。

3）试验条件：同"2. 差动启动值校验"，增加控制字："纵差差动速断"置 1。

4）调试方法见表 3-71。

4. 比率差动保护校验（高、低侧）

1）定值：差动启动电流 $I_{cdqd}=0.1475A=0.5I_e$，$K_1=0.5$，$K_2=0.7$。

表 3-71　纵联差动速断校验（高压侧）

试验项目	单相校验	
参数设置	$m=1.05$ I_a:4.29∠0° I_b:0∠-120° I_c:0∠120° 状态触发条件:时间控制:0.02s	$m=0.95$ I_a:3.89∠0° I_b:0∠-120° I_c:0∠120° 状态触发条件:时间控制:0.02s
装置报文	7ms　纵联差动速断 18ms 纵联差动保护	17ms 纵联差动保护
装置指示灯	保护动作灯亮	保护动作灯亮
备注:低压侧差速校验类似差动启动值。		

2）计算方法：I_1 为高压侧电流，I_2 为低压侧电流。

$$I_d=I_1-I_2, I_r=0.5(|I_1|+|I_2|)$$

$$I_d=I_{cdqd}+K_1\ (I_r\ 为\ 0.8I_e)\qquad 0.8I_e\leqslant I_r\leqslant 3I_e$$

$$I_d=I_{cdqd}+K_1\ (3I_e-0.8I_e)\ +K_2\ (I_r-3I_e)\qquad 3I_e\leqslant I_r$$

$$K_1=0.5;\ K_2=0.7;\ I_{cdqd}=0.5I_e$$

比率制动特性曲线如图 3-17 所示。

当 $I_r=1.8I_e$ 时，$I_r=1.8I_e=0.5(I_1+I_2)$，$I_d=I_1-I_2=0.5I_e+0.5(1.8I_e-0.8I_e)=I_e$，$I_1=2.3I_e$，$I_2=1.3I_e$，$I_1'=2.3I_e=2.3\times0.394\times\sqrt{3}=1.57\text{A}$，$I_2'=1.3I_e/K_1=1.3\times1.65=2.145\text{A}$。

当 $I_r=2.5I_e$ 时，$I_r=2.5I_e=0.5(I_1+I_2)$，$I_d=I_1-I_2=0.5I_e+0.5(2.5I_e-0.8I_e)=1.35I_e$，$I_1=2.95I_e$，$I_2=1.6I_e$，$I_1'=2.95I_e=2.95\times0.394\times\sqrt{3}=2.01\text{A}$，$I_2'=1.6I_e/K_1=1.6\times1.65=2.64\text{A}$。

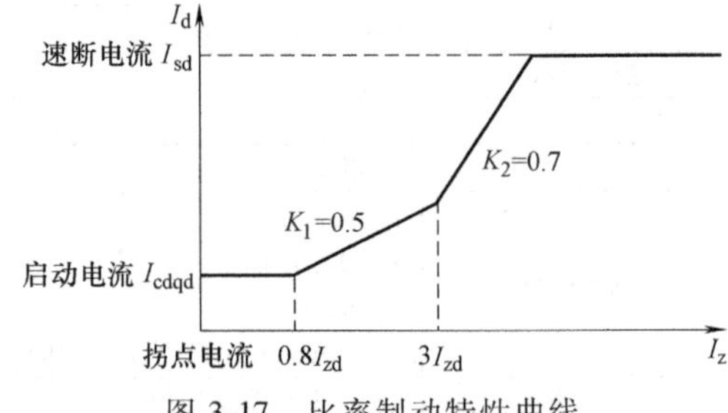

图 3-17　比率制动特性曲线

3）试验条件：同“2. 差动启动值校验”。

4）调试方法见表 3-72。

表 3-72　比率差动保护校验（高、低压侧）

	手动试验	
	$I_r=1.8I_e$	$I_r=2.5I_e$
参数设置	I_a:1.57∠0° I_b:0∠-120° I_c:0∠120° I_{sa}:2.145∠180° I_{sb}:0∠-120° I_{sc}:2.145∠0°	I_a:2.01∠0° I_b:0∠-120° I_c:0∠120° I_{sa}:2.64∠180° I_{sb}:0∠-120° I_{sc}:2.64∠0°

备注：
1. 高压侧映射 a 相,低压侧映射 a、c 相,a 进 c 出,高低压侧相位反 180°。
2. 高压侧映射 b 相,低压侧映射 b、a 相;高压侧映射 c 相,低压侧映射 c、b 相。
3. 固定 I_a 不动,调整 I_a 电流值,先抬升 I_{sa}(加大于计算值的量),再根据步长降低,直至纵差动作。
4. 固定 I_{sa} 不动,调整 I_{sa} 电流值,先降低 I_a(加小于计算值的量),再根据步长抬升,直至纵差动作。

5. 二次谐波制动特性校验

1）二次谐波制动：$k=0.15$

2）计算方法：$I_2=kI_1$，I_2 为二次谐波幅值，I_1 为基波幅值，k 为二次谐波制动系数。

3）试验条件：同“2. 差动启动值校验”，增加控制字：“二次谐波制动”置 1，增加保护功能软压板：“中压侧电流 SV 接收软压板”置 1。

4）调试方法见表 3-73。

表 3-73　二次谐波制动特性校验

试验方法一	谐波制动试验模块(高压侧)
参数设置	I_a:1∠0°　　50Hz I_b:>0.15∠0°　　100Hz I_c:0∠0°　　50Hz 状态触发条件:手动控制
装置报文	纵联差动保护
装置指示灯	保护动作灯亮
备注: 1. 调取试验仪器谐波制动试验模块。 2. 映射 A 相为基波分量,B 相为叠加的二次谐波分量。 3. B 相加大于 15%制动量的电流值,逐步降低至保护动作。	
试验方法二	手动试验(高、中压侧)
计算	高压侧 $I_1=0.5I_{e1}=0.5\times0.394\times\sqrt{3}=0.341$ 中压侧 $I_2=0.5\times0.15\times I_{e2}=0.5\times0.15\times0.301\times\sqrt{3}=0.04$
参数设置	I_a:0.341∠0° 50Hz I_b:0.0∠-120° I_c:0.0∠120° I'_a:0.06∠0° 100Hz I'_b:0.0∠-120° I'_c:0.0∠120° 状态触发条件:手动控制
装置报文	纵联差动保护
装置指示灯	保护动作灯亮
备注: 1. 模拟主变差流中同时存在基波和二次谐波分量,基波量加在高压侧再归算至中压侧。 2. 在通道 I_a 加单相基波分量,在通道 I'_a 加单相二次谐波分量,通道 1、2 大于 $0.5I_e$。 3. 通道 I'_a 加大于 15%制动量的电流值,逐步降低至保护动作。	

6. CT 断线闭锁功能检查（高压侧）

1）试验条件：同“2. 差动启动值校验”，增加控制字：“CT 断线闭锁差动保护”置 1。

2）调试方法见表 3-74。

7. 复合电压闭锁过电流保护校验（高后备）

（1）复压方向过电流校验（高压侧，方向指向变压器）

1）定值：复合电压闭锁负序电压定值：5V，复合电压闭锁低电压定值：75V，复压过电流定值 $I_{fygl}=0.5A$、$t=0.5s$。

2）计算方法：$I=mI_{fygl}$

3）试验条件：

① 保护功能软压板：“高压 1 侧后备保护”“高压侧电压”置 1，退出其他功能压板。

② SV 接收软压板：“高压侧电压 SV 接收软压板”“高压 1 侧电流 SV 接收软压板”置 1。

表 3-74　CT 断线闭锁功能检查（高压侧）

参数设置	第一态	第二态	
	U_a:57.00∠0° U_b:57.00∠-120° U_c:57.00∠120° I_a:0.1∠0° I_b:0.1∠-120° I_c:0.1∠120° 状态触发条件:时间控制:5.00s	U_a:57.00∠0° U_b:57.00∠-120° U_c:57.00∠120° I_a:0∠0° I_b:0.1∠-120° I_c:0.1∠120° 状态触发条件:时间控制:1.00s	
	第三态（$I_d<1.2I_e$）		
	U_a:57.00∠0° U_b:57.00∠-120° U_c:57.00∠120° I_a:<$1.2I_e$∠0° I_b:0.1∠-120° I_c:0.1∠120° 状态触发条件:时间控制:t=0.1s	装置报文	高压 1 侧 CT 断线 主保护启动
		装置指示灯	CT 断线灯亮
	第三态（$I_d>1.2I_e$）		
	U_a:57.00∠0° U_b:57.00∠-120° U_c:57.00∠120° I_a:>$1.2I_e$∠0° I_b:0.1∠-120° I_c:0.1∠120° 状态触发条件:时间控制:t=0.1s	装置报文	高压 1 侧 CT 断线 主保护启动 18ms 纵差保护
		装置指示灯	CT 断线灯亮 保护动作灯亮

备注：

1. CT 断线在第二态条件满足后立即出现，无时间限制。
2. 手动复归 CT 断线需待测试仪参量，保护界面出现“CT 断线返回”，方能按复归。
3. 控制字“CT 断线闭锁差动保护”置 1 时，第三态 A 相差流值大于 $1.2I_e$ 时，CT 断线不闭锁保护。

③ 控制字：“复压过电流Ⅰ段指向母线”置 0，“复压闭锁过电流Ⅰ段 1 时限”置 1。

④ 分配仪器光口 1 至高压 1 侧 21A 直采 4X-4 收发端，逐一映射主副采通道及相序。分配仪器光口 4 至 220kV GOOSE 组网口 2X-2 收发端。

4）调试方法见表 3-75。

（2）复压元件低压、负序电压校验

1）定值：同“（1）复压方向过电流校验”。

2）计算方法：相间低电压：75/1.732 = 43.3 V，负序电压：降单相电压，$3U_2 = U_a + U_b + U_c = 15V$。

3）试验条件：同“（1）复压方向过电流校验。”

4）调试方法见表 3-76。

（3）复压方向动作区及灵敏角校验（方向指向变压器）

1）计算方法：接线形式采用 90°接线，以 U_A 为 0°角参考相位，控制字“复压方向指向母线”置 0，则复压方向指向变压器，置 1 则复压方向指向系统，如图 3-18 所示。

表 3-75　复压方向过电流校验

	状态序列			
	$m=1.05$		$m=0.95$	
参数设置	第一态： U_a:57.00∠0° U_b:57.00∠-120° U_c:57.00∠120° I_a:0∠0° I_b:0∠0° I_c:0∠0° 状态触发条件： 时间控制:3.00s	第二态： U_a:43.2∠0° U_b:43.2∠-120° U_c:43.2∠120° I_a:0.525∠-60° I_b:0∠0° I_c:0∠0° 状态触发条件： 时间控制:0.6s	第一态： U_a:57.00∠0° U_b:57.00∠-120° U_c:57.00∠120° I_a:0∠0° I_b:0∠0° I_c:0∠0° 状态触发条件： 时间控制:3.00s	第二态： U_a:43.2∠0° U_b:43.2∠-120° U_c:43.2∠120° I_a:0.475∠-60° I_b:0∠0° I_c:0∠0° 状态触发条件： 时间控制:0.6s
装置报文	520ms 复压闭锁过流Ⅰ段 1 时限动作			
装置指示灯	保护动作灯亮			

备注:复压及方向条件满足情况下校验电流值。

表 3-76　复压元件低压、负序电压校验

	正常态：	手动态：
相间低电压	U_a:57.00∠0° U_b:57.00∠-120° U_c:57.00∠120° I_a:0∠0° I_b:0∠0° I_c:0∠0°	U_a:42.1∠0° U_b:42.1∠-120° U_c:42.1∠120° I_a:0.6∠-60° I_b:0∠0° I_c:0∠0°
装置报文	复压闭锁过电流Ⅰ段 1 时限动作	复压闭锁过电流Ⅰ段 1 时限动作
装置指示灯	保护动作灯亮	保护动作灯亮
	正常态：	手动态：
负序电压	U_a:57.00∠0° U_b:57.00∠-120° U_c:57.00∠120° I_a:0∠0° I_b:0∠0° I_c:0∠0°	U_a:42∠0° U_b:57∠-120° U_c:57∠120° I_a:0.6∠-60° I_b:0∠0° I_c:0∠0°
装置报文	复压闭锁过电流Ⅰ段 1 时限动作	复压闭锁过电流Ⅰ段 1 时限动作
装置指示灯	保护动作灯亮	保护动作灯亮

备注：

1. 手动试验界面，正常态维持 3s，待“PT 断线”恢复。
2. 低电压校验选择 U_{abc}三相变量，负序电压校验选择 U_a单相变量。
3. 按保护动作时限，间续调节电压幅值步长直至保护动作。
4. 在电流及最灵敏角条件满足情况下校验电流值。
5. 高压侧复压经三侧电压闭锁，试验前已将中低压侧电压退出，仅受本侧电压闭锁。

装置报文	复压闭锁过电流Ⅰ段 1 时限动作
装置指示灯	保护动作灯亮

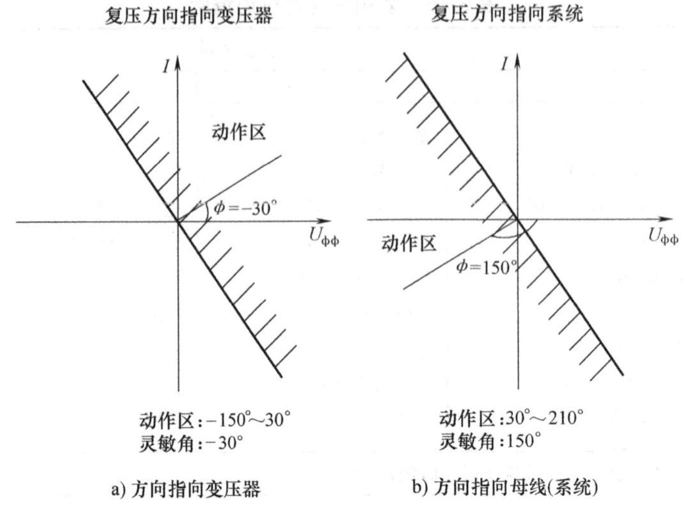

图 3-18 复压方向指向

2）试验条件：同“（1）复压方向过电流校验”。

3）调试方法：见表 3-77。

表 3-77 复压方向动作区及灵敏角校验

	正常态	手动态：边界一	手动态：边界二
参数设置	U_a:57.00∠0° U_b:57.00∠-120° U_c:57.00∠120° I_a:0∠0° I_b:0∠-120° I_c:0∠120°	U_a:20∠0° U_b:57∠-120° U_c:57∠120° I_a:0.6∠29° I_b:0∠-120° I_c:0∠120°	U_a:20∠0° U_b:57∠-120° U_c:57∠120° I_a:0.6∠-150° I_b:0∠-120° I_c:0∠120°
动作区	边界角 $-150°<\phi<29°$ 灵敏角：I_a与U_{bc}之间 $\Psi=(\Phi_1-\Phi_2)/2+\Phi=-29.5°$（指向变压器） 以 U_a 为基准，I_ϕ 滞后 $U_{\phi\phi}$ 为正		
装置报文	复压闭锁过电流Ⅰ段1时限动作		
装置指示灯	保护动作灯亮		

备注：
1. 手动试验界面，正常态维持3s，待“PT断线”恢复。
2. 按保护动作时限，间续调节 I_a 相位步长直至保护动作。

（4）本侧复压过电流保护经其他侧复压闭锁校验（高压侧为例，方向指向变压器）

1）试验条件：同“（1）复压方向过电流校验”，增加保护功能软压板：“中压侧电压”、“低压1分支电压”置1；SV接收软压板：“中压侧SV接收软压板”、“低压1分支SV接收软压板”置1；增加分配仪器光口2至中压侧11A直采4X-5收发端，光口3至低1分板91A直采4X-6收发端。

2）调试方法：见表 3-78。

8. 零序保护校验（高后备）

（1）零序过电流Ⅰ段保护校验（高压侧，方向指向变压器）

1）定值：零序过电流Ⅰ段 $I_{01}=2.4A$，零序过电流Ⅰ段2时限 $t_{012}=0.7s$。

2）计算方法：$I=mI_{01}$。

3）试验条件：

表 3-78 本侧复压过电流保护经其他侧复压闭锁校验

	正常态	经中压侧复压开放	经低压侧复压开放
参数设置	U_a:57∠0° U_b:57∠−120°（高压侧） U_c:57∠120° U'_a:57∠0° U'_b:57∠−120°（中压侧） U'_c:57∠120° U_{sa}:57∠0° U_{sb}:57∠−120°（低压侧） U_{sc}:57∠120° I_a:0∠0° I_b:0∠−120° I_c:0∠120° 状态触发条件: 时间控制:3s	U_a:57∠0° U_b:57∠−120°（高压侧） U_c:57∠120° U'_a:20∠0° U'_b:57∠−120°（中压侧） U'_c:57∠120° U_{sa}:57∠0° U_{sb}:57∠−120°（低压侧） U_{sc}:57∠120° I_a:1∠−60° I_b:0∠−120° I_c:0∠120° 状态触发条件: 时间控制:0.6s	U_a:57∠0° U_b:57∠−120°（高压侧） U_c:57∠120° U'_a:57∠0° U'_b:57∠−120°（中压侧） U'_c:57∠120° U_{sa}:20∠0° U_{sb}:57∠−120°（低压侧） U_{sc}:57∠120° I_a:1∠−60° I_b:0∠−120° I_c:0∠120° 状态触发条件: 时间控制:0.6s
装置报文	/	520ms 复压闭锁过电流 Ⅰ 段 1 时限动作	520ms 复压闭锁过电流 Ⅰ 段 1 时限动作
装置指示灯	/	保护动作灯亮	保护动作灯亮

备注:
1. 高压侧复压各侧复压元件闭锁,为“或”的关系,中压侧复压与高压侧相似,不再单独列出。
2. 低压侧复压经本侧复压元件闭锁,与试验方法类似,不再单独列出。
3. 高压侧或中压侧 PT 断线时,可退出软压板“高压侧电压”或“低压侧电压”,本侧复压过电流经其他侧复压开放。

① 保护功能软压板：“高压 1 侧后备保护”、“高压侧电压” 置 1，退出其他功能压板。

② SV 接收软压板：“高压侧电压 SV 接收软压板”、“高压 1 侧电流 SV 接收软压板” 置 1。

③ 控制字：“零序过电流 Ⅰ 段指向母线” 置 0，“零序过电流 Ⅰ 段 2 时限”、“零序过电流 Ⅰ 段采用自产零序” 置 1。

④ 分配仪器光口 1 至高压 1 侧 21A 直采 4X−4 收发端，逐一映射主副采通道及相序。分配仪器光口 4 至 220kV GOOSE 组网口 2X-2 收发端。

4）调试方法：见表 3-79。

（2）零序方向动作区和灵敏角校验（高压侧）

1）计算方法：以 U_a 为 0°角参考相位，控制字“零序过电流 Ⅰ 段指向母线” 置 0，则零序过电流方向指向变压器，置 1，则零序过电流方向指向系统，如图 3-19 所示。

零序过电流 Ⅰ 段或零序过电流 Ⅱ 段是否采用自产零序电流，可通过控制字选择，置 0 采用外接零序，置 1 产用自产零序，零序过电流 Ⅱ 段不带方向。

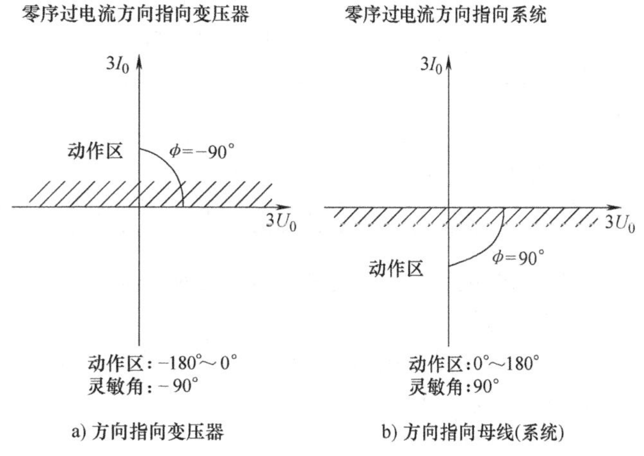

图 3-19 零序过电流方向指向

表 3-79　零序过电流 I 段保护校验

	状态序列			
	$m=1.05$		$m=0.95$	
	第一态	第二态	第一态	第二态
参数设置	U_a:57.00∠0° U_b:57.00∠-120° U_c:57.00∠120° I_a:0∠0° I_b:0∠-120° I_c:0∠120° 状态触发条件: 时间控制:3.00s	U_a:20∠0° U_b:57∠-120° U_c:57∠120° I_a:2.52∠-90° I_b:0∠-120° I_c:0∠120° 状态触发条件: 时间控制:0.8s	U_a:57.00∠0° U_b:57.00∠-120° U_c:57.00∠120° I_a:0∠0° I_b:0∠-120° I_c:0∠120° 状态触发条件: 时间控制:3.00s	U_a:20∠0° U_b:57∠-120° U_c:57∠120° I_a:2.28∠-90° I_b:0∠-120° I_c:0∠120° 状态触发条件: 时间控制:0.8s
装置报文	717ms 高压侧零序过电流 I 段 2 时限动作		/	
装置指示灯	保护动作灯亮		/	

备注:
1. 在最灵敏角条件满足情况下校验电流值。
2. 零序过电流 I 段采用自产零序,既判断大小又判断方向,仅需映射单相电流。
3. 零序过电流 I 段采用自产或外接零序前提是确认保护下装配置是否与定值要求一致。
4. 如采用外接零序,应为外接零序单独映射一组通道,并在测试仪系统参数中匹配对应的 CT 电流比。

2）试验条件：同“（1）零序过电流 I 段保护校验”。

3）调试方法：见表 3-80。

表 3-80　零序方向动作区和灵敏角校验

	正常态	手动态:边界一	手动态:边界二
参数设置	U_a:57.00∠0° U_b:57.00∠-120° U_c:57.00∠120° I_a:0∠0° I_b:0∠-120° I_c:0∠120°	U_a:20∠0° U_b:57∠-120° U_c:57∠120° I_a:3∠-1° I_b:0∠-120° I_c:0∠120°	U_a:20∠0° U_b:57∠-120° U_c:57∠120° I_a:3∠-179° I_b:0∠-120° I_c:0∠120°
动作区	边界角 $-179°<\phi<-1°$ 灵敏角:$I_A(3I_0)$ 与 $3U_0$ 之间 $\Psi=(\Phi_1-\Phi_2)/2+\Phi=-90°$(指向变压器) 以 U_a 为基准,$3I_0$ 滞后 $3U_0$ 为正		
装置报文	高压侧零序过电流 I 段 2 时限动作		
装置指示灯	保护动作灯亮		

备注:
1. 手动试验界面,正常态维持 3s,待“PT 断线”恢复。
2. 在边界附近 1°~2°按保护动作时限间续调节 I_a 相位步长,直至保护出现动作及不动作来确定边界。
3. 是否采用自产零序电流除保护定值设置外,保护装置下装配置也必须一致。

9. 零序过电压、间隙过电流保护校验（高后备）

（1）零序过电压保护校验

1）定值：零序过电压 $U_{gy}=180V$，时限 $t=0.5s$（固化）。

2）计算方法：$U=mU_{gy}$。

3）试验条件：

① 保护功能软压板：“高压 1 侧后备保护”、“高压侧电压” 置 1，退出其他功能压板。

② SV 接收软压板："高压侧电压 SV 接收软压板"置 1。

③ 控制字："零序电压采用自产零压"置 0，"零序过电压"置 1。

④ 分配仪器光口 1 至高压 1 侧 21A 直采 4X-4 收发端，逐一映射主副采通道及各相相序、外接开口三角 U_X。分配仪器光口 4 至 220kV GOOSE 组网口 2X-2 收发端。

4）调试方法：见表 3-81。

表 3-81　零序过电压保护校验

	外接开口三角测试	
	$m=1.05$	$m=0.95$
参数设置	U_a:189∠0° U_b:0∠-120° U_c:0∠120° I_a:0∠0° I_b:0∠-120° I_c:0∠120° 状态触发条件: 时间控制:0.6s	U_a:171∠0° U_b:0∠-120° U_c:0∠120° I_a:0∠0° I_b:0∠-120° I_c:0∠120° 状态触发条件: 时间控制:0.6s
装置报文	508ms 高压侧零序过电压动作	0ms 主保护启动
装置指示灯	保护动作灯灯亮	—

备注：

1. 零序过电压采用外接零序，动作电压 180V 固化，映射外接开口三角 U_X 至 U_a。
2. 零序过电压采用自产零序，动作电压 207V 固化，正常映射各相。
3. 修改测试仪系统参数配置，PT 电压比变更为 $(220/\sqrt{3})/100$。

（2）间隙过电流保护校验

1）定值：间隙零序过电流 $I_{hj}=100$（固化）$/200=0.5A$，时限 $t=1.2s$。

2）计算方法：$I=mI_{hj}$。

3）试验条件：

① 保护功能软压板："高压 1 侧后备保护"置 1，退出其他功能压板。

② SV 接收软压板："高压 1 侧电流 SV 接收软压板"置 1。

③ 控制字："间隙过电流"置 1。

④ 分配仪器光口 1 至高压 1 侧 21A 直采 4X-4 收发端，映射 I_a 主副采通道至间隙电流 I_{hj}。分配仪器光口 4 至 220kV GOOSE 组网口 2X-2 收发端。

4）调试方法：见表 3-82。

表 3-82　间隙过电流保护校验

	$m=1.05$	$m=0.95$
参数设置	U_a:0∠0° U_b:0∠-120° U_c:0∠120° I_a:0.525∠0° I_b:0∠0° I_c:0∠0° 状态触发条件: 时间控制:1.3s	U_a:0∠0° U_b:0∠-120° U_c:0∠120° I_a:0.475∠0° I_b:0∠0° I_c:0∠0° 状态触发条件: 时间控制:1.3s
装置报文	1203ms 高压侧间隙过电流动作	0ms 主保护启动
装置指示灯	保护动作灯亮	—

备注：在测试仪系统参数中匹配对应的 CT 电流比，避免与本侧其他后备保护实验项目电流比相冲突。

10. 高压侧失灵联跳主变三侧校验

(1) 试验条件

1) 保护功能软压板："高压1侧后备保护"、"高压侧电压" 置1，退出其他功能压板。

2) SV接收软压板："高压侧电压SV接收软压板"、"高压1侧电流SV接收软压板" 置1。

3) 控制字："高压侧失灵经主变跳闸" 置1。

4) 分配仪器光口1至高压1侧21A直采4X-4收发端，逐一映射主副采通道及相序。分配仪器光口4至220kV GOOSE组网口2X-2收发端，GOOSE发布开出1映射至保护"支路4_失灵联跳变压器"开入（数据类型选"FALSE"或"OUT1"）。

(2) 调试方法（见表3-83）

表3-83 高压侧失灵联跳主变三侧校验

	状态序列	
	第一态	第二态
参数设置	U_a:57∠0° U_b:57∠-120° U_c:57∠120° I_a:0.197∠0° I_b:0.197∠-120° I_c:0.197∠120° 状态触发条件： 时间控制:3s 开出1:打开(FALSE),开出量不勾选	U_a:57∠0° U_b:57∠-120° U_c:57∠120° I_a:0.197∠0° I_b:0.197∠-120° I_c:0.197∠120° 状态触发条件： 时间控制:0.06s 开出1:闭合(OUT1),开出量勾选"1"
装置报文	—	52ms 高压1侧失灵联跳主变动作
装置指示灯	—	保护动作灯亮
备注:保护装置"高压1侧失灵联跳开入"长期开入时发告警,时间固定6s。		

3.6 主变保护逻辑校验

3.6.1 GOOSE检修逻辑检查

1. 试验要求

GOOSE检修逻辑检查是为了验证不同装置的检修位置配合逻辑情况是否正确。GOOSE接收侧和发送侧的检修状态一致时，即同时投入检修状态时和同时退出检修状态时，装置应能正确响应GOOSE变位。GOOSE接收侧和发送侧的检修状态不一致时，即只有一侧投入检修状态时，装置应不对GOOSE变位进行响应，且稳态量开入保持检修不一致前的状态，暂态量开入保持0状态。

2. 试验方法

(1) 失灵联跳开入试验　以模拟PCS978主变保护接收220kV第一套母差保护失灵联跳开入为例（见表3-84）。两侧检修状态模拟方法：PCS978保护装置的检修状态直接通过投切"置检修状态"硬压板实现；220kV第一套母差保护的检修状态，通过在测试仪GOOSE发布参数设置中，设置GOOSE报文的Test位置"TRUE"状态，来模拟检修状态。

退出PCS978主变保护装置的"置检修状态"硬压板。检查PCS978主变保护装置的"高压1侧失灵联跳开入"初始状态为0，用测试仪"通用试验"进行试验，在GOOSE发布参数中将 Test 位置“TRUE”，模拟母差保护装置开出：支路 4_ 失灵联跳变压器，检查 PCS978 主变保护装置的开入量“高压 1 侧失灵联跳开入”的变位情况，根据逻辑要求，因为高压 1 侧失灵联跳开入为暂态量，所以该开入量应该一直为 0。

表 3-84　失灵联跳开入试验结果

对侧装置			本装置(PCS978)检修位			
			0		1	
装置名称	GOOSE 信号	检修位	装置逻辑检查结果	是否闭锁保护	装置逻辑检查结果	是否闭锁保护
220kV 母差第一套保护	母差失灵联跳	0	正确	否	正确(能收到数值,逻辑被闭锁)	是
		1	正确(能收到数值,逻辑被闭锁)	是	正确	否
备注	1. 稳态开入量包括开关、刀闸等位置信号,暂态开入量包括闭重、失灵、跳闸、失灵联跳等信号。 2. GOOSE 检修状态不一致时,开关、刀闸、合后位置等稳态开入量保持上一态,闭锁重合、启动失灵等暂态开入量清零,保护不应误动作且告警灯亮,发送正确告警信号至监控后台。 3. 不应以装置显示作为“装置逻辑检查结果”,应测试装置实际逻辑。					

(2) 整组出口试验　恢复保护装置与各侧智能终端的光纤连接，投入 21A 智能终端 A 的检修压板，主变保护装置、11A 智能终端 A、91A 智能终端 A 退出检修压板。然后模拟保护动作，确认各侧开关智能终端动作情况。然后分别进行其他的检修压板投退试验，结果见表 3-85。

表 3-85　整组出口试验结果

试验结果					
对侧装置		本装置(PCS978 装置)检修位			
		0		1	
装置名称	检修位	装置逻辑检查结果	是否闭锁保护	装置逻辑检查结果	是否闭锁保护
21A 智能终端 A	0	正常出口	否	无法出口	否
	1	无法出口	否	正常出口	否
11A 智能终端 A	0	正常出口	否	无法出口	否
	1	无法出口	否	正常出口	否
91A 智能终端 A	0	正常出口	否	无法出口	否
	1	无法出口	否	正常出口	否

3.6.2　GOOSE 断链逻辑检查

1. 试验要求

GOOSE 断链逻辑检查是为了验证 GOOSE 链路中断情况下，装置开入量的变位逻辑。GOOSE 断链后，稳态量开入（如开关、刀闸位置等）应保持断链前的状态，暂态量开入（如闭重、启动失灵、跳闸等）应清零。

2. 试验方法

(1) 失灵联跳开入　投入保护装置检修硬压板，在测试仪 GOOSE 发布参数中将 Test 位置“TRUE”，使用测试仪 GOOSE 发送带检修位的“高压 1 侧失灵联跳开入”，检查保护装置高压 1 侧失灵联跳开入量显示正常，然后解除主变保护的 220kV 组网口光纤连接，高压 1 侧失灵联跳开入量清零，同时主变保护在 GOOSE 通信中断以后，会点亮告警灯并上送报文“GOOSE xx 通信中断”。

（2）整组出口试验　恢复保护装置与各侧智能终端的光纤连接，投入21A智能终端A、主变保护装置、11A智能终端A、91A智能终端A的检修压板。断开主变保护至21A智能终端A的直跳光纤，然后模拟保护动作，确认各侧开关智能终端动作情况。试验结果应是拔取本侧直跳GOOSE光纤，断链仅影响本侧开关动作出口，其他侧不受影响。

3.6.3　SV检修逻辑检查

1. 试验要求

SV检修逻辑检查是为了验证保护装置本身的检修状态和SV数据的检修状态之间的配合逻辑关系。电流通道检修不一致时，应闭锁该电流通道相关的所有保护。电压通道检修不一致时，按照PT断线逻辑处理。

2. 试验方法

方法一：投入保护置检修状态硬压板，使用调试仪模拟合并单元，发送不带检修位的SV数据报文给保护装置。分别将各侧电压、电流输出量置检修位（品质位0800），核对保护界面是否对应出现“＊＊侧AD采样检修不一致”，再分别在本侧或其他两侧加故障量测试保护的动作行为。测试结果见表3-86。

表3-86　SV检修逻辑检查结果

试验结果				
对侧装置			本装置检修位	
装置名称	SV通道类型	检修位	0	1
			装置逻辑检查结果	装置逻辑检查结果
21A合并单元A	电流通道	0	不闭锁保护	闭锁保护
		1	闭锁主保护、高后备	不闭锁保护
	电压通道	0	不闭锁保护	闭锁保护
		1	本侧电压PT断线复压开放	不闭锁保护
11A合并单元A	电流通道	0	不闭锁保护	闭锁保护
		1	闭锁主保护、中后备	不闭锁保护
	电压通道	0	不闭锁保护	闭锁保护
		1	本侧电压PT断线复压开放	不闭锁保护
91A合并单元A	电流通道	0	不闭锁保护	闭锁保护
		1	闭锁主保护、低后备	不闭锁保护
	电压通道	0	不闭锁保护	闭锁保护
		1	本侧电压PT断线复压开放	不闭锁保护
备注：本侧母线合并单元置检修或测试仪输出电压量置检修位，等同本侧母线PT断线，后备保护复压开放。				

方法二：取消测试仪连接线，参照列表逐一投入各侧开关合并单元、母线电压合并单元、保护装置检修压板，核对保护界面是否对应出现“＊＊侧AD采样检修不一致”，再分别在本侧或其他两侧加故障量测试保护的动作行为。

试验一：差动保护（以高低压侧为例，退出中压侧SV接收软压板，投入高压侧SV接收软压板、投入低压侧SV接收软压板，见表3-87）。

表3-87　差动保护测试结果

本保护装置(PCS-978)	高压侧SV接收软压板	中压侧SV接收软压板	低压侧SV接收软压板	220kV合并单元	110kV合并单元	10kV合并单元	动作结果
置检修	投入	退出	投入	置检修	不影响	置检修	差动正常动作
置检修	投入	退出	投入	退出检修压板	不影响	置检修	闭锁差动
置检修	投入	退出	投入	置检修	不影响	退出检修压板	闭锁差动
退出检修压板	投入	退出	投入	置检修	不影响	置检修	闭锁差动

试验二：后备保护（以高压侧为例，见表 3-88）。

表 3-88　后备保护测试结果

对侧装置			本装置检修位	
装置名称	采集数据	检修位	0	1
			装置逻辑检查结果	装置逻辑检查结果
母线合并单元	母线电压	0	正常动作	动作逻辑同 PT 断线
		1	动作逻辑同 PT 断线	正常动作

3.6.4　SV 无效逻辑检查

SV 无效逻辑检查是为了验证电子互感器或合并单元采样数据异常时保护装置的处理逻辑。电流通道品质位异常时，应闭锁所有保护。电压通道品质位异常时，按照 PT 断线逻辑处理。

1）试验方法：投入保护置检修状态硬压板，使用调试仪模拟合并单元，发送品质位无效的 SV 数据报文给保护装置。

2）装置现象：当采样值 SV 数据品质位无效时，电压数据品质位异常无效，保护按照 PT 断线处理，相关的闭锁逻辑按照常规 PT 断线后处理方式处理；任何一相电流数据品质位异常无效时，闭锁所有与该电流有关的保护功能；采样数据品质位恢复正常后保护闭锁延时返回正常判别逻辑。

3.6.5　SV 断链逻辑检查

为了验证 SV 通道断链时，保护装置的动作逻辑是否正确，试验方法如下：

首先恢复保护装置与各侧合并单元的光纤连线，确认连接正常，逐一拔取保护背板各侧 SV 直采光纤，核对保护界面是否对应出现“＊＊侧 SV 采样断链”，再分别在本侧或其他两侧加故障量测试保护的动作行为。SV 断链以后，保护功能随即退出。保护在 SV 断链以后，会点亮告警灯并上送报文“SV 板通信中断”，此时所有通道数据均被置 0，保护功能随即退出；当 SV 断链恢复以后，会上送报文“SV 板通信恢复”，开放保护功能。试验结果见表 3-89。

表 3-89　SV 断链逻辑检查结果

试验结果		
对侧装置	本装置	对侧装置
装置名称	SV 通道类型	装置逻辑检查结果
21A 合并单元 A	电流通道	闭锁主保护、高后备
	电压通道	本侧电压 PT 断线复压开放
11A 合并单元 A	电流通道	闭锁主保护、中后备
	电压通道	本侧电压 PT 断线复压开放
91A 合并单元 A	电流通道	闭锁主保护、低后备
	电压通道	本侧电压 PT 断线复压开放
备注：电压通道 SV 断链，等同本侧母线 PT 断线，后备保护复压开放。		

3.6.6　SV 双 AD 不一致逻辑检查

SV 双 AD 不一致逻辑检查是为了验证 SV 双 AD 不一致时，保护装置的动作逻辑是否正确。

1. 试验接线及配置

SV 报文映射：对应主变高压侧合并单元输出，合并单元输出三相保护电流主采分别映射

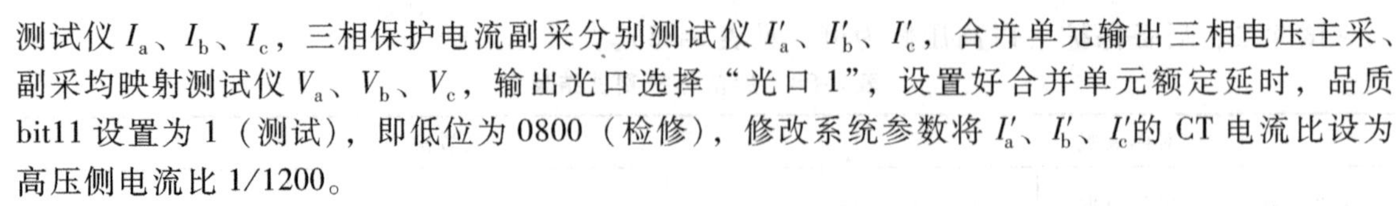

测试仪 I_a、I_b、I_c，三相保护电流副采分别测试仪 I'_a、I'_b、I'_c，合并单元输出三相电压主采、副采均映射测试仪 V_a、V_b、V_c，输出光口选择“光口 1”，设置好合并单元额定延时，品质 bit11 设置为 1（测试），即低位为 0800（检修），修改系统参数将 I'_a、I'_b、I'_c的 CT 电流比设为高压侧电流比 1/1200。

2. 试验方法

投入保护置检修状态硬压板，使用测试仪模拟合并单元，发送带检修位但主、副采数值不一致的 SV 数据给保护装置。当某一路 AD 异常，双 AD 之间数据会做对比处理，当不一致时会告警“SV 采样数据异常”，见表 3-90。

表 3-90　SV 双 AD 不一致逻辑检查结果

试验一	状态序列	
	第一态	第二态
参数设置（高压侧复压过电流试验）	U_a:57.74∠0° U_b:57.74∠-120° U_c:57.74∠120° I_a:0.3∠0° I_b:0.3∠-120° I_c:0.3∠120° I'_a:0.1∠0° I'_b:0.1∠-120° I'_c:0.1∠120° 状态触发条件： 手动控制，待出现“SV 采样数据异常”转下一态	U_a:0∠0° U_b:57.74∠-120° U_c:57.74∠120° I_a:1.575∠0° I_b:0.3∠-120° I_c:0.3∠120° I'_a:1.0∠0° I'_b:0.1∠-120° I'_c:0.1∠120° 状态触发条件： 时间控制：1.6sI_a 大于复过电流定值
装置报文	报“SV 采样数据异常”，保护不动作	
试验二	状态序列	
	第一态	第二态
参数设置（高压侧复压过电流试验）	U_a:57.74∠0° U_b:57.74∠-120° U_c:57.74∠120° I_a:0.3∠0° I_b:0.3∠-120° I_c:0.3∠120° I'_a:0.1∠0° I'_b:0.1∠-120° I'_c:0.1∠120° 状态触发条件： 手动控制，待出现“SV 采样数据异常”转下一态	U_a:0∠0° U_b:57.74∠-120° U_c:57.74∠120° I_a:2.0∠0° I_b:0.3∠-120° I_c:0.3∠120° I'_a:1.575∠0° I'_b:0.1∠-120° I'_c:0.1∠120° 状态触发条件： 时间控制：1.6s I_a、I'_a均大于复过电流定值
装置报文	报“SV 采样数据异常”，高复流 Ⅰ 段 1 时限	

第4章 智能变电站的母线保护装置调试技巧

4.1 500kV 的 BP-2CC 母线保护调试

4.1.1 概述

1. BP-2CC 装置功能说明

本节介绍 500kV 母线保护装置 BP-2CC-DG-G，其中 DG-G 表示国网智能化装置，常规采样、GOOSE 跳闸，以下简写为 BP-2CC。BP-2CC 母线保护装置是基于数字化变电站 IEC 61850 标准开发的母线保护装置，具有全开放式数字接口；支持 IEC 61850 协议的站控层接入、间隔层的 GOOSE 闭锁互联和过程层的电子式互感器数字信号接入，可灵活地用于部分或全部采用智能一次设备的变电站。

BP-2CC 母线保护装置适用于 220kV 及以上电压等级智能变电站 3/2 接线主接线的母线保护，最大主接线规模为 15 个支路，配置了母线差动保护、断路器失灵经母差跳闸、CT 断线闭锁（高门槛）及 CT 断线告警（低门槛）功能。其中差动保护与断路器失灵经母差跳闸可经软压板及保护控制字分别选择投退。

2. 主接线图

本节内容的主接线示意图如图 4-1 所示。

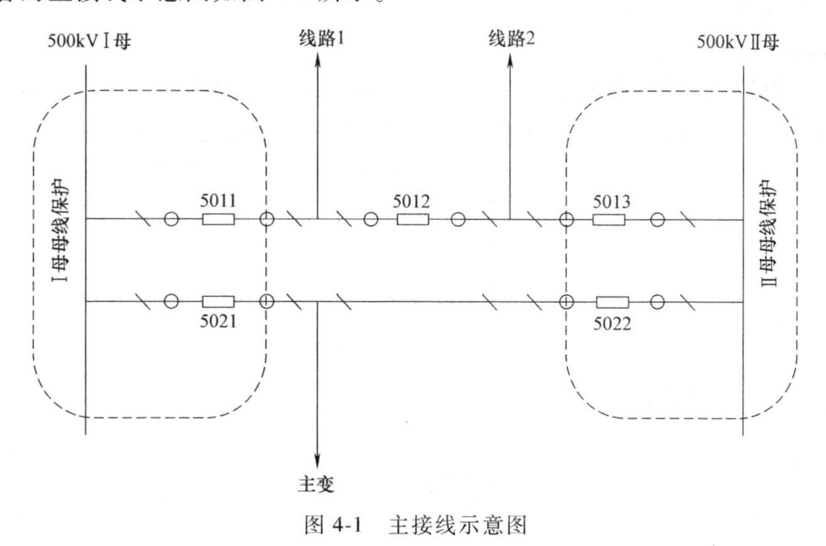

图 4-1　主接线示意图

3. 装置背板端子说明

BP-2CC 母差保护装置插件布置如图 4-2 所示，结合主接线图（图 4-1）对与单体调试相关度比较高的通信 CPU 板及交流插件做一简单介绍。

通信 CPU 板（16-WB8298）光口布置如图 4-2 所示：第一组光口为 GOOSE 组网口，用于接收母线上所连的支路断路器的失灵启动开入，型号为 LC；第二组、第三组光口为 GOOSE

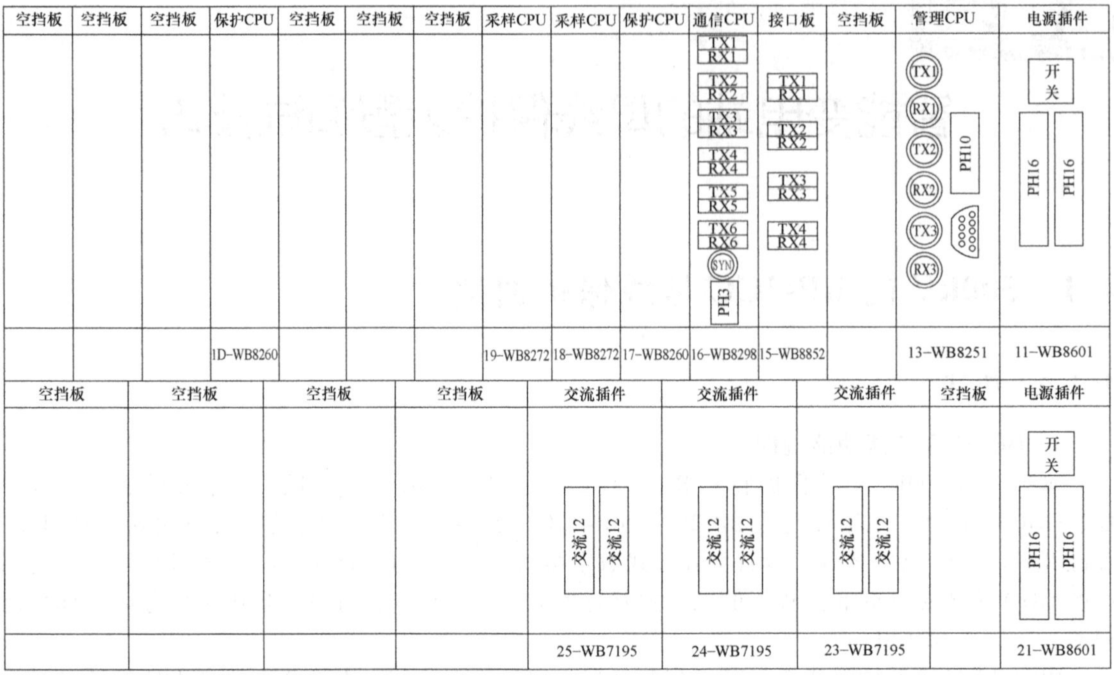

空挡板
空挡板
空挡板
保护CPU
空挡板
空挡板
空挡板
采样CPU
采样CPU
保护CPU
通信CPU
接口板
空挡板
管理CPU
电源插件
TX1 RX1
TX2 RX2
TX3 RX3
TX4 RX4
TX5 RX5
TX6 RX6
SYN
PH3
TX1 RX1
TX2 RX2
TX3 RX3
TX4 RX4
TX1
RX1
TX2
RX2
TX3
RX3
PH10
开关
PH16
PH16
1D-WB8260
19-WB8272
18-WB8272
17-WB8260
16-WB8298
15-WB8852
13-WB8251
11-WB8601
空挡板
空挡板
空挡板
空挡板
交流插件
交流插件
交流插件
空挡板
电源插件
交流12
交流12
交流12
交流12
交流12
交流12
开关
PH16
PH16
25-WB7195
24-WB7195
23-WB7195
21-WB8601

图 4-2　BP-2CC 母差保护装置插件布置图

直跳口，分别用于跳 5011（或 5013）断路器及跳 5021（或 5022）断路器，型号为 LC；其余光口为备用以太网光口。

交流插件（23-WB7195、24-WB7195、25-WB7195）布置如图 4-2 所示：装置提供了 15 路交流电流模拟量输入。

4. 装置虚端子及软压板配置

图 4-3 为 500kV Ⅰ 母母线保护装置（单套）的虚端子联系情况示意图。图中 1、2 为边断路器 5011、5021 开关失灵启动 500kV Ⅰ 母母差失灵联跳，通过 GOOSE 网络传输；3、4 为

PB5011
5011断路器保护
GOOSE 0x3F29
接收
IB5011
5011智能终端
接收
PM5001
500kV Ⅰ母母线保护
GOOSE 0x3F2C
GOOSE 0x3F10
接收
PB5021
5021断路器保护
接收
IB5021
5021智能终端
1
2
3
4
5
6

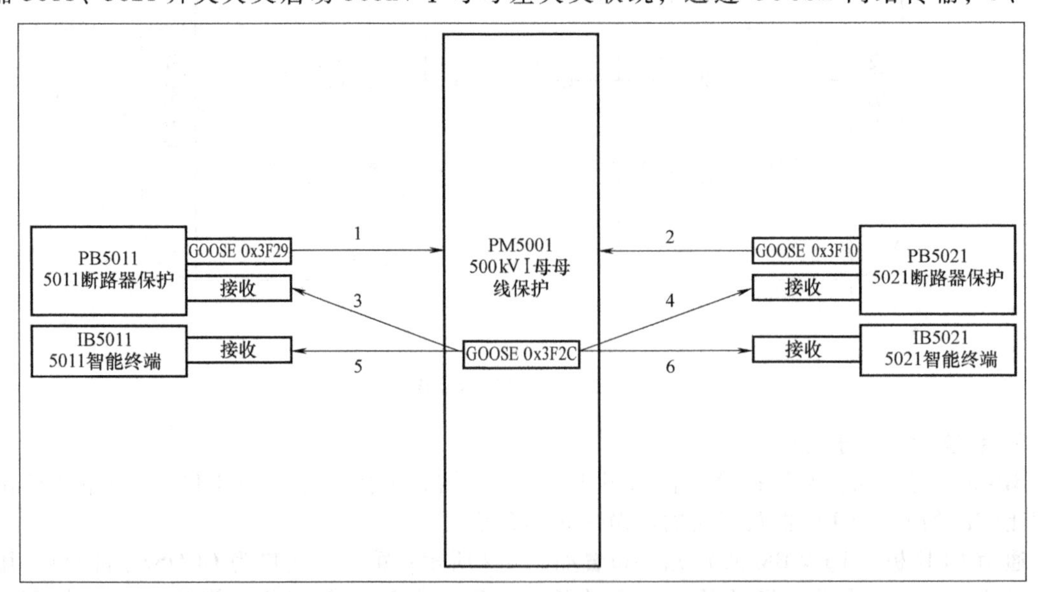

图 4-3　500kV Ⅰ 母母线保护装置（单套）的虚端子联系示意图

500kV Ⅰ母母差保护跳闸启动5011、5021断路器失灵保护，通过GOOSE网络传输；5、6为500kV Ⅰ母母差保护动作通过GOOSE直跳5011、5021开关及闭重。

表4-1和表4-2所示为本装置虚端子联系，内部GOOSE接收、发布软压板配置表。表4-1为装置虚端子开入表，表4-2为装置虚端子开出表。

表4-1 装置虚端子开入表

序号	功能定义	终点设备 PM5001:500kV Ⅰ母母线保护		起点设备		
		厂家虚端子定义	接收软压板	设备名称	厂家虚端子定义	发送软压板
1	断路器失灵启动母差跳闸	支路1_失灵联跳	支路1_失灵联跳软压板	PB5011：5011断路器保护	失灵跳闸3	失灵跳闸3软压板
2	断路器失灵启动母差跳闸	支路2_失灵联跳	支路2_失灵联跳软压板	PB5021：5021断路器保护	失灵跳闸3	失灵跳闸3软压板
序号	功能定义	终点设备 PM5002：500kV Ⅱ母母线保护		起点设备		
		厂家虚端子定义	接收软压板	设备名称	厂家虚端子定义	发送软压板
1	断路器失灵启动母差跳闸	支路1_失灵联跳	支路1_失灵联跳软压板	PB5013：5013断路器保护	失灵跳闸3	失灵跳闸3软压板
2	断路器失灵启动母差跳闸	支路2_失灵联跳	支路2_失灵联跳软压板	PB5022：5022断路器保护	失灵跳闸3	失灵跳闸3软压板

表4-2 装置虚端子开出表

序号	功能定义	起点设备 PM5001：500kV Ⅰ母母线保护		终点设备		
		厂家虚端子定义	接收软压板	设备名称	厂家虚端子定义	发送软压板
1	母差保护跳闸启动断路器失灵	支路1_保护跳闸	支路1_保护跳闸软压板	PB5011：5011断路器保护	保护三相跳闸-2	无
2	母差保护跳闸出口	支路1_保护跳闸	支路1_保护跳闸软压板	IB5011：5011智能终端	TJR闭重三跳10	无
3	母差保护跳闸启动断路器失灵	支路2_保护跳闸	支路2_保护跳闸软压板	PB5021：5021断路器保护	保护三相跳闸-1	无
4	母差保护跳闸出口	支路2_保护跳闸	支路2_保护跳闸软压板	IB5021：5021智能终端	永跳_直跳（网口3）	无
序号	功能定义	起点设备 PM5002：500kV Ⅱ母母线保护		终点设备		
		厂家虚端子定义	接收软压板	设备名称	厂家虚端子定义	发送软压板
1	母差保护跳闸启动断路器失灵	支路1_保护跳闸	支路1_保护跳闸软压板	PB5013：5013断路器保护	保护三相跳闸-2	无
2	母差保护跳闸出口	支路1_保护跳闸	支路1_保护跳闸软压板	IB5013：5013智能终端	TJR闭重三跳10	无
3	母差保护跳闸启动断路器失灵	支路2_保护跳闸	支路2_保护跳闸软压板	PB5022：5022断路器保护	保护三相跳闸-1	无
4	母差保护跳闸出口	支路2_保护跳闸	支路2_保护跳闸软压板	IB5022：5022智能终端	永跳_直跳（网口3）	无

4.1.2 试验调试方法

1. 测试仪器接线及配置

（1）测试仪接线　按题意要求将测试仪的交流电流输出（A、B、C、N）与各支路所需相进行连接。

（2）测试仪光纤接线　用三对尾纤分别将测试仪的光口1与母线保护GOOSE组网口（16-1）连接，光口2与母线保护直跳GOOSE口（16-2）连接，光口3与母线保护直跳GOOSE口（16-3）连接。

（3）测试仪配置

1）GOOSE 订阅（以 500kV Ⅰ 母母线保护为例）：订阅本母线保护 GOOSE 发送，将母线保护跳闸出口的“支路 1_ 保护跳闸”映射到测试仪的 GOOSE 开入 A，接收光口选择“光口 2”，如图 4-4 所示。同理，将母线保护跳闸出口的“支路 2_ 保护跳闸”映射到测试仪的 GOOSE 开入 B，接收光口选择“光口 3”。

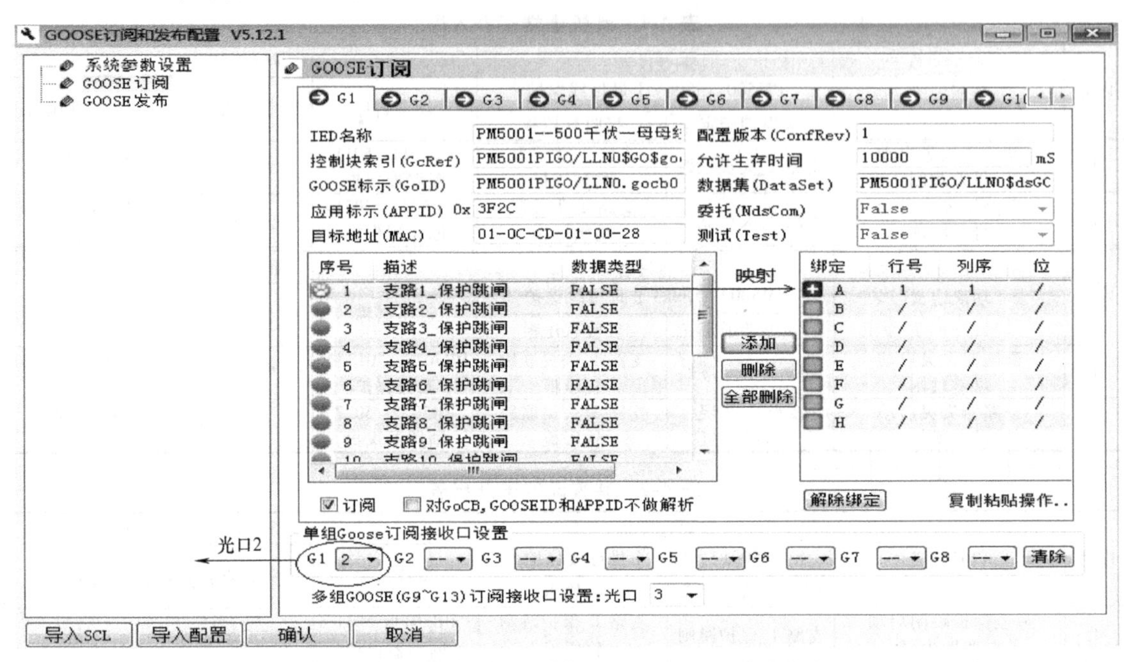

图 4-4　GOOSE 订阅配置图

2）GOOSE 发布（以 500kV Ⅰ 母母线保护为例）：发布本母线保护对应断路器保护的 GOOSE 输出，将 PB5011：5011 断路器保护的 GOOSE 输出映射到光口 1，其断路器失灵启动（失灵跳闸 3）映射到仪器的开出 1（Out1）；如图 4-5 所示。同理，将 PB5021：5021 断路器保护的

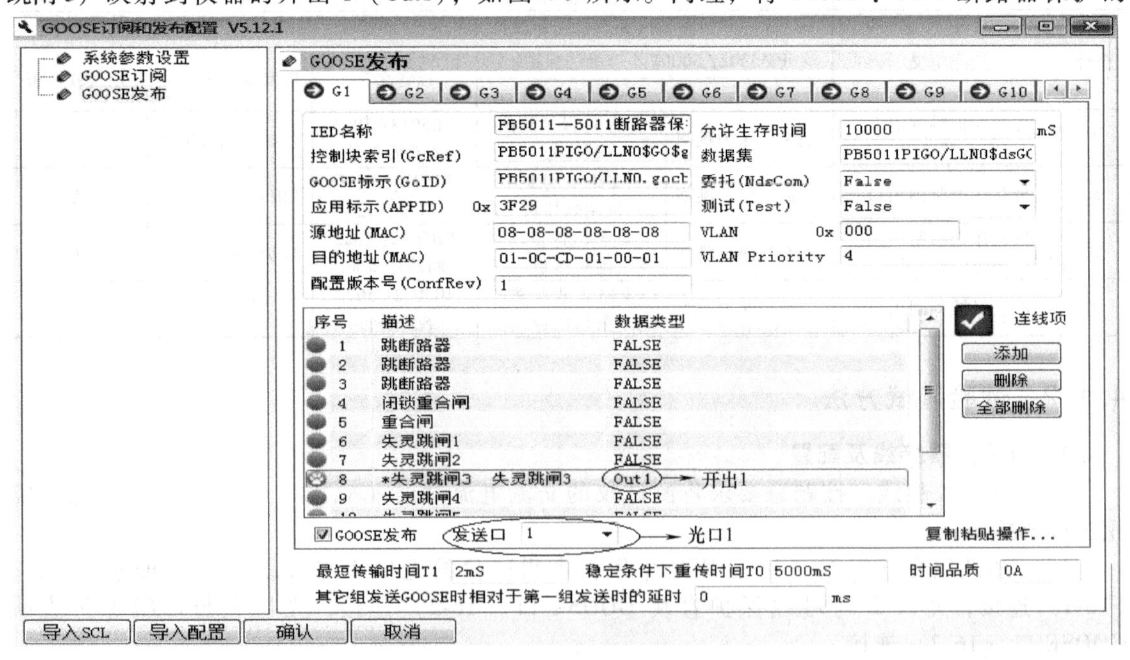

图 4-5　GOOSE 发布配置图

GOOSE 输出映射到光口 1，其断路器失灵启动（失灵跳闸 3）映射到仪器的开出 2（Out2）。

2. 负荷平衡态检验

（1）相关定值　设备参数定值中“支路 1CT 一次值”为 1500A，“支路 1CT 二次值”为 1A；“支路 2CT 一次值”为 1800A，“支路 2CT 二次值”为 1A；“支路 3CT 一次值”为 600A，“支路 3CT 二次值”为 1A；“支路 4CT 一次值”为 1800A，“支路 4CT 二次值”为 1A；“支路 5CT 一次值”为 1500A，“支路 5CT 二次值”为 1A；“基准 CT 一次值”为 1500A，“基准 CT 二次值”为 1A。

（2）软压板设置

① 保护功能软压板：投入“差动保护”软压板。

② GOOSE 发送软压板：退出“支路 1_ 保护跳闸软压板”和“支路 2_ 保护跳闸软压板”、…、“支路 5_ 保护跳闸软压板”发送软压板。

（3）控制字设置　“差动保护”置“1”。

（4）调试方法　见表 4-3。

表 4-3　负荷平衡态检验调试方法

<table>
<tr><td>试验项目</td><td>负荷平衡态检验</td></tr>
<tr><td>例题</td><td>1）运行方式为：500kV Ⅰ 母上的支路 L1、支路 L2、支路 L3、支路 L4、支路 L5 正常运行
2）电流比：L1（1500/1）、L2（1800/1）、L3（600/1）、L4（1800/1）、L5（1500/1）
3）基准电流比：1500/1
4）试验要求：L1 支路 A 相一次电流流出母线，二次值为 5A，L2 流进母线，二次值为 5A，L3 流出母线，二次值为 2.5A，L5 流进母线，二次值为 3A。调整 L4 支路电流，使 A 相差流平衡，屏上无任何告警、动作信号
解题思路：
1）画出电流分布图与试验接线图（图中 X 为实际加入的量，Y 为折算至基准电流比后的值）

L1　L2　L3　5A (5A)　5A (6A)　2.5A (1A)　X (Y)　2.5A (3A)　3A (3A)　L4　L5
电流分布图

A:　B:　C:　N:　L1　L2　L3　L4　L5　5.0A∠0°　2.5A∠180°　3.0A∠0°　仪器
试验接线图

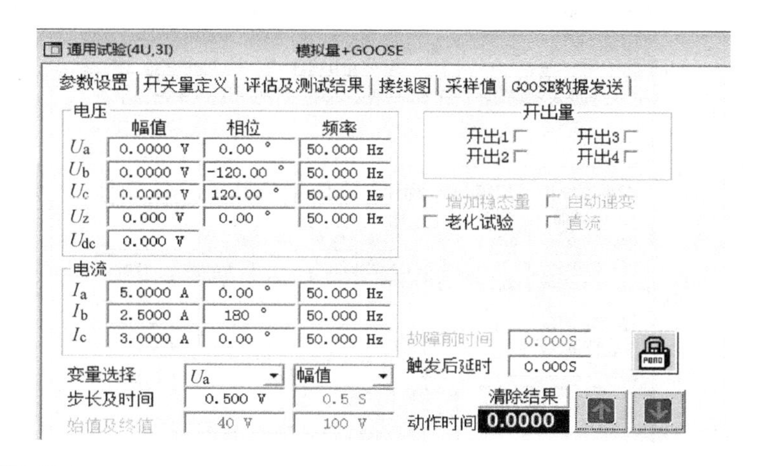
</td></tr>
</table>

（续）

试验项目	负荷平衡态检验
例题	2）计算出各支路折算至基准电流比后的值使差流平衡（将计算值标注在电流分布图上）：计算公式为 $Y=X*$ 支路电流比/基准电流比（X 为实际加入的量，Y 为折算至基准电流比后的值），计算结果为 L1＝5A，L2＝6A，L3＝1A，L4＝3A，L5＝3A 3）根据试验接线图进行串接线（正串或反串） 4）测试仪按上图进行设置加量后即完成负荷平衡态校验
装置报文	无任何告警信号
装置指示灯	无任何告警灯
思考	如某支路发生区外相间短路，试验该如何接线？ 题目： 电流比：L1（1500/1）、L2（800/1）、L3（1200/1） 基准电流比：1200/1 试验要求：模拟 500kV Ⅰ 母支路 L2 区外 BC 相故障，L1、L2、L3 支路加电流，L1 二次值为 2A，L3 二次值为 1A

3. 母线差动保护检验

（1）差动启动值检验

1）相关定值

① 设备参数定值中“支路 1CT 一次值”为 1500A，“支路 1CT 二次值”为 1A；“支路 2CT 一次值”为 800A，“支路 2CT 二次值”为 1A；“基准 CT 一次值”为 1200A，“基准 CT 二次值”为 1A。

② 母线保护定值中“差动保护启动电流定值”为 $I_{dset}=0.5A$；“CT 断线告警定值”为 0.3A；“CT 断线闭锁定值”为 0.4A。

2）软压板设置

① 保护功能软压板：投入“差动保护”软压板。

② GOOSE 发送软压板：投入“支路 1_ 保护跳闸软压板”“支路 2_ 保护跳闸软压板”。

3）控制字设置 “差动保护”置“1”。

4）计算方法

计算公式：$I=m*I_{dset}*$基准电流比/支路电流比

其中 m 为系数。

5）调试方法 见表 4-4。

表 4-4 差动启动值检验调试方法

试验项目	差动启动值检验	
例题	选取 L2 支路校验 500kV Ⅰ 母差保护动作启动值（A 相），并测试母线保护动作时间	
注意事项	当出现 CT 断线时，值达到 0.4A 将闭锁母线差动保护	
	采用状态序列模块参数设置	
	状态 1 参数设置（故障状态）	
正向区内故障试验仪器设置（A 相接地故障）	I_a：0.7875∠0.00° I_b：0.00∠0.00° I_c：0.00∠0.00° 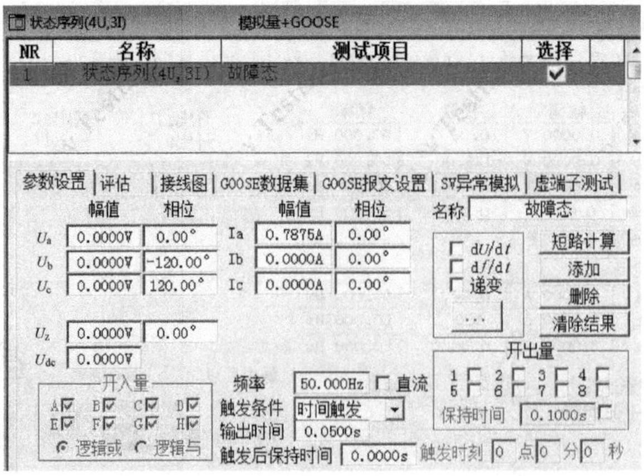	状态触发条件：时间触发为 0.05s

（续）

试验项目	差动启动值检验
正向区内故障试验仪器设置（A 相接地故障）	说明：以上为采用状态序列模块只选择一态进行试验，也可采用通用试验模块，手动试验使保护动作，然后停止即可 装置报文：1. 00000ms 启动； 2. 00005ms 差动保护动作 相别：A 3. I_{da} 000.50A I_{db} 000.00A I_{dc} 000.00A 装置指示灯：差动动作
正向区外故障试验仪器设置（A 相接地故障）	状态 1 参数设置（故障状态） I_a：0.7125∠0.00° I_b：0.00∠0.00° I_c：0.00∠0.00° 状态触发条件：时间触发为 0.05s 说明：以上为采用状态序列模块只选择一态进行试验，也可采用通用试验模块，手动进行试验 装置报文：无 装置指示灯：无
正向区内故障母线保护动作时间测试时试验仪器的设置（A 相接地故障）	采用状态序列模块参数设置 状态 1 参数设置（故障状态） I_a：0.7875∠0.00° I_b：0.00∠0.00° I_c：0.00∠0.00° 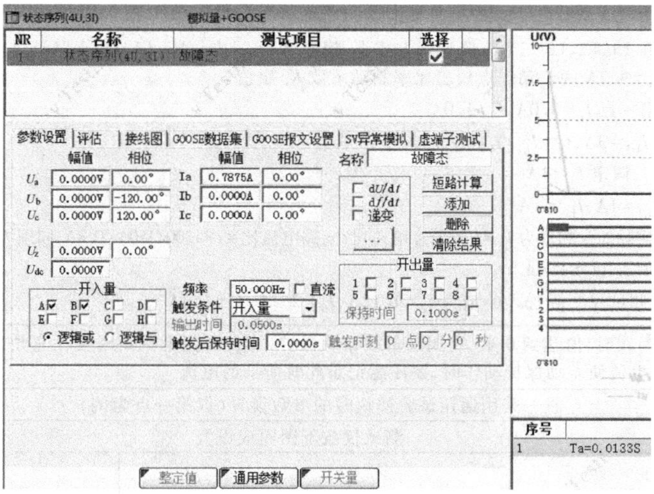 状态触发条件：开入量 测试结果：T_a = 0.0133s
说明：故障试验仪器设置以 A 相故障为例，B、C 相故障类似	
思考	如果 500kV 某段母线为正常负荷态，之后发生单相接地故障，该如何进行试验？ 题目： 电流比：L1（1500/1）、L2（800/1）、L3（1200/1） 基准电流比：1200/1 差动保护启动电流定值：I_{dset} = 0.5A 试验要求：模拟 500kV Ⅰ母故障前为正常负荷态，支路 L1、L2 通过一次负荷电流 3500A，之后发生一次电流为 4000A 的 B 相接地故障，支路 L1、L2 向故障点提供相等的故障电流，要求母差保护正确动作

（2）稳态差动比率制动系数检验

1）相关定值

① 复式比率制动系数 K_r 固定为 0.5。

② 设备参数定值中“支路 1CT 一次值”为 1500A，“支路 1CT 二次值”为 1A；“支路 2CT 一次值”为 800A，“支路 2CT 二次值”为 1A；“支路 3CT 一次值”为 1200A，“支路 3CT 二次值”为 1A；“基准 CT 一次值”为 1200A，“基准 CT 二次值”为 1A。

③ 母线保护定值中“差动保护启动电流定值”为 $I_{dset}=0.5\text{A}$；“CT 断线告警定值”为 0.3A；“CT 断线闭锁定值”为 0.4A。

2）软压板设置

① 保护功能软压板：投入“差动保护”软压板。

② GOOSE 发送软压板：退出“支路 1_ 保护跳闸软压板”“支路 2_ 保护跳闸软压板”“支路 3_ 保护跳闸软压板”。

3）控制字设置：“差动保护”置“1”。

4）计算方法

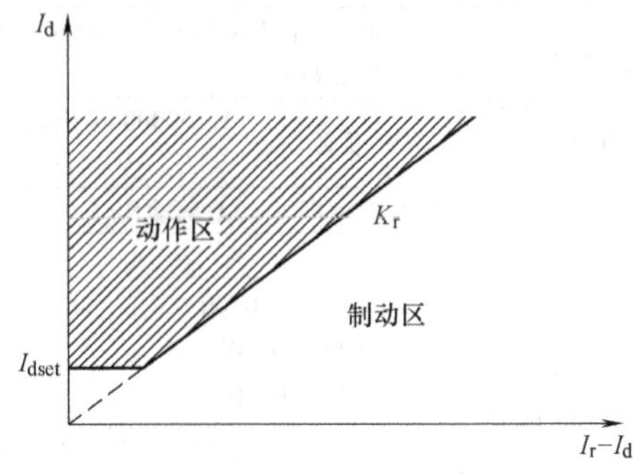

图 4-6 装置的复式比率差动元件动作特性

图 4-6 为装置的复式比率差动元件动作特性。

计算公式：$I=I_L\times$基准电流比/支路电流比；$I_d>I_{dset}$；$I_d>K_r\times(I_r-I_d)$，即 $3I_d>I_r$。

式中，I_L 为某一支路加入折算至基准电流比后的电流量；I_d 为差动电流；I_r 为制动电流。

5）调试方法　见表 4-5。

表 4-5　稳态差动比率制动系数检验调试方法

试验项目	稳态差动比率制动系数校验	
例题	500kV Ⅰ母在 L1、L2、L3 三个支路运行方式下，模拟 A 相区内故障，L1、L2 支路流过的一次电流相等，选取 $I_r=3.0\text{A}$、$I_r=4.2\text{A}$ 两个动作点校验比率制动系数 K_r 定值。 解题思路：第一点 $I_r=3.0\text{A}$，$I_d>1.0\text{A}$ 即：$I_{L1}+I_{L2}+I_{L3}=3\text{A}$，$I_d=I_{L1}+I_{L2}-I_{L3}>1\text{A}$ 因为 $I_{L1}=I_{L2}$，假定 $I_d=1\text{A}$ 求得：$I_{L1}=I_{L2}=1\text{A}$，$I_{L3}=1\text{A}$ 所以测试仪实际加入的量为 $I_a=I_{L1}\times$基准电流比/支路电流比$=1\times1200/1500=0.8\text{A}$，同理 $I_b=1.5\text{A}$、$I_c=1\text{A}$ 第二点 $I_r=4.2\text{A}$，$I_d>1.4\text{A}$ 同理可求得测试仪实际加入的量为 $I_a=1.12\text{A}$、$I_b=2.1\text{A}$、$I_c=1.4\text{A}$	
注意事项	当出现 CT 断线时，值达到 0.4A 将闭锁母线差动保护；加入交流电流量时要注意角度的设置，同时通过改变某一支路电流使差动保护动作时，要注意记录此时所加的电流	
差动比率制动系数试验仪器设置（A 相接地故障）	采用通用试验模块时的参数设置（以第一点为例） 测试仪按下图完成设置 I_a：0.8∠0.00° I_b：1.5∠0.00° I_c：1.1∠180° 通用试验(4U,3I)　模拟量+GOOSE 参数设置｜开关量定义｜评估及测试结果｜接线图｜采样值｜GOOSE数据发送 电压：幅值 / 相位 / 频率 Ua 0.0000 V　0.00°　50.000 Hz Ub 0.0000 V　-120.00°　50.000 Hz Uc 0.0000 V　120.00°　50.000 Hz Uz 0.000 V　0.00°　50.000 Hz Udc 0.000 V 电流： Ia 0.8000 A　0.00°　50.000 Hz Ib 1.5000 A　0.00°　50.000 Hz Ic 1.1000 A　180.00°　50.000 Hz 开出量：开出1　开出2　开出3　开出4 增加稳态量　自动递变　老化试验　直流 故障前时间 0.000s　触发后延时 0.000s 变量选择 Ic　幅值 步长及时间 0.001 A　0.5 s 始值及终值 40 A　40.000 A 清除结果　动作时间 0.0000	保持 I_a、I_b 值不变，变量选择取 I_c，其变化量步长设为 0.001A，缓慢下降，直到保护装置动作（I_c 在 0.995A 时左右动作）

（续）

试验项目		稳态差动比率制动系数校验
差动比率制动系数试验仪器设置（A 相接地故障）	装置报文	1. 00000ms　启动；　2. 04950ms 差动保护动作（此时间仅供参考）
	装置指示灯	差动动作
说明：故障试验仪器设置以 A 相故障为例，B、C 相故障类似		
思考		如果 500kV 某段母线发生相间故障，已知 I_d 的值求 K_r，该如何进行试验？ 题目： 电流比：L1（1500/1）、L2（800/1） 基准电流比：1200/1 试验要求：模拟 500kV Ⅰ 母在支路 L1、L2 运行方式下发生 AB 相间故障，I_d = 2A，验证比率制动系数 K_r 定值

4. CT 断线报警闭锁功能检验

（1）相关定值

① 设备参数定值中“支路 1CT 一次值”为 1500A，“支路 1CT 二次值”为 1A；“支路 2CT 一次值”为 800A，“支路 2CT 二次值”为 1A；“基准 CT 一次值”为 1200A，“基准 CT 二次值”为 1A。

② 母线保护定值中“差动保护启动电流定值”为 I_{dset} = 0. 5A；“CT 断线告警定值”为 I_{dx} = 0. 3A；“CT 断线闭锁定值”为 I_{cld} = 0. 4A。

（2）软压板设置

① 保护功能软压板：投入“差动保护”软压板。

② GOOSE 发送软压板：退出“支路 1_ 保护跳闸软压板”“支路 2_ 保护跳闸软压板”。

（3）控制字设置　“差动保护”置“1”。

（4）计算方法

计算公式：$I = m \times I_{dx}$ ×基准电流比/支路电流比；$I = m \times I_{cld}$ ×基准电流比/支路电流比

其中 m 为系数。

（5）调试方法　见表 4-6。

表 4-6　CT 断线报警闭锁功能检验调试方法

试验项目		CT 断线告警校验	
例题		选取 L1 支路校验 CT 断线告警定值 解题思路：m = 1. 05　I = 1. 05×0. 3×1200/1500 = 0. 252A； m = 0. 95　I = 0. 95×0. 3×1200/1500 = 0. 228A	
注意事项		任一相差电流大于 CT 断线告警定值时，延时 9s 发 CT 告警信号，但不闭锁差动保护	
CT 断线告警试验仪器设置（A 相 m = 1. 05）	采用状态序列模块参数设置		
	状态 1 参数设置（CT 告警状态）		
	I_a：0. 252∠0. 00° I_b：0. 00∠0. 00° I_c：0. 00∠0. 00°		状态触发条件： 时间控制为 9. 1s
	状态 2 参数设置（差动保护动作状态）		
	I_a：0. 6∠0. 00° I_b：0. 00∠0. 00° I_c：0. 00∠0. 00°		状态触发条件： 时间控制：0. 05s
	说明：以上为采用状态序列模块选择两态进行试验，也可采用通用试验模块，手动试验进行，当 CT 告警信号出现后调节电流大小使差动保护动作		
	装置报文	1. 00000ms 启动；　2. 00003ms 差动保护动作，相别：A CT 告警　动作	
	装置指示灯	CT 告警、差动动作、运行异常	

（续）

<table>
<tr><td>试验项目</td><td colspan="2">CT 断线告警校验</td></tr>
<tr><td rowspan="7">CT 断线告警试验仪器设置（A 相 $m=0.95$）</td><td colspan="2">状态 1 参数设置（CT 无告警状态）</td></tr>
<tr><td>I_a:0.228∠0.00°
I_b:0.00∠0.00°
I_c:0.00∠0.00°</td><td>状态触发条件：
时间控制为 9.1s</td></tr>
<tr><td colspan="2">状态 2 参数设置（差动保护动作状态）</td></tr>
<tr><td>I_a:0.6∠0.00°
I_b:0.00∠0.00°
I_c:0.00∠0.00°</td><td>状态触发条件：
时间控制为 0.05s</td></tr>
<tr><td colspan="2">说明：以上为采用状态序列模块选择两态进行试验，也可采用通用试验模块，手动试验进行，然后调节电流大小使差动保护动作</td></tr>
<tr><td>装置报文</td><td>1. 00000ms 启动； 2. 00003ms 差动保护动作，相别：A</td></tr>
<tr><td>装置指示灯</td><td>差动动作</td></tr>
<tr><td colspan="3">说明：故障试验仪器设置以 A 相为例，B、C 相故障类似</td></tr>
<tr><td>思考</td><td colspan="2">如果 500kV 某段母线故障前为正常负荷态，之后发生单相 CT 断线告警，断线后发生区内相间故障，该如何进行试验？
题目：
电流比：L1（1500/1）、L2（800/1），基准电流比：1200/1
CT 断线告警定值：$I_{dx}=0.3A$
试验要求：模拟 500kV Ⅰ 母故障前 L1、L2 支路 A、B 相负荷电流二次值为 0.8A、方向相反，之后发生 A 相 CT 断线，断线后发生 AB 相间故障，$I_d=2A$，支路 L1、L2 均提供故障电流且一次故障电流大小相等、方向相同，要求母差保护正确动作</td></tr>
<tr><td>试验项目</td><td colspan="2">CT 断线闭锁校验</td></tr>
<tr><td>例题</td><td colspan="2">选取 L1 支路校验 CT 断线闭锁定值
解题思路：$m=1.05$ $I=1.05\times0.4\times1200/1500=0.336A$；
$m=0.95$ $I=0.95\times0.4\times1200/1500=0.304A$</td></tr>
<tr><td>注意事项</td><td colspan="2">任一相差电流大于 CT 断线闭锁定值时，延时 9s 发 CT 断线信号，同时闭锁差动保护</td></tr>
<tr><td rowspan="8">CT 断线闭锁试验仪器设置（A 相 $m=1.05$）</td><td colspan="2">采用状态序列模块参数设置</td></tr>
<tr><td colspan="2">状态 1 参数设置（CT 断线状态）</td></tr>
<tr><td>I_a:0.336∠0.00°
I_b:0.00∠0.00°
I_c:0.00∠0.00°</td><td>状态触发条件：
时间控制为 9.1s</td></tr>
<tr><td colspan="2">状态 2 参数设置（闭锁差动保护动作状态）</td></tr>
<tr><td>I_a:0.6∠0.00°
I_b:0.00∠0.00°
I_c:0.00∠0.00°</td><td>状态触发条件：
时间控制为 0.05s</td></tr>
<tr><td colspan="2">说明：以上为采用状态序列模块选择两态进行试验，也可采用通用试验模块，手动试验进行，当 CT 断线信号出现后调节电流大小，大于差动保护启动电流定值时母线差动保护不应动作</td></tr>
<tr><td>装置报文</td><td>CT 告警 动作；A 相 CT 断线 动作</td></tr>
<tr><td>装置指示灯</td><td>CT 告警、CT 断线、运行异常</td></tr>
<tr><td rowspan="7">CT 断线闭锁试验仪器设置（A 相 $m=0.95$）</td><td colspan="2">状态 1 参数设置（CT 无断线状态）</td></tr>
<tr><td>I_a:0.304∠0.00°
I_b:0.00∠0.00°
I_c:0.00∠0.00°</td><td>状态触发条件：
时间控制：9.1s</td></tr>
<tr><td colspan="2">状态 2 参数设置（差动保护动作状态）</td></tr>
<tr><td>I_a:0.6∠0.00°
I_b:0.00∠0.00°
I_c:0.00∠0.00°</td><td>状态触发条件：
时间控制为 0.05s</td></tr>
<tr><td colspan="2">说明：以上为采用状态序列模块选择两态进行试验，也可采用通用试验模块，手动试验进行，然后调节电流大小使差动保护动作</td></tr>
<tr><td>装置报文</td><td>1. 00000ms 启动； 2. 00004ms 差动保护动作，相别：A
CT 告警 动作</td></tr>
<tr><td>装置指示灯</td><td>CT 告警、差动动作、运行异常</td></tr>
<tr><td colspan="3">说明：故障试验仪器设置以 A 相为例，B、C 相故障类似</td></tr>
<tr><td>思考</td><td colspan="2">CT 断线闭锁是否按相闭锁母线差动保护？</td></tr>
</table>

5. 断路器失灵经母差跳闸检验

（1）相关定值

① 设备参数定值中"支路 1CT 一次值"为 1500A，"支路 1CT 二次值"为 1A；"支路 2CT 一次值"为 800A，"支路 2CT 二次值"为 1A；"基准 CT 一次值"为 1200A，"基准 CT 二次值"为 1A。

② 母线保护定值中"差动保护启动电流定值"为 $I_{dset}=0.5\text{A}$；"CT 断线告警定值"为 $I_{dx}=0.3\text{A}$；"CT 断线闭锁定值"为 $I_{cld}=0.4\text{A}$。

（2）软压板设置

① 保护功能软压板：投入"失灵经母差跳闸"软压板。

② GOOSE 发送软压板：退出"支路 1_ 保护跳闸软压板""支路 2_ 保护跳闸软压板"。

③ GOOSE 接收软压板：投入"支路 1_ 失灵联跳软压板""支路 2_ 失灵联跳软压板"。

（3）控制字设置　"失灵经母差跳闸"置"1"。

（4）计算方法

计算公式：$I=m*I_{sl}*$基准电流比/支路电流比

其中 m 为系数

（5）调试方法　见表 4-7。

表 4-7　断路器失灵经母差跳闸检验调试方法

<table>
<tr><td>试验项目</td><td colspan="2">断路器失灵经母差跳闸校验</td></tr>
<tr><td>例题</td><td colspan="2">500kV Ⅰ在支路 L1、L2 正常运行方式下，模拟 L2 支路断路器 A 相失灵经母差跳闸逻辑</td></tr>
<tr><td>注意事项</td><td colspan="2">1. 当母线所连的某断路器失灵时，由该线路或元件的失灵启动装置提供失灵启动开入给本装置。本装置检测到失灵启动接点闭合后，启动该断路器所连的母线段失灵出口逻辑，装置经灵敏的、不需整定的电流判别元件并带 50ms 延时后跳开该母线连接的所有断路器。断路器失灵经母差跳闸与母线差动保护共用跳闸出口
2. 失灵电流判别元件判据如下：
1）零序电流（$3I_0$）判据：零序电流大于 $0.06I_n$ 启动；
2）负序电流（I_2）判据：负序电流大于 $0.1I_n$ 启动；
3）相电流判据：任一相电流大于 $1.2I_n$ 启动；
任一支路的零序电流判据、负序电流判据或相电流判据满足则本支路失灵电流判据满足</td></tr>
<tr><td rowspan="6">断路器失灵经母差跳闸逻辑仪器设置（A 相）</td><td colspan="2">采用状态序列模块参数设置</td></tr>
<tr><td colspan="2">状态 1 参数设置（故障前状态）</td></tr>
<tr><td>I_a:1.6∠0.00°
I_b:3∠180°
I_c:0.00∠0.00°</td><td>状态触发条件：
时间控制为 1s</td></tr>
<tr><td colspan="2">说明：以上电流设置只要满足失灵电流判据任一条件即可，第一态为支路 L1、L2 平衡态（平衡电流 2A）</td></tr>
<tr><td colspan="2">状态 2 参数设置（故障状态）</td></tr>
<tr><td>I_a:1.6∠0.00°　I_b:3∠180°　I_c:0.00∠0.00° 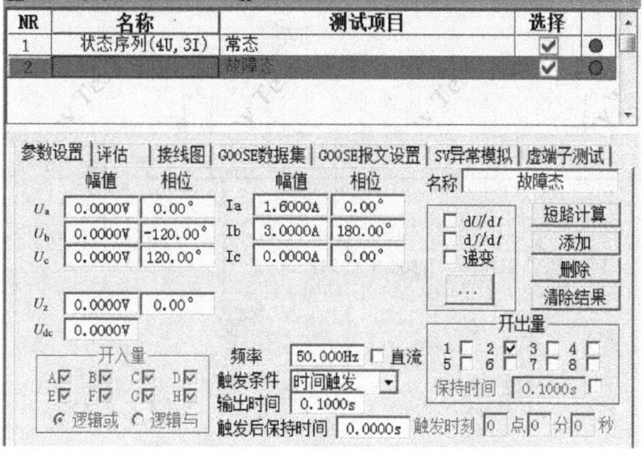
状态序列(4U,3I)　模拟量+GOOSE
NR | 名称 | 测试项目 | 选择
1 | 状态序列(4U,3I) | 常态 | ☑
2 | | 故障态 | ☑
参数设置 | 评估 | 接线图 | GOOSE数据集 | GOOSE报文设置 | SV异常模拟 | 虚端子测试
幅值 相位 幅值 相位 名称 故障态
U_a 0.0000V 0.00° Ia 1.6000A 0.00°
U_b 0.0000V -120.00° Ib 3.0000A 180.00°
U_c 0.0000V 120.00° Ic 0.0000A 0.00°
U_z 0.0000V 0.00°
U_{dc} 0.0000V
dU/dt　df/dt　递变　…
短路计算　添加　删除　清除结果
开入量：A☑ B☑ C☑ D☑ E☑ F☑ G☑ H☑　◉逻辑或　○逻辑与
频率 50.000Hz □直流
触发条件 时间触发
输出时间 0.1000s
触发后保持时间 0.0000s　触发时刻 0 点 0 分 0 秒
开出量：1□ 2☑ 3□ 4□ 5□ 6□ 7□ 8□　保持时间 0.1000s
开出量 2 打钩（开出量 2 为支路 L2 断路器失灵开入的映射）</td><td>状态触发条件：
时间控制为 0.1s</td></tr>
</table>

（续）

<table>
<tr><td>试验项目</td><td colspan="2">断路器失灵经母差跳闸校验</td></tr>
<tr><td rowspan="3">断路器失灵经母差跳闸逻辑仪器设置（A相）</td><td colspan="2">说明：以上电流设置只要满足失灵电流判据任一条件即可，第二态为支路L2失灵开入且L2支路电流2A大于失灵电流判据使失灵动作</td></tr>
<tr><td>装置报文</td><td>1. 00000ms 启动； 2. 00050ms 失灵联跳动作
失灵间隔 00000002</td></tr>
<tr><td>装置指示灯</td><td>失灵动作</td></tr>
<tr><td colspan="3">说明：故障试验仪器设置以A相为例，B、C相类似</td></tr>
<tr><td>思考</td><td colspan="2">1. 如果500kV某段母线发生区内故障，母线差动保护动作，该母线上的某一支路断路器失灵，该如何进行试验？
题目：
电流比：L1(1500/1)、L2(800/1)，基准电流比：1200/1
试验要求：模拟500kV Ⅰ母母差区内BC相故障，同时5021（支路2）开关失灵情况下，要求各保护正确动作
2. 如何进行失灵误开入闭锁逻辑的校验？</td></tr>
</table>

4.2 220kV的BP-2CA母线保护调试

4.2.1 概述

1. BP-2CA-DA-G装置功能说明

BP-2CA-DA-G型母线保护装置是基于数字化变电站IEC 61850标准开发的母线保护装置，具有全开放式数字接口；支持IEC 61850协议的站控层接入、间隔层的GOOSE闭锁互联和过程层的电子式互感器数字信号接入，可灵活地用于部分或全部采用智能一次设备的变电站。

母差主机实现母线差动保护、断路器失灵保护、母联失灵保护、母联死区保护、CT断线判别功能及PT断线判别功能。其中差动保护与断路器失灵保护可经软压板及保护控制字分别选择投退。母联充电过电流保护、母联非全相保护、线路失灵解除电压闭锁可根据工程需求配置。

2. 主接线图

本节内容的主接线示意图如图4-7所示。

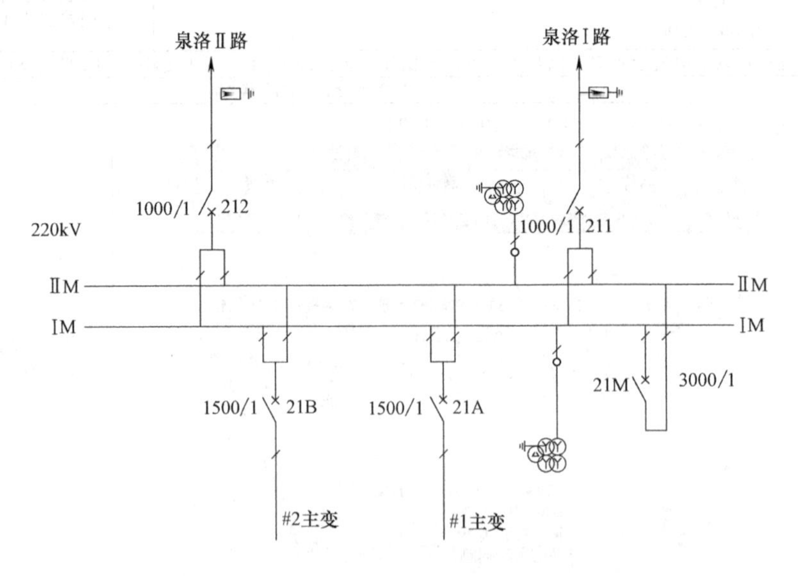

图4-7 主接线示意图

3. 装置背板端子说明

BP-2CA-DA-G 母线保护装置插件布置如图 4-8 所示，25、26 插件为保护装置各支路的 SV 直采接入光口，接收模拟量数据，光口型号为 LC。2A 插件为保护装置的 GOOSE 组网，接收和发送 GOOSE 数据，1A 插件为各支路直跳接入光口，光口型号为 LC。

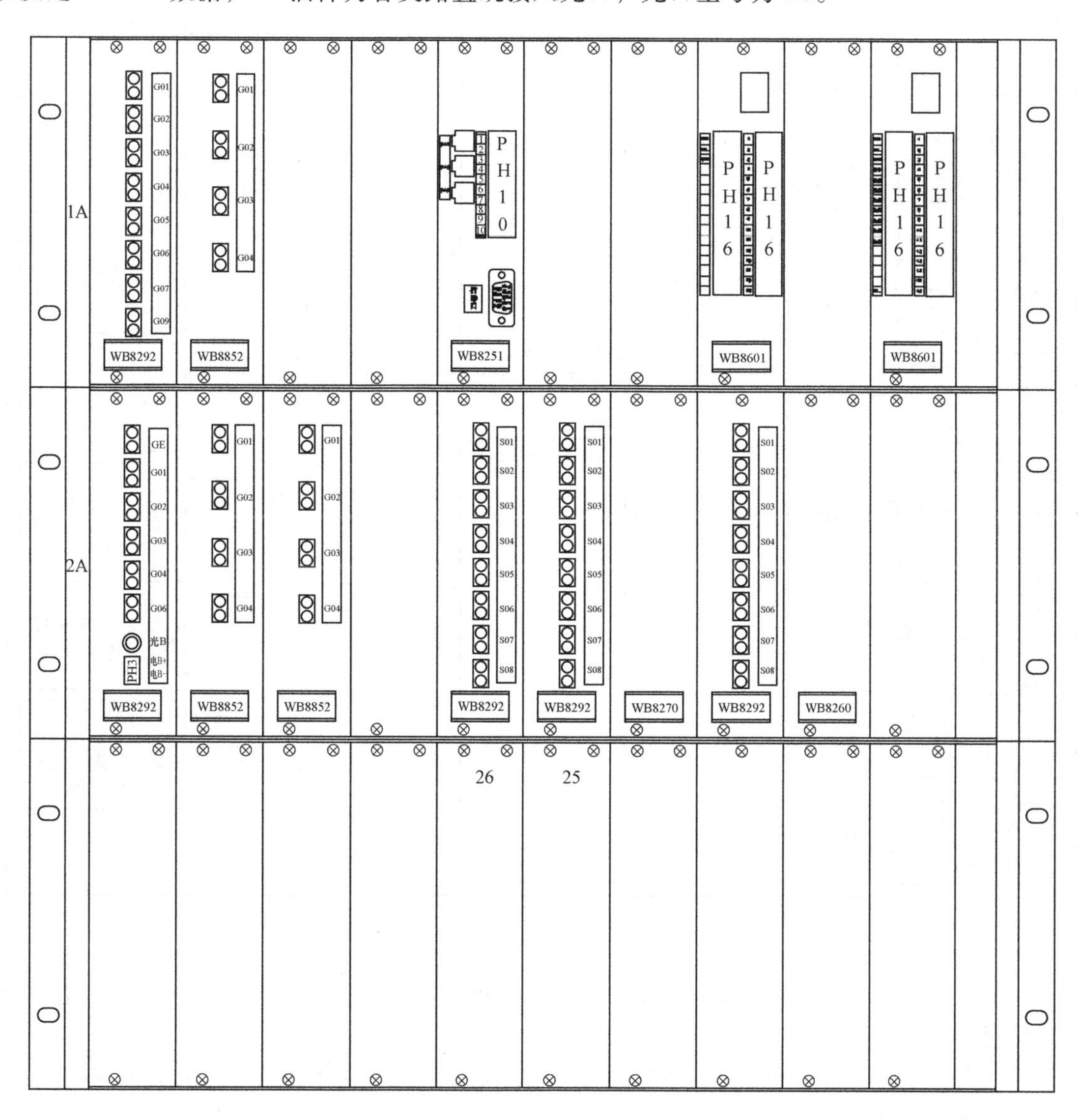

图 4-8　BP-2CA-DA-G 母线保护装置插件布置图

4. 装置虚端子及软压板配置

装置虚端子联系情况如图 4-9 所示。

该母差保护与 16 个装置存在虚回路联系。电流、电压等 SV 采样值采用直采方式，母联开关位置、母联手合（SHJ）、间隔刀闸位置、失灵开入、失灵解复压闭锁、失灵联跳等 GOOSE 开入开出以及母差保护跳闸 GOOSE 开出采用直跳方式。

具体的虚回路涉及以下几个部分：

（1）电流回路　由 220kV 母联 21M 开关 B 套合并单元、220kV 泉洛Ⅰ路 211 开关 B 套合并单元、220kV 泉洛Ⅱ路 212 开关 B 套合并单元、#1 主变 220kV 侧 B 套合并单元、#2 主变

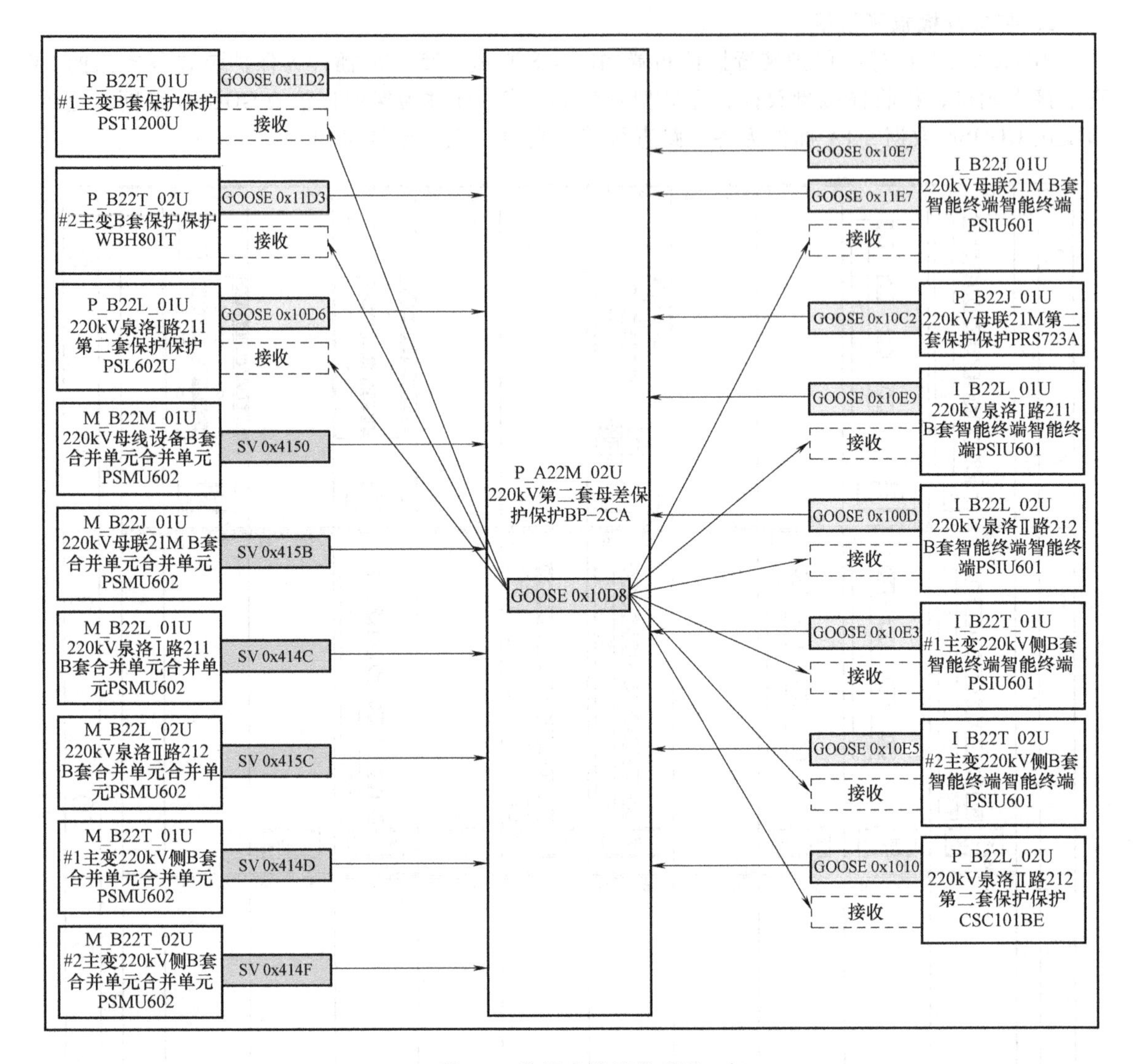

图 4-9　装置虚端子联系图

220kV 侧 B 套合并单元等 5 个合并单元直接发送至母线保护装置，包括各个间隔的交流三相电流 SV 报文。

（2）电压回路　由 220kV 母线设备合并单元直接发送至母线保护装置，包括 220kV Ⅰ、Ⅱ段母线电压 SV 报文。

（3）位置开入回路　由 220kV 母联 21M 开关 B 套智能终端、220kV 泉洛Ⅰ路 211 开关 B 套智能终端、220kV 泉洛Ⅱ路 212 开关 B 套智能终端、#1 主变 220kV 侧 B 套智能终端、#2 主变 220kV 侧 B 套智能终端等 5 个智能终端直接发送至母线保护装置，包括各个间隔的刀闸开入、母联间隔的断路器位置以及母联手合（SHJ）GOOSE 开入。

（4）跳闸回路　由母线保护装置直接发送至 220kV 母联 21M 开关 B 套智能终端、220kV 泉洛Ⅰ路 211 开关 B 套智能终端、220kV 泉洛Ⅱ路 212 开关 B 套智能终端、#1 主变 220kV 侧 B 套智能终端、#2 主变 220kV 侧 B 套智能终端等 5 个智能终端，即母差保护动作发送 GOOSE 跳闸报文启动各间隔智能终端 TJR 闭锁三跳重合开入，跳开相应开关。

（5）失灵开出开入　由母线保护装置直接发送接收至 220kV 母联 21M 开关 B 套保护、220kV 泉洛Ⅰ路 211 开关 B 套线路保护、220kV 泉洛Ⅱ路 212 开关 B 套线路保护、#1 主变

220kV 侧 B 套保护、#2 主变 220kV 侧 B 套保护等 5 个保护。

下面几个表所示为本装置虚端子联系，内部 GOOSE 接收、发布及 SV 接收软压板配置表。表 4-8 为装置虚端子开入表，表 4-9 为装置虚端子开出表，表 4-10 为装置 SV 输入表。

表 4-8　装置虚端子开入表

序号	功能定义	终点设备:220kV 母线保护		起点设备		
		厂家虚端子定义	接收软压板	设备名称	厂家虚端子定义	发送软压板
1	21M 开关 A 相位置	母联_断路器 A 相位置	无	220kV 母联 21M 开关 B 套智能终端	断路器 A 相位置	无
2	21M 开关 B 相位置	母联_断路器 B 相位置			断路器 B 相位置	
3	21M 开关 C 相位置	母联_断路器 C 相位置			断路器 C 相位置	
4	母联手合开入	母联_手合			手合开入	
5	泉洛Ⅰ路 211 隔刀 1 位置	支路 6_1G 刀闸位置	无	泉洛Ⅰ路 211 开关 B 套智能终端	隔刀 1 位置	无
6	泉洛Ⅰ路 211 隔刀 2 位置	支路 6_2G 刀闸位置			隔刀 2 位置	
7	泉洛Ⅱ路 212 隔刀 1 位置	支路 8_1G 刀闸位置	无	泉洛Ⅱ路 212 开关 B 套智能终端	隔刀 1 位置	无
8	泉洛Ⅱ路 212 隔刀 2 位置	支路 8_2G 刀闸位置			隔刀 2 位置	
9	#1 主变 220kV 侧隔刀 1 位置	支路 4_1G 刀闸位置	无	#1 主变 220kV 侧开关 B 套智能终端	隔刀 1 位置	无
10	#1 主变 220kV 侧隔刀 2 位置	支路 4_2G 刀闸位置			隔刀 2 位置	
11	#2 主变 220kV 侧隔刀 1 位置	支路 5_1G 刀闸位置	无	#2 主变 220kV 侧开关 B 套智能终端	隔刀 1 位置	无
12	#2 主变 220kV 侧隔刀 2 位置	支路 5_2G 刀闸位置			隔刀 2 位置	
13	母联 21M 开关 B 套保护启动失灵	母联_三相启动失灵开入	母联_启动失灵开入软压板	母联 21M 开关 B 套保护	启动失灵	
14	泉洛Ⅰ路 B 套线路保护 A 相启动失灵	支路 6_A 相启动失灵开入	支路 6_启动失灵开入软压板	泉洛Ⅰ路 B 套线路保护	启动失灵 A 相	
15	泉洛Ⅰ路 B 套线路保护 B 相启动失灵	支路 6_B 相启动失灵开入			启动失灵 B 相	
16	泉洛Ⅰ路 B 套线路保护 C 相启动失灵	支路 6_C 相启动失灵开入			启动失灵 C 相	
17	泉洛Ⅱ路 B 套线路保护 A 相启动失灵	支路 8_A 相启动失灵开入	支路 8_启动失灵开入软压板	泉洛Ⅱ路 B 套线路保护	启动失灵 A 相	
18	泉洛Ⅱ路 B 套线路保护 B 相启动失灵	支路 8_B 相启动失灵开入			启动失灵 B 相	
19	泉洛Ⅱ路 B 套线路保护 C 相启动失灵	支路 8_C 相启动失灵开入			启动失灵 C 相	

（续）

序号	功能定义	终点设备:220kV 母线保护		起点设备		
		厂家虚端子定义	接收软压板	设备名称	厂家虚端子定义	发送软压板
20	#1 主变 B 套保护三相启动失灵	支路 4_三相启动失灵开入	支路 4_启动失灵开入软压板	#1 主变 B 套保护	启动高压 1 侧失灵	
21	#2 主变 B 套保护三相启动失灵	支路 5_三相启动失灵开入	支路 5_启动失灵开入软压板	#2 主变 B 套保护	启动高压 1 侧失灵	
22	21M 开关 A 相位置	分段 1_断路器 A 相位置	无	220kV 母联 21M 开关 B 套智能终端	断路器 A 相位置	
23	21M 开关 B 相位置	分段 1_断路器 B 相位置			断路器 B 相位置	
24	21M 开关 C 相位置	分段 1_断路器 C 相位置			断路器 C 相位置	
25	21M 开关 A 相位置	分段 2_断路器 A 相位置	无	220kV 母联 21M 开关 B 套智能终端	断路器 A 相位置	
26	21M 开关 B 相位置	分段 2_断路器 B 相位置			断路器 B 相位置	
27	21M 开关 C 相位置	分段 2_断路器 C 相位置			断路器 C 相位置	

表 4-9　装置虚端子开出表

序号	功能定义	起点设备:220kV 母线保护		终点设备		
		厂家虚端子定义	发送软压板	设备名称	厂家虚端子定义	接收软压板
1	母联保护跳闸	母联_保护跳闸	母联_保护跳闸软压板	母联 21M 开关 B 套智能终端	闭锁三跳重合	无
2	#1 主变 21A 保护跳闸	支路 4_保护跳闸	支路 4_保护跳闸软压板	#1 主变 220kV 侧 B 套智能终端	闭锁三跳重合 2	无
3	#2 主变 21B 保护跳闸	支路 5_保护跳闸	支路 5_保护跳闸软压板	#2 主变 220kV 侧 B 套智能终端	闭锁三跳重合 2	无
4	泉洛Ⅰ路 211 保护跳闸	支路 6_保护跳闸	支路 6_保护跳闸软压板	泉洛Ⅰ路 B 套智能终端	闭锁三跳重合	无
				泉洛Ⅰ路 B 套线路保护	其他保护动作 1	
					闭锁重合闸 2	
5	泉洛Ⅱ路 212 保护跳闸	支路 8_保护跳闸	支路 8_保护跳闸软压板	泉洛Ⅱ路 B 套智能终端	闭锁三跳重合	无
				泉洛Ⅱ路 B 套线路保护	其他保护停信	
6	#1 主变 21A 开关失灵联跳	支路 4_失灵联跳变压器	支路 4_失灵联跳变压器软压板	#1 主变 B 套保护	高压 1 侧失灵联跳开入	
7	#2 主变 21B 开关失灵联跳	支路 5_失灵联跳变压器	支路 5_失灵联跳变压器软压板	#2 主变 B 套保护	高压 1 侧失灵联跳开入	

表 4-10　装置 SV 输入表

序号	功能定义	终点设备:220kV 母线保护		起点设备	
		厂家虚端子定义	接收软压板	设备名称	厂家虚端子定义
1	合并单元延时	母联_MU 额定延时	母联 21M_SV 接收软压板	220kV 母联 21M 开关 B 套合并单元	合并器额定延时
2	母联电流 A(主采)	母联_保护 A 相电流 I_{a1}(反)			电流采样值 1
3	母联电流 A(副采)	母联_保护 A 相电流 I_{a2}(反)			电流采样值 2
4	母联电流 B(主采)	母联_保护 B 相电流 I_{b1}(反)			电流采样值 1
5	母联电流 B(副采)	母联_保护 B 相电流 I_{b2}(反)			电流采样值 2
6	母联电流 C(主采)	母联_保护 C 相电流 I_{c1}(反)			电流采样值 1
7	母联电流 C(副采)	母联_保护 C 相电流 I_{c2}(反)			电流采样值 2
8	合并单元延时	支路 4_MU 额定延时	#1 主变 220kV 侧 21A_SV 接收软压板	#1 主变 220kV 侧 21A 开关 B 套合并单元	合并器额定延时
9	支路 4 电流 A（主采）	支路 4_保护 A 相电流 I_{a1}			电流采样值 1
10	支路 4 电流 A（副采）	支路 4_保护 A 相电流 I_{a2}			电流采样值 2
11	支路 4 电流 B(主采)	支路 4_保护 B 相电流 I_{b1}			电流采样值 1
12	支路 4 电流 B（副采）	支路 4_保护 B 相电流 I_{b2}			电流采样值 2
13	支路 4 电流 C（主采）	支路 4_保护 C 相电流 I_{c1}			电流采样值 1
14	支路 4 电流 C（副采）	支路 4_保护 C 相电流 I_{c2}			电流采样值 2
15	合并单元延时	支路 5_MU 额定延时	#2 主变 220kV 侧 21B_SV 接收软压板	#2 主变 220kV 侧 21B 开关 B 套合并单元	合并器额定延时
16	支路 5 电流 A（主采）	支路 5_保护 A 相电流 I_{a1}			电流采样值 1
17	支路 5 电流 A（副采）	支路 5_保护 A 相电流 I_{a2}			电流采样值 2
18	支路 5 电流 B（主采）	支路 5_保护 B 相电流 I_{b1}			电流采样值 1
19	支路 5 电流 B（副采）	支路 5_保护 B 相电流 I_{b2}			电流采样值 2
20	支路 5 电流 C（主采）	支路 5_保护 C 相电流 I_{c1}			电流采样值 1
21	支路 5 电流 C（副采）	支路 5_保护 C 相电流 I_{c2}			电流采样值 2
22	合并单元延时	支路 6_MU 额定延时	泉洛Ⅰ路 211 开关_SV 接收软压板	泉洛Ⅰ路 211 开关 B 套合并单元	合并器额定延时
23	支路 6 电流 A（主采）	支路 6_保护 A 相电流 I_{a1}			电流采样值 1
24	支路 6 电流 A（副采）	支路 6_保护 A 相电流 I_{a2}			电流采样值 2
25	支路 6 电流 B（主采）	支路 6_保护 B 相电流 I_{b1}			电流采样值 1
26	支路 6 电流 B（副采）	支路 6_保护 B 相电流 I_{b2}			电流采样值 2
27	支路 6 电流 C（主采）	支路 6_保护 C 相电流 I_{c1}			电流采样值 1
28	支路 6 电流 C（副采）	支路 6_保护 C 相电流 I_{c2}			电流采样值 2
29	合并单元延时	支路 8_MU 额定延时	泉洛Ⅱ路 212 开关_SV 接收软压板	泉洛Ⅱ路 212 开关 B 套合并单元	合并器额定延时
30	支路 8 电流 A（主采）	支路 8_保护 A 相电流 I_{a1}			电流采样值 1
31	支路 8 电流 A（副采）	支路 8_保护 A 相电流 I_{a2}			电流采样值 2
31	支路 8 电流 B（主采）	支路 8_保护 B 相电流 I_{b1}			电流采样值 1
33	支路 8 电流 B（副采）	支路 8_保护 B 相电流 I_{b2}			电流采样值 2
34	支路 8 电流 C（主采）	支路 8_保护 C 相电流 I_{c1}			电流采样值 1
35	支路 8 电流 C（副采）	支路 8_保护 C 相电流 I_{c2}			电流采样值 2
36	合并单元延时	母线电压_MU 额定延时	电压_SV 接收软压板	220kV 母线设备合并单元	额定延时_9-2
37	Ⅰ母电压 A(主采)	Ⅰ母母线 A 相电压 U_{a11}			母线 1A 相保护电压 1_9-2
38	Ⅰ母电压 A(副采)	Ⅰ母母线 A 相电压 U_{a12}			母线 1A 相保护电压 2_9-2
39	Ⅰ母电压 B(主采)	Ⅰ母母线 B 相电压 U_{b11}			母线 1B 相保护电压 1_9-2
40	Ⅰ母电压 B(副采)	Ⅰ母母线 B 相电压 U_{b12}			母线 1B 相保护电压 2_9-2
41	Ⅰ母电压 C(主采)	Ⅰ母母线 C 相电压 U_{c11}			母线 1C 相保护电压 1_9-2
42	Ⅰ母电压 C(副采)	Ⅰ母母线 C 相电压 U_{c12}			母线 1C 相保护电压 2_9-2
43	Ⅱ母电压 A(主采)	Ⅱ母母线 A 相电压 U_{a21}			母线 2A 相保护电压 1_9-2
44	Ⅱ母电压 A(副采)	Ⅱ母母线 A 相电压 U_{a22}			母线 2A 相保护电压 2_9-2
45	Ⅱ母电压 B(主采)	Ⅱ母母线 B 相电压 U_{b21}			母线 2B 相保护电压 1_9-2
46	Ⅱ母电压 B(副采)	Ⅱ母母线 B 相电压 U_{b22}			母线 2B 相保护电压 2_9-2
47	Ⅱ母电压 C(主采)	Ⅱ母母线 C 相电压 U_{c21}			母线 2C 相保护电压 1_9-2
48	Ⅱ母电压 C(副采)	Ⅱ母母线 C 相电压 U_{c22}			母线 2C 相保护电压 2_9-2

4.2.2 试验调试方法

1. 测试仪器接线及配置

（1）测试仪光纤接线　用5对尾纤分别将测试仪的光口1至光口5与保护装置支路间隔直采SV接收口相连，用一对尾纤将测试仪的光口6与保护装置电压直采SV接收口相连，用一对尾纤将测试仪的光口7与保护装置支路1（母联）间隔GOOSE直跳收发口连接。

（2）测试仪配置

1）系统参数。二次额定线电压为100V、额定频率为50Hz、二次额定电流为1A、规约选择IEC61850-9-2、第一组PT（U_a，U_b，U_c）电压比为220kV/100V，第二组PT（U'_a，U'_b，U'_c）电压比为220kV/100V，第一组CT（I_a，I_b，I_c）电流比为3000/1，第二组CT（I'_a，I'_b，I'_c）电流比为1500/1，第三组CT（I_{sa}，I_{sb}，I_{sc}）电流比为1000/1。

2）SV报文映射。依次导入220kV母联、220kV泉洛Ⅰ路、220kV泉洛Ⅱ路、#1主变220kV侧、#2主变220kV侧、220kV母线设备合并单元控制块，并配置每个控制块的输出光口，再将测试仪输出口与保护装置对应间隔的SMV报文输入光口连接。测试仪模拟对应间隔合并单元输出三相保护电流（包括主、副采）输出至保护装置。根据试验需要将支路1（母联）间隔A相电流（主、副采）映射测试仪输出变量I_a，支路4（#1主变）间隔A相电流（主、副采）映射测试仪输出变量I'_a，支路5（#2主变）间隔A相电流（主、副采）映射测试仪输出变量I'_b，支路6（泉洛Ⅰ路）间隔A相电流（主、副采）映射测试仪输出变量I_{sa}，支路8（泉洛Ⅱ路）间隔A相电流（主、副采）映射测试仪输出变量I_{sb}，母线合并单元输出Ⅰ母和Ⅱ母三相电压（主、副采）分别映射测试仪输出变量U_a、U_b、U_c及U'_a、U'_b、U'_c。

3）GOOSE订阅。订阅保护的GOOSE输出，将保护的支路1（母联）、支路4（#1主变）、支路5（#2主变）、支路6（泉洛Ⅰ路）、支路8（泉洛Ⅱ路）的跳闸出口分别绑定至测试仪的GOOSE开入A至开入E，接收光口选择“光口7”，由于子机中的每个输出光口发出的GOOSE报文都相同，因此可以将测试仪输出口与保护装置任意一个GOOSE光口连接。

4）GOOSE发布。导入母联间隔的开关、刀闸位置输出和母联_手合（SHJ）两个GOOSE控制块，并选择发送口为光口7。将与保护装置有虚端子联系的3个通道：“断路器总位置”“隔刀1位置”“隔刀2位置”根据试验需要设定为合闸位置“[10]”或者分闸位置“[01]”，母联_手合（SHJ）的数据类型绑定为开出量“Out1”。当需要进行支路刀闸位置GOOSE开入检查时，还应该依次导入220kV母联、220kV泉洛Ⅰ路、220kV泉洛Ⅱ路、#1主变220kV侧、#2主变220kV侧智能终端控制块并正确配置和接线。

2. 负荷平衡态校验（正常运行或者区外故障）

（1）相关定值

保护装置参数中支路电流比。支路1（220kV母联）为3000/1，支路4（#1主变220kV侧）为1500/1，支路5（#2主变220kV侧）为1500/1，支路6（泉洛Ⅰ路）为1000/1，支路2（泉洛Ⅱ路）为1000/1，基准电流比为3000/1。

（2）软压板设置

1）保护功能软压板：投入“差动保护”软压板。

2）SV软压板：投入“电压_SV接收软压板”“母联_SV接收软压板”“支路4_SV接收软压板”“支路5_SV接收软压板”“支路6_SV接收软压板”“支路8_SV接收软压板”“支路4_1G强制合软压板”“支路4_2G强制分软压板”“支路5_1G强制分软压板”“支路5_2G强制合软压板”“支路6_1G强制合软压板”“支路6_2G强制分软压板”“支路8_1G强制分软压板”“支路8_2G强制合软压板”。

3）GOOSE 出口软压板：投入“母联_ 保护跳闸”软压板、“支路 4_ 保护跳闸”软压板、“支路 5_ 保护跳闸”软压板、“支路 6_ 保护跳闸”软压板，“支路 8_ 保护跳闸”软压板。

（3）控制字设置　“差动保护”置“1”。

（4）开入量检查　母联 TWJ 为“开”，支路 1 _ 1G 刀闸、支路 1 _ 2G 刀闸、支路 4_ 1G 刀闸、支路 5_ 2G 刀闸、支路 6_ 1G 刀闸、支路 8_ 2G 为“合”，支路 4_ 2G 刀闸、支路 5_ 1G 刀闸、支路 6_ 2G 刀闸、支路 8_ 1G 为“分”。

（5）调试方法　见表 4-11。

表 4-11　负荷平衡态检验调试方法

<table>
<tr><td>试验项目</td><td colspan="3">负荷平衡态校验</td></tr>
<tr><td>试验题目要求</td><td colspan="3">运行方式为：支路 L4、支路 L6 合于Ⅰ母；支路 L5、L8 合于Ⅱ母，双母线并列运行
试验要求：220kVⅠ、Ⅱ母电压正常。母联 C 相一次电流由Ⅰ母流入Ⅱ母，二次值为 2A，L4 流出母线，二次值为 0.5A，L5 流出母线，二次值为 0.667A。调整其他支路电流，使差流平衡，屏上无任何告警、动作信号</td></tr>
<tr><td>计算方法</td><td colspan="3">L4　L6　750A (0.5A)　6750A (6.75A)　1500/1　1000/1　L1　Ⅰ母　3000/1　6000A (2A)　Ⅱ母　1500/1　1000/1　1000A (0.667A)　5000A (5A)　L5　L8
一次接线图
根据题目要求，区外故障，Ⅰ、Ⅱ母小差电流为 0，大差电流也为 0。计算各个支路及母联间隔一次电流，满足平衡条件，后换算到各个间隔二次电流</td></tr>
<tr><td rowspan="6">负荷平衡态校验试验仪器设置</td><td colspan="3">采用交流测试模块参数设置</td></tr>
<tr><td colspan="2">U_a:57.74∠0°
U_b:57.74∠-120°
U_c:57.74∠120°
U_a:57.74∠0°
U_b:57.74∠-120°
U_c:57.74∠120°</td><td>I_a:2.000∠0°　L1 支路
I'_a:0.500∠0°　L4 支路
I'_b:0.667∠0°　L5 支路
I_{sa}:6.750∠180°　L6 支路
I_{sb}:5.000∠0°　L8 支路</td></tr>
<tr><td colspan="3">说明：各支路采样、Ⅰ、Ⅱ母电压均按题目要求输入正常后，应复归装置面板各信号指示
开出 1（母联断路器位置）始终在合位</td></tr>
<tr><td>装置报文</td><td colspan="2">无</td></tr>
<tr><td>装置指示灯</td><td colspan="2">无</td></tr>
<tr><td>测试仪</td><td colspan="2">无</td></tr>
<tr><td colspan="4">思考：如某间隔区外发生相间短路，试验接线及设置该如何？</td></tr>
</table>

3. 母线差动保护启动值校验

（1）相关定值

差动保护启动电流定值为 1A，CT 断线闭锁定值为 0.25A，CT 断线告警定值为 2A。

（2）软压板设置

1）保护功能软压板：投入“差动保护”软压板。

2）SV 软压板：投入“电压_ SV 接收软压板”“支路 6_ SV 接收软压板”“支路 6_ 1G 强制合软压板”“支路 6_ 2G 强制分软压板”。

3）GOOSE 发布软压板：投入“母联_ 保护跳闸”软压板、“支路 6_ 保护跳闸”软压板。

（3）控制字设置：“差动保护”置“1”。

（4）开入量检查：支路 6_ 1G 刀闸为“合”，支路 6_ 2G 刀闸为“分”。

（5）调试方法　见表 4-12。

表 4-12　差动启动值检验调试方法

<table>
<tr><td>试验项目</td><td colspan="3">差动启动值检验</td></tr>
<tr><td>试验题目要求</td><td colspan="3">运行方式为：支路 L6 合于Ⅰ母，双母线并列运行
试验要求：校验 L6 支路差动保护启动电流定值，并测试动作时间</td></tr>
<tr><td>计算方法</td><td colspan="3">基准电流比 3000/1，差动保护启动电流定值为 1A（二次），一次启动电流定值为 3000A
L6 支路 CT 电流比 1000/1，二次动作电流为 3A
①区外（m＝0.95 倍）I＝0.95×1.0×3000/1000＝2.85A
②区内（m＝1.05 倍）I＝1.05×1.0×3000/1000＝3.15A
③测试时间（m＝2.0 倍）I＝2.0×1.0×3000/1000＝6A</td></tr>
<tr><td rowspan="6">差动启动检验试验仪器设置</td><td colspan="3">采用交流测试模块参数设置（以 L6 支路 C 相为例）</td></tr>
<tr><td colspan="2">I_a：2.85∠0°
I_b：0.00∠0°
I_c：0.00∠0°</td><td>I_a 的变化量步长设为 0.01A，缓慢上升，直到保护装置动作</td></tr>
<tr><td colspan="3">说明：如采用状态序列模块，电流直接设为 1.05 倍和 0.95 倍，状态控制时间 0.05s</td></tr>
<tr><td>装置报文</td><td colspan="2">40ms Ⅰ母差动动作　选相 C</td></tr>
<tr><td>装置指示灯</td><td colspan="2">Ⅰ差动动作</td></tr>
<tr><td>测试仪</td><td colspan="2">开入 1 动作并有动作时间</td></tr>
<tr><td colspan="4">说明：1. 计算公式：$I=m\times I_{cdqd}$×基准电流比/支路电流比；
2. 应该退出与实验无关且物理或者逻辑断链支路的 SV 接收软压板，防止支路 SV 断链闭锁差动保护；
3. 故障试验仪器设置以 C 相故障为例，A、B 相故障类似</td></tr>
</table>

4. 大差比率制动系数高值校验

（1）相关定值　大差比率制动系数为 0.5。

（2）软压板设置

1）保护功能软压板：投入“差动保护”软压板。

2）SV 软压板：投入“电压_ SV 接收软压板”“支路 4_ SV 接收软压板”“支路 5_ SV 接收软压板”“支路 6_ SV 接收软压板”“支路 8_ SV 接收软压板”“支路 4_ 1G 强制合软压板”“支路 4_ 2G 强制分软压板”“支路 5_ 1G 强制分软压板”“支路 5_ 2G 强制合软压板”“支路 6_ 1G 强制合软压板”“支路 6_ 2G 强制分软压板”“支路 8_ 1G 强制分软压板”“支路 8_ 2G 强制合软压板”。

3）GOOSE 发布软压板：投入“母联_ 保护跳闸”软压板、“支路 4_ 保护跳闸”软压板、“支路 5_ 保护跳闸”软压板、“支路 6_ 保护跳闸”软压板、“支路 8_ 保护跳闸”软压板。

（3）控制字设置　“差动保护”置“1”。

（4）开入量检查　支路 4_ 1G 刀闸、支路 6_ 1G 刀闸、支路 5_ 2G 刀闸、支路 7_ 2G 为“合”，支路 4_ 2G 刀闸、支路 6_ 2G 刀闸、支路 5_ 1G 刀闸、支路 7_ 1G 为“分”。

（5）调试方法　见表 4-13。

表 4-13　大差比率制动系数高值校验调试方法

试验项目	大差比率制动系数高值校验
试验题目要求	运行方式为：支路 L4、支路 L6 合于Ⅰ母，支路 L5、L8 合于Ⅱ母，双母线并列运行 试验要求：Ⅱ母 C 相故障，验证大差比率制动系数高值，做 2 个点（要求 5 个间隔均要通流）

（续）

<table>
<tr><td>试验项目</td><td colspan="3">大差比率制动系数高值校验</td></tr>
<tr><td>计算方法</td><td colspan="3"> 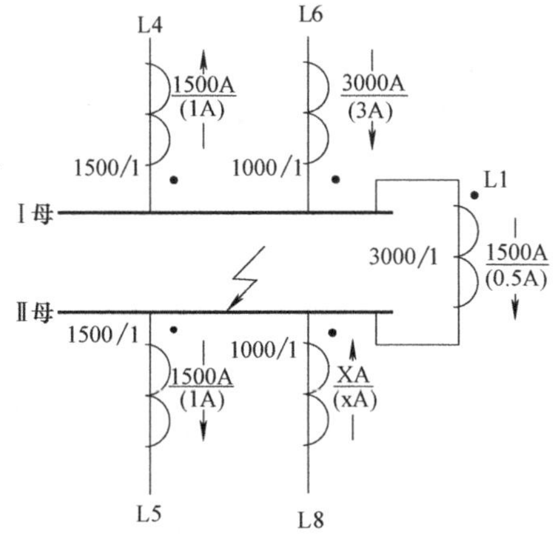一次接线图
（平衡态基础上）
$I_d=X>3000$
$I_r-I_d=(1500+3000+1500+X-X)=6000$
$I_d>K_r\times(I_r-I_d)\Rightarrow X>0.5\times6000=3000\text{A}$
求得：$L_8=3000\text{A}$（二次值3A）</td></tr>
<tr><td rowspan="6">大差比率制动系数高值校验试验仪器设置</td><td colspan="3">采用交流测试模块参数设置</td></tr>
<tr><td colspan="2">U_a:57.74∠0°
U_b:57.74∠-120°
U_c:57.74∠120°
U_a:57.74∠0°
U_b:57.74∠-120°
U_c:0∠120°</td><td>I_a:0.500∠0°　L1支路
I'_a:1.000∠0°　L4支路
I'_b:1.000∠0°　L5支路
I_{sa}:3.000∠180°　L6支路
I_{sb}:3.000∠180°　L8支路（逐渐增大）</td></tr>
<tr><td colspan="3">说明：
1. 以单独外加量的支路为变量（例题L8支路），先按平衡态值求出第一点，再在第一点基础上将各支路外加量乘以或除以一个倍数求出第二点
2. 开出1（母联断路器位置）始终在合位</td></tr>
<tr><td>装置报文</td><td colspan="2">40msⅡ母差动动作 选相C</td></tr>
<tr><td>装置指示灯</td><td colspan="2">Ⅱ差动动作</td></tr>
<tr><td>测试仪</td><td colspan="2">开入1动作并有动作时间</td></tr>
</table>

5. 大差比率制动系数低值校验

（1）相关定值　大差比率制动系数为0.3。

（2）软压板设置

1）保护功能软压板：投入“差动保护”软压板，母联分裂置“1”。

2）SV软压板：投入“电压_SV接收软压板”“支路4_SV接收软压板”“支路5_SV接收软压板”“支路6_SV接收软压板”“支路8_SV接收软压板”“支路4_1G强制合软压板”“支路4_2G强制分软压板”“支路5_1G强制分软压板”“支路5_2G强制合软压板”“支路6_1G强制合软压板”“支路6_2G强制分软压板”“支路8_1G强制分软压板”“支路8_2G强制合软压板”。

3）GOOSE发布软压板：投入“母联_保护跳闸”软压板、“支路4_保护跳闸”软压板、“支路5_保护跳闸”软压板、“支路6_保护跳闸”软压板、“支路8_保护跳闸”软压板。

（3）控制字设置　“差动保护”置“1”。

（4）开入量检查：支路4_1G刀闸、支路6_1G刀闸、支路5_2G刀闸、支路7_2G刀闸为“合”，支路4_ 2G刀闸、支路6_ 2G刀闸、支路5_ 1G刀闸、支路7_ 1G刀闸为“分”。

（5）调试方法　见表4-14。

表4-14　大差比率制动系数低值检验调试方法

<table>
<tr><td>试验项目</td><td colspan="4">大差比率制动系数低值校验</td></tr>
<tr><td>试验题目要求</td><td colspan="4">运行方式为：支路L4、支路L6合于Ⅰ母，支路L5、L8合于Ⅱ母，双母线分列运行
试验要求：Ⅱ母C相故障，验证大差比率制动系数低值，做2个点</td></tr>
<tr><td>计算方法</td><td colspan="4"> 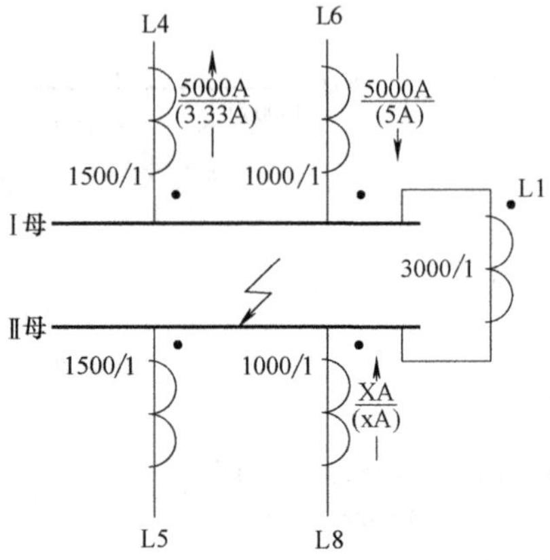L4　L6
5000A (3.33A)　5000A (5A)
1500/1　1000/1　L1
Ⅰ母
3000/1
Ⅱ母
1500/1　1000/1
XA (xA)
L5　L8
一次接线图
（平衡态基础上）
$I_d=X>3000$
$I_r-I_d=(5000+5000+X-X)=10000$
$I_d>K_r\times(I_r-I_d)\Rightarrow X>0.3\times10000=3000A$
求得：L8＝3000A（二次值为3A）</td></tr>
<tr><td rowspan="6">保护启动值试验仪器设置</td><td colspan="4">采用交流测试模块参数设置</td></tr>
<tr><td colspan="2">U_a：57.74∠0°
U_b：57.74∠－120°
U_c：57.74∠120°
U_a：57.74∠0°
U_b：57.74∠－120°
U_c：0∠120°</td><td>I_a：0.000∠0°
I'_a：3.333∠0°
I'_b：0.000∠0°
I_{sa}：5.000∠180°
I_{sb}：3.000∠180°</td><td>L1支路
L4支路
L5支路
L6支路
L8支路（逐渐增大）</td></tr>
<tr><td colspan="4">说明：
1. 以单独外加量的支路为变量（例题L8支路），先按平衡态值求出第一点，再在第一点基础上将各支路外加量乘以或除以一个倍数求出第二点
2. 开出1（母联断路器位置）始终在分位</td></tr>
<tr><td>装置报文</td><td colspan="3">40msⅡ母差动动作 选相C</td></tr>
<tr><td>装置指示灯</td><td colspan="3">Ⅱ差动动作</td></tr>
<tr><td>测试仪</td><td colspan="3">开入1动作并有动作时间</td></tr>
</table>

6. 小差比率制动系数校验

（1）相关定值　小差比率制动系数为0.5。

（2）软压板设置

1）保护功能软压板：投入“差动保护”软压板，母联分裂置“1”。

2）SV软压板：投入“电压_ SV接收软压板”“支路5_ SV接收软压板”“支路8_ SV接收软压板”“支路4_ 1G强制合软压板”“支路4_ 2G强制分软压板”“支路5_ 1G强制分软压板”“支路5_ 2G强制合软压板”“支路6_ 1G强制合软压板”“支路6_ 2G强制分软压板”“支路8_ 1G强制分软压板”“支路8_ 2G强制合软压板”。

3）GOOSE 发布软压板：投入“母联_ 保护跳闸”软压板、“支路 4_ 保护跳闸”软压板、“支路 5_ 保护跳闸”软压板、“支路 6_ 保护跳闸”软压板、“支路 8_ 保护跳闸”软压板。

（3）控制字设置 “差动保护”置“1”。

（4）开入量检查 支路 4_ 1G 刀闸、支路 6_ 1G 刀闸、支路 5_ 2G 刀闸、支路 7_ 2G 刀闸为“合”，支路 4_ 2G 刀闸、支路 6_ 2G 刀闸、支路 5_ 1G 刀闸、支路 7_ 1G 刀闸为“分”。

（5）调试方法 见表 4-15。

表 4-15 小差比率制动系数校验调试方法

<table>
<tr><td>试验项目</td><td colspan="3">小差比率制动系数校验</td></tr>
<tr><td>试验题目要求</td><td colspan="3">运行方式为：支路 L5、L8 合于Ⅱ母，双母线分列运行
试验要求：Ⅱ母 C 相故障，验证小差比率制动系数，做 2 个点</td></tr>
<tr><td>计算方法</td><td colspan="3">Ⅱ母　1500/1　1500A (1A)　1000/1　XA (xA)　L5　L8
一次接线图
$I_d = X - 1500 > 3000$
$I_r - I_d = (1500 + X - X + 1500) = 3000$
$I_d > K_r \times (I_r - I_d) \Rightarrow X > (0.5 \times 3000 + 1500)\,\mathrm{A} = 3000\mathrm{A}$
求得：L8＝4500A（二次值为 4.5A）</td></tr>
<tr><td rowspan="6">小差比率制动系数校验试验仪器设置</td><td colspan="3">采用交流测试模块参数设置</td></tr>
<tr><td>U_a：57.74∠0°
U_b：57.74∠－120°
U_c：57.74∠120°
U_a：57.74∠0°
U_b：57.74∠－120°
U_c：0∠120°</td><td colspan="2">I_a：0.000∠0°　L1 支路
I'_a：0.000∠0°　L4 支路
I'_b：1.000∠0°　L5 支路
I_{sa}：0.000∠180°　L6 支路
I_{sb}：4.000∠180°　L8 支路（逐渐增大）</td></tr>
<tr><td colspan="3">说明：以单独外加量的支路为变量（例题 L8 支路），先按平衡态值求出第一点，再在第一点基础上将各支路外加量乘以或除以一个倍数求出第二点</td></tr>
<tr><td>装置报文</td><td colspan="2">40ms Ⅱ母差动动作 选相 C</td></tr>
<tr><td>装置指示灯</td><td colspan="2">Ⅱ差动动作</td></tr>
<tr><td>测试仪</td><td colspan="2">开入 1 动作并有动作时间</td></tr>
</table>

7. 差动保护电压闭锁元件校验

（1）相关定值 差动保护启动电流定值为 1A；CT 断线闭锁定值为 0.25A；CT 断线告警定值为 2A；

中性点接地系统，低电压闭锁定值固定为 0.7 倍额定相电压，零序电压闭锁定值 $3U_0$ 固定为 6V，负序电压闭锁定值 U_2（相电压）固定为 4V。

（2）软压板设置

1）保护功能软压板：差动保护置“1”，失灵保护置“0”，母线互联置“0”，母联分裂置“0”，分段 1 分裂置“0”，分段 2 分裂置“0”。

2）SV 软压板：投入“电压_ SV 接收软压板”“支路 6_ SV 接收软压板”“支路 6_ 1G

强制合软压板”“支路 6_ 2G 强制分软压板”。

3）GOOSE 跳闸软压板：母联_ 保护跳闸软压板置“1”，支路 6_ 保护跳闸软压板置“1”。

（3）控制字设置　“差动保护”置“1”；失灵保护置“0”。

（4）开入量检查：支路 4_ 1G 刀闸为“合”，支路 4_ 2G 刀闸为“分”。

（5）调试方法　见表 4-16。

表 4-16　差动保护电压闭锁定值校验调试方法

试验项目	差动保护电压闭锁定值	
试验题目要求	运行方式为：支路 L6 合于 I 母，双母线并列运行。 试验要求：校验差动保护电压闭锁定值，并测试动作时间	
保护启动值试验仪器设置	采用试验仪器的“手动试验”模拟	
	①低电压开放差动	1. 原始状态：U_a：57.74∠0°、U_b：57.74∠240°、U_c：57.74∠120° 2. 选“三相电压”为变量、降至 40.4V 左右动作
	②零序电压开放差动	1. 原始状态：U_a：57.74∠0°、U_b：57.74∠240°、U_c：57.74∠120° 2. 选“零序电压”为变量，监视“序分量”小视窗，升至 2V 左右动作（此时 $3U_0=6V$）
	③负序电压开放差动	1. 原始状态：U_a：57.74∠0°、U_b：57.74∠240°、U_c：57.74∠120° 2. 选“负序电压”为变量，监视“序分量”小视窗，升至 4V 左右动作
	装置报文	I 或 II 母电压开放
	装置指示灯	无
	测试仪	无
	说明：自行验证“复合电压闭锁母差”该功能	

8. 母联失灵保护校验

（1）相关定值　母联分段失灵电流定值为 1.5A，母联分段失灵时间为 0.5s。

（2）软压板设置

1）功能软压板：差动保护置“1”，失灵保护置“0”，母线互联置“0”，母联分裂置“0”，分段 1 分裂置“0”，分段 2 分裂置“0”。

2）SV 软压板：电压 SV 接收软压板置“1”，母联 SV 接收软压板置“1”，线路一 SV 接收软压板置“1”，线路二 SV 接收软压板置“0”，#1 主变 SV 接收软压板置“0”，#2 主变 SV 接收软压板置“0”。

3）GOOSE 跳闸软压板：母联_ 保护跳闸软压板置“1”，支路 6_ 保护跳闸软压板置“1”。

4）GOOSE 开入软压板：无。

（3）保护控制字　差动保护置“1”，失灵保护置“0”。

（4）开入量检查　支路 6_ 1G 刀闸为“合”，支路 6_ 2G 刀闸为“分”。

（5）调试方法　见表 4-17。

9. 母联合位死区保护校验

（1）软压板设置

1）功能软压板：差动保护置“1”，失灵保护置“0”，母线互联置“0”，母联分裂置“0”，分段 1 分裂置“0”，分段 2 分裂置“0”。

2）SV 软压板：电压 SV 接收软压板置“1”，母联 SV 接收软压板置“1”，线路一 SV 接收软压板置“1”，线路二 SV 接收软压板置“0”，#1 主变 SV 接收软压板置“0”，#2 主变 SV 接收软压板置“0”。

3）GOOSE 跳闸软压板：母联_ 保护跳闸软压板置“1”。

4）GOOSE 开入软压板：无。

（2）保护控制字　差动保护置“1”，失灵保护置“0”。

（3）开入量检查　支路 6_ 1G 刀闸为“合”，支路 6_ 2G 刀闸为“分”。

（4）调试方法　见表 4-18。

表 4-17　母联失灵保护检验调试方法

试验项目	母联失灵保护
试验题目要求	运行方式为：支路 L6 合于Ⅰ母，双母线并列运行 试验要求：Ⅱ母 C 相故障，验证母联失灵保护定值
计算方法	一次接线图 基准电流比 3000/1，母联分段失灵电流定值为 1.5A（二次），一次启动电流定值为 4500A。 L1 支路 CT 电流比 3000/1，二次动作电流为 1.5A ①区外（m=0.95 倍）I=0.95×1.5×3000/3000=1.425A ②区内（m=1.05 倍）I=1.05×1.5×3000/3000=1.575A ③测试时间（m=2.0 倍）I=2.0×1.5×3000/3000=3A
保护启动值试验仪器设置（采用“状态序列”模块）以区内故障为例	**状态 1 参数设置** U_a:57.74∠0°　U_b:57.74∠-120°　U_c:57.74∠120°　U_a:57.74∠0°　U_b:57.74∠-120°　U_c:0.00∠120° I_a:1.05∠0°　L1 支路 I'_a:0.000∠0°　L4 支路 I'_b:0.000∠0°　L5 支路 I_{sa}:3.150∠180°　L6 支路 I_{sb}:0.000∠180°　L8 支路 状态触发条件：开入量（开入 1）变位翻转
	状态 2 参数设置 U_a:57.74∠0°　U_b:57.74∠-120°　U_c:57.74∠120°　U_a:57.74∠0°　U_b:57.74∠-120°　U_c:0.00∠120° I_a:1.575∠0°　L1 支路 I'_a:0.000∠0°　L4 支路 I'_b:0.000∠0°　L5 支路 I_{sa}:4.725∠180°　L6 支路 I_{sb}:0.000∠180°　L8 支路 状态触发条件：开入量（开入 2）变位翻转
装置报文	4ms　Ⅱ母差动动作　选相 C 611ms　Ⅰ母母联　失灵 611ms　Ⅱ母母联　失灵
装置指示灯	Ⅱ差动动作、Ⅰ失灵动作、Ⅱ失灵动作
	说明：开出 1（母联断路器位置）始终在合位

表 4-18　母联合位死区保护校验调试方法

试验项目	母联合位死区保护
试验题目要求	运行方式为：支路 L6 合于Ⅰ母，双母线并列运行 试验要求：Ⅱ母 C 相故障，模拟母联合位死区

（续）

<table>
<tr><td>试验项目</td><td colspan="4">母联合位死区保护</td></tr>
<tr><td>计算方法</td><td colspan="4"> 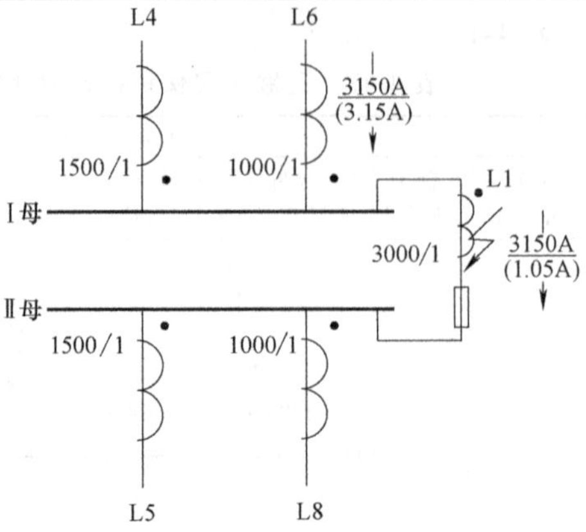L4 L6 3150A (3.15A) 1500/1 1000/1 L1 Ⅰ母 3000/1 3150A (1.05A) Ⅱ母 1500/1 1000/1 L5 L8
一次接线图
基准电流比 3000/1，母联分段失灵电流定值为 1.5A（二次），一次启动电流定值为 4500A。
L1 支路 CT 电流比 3000/1，二次动作电流为 1.5A
① 区外（$m=0.95$ 倍）$I=0.95\times1.5\times3000/3000=1.425$A
② 区内（$m=1.05$ 倍）$I=1.05\times1.5\times3000/3000=1.575$A
③ 测试时间（$m=2.0$ 倍）$I=2.0\times1.5\times3000/3000=3$A</td></tr>
<tr><td rowspan="6">保护启动值试验仪器设置（采用“状态序列”模块）以区内故障为例</td><td colspan="4">状态 1 参数设置</td></tr>
<tr><td>U_a:57.74∠0°
U_b:57.74∠-120°
U_c:57.74∠120°
U_a:57.74∠0°
U_b:57.74∠-120°
U_c:0.00∠120°</td><td colspan="2">I_a:1.05∠0° L1 支路
I'_a:0.000∠0° L4 支路
I'_b:0.000∠0° L5 支路
I_{sa}:3.150∠180° L6 支路
I_{sb}:0.000∠180° L8 支路</td><td>开出 1（母联位置）输出 1
状态触发条件：
开入量（开入 1）变位翻转</td></tr>
<tr><td colspan="4">状态 2 参数设置</td></tr>
<tr><td>U_a:57.74∠0°
U_b:57.74∠-120°
U_c:57.74∠120°
U_a:57.74∠0°
U_b:57.74∠-120°
U_c:0.00∠120°</td><td colspan="2">I_a:1.05∠0° L1 支路
I'_a:0.000∠0° L4 支路
I'_b:0.000∠0° L5 支路
I_{sa}:3.150∠180° L6 支路
I_{sb}:0.000∠180° L8 支路</td><td>开出 1（母联位置）输出 0
状态触发条件：
开入量（开入 1）变位翻转</td></tr>
<tr><td>装置报文</td><td colspan="3">4ms Ⅱ母差动动作 选相 C
279ms Ⅰ母差动母联 死区 选相 C</td></tr>
<tr><td>装置指示灯</td><td colspan="3">Ⅰ差动动作、Ⅱ差动动作</td></tr>
<tr><td></td><td colspan="4">说明：开出 1（母联断路器位置）为什么要变位？</td></tr>
</table>

10. 母联分位死区保护校验

（1）软压板设置

1）功能软压板：差动保护置“1”，失灵保护置“0”，母线互联置“0”，母联分裂置“1”，分段 1 分裂置“0”，分段 2 分裂置“0”。

2）SV 软压板：电压 SV 接收软压板置“1”，母联 SV 接收软压板置“1”，线路一 SV 接收软压板置“1”，线路二 SV 接收软压板置“0”，#1 主变 SV 接收软压板置“0”，#2 主变 SV 接收软压板置“0”。

3）GOOSE 跳闸软压板：母联_ 保护跳闸软压板置“1”。

4）GOOSE 开入软压板：无。

（2）保护控制字：差动保护置“1”，失灵保护置“0”。

（3）开入量检查：母联开关位置在分位，支路 6_ 1G 刀闸为“合”，支路 6_ 2G 刀闸为“分”。

（4）调试方法　见表 4-19。

表 4-19　母联分位死区保护校验调试方法

<table>
<tr><td>试验项目</td><td colspan="4">母联分位死区保护</td></tr>
<tr><td>试验题目要求</td><td colspan="4">运行方式为：支路 L6 合于 Ⅰ 母；双母线并列运行
试验要求：Ⅱ 母 C 相故障，模拟母联分位死区</td></tr>
<tr><td>计算方法</td><td colspan="4"> 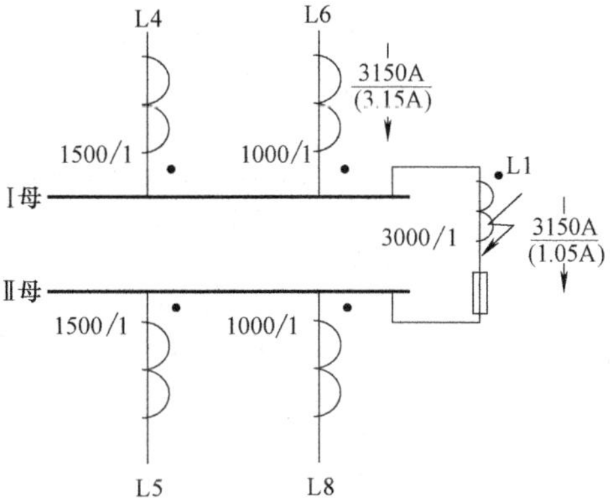L4　L6　3150A (3.15A)　1500/1　1000/1　L1　Ⅰ母　3000/1　3150A (1.05A)　Ⅱ母　1500/1　1000/1　L5　L8
一次接线图
基准电流比 3000/1，母联分段失灵电流定值为 1.5A（二次），一次启动电流定值为 4500A。
L1 支路 CT 电流比 3000/1，二次动作电流为 1.5A
① 区外（$m=0.95$ 倍）$I=0.95\times1.5\times3000/3000=1.425$A
② 区内（$m=1.05$ 倍）$I=1.05\times1.5\times3000/3000=1.575$A
③ 测试时间（$m=2.0$ 倍）$I=2.0\times1.5\times3000/3000=3$A</td></tr>
<tr><td rowspan="7">保护启动值试验仪器设置（采用“状态序列”模块）以区内故障为例</td><td colspan="4">状态 1 参数设置</td></tr>
<tr><td>U_a:57.74∠0°
U_b:57.74∠−120°
U_c:57.74∠120°
U_a:57.74∠0°
U_b:57.74∠−120°
U_c:57.74∠120°</td><td colspan="2">I_a:0.000∠0°　L1 支路
I'_a:0.000∠0°　L4 支路
I'_b:0.000∠0°　L5 支路
I_{sa}:0.000∠180°　L6 支路
I_{sb}:0.000∠180°　L8 支路</td><td>开出 1（母联位置）输出 0
状态触发条件：
时间触发为 5s</td></tr>
<tr><td colspan="4">状态 2 参数设置</td></tr>
<tr><td>U_a:57.74∠0°
U_b:57.74∠−120°
U_c:0.00∠120°
U_a:57.74∠0°
U_b:57.74∠−120°
U_c:57.74∠120°</td><td colspan="2">I_a:1.05∠0°　L1 支路
I'_a:0.000∠0°　L4 支路
I'_b:0.000∠0°　L5 支路
I_{sa}:3.150∠180°　L6 支路
I_{sb}:0.000∠180°　L8 支路</td><td>开出 1（母联位置）输出 0
状态触发条件：
开入量（开入 1）变位翻转</td></tr>
<tr><td>装置报文</td><td colspan="3">4ms　Ⅰ 母差动母联 死区　选相 C</td></tr>
<tr><td>装置指示灯</td><td colspan="3">Ⅰ 差动动作</td></tr>
<tr><td colspan="4">说明：开出 1（母联断路器位置）保持断开位置</td></tr>
</table>

11. 变压器断路器失灵保护

（1）相关定值　三相失灵相电流定值为 2A，失灵零序电流定值为 1A，失灵负序电流定值为 1.5A，失灵保护 1 时限为 0.3s，失灵保护 2 时限为 0.5s，低电压闭锁定值为 70V，零序电压闭锁定值为 5V，负序电压闭锁定值为 4V。

（2）软压板设置

1）功能软压板：差动保护置“0”，失灵保护置“1”，母线互联置“0”，母联分裂置“1”，分段1分裂置“0”，分段2分裂置“0”。

2）SV软压板：电压SV接收软压板置“1”，母联SV接收软压板置“0”，线路一SV接收软压板置“0”，线路二SV接收软压板置“0”，#1主变SV接收软压板置“1”，#2主变SV接收软压板置“0”。

3）GOOSE跳闸软压板：母联_保护跳闸软压板置“1”，支路4_保护跳闸软压板置“1”，支路4_失灵联跳变压器软压板置“1”。

4）GOOSE开入软压板：支路4_启动失灵开入软压板置“1”。

（3）保护控制字　差动保护置“0”，失灵保护置“1”。

（4）开入量检查　支路4_ 1G刀闸为“合”，支路4_ 2G刀闸为“分”。

（5）调试方法　见表4-20。

表4-20　变压器断路器失灵保护检验调试方法

<table>
<tr><td>试验项目</td><td colspan="4">变压器断路器失灵保护</td></tr>
<tr><td>试验题目要求</td><td colspan="4">运行方式为：支路L4合于Ⅰ母，双母线分列运行
试验要求：Ⅰ母C相故障，支路L4开关失灵，校验变压器断路器失灵保护定值，并测试动作时间</td></tr>
<tr><td>计算方法</td><td colspan="4">基准电流比3000/1，三相失灵相电流定值为2A（二次），一次启动电流定值为6000A
L4支路CT电流比1500/1，二次动作电流为4A
①区外（m=0.95倍）I=0.95×4=3.8A
②区内（m=1.05倍）I=1.05×4=4.2A
测试时间（m=2.0倍）I=2.0×4=8A</td></tr>
<tr><td rowspan="5">保护启动值试验仪器设置</td><td colspan="4">状态1参数设置</td></tr>
<tr><td colspan="2">U_a:57.74∠0°
U_b:57.74∠−120°
U_c:0∠120°
U_a:57.74∠0°
U_b:57.74∠-120°
U_c:57.74∠120°</td><td>I_a:0.000∠0°　L1支路
I'_a:4.2∠0°　L4支路
I'_b:0.000∠0°　L5支路
I_{sa}:0.000∠180°　L6支路
I_{sb}:0.000∠180°　L8支路</td><td>开出2（支路4失灵）输出1
状态触发条件：
时间触发为0.6s</td></tr>
<tr><td>装置报文</td><td colspan="3">304ms　失灵保护跳母联
504ms　Ⅰ母失灵保护动作
504ms　04支路失灵启动出口
505ms　变压器1失灵联调</td></tr>
<tr><td>装置指示灯</td><td colspan="3">Ⅰ母失灵动作</td></tr>
<tr><td>测试仪</td><td colspan="3">310ms开入1变位，511ms开入2变位，512ms开入3变位</td></tr>
</table>

12. 线路断路器失灵保护

参考变压器断路器失灵保护校验

4.3　220kV的PCS-915母线保护调试

4.3.1　概述

电气主接线图主接线如图4-10所示，开关编号和各间隔的电流互感器TA电流比如图4-10所示。

支路情况及电流比信息：

支路1：母联21M电流比3000/1；

支路4：#1主变21A电流比1500/1；

支路5：#2主变21B电流比1000/1；

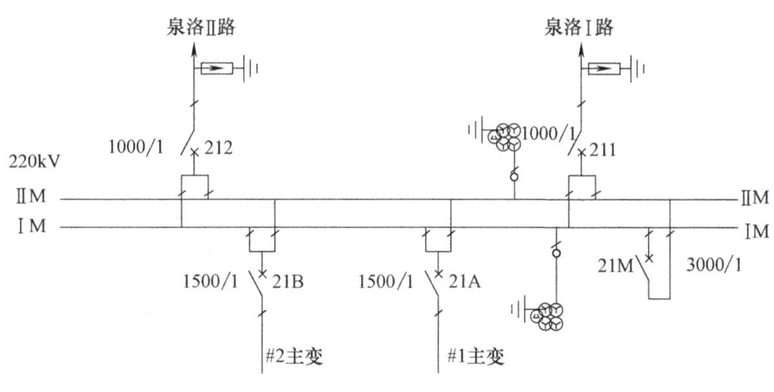

图 4-10　主接线图

支路 6：泉洛Ⅰ路 211 电流比 1000/1；

支路 8：泉洛Ⅱ路 212 电流比 1500/1。

1. PCS-915 功能说明

PCS-915 母线保护装置用作智能化变电站 220kV 电压等级母线保护。除差动保护外，装置均设有母线复合电压闭锁、母联失灵保护、母联死区保护（合位死区和分位死区）、断路器失灵保护。

2. 装置背板端子说明

PCS-915 母线保护装置插件布置如图 4-11 所示，本次主要对与单体调试相关度比较高的第 5、7、11 号 NR1136A 插件做一个简单介绍。

NR1136A 板件光口布置如图 4-11 所示：每个 NR1136A 板均提供 8 组光口，第 5 号 NR1136A 插件，光口 1 用于母联 SV、光口 2 用于母联直跳、光口 7 用于#1 主变 SV、光口 8 用于#1 主变直跳；第 7 号 NR1136A 插件，光口 1 用于#2 主变 SV、光口 2 用于#2 主变直跳、光口 3 用于泉洛Ⅰ SV、光口 4 用于泉洛Ⅰ直跳、光口 7 用于泉洛Ⅱ SV、光口 8 用于泉洛Ⅱ直跳；第 11 号 NR1136A 插件，光口 7 用于 GOOSE 组网、光口 8 用于母线 PT SV。

3. 装置虚端子及软压板配置

母差保护 PCS-915A 相关联的设备包含 SV 输入的母线设备合并单元、母联 21M 合并单

1	2	3	4	5	6	7	8
NR1101F	NR1115C	NR1115C		NR1136A	备用	NR1136A	备用
以太网口1 以太网口2 以太网 以太网口1 以太网 IRIG-B+ 01 / IRIG-B- 02 / 485-3地 03 / 大地 04 时钟同步 打印RX 05 / 打印TX 06 / 打印地 07 打印				TX RX TX RX TX RX TX RX TX RX TX RX TX RX TX RX		TX RX TX RX TX RX TX RX TX RX TX RX TX RX TX RX	
A	B	C	E	F	G	H	J

图 4-11　PCS-915 母线保护装置插件布置图

9	10	11	12	13	14				15	P1	
NR1136A	备用	NR1136A	备用	备用	NR1502D					NR1301T	
TX RX		TX RX			打印	02	对时	01			
TX RX		TX RX			信号复归	04	投检修态	03			
TX RX		TX RX			远控投入	06	刀闸位置确认	05			
TX RX		TX RX				08		07		COM1	01
TX RX		TX RX				10		09		BSJ1	02
TX RX		TX RX				12		11		BJJ1	03
TX RX		TX RX		备用	24V光耦+	14		13		COM2	04
TX RX		TX RX				16	24V光耦-	15		BSJ2	05
						18		17		BJJ2	06
						20		19		24V+	07
						22		21		24V−	08
						24		23			09
						26		25		DC+	10
						28		27		DC−	11
						30		29		大地	12
K	L	M	N	DSP	Q				R	S	

图 4-11　PCS-915 母线保护装置插件布置图（续）

元、#1 主变 220kV 侧合并单元、#2 主变 220kV 侧合并单元、22kV 泉洛 I 路合并单元、22kV 泉洛 Ⅱ 路合并单元；GOOSE 输入输出的母联 21M 智能终端、#1 主变 220kV 侧智能终端、#2 主变 220kV 侧智能终端、22kV 泉洛 I 路智能终端、22kV 泉洛 Ⅱ 路智能终端、#1 主变保护、#2主变保护、22kV 泉洛 I 路线路保护、22kV 泉洛 Ⅱ 路线路保护；GOOSE 输入的母联 21M 保护。图 4-12 展示了母差保护相关联装置的虚端子联系，表 4-21～表 4-23 分别列出了母差保护

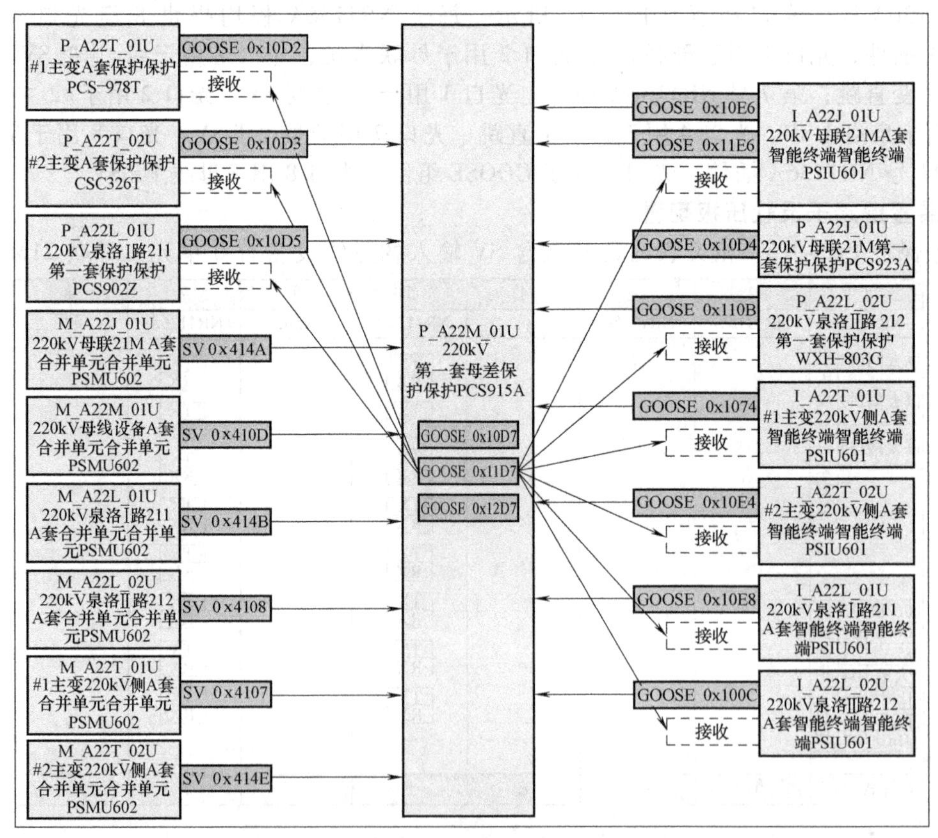

图 4-12　母差保护相关联装置的虚端子联系

SV 输入、GOOSE 输出、GOOSE 输入。

表 4-21　母差保护 PCS-915A 装置虚端子 SV 输入表

序号	功能定义	终点设备：母差保护 PCS-915A		起点设备：母联合并单元、#1 主变 220kV 合并单元、#2 主变 220kV 合并单元、220kV 泉洛Ⅰ路合并单元、220kV 泉洛Ⅱ路合并单元		
		厂家虚端子定义	接收软压板	设备名称	厂家虚端子定义	发送软压板
1	A 相保护电流 1	母联_保护 A 相电流 I_{a1}	母联_SV 接收压板	母联合并单元	保护 A 相电流 I_{a1}	无
2	A 相保护电流 2	母联_保护 A 相电流 I_{a2}			保护 A 相电流 I_{a2}	
3	B 相保护电流 1	母联_保护 B 相电流 I_{b1}			保护 B 相电流 I_{b1}	
4	B 相保护电流 2	母联_保护 B 相电流 I_{b2}			保护 B 相电流 I_{b2}	
5	C 相保护电流 1	母联_保护 C 相电流 I_{c1}			保护 C 相电流 I_{c1}	
6	C 相保护电流 2	母联_保护 C 相电流 I_{c2}			保护 C 相电流 I_{c2}	
7	A 相保护电流 1	支路 4_保护 A 相电流 I_{a1}	#1 主变_SV 接收压板	#1 主变 220kV 侧合并单元	保护 A 相电流 I_{a1}	无
8	A 相保护电流 2	支路 4_保护 A 相电流 I_{a2}			保护 A 相电流 I_{a2}	
9	B 相保护电流 1	支路 4_保护 B 相电流 I_{b1}			保护 B 相电流 I_{b1}	
10	B 相保护电流 2	支路 4_保护 B 相电流 I_{b2}			保护 B 相电流 I_{b2}	
11	C 相保护电流 1	支路 4_保护 C 相电流 I_{c1}			保护 C 相电流 I_{c1}	
12	C 相保护电流 2	支路 4_保护 C 相电流 I_{c2}			保护 C 相电流 I_{c2}	
13	A 相保护电流 1	支路 5_保护 A 相电流 I_{a1}	#2 主变_SV 接收压板	#2 主变 220kV 侧合并单元	保护 A 相电流 I_{a1}	无
14	A 相保护电流 2	支路 5_保护 A 相电流 I_{a2}			保护 A 相电流 I_{a2}	
15	B 相保护电流 1	支路 5_保护 B 相电流 I_{b1}			保护 B 相电流 I_{b1}	
16	B 相保护电流 2	支路 5_保护 B 相电流 I_{b2}			保护 B 相电流 I_{b2}	
17	C 相保护电流 1	支路 5_保护 C 相电流 I_{c1}			保护 C 相电流 I_{c1}	
18	C 相保护电流 2	支路 5_保护 C 相电流 I_{c2}			保护 C 相电流 I_{c2}	
19	A 相保护电流 1	支路 6_保护 A 相电流 I_{a1}	泉洛Ⅰ路_SV 接收压板	泉洛Ⅰ路合并单元	保护 A 相电流 I_{a1}	无
20	A 相保护电流 2	支路 6_保护 A 相电流 I_{a2}			保护 A 相电流 I_{a2}	
21	B 相保护电流 1	支路 6_保护 B 相电流 I_{b1}			保护 B 相电流 I_{b1}	
22	B 相保护电流 2	支路 6_保护 B 相电流 I_{b2}			保护 B 相电流 I_{b2}	
23	C 相保护电流 1	支路 6_保护 C 相电流 I_{c1}			保护 C 相电流 I_{c1}	
24	C 相保护电流 2	支路 6_保护 C 相电流 I_{c2}			保护 C 相电流 I_{c2}	
25	A 相保护电流 1	支路 8_保护 A 相电流 I_{a1}	泉洛Ⅱ路_SV 接收压板	泉洛Ⅱ路合并单元	保护 A 相电流 I_{a1}	无
26	A 相保护电流 2	支路 8_保护 A 相电流 I_{a2}			保护 A 相电流 I_{a2}	
27	B 相保护电流 1	支路 8_保护 B 相电流 I_{b1}			保护 B 相电流 I_{b1}	
28	B 相保护电流 2	支路 8_保护 B 相电流 I_{b2}			保护 B 相电流 I_{b2}	
29	C 相保护电流 1	支路 8_保护 C 相电流 I_{c1}			保护 C 相电流 I_{c1}	
30	C 相保护电流 2	支路 8_保护 C 相电流 I_{c2}			保护 C 相电流 I_{c2}	
31	Ⅰ母保护电压 A 相 1	Ⅰ母母线 A 相电压 U_{a11}	电压 SV_接收压板	母线设备合并单元	电压 A 相 U_{a11}	无
32	Ⅰ母保护电压 A 相 2	Ⅰ母母线 A 相电压 U_{a12}			电压 A 相 U_{a12}	
33	Ⅰ母保护电压 B 相 1	Ⅰ母母线 B 相电压 U_{b11}			电压 B 相 U_{b11}	
34	Ⅰ母保护电压 B 相 2	Ⅰ母母线 B 相电压 U_{b12}			电压 B 相 U_{b12}	
35	Ⅰ母保护电压 C 相 1	Ⅰ母母线 C 相电压 U_{c11}			电压 C 相 U_{c11}	
36	Ⅰ母保护电压 C 相 2	Ⅰ母母线 C 相电压 U_{c12}			电压 C 相 U_{c12}	
37	Ⅱ母保护电压 A 相 1	Ⅱ母母线 A 相电压 U_{a21}			电压 A 相 U_{a21}	
38	Ⅱ母保护电压 A 相 2	Ⅱ母母线 A 相电压 U_{a22}			电压 A 相 U_{a22}	
39	Ⅱ母保护电压 B 相 1	Ⅱ母母线 B 相电压 U_{b21}			电压 B 相 U_{b21}	
40	Ⅱ母保护电压 B 相 2	Ⅱ母母线 B 相电压 U_{b22}			电压 B 相 U_{b22}	
41	Ⅱ母保护电压 C 相 1	Ⅱ母母线 C 相电压 U_{c21}			电压 C 相 U_{c21}	
42	Ⅱ母保护电压 C 相 2	Ⅱ母母线 C 相电压 U_{c22}			电压 C 相 U_{c22}	

表 4-22　母差保护 PCS-915A 装置虚端子 GOOSE 输出表

序号	功能定义	起点设备:母差保护 PCS-915A		终点设备:母联智能终端、#1 主变 220kV 侧智能终端、#2 主变 220kV 侧智能终端、220kV 泉洛Ⅰ路智能终端、220kV 泉洛Ⅱ路智能终端、母联保护、#1 主变保护、#2 主变保护、220kV 泉洛Ⅰ路线路保护、220kV 泉洛Ⅱ路线路保护		
		厂家虚端子定义	发送软压板	设备名称	厂家虚端子定义	接收软压板
1	保护跳闸	母联_保护跳闸	母联 21M_保护跳闸发送软压板	母联智能终端	闭锁三跳重合	无
2	保护跳闸	支路 4_保护跳闸	#1 主变 21A_保护跳闸发送软压板	#1 主变 220kV 侧智能终端	闭锁三跳重合 2	无
3	保护跳闸	支路 5_保护跳闸	#2 主变 21B_保护跳闸发送软压板	#2 主变 220kV 侧智能终端	闭锁三跳重合 2	无
4	保护跳闸	支路 6_保护跳闸	泉洛Ⅰ 211_保护跳闸发送软压板	泉洛Ⅰ 211 智能终端	闭锁三跳重合	无
5	保护跳闸	支路 8_保护跳闸	泉洛Ⅱ 212_保护跳闸发送软压板	泉洛Ⅱ 212 智能终端	闭锁三跳重合	无
6	失灵联跳变压器	支路 4_失灵联跳变压器	支路 4_失灵联跳变压器发送软压板	#1 主变保护	高压 1 侧失灵联跳开入	无
7	失灵联跳变压器	支路 5_失灵联跳变压器	支路 5_失灵联跳变压器发送软压板	#2 主变保护	高压 1 侧失灵联跳开入	无
8	保护跳闸	支路 6_保护跳闸	无	泉洛Ⅰ 211 线路保护	其他保护动作	无
					闭锁重合闸	
9	保护跳闸	支路 8_保护跳闸	无	泉洛Ⅱ 212 线路保护	其他保护动作	无
					闭锁重合闸	

表 4-23　母差保护 PCS-915A 装置虚端子 GOOSE 输入表

序号	功能定义	终点设备:母差保护 PCS-915A		起点设备:母联智能终端、#1 主变 220kV 侧智能终端、#2 主变 220kV 侧智能终端、220kV 泉洛Ⅰ路智能终端、220kV 泉洛Ⅱ路智能终端、母联保护、#1 主变保护、#2 主变保护、220kV 泉洛Ⅰ路线路保护、220kV 泉洛Ⅱ路线路保护		
		厂家虚端子定义	接收软压板	设备名称	厂家虚端子定义	发送软压板
1	开关刀闸位置	母联_断路器 A 相位置	无	母联智能终端	断路器 A 相位置	无
2		母联_断路器 B 相位置			断路器 B 相位置	
3		母联_断路器 C 相位置			断路器 C 相位置	
4		母联代路_1G 位置			隔刀 1 位置	
5		母联代路_2G 位置			隔刀 2 位置	
6	母联手合开入	母联_手合	无	母联智能终端	DI2_17	无
7	刀闸位置	支路 4_1G 刀闸位置	无	#1 主变 220kV 侧智能终端	隔刀 1 位置	无
8		支路 4_2G 刀闸位置			隔刀 2 位置	
9		支路 5_1G 刀闸位置	无	#2 主变 220kV 侧智能终端	隔刀 1 位置	无
10		支路 5_2G 刀闸位置			隔刀 2 位置	
11		支路 6_1G 刀闸位置	无	泉洛Ⅰ 211 智能终端	隔刀 1 位置	无
12		支路 6_2G 刀闸位置			隔刀 2 位置	
13		支路 8_1G 刀闸位置	无	泉洛Ⅱ 212 智能终端	隔刀 1 位置	无
14		支路 8_2G 刀闸位置			隔刀 2 位置	
15	启动失灵	母联_三相启动失灵开入	母联 21M 启动失灵开入软压板	母联 21M 保护	启动失灵	无
16		4_支路三相启动失灵开入	#1 主变启动失灵开入软压板	#1 主变保护	启动高压 1 侧断路器失灵	无

（续）

序号	功能定义	终点设备:母差保护 PCS-915A		起点设备:母联智能终端、#1 主变 220kV 侧智能终端、#2 主变 220kV 侧智能终端、220kV 泉洛 I 路智能终端、220kV 泉洛 II 路智能终端、母联保护、#1 主变保护、#2 主变保护、220kV 泉洛 I 路线路保护、220kV 泉洛 II 路线路保护		
		厂家虚端子定义	接收软压板	设备名称	厂家虚端子定义	发送软压板
17	启动失灵	5_支路三相启动失灵开入	#2 主变启动失灵开入软压板	#2 主变保护	启动高压 1 侧断路器失灵	无
18		支路 6_A 相启动失灵开入	泉洛 I 211 启动失灵开入软压板	泉洛 I 211 线路保护	启动失灵	无
19		支路 6_B 相启动失灵开入			启动失灵	
20		支路 6_C 相启动失灵开入			启动失灵	
21		支路 8_A 相启动失灵开入	泉洛 II 212 启动失灵开入软压板	泉洛 II 212 线路保护	启动失灵	无
22		支路 8_B 相启动失灵开入			启动失灵	
23		支路 8_C 相启动失灵开入			启动失灵	

4.3.2　调试方法

1. 试验接线及配置

（1）测试仪光纤接线　用 6 对尾纤（LC-LC）分别将测试仪的光口 1 接至母联直采 SV 的 RX 口，光口 2 接至#1 主变直采 SV 的 RX 口，光口 3 接至#2 主变直采 SV 的 RX 口，光口 4 接至泉洛 I 路直采 SV 的 RX 口，光口 5 接至泉洛 II 路直采 SV 的 RX 口，光口 6 接至母线 PT SV 的 RX 口。待差动保护逻辑校验结束，将无需加量的两对尾纤依次换到光口 7 母联直跳口和光口 8 GOOSE 组网，并在试验尾纤上进行标识，便于调试过程中辨认。

（2）测试仪配置

1）系统参数：二次额定电流为 1A，额定频率为 50Hz，规约选择 IEC61850-9-2，第一、二组 PT 电压比为 220/100，第一组 CT 电流比为 3000/1，第二组 CT 电流比为 1000/1，第三组 CT 电流比为 1500/1，第四组 CT 电流比为 1500/1。

2）SV 报文映射：将母联合并单元 SV 输出三相保护电流（包括主、副采）分别映射为 I_a、I_b、I_c，#1 主变合并单元和 220kV 泉洛 II 路合并单元 SV 输出三相保护电流（包括主、副采）分别映射为 I'_a、I'_b、I'_c，#2 主变合并单元 SV 输出三相保护电流（包括主、副采）都分别映射为 I_{sa}、I_{sb}、I_{sc}，220kV 泉洛 I 路合并单元 SV 输出三相保护电流（包括主、副采）都分别映射为 I_{ta}、I_{tb}、I_{tc}。母线设备合并单元输出 I 母电压、II 母电压分别映射 U_a、U_b、U_c，U'_a、U'_b、U'_c。

3）Goose 发布：选择母联智能终端 GOOSE 输出，勾选控制块，在状态序列 1GOOSE 数据集，先单击导入，再将总断路器位置、A 相断路器位置、B 相断路器位置、C 相断路器位置的数据集进行选择，有 4 种状态，即“01”“10”“00”“11”。

2. 负荷平衡态检验

（1）运行方式　支路 L4（#1 主变）、支路 L6（220kV 泉洛 I 路）合于 I 母；支路 L5（#2 主变）、L8（220kV 泉洛 II 路）合于 II 母，双母线并列运行。

（2）电流比　L4（1000/1）、L5（1500/1）、L6（1000/1）、L8（1000/1）、L1（3000/1）。

（3）基准电流比　3000/1。

（4）试验要求　220kV I、II 母电压正常。母联 A 相一次电流由 II 母流入 I 母，一次电流为 9000A，L6 流出母线，一次电流为 3000A，L5 流入母线，一次电流为 15000A。调整其他支路电流，使差流平衡，屏上无任何告警、动作信号。

图 4-13 为一次接线图

根据题目要求，区外故障，Ⅰ、Ⅱ母小差电流为 0，大差电流也为 0。计算各个支路及母联间隔一次电流，满足平衡条件，后换算到各个间隔二次电流。

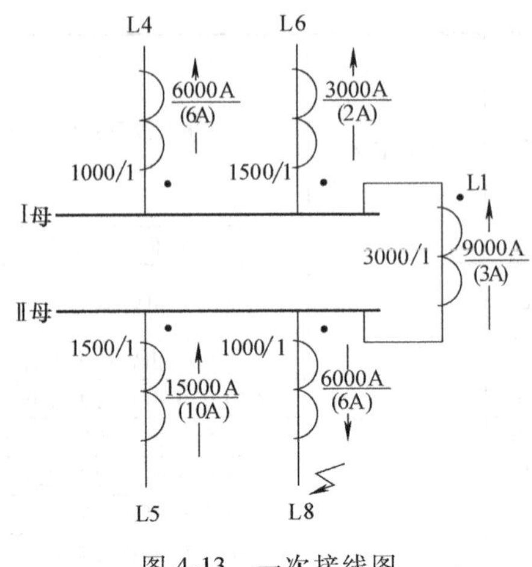

图 4-13　一次接线图

（1）相关定值　保护定值栏中“差动保护启动电流定值”I_{cdzd}为 0.35A。

（2）试验条件

1）保护功能软压板：差动保护置“1”，失灵保护置“0”，母线互联置“0”，母联分裂置“0”，分段 1 分裂置“0”，分段 2 分裂置“0”。

2）SV 软压板：投入“电压 SV 接收软压板”“母联 21M_ SV 接收软压板”“#1 主变_ SV 接收软压板”“#2 主变_ SV 接收软压板”“泉洛Ⅰ路 211_ SV 接收软压板”“泉洛Ⅱ路 212_ SV 接收软压板”，只有当该软压板投入，且虚端子中软压板关联正确，装置采样值有显示，否则为零。

3）“差动电流保护”控制字置“1”。

4）运行方式：

支路 L4、支路 L6 合于Ⅰ母；支路 L5、L8 合于Ⅱ母，双母线并列运行。

支路 4 强制使能置“1”，支路 4 1G 强制合置“1”，支路 4 2G 强制合置“0”；

支路 5 强制使能置“1”，支路 5 1G 强制合置“0”，支路 5 2G 强制合置“1”；

支路 6 强制使能置“1”，支路 6 1G 强制合置“1”，支路 6 2G 强制合置“0”；

支路 8 强制使能置“1”，支路 8 1G 强制合置“0”，支路 8 2G 强制合置“1”。

5）母联开关合位。

（3）试验方法　通过设置一个故障态，加入故障量、手动控制，在状态序列 1GOOSE 数据集，先单击导入，再将总断路器位置、A 相断路器位置、B 相断路器位置、C 相断路器位置的数据集均选择“10”。具体负荷平衡参数见表 4-24。

表 4-24　负荷平衡态检验调试方法

	状态 1 参数设置		
平衡态试验仪器设置	U_a:57.74∠0.00° U_b:57.74∠240.00° U_c:57.74∠120.00° U'_a: 57.74∠0.00° U'_b: 57.74∠240.00° U'_c: 57.74∠120.00°	I_a:3.00∠180.00° I_{a}':6.00∠0.00° I_{sa}:10.00∠180.00° I_{ta}:2.00∠0.00°	状态触发条件： 手动控制
	说明：以 A 相为例，每组电流的 B 相和 C 相电流均为 0，母联开关始终合位		
	装置报文	无	
	装置指示灯	无	

3. 差动保护检验

与其他型号母差保护的比例差动元件动作有明显区别，当大差高值和小差低值同时动作，或大差低值和小差高值同时动作时，不判母联开关分位或合位，比例差动元件动作。

（1）差动启动定值检验

1）相关定值。保护定值栏中“差动保护启动电流定值”I_{cdzd}为 0.35A 。

2）试验条件

① 保护功能软压板：差动保护置“1”，失灵保护置“0”，母线互联置“0”，母联分裂置“0”，分段 1 分裂置“0”，分段 2 分裂置“0”。

② SV 软压板：投入“电压 SV 接收软压板”“母联 21M_ SV 接收软压板”“#1 主变_ SV 接收软压板”“#2 主变_ SV 接收软压板”“泉洛Ⅰ路 211_ SV 接收软压板”“泉洛Ⅱ路 212_ SV 接收软压板”。

③“差动电流保护”控制字置“1”。

④ 母联开关合位。

3）试验方法。取#2 主变 L5 支路，其余支路电流为零，进行验证。状态 1 和 2，GOOSE 数据集的总断路器位置、A 相断路器位置、B 相断路器位置、C 相断路器位置均选择“10”，具体故障量参数见表 4-25。

表 4-25　差动启动定值检验调试方法

<table>
<tr><td rowspan="7">正向区内故障试验仪器设置</td><td colspan="3">状态 1 参数设置（正常状态）</td></tr>
<tr><td>U'_{a}:57.74∠0.00°
U'_{b}:57.74∠240.00°
U'_{c}:57.74∠120.00°</td><td>I_{a}:0.00∠0.00°
I'_{a}:0.00∠0.00°
I_{sa}:0.00∠0.00°
I_{ta}:0.00∠0.00°</td><td>状态触发条件：
时间控制为 0.1s</td></tr>
<tr><td colspan="3">状态 2 参数设置（故障状态）</td></tr>
<tr><td>U'_{a}:40.00∠0.00°
U'_{b}:57.74∠240.00°
U'_{c}:57.74∠120.00°</td><td>I_{a}:0.00∠0.00°
I'_{a}:0.00∠0.00°
I_{sa}:0.735∠0.00°
I_{ta}:0.00∠0.00°</td><td>状态触发条件：
时间控制为 0.05s</td></tr>
<tr><td colspan="3">说明：以 A 相为例，每组电流的 B 相和 C 相电流均为 0，母联开关始终合位。差动保护动作时间应以 2 倍动作电流进行测试</td></tr>
<tr><td>装置报文</td><td colspan="2">000ms 保护启动
000ms 差动保护启动
0020ms 差动保护跳母联 21M
0020ms A 稳态量差动跳Ⅱ母
0020ms Ⅱ母差动动作</td></tr>
<tr><td>装置指示灯</td><td colspan="2">母差动作　其他动作</td></tr>
<tr><td rowspan="7">正向区外故障试验仪器设置</td><td colspan="3">状态 1 参数设置（正常状态）</td></tr>
<tr><td>U'_{a}:57.74∠0.00°
U'_{b}:57.74∠240.00°
U'_{c}:57.74∠120.00°</td><td>I_{a}:0.00∠0.00°
I'_{a}:0.00∠0.00°
I_{sa}: 0.00∠0.00°
I_{ta}: 0.00∠0.00°</td><td>状态触发条件：
时间控制为 0.1s</td></tr>
<tr><td colspan="3">状态 2 参数设置（故障状态）</td></tr>
<tr><td>U'_{a}:40.00∠0.00°
U'_{b}:57.74∠240.00°
U'_{c}:57.74∠120.00°</td><td>I_{a}: 0.00∠0.00°
I'_{a}:0.00∠0.00°
I_{sa}:0.665∠0.00°
I_{ta}:0.00∠0.00°</td><td>状态触发条件：
时间控制为 0.05s</td></tr>
<tr><td colspan="3">说明：以 A 相为例，每组电流的 B 相和 C 相电流均为 0，母联开关始终合位。差动保护动作时间应以 2 倍动作电流进行测试</td></tr>
<tr><td>装置报文</td><td colspan="2">无</td></tr>
<tr><td>装置指示灯</td><td colspan="2">无</td></tr>
</table>

（2）大差比率制动系数高值检验

1）相关定值。大差比率制动系数高值为 0.5。

2）试验条件

① 保护功能软压板：差动保护置“1”，失灵保护置“0”，母线互联置“0”，母联分裂置“0”，分段 1 分裂置“0”，分段 2 分裂置“0”。

② SV 软压板：投入“电压 SV 接收软压板”“母联 21M_ SV 接收软压板”“#1 主变_ SV 接收软压板”“#2 主变_ SV 接收软压板”“泉洛Ⅰ路 211_ SV 接收软压板”“泉洛Ⅱ路 212_ SV 接收软压板”。

③“差动电流保护”控制字置“1”。

3）试验方法。在平衡态基础上，增加#2 主变 L5 支路电流大小，进行验证。采用测试仪的通用试验扩展模块进行实验，具体故障量参数见表 4-26。

表 4-26 大差比率制动系数高值检验调试方法

<table>
<tr><td rowspan="5">正向区内故障试验仪器设置</td><td colspan="3">通用试验扩展设置</td></tr>
<tr><td>U'_a:40.00∠0.00°
U'_b:57.74∠240.00°
U'_c:57.74∠120.00°</td><td>I_a:3.00∠180.00°
I'_a:6.00∠0.00°
I_{sa}:29.50∠180.00°
I_{ta}:2.00∠0.00°</td><td>选择 I_{sa} 为变量，变化步长 0.1A，增大 I_{sa}，直至 30.1A，差动动作，注意调节速度不能太慢，否则出现 CT 断线闭锁</td></tr>
<tr><td colspan="3">说明：以 A 相为例，每组电流的 B 相和 C 相电流均为 0，母联开关始终合位。第二点，将各支路外加量乘以或除以一个系数</td></tr>
<tr><td>装置报文</td><td colspan="2">0007ms A 变化量差动跳Ⅱ母
0007msⅡ母差动动作
0008ms 差动保护跳母联 21M
48ms A 稳态量差动跳Ⅱ母</td></tr>
<tr><td>装置指示灯</td><td colspan="2">母差动作　其他动作</td></tr>
</table>

（3）大差比率制动系数低值检验

1）相关定值。大差比率制动系数低值为 0.3。

2）试验条件

① 保护功能软压板：差动保护置“1”，失灵保护置“0”，母线互联置“0”，母联分裂置“0”，分段 1 分裂置“0”，分段 2 分裂置“0”。

② SV 软压板：投入“电压 SV 接收软压板”“母联 21M_ SV 接收软压板”“#1 主变_ SV 接收软压板”“#2 主变_ SV 接收软压板”“泉洛Ⅰ路 211_ SV 接收软压板”“泉洛Ⅱ路 212_ SV 接收软压板”。

③“差动电流保护”控制字置“1”。

3）试验方法。Ⅰ母平衡，增加#2 主变 L5 支路电流大小，进行验证。采用测试仪的通用试验扩展模块进行实验，具体故障量参数见表 4-27。

表 4-27 大差比率制动系数低值检验调试方法

<table>
<tr><td rowspan="5">正向区内故障试验仪器设置</td><td colspan="3">通用试验扩展设置</td></tr>
<tr><td>U'_a:40.00∠0.00°
U'_b:57.74∠240.00°
U'_c:57.74∠120.00°</td><td>I_a:0.00∠0.00°
I'_a:10.50∠0.00°
I_{sa}:5.9∠0.00°
I_{ta}:7.00∠180.00°</td><td>选择 I_{sa} 为变量，变化步长 0.1A，增大 I_{sa}，直至 6.1，差动动作</td></tr>
<tr><td colspan="3">说明：以 A 相为例，每组电流的 B 相和 C 相电流均为 0，母联开关始终合位。第二点，将各支路外加量乘以或除以一个系数</td></tr>
<tr><td>装置报文</td><td colspan="2">0008ms A 变化量差动跳Ⅱ母
0008msⅡ母差动动作
0009ms 差动保护跳母联 21M
48ms A 稳态量差动跳Ⅱ母</td></tr>
<tr><td>装置指示灯</td><td colspan="2">母差动作　其他动作</td></tr>
</table>

（4）小差比率制动系数高值检验

1）相关定值。小差比率制动系数为 0.6。

2）试验条件

① 保护功能软压板：差动保护置“1”，失灵保护置“0”，母线互联置“0”，母联分裂置“0”，分段 1 分裂置“0”，分段 2 分裂置“0”。

② SV 软压板：投入“电压 SV 接收软压板”“母联 21M_ SV 接收软压板”“#1 主变_ SV 接收软压板”“#2 主变_ SV 接收软压板”“泉洛Ⅰ路 211_ SV 接收软压板”“泉洛Ⅱ路 212_ SV 接收软压板”。

③“差动电流保护”控制字置“1”。

3）试验方法。在平衡态基础上，增加泉洛Ⅰ路 L6 支路电流大小，进行验证。采用测试仪的通用试验扩展模块进行实验，具体故障量参数见表 4-28。

表 4-28　小差比率制动系数高值检验调试方法

正向区内故障试验仪器设置	通用试验扩展设置		
	U'_{a}:40.00∠0.00° U'_{b}:57.74∠240.00° U'_{c}:57.74∠120.00°	I_{a}:2.00∠180.00° I'_{a}:6.00∠0.00° I_{sa}:10.00∠180.00° I_{ta}:19.50∠0.00°	选择 I_{ta} 为变量，变化步长 0.1A，增大 I_{ta}，直至 20.1，差动动作，注意调节速度不能太慢，否则出现 CT 断线闭锁
	说明：以 A 相为例，每组电流的 B 相和 C 相电流均为 0，母联开关始终合位。第二点，将各支路外加量乘以或除以一个系数		
	装置报文	0007ms A 变化量差动跳Ⅱ母 0007ms Ⅱ母差动动作 0008 ms 差动保护跳母联 21M 48ms A 稳态量差动跳Ⅱ母	
	装置指示灯	母差动作　其他动作	

（5）小差比率制动系数低值检验

相关定值：小差比率制动系数为 0.5。方法同大差高值校验，大差高值等于小差低值，两个同时满足。

（6）差动保护电压闭锁元件检验

1）相关定值

U_{bs}为 0.7Un；U_{obs}为 6V；U_{2bs}为 4V。

2）试验条件

① 保护功能软压板：差动保护置“1”，失灵保护置“0”，母线互联置“0”，母联分裂置“0”，分段 1 分裂置“1”，分段 2 分裂置“0”。

② SV 软压板：投入“电压 SV 接收软压板”“泉洛Ⅰ路 211_ SV 接收软压板”。

③“差动电流保护”控制字置“1”。

3）试验方法　输入 L6 泉洛Ⅰ路故障电流，采用通用试验（序分量）模块，验证Ⅰ母电压闭锁。具体故障量参数见表 4-29。

表 4-29　差动保护电压闭锁元件检验调试方法

正向区内故障试验仪器设置	相电压闭锁值 U_{bs} 参数设置		
	U_{1}:42.00∠0.00° U_{0}:00.00∠0.00° U_{2}:00.00∠0.00°	I_{1}:2.00∠0.00° I_{0}:0.00∠0.00° I_{2}:0.00∠0.00°	输入 U_{1}，选择 U_{1} 为变量，变化步长 0.1V，锁住本状态，输入 I_{1}，解锁，降至 40.2V 左右，差动动作，注意调节速度不能太慢，否则出现 CT 断线闭锁
	零序电压闭锁值 U_{0bs} 参数设置		
	U_{1}:57.74∠0.00° U_{0}:1.80∠0.00° U_{2}:00.00∠0.00°	I_{1}:2.00∠0.00° I_{0}:0.00∠0.00° I_{2}:0.00∠0.00°	输入 U_{0}，选择 U_{0} 为变量，变化步长 0.05V，锁住本状态，输入 I_{1}，解锁，升至 2.05V 左右，差动动作，注意调节速度不能太慢，否则出现 CT 断线闭锁

（续）

<table>
<tr><td rowspan="5">正向区内故障试验仪器设置</td><td colspan="3">说明：U_0 取零序电压定值的 1/3</td></tr>
<tr><td colspan="3">负序电压闭锁值 U_{2bs} 参数设置</td></tr>
<tr><td>U_1:57.74∠0.00°
U_0:00.00∠0.00°
U_2:3.80∠0.00°</td><td>I_1:2.00∠0.00°
I_0:0.00∠0.00°
I_2:0.00∠0.00°</td><td>输入 U_2，选择 U_2 为变量，变化步长 0.05V，锁住本状态，输入 I_1，解锁，升至 4.1V 左右，差动动作，注意调节速度不能太慢，否则出现 CT 断线闭锁</td></tr>
<tr><td>装置报文</td><td colspan="2">稳态量差动跳Ⅰ母</td></tr>
<tr><td>装置指示灯</td><td colspan="2">母差动作　其他动作</td></tr>
</table>

（7）充电闭锁元件检验

1）相关定值。大差比率制动系数高值为 0.5，小差比率制动系数低值为 0.5，差动保护启动电流定值 I_{cdzd} 为 0.35A。

2）试验条件

① 保护功能软压板：差动保护置“1”，失灵保护置“0”，母线互联置“0”，母联分裂置“0”，分段 1 分裂置“0”，分段 2 分裂置“0”。

② SV 软压板：投入“电压 SV 接收软压板”“母联 21M_ SV 接收软压板”“#1 主变_ SV 接收软压板”“#2 主变_ SV 接收软压板”“泉洛Ⅰ路 211_ SV 接收软压板”“泉洛Ⅱ路 212_ SV 接收软压板”。

③“差动电流保护”控制字置“1”。

④ 母联分位。

⑤ 由Ⅰ母向Ⅱ母充电。

⑥ GOOSE 发布母联 SHJ 开入。

3）试验方法。输入 L6 泉洛Ⅰ路故障电流，进行验证。具体故障量参数见表 4-30。

表 4-30　充电闭锁元件检验调试方法

<table>
<tr><td rowspan="7">正向区内故障试验仪器设置</td><td colspan="3">状态 1 参数设置（正常状态）</td></tr>
<tr><td>U_a:57.74∠0.00°
U_b:57.74∠240.00°
U_c:57.74∠120.00°
U'_a:00.00∠0.00°
U'_b:00.00∠240.00°
U'_c:00.00∠120.00°</td><td>I_a: 0.00∠0.00°
I'_a: 0.00∠0.00°
I_{sa}: 0.00∠0.00°
I_{ta}: 0.00∠0.00°</td><td>状态触发条件：
时间控制为 0.2s
TWJ=1</td></tr>
<tr><td colspan="3">状态 2 参数设置（故障状态）</td></tr>
<tr><td>U_a:57.74∠0.00°
U_b:57.74∠240.00°
U_c:57.74∠120.00°
U'_a:00.00∠0.00°
U'_b:00.00∠240.00°
U'_c:00.00∠120.00°</td><td>I_a: 0.00∠0.00°
I'_a: 0.00∠0.00°
I_{sa}: 0.00∠0.00°
I_{ta}: 2.00∠0.00°</td><td>状态触发条件：
时间控制为 0.25s
SHJGOOSE 开入，TWJ=1</td></tr>
<tr><td colspan="3">说明：以 A 相为例，每组电流的 B 相和 C 相电流均为 0</td></tr>
<tr><td>装置报文</td><td colspan="2">21ms 充电至死区保护</td></tr>
<tr><td>装置指示灯</td><td colspan="2">母联动作</td></tr>
</table>

4. 母联保护校验

（1）外部启动母联失灵保护校验

1）相关定值。母联分段失灵电流定值为 0.2A，母联分段失灵时间为 0.4s。

2）试验条件

① 保护功能软压板：差动保护置“1”，失灵保护置“1”，母线互联置“0”，母联分裂置“0”，分段 1 分裂置“0”，分段 2 分裂置“0”。

② SV 软压板：投入“电压 SV 接收软压板”“母联 21M_ SV 接收软压板”“#1 主变_ SV 接收软压板”“#2 主变_ SV 接收软压板”“泉洛Ⅰ路 211_ SV 接收软压板”“泉洛Ⅱ路 212_ SV 接收软压板”。

③“差动电流保护”控制字置“1”，“失灵保护”控制字置“1”。

④ GOOSE 发布启动失灵设置为 true。

3）试验方法。设置母联 L1 支路电流故障电流 I_a，进行验证。测试仪光口 8 接到母差保护组网口，状态 2 中 GOOSE 数据集的启动失灵设置为 true。具体故障量参数见表 4-31。

表 4-31　外部启动母联失灵保护检验调试方法

正向区内故障试验仪器设置	状态 1 参数设置(正常状态)		
	U_a:57.74∠0.00° U_b:57.74∠240.00° U_c:57.74∠120.00° U'_a:57.74∠0.00° U'_b:57.74∠240.00° U'_c:57.74∠120.00°	I_a: 0.00∠0.00° I'_a: 0.00∠0.00° I_{sa}: 0.00∠0.00° I_{ta}: 0.00∠0.00°	状态触发条件： 时间控制为 0.1s
	状态 2 参数设置(故障状态)		
	U_a:40.00∠0.00° U_b:57.74∠240.00° U_c:57.74∠120.00° U'_a:40.00∠0.00° U'_b:57.74∠240.00° U'_c:57.74∠120.00°	I_a: 0.21∠0.00° I'_a: 0.00∠0.00° I_{sa}:0.00∠0.00° I_{ta}:0.00∠0.00°	状态触发条件： 时间控制为 0.5s
	说明：以 A 相为例，每组电流的 B 相和 C 相电流均为 0		
	装置报文	0417ms 母联 21M 失灵动作 0417ms Ⅰ母失灵保护动作 0417ms Ⅱ母失灵保护动作	
	装置指示灯	失灵动作　其他动作	

（2）母联失灵保护校验

1）相关定值。母联分段失灵电流定值为 0.2A，母联分段失灵时间为 0.4s。

2）试验条件

① 保护功能软压板：差动保护置“1”，失灵保护置“1”，母线互联置“0”，母联分裂置“0”，分段 1 分裂置“0”，分段 2 分裂置“0”。

② SV 软压板：投入“电压 SV 接收软压板”“母联 21M_ SV 接收软压板”“#1 主变_ SV 接收软压板”“#2 主变_ SV 接收软压板”“泉洛Ⅰ路 211_ SV 接收软压板”“泉洛Ⅱ路 212_ SV 接收软压板”。

③“差动电流保护”控制字置“1”，“失灵保护”控制字置“1”。

④ 母联开关合位。

3）试验方法。设置母联 L1 支路电流故障电流 I_a，L5 支路流出Ⅱ母，进行验证。状态 1 和 2，GOOSE 数据集的总断路器位置、A 相断路器位置、B 相断路器位置、C 相断路器位置均选择“01”，具体故障量参数见表 4-32。

（3）母联合位死区检验

1）相关定值。大差比率制动系数高值为 0.5，小差比率制动系数低值为 0.5，差动保护启动电流定值 I_{cdzd} 为 0.35A。

表 4-32 母联失灵保护检验调试方法

正向区内故障试验仪器设置	状态 1 参数设置（正常状态）		
	U_a:57.74∠0.00° U_b:57.74∠240.00° U_c:57.74∠120.00° U'_a:57.74∠0.00° U'_b:57.74∠240.00° U'_c:57.74∠120.00°	I_a: 0.00∠0.00° I'_a: 0.00∠0.00° I_{sa}:0.00∠0.00° I_{ta}: 0.00∠0.00°	状态触发条件： 时间控制为 0.1s
	状态 2 参数设置（故障状态）		
	U_a:40.00∠0.00° U_b:57.74∠240.00° U_c:57.74∠120.00° U'_a:40.00∠0.00° U'_b:57.74∠240.00° U'_c:57.74∠120.00°	I_a:0.21∠0.00° I'_a:0.00∠0.00° I_{sa}:10.00∠0.00° I_{ta}:0.00∠0.00°	状态触发条件： 时间控制为 0.5s
	说明：以 A 相为例，每组电流的 B 相和 C 相电流均为 0		
	装置报文	0004ms A 变化量差动跳Ⅰ母 0004ms Ⅰ母差动动作 0005ms 差动保护跳母联 21M 22ms A 稳态量差动跳Ⅱ母 0417ms 母联 21M 失灵动作 0417ms Ⅰ母失灵保护动作 0417ms Ⅱ母失灵保护动作	
	装置指示灯	母差动作 失灵动作 其他动作	

2）试验条件

① 保护功能软压板：差动保护置“1”，失灵保护置“1”，母线互联置“0”，母联分裂置“0”，分段 1 分裂置“0”，分段 2 分裂置“0”。

② SV 软压板：投入“电压 SV 接收软压板”“母联 21M_ SV 接收软压板”“#1 主变_ SV 接收软压板”“#2 主变_ SV 接收软压板”“泉洛Ⅰ路 211_ SV 接收软压板”“泉洛Ⅱ路 212_ SV 接收软压板”。

③“差动电流保护”控制字置“1，“失灵保护”控制字置“1”。

④ 母联合位。

3）试验方法。#2 主变 L5 支路有流，母联 L1 支路电流故障电流 I_a，Ⅱ母平衡，进行验证，具体故障量参数见表 4-33。

表 4-33 母联合位死区检验调试方法

正向区内故障试验仪器设置	状态 1 参数设置（正常状态）		
	U_a:57.74∠0.00° U_b:57.74∠240.00° U_c:57.74∠120.00° U'_a: 57.74∠0.00° U'_b: 57.74∠240.00° U'_c: 57.74∠120.00°	I_a: 0.00∠0.00° I'_a: 0.00∠0.00° I_{sa}:0.00∠0.00° I_{ta}: 0.00∠0.00°	状态触发条件： 时间控制为 0.1s HWJ = 1
	状态 2 参数设置（故障状态）		
	U_a:40.00∠0.00° U_b:57.74∠240.00° U_c:57.74∠120.00° U'_a: 40.00∠0.00° U'_b: 57.74∠240.00° U'_c: 57.74∠120.00°	I_a:1.00∠0.00° I'_a:0.00∠0.00° I_{sa}:2.00∠180.00° I_{ta}:0.00∠0.00°	状态触发条件： 时间控制为 0.3s TWJ = 1

（续）

正向区内故障试验仪器设置	说明：以 A 相为例，每组电流的 B 相和 C 相电流均为 0，母联开关始终合位	
	装置报文	0008ms　A 变化量差动跳 Ⅰ 母 0008ms　Ⅰ 母差动动作 0008ms　差动保护跳母联 21M 0021ms　A 稳态量差动跳 Ⅰ 母 0159ms　母联 21M 死区 0187ms　A 稳态量差动跳 Ⅰ 母 0187ms　Ⅱ 母差动动作
	装置指示灯	母差动作　其他动作

（4）母联分位死区检验

1）相关定值。大差比率制动系数低值为 0.3，小差比率制动系数高值为 0.6，差动保护启动电流定值 I_{cdzd} 为 0.35A。

2）试验条件

① 保护功能软压板：差动保护置“1”，失灵保护置“0”，母线互联置“0”，母联分裂置“1”，分段 1 分裂置“0”，分段 2 分裂置“0”。

② SV 软压板：投入“电压 SV 接收软压板”“母联 21M_ SV 接收软压板”“#1 主变_ SV 接收软压板”“#2 主变_ SV 接收软压板”“泉洛 Ⅰ 路 211_ SV 接收软压板”“泉洛 Ⅱ 路 212_ SV 接收软压板”。

③“差动电流保护”控制字置“1”，“失灵保护”控制字置“1”。

④ 母联分位。

3）试验方法见表 4-34。

表 4-34　母联分位死区检验调试方法

正向区内故障试验仪器设置	状态 1 参数设置（正常状态）		
	U_a:57.74∠0.00° U_b:57.74∠240.00° U_c:57.74∠120.00° U'_a: 57.74∠0.00° U'_b: 57.74∠240.00° U'_c: 57.74∠120.00°	I_a: 0.00∠0.00° I'_a: 0.00∠0.00° I_{sa}:0.00∠0.00° I_{ta}: 0.00∠0.00°	状态触发条件： 时间控制为 0.5s TWJ = 1
	状态 2 参数设置（故障状态）		
	U_a:40.00∠0.00° U_b:57.74∠240.00° U_c:57.74∠120.00° U'_a: 40.00∠0.00° U'_b: 57.74∠240.00° U'_c: 57.74∠120.00°	I_a:1.00∠0.00° I'_a:0.00∠0.00° I_{sa}:2.00∠180.00° I_{ta}:0.00∠0.00°	状态触发条件： 时间控制为 0.2s TWJ = 1
	说明：以 A 相为例，每组电流的 B 相和 C 相电流均为 0，母联开关始终分位		
	装置报文	0005ms　A 变化量差动跳 Ⅱ 母 0005ms　Ⅱ 母差动动作 00406ms　差动保护跳母联 21M 016ms　母联 21M 死区 0023ms　A 稳态量差动跳 Ⅱ 母	
	装置指示灯	母差动作　其他动作	

5. 失灵保护校验

（1）线路间隔三相失灵保护校验

1）相关定值　三相失灵相电流定值为 0.8A，失灵保护 1 时限为 0.3s；失灵保护 2 时限为 0.5s。

2）试验条件

① 保护功能软压板：失灵保护置“1”，母线互联置“0”，母联分裂置“0”，分段 1 分裂置“0”，分段 2 分裂置“0”。

② SV 软压板：投入“电压 SV 接收软压板”“母联 21M_ SV 接收软压板”“#1 主变_ SV 接收软压板”“#2 主变_ SV 接收软压板”“泉洛 I 路 211_ SV 接收软压板”“泉洛Ⅱ路 212_ SV 接收软压板”。

③“失灵保护”控制字置“1”。

④ GOOSE 发布“支路 6_ A 相启动失灵开入”“支路 6_ B 相启动失灵开入”“支路 6_ C 相启动失灵开入”设置为 true。

⑤ GOOSE 订阅 L1 母联跳闸、L6 泉洛 I 路跳闸。

3）试验方法。设置 L6 泉洛 I 路支路故障电流，进行验证。状态 2，“支路 6_ A 相启动失灵开入”“支路 6_ B 相启动失灵开入”“支路 6_ C 相启动失灵开入”设置为 true，具体故障量参数见表 4-35。

表 4-35 线路间隔三相失灵保护检验调试方法

<table>
<tr><td rowspan="8">正向区内故障试验仪器设置</td><td colspan="3">状态 1 参数设置（正常状态）</td></tr>
<tr><td>U_a:57.74∠0.00°
U_b:57.74∠240.00°
U_c:57.74∠120.00°</td><td>I_{ta}: 0.000∠0.00°
I_{tb}: 0.000∠240.00°
I_{tc}: 0.000∠120.00°</td><td>状态触发条件：
时间控制为 0.1s</td></tr>
<tr><td colspan="3">状态 2 参数设置（故障状态）</td></tr>
<tr><td>U_a:40.00∠0.00°
U_b:40.00∠240.00°
U_c:40.00∠120.00°</td><td>I_{ta}: 1.68∠0.00°
I_{tb}: 1.68∠240.00°
I_{tc}: 1.68∠120.00°</td><td>状态触发条件：
时间控制为 0.6s</td></tr>
<tr><td colspan="3">说明：电流值应换算到基准电流比</td></tr>
<tr><td>装置报文</td><td colspan="2">失灵保护跳母联
I 母失灵保护动作</td></tr>
<tr><td>装置指示灯</td><td colspan="2">失灵动作　其他动作</td></tr>
</table>

（2）线路间隔失灵保护校验

1）相关定值。失灵零序电流定值为 0.4A，失灵负序电流定值为 0.3A，失灵保护 1 时限为 0.3s，失灵保护 2 时限为 0.5s。

2）试验条件

① 保护功能软压板：失灵保护置“1”，母线互联置“0”，母联分裂置“0”，分段 1 分裂置“0”，分段 2 分裂置“0”。

② SV 软压板：投入“电压 SV 接收软压板”“母联 21M_ SV 接收软压板”“#1 主变_ SV 接收软压板”“#2 主变_ SV 接收软压板”“泉洛 I 路 211_ SV 接收软压板”“泉洛Ⅱ路 212_ SV 接收软压板”。

③“失灵保护”控制字置“1”。

④ GOOSE 发布“支路 6_ A 相启动失灵开入”“支路 6_ B 相启动失灵开入”“支路 6_ C 相启动失灵开入”设置为 true。

⑤ GOOSE 订阅 L1 母联跳闸、L6 泉洛 I 路跳闸。

3）试验方法。设置 L6 泉洛 I 路支路故障电流，进行验证。状态 2，GOOSE 数据集“支路 6_ A 相启动失灵开入”“支路 6_ B 相启动失灵开入”“支路 6_ C 相启动失灵开入”设置为 true，具体故障量参数见表 4-36。

表 4-36　线路间隔失灵保护校验调试方法

正向区内故障试验仪器设置	失灵零序电流定值检验		
	状态 1 参数设置(正常状态)		
	U_a:57.74∠0.00° U_b:57.74∠240.00° U_c:57.74∠120.00°	I_{ta}: 0.00∠0.00° I_{tb}: 0.00∠240.00° I_{tc}: 0.00∠120.00°	状态触发条件: 时间控制为 0.1s
	状态 2 参数设置(故障状态)		
	U_a:40.00∠0.00° U_b:57.74∠240.00° U_c:57.74∠120.00°	I_{ta}:0.84∠0.00° I_{tb}: 0.00∠240.00° I_{tc}: 0.00∠120.00°	状态触发条件: 时间控制为 0.6s
	说明:电流定值应换算到基准电流比		
	装置报文	失灵保护跳母联 Ⅰ母失灵保护动作	
	装置指示灯	失灵动作　其他动作	
	失灵负序电流定值检验		
	状态 1 参数设置(正常状态)		
	U_a:57.74∠0.00° U_b:57.74∠240.00° U_c:57.74∠120.00°	I_{ta}:0.00∠0.00° I_{tb}:0.00∠240.00° I_{tc}:0.00∠120.00°	状态触发条件: 时间控制为 0.1s
	状态 2 参数设置(故障状态)		
	U_a:40.00∠0.00° U_b:57.74∠240.00° U_c:57.74∠120.00°	I_{ta}:0.63∠0.00° I_{tb}:0.63∠120.00° I_{tc}:0.63∠240.00°	状态触发条件: 时间控制为 0.6s
	说明:电流值应换算到基准电流比		
	装置报文	失灵保护跳母联 Ⅰ母失灵保护动作	
	装置指示灯	失灵动作　其他动作	

（3）主变间隔三相失灵保护校验

1）相关定值。三相失灵相电流定值为 0.8A，失灵保护 1 时限为 0.3s，失灵保护 2 时限为 0.5s。

2）试验条件

① 保护功能软压板：失灵保护置“1”，母线互联置“0”，母联分裂置“0”，分段 1 分裂置“0”，分段 2 分裂置“0”。

② SV 软压板：投入“电压 SV 接收软压板”“母联 21M_ SV 接收软压板”“#1 主变_ SV 接收软压板”“#2 主变_ SV 接收软压板”“泉洛Ⅰ路 211_ SV 接收软压板”“泉洛Ⅱ路 212_ SV 接收软压板”。

③“失灵保护”控制字置“1”。

④ GOOSE 发布“支路 5_ 三相启动失灵开入”设置为 true。

⑤ GOOSE 订阅 L1 母联跳闸、L5#2 主变跳闸。

3）试验方法。设置 L5#2 主变支路故障电流，进行验证。状态 2，GOOSE 数据集“支路 5_ 三相启动失灵开入”设置为 true，具体故障量参数见表 4-37。

（4）主变间隔失灵保护校验

1）相关定值。失灵零序电流定值为 0.4A，失灵负序电流定值为 0.3A，失灵保护 1 时限为 0.3s，失灵保护 2 时限为 0.5s。

2）试验条件

① 保护功能软压板：失灵保护置“1”，母线互联置“0”，母联分裂置“0”，分段 1 分裂置“0”，分段 2 分裂置“0”。

表 4-37　主变间隔三相失灵保护校验调试方法

正向区内故障试验仪器设置	状态 1 参数设置(正常状态)		
	U_a:57.74∠0.00° U_b:57.74∠240.00° U_c:57.74∠120.00°	I_{sa}: 0.00∠0.00° I_{sb}: 0.00∠240.00° I_{sc}: 0.00∠120.00°	状态触发条件: 时间控制为 0.1s
	状态 2 参数设置(故障状态)		
	U_a:40.00∠0.00° U_b:40.00∠240.00° U_c:40.00∠120.00°	I_{sa}: 1.68∠0.00° I_{sb}: 1.68∠240.00° I_{sc}: 1.68∠120.00°	状态触发条件: 时间控制为 0.6s
	说明:电流值应换算到基准电流比		
	装置报文	失灵保护跳母联 Ⅱ母失灵保护动作	
	装置指示灯	失灵动作　其他动作	

② SV 软压板：投入“电压 SV 接收软压板”“母联 21M_ SV 接收软压板”“#1 主变_ SV 接收软压板”“#2 主变_ SV 接收软压板”“泉洛Ⅰ路 211_ SV 接收软压板”“泉洛Ⅱ路 212_ SV 接收软压板”。

③“失灵保护”控制字置“1”。

④ GOOSE 发布“支路 5_ 三相启动失灵开入”设置为 true。

⑤ GOOSE 订阅 L1 母联跳闸、L5#2 主变跳闸。

3）试验方法。设置 L5#2 主变支路故障电流，进行验证。状态 2，GOOSE 数据集“支路 5_ 三相启动失灵开入”设置为 true，具体故障量参数见表 4-38。

表 4-38　主变间隔失灵保护校验调试方法

正向区内故障试验仪器设置	失灵零序电流定值检验		
	状态 1 参数设置(正常状态)		
	U_a:57.74∠0.00° U_b:57.74∠240.00° U_c:57.74∠120.00°	I_{sa}:0.00∠0.00° I_{sb}:0.00∠240.00° I_{sc}:0.00∠120.00°	状态触发条件: 时间控制为 0.1s
	状态 2 参数设置(故障状态)		
	U_a:40.00∠0.00° U_b:57.74∠240.00° U_c:57.74∠120.00°	I_{sa}:0.84∠0.00° I_{sb}:0.00∠240.00° I_{sc}:0.00∠120.00°	状态触发条件: 时间控制为 0.6s
	说明:电流值应换算到基准电流比		
	装置报文	失灵保护跳母联 Ⅱ母失灵保护动作	
	装置指示灯	失灵动作　其他动作	
	失灵负序电流定值检验		
	状态 1 参数设置(正常状态)		
	U_a:57.74∠0.00° U_b:57.74∠240.00° U_c:57.74∠120.00°	I_{sa}:0.00∠0.00° I_{sb}:0.00∠240.00° I_{sc}:0.00∠120.00°	状态触发条件: 时间控制为 0.1s
	状态 2 参数设置(故障状态)		
	U_a:40.00∠0.00° U_b:57.74∠240.00° U_c:57.74∠120.00°	I_{sa}:0.63∠0.00° I_{sb}:0.63∠120.00° I_{sc}:0.63∠240.00°	状态触发条件: 时间控制为 0.6s
	说明:电流值应换算到基准电流比,调高零序电流定值		
	装置报文	失灵保护跳母联 Ⅱ母失灵保护动作	
	装置指示灯	失灵动作　其他动作	

（5）失灵保护电压闭锁元件校验

1）相关定值。低电压闭锁定值为 50V，零序电压闭锁定值为 5V，负序电压闭锁定值为 5V。

2）试验条件

① 保护功能软压板：失灵保护置“1”，母线互联置“0”，母联分裂置“0”，分段 1 分裂置“0”，分段 2 分裂置“0”。

② SV 软压板：投入“电压 SV 接收软压板”“母联 21M_ SV 接收软压板”“#1 主变_ SV 接收软压板”“#2 主变_ SV 接收软压板”“泉洛Ⅰ路 211_ SV 接收软压板”“泉洛Ⅱ路 212_ SV 接收软压板”。

③“失灵保护”控制字置“1”。

④ GOOSE 发布“支路 6_ A 相启动失灵开入”“支路 6_ B 相启动失灵开入”“支路 6_ C 相启动失灵开入”设置为 true。

⑤ GOOSE 订阅 L1 母联跳闸、L6 泉洛Ⅰ路跳闸。

3）试验方法。设置 L6 泉洛Ⅰ路支路故障电流，进行验证。状态 2，GOOSE 数据集“支路 6_ A 相启动失灵开入”“支路 6_ B 相启动失灵开入”“支路 6_ C 相启动失灵开入”设置为 true，具体故障量参数见表 4-39。

表 4-39　失灵保护电压闭锁元件校验调试方法

正向区内故障试验仪器设置	相电压闭锁值 U_{bs} 参数设置		
	U_1:52.00∠0.00° U_0:00.00∠0.00° U_2:00.00∠0.00°	I_1:2.00∠0.00° I_0:0.00∠0.00° I_2:0.00∠0.00°	输入 U_1，选择 U_1 为变量，变化步长 0.1V，锁住本状态，输入 I_1，解锁，降至 50.2V 左右，失灵动作
	零序电压闭锁值 U_{obs} 参数设置		
	U_1:57.74∠0.00° U_0:1.60∠0.00° U_2:00.00∠0.00°	I_1:0.00∠0.00° I_0:1.00∠0.00° I_2:0.00∠0.00°	输入 U_0，选择 U_0 为变量，变化步长 0.05V，锁住本状态，输入 I_1，解锁，升至 1.75V 左右，失灵动作
	说明：U_0 取零序电压定值的 1/3		
	负序电压闭锁值 U_{2bs} 参数设置		
	U_1:57.74∠0.00° U_0:00.00∠0.00° U_2:4.80∠0.00°	I_1:0.00∠0.00° I_0:0.00∠0.00° I_2:1.00∠0.00°	输入 U_2，选择 U_2 为变量，变化步长 0.05V，锁住本状态，输入 I_1，解锁，升至 5.1V 左右，失灵动作
	装置报文	失灵保护跳母联 Ⅰ母失灵保护动作	
	装置指示灯	失灵动作　其他动作	

4.4　110kV 的 CSC-150AL 母线保护调试

4.4.1　概述

1. CSC-150AL 装置功能说明

CSC-150AL 数字式成套母线保护装置适用于 110kV 及以下各种电压等级的母线系统，包括单母线、单母分段、双母线、双母双分段、双母单分段等多种接线形式。对于单母线、单母分段、双母线、双母双分段、双母单分段接线形式，一套装置最大接入单元为 26 个（包括线路、变压器、母联及分段）。

2. 装置背板端子说明

CSC-150AL 母线保护装置插件布置如图 4-14 和图 4-15 所示，由于接入保护装置的间隔较多，采取了主从机的模式。主机的 X5、X7、X9、X11 插件为保护装置各支路的 SV 直采接入光口，接收模拟量数据，光口型号为 LC。从机的 X6、X8、X10 插件为保护装置的 GOOSE 组网和各支路直跳接入光口，接收和发送 GOOSE 数据，光口型号为 LC。主从机通过通信互联插件完成信息的交换。

插槽编号	X1(4TE)	X2(4TE)	X3(4TE)	X4(4TE)	X5(4TE)	X6(4TE)	X7(4TE)	X8(4TE)	X9(4TE)	X10(4TE)	X11(4TE)	X12(4TE)	X13(4TE)	X14(4TE)	X15(4TE)	X16(4TE)	X17(4TE)	X18(4TE)	X19(8TE)
配置代码	D3	X	L9	X	D3	X	Z		C3	X	C3	X	W15		Z		15	03	P2(220V电源)
CSC-150A-DA-G(1)	主CPU插件(5V) 01 04 07 02 05 08 LED 03 06 09 TX RX Vol TX RX BC TX RX 备用1 TX RX TX RX TX RX TX RX	4TE补板	通信互联插件 01 02 03 LED TIME DB15 CAN TX RX	8TE补板	主CPU插件(5V) 01 04 07 02 05 08 LED 03 06 09 TX RX BS1 TX RX BS2 TX RX T1 TX RX TX RX TX RX TX RX	4TE补板	8TE补板		SV插件 01 04 07 02 05 08 LED 03 06 09 TX RX T2 TX RX L1 TX RX L2 TX RX L3 TX RX L4 TX RX L5 TX RX L6	4TE补板	SV插件 01 04 07 02 05 08 LED 03 06 09 TX RX L7 TX RX L8 TX RX T3 TX RX T4 TX RX L9 TX RX L10 TX RX L11	4TE补板	管理插件 01 04 07 02 05 08 LED 03 06 09 MMS1 MMS2 信息子站 调试 1 2 3 4 5 6 7 8 9 10 11 12 13 14 15 16		8TE补板		D1插件(24V) 01 02 03 LED c a 2 R24V+ 4 6 8 10 12 14 16 18 20 22 24 26 28 R24V- 30 告警(非保持) 32 告警(保持)	D0插件(非保持) 01 02 03 LED c a 2 4 6 8 10 12 14 16 18 20 22 24 26 28 30 32	电源插件 PWR c a 2 4 R24V+ 6 8 10 12 R24V- 14 直流消失 16 直流消失 18 20 22 IN+ 24 26 28 IN- 30 32 ⏚

图 4-14　CSC-150AL 母线保护装置主机插件布置图

插槽编号	X1(4TE)	X2(4TE)	X3(4TE)	X4(4TE)	X5(4TE)	X6(4TE)	X7(4TE)	X8(4TE)	X9(4TE)	X10(4TE)	X11(4TE)	X12(4TE)	X13(4TE)	X14(4TE)	X15(4TE)	X16(4TE)	X17(4TE)	X18(4TE)	X19(8TE)
配置代码	X	C3	X	K8	X	C3	X	Z		C3	Z		Z		U				P2(220V电源)
CSC-150A-DA-G(2)	4TE补板	G00SE插件 01 04 07 02 05 08 LED 03 06 09 TX RX NET1 TX RX BC TX RX BS1 TX RX BS2 TX RX T1 TX RX T2 TX RX L1	4TE补板	通信互联插件 01 02 03 LED TIME DB15 CAN TX RX	4TE补板	GOOSE插件 01 04 07 02 05 08 LED 03 06 09 TX RX L2 TX RX L3 TX RX L4 TX RX L5 TX RX L6 TX RX L7 TX RX 备用2	4TE补板	8TE补板		GOOSE插件 01 04 07 02 05 08 LED 03 06 09 TX RX L8 TX RX T3 TX RX T4 TX RX L9 TX RX L10 TX RX L11 TX RX 备用3	16TE补板				16TE补板				电源插件 PWR c a 2 4 R24V+ 6 8 10 12 R24V- 14 直流消失 16 直流消失 18 20 22 IN+ 24 26 28 IN- 30 32 ⏚

图 4-15　CSC-150AL 母线保护装置从机插件布置图

3. 装置虚端子及软压板配置

装置虚端子联系情况如图 4-16 所示。

该母差保护与 10 个装置存在虚回路联系。电流、电压等 SV 采样值采用直采方式，母联开关位置、母联手合（SHJ）、间隔刀闸位置等 GOOSE 开入以及母差保护跳闸 GOOSE 开出采用直跳方式。

具体的虚回路涉及以下几个部分：

（1）电流回路　由 110kV 母联合智一体装置、110kV 洛边线合并单元、110kV 洛双线合并单元、#1 主变 110kV 侧合并单元 A、#2 主变 110kV 侧合并单元 A 等 5 个合并单元直接发送至母线保护装置，包括各个间隔的交流三相电流 SV 报文。

（2）电压回路　由 110kV 母线设备合并单元直接发送至母线保护装置，包括 110kV Ⅰ、Ⅱ段母线电压 SV 报文。

（3）位置开入回路　由 110kV 母联合智一体装置、110kV 洛边线智能终端、110kV 洛双线智能终端、#1 主变 110kV 侧智能终端 A、#2 主变 110kV 侧智能终端 A 等 5 个智能终端直接发送至母线保护装置，包括各个间隔的刀闸开入、母联间隔的断路器位置以及母联手合

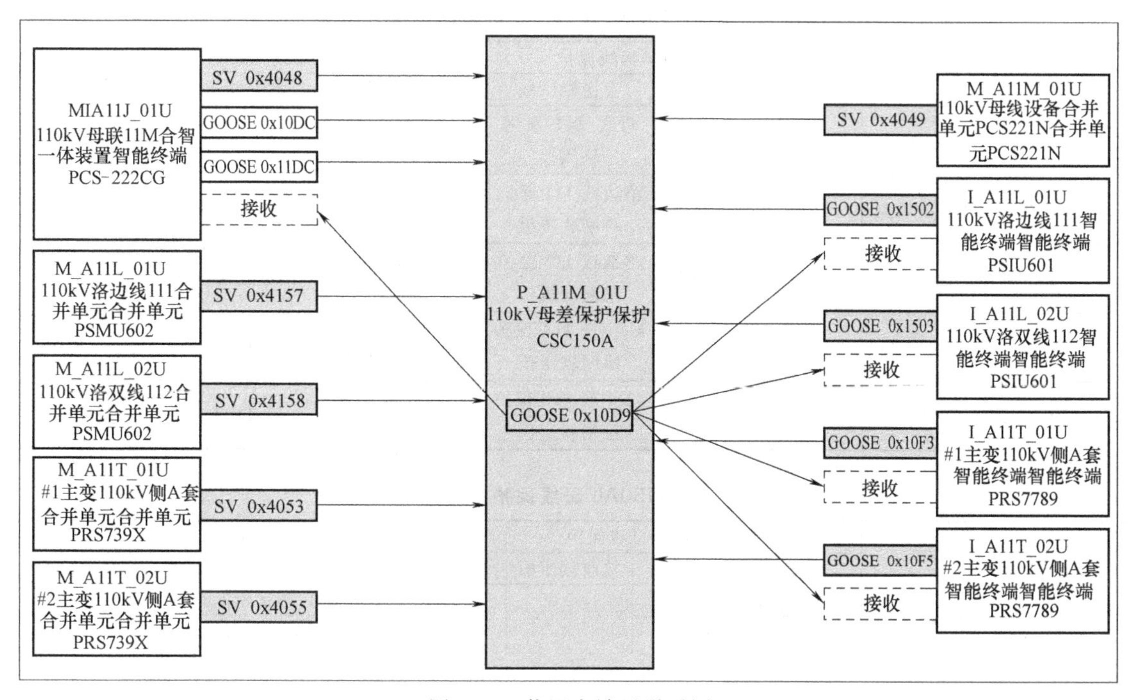

图 4-16　装置虚端子联系图

（SHJ）GOOSE 开入。

（4）跳闸回路　由母线保护装置直接发送至 110kV 母联合智一体、110kV 洛边线智能终端、110kV 洛双线智能终端、#1 主变 110kV 侧智能终端 A、#2 主变 110kV 侧智能终端 A 等 5 个智能终端，即母差保护动作发送 GOOSE 跳闸报文启动各间隔智能终端 TJR 闭重三跳开入，跳开相应开关。

下面几个表所示为本装置虚端子联系，内部 GOOSE 接收、发布及 SV 接收软压板配置表。表 4-40 为装置虚端子开入表，表 4-41 为装置虚端子开出表，表 4-42 为装置 SV 输入表。

表 4-40　CSC-150AL 母线保护装置虚端子开入表

序号	功能定义	终点设备：110kV 母线保护		起点设备		
		厂家虚端子定义	接收软压板	设备名称	厂家虚端子定义	发送软压板
1	母联断路器位置	母联_断路器位置	无	110kV 母联 11M 合智一体装置	断路器总位置	无
2	母联隔刀 1 位置	母联_1G 刀闸位置			隔刀 1 位置	
3	母联隔刀 2 位置	母联_2G 刀闸位置			隔刀 2 位置	
4	母联手合开入	母联_手合			手合开入	
5	洛边线 111 隔刀 1 位置	支路 4_1G 刀闸位置	无	110kV 洛边线 111 智能终端	隔刀 1 位置	无
6	洛边线 111 隔刀 2 位置	支路 4_2G 刀闸位置			隔刀 2 位置	
7	洛双线 112 隔刀 1 位置	支路 5_1G 刀闸位置	无	110kV 洛双线 112 智能终端	隔刀 1 位置	无
8	洛双线 112 隔刀 2 位置	支路 5_2G 刀闸位置			隔刀 2 位置	
9	#1 主变 110kV 侧隔刀 1 位置	支路 6_1G 刀闸位置	无	#1 主变 110kV 侧 A 套智能终端	隔刀 1 位置	无
10	#1 主变 110kV 侧隔刀 2 位置	支路 6_2G 刀闸位置			隔刀 2 位置	
11	#2 主变 110kV 侧隔刀 1 位置	支路 7_1G 刀闸位置	无	#2 主变 110kV 侧 A 套智能终端	隔刀 1 位置	无
12	#2 主变 110kV 侧隔刀 2 位置	支路 7_2G 刀闸位置			隔刀 2 位置	

表 4-41　CSC-150AL 母线保护装置虚端子开出表

序号	功能定义	起点设备:110kV 母线保护		终点设备		
		厂家虚端子定义	发送软压板	设备名称	厂家虚端子定义	接收软压板
1	母联保护跳闸	母联_保护跳闸	母联_保护跳闸软压板	110kV 母联 11M 合智一体装置	保护 TJR 三跳 2	无
2	洛边线 111 保护跳闸	支路 4_保护跳闸 1	洛边线 111 保护跳闸软压板	110kV 洛边线 111 智能终端	闭锁三跳重合	无
3	洛双线 112 保护跳闸	支路 5_保护跳闸 1	洛双线 112 保护跳闸软压板	110kV 洛双线 112 智能终端	闭锁三跳重合	无
4	#1 主变 11A 保护跳闸	支路 6_保护跳闸 1	#1 主变 11A 保护跳闸软压板	#1 主变 110kV 侧 A 套智能终端	TJR2	无
5	#2 主变 11B 保护跳闸	支路 7_保护跳闸 1	#2 主变 11B 保护跳闸软压板	#2 主变 110kV 侧 A 套智能终端	TJR2	无

表 4-42　CSC-150AL 母线保护装置 SV 输入表

序号	功能定义	终点设备:110kV 母线保护		起点设备		
		厂家虚端子定义	接收软压板	设备名称	厂家虚端子定义	发送软压板
1	合并单元延时	母联_MU 额定延时	母联 11M_SV 接收软压板	110kV 母联 11M 合智一体装置	B01_额定延迟时间	无
2	母联电流 A(主采)	母联_保护 A 相电流 I_a1(正)			B01_第二组保护电流 A 相 1(TP)	
3	母联电流 A(副采)	母联_保护 A 相电流 I_a2(正)			B01_第二组保护电流 A 相 2(TP)	
4	母联电流 B(主采)	母联_保护 B 相电流 I_b1(正)			B01_第二组保护电流 B 相 1(TP)	
5	母联电流 B(副采)	母联_保护 B 相电流 I_b2(正)			B01_第二组保护电流 B 相 2(TP)	
6	母联电流 C(主采)	母联_保护 C 相电流 I_c1(正)			B01_第二组保护电流 C 相 1(TP)	
7	母联电流 C(副采)	母联_保护 C 相电流 I_c2(正)			B01_第二组保护电流 C 相 2(TP)	
8	合并单元延时	支路 4_MU 额定延时	洛边线 111_SV 接收软压板	110kV 洛边线 111 合并单元	合并器额定延时	无
9	支路 4 电流 A(主采)	支路 4_保护 A 相电流 I_a1			保护电流 A 相	
10	支路 4 电流 A(副采)	支路 4_保护 A 相电流 I_a2			保护电流 A 相	
11	支路 4 电流 B(主采)	支路 4_保护 B 相电流 I_b1			保护电流 B 相	
12	支路 4 电流 B(副采)	支路 4_保护 B 相电流 I_b2			保护电流 B 相	
13	支路 4 电流 C(主采)	支路 4_保护 C 相电流 I_c1			保护电流 C 相	
14	支路 4 电流 C(副采)	支路 4_保护 C 相电流 I_c2			保护电流 C 相	
15	合并单元延时	支路 5_MU 额定延时	洛双线 112_SV 接收软压板	110kV 洛双线 112 合并单元	合并器额定延时	无
16	支路 5 电流 A(主采)	支路 5_保护 A 相电流 I_a1			保护电流 A 相	
17	支路 5 电流 A(副采)	支路 5_保护 A 相电流 I_a2			保护电流 A 相	
18	支路 5 电流 B(主采)	支路 5_保护 B 相电流 I_b1			保护电流 B 相	
19	支路 5 电流 B(副采)	支路 5_保护 B 相电流 I_b2			保护电流 B 相	
20	支路 5 电流 C(主采)	支路 5_保护 C 相电流 I_c1			保护电流 C 相	
21	支路 5 电流 C(副采)	支路 5_保护 C 相电流 I_c2			保护电流 C 相	
22	合并单元延时	支路 6_MU 额定延时	#1 主变 11A_SV 接收软压板	#1 主变 110kV 侧 A 套合并单元	固定延时	无
23	支路 6 电流 A(主采)	支路 6_保护 A 相电流 I_a1			保护电流 A 相	
24	支路 6 电流 A(副采)	支路 6_保护 A 相电流 I_a2			保护电流 A 相	
25	支路 6 电流 B(主采)	支路 6_保护 B 相电流 I_b1			保护电流 B 相	
26	支路 6 电流 B(副采)	支路 6_保护 B 相电流 I_b2			保护电流 B 相	
27	支路 6 电流 C(主采)	支路 6_保护 C 相电流 I_c1			保护电流 C 相	
28	支路 6 电流 C(副采)	支路 6_保护 C 相电流 I_c2			保护电流 C 相	

（续）

序号	功能定义	终点设备：110kV 母线保护		起点设备		
		厂家虚端子定义	接收软压板	设备名称	厂家虚端子定义	发送软压板
29	合并单元延时	支路 7_MU 额定延时	#2 主变 11B_SV 接收软压板	#2 主变 110kV 侧 A 套合并单元	固定延时	无
30	支路 7 电流 A（主采）	支路 7_保护 A 相电流 I_a1			保护电流 A 相	
31	支路 7 电流 A（副采）	支路 7_保护 A 相电流 I_a2			保护电流 A 相	
31	支路 7 电流 B（主采）	支路 7_保护 B 相电流 I_b1			保护电流 B 相	
33	支路 7 电流 B（副采）	支路 7_保护 B 相电流 I_b2			保护电流 B 相	
34	支路 7 电流 C（主采）	支路 7_保护 C 相电流 I_c1			保护电流 C 相	
35	支路 7 电流 C（副采）	支路 7_保护 C 相电流 I_c2			保护电流 C 相	
36	合并单元延时	母线电压_MU 额定延时	电压_SV 接收软压板	110kV 母线设备合并单元	额定延时_9-2	无
37	Ⅰ母电压 A（主采）	Ⅰ母母线 A 相电压 U_a11			母线 1A 相保护电压 1_9-2	
38	Ⅰ母电压 A（副采）	Ⅰ母母线 A 相电压 U_a12			母线 1A 相保护电压 2_9-2	
39	Ⅰ母电压 B（主采）	Ⅰ母母线 B 相电压 U_b11			母线 1B 相保护电压 1_9-2	
40	Ⅰ母电压 B（副采）	Ⅰ母母线 B 相电压 U_b12			母线 1B 相保护电压 2_9-2	
41	Ⅰ母电压 C（主采）	Ⅰ母母线 C 相电压 U_c11			母线 1C 相保护电压 1_9-2	
42	Ⅰ母电压 C（副采）	Ⅰ母母线 C 相电压 U_c12			母线 1C 相保护电压 2_9-2	
43	Ⅱ母电压 A（主采）	Ⅱ母母线 A 相电压 U_a21			母线 2A 相保护电压 1_9-2	
44	Ⅱ母电压 A（副采）	Ⅱ母母线 A 相电压 U_a22			母线 2A 相保护电压 2_9-2	
45	Ⅱ母电压 B（主采）	Ⅱ母母线 B 相电压 U_b21			母线 2B 相保护电压 1_9-2	
46	Ⅱ母电压 B（副采）	Ⅱ母母线 B 相电压 U_b22			母线 2B 相保护电压 2_9-2	
47	Ⅱ母电压 C（主采）	Ⅱ母母线 C 相电压 U_c21			母线 2C 相保护电压 1_9-2	
48	Ⅱ母电压 C（副采）	Ⅱ母母线 C 相电压 U_c22			母线 2C 相保护电压 2_9-2	

4.4.2　试验调试方法

1. 测试仪器接线及配置

（1）测试仪光纤接线　用 5 对尾纤分别将测试仪的光口 1 至光口 5 与保护装置支路间隔直采 SV 接收口相连，用一对尾纤将测试仪的光口 6 与保护装置电压直采 SV 接收口相连，用一对尾纤将测试仪的光口 7 与保护装置支路 1（母联）间隔 GOOSE 直跳收发口连接。

（2）测试仪配置

1）系统参数：二次额定线电压为 100V、额定频率为 50Hz、二次额定电流为 1A、规约选择 IEC61850-9-2、第一组 PT（U_a，U_b，U_c）电压比为 110kV/100V，第二组 PT（U'_a，U'_b，U'_c）电压比为 110kV/100V，第一组 CT（I_a，I_b，I_c）电流比为 3000/1，第二组 CT（I'_a，I'_b，I'_c）电流比为 1500/1，第三组 CT（I_{sa}，I_{sb}，I_{sc}）电流比为 3000/1。

2）SV 报文映射：依次导入 110kV 母联、110kV 洛边线、110kV 洛双线、#1 主变 110kV 侧、#2 主变 110kV 侧、110kV 母线设备合并单元控制块，并配置每个控制块的输出光口，再将测试仪输出口与保护装置对应间隔的 SV 报文输入光口连接。测试仪模拟对应间隔合并单元输出三相保护电流（包括主、副采）输出至保护装置。根据试验需要将支路 1（母联）间隔 A 相电流（主、副采）映射测试仪输出变量 I_a，支路 4（洛边线）间隔 A 相电流（主、副采）映射测试仪输出变量 I'_a，支路 5（洛双线）间隔 A 相电流（主、副采）映射测试仪输出变量 I'_b，支路 6（#1 主变）间隔 A 相电流（主、副采）映射测试仪输出变量 I_{sa}，支路 7（#2 主变）间隔 A 相电流（主、副采）映射测试仪输出变量 I_{sb}，母线合并单元输出Ⅰ母和Ⅱ母三相电压（主、副采）分别映射测试仪输出变量 U_a、U_b、U_c 及 U'_a、U'_b、U'_c。

3）GOOSE 订阅：订阅保护的 GOOSE 输出，将保护的支路 1（母联）、支路 4（洛边线）、支路 5（洛双线）、支路 6（#1 主变）、支路 7（#2 主变）的跳闸出口分别绑定至测试仪的 GOOSE 开入 A 至开入 E，接收光口选择“光口 7”，由于子机中的每个输出光口发出的 GOOSE 报文都相同，因此可以将测试仪输出口与保护装置任意一个 GOOSE 光口连接。

4）GOOSE 发布：导入母联间隔的开关、刀闸位置输出和母联_ 手合（SHJ）两个 GOOSE 控制块，并选择发送口为光口 7。将与保护装置有虚端子联系的三个通道：“断路器总位置”“隔刀 1 位置”“隔刀 2 位置”根据试验需要设定为合闸位置“［10］”或者分闸位置“［01］”，母联_ 手合（SHJ）的数据类型绑定为开出量“Out1”。当需要进行支路刀闸位置 GOOSE 开入检查时，还应该依次导入 110kV 母联、110kV 洛边线、110kV 洛双线、#1 主变 110kV 侧、#2 主变 110kV 侧智能终端控制块并正确配置和接线。

2. 负荷平衡态校验（正常运行或者区外故障）

（1）相关定值　保护装置参数中支路电流比：支路 1（110kV 母联）为 3000/1，支路 4（110kV 洛边线）为 1500/1，支路 5（110kV 洛双线）为 1500/1，支路 6（#1 主变 110kV 侧）为 3000/1，支路 7（#2 主变 110kV 侧）为 3000/1，基准电流比为 3000/1。

（2）试验条件

1）软压板设置

① 保护功能软压板：投入“差动保护”软压板。

② SV 软压板：投入“电压_ SV 接收软压板”“母联_ SV 接收软压板”“支路 4_ SV 接收软压板”“支路 5_ SV 接收软压板”“支路 6_ SV 接收软压板”“支路 7_ SV 接收软压板”“支路 4_ 1G 强制合软压板”“支路 4_ 2G 强制分软压板”“支路 5_ 1G 强制分软压板”“支路 5_ 2G 强制合软压板”“支路 6_ 1G 强制合软压板”“支路 6_ 2G 强制分软压板”“支路 7_ 1G 强制分软压板”“支路 7_ 2G 强制合软压板”。

③ GOOSE 发布软压板：投入“母联_ 保护跳闸”软压板、“洛边线 111_ 保护跳闸”软压板、“洛双线 112_ 保护跳闸”软压板，“#1 主变 11A_ 保护跳闸”软压板、“#2 主变 11B_ 保护跳闸”软压板。

2）控制字设置：“差动保护”置“1”。

3）开入量检查：母联 TWJ 为“开”，支路 1 _ 1G 刀闸、支路 1 _ 2G 刀闸、支路 4_ 1G 刀闸、支路 5_ 2G 刀闸、支路 6_ 1G 刀闸，支路 7_ 2G 为“合”，支路 4_ 2G 刀闸、支路 5_ 1G 刀闸、支路 6_ 2G 刀闸、支路 7_ 1G 为“分”。

（3）调试方法　见表 4-43。

表 4-43　负荷平衡态校验调试方法

试验项目	负荷平衡态校验（正常运行或者区外故障）
试验例题	1. 运行方式为：支路 4、支路 6 合于 Ⅰ 母；支路 5、支路 7 合于 Ⅱ 母，双母线并列运行 2. 试验要求：110kV Ⅰ、Ⅱ 母电压正常。母联 A 相一次电流由 Ⅰ 母流入 Ⅱ 母，二次值为 2A，支路 4 流入母线，二次值为 6A，支路 7 流出母线，二次值为 3A。调整其他支路电流，使差流平衡，屏上无任何告警、动作信号
计算方法	试验例题计算结果如下图所示：（电流以流出极性端为正极性） 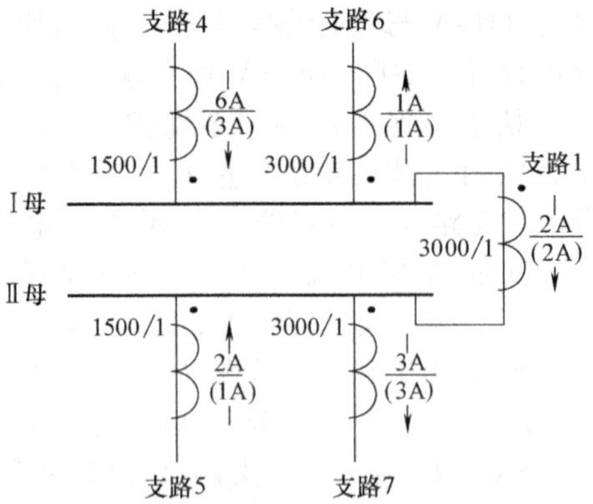 支路 4　支路 6　6A (3A)　1A (1A)　1500/1　3000/1　支路 1　Ⅰ 母　2A (2A)　3000/1　Ⅱ 母　1500/1　3000/1　2A (1A)　3A (3A)　支路 5　支路 7 一次接线图 说明：括号外为实际加入量，括号内为折算至基准变化后的值

（续）

<table>
<tr><td>试验项目</td><td colspan="3">负荷平衡态校验（正常运行或者区外故障）</td></tr>
<tr><td rowspan="5">负荷平衡态试验仪器设置（手动试验）</td><td colspan="3">手动状态参数设置</td></tr>
<tr><td>U_a:57.74∠0.00°
U_b:57.74∠-120°
U_c:57.74∠120°
U_a':57.74∠0.00°
U_b':57.74∠-120°
U_c':57.74∠120°</td><td>I_a:2∠180.00°
I_a':6∠0.00°
I_b':2∠0.00°
I_{sa}:1∠180.00°
I_{sb}:3∠180.00°</td><td>开出：母联断路器总位置为[10]（合位）；
状态触发条件：
按键触发</td></tr>
<tr><td colspan="3">说明：两段母线均需要通入正常电压</td></tr>
<tr><td>装置报文</td><td colspan="2">无</td></tr>
<tr><td>装置指示灯</td><td colspan="2">无</td></tr>
</table>

说明：1. 某一电流比的电流变量要正确映射相应支路的试验相别，否则无法正确试验；

2. 同一组别的电流变量可以映射与之相同电流比支路的电流变量；

3. 为了防止试验支路的其他相别的配置影响试验，可以选择删除与试验无关相别电流变量的映射；

4. 保证电流的双 AD 采样均关联了相同的变量；

5. 负荷平衡态试验仪器设置以 A 相故障为例，B、C 相类似

思考	1. 所有组别电流只设置一个基准变比时如何试验？ 2. 区外相间故障的平衡态如何试验？

3. 差动启动值校验

（1）相关定值　差动保护启动电流定值 I_{cdqd} 为 0.2A。

（2）试验条件

1）软压板设置

① 保护功能软压板：投入“差动保护”软压板。

② SV 软压板：投入“电压_ SV 接收软压板”“支路 4_ SV 接收软压板”“支路 4_ 1G 强制合软压板”“支路 4_ 2G 强制分软压板”。

③ GOOSE 发布软压板：投入“母联_ 保护跳闸”软压板，“洛边线 111_ 保护跳闸”软压板。

2）控制字设置：“差动保护”置“1”。

3）开入量检查：支路 4_ 1G 刀闸为“合”，支路 4_ 2G 刀闸为“分”。

（3）调试方法　见表 4-44。

表 4-44　差动启动值校验调试方法

<table>
<tr><td>试验项目</td><td colspan="3">差动启动值校验</td></tr>
<tr><td rowspan="6">m=1.05 时试验仪器设置（A 相故障）</td><td colspan="3">状态 1 参数设置（故障前状态）</td></tr>
<tr><td>U_a:57.74∠0.00°
U_b:57.74∠-120°
U_c:57.74∠120°</td><td>I_a':0.00∠0.00°</td><td>状态触发条件：手动触发或者时间控制为 1s</td></tr>
<tr><td colspan="3">状态 2 参数设置（故障状态）</td></tr>
<tr><td>U_a:30∠0.00°
U_b:57.74∠-120°
U_c:57.74∠120°</td><td>I_a':0.42∠0.00°</td><td>状态触发条件：
时间控制为 0.1s 或者
开入量 A 翻转</td></tr>
<tr><td>装置报文</td><td colspan="2">1. 差动保护启动；
2. 16ms　Ⅰ母差动跳母联　A 相；
3. 16ms　Ⅰ母差动跳分段 1　A 相；
4. 16ms　Ⅰ母差动动作　A 相</td></tr>
<tr><td>装置指示灯</td><td colspan="2">母差动作、母联动作</td></tr>
</table>

（续）

<table>
<tr><td>试验项目</td><td colspan="3">差动启动值校验</td></tr>
<tr><td rowspan="6">$m=0.95$ 时试验仪器设置（A 相故障）</td><td colspan="3">状态 1 参数设置（故障前状态）</td></tr>
<tr><td>U_a:57.74∠0.00°
U_b:57.74∠-120°
U_c:57.74∠120°</td><td>I'_a:0.00∠0.00°</td><td>状态触发条件：手动触发或者时间控制为 0.1s</td></tr>
<tr><td colspan="3">状态 2 参数设置（故障状态）</td></tr>
<tr><td>U_a:30∠0.00°
U_b:57.74∠-120°
U_c:57.74∠120°</td><td>I'_a:0.38∠0.00°</td><td>状态触发条件：
时间控制为 0.1s 或者
开入量 A 翻转</td></tr>
<tr><td>装置报文</td><td colspan="2">差动保护启动</td></tr>
<tr><td>装置指示灯</td><td colspan="2">无</td></tr>
</table>

说明：1. 计算公式：$I=m\times I_{cdqd}\times$基准电流比/支路电流比；
2. 应该退出与实验无关且物理或者逻辑断链支路的 SV 接收软压板，防止支路 SV 断链闭锁差动保护；
3. 故障试验仪器设置以 A 相故障为例，B、C 相故障类似

4. 大差比率制动系数校验

（1）相关定值　大差比率制动系数为 0.3。

（2）试验条件

1）软压板设置。

① 保护功能软压板：投入“差动保护”软压板。

② SV 软压板：投入“电压_ SV 接收软压板”“支路 4_ SV 接收软压板”“支路 5_ SV 接收软压板”“支路 7_ SV 接收软压板”“支路 4_ 1G 强制合软压板”“支路 4_ 2G 强制分软压板”“支路 5_ 1G 强制分软压板”“支路 5_ 2G 强制合软压板”“支路 7_ 1G 强制分软压板”“支路 7_ 2G 强制合软压板”。

③ GOOSE 发布软压板：投入“母联_ 保护跳闸”软压板、“洛边线 111_ 保护跳闸”软压板、“洛双线 112_ 保护跳闸”软压板、“#1 主变 11A_ 保护跳闸”软压板、“#2 主变 11B_ 保护跳闸”软压板。

2）控制字设置：“差动保护”置“1”。

3）开入量检查：支路 4_ 1G 刀闸、支路 5_ 2G 刀闸、支路 7_ 2G 刀闸为“合”，支路 4_ 2G刀闸、支路 5_ 1G 刀闸、支路 7_ 1G 刀闸为“分”。

（3）调试方法　见表 4-45。

表 4-45　大差比率制动系数校验调试方法

<table>
<tr><td>试验项目</td><td>大差比率制动系数校验</td></tr>
<tr><td>试验例题</td><td>模拟 I 母 A 相故障，验证大差比率制动系数，做两个点（要求 3 个支路通流）</td></tr>
<tr><td>计算方法</td><td>在Ⅱ母小差平衡基础上，选择 I 母上任一支路（支路 4）电流作为变量加入故障电流，先求出第一个点，然后在第一个点基础上将各支路外加电流量乘以或除以一个系数即可求出第二点
第一点：设支路 4 需要改变的电流值为 X，
则 $I_d=X$
$I_r=X+2$
将以上两式带入公式：$I_d>K_r\cdot I_r$
得到：$X>0.86A$
支路 4 所加电流：$I>X\times$基准电流比/支路电流比 = 1.72A
第二点：将各支路所加电流值乘以或者除以一个系数：
$I_{L4}=0.86A$　$I_{L5}=1A$　$I_{L7}=0.5A$</td></tr>
</table>

（续）

<table>
<tr><td>试验项目</td><td colspan="4">大差比率制动系数校验</td></tr>
<tr><td>计算方法</td><td colspan="4"> 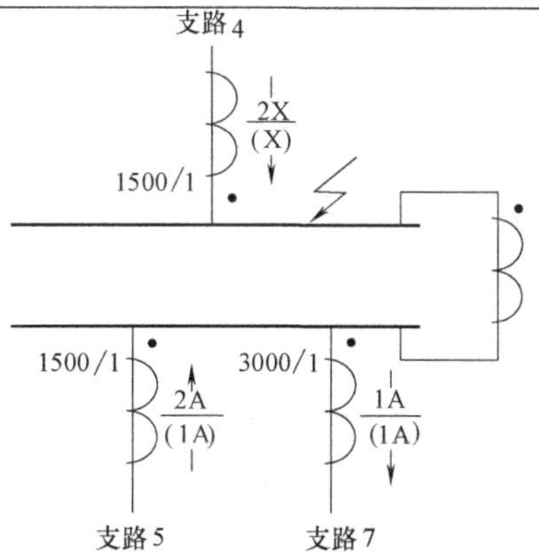支路 4
2X
(X)
1500/1
Ⅰ母
Ⅱ母
1500/1
2A
(1A)
3000/1
1A
(1A)
支路 5　支路 7
一次接线图
说明：括号外为实际加入量，括号内为折算至基准电流比后的值</td></tr>
<tr><td rowspan="5">大差比率制动系数试验仪器设置（手动试验）第一点</td><td colspan="4">状态参数设置</td></tr>
<tr><td colspan="2">U_a:30∠0.00°
U_b:57.74∠-120°
U_c:57.74∠120°</td><td>I'_a:1.72∠0°
I'_b:2∠0.00°
I_{sb}:1∠180.00°</td><td>无</td></tr>
<tr><td colspan="4">说明：设定 I'_a 的值小于动作值，缓慢增大 I'_a，直至差动保护动作</td></tr>
<tr><td>装置报文</td><td colspan="3">1. 差动保护启动；
2. Ⅰ母差动跳母联　A 相；
3. Ⅰ母差动跳分段 1　A 相；
4. Ⅰ母差动动作　A 相</td></tr>
<tr><td>装置指示灯</td><td colspan="3">母联动作、差动动作</td></tr>
<tr><td rowspan="5">大差比率制动系数试验仪器设置（手动试验）第二点</td><td colspan="4">状态参数设置</td></tr>
<tr><td colspan="2">U_a:30∠0.00°
U_b:57.74∠-120°
U_c:57.74∠120°</td><td>I'_a:0.86∠0°
I'_b:1∠0.00°
I_{sb}:0.5∠180.00°</td><td>无</td></tr>
<tr><td colspan="4">说明：设定 I'_a 的值小于动作值，缓慢增大 I'_a，直至差动保护动作</td></tr>
<tr><td>装置报文</td><td colspan="3">1. 差动保护启动；
2. Ⅰ母差动跳母联　A 相；
3. Ⅰ母差动跳分段 1　A 相；
4. Ⅰ母差动动作　A 相</td></tr>
<tr><td>装置指示灯</td><td colspan="3">母联动作、差动动作</td></tr>
<tr><td colspan="5">说明：1. 应该退出与实验无关且物理或者逻辑断链支路的 SV 接收软压板，防止支路 SV 断链闭锁差动保护；
2. 大差比率制动系数校验试验仪器设置以 A 相故障为例，B、C 相类似</td></tr>
<tr><td colspan="5">思考：1. I'_a 电流的相位设定为 180°能否得到同样结果？
2. Ⅰ、Ⅱ母各一条支路能否试验，怎么试验？
3. 母联开关位置为分位和合位时，得到的结果是否一样？</td></tr>
</table>

5. 小差比率制动系数校验

（1）相关定值　小差比率制动系数为 0.5。

（2）试验条件

1）软压板设置。

① 保护功能软压板：投入“差动保护”软压板。

② SV 软压板：投入“电压_ SV 接收软压板”“支路 4_ SV 接收软压板”“支路 6_ SV 接收软压板”“支路 4_ 1G 强制合软压板”“支路 4_ 2G 强制分软压板”“支路 6_ 1G 强制合软压板”“支路 6_ 2G 强制分软压板”。

③ GOOSE 发布软压板：投入“母联_ 保护跳闸”软压板、“洛边线 111_ 保护跳闸”软压板、“洛双线 112_ 保护跳闸”软压板、“#1 主变 11A_ 保护跳闸”软压板、“#2 主变 11B_ 保护跳闸”软压板。

2）控制字设置：“差动保护”置“1”。

3）开入量检查：支路 4_ 1G 刀闸、支路 6_ 1G 刀闸“合”，支路 4_ 2G 刀闸、支路 6_ 2G 刀闸为“分”。

（3）调试方法　见表 4-46。

表 4-46　小差比率制动系数校验调试方法

<table>
<tr><td>试验项目</td><td colspan="3">小差比率制动系数校验</td></tr>
<tr><td>试验例题</td><td colspan="3">模拟 I 母 A 相故障，验证小差比率制动系数，做两个点</td></tr>
<tr><td>计算方法</td><td colspan="3">以单独外加量的支路（支路 4）所加电流为变量，先求出第一个点，然后在第一个点基础上将各支路外加电流量乘以或除以一个系数即可求出第二点
第一点：设支路 4 需要改变的电流值为 X，
则 $I_d = X-1$
$I_r = X+1$
将以上两式带入公式：$I_d > K_r \cdot I_r$
得到：$X > 3A$
支路 4 所加电流：$I > X \times$基准电流比/支路电流比 = 6A
第二点：将支路 4 所加电流值乘以或者除以一个系数：
$I_{L4} = 3A$　$I_{L6} = 0.5A$ 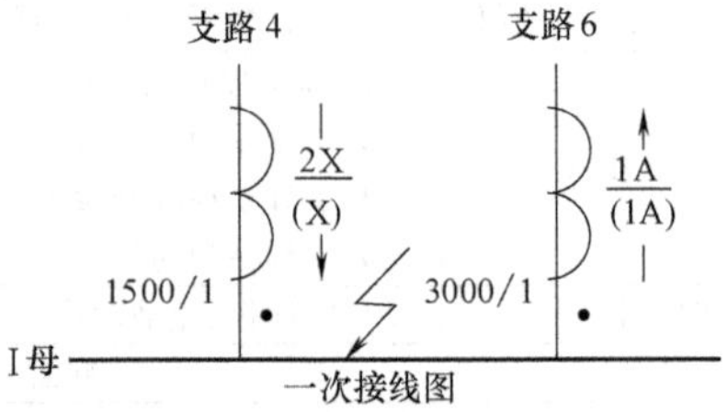
支路 4　支路 6
2X (X)　1A (1A)
1500/1　3000/1
I 母
一次接线图
说明：括号外为实际加入量，括号内为折算至基准电流比后的值</td></tr>
<tr><td rowspan="5">小差比率制动系数试验仪器设置（手动试验）第一点</td><td colspan="3">状态参数设置</td></tr>
<tr><td>U_a：30∠0.00°
U_b：57.74∠-120°
U_c：57.74∠120°</td><td>I'_a：6∠0.00°
I_{sa}：1∠180.00°</td><td>无</td></tr>
<tr><td colspan="3">说明：设定 I'_a 的值小于动作值，缓慢增大 I'_a，直到差动保护动作</td></tr>
<tr><td>装置报文</td><td colspan="2">1. 差动保护启动；
2. I 母差跳母联　A 相；
3. I 母差跳分段 1　A 相；
4. I 母差动动作　A 相</td></tr>
<tr><td>装置指示灯</td><td colspan="2">母联动作、差动动作</td></tr>
<tr><td rowspan="6">小差比率制动系数试验仪器设置（手动试验）第二点</td><td colspan="3">状态参数设置</td></tr>
<tr><td colspan="3"></td></tr>
<tr><td>U_a：30∠0.00°
U_b：57.74∠-120°
U_c：57.74∠120°</td><td>I'_a：3∠0.00°
I_{sa}：0.5∠180.00°</td><td>无</td></tr>
<tr><td colspan="3">说明：设定 I'_a 的值小于动作值，缓慢增大 I'_a，直到差动保护动作</td></tr>
<tr><td>装置报文</td><td colspan="2">1. 差动保护启动；
2. I 母差动跳母联　A 相；
3. I 母差动跳分段 1　A 相；
4. I 母差动动作　A 相</td></tr>
<tr><td>装置指示灯</td><td colspan="2">母联动作、差动动作</td></tr>
</table>

说明：1. 应该退出与实验无关且物理或者逻辑断链支路的 SV 接收软压板，防止支路 SV 断链闭锁差动保护；
2. 小差比率制动系数校验仪器设置以 A 相故障为例，B、C 相类似

6. 差动保护电压闭锁元件校验

（1）相关定值　差动保护启动电流定值 I_{cdqd} 为 0.2A，差动低电压定值固定为 $U_{bs}=40V$，差动零序电压定值固定为 $U_{0bs}=6V(3U_0)$，差动负序电压定值固定为 $U_{2bs}=4V(U_2)$。

（2）试验条件

1）软压板设置。

① 保护功能软压板：投入“差动保护”软压板。

② SV 软压板：投入“电压_ SV 接收软压板”“支路 4_ SV 接收软压板”“支路 4_ 1G 强制合软压板”“支路 4_ 2G 强制分软压板”。

2）控制字设置：“差动保护”置“1”。

3）开入量检查：支路 4_ 1G 刀闸为“合”，支路 4_ 2G 刀闸为“分”。

（3）调试方法　见表 4-47。

表 4-47　差动保护电压闭锁元件校验调试方法

试验项目	差动保护电压闭锁元件校验		
试验例题	利用差动启动值试验的接线和配置，取Ⅰ母或者Ⅱ母进行差动保护电压闭锁元件校验		
差动保护电压闭锁元件试验仪器设置（手动试验）	差动低电压闭锁参数设置		
	U_a:57.74∠0.00° U_b:57.74∠-120° U_c:57.74∠120°	I'_a:0.2∠0.00°	选择“三相电压”为变量，降至 39.5V 左右动作
	差动零序电压闭锁参数设置		
	U_a:57.74∠0.00° U_b:57.74∠-120° U_c:57.74∠120°	I'_a:0.2∠0.00°	利用“序分量”试验模块，变量零序电压升至 2V 左右动作（$3U_0=6V$）
	差动负序电压闭锁参数设置		
	U_a:57.74∠0.00° U_b:57.74∠-120° U_c:57.74∠120°	I'_a:0.2∠0.00°	利用“序分量”试验模块，变量负序电压升至 4V 左右动作
	装置报文	“Ⅰ母差动电压开放”或“Ⅱ母差动电压开放”	
	装置指示灯	无	

说明：1. 差动保护电压闭锁元件定值由装置固化，不能整定；

2. 以上三个判据任一判据满足动作条件即开放该段母线的电压闭锁元件；

3. 当电压数据无效时也会开放该段母线的电压闭锁元件，无效的条件包括：采样值数据品质为“无效”，保护装置检修状态与电压采样值品质“检修状态”不一致；

4. 需要在保护装置启动的基础上通过手动试验改变三相电压，才会出现“Ⅰ母差动电压开放”或“Ⅱ母差动电压开放”报文，所以要给支路加让保护启动的电流值；

5. 差动保护电压闭锁元件校验仪器设置以Ⅰ母为例，Ⅱ母类似

思考：为什么不能通过只降低一相电压的方式来验证差动低电压闭锁定值？

7. 充电过程中母线保护动作逻辑试验

（1）相关定值　大差比率制动系数固定为 0.3，小差比率制动系数固定为 0.5，差动保护启动电流定值 I_{cdqd} 为 0.2A。

（2）试验条件

1）软压板设置。

① 保护功能软压板：投入“差动保护”软压板。

② SV 软压板：投入“电压_ SV 接收软压板”“母联_ SV 接收软压板”“支路 4_ SV 接收软压板”“支路 4_ 1G 强制合软压板”“支路 4_ 2G 强制分软压板”。

③ GOOSE 发布软压板：投入“母联_ 保护跳闸”软压板、“洛边线 111_ 保护跳闸”软压板。

2）控制字设置："差动保护"置"1"。

3）开入量检查：母联 TWJ 为"合"，母联 SHJ 开入为"开"，支路 4_ 1G 刀闸为"合"，支路 4_ 2G 刀闸为"分"。

4）GOOSE 开入检查：母联 TWJ 为"合"，母联 SHJ 开入为"开"，支路 4_ 1G 刀闸为"合"，支路 4_ 2G 刀闸为"分"。

（3）调试方法　见表 4-48。

表 4-48　充电过程中母线保护动作逻辑试验调试方法

<table>
<tr><td>试验项目</td><td colspan="3">充电过程中母线保护动作逻辑试验</td></tr>
<tr><td>试验例题</td><td colspan="3">运行方式为支路 4 合于Ⅰ母运行，母联和Ⅱ母处于热备用状态，模拟由Ⅰ母向Ⅱ母充电过程中Ⅱ母 A 相故障时母线保护动作逻辑</td></tr>
<tr><td>图例</td><td colspan="3">支路4
1500/1
支路1
Ⅰ母
3000/1
Ⅱ母
一次接线图</td></tr>
<tr><td rowspan="8">充电过程中母线保护动作逻辑试验仪器设置(状态序列)</td><td colspan="3">状态 1 参数设置(故障前状态)</td></tr>
<tr><td>U_{a}:57.74∠0.00°
U_{b}:57.74∠-120°
U_{c}:57.74∠120°
U'_{a}:0∠0.00°
U'_{b}:0∠-120°
U'_{c}:0∠120°</td><td>I'_{a}:0∠0.00°</td><td>开出:母联断路器总位置为[01](分位);
状态触发条件:
时间控制为 1.00s</td></tr>
<tr><td colspan="3">说明:模拟Ⅰ段母线在运行,母联开关为分位,Ⅱ段母线等待充电的过程</td></tr>
<tr><td colspan="3">状态 2 参数设置(故障状态)</td></tr>
<tr><td>U_{a}:30∠0.00°
U_{b}:57.74∠-120°
U_{c}:57.74∠120°
U'_{a}:30∠0.00°
U'_{b}:57.74∠-120°
U'_{c}:57.74∠120°</td><td>I'_{a}:2∠0.00°</td><td>开出:母联断路器总位置为[10](合位);开出量 Out1 前打勾(母联 SHJ)
状态触发条件:
时间控制为 0.4s</td></tr>
<tr><td colspan="3">说明:状态时间在 300ms 基础上增加 0.1s</td></tr>
<tr><td>装置报文</td><td colspan="2">1. 差动保护启动;
2. 13ms Ⅰ母差动跳母联　A 相;
3. 313ms Ⅰ母差动跳分段 1　A 相;
4. 313ms Ⅰ母差动动作　A 相</td></tr>
<tr><td>装置指示灯</td><td colspan="2">母差动作、母联动作</td></tr>
<tr><td colspan="4">说明:1. 对于双母线接线,当一段母线向另一段母线充电时(一段母线运行,另一段母线停运,母联跳位存在),如果母联手合接点从无到有,充电状态自动展宽 1s,1s 后差动逻辑恢复正常;
2. 在这 1s 内,如果母联 CT 有电流,充电不闭锁差动,差动按正常逻辑跳母联和母线;如果母联 CT 无电流,则瞬时跳充电母联,延时 300ms 跳故障母线和未被充电的分段支路;
3. 母联手合接点如果持续存在超过 10s,装置将告警手合接点开入异常,同时闭锁母联充电逻辑</td></tr>
<tr><td colspan="4">思考:1. 当故障态时间小于 0.3s 时,保护动作逻辑是什么?
2. 当充电过程中,母联有电流时哪一段母线为电源端,保护动作逻辑又是什么?</td></tr>
</table>

8. 母联失灵保护校验

(1) 相关定值 差动保护启动电流定值 I_{cdqd} 为 0.2A，母联分段失灵电流定值 I_{fdsl} 为 1A，母联分段失灵时间 T_{fdsl} 为 0.2s。

(2) 试验条件

1) 软压板设置。

① 保护功能软压板：投入“差动保护”软压板。

② SV 软压板：投入“电压_ SV 接收软压板”“母联_ SV 接收软压板”“支路 4_ SV 接收软压板”“支路 5_ SV 接收软压板”“支路 4_ 1G 强制合软压板”“支路 4_ 2G 强制分软压板”“支路 5_ 1G 强制分软压板”“支路 5_ 2G 强制合软压板”。

③ GOOSE 发布软压板：投入“母联_ 保护跳闸”软压板、“洛边线 111_ 保护跳闸”软压板、“洛双线 112_ 保护跳闸”软压板、“#1 主变 11A_ 保护跳闸”软压板、“#2 主变 11B_ 保护跳闸”软压板。

2) 控制字设置：“差动保护”置“1”。

3) 开入量检查：母联 TWJ 为“开”，支路 4_ 1G 刀闸为“合”，支路 4_ 2G 刀闸为“分”，支路 5_ 1G 刀闸为“分”，支路 5_ 2G 刀闸为“合”。

4) GOOSE 开入检查：母联 TWJ 为“开”。

(3) 调试方法 见表 4-49。

表 4-49 母联失灵保护校验调试方法

试验项目	母联失灵保护校验		
试验例题	运行方式为支路 4 合于Ⅰ母运行，支路 5 合于Ⅱ母运行，模拟Ⅰ母 A 相故障，校验母联开关失灵保护		
母联失灵保护校验仪器设置（状态序列）	状态 1 参数设置（故障前状态）		
	U_a:57.74∠0.00° U_b:57.74∠-120° U_c:57.74∠120° U'_a:57.74∠0.00° U'_b:57.74∠-120° U'_c:57.74∠120°	I_a:0∠0.00° I'_a:0∠0.00° I'_b:0∠0.00°	开出：母联断路器总位置为[10]（合位）； 状态触发条件： 时间控制为 1s
	说明：模拟故障前正常电压且母联开关为合位		
	状态 2 参数设置（故障状态）		
	U_a:30∠0.00° U_b:57.74∠-120° U_c:57.74∠120° U'_a:30∠0.00° U'_b:57.74∠-120° U'_c:57.74∠120°	I_a:1.05∠0.00° I'_a:2.1∠0.00° I'_b:2.1∠0.00°	开出：母联断路器总位置为[10]（合位） 状态触发条件： 时间控制为 0.05s
	说明：模拟Ⅰ母 A 相故障差动动作过程，故障态时间满足差动动作时间即可，支路按照 1.05 倍母联失灵电流定值加入电流		
	状态 3 参数设置（故障状态）		
	U_a:30∠0.00° U_b:57.74∠-120° U_c:57.74∠120° U'_a:30∠0.00° U'_b:57.74∠-120° U'_c:57.74∠120°	I_a:1.05∠0.00° I'_a:2.1∠0.00° I'_b:2.1∠0.00°	开出：母联断路器总位置为[10]（合位） 状态触发条件： 时间控制为 0.3s

（续）

试验项目	母联失灵保护校验	
母联失灵保护校验仪器设置(状态序列)	说明:模拟母联断路器失灵保护动作过程,支路故障电流不变,故障态时间为母联分段失灵时间加动作时间加 0.1s	
	装置报文	1. 差动保护启动; 2. 12ms Ⅰ母差动跳母联 A 相; 3. 12ms Ⅰ母差动跳分段 1 A 相; 4. 12ms Ⅰ母差动动作 A 相 5. 225ms 母联失灵动作 A 相
	装置指示灯	差动动作、失灵动作、母联动作
思考:母联失灵和母联合位死区的区别是什么?		

9. 母联合位死区保护校验

（1）相关定值　差动保护启动电流定值 I_{cdqd} 为 0.2A。

（2）试验条件　试验条件同 8. 母联失灵保护校验。

（3）调试方法　见表 4-50。

表 4-50　母联合位死区保护校验调试方法

试验项目	母联合位死区保护校验		
试验例题	运行方式为支路 4 合于Ⅰ母运行,支路 5 合于Ⅱ母运行,模拟Ⅰ母 A 相故障,校验母联合位死区保护		
母联合位死区保护校验仪器设置(状态序列)	状态 1 参数设置(故障前状态)		
	U_a:57.74∠0.00° U_b:57.74∠-120° U_c:57.74∠120° U'_a:57.74∠0.00° U'_b:57.74∠-120° U'_c:57.74∠120°	I_a:0∠0.00° I'_a:0∠0.00° I'_b:0∠0.00°	开出:母联断路器总位置为[10](合位); 状态触发条件: 时间控制为 1s
	说明:模拟故障前正常电压且母联开关为合位		
	状态 2 参数设置(故障状态)		
	U_a:30∠0.00° U_b:57.74∠-120° U_c:57.74∠120° U'_a:30∠0.00° U'_b:57.74∠-120° U'_c:57.74∠120°	I_a:1∠0.00° I'_a:2∠0.00° I'_b:2∠0.00°	开出:母联断路器总位置为[10](合位) 状态触发条件: 时间控制为 0.05s
	说明:模拟死区故障Ⅰ母 A 相差动动作过程,支路电流满足差动动作定值,故障态时间满足差动动作时间即可		
	状态 3 参数设置(故障状态)		
	U_a:30∠0.00° U_b:57.74∠-120° U_c:57.74∠120° U'_a:30∠0.00° U'_b:57.74∠-120° U'_c:57.74∠120°	I_a:1∠0.00° I'_b:2∠0.00° I'_c:2∠0.00°	开出:母联断路器总位置为[01](分位) 状态触发条件: 时间控制为 0.3s
	说明:模拟母联开关跳开后,母联仍有故障电流的情况,支路故障电流不变,故障态时间要大于装置退出母联 CT 电流时间		

（续）

<table>
<tr><td>试验项目</td><td colspan="2">母联合位死区保护校验</td></tr>
<tr><td rowspan="2">母联合位死区保护校验仪器设置（状态序列）</td><td>装置报文</td><td>1. 差动保护启动；
2. 12ms Ⅰ母差动跳母联　A 相；
3. 12ms Ⅰ母差动跳分段 1　A 相；
4. 12ms Ⅰ母差动动作　A 相
5. 219ms Ⅱ母差动跳母联　A 相
6. 219ms Ⅱ母差动跳分段 2　A 相
7. 219ms Ⅱ母差动动作　A 相
8. 母联死区故障</td></tr>
<tr><td>装置指示灯</td><td>差动动作、母联动作</td></tr>
<tr><td colspan="3">说明：1. Ⅰ母差动动作后经 150ms 固定延时检查母联跳位是否存在，若母联跳位存在则软件退出母联 CT 电流；
2. 待母联 CT 电流退出后，Ⅱ母差动电流出现不平衡，致使Ⅱ母差动保护动作跳开与Ⅱ母相连的所有支路断路器，至此死区故障被隔离</td></tr>
<tr><td colspan="3">思考：该试验模拟母联 CT 一次位置靠近Ⅱ母，死区故障时Ⅱ母小差平衡的情况，如何模拟母联 CT 一次位置靠近Ⅰ母时母联死区故障？</td></tr>
</table>

10. 母联分位死区保护校验

（1）相关定值　差动保护启动电流定值 I_{cdqd} 为 0.2A。

（2）试验条件

1）软压板设置。

保护功能软压板：投入“差动保护”软压板、投入“母联分列”软压板。

2）开入量检查：母联 TWJ 为“合”，支路 4_ 1G 刀闸为“合”，支路 4_ 2G 刀闸为“分”，支路 5_ 1G 刀闸为“分”，支路 5_ 2G 刀闸为“合”。

3）GOOSE 开入检查：母联 TWJ 为“合”。

其余试验条件同 8. 母联失灵保护校验。

（3）调试方法　见表 4-51。

表 4-51　母联分位死区保护校验调试方法

<table>
<tr><td>试验项目</td><td colspan="3">母联分位死区保护校验</td></tr>
<tr><td>试验例题</td><td colspan="3">运行方式为支路 4 合于Ⅰ母运行，支路 5 合于Ⅱ母运行，模拟Ⅰ母 A 相故障，校验母联分位死区保护</td></tr>
<tr><td rowspan="6">母联分位死区保护校验仪器设置（状态序列）</td><td colspan="3">状态 1 参数设置（故障前状态）</td></tr>
<tr><td>U_a:57.74∠0.00°
U_b:57.74∠-120°
U_c:57.74∠120°
U'_a:57.74∠0.00°
U'_b:57.74∠-120°
U'_c:57.74∠120°</td><td>I_a:0∠0.00°
I'_b:0∠0.00°</td><td>开出：母联断路器总位置为[01]（分位）；
状态触发条件：
时间控制为 1s</td></tr>
<tr><td colspan="3">说明：模拟故障前Ⅰ母和Ⅱ母分列运行状态：Ⅰ母和Ⅱ母都处于运行状态、母联跳位有效、母联 CT 无电流并且母联分列运行压板投入</td></tr>
<tr><td colspan="3">状态 2 参数设置（故障状态）</td></tr>
<tr><td>U_a:57.74∠0.00°
U_b:57.74∠-120°
U_c:57.74∠120°
U'_a:30∠0.00°
U'_b:57.74∠-120°
U'_c:57.74∠120°</td><td>I_a:1∠0.00°
I'_b:2∠0.00°</td><td>开出：母联断路器总位置为[01]（分位）
状态触发条件：
时间控制为 0.2s</td></tr>
<tr><td colspan="3">说明：状态模拟死区Ⅰ母 A 相故障差动动作过程，支路电流满足差动动作定值，故障态时间满足差动动作时间即可</td></tr>
</table>

（续）

试验项目	母联分位死区保护校验	
母联分位死区保护校验仪器设置（状态序列）	装置报文	1. 差动保护启动； 2. 12ms Ⅱ母差动跳母联　A 相； 3. 12ms Ⅱ母差动跳分段 2　A 相； 4. 12ms Ⅱ母差动动作　A 相 5. 母联死区故障
	装置指示灯	差动动作、母联动作

说明：1. 当母线分列运行时，母联跳位被判有效，母联 CT 电流不计入Ⅰ母和Ⅱ母小差；
2. Ⅰ母和Ⅱ母分列运行的判别条件为：Ⅰ母和Ⅱ母都处于运行状态、母联跳位有效、母联 CT 无电流并且母联分列运行压板投入

思考：1. 不投入分列压板情况下的动作逻辑是什么？
2. 如何模拟母联 CT 一次位置靠近Ⅰ母时母联分位死区故障？

4.5 母线保护逻辑校验

本节以 110kV 母线保护 CSC-150AL 为例介绍母线保护的逻辑校验。

4.5.1 测试仪器接线及配置

1. 测试仪光纤接线

用 3 对尾纤分别将测试仪的光口 1 至光口 3 与保护装置支路 1（110kV 母联）、支路 4（110kV 洛边线）和 110kV 母线电压间隔 SV 直采口相连，用两对尾纤将测试仪的光口 4 和光口 5 分别与保护装置支路 1（母联）和支路 4（洛边线 111）间隔 GOOSE 直跳口相连。

2. 测试仪配置

系统参数：二次额定线电压为 100V、额定频率为 50Hz、二次额定电流为 1A、规约选择 IEC61850-9-2、第一组 PT（U_a，U_b，U_c）电压比为 110/100，第一组 CT（I_a，I_b，I_c）电流比为 3000/1，第二组 CT（I'_a、I'_b、I'_c）电流比为 1500/1，第三组 CT（I_{sa}，I_{sb}，I_{sc}）电流比为 3000/1。

SV 报文映射：依次导入 110kV 母联，110kV 洛边线以及 110kV 母线合并单元控制块，并配置每个控制块的输出光口，再将测试仪输出口与保护装置对应间隔的 SV 直采口连接。测试仪模拟对应间隔合并单元输出三相保护电流（包括主、副采）输出至保护装置。根据试验需要将支路 1（母联）间隔 A 相电流（主、副采）映射测试仪输出变量 I_a，支路 4（洛边线）间隔 A 相电流（主、副采）映射测试仪输出变量 I'_a，Ⅰ段母线电压（主、副采）映射测试仪输出变量 U_a、U_b、U_c。

GOOSE 发布：导入支路 1（母联）间隔的开关、刀闸位置输出和母联_ 手合（SHJ）两个 GOOSE 控制块，并选择发送口为光口 3。导入支路 4（洛边线 111）间隔的刀闸位置 GOOSE 控制块，并选择发送口为光口 4。

将支路 1（母联）与保护装置有虚端子联系的 3 个通道："断路器总位置""隔刀 1 位置""隔刀 2 位置"根据试验需要设定为合闸位置"[10]"或者分闸位置"[01]"，母联_ 手合（SHJ）的数据类型绑定为开出量"Out1"。

将支路 4（110kV 洛边线）与保护装置有虚端子联系的两个通道："隔刀 1 位置""隔刀 2 位置"根据试验需要设定为合闸位置"[10]"或者分闸位置"[01]"。

3. 相关定值

差动保护启动电流定值 I_{cdqd} 为 0.2A，母联分段失灵电流定值 I_{fdsl} 为 1A，母联分段失灵时

间 T_{fdsl} 为 0.2s。

4. 试验条件

（1）软压板设置

1）保护功能软压板：投入“差动保护”软压板。

2）SV 软压板：投入“电压_ SV 接收软压板”“母联_ SV 接收软压板”“支路 4_ SV 接收软压板”“支路 4_ 1G 强制合软压板”“支路 4_ 2G 强制分软压板”。

3）GOOSE 发布软压板：投入“母联_ 保护跳闸”软压板、“洛边线 111_ 保护跳闸”软压板、“洛双线 112_ 保护跳闸”软压板。

（2）控制字设置　“差动保护”置“1”。

（3）开入量检查　支路 4_ 1G 刀闸为“合”，支路 4_ 2G 刀闸为“分”。

4.5.2 GOOSE 检修逻辑检查

1. 检查目的

GOOSE 检修逻辑检查是为了确保智能变电站的检修机制正确可用，验证不同装置的检修位置配合逻辑情况是否正确。GOOSE 接收侧和发送侧的检修状态一致时，即同时投入或同时退出检修状态时，装置应能正确响应 GOOSE 变位。GOOSE 接收侧和发送侧的检修状态不一致时，即只有一侧投入检修状态时，装置应不对 GOOSE 变位进行响应，且稳态量开入保持检修不一致前的状态，暂态量开入保持 0 状态。

2. 检查内容

检查内容以 CSC-150AL 保护为例，如表 4-52 所示。

表 4-52　CSC-150AL 保护 GOOSE 检修逻辑检查

对侧装置				本侧装置	
				0	1
装置名称	GOOSE 类型	信号名称	检修位	装置逻辑检查结果	装置逻辑检查结果
母联智能终端	稳态开入量	母联_断路器位置	0	正常变位	保持上一态
			1	保持上一态	正常变位
		母联_1G 刀闸位置	0	正常变位	保持上一态
			1	保持上一态	正常变位
		母联_2G 刀闸位置	0	正常变位	保持上一态
			1	保持上一态	正常变位
	暂态开入量	母联_手合	0	正常变位	清零
			1	清零	正常变位
支路智能终端	稳开入量	1G 刀闸位置	0	正常变位	保持上一态
			1	保持上一态	正常变位
		2G 刀闸位置	0	正常变位	保持上一态
			1	保持上一态	正常变位
备注	1. 稳态开入量包括开关、刀闸等位置信号，暂态开入量包括闭重、失灵、跳闸等信号； 2. GOOSE 检修状态不一致时，开关、刀闸、合后位置等稳态开入量保持上一态，闭锁重合、启动失灵等暂态开入量清零，保护不应误动作且告警灯亮，发送正确告警信号至监控后台； 3. 不能以装置显示作为“装置逻辑检查结果”，应测试装置实际逻辑				

3. 检查方法

以 CSC-150AL 母线保护为例，其他装置检查方法类似。

模拟两侧检修状态方法：CSC-150AL 保护装置的检修状态直接用“置检修状态”硬压板进行投退。模拟智能终端检修状态：在 GOOSE 发布参数设置中，设置 GOOSE 报文的 Test 位置“1”或“true”状态。

下面以模拟接入母线保护的支路智能终端检修，母线保护装置正常运行时的逻辑为例进行说明，其他情况的逻辑检查做法类似。

（1）GOOSE 稳态量检修逻辑检查

利用状态序列测试，退出 CSC-150AL 保护装置的“置检修状态”硬压板。根据需要将支路 4（110kV 洛边线）的“隔刀 1”“隔刀 2”位置设定为合闸位置“［10］”或者分闸位置“［01］”。检查过程状态量设置如表 4-53 所示。

表 4-53 CSC-150AL 保护 GOOSE 稳态量检修逻辑检查

<table>
<tr><th>检查项目</th><th colspan="3">GOOSE 稳态量检修逻辑检查</th></tr>
<tr><td rowspan="14">GOOSE 稳态量检修逻辑检查仪器设置（A 相故障）</td><td colspan="3">状态 1 参数设置</td></tr>
<tr><td>U_{a}:57.74∠0.00°
U_{b}:57.74∠-120°
U_{c}:57.74∠120°</td><td>I'_{a}:0.00∠0.00°</td><td>开出：支路 4“隔刀 1”为合闸位置“[10]”，“隔刀 2”为分闸位置“[01]”；
状态触发条件：手动触发</td></tr>
<tr><td colspan="3">说明：设置支路 4 初始刀闸位置，合于Ⅰ母运行，装置 GOOSE 开入中支路 4_1G 刀闸为“合”，支路 4_2G 刀闸为“分”，保护开入中支路 4_1G 刀闸为“合”，支路 4_2G 刀闸为“开”</td></tr>
<tr><td colspan="3">状态 2 参数设置</td></tr>
<tr><td>U_{a}:57.74∠0.00°
U_{b}:57.74∠-120°
U_{c}:57.74∠120°</td><td>I'_{a}:0.1∠0.00°</td><td>开出：支路 4“隔刀 1”为分闸位置“[01]”，“隔刀 2”为合闸位置“[10]”，并设置为检修位；
状态触发条件：手动触发</td></tr>
<tr><td colspan="3">说明：给保护装置置入带检修位支路 4 隔刀 1 分位及隔刀 2 合位，并给支路 4 的 A 相加入 0.1A 电流，在这一状态时间内，可以看到装置 GOOSE 开入的“支路 4_1G 刀闸”为带检修标志的“开”，“支路 4_2G 刀闸”为带检修标志的“合”，但是保护开入中“支路 4_1G 刀闸”为“合”，“支路 4_2G 刀闸”为“开”，主界面的 A 相大差和Ⅰ母 A 相小差经过折算后的差流均为 0.05A，说明装置的刀闸位置稳态开入在检修不一致的情况下保持了之前的状态</td></tr>
<tr><td colspan="3">状态 3 参数设置</td></tr>
<tr><td>U_{a}:30∠0.00°
U_{b}:57.74∠-120°
U_{c}:57.74∠120°</td><td>I'_{a}:0.5∠0.00°</td><td>开出：支路 4“隔刀 1”为分闸位置“[01]”，“隔刀 2”为合闸位置“[10]”，并设置为检修位；
状态触发条件：时间控制为 0.1s</td></tr>
<tr><td colspan="3">说明：模拟区内故障支路 4 的故障电流</td></tr>
<tr><td colspan="3">状态 4 参数设置</td></tr>
<tr><td>U_{a}:57.74∠0.00°
U_{b}:57.74∠-120°
U_{c}:57.74∠120°</td><td>I'_{a}:0.00∠0.00°</td><td>开出：支路 4“隔刀 1”为分闸位置“[10]”，“隔刀 2”为合闸位置“[01]”；
状态触发条件：时间控制为 1s</td></tr>
<tr><td colspan="3">说明：恢复支路 4 初始刀闸位置并取消检修位</td></tr>
<tr><td>装置报文</td><td colspan="2">1. 差动保护启动；
2. 16ms Ⅰ母差动跳母联 A 相；
3. 16ms Ⅰ母差动跳分段 1 A 相；
4. 16ms Ⅰ母差动动作 A 相</td></tr>
<tr><td>装置指示灯</td><td colspan="2">母差动作、母联动作</td></tr>
<tr><td colspan="4">说明：1. 从动作逻辑可以看出为Ⅰ母故障，说明支路 4 的刀闸位置稳态开入量保持了检修不一致前的状态；
2. 取消了状态 2 和状态 3 的刀闸位置检修位后，动作逻辑即变为Ⅱ母差动动作；
3. 试验仪器设置以 A 相故障为例，B、C 相类似</td></tr>
<tr><td colspan="4">思考：母联位置的检修不一致逻辑如何试验？</td></tr>
</table>

（2）GOOSE 暂态量检修逻辑检查

退出 CSC-150AL 保护装置的“置检修状态”硬压板。首先利用通用试验模块向保护装置开出 Out1（母联 SHJ），装置的 GOOSE 开入中“母联 SHJ 开入”为“合”，保护开入中“母联 SHJ 开入”也为“合”，然后给开出量 Out 置检修位，此时装置 GOOSE 开入的“母联 SHJ 开入”为带检修标志的“合”，保护开入中“母联 SHJ 开入”变为“分”，说明装置的暂态开入在检修不一致的情况下做清零处理。再利用 CSC-150AL 调试教程中的“充电过程中母线保护动作逻辑试验”（见 4.4 节相关内容），将状态序列中状态 2 参数设置中的开出量 Out1（母联 SHJ）置检修位，结果是Ⅰ母差动直接动作，不会延时 300ms 跳开故障母线，这也说明了暂态开入在检修不一致的情况下做清零处理。

4.5.3　GOOSE 断链逻辑检查

1. 检查目的

GOOSE 断链逻辑检查是为了验证 GOOSE 链路中断情况下，装置开入量的变位逻辑，确保 GOOSE 断链情况下保护装置不会误动。GOOSE 断链后，稳态量开入（如开关、刀闸位置等）应保持断链前的状态，暂态量开入（如母联手合、启动失灵等）应清零。

2. 检查内容

检查内容以 CSC-150AL 保护为例，如表 4-54 所示。

表 4-54　CSC-150AL 保护 GOOSE 断链逻辑检查

对侧装置				本侧装置
装置名称	GOOSE 类型	信号名称	GOOSE 断链	装置逻辑检查结果
母联智能终端	稳态开入量	母联_断路器位置	0	正常变位
			1	保持上一态
		母联_1G 刀闸位置	0	正常变位
			1	保持上一态
		母联_2G 刀闸位置	0	正常变位
			1	保持上一态
	暂态开入量	母联_手合	0	正常变位
			1	清零
支路智能终端	稳开入量	1G 刀闸位置	0	正常变位
			1	保持上一态
		2G 刀闸位置	0	正常变位
			1	保持上一态
备注	1. 稳态开入量包括开关、刀闸等位置信号，暂态开入量包括闭重、失灵、跳闸等信号； 2. GOOSE 断链时，开关、刀闸、合后位置等稳态开入量保持上一态，闭锁重合、启动失灵等暂态开入量清零，保护不应误动作且告警灯亮，发送正确告警信号至监控后台； 3. 不能以装置显示作为“装置逻辑检查结果”，应测试装置实际逻辑			

3. 检查方法

以 CSC-150AL 母线保护为例，其他装置检查方法类似。

模拟 GOOSE 断链方法：断开测试仪与保护装置 GOOSE 直跳口的光纤连接。

（1）GOOSE 稳态量断链检查

试验方法和检修逻辑类似。在状态 1 中，装置 GOOSE 开入的“支路 4_ 1G 刀闸”为“合”，“支路 4_ 2G”刀闸为“开”，然后断开测试仪与支路 4 的 GOOSE 直跳光纤，大约 15s 后，装置报出该支路 GOOSE 链路中断后，手动触发至下一状态，可以看到装置 GOOSE 开入的“支路 4_ 1G 刀闸”为“合”，“支路 4_ 2G”刀闸为“开”，保护开入中“支路 4_ 1G 刀

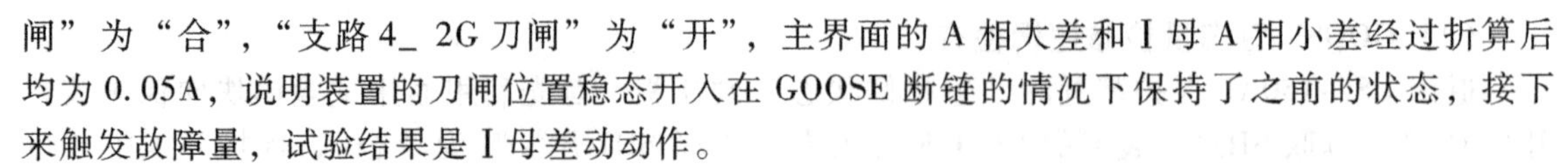
闸”为“合”，“支路4_ 2G 刀闸”为“开”，主界面的A相大差和Ⅰ母A相小差经过折算后均为0.05A，说明装置的刀闸位置稳态开入在GOOSE断链的情况下保持了之前的状态，接下来触发故障量，试验结果是Ⅰ母差动动作。

(2) GOOSE暂态量断链检查

试验方法和检修逻辑类似。首先利用通用试验模块向保护装置开出Out1（母联SHJ），装置的GOOSE开入中“母联SHJ开入”为“合”，保护开入中“母联SHJ开入”也为“合”，然后断开测试仪与母联的GOOSE直跳光纤，此时装置GOOSE开入的“母联SHJ开入”为“分”，保护开入中“母联SHJ开入”变为“分”，说明装置的暂态开入在断链情况下做清零处理。再利用CSC-150AL调试教程中的“充电过程中母线保护动作逻辑试验”（见4.4节相关内容），在状态1持续过程中断开测试仪与母联的GOOSE直跳光纤，然后手动触发至下一状态，结果是Ⅰ母差动直接动作，不会延时300ms跳开故障母线，这也说明了暂态开入在GOOSE断链的情况下做清零处理。

4.5.4 SV检修逻辑检查

1. 检查目的

SV检修逻辑检查是为了确保智能变电站的检修机制正确可用，验证不同装置的检修位置配合逻辑情况正确。SV接收侧和发送侧的检修状态一致时，即同时投入检修装置或同时退出检修状态时，装置应能正确处理SV报文。SV接收侧和发送侧的检修状态不一致时，即只有一侧投入检修状态时，装置应闭锁相应保护功能。

2. 检查内容

检查内容以CSC-150AL保护为例，如表4-55所示。

表4-55　CSC-150AL保护SV检修逻辑检查

对侧装置			本装置检修位			
装置名称	SV通道类型	检修位	0		1	
			装置逻辑检查结果	是否闭锁保护	装置逻辑检查结果	是否闭锁保护
支路合并单元	电流通道	0	正常采样	不闭锁保护	闭锁保护并正确告警	闭锁保护
		1	闭锁保护并正确告警	闭锁保护	正常采样	不闭锁保护
母联合并单元	电流通道	0	正常采样	不闭锁保护	闭锁保护并正确告警	闭锁保护
		1	闭锁保护并正确告警	闭锁保护	正常采样	不闭锁保护
母线合并单元	电压通道	0	正常采样	不闭锁保护	开放对应段复压闭锁并正确告警	不闭锁保护
		1	开放对应段复压闭锁并正确告警	不闭锁保护	正常采样	不闭锁保护
备注	1. 投入所有功能软压板； 2. 应在双AD一致前提下进行此试验； 3. 不能以装置显示作为“装置逻辑检查结果”，应测试装置实际逻辑； 4. 本装置母联电流SV检修不一致时，闭锁差动保护，不转为母线互联状态					

3. 检查方法

以CSC-150AL母线保护为例，其他装置检查方法类似。

模拟两侧检修状态方法：CSC-150AL保护装置的检修状态直接用“置检修状态”硬压板进行投退。模拟合并单元检修状态：在SV报文的“品质因数”选项中，将需要检查支路的SV通道品质设置成“测试”。

(1) 支路电流SV检修逻辑检查

利用状态序列测试，退出CSC-150AL保护装置的“置检修状态”硬压板。将支路4的电

流 SV 通道 I'_a 置检修，检查过程状态量设置如表 4-56 所示。

表 4-56 CSC-150AL 保护 SV 检修逻辑检查

<table>
<tr><td>检查项目</td><td colspan="3">支路电流 SV 检修逻辑检查</td></tr>
<tr><td rowspan="8">支路电流 SV 检修不一致检查仪器设置（A 相故障）</td><td colspan="3">状态 1 参数设置</td></tr>
<tr><td>U_a:57.74∠0.00°
U_b:57.74∠-120°
U_c:57.74∠120°</td><td>I'_a:0.1∠0.00°</td><td>开出:支路 4“隔刀 1”为合闸位置“[10]”,“隔刀 2”为分闸位置“[01]”;
品质:电流通道 I'_a 置检修;
状态触发条件:手动触发</td></tr>
<tr><td colspan="3">说明:在 CPU1 和 CPU2 中,支路 4 电流模拟量显示正常,主界面大差和 I 母小差为 0.05A,说明支路电流 SV 检修不一致时,可以显示采样值</td></tr>
<tr><td colspan="3">状态 2 参数设置</td></tr>
<tr><td>U_a:30∠0.00°
U_b:57.74∠-120°
U_c:57.74∠120°</td><td>I'_a:1∠0.00°</td><td>开出:支路 4“隔刀 1”为合闸位置“[10]”,“隔刀 2”为分闸位置“[01]”;
品质:电流通道 I'_a 置检修;
状态触发条件:时间控制为 0.1s</td></tr>
<tr><td colspan="3">说明:模拟区内故障支路 4 的故障电流</td></tr>
<tr><td>装置报文</td><td colspan="2">无</td></tr>
<tr><td>装置指示灯</td><td colspan="2">无</td></tr>
<tr><td colspan="4">说明:1. 从动作逻辑可以看出支路电流与保护装置检修不一致时,闭锁差动保护,并上送“采样数据异常”“采样数据检修”报文;
2. 负荷平衡态试验仪器设置以 A 相故障为例,B、C 相类似</td></tr>
</table>

（2）母联电流 SV 检修逻辑检查

试验方法和支路电流 SV 检修逻辑类似，将母联的电流 SV 通道 I_a 置检修。在状态 1 中，通入经过折算后的小于差动动作值的母联电流 I_a，状态 2 中给支路 4 通入差动动作电流。状态 1 持续过程中，CPU1 和 CPU2 的母联电流模拟量显示正常，主界面 Ⅰ 母、Ⅱ 母小差为折算后的母联电流，触发至状态 2 后，试验结果是差动保护不动作。说明母联电流 SV 检修不一致时，不参与保护逻辑计算并闭锁差动保护。

另外，再利用 CSC-150AL 调试教程中的母联充电逻辑、母联失灵逻辑、母联死区逻辑（见 4.4 节相关内容）在母联 SV 检修状态与保护装置检修状态不一致时，退出相应母联保护的电流判别逻辑，相应的母联保护逻辑不退出。

（3）母线电压 SV 检修逻辑检查

试验方法和支路电流 SV 检修逻辑类似，将 Ⅰ 母电压 SV 通道置检修。在状态 1 中，Ⅰ 母通入正序额定电压，状态 2 中 Ⅰ 母电压不变，给支路 4 通入差动动作电流。状态 1 持续过程中，在 CPU1、CPU2 及主界面 Ⅰ 母电压模拟量显示正常，触发至状态 2 后，试验结果是 Ⅰ 母差动保护动作。说明母线电压 SV 检修不一致时，开放对应段母线复压闭锁。

4.5.5 SV 无效逻辑检查

1. 检查目的

SV 无效逻辑检查是为了确保智能变电站的无效逻辑正确可用。SV 报文品质为有效时，装置应能正确处理 SV 报文。SV 报文品质为无效时，装置应闭锁相应保护功能并上送“采样数据异常”报文。

2. 检查内容

检查内容以 CSC-150AL 保护为例，如表 4-57 所示。

表 4-57　CSC-150AL 保护 SV 无效逻辑检查

对侧装置			装置逻辑检查结果	是否闭锁保护
装置名称	SV 通道类型	SV 通道无效		
支路合并单元	电流通道	0	正常采样	不闭锁保护
		1	闭锁保护并正确告警	闭锁保护
母联合并单元	电流通道	0	正常采样	不闭锁保护
		1	母线保护转互联并正确告警	不闭锁保护
母线合并单元	电压通道	0	正常采样	不闭锁保护
		1	开放对应段复压闭锁并正确告警	不闭锁保护
备注	1. 投入所有功能软压板； 2. 应在双 AD 一致前提下进行此试验； 3. 不能以装置显示作为"装置逻辑检查结果",应测试装置实际逻辑			

3. 检查方法

以 CSC-150AL 母线保护为例，其他装置检查方法类似。

模拟 SV 品质无效方法：在 SV 报文的“品质因数”选项中，将需要检查支路的 SV 通道品质设置成“无效”。

（1）支路电流 SV 无效逻辑检查

试验方法和支路电流 SV 检修逻辑类似，将支路 4 的电流 SV 通道 I'_a 置无效。在状态 1 中，通入经过折算后小于差动动作值的支路 4 电流 I'_a，状态 2 中给支路 4 通入差动动作电流。状态 1 持续过程中，CPU1 和 CPU2 的支路 4 电流模拟量为 0，主界面大差和Ⅰ母小差为 0，触发至状态 2 后，试验结果是差动保护不动作。说明支路电流 SV 无效时，闭锁差动保护。

（2）母联电流 SV 无效逻辑检查

试验方法和支路电流 SV 检修逻辑类似，将母联的电流 SV 通道 I_a 置无效。在状态 1 中，通入经过折算后的小于差动动作值的母联电流 I_a，状态 2 中给支路 4 通入差动动作电流。状态 1 持续过程中，CPU1 和 CPU2 的母联电流模拟量显示为 0，主界面Ⅰ母、Ⅱ母小差为 0，触发至状态 2 后，试验结果是Ⅰ、Ⅱ母差动保护动作。说明母联电流 SV 无效时，母线保护转为互联状态。

另外，再利用 CSC-150AL 调试教程中的母联充电逻辑、母联失灵逻辑、母联死区逻辑（见 4.4 节相关内容）在母联 SV 采样无效时，退出相应母联保护的电流判别逻辑，闭锁母联保护。

（3）母线电压 SV 无效逻辑检查

试验方法和支路电流 SV 检修逻辑类似，将Ⅰ母电压 SV 通道置无效。在状态 1 中，Ⅰ母通入正序额定电压，状态 2 中Ⅰ母电压不变，给支路 4 通入差动动作电流。状态 1 持续过程中，CPU1、CPU2 及主界面Ⅰ母电压模拟量显示为 0，触发至状态 2 后，试验结果是Ⅰ母差动保护动作。说明母线电压 SV 无效时，开放对应段母线复压闭锁。

4.5.6　SV 断链逻辑检查

1. 检查目的

SV 断链逻辑检查是为了验证 SV 链路中断情况下保护装置不会误动。SV 断链后，装置应闭锁相应保护功能并上送“SV 采样链路中断”报文。

2. 检查内容

检查内容以 CSC-150AL 保护为例，如表 4-58 所示。

表 4-58　CSC-150AL 保护 SV 断链逻辑检查

对侧装置			装置逻辑检查结果	是否闭锁保护
装置名称	SV 通道类型	SV 断链		
支路合并单元	电流通道	0	正常采样	不闭锁保护
		1	闭锁保护并正确告警	闭锁保护
母联合并单元	电流通道	0	正常采样	不闭锁保护
		1	母线保护转互联并正确告警	不闭锁保护
母线合并单元	电压通道	0	正常采样	不闭锁保护
		1	开放对应段复压闭锁并正确告警	不闭锁保护
备注	1. 投入所有功能软压板； 2. 应在双 AD 一致前提下进行此试验； 3. 不能以装置显示作为"装置逻辑检查结果"，应测试装置实际逻辑			

3. 检查方法

以 CSC-150AL 母线保护为例，其他装置检查方法类似。

模拟 GOOSE 断链方法：断开测试仪与保护装置 SV 直采口的光纤连接。

（1）支路电流 SV 断链逻辑检查

试验方法和支路电流 SV 检修逻辑类似。在状态 1 中，通入经过折算后小于差动动作值的支路 4 电流 I_a'，状态 2 中给支路 4 通入差动动作电流。状态 1 持续过程中，CPU1 和 CPU2 的支路 4 电流模拟量显示正常，主界面大差和Ⅰ母小差为支路 4 折算后电流，然后断开测试仪与支路 4 的 SV 直采光纤，CPU1 和 CPU2 的支路 4 电流模拟量以及主界面大差和Ⅰ母小差显示为 0，触发至状态 2 后，试验结果是差动保护不动作。说明支路电流 SV 断链时，闭锁差动保护。

（2）母联电流 SV 断链逻辑检查

试验方法和支路电流 SV 检修逻辑类似。在状态 1 中，通入经过折算后小于差动动作值的母联电流 I_a，状态 2 中给支路 4 通入差动动作电流。状态 1 持续过程中，CPU1 和 CPU2 的母联电流模拟量显示正常，主界面Ⅰ母、Ⅱ母小差为母联折算后电流，然后断开测试仪与母联的 SV 直采光纤，CPU1 和 CPU2 的母联电流模拟量以及主界面Ⅰ母、Ⅱ母小差显示为 0，触发至状态 2 后，试验结果是Ⅰ、Ⅱ母差动保护动作。说明母联电流 SV 断链时，母线保护转为互联状态。

另外，再利用 CSC-150AL 调试教程中的母联充电逻辑、母联失灵逻辑、母联死区逻辑（见 4.4 节相关内容）在母联 SV 断链时，退出相应母联保护的电流判别逻辑，闭锁母联保护。

（3）母线电压 SV 断链逻辑检查

试验方法和支路电流 SV 检修逻辑类似。在状态 1 中，Ⅰ母通入正序额定电压，状态 2 中Ⅰ母电压不变，给支路 4 通入差动动作电流。状态 1 持续过程中，CPU1、CPU2 及主界面Ⅰ母电压模拟量显示正常，然后断开测试仪与母线电压的 SV 直采光纤，CPU1、CPU2 及主界面Ⅰ母电压模拟量显示为 0，触发至状态 2 后，试验结果是Ⅰ母差动保护动作。说明母线电压 SV 断链时，开放对应段母线复压闭锁。

第5章 智能变电站的断路器保护装置调试技巧

5.1 CSC-121A-DG-G 断路器保护装置调试技巧

5.1.1 装置介绍

1. CSC-121A-DG-G 装置功能说明

CSC-121A-DG-G 数字式断路器保护装置，主要适用于 220kV 及以上电压等级的 3/2 接线方式下的断路器保护的数字化变电站，包括失灵保护、死区保护、充电过电流保护、三相不一致保护、自动重合闸等功能元件，可以满足 3/2 接线中重合闸和断路器辅助保护按断路器装设的要求。

2. 装置背板端子说明

CSC-121A-DG-G 数字式断路器保护装置插件布置图如图 5-1 所示，本次主要对与单体调试相关度比较高的 X1-CPU 插件以及 X2-交流插件做一个简单介绍。X1-CPU 插件至少提供 3 组百兆光以太网口，原则上不与站控层网络连接，只连接到过程层网络，完成间隔层装置之间以及与过程层智能单元的通信。X2-交流插件将系统电压互感器 PT 和电流互感器 CT 二次信号变换成保护装置所需的弱电信号，同时起隔离和抗干扰作用。根据 2016 年国网反措要求 220kV 枢纽站及 500kV 电压等级取消合并单元，因此此后投运 500kV 断路器保护应使用传统的模拟量交流采样。

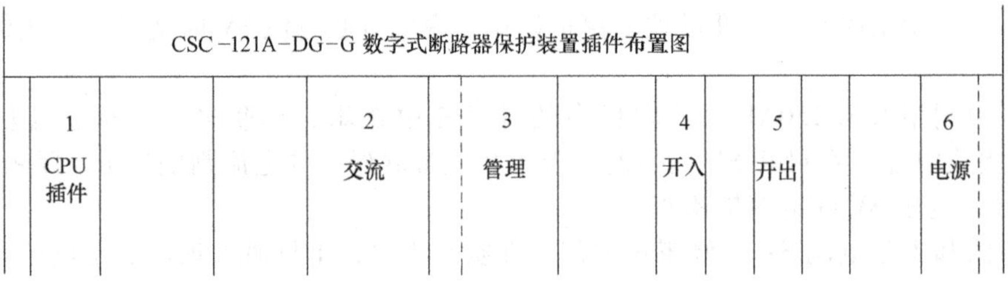

CSC－121A－DG－G 数字式断路器保护装置插件布置图

1	2	3	4	5	6
CPU插件	交流	管理	开入	开出	电源

图 5-1　CSC-121A-DG-G 数字式断路器保护装置插件布置图

图 5-2 所示为断路器保护光口联系图，GOOSE 板配置 6 组光口，其中 ETH1 配置为 GOOSE 组网口，ETH2 为智能终端的点对点直跳口，IRIG-B 口为对时口。

3. 装置虚端子及软压板配置

断路器保护装置与其相关联的保护装置及智能终端都比较多，而且中断路器与边断路器所关联的设备也存在一定的差异，但是配置思路与调试方法大体一致。以边断路器保护为例，其示意图如图 5-3 所示。

图 5-3 可直观地表达本套断路器保护与线路保护、母差保护、相邻断路器保护以及本智能终端和相邻智能终端之间的联系，传输的数据集也都可以清晰显示，但未能详细描述每个数据集中所包含的内容。表 5-1 及表 5-2 所示为本装置详细的虚端子联系、断路器保护装置内部

GOOSE 接收、发布及软压板配置表。

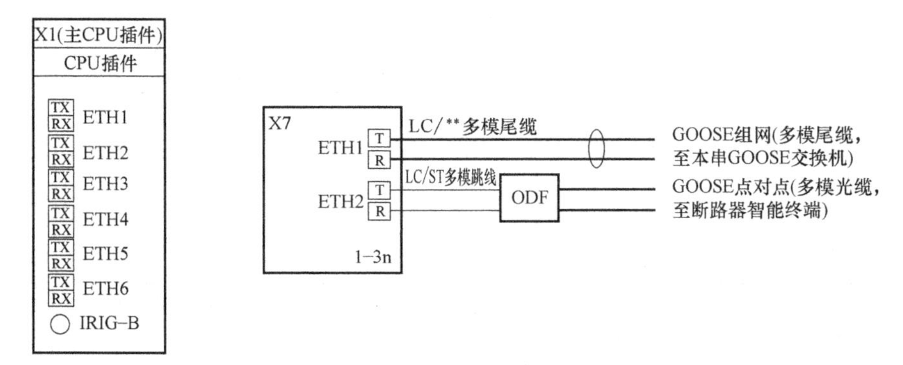

图 5-2　断路器保护光口联系图

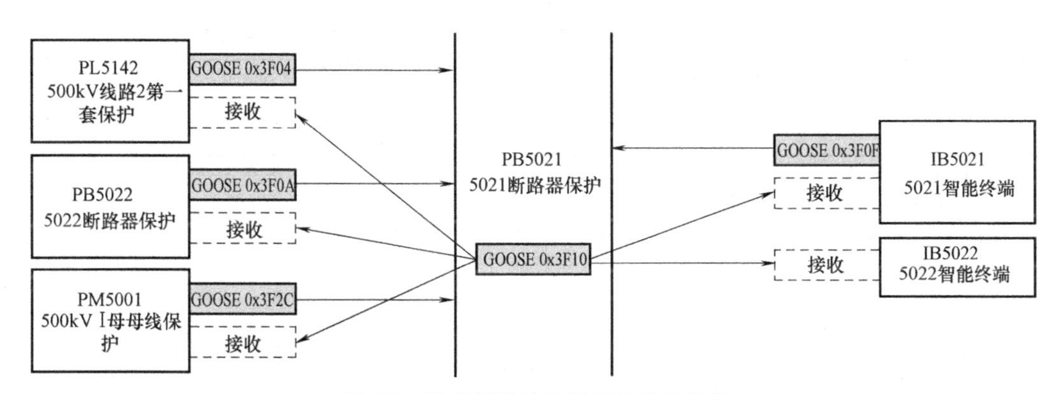

图 5-3　断路器保护虚端子联系示意图

表 5-1　CSC-121A-DG-G 断路器保护装置虚端子 GOOSE 输入表

<table>
<tr><th rowspan="2">序号</th><th rowspan="2">功能定义</th><th colspan="2">终点设备:边断路器 CSC-121A-DG-G 断路器保护</th><th colspan="3">起点设备:线路保护/母线保护/相邻断路器保护/本断路器智能终端</th></tr>
<tr><th>厂家虚端子定义</th><th>接收软压板</th><th>设备名称</th><th>厂家虚端子定义</th><th>发送软压板</th></tr>
<tr><td>1</td><td>500kV 线路保护跳闸启动开关保护 A 相失灵</td><td>保护 A 相跳闸 1</td><td rowspan="3">无</td><td rowspan="4">500kV 线路保护</td><td>启边断路器 A 失灵</td><td rowspan="3">启边开关失灵发布软压板</td></tr>
<tr><td>2</td><td>500kV 线路保护跳闸启动开关保护 B 相失灵</td><td>保护 B 相跳闸 1</td><td>启边断路器 B 失灵</td></tr>
<tr><td>3</td><td>500kV 线路保护跳闸启动开关保护 C 相失灵</td><td>保护 C 相跳闸 1</td><td>启边断路器 C 失灵</td></tr>
<tr><td>4</td><td>500kV 线路保护远传启动失灵</td><td>闭锁重合闸-1</td><td>无</td><td>边断路器永跳</td><td>边断路器永跳发布软压板</td></tr>
<tr><td>5</td><td>500kV 母线保护跳闸启动失灵</td><td>保护三相跳闸-1</td><td>无</td><td>500kV 母线保护</td><td>支路 2_保护跳闸</td><td>支路 2_保护跳闸软压板</td></tr>
<tr><td>6</td><td>中断路器保护跳闸闭锁重合闸</td><td>闭锁重合闸-2</td><td>无</td><td>断路器保护</td><td>失灵跳闸 1</td><td>失灵跳闸 1 发布软压板</td></tr>
<tr><td>7</td><td>边开关 A 相位置</td><td>断路器分相跳闸位置 TWJa</td><td>无</td><td>边开关智能终端</td><td>断路器 A 相位置</td><td>无</td></tr>
<tr><td>8</td><td>边开关 B 相位置</td><td>断路器分相跳闸位置 TWJb</td><td>无</td><td>边开关智能终端</td><td>断路器 B 相位置</td><td>无</td></tr>
</table>

（续）

序号	功能定义	终点设备：边断路器 CSC-121A-DG-G 断路器保护		起点设备：线路保护/母线保护/相邻断路器保护/本断路器智能终端		
		厂家虚端子定义	接收软压板	设备名称	厂家虚端子定义	发送软压板
9	边开关 C 相位置	断路器分相跳闸位置 TWJc	无	边开关智能终端	断路器 C 相位置	无
10	边开关压力低闭锁重合闸	低气压闭锁重合闸	无	边开关智能终端	压力低闭锁重合闸（常开）_DIO 开入 4	无
11	闭锁本套保护重合闸	闭锁重合闸-3	无	边开关智能终端	闭锁本套保护重合闸	无

注：1. 断路器保护中接收智能终端闭锁本套保护重合闸的开入量，通过 GOOSE 组网口接收。但在福建省 500kV 智能变电站中该开入量直接通过 GOOSE 点对点直跳口接收，应加以区分。

2. 对于相邻断路器的“失灵跳闸 1”开出，本断路器仅作闭锁重合闸用。但在部分福建省 500kV 智能变电站中此开出还作为启动失灵作用，应加以区分。

表 5-2　CSC-121A-DG-G 断路器保护装置虚端子 GOOSE 输出表

序号	功能定义	边断路器 CSC-121A-DG-G 断路器保护		终点设备：线路保护/母线保护/相邻断路器/本断路器智能终端		
		厂家虚端子定义	发送软压板	设备名称	厂家虚端子定义	接收软压板
1	边断路器保护跳边开关 A 相	跳断路器 A 相	跳闸发布软压板	边断路器智能终端	跳 A_直跳（网口 4）	无
2	边断路器保护跳边开关 B 相	跳断路器 B 相			跳 B_直跳（网口 4）	
3	边断路器保护跳边开关 C 相	跳断路器 C 相			跳 C_直跳（网口 4）	
4	边断路器保护永跳边开关	永跳	永跳发布软压板		永跳_直跳（网口 4）	
5	边断路器保护重合闸	重合闸	重合闸发布软压板		合闸（重合）_直跳（网口 4）	
6	边开关失灵闭锁中开关保护重合闸	失灵跳闸 1	失灵跳闸 1 发布软压板	中断路器保护	闭锁重合闸-2	无
7	边开关失灵联跳中开关	失灵跳闸 2	失灵跳闸 2 发布软压板	中断路器智能终端	永跳_组网	无
8	边开关失灵启动母线保护	失灵跳闸 3	失灵跳闸 3 发布软压板	500kV 母线保护	支路 2_失灵联跳	支路 2_失灵联跳接收软压板
9	边开关失灵启动线路远传开入	失灵跳闸 6	失灵跳闸 6 发布软压板	500kV 线路保护	远传 1-1	无

注：1. 装置内部还配置有：(1)“投充电过电流保护”软压板，该压板的投退和相对应的控制字构成“与”的关系，即只有当软压板和控制字均投入时，才能投入充电过电流保护功能，一般远方可遥控。(2)“停用重合闸”软压板，该压板的投退和相对应的控制字构成“或”的关系，即只要软压板和控制字中的任一个投入时，即投入停用重合闸功能，一般远方可遥控。(3)“远方修改定值”软压板，该压板投入时才能实现远方修改定值，一般只能在就地更改。(4)“远方切换定值区”软压板，该压板投入时才能实现远方切换定值区，一般只能在就地更改。(5)“远方投退压板”软压板，只有该压板投入时，才能实现远方控制软压板，该软压板只能在就地更改。以上 (3)~(5) 的压板均与“远方操作投入”硬压板构成“与”的关系方可实现其功能。

2. 保护检修状态压板，该压板为硬压板，投入即实现保护检修状态功能。该压板投入时，报文带检修状态位，当保护试验时，保存报告，向远方发送报文，但不执行远方操作命令。装置投入运行，退出此压板；装置退出运行，投入此压板。

5.1.2　调试方法

相比其他元件保护而言，断路器保护的调试主要以逻辑检验为主，其中并不包含过多的定值计算过程，因此在调试过程中应时刻结合厂家说明书中提供的保护逻辑图进行调试，对逻辑能力的要求远大于对计算能力的要求。

1. 测试仪器接线及配置

（1）光纤接线　用两对尾纤分别将测试仪的光口 1 与组网 GOOSE 口（X1 板的 ETH1 口）连接，光口 2 与直跳 GOOSE 口（X1 板的 ETH2 口）连接。

（2）测试仪配置

1）GOOSE 订阅：订阅本断路器保护 GOOSE 输出，并将保护的“跳断路器 A 相”“跳断路器 B 相”“跳断路器 C 相”“重合闸”“永跳”“失灵跳闸 1”“失灵跳闸 2”“失灵跳闸 3”“失灵跳闸 6”分别映射到测试仪的 GOOSE 开入 A、B、C、D、E、F、G、H（注：若测试仪软件只提供 8 个开入返回，可根据试验需要进行映射），接收光口选择“光口 1”或者“光口 2”。

2）GOOSE 发布。

① GOOSE 直跳发布。模拟本断路器保护对应智能终端 GOOSE 输出：映射到“光口 2”，以便对“断路器 A 相位置”“断路器 B 相位置”“断路器 C 相位置”“压力低闭锁重合闸”等保护开入进行设置；

② GOOSE 组网发布。

a. 模拟相邻开关断路器保护 GOOSE 输出：映射到“光口 1”，以便对“失灵跳闸 1”保护开入进行设置；

b. 模拟母线保护 GOOSE 输出：映射到“光口 1”，以便对“支路 2_ 保护跳闸”保护开入进行设置；

c. 模拟线路保护 GOOSE 输出：映射到“光口 1”，以便对“启边断路器 A 失灵”“启边断路器 B 失灵”“启边断路器 C 失灵”“边断路器永跳”保护开入进行设置；

d. 模拟本断路器保护对应智能终端 GOOSE 输出：映射到“光口 1”，以便对“闭锁本套保护重合闸”保护开入进行设置。

思考：为什么在“GOOSE 订阅”配置时，可以配置到光口 1 或者光口 2，任意一个光口都有效吗？

2. 失灵单相瞬时跟跳逻辑检验

（1）相关定值　保护定值栏中“失灵保护相定值”为 0.2A ，“失灵保护零序定值”为 0.1A，“负序电流定值”为 0.1A ，单重时间为 0.70s。

（2）试验条件

1）GOOSE 发送软压板设置：投入所有有配置的 GOOSE 发送软压板；

2）控制字设置：“断路器失灵保护”置“1”，“跟跳本断路器”置“1”，“单相重合闸”置“1”；

3）开关状态：合位；

4）开入量检查：跳闸位置 TWJA 为 0 、跳闸位置 TWJB 为 0 、跳闸位置 TWJC 为 0 、闭锁重合闸为 0 、低气压闭锁重合闸为 0 。

（3）试验方法

失灵保护启动后，收到单相跳闸命令，且相应相电流大于 $0.06I_n$，同时零序电流大于失灵保护零序电流定值或负序电流大于失灵保护负序电流定值，则失灵瞬跳该相。跳闸命令或电流收回，瞬时跟跳命令收回。试验加量过程中状态 1 为故障前状态，状态 3 为重合状态，提供开关合位开入；状态 2 必须有与故障相相对应的保护跳闸输出，调试方法见表 5-3。

3. 失灵三相瞬时跟跳逻辑检验

（1）相关定值　保护定值栏中“失灵保护相定值”为 0.2A ，“失灵保护零序定值”为 0.1A，“负序电流定值”为 0.1A，“低功率因素角定值”为 45°。

表 5-3 失灵单相瞬时跟跳逻辑检验调试方法

<table>
<tr><td rowspan="14">区内故障试验仪器设置
(满足零序电流条件)</td><td colspan="3">状态 1 参数设置(故障前状态)</td></tr>
<tr><td>U_a:0.00∠0.00°
U_b:0.00∠0.00°
U_c:0.00∠0.00°</td><td>I_a:0.00∠0.00°
I_b:0.00∠0.00°
I_c:0.00∠0.00°</td><td>开出:断路器 A、B、C 相位置置“10”;
状态触发条件:时间控制为 15.00s</td></tr>
<tr><td colspan="3">说明:开关在合位时,经延时“充满电”灯亮起后进行切换到状态 2;试验与电压无关,可设为任意值,此处状态均设零</td></tr>
<tr><td colspan="3">状态 2 参数设置(故障状态)</td></tr>
<tr><td>U_a:0.00∠0.00°
U_b:0.00∠0.00°
U_c:0.00∠0.00°</td><td>I_a:0.105∠0.00°
I_b:0.00∠0.00°
I_c:0.00∠0.00°</td><td>开出:断路器 A、B、C 相位置置“10”;
启动断路器失灵(A 相)置“True”
状态触发条件:时间控制为 0.1s</td></tr>
<tr><td colspan="3">状态 3 参数设置(重合状态)</td></tr>
<tr><td>U_a:0.00∠0.00°
U_b:0.00∠0.00°
U_c:0.00∠0.00°</td><td>I_a:0.00∠0.00°
I_b:0.00∠0.00°
I_c:0.00∠0.00°</td><td>开出:断路器 A、B、C 相位置置“10”;
状态触发条件:时间控制为 1.00s</td></tr>
<tr><td colspan="3">说明:时间控制应大于重合闸时间</td></tr>
<tr><td>装置报文</td><td colspan="2">1. 3ms 保护启动; 2. 14ms A 相跟跳动作; 3. 100ms A 相单跳启动重合; 4. 803ms 重合闸动作</td></tr>
<tr><td>装置指示灯</td><td colspan="2">跳本断路器、重合闸</td></tr>
</table>

注:1. 故障试验仪器设置以 A 相故障为例,B、C 相故障时应对应线路保护启动断路器保护失灵(B、C 相)的开出,且相应相电流大于 $0.06I_n$。

2. 满足负序电流条件的参数设置区别在于状态 2 中电流加量改为 I_a: 0.105∠0.00°、I_b: 0.105∠120.00°、I_c: 0.105∠-120.00°。

3. 区外故障时故障电流参数设置改为 0.095 即可。

(2)试验条件

1)GOOSE 发送软压板设置:投入所有有配置的 GOOSE 发送软压板;

2)控制字设置:“断路器失灵保护”置“1”,“跟跳本断路器”置“1”,“单相重合闸”置“1”;

3)开关状态:合位;

4)开入量检查:跳闸位置 TWJA 为 0 、跳闸位置 TWJB 为 0 、跳闸位置 TWJC 为 0 、闭锁重合闸为 0 、低气压闭锁重合闸为 0 。

(3)试验方法

1)若收到两相或三相跳闸命令,或在沟通三跳状态时收到单相跳闸命令,或充电保护动作,或不一致动作(投入“不一致启动失灵”控制字时),任一相电流大于失灵相电流定值,或者零序电流大于失灵保护零序电流定值或负序电流大于失灵保护负序电流定值,则瞬时重跳三相,外部跳闸命令收回或电流条件不满足,瞬时重跳命令就收回。

对于条件一:①两相跳闸命令或三相跳闸命令可直接由试验仪器开出,即,线路保护启边断路器 A 失灵 1 线路保护启边断路器 B 失灵 TB 1 ;或者,线路保护边断路器永跳 1;或者,支路 2_ 保护跳闸 1,或者,中断路器保护失灵跳闸 1。②对于沟通三跳状态是指装置不允许选跳,在以下情况下,重合闸装置进入沟通三跳状态:a. 重合方式在三重位置或停用位置,b. 重合闸未充满电,c. 装置失电。③充电保护动作。④不一致动作(投入“不一致启动失灵”控制字时)。

对于条件二:任一相电流大于失灵相电流定值即 $I>I_{SL}$,零序电流大于失灵保护零序电流定值即 $3I_0>3I_{0SL}$,负序电流大于失灵保护负序电流定值 $I_2>I_{2SL}$。

2)投入“三相失灵经低功率因数”控制字时,若收到三相跳闸命令,任一相低功率因数条件满足,延时三跳,经失灵跳相邻断路器时间跳相关断路器。对于低功率因数动作条件:

将相电压（>6V）和相电流（>0.04I_n）之间的角度 ϕ 称为低功率因数角，归算到 0°~90°之间，当三相任一相低功率因数 $\cos\phi<\cos\phi_{set}$ 时，低功率因数满足；或者三相电压均低于 6V、三相电流均大于 Max（0.1I_n，一次 300A）时，低功率因数也满足。

由上述可知，本试验条件很容易满足，方法也较为丰富，以下参数设置中尽可能涵盖更多的试验方法设置，但限于篇幅限制，不对各条件进行排列组合。

方法一：收到两相或三相跳闸命令时任一相电流大于失灵相电流定值，调试方法见表 5-4。

表 5-4　失灵三相瞬时跟跳逻辑检验调试方法一

	状态 1 参数设置（故障前状态）		
	U_a:0∠0.00° U_b:0∠0.00° U_c:0∠0.00°	I_a:0.00∠0.00° I_b:0.00∠0.00° I_c:0.00∠0.00°	开出：断路器 A、B、C 相位置置“10”； 状态触发条件：时间控制为 15.00s
	说明：1. 开关在合位时，经延时“充满电”灯亮起后进行切换到状态 2，排除沟通三跳条件；2. 此时“三相失灵经低功率因数”控制字置 0，排除低功率因数条件		
	状态 2 参数设置（故障状态）		
区内故障试验仪器设置（满足相电流条件）	U_a:0.00∠0.00° U_b:0.00∠0.00° U_c:0.00∠0.00°	I_a:0.21∠0.00° I_b:0.21∠-120.00° I_c:0.21∠120.00°	开出：断路器 A、B、C 相位置置“10”； 启动断路器失灵 A 相、B 相均置“True” 状态触发条件：时间控制为 0.1s
	说明：1. 电流加入三相正序 0.21A 是为了排除零序或负序条件，若只加一相需提高零负序定值； 2. 装置的失灵开出也可更换为“母线保护支路 2_保护跳闸”置“True”		
	状态 3 参数设置（重合状态）		
	U_a:0.00∠0.00° U_b:0.00∠0.00° U_c:0.00∠0.00°	I_a:0.00∠0.00° I_b:0.00∠0.00° I_c:0.00∠0.00°	开出：断路器 A、B、C 相位置置“10”； 状态触发条件：时间控制为 1.00s
	说明：时间控制应大于重合闸时间		
	装置报文	1. 3ms 保护启动；2. 15ms 三相闭锁重合闸；3. 25ms 三相跟跳动作	
	装置指示灯	跳本断路器	

方法二：沟通三跳状态时负序电流大于失灵保护负序电流定值，调试方法见表 5-5。

表 5-5　失灵三相瞬时跟跳逻辑检验调试方法二

	状态 1 参数设置（故障前状态）		
	U_a:0∠0.00° U_b:0∠0.00° U_c:0∠0.00°	I_a:0.00∠0.00° I_b:0.00∠0.00° I_c:0.00∠0.00°	开出：断路器 A、B、C 相位置置“10”； 压力低闭锁重合闸置“True”； 状态触发条件：时间控制为 1.00s
	说明：1. 当“充满电”灯熄灭后进行切换到状态；2.“压力低闭锁重合闸”置 True 是为了满足沟通三跳条件，此外还可以将“闭锁本套保护重合闸”置 True 或将重合闸方式设为“三重方式”“停用重合闸方式”或给予“保护三相跳闸开入”使保护放电等方式；3. 此时“三相失灵经低功率因数”控制字置 0，排除低功率因数条件		
	状态 2 参数设置（故障状态）		
区内故障试验仪器设置（满足负序电流条件）	U_a:0.00∠0.00° U_b:0.00∠0.00° U_c:0.00∠0.00°		开出：断路器 A、B、C 相位置置“10”； 启动断路器失灵 A 相置“True” 状态触发条件：时间控制为 0.1s
	说明：1. 电流加入三相负序 0.105A 是为了满足负序条件； 2. 装置的失灵开出为任意单相失灵开出即可		
	状态 3 参数设置（重合状态）		
	U_a:0.00∠0.00° U_b:0.00∠0.00° U_c:0.00∠0.00°	I_a:0.00∠0.00° I_b:0.00∠0.00° I_c:0.00∠0.00°	开出：断路器 A、B、C 相位置置“10”； 状态触发条件：时间控制为 1.00s
	说明：时间控制应大于重合闸时间		
	装置报文	1. 4ms 保护启动；2. 25ms 沟通三相跳闸动作；3. 35ms 三相跟跳动作	
	装置指示灯	跳本断路器	

方法三：投入“三相失灵经低功率因数”控制字，收到三相跳闸命令，任一相低功率因数条件满足，调试方法见表 5-6。

表 5-6　失灵三相瞬时跟跳逻辑检验调试方法三

<table>
<tr><td rowspan="15">区内故障试验仪器设置（满足低功率因数条件）</td><td colspan="3">状态 1 参数设置（故障前状态）</td></tr>
<tr><td>U_a:>40∠0.00°
U_b:>40∠-120°
U_c:>40∠120°</td><td>I_a:0.00∠0.00°
I_b:0.00∠0.00°
I_c:0.00∠0.00°</td><td>开出：断路器 A、B、C 相位置置“10”；
状态触发条件：时间控制为 15.00s</td></tr>
<tr><td colspan="3">说明：1. 开关在合位时，经延时“充满电”灯亮起后进行切换到状态 2，排除沟通三跳条件；
2. 电压量应使“PT”断线复归（现场测试结果为三相电压大于 40V 即可）；
3. 此时“三相失灵经低功率因数”控制字置 1，验证低功率因数条件</td></tr>
<tr><td colspan="3">状态 2 参数设置（故障状态）</td></tr>
<tr><td>U_a:>6∠0.00°
U_b:>6∠-120°
U_c:>6∠120°</td><td>I_a:>0.04∠45<ϕ<90
I_b:0.00∠0.00°
I_c:0.00∠0.00°</td><td>开出：断路器 A、B、C 相位置置“10”；
母线保护“支路 2_保护跳闸”置“True”
状态触发条件：时间控制为 0.1s</td></tr>
<tr><td colspan="3">说明：电压、电流的加量是为了满足低功率因数条件，还有一种使其条件满足的加量方式为：U_a:<6∠0.00°、U_b:<6∠-120°、U_c:<6∠120°、I_a:>0.10∠0.00、I_b:>0.10∠-120.00°、I_c:>0.10∠120.00°；此处的电流量 0.105A，为 max(0.1I_n，一次 300A)得出</td></tr>
<tr><td colspan="3">状态 3 参数设置（重合状态）</td></tr>
<tr><td>U_a:0.00∠0.00°
U_b:0.00∠0.00°
U_c:0.00∠0.00°</td><td>I_a:0.00∠0.00°
I_b:0.00∠0.00°
I_c:0.00∠0.00°</td><td>开出：断路器 A、B、C 相位置置“10”；
状态触发条件：时间控制为 1.00s</td></tr>
<tr><td colspan="3">说明：时间控制应大于重合闸时间</td></tr>
<tr><td>装置报文</td><td colspan="2">1. 4ms 保护启动；2. 54ms 三相跟跳动作</td></tr>
<tr><td>装置指示灯</td><td colspan="2">跳本断路器</td></tr>
</table>

以上 3 种方法在尽可能只满足一种条件的情况下进行参数设置，对于“充电保护动作”“不一致动作（投入‘不一致启动失灵’控制字时）”的条件如何进行参数设置，将在后续的试验中进行说明。

4. 失灵延时跳本断路器逻辑检验

（1）相关定值　保护定值栏中“失灵保护相定值”为 0.2A，“失灵保护零序定值”为 0.1A，“负序电流定值”为 0.1A，“失灵跳本开关时间”为 0.15s，“低功率因数角定值”为 45°。

（2）试验条件

1）GOOSE 发送软压板设置：投入所有有配置的 GOOSE 发送软压板；

2）控制字设置：“断路器失灵保护”置“1”，“跟跳本断路器”置“0”，“单相重合闸”置“1”；

3）开关状态：合位；

4）开入量检查：跳闸位置 TWJA 为 0 、跳闸位置 TWJB 为 0 、跳闸位置 TWJC 为 0、闭锁重合闸为 0 、低气压闭锁重合闸为 0。

（3）试验方法

在退出“跟跳本断路器”控制字后，采用失灵单相瞬时跟跳逻辑检验方法或失灵三相瞬时跟跳逻辑检验方法均可，但状态序列 2 中的“时间控制”应大于 150ms，一般取 0.2s。

装置报文：1）3ms 保护启动；2）163ms 三相跟跳动作；3）163ms 三相闭锁重合闸；4）165ms沟通三相跳闸动作。

装置指示灯：跳本断路器。

5. 失灵延时跳相关断路器逻辑检验

（1）相关定值　保护定值栏中“失灵保护相定值”为 0.2A ，“失灵保护零序定值”为 0.1A，

“负序电流定值”为 0.1A，“失灵跳相邻开关时间”为 0.25s，“低功率因数角定值”为 45°。

（2）试验条件

1）GOOSE 发送软压板设置：投入所有有配置的 GOOSE 发送软压板；

2）控制字设置：“断路器失灵保护”置“1”，“跟跳本断路器”置“0”，“单相重合闸”置“1”；

3）开关状态：合位；

4）开入量检查：跳闸位置 TWJA 为 0 、跳闸位置 TWJB 为 0 、跳闸位置 TWJC 为 0、闭锁重合闸为 0 、低气压闭锁重合闸为 0。

（3）试验方法

在退出“跟跳本断路器”控制字后，采用失灵单相瞬时跟跳逻辑检验方法或失灵三相瞬时跟跳逻辑检验方法均可，但状态序列 2 中的“时间控制”应大于 250ms，一般取 0.3s。

装置报文：1）3ms 保护启动；2）163ms 三相跟跳动作；3）163ms 三相闭锁重合闸；4）164ms沟通三相跳闸动作；5）263ms 失灵保护动作。

装置指示灯：跳本断路器、失灵。

6. 死区保护校验

（1）相关定值　保护定值栏中失灵保护相定值”为 0.2A ，“失灵保护零序定值”为 0.1A，“负序电流定值”为 0.1A，“死区保护时间”为 0.2s，“低功率因数角定值”为 45°。

（2）试验条件

1）GOOSE 发送软压板设置：投入所有有配置的 GOOSE 发送软压板；

2）控制字设置：“死区保护”置“1”，“单相重合闸”置“1”；

3）开关状态：分位；

4）开入量检查：跳闸位置 TWJA 为 1 、跳闸位置 TWJB 为 1 、跳闸位置 TWJC 为 1、闭锁重合闸为 0 、低气压闭锁重合闸为 0 。

（3）试验方法

死区保护的动作条件为：保护已启动；有三相跳闸信号开入；有三相跳位开入；任一相电流大于失灵保护相电流定值。以上条件均满足时，经延时跳开所有相关断路器，调试方法见表 5-7。

表 5-7　死区保护校验调试方法

<table>
<tr><td rowspan="10">区内故障试验仪器设置</td><td colspan="3">状态 1 参数设置(故障前状态)</td></tr>
<tr><td>U_{a}:0.00∠0.00°
U_{b}:0.00∠-120°
U_{c}:0.00∠120°</td><td>I_{a}:0.00∠0.00°
I_{b}:0.00∠0.00°
I_{c}:0.00∠0.00°</td><td>开出:断路器 A、B、C 相位置置“01”;
状态触发条件:时间控制为 1.00s</td></tr>
<tr><td colspan="3">说明:1. 开关保持分位;　2. 试验与电压无关,可设为任意值,此处状态均设零</td></tr>
<tr><td colspan="3">状态 2 参数设置(故障状态)</td></tr>
<tr><td>U_{a}:0.00∠0.00°
U_{b}:0.00∠-120°
U_{c}:0.00∠120°</td><td>I_{a}:0.21∠0.00°
I_{b}:0.00∠0.00°
I_{c}:0.00∠0.00°</td><td>开出:断路器 A、B、C 相位置置“01”;
母线保护“支路 2_保护跳闸”置“True”
状态触发条件:时间控制为 0.1s</td></tr>
<tr><td colspan="3">说明:1. 电流的加量只需要任一相电流大于失灵保护相电流定值即可;　2. 装置的失灵开出也可更换为“线路保护启动断路器失灵 A、B、C 三相”均同时置“True”或至少两相置“True”</td></tr>
<tr><td colspan="3">状态 3 参数设置(复归状态)</td></tr>
<tr><td>U_{a}:0.00∠0.00°
U_{b}:0.00∠0.00°
U_{c}:0.00∠0.00°</td><td>I_{a}:0.00∠0.00°
I_{b}:0.00∠0.00°
I_{c}:0.00∠0.00°</td><td>开出:断路器 A、B、C 相位置置“01”;
状态触发条件:时间控制为 1.00s</td></tr>
<tr><td>装置报文</td><td colspan="2">1. 3ms 保护启动;　2. 14ms 沟通三相跳闸;　3. 213ms 死区保护动作</td></tr>
<tr><td>装置指示灯</td><td colspan="2">跳本断路器、失灵</td></tr>
</table>

7. 三相不一致保护逻辑检验

（1）相关定值　保护定值栏中“失灵保护零序定值”为0.1A，“负序电流定值”为0.1A，“不一致保护动作时间”为2.5s。

（2）试验条件

1）GOOSE发送软压板设置：投入所有有配置的GOOSE发送软压板；

2）控制字设置：“三相不一致保护”置“1”，“不一致经零负序电流”置“1”；

3）开关状态：不一致状态；（此处以A相合位，B、C相分位为例）

4）开入量检查：跳闸位置TWJA为0、跳闸位置TWJB为1、跳闸位置TWJC为1、闭锁重合闸为0、低气压闭锁重合闸为0。

（3）三相不一致保护逻辑检验调试方法见表5-8。

表5-8　三相不一致保护逻辑检验调试方法

<table>
<tr><td rowspan="11">区内故障试验仪器设置</td><td colspan="3">状态1参数设置（故障前状态）</td></tr>
<tr><td>U_a:0.00∠0.00°
U_b:0.00∠-120°
U_c:0.00∠120°</td><td>I_a:0.00∠0.00°
I_b:0.00∠0.00°
I_c:0.00∠0.00°</td><td>开出:断路器A、B、C相位置置“01”;
状态触发条件:时间控制为1.00s</td></tr>
<tr><td colspan="3">说明:1. 开关位置无特殊要求,此状态保持分位;2. 试验与电压无关,可设为任意值,此处状态均设零</td></tr>
<tr><td colspan="3">状态2参数设置（故障状态）</td></tr>
<tr><td>U_a:0.00∠0.00°
U_b:0.00∠-120°
U_c:0.00∠120°</td><td>I_a:0.105∠0.00°
I_b:0.00∠0.00°
I_c:0.00∠0.00°</td><td>开出:断路器A相位置置“10”;
断路器B、C相位置置“01”;
状态触发条件:时间控制为2.6s</td></tr>
<tr><td colspan="3">说明:1. 电流加入单相零序0.105A满足零序条件,若需满足负序电流条件电流加量需将零序电流定值抬高,然后再加入如下测量值,I_a:0.315∠0.00°、I_b:0.00∠-120.00°、I_c:0.00∠-120.00°可得出,若采用如下加量方式,I_a:0.105∠0.00,I_b:0.105∠120°,I_c:0.105∠-120°,虽然负序电流满足需求,但却无法做出试验;2. 开关位置设为不一致;3. 时间应大于整定时间2.5s</td></tr>
<tr><td colspan="3">状态3参数设置（复归状态）</td></tr>
<tr><td>U_a:0.00∠0.00°
U_b:0.00∠0.00°
U_c:0.00∠0.00°</td><td>I_a:0.00∠0.00°
I_b:0.00∠0.00°
I_c:0.00∠0.00°</td><td>开出:断路器A、B、C相位置置“01”;
状态触发条件:时间控制为1.00s</td></tr>
<tr><td>装置报文</td><td colspan="2">1. 3ms保护启动；　2. 2519ms不一致保护动作</td></tr>
<tr><td>装置指示灯</td><td colspan="2">不一致跳闸</td></tr>
</table>

注：1. 若控制字“不一致经零负序电流”置“0”，则无需判别电流量，仅当开关位置状态不一致时，保护动作。

2. 此试验方式下投入“不一致启动失灵”控制字，可满足失灵三相瞬时跟跳逻辑检验中“不一致动作（投入‘不一致启动失灵’控制字时）”条件。

3. 现场的三相不一致一般由现场非全相跳闸回路实现，不采用断路器保护的相关功能。

8. 充电过电流保护定值检验

（1）相关定值　保护定值栏中“充电过电流保护Ⅱ段”为0.3A，“充电保护时间”为10ms。

（2）试验条件

1）GOOSE发送软压板设置：投入所有有配置的GOOSE发送软压板；

2）软压板设置：投入“充电过电流保护软压板”；

3）控制字设置：“充电过流保护Ⅱ段”置“1”；

4）开关状态：合位；

5）开入量检查：跳闸位置TWJA为0、跳闸位置TWJB为0、跳闸位置TWJC为0、闭锁重合闸为0、低气压闭锁重合闸为0。

（3）充电过电流保护定值检验调试方法见表5-9。

表 5-9　充电过电流保护定值检验调试方法

区内故障试验仪器设置	状态 1 参数设置(故障前状态)		
	U_a:0.00∠0.00° U_b:0.00∠-120° U_c:0.00∠120°	I_a:0.00∠0.00° I_b:0.00∠0.00° I_c:0.00∠0.00°	开出:断路器 A、B、C 相位置置“10”; 状态触发条件:时间控制为 1.00s
	说明:1. 开关位置无特殊要求,此状态保持合位;2. 试验与电压无关,可设为任意值,此处状态均设零		
	状态 2 参数设置(故障状态)		
	U_a:0.00∠0.00° U_b:0.00∠-120° U_c:0.00∠120°	I_a:0.315∠0.00° I_b:0.00∠0.00° I_c:0.00∠0.00°	开出:断路器 A、B、C 相位置置“10”; 状态触发条件:时间控制为 0.1s
	说明:电流中最大值大于充电过流定值		
	状态 3 参数设置(复归状态)		
	U_a:0.00∠0.00° U_b:0.00∠0.00° U_c:0.00∠0.00°	I_a:0.00∠0.00° I_b:0.00∠0.00° I_c:0.00∠0.00°	开出:断路器 A、B、C 相位置置“10”; 状态触发条件:时间控制为 1.00s
	装置报文	1. 3ms 保护启动; 2. 24ms 充电过电流Ⅱ段动作	
	装置指示灯	充电跳闸	

注：1. 现场运行装置常投入充电过电流保护Ⅱ段，退出充电过电流保护Ⅰ段，因此本试验以Ⅱ段为例进行说明，充电过电流保护中Ⅰ段与Ⅱ段保护逻辑完全一致，具体区别为整定值的差别。

2. 此试验可满足失灵三相瞬时跟跳逻辑检验中“充电保护动作”条件。

9. 三相重合闸同期定值校验

(1) 相关定值　保护定值栏中“失灵保护相定值”为 0.2A，“失灵保护零序定值”为 0.1A，“负序电流定值”为 0.1A，三重时间为 0.70s，同期合闸角为 30°。

(2) 试验条件

1) GOOSE 发送软压板设置：投入所有有配置的 GOOSE 发送软压板；

2) 控制字设置：“重合闸检同期方式”置“1”，“三相重合闸”置“1”，“三相 TWJ 启动重合闸”置“1”；

4) 开关状态：合位；

5) 开入量检查：跳闸位置 TWJA 为 0、跳闸位置 TWJB 为 0、跳闸位置 TWJC 为 0、闭锁重合闸为 0、低气压闭锁重合闸为 0。

(3) 三相重合闸同期定值校验调试方法见表 5-10。

表 5-10　三相重合闸同期定值校验调试方法

区内故障试验仪器设置(满足零序电流条件)	状态 1 参数设置(故障前状态)		
	U_a:57.74∠0.00° U_b:57.74∠-120° U_c:57.74∠120° U_z:>40∠0.00°	I_a:0.00∠0.00° I_b:0.00∠0.00° I_c:0.00∠0.00°	开出:断路器 A、B、C 相位置置“10”; 状态触发条件:时间控制为 15.00s
	说明:开关在合位时,经延时“充满电”灯亮起后进行切换到状态 2		
	状态 2 参数设置(故障状态)		
	U_a:57.74∠0.00° U_b:57.74∠-120° U_c:57.74∠120° U_z:>40∠0.00°	I_a:0.105∠0.00° I_b:0.00∠0.00° I_c:0.00∠0.00°	开出:断路器 A、B、C 相位置置“10”; 启动断路器失灵(A 相)置“True” 状态触发条件:时间控制为 0.1s

（续）

	状态3参数设置（重合状态）		
区内故障试验仪器设置（满足零序电流条件）	U_a:57.74∠0.00° U_b:57.74∠-120° U_c:57.74∠120° U_z:>40∠(<±30.00°)（重合） U_z:>40∠(>±30.00°)（不重） U_z:<40∠(<±30.00°)（不重）	I_a:0.00∠0.00° I_b:0.00∠0.00° I_c:0.00∠0.00°	开出：断路器A、B、C相位置置“10”； 状态触发条件： 时间控制为1.00s
	说明：时间控制应大于重合闸时间		
	装置报文	1. 3ms 保护启动；　2. 15ms 三相跟跳动作；　3. 15ms 沟通三相跳闸动作； 4. 113msA相单跳启动重合；5. 815ms 重合闸动作	
	装置指示灯	跳本断路器、重合闸	

注：1. 重合失败时报文：1）3ms保护启动；2）17ms 三相跟跳动作；3）17ms 沟通三相跳闸动作；4）111msA 相单跳启动重合；5）12829ms 重合失败

2. 对于“重合闸检无压”控制字投入后，检任一侧无电压重合，若两侧均有电压，则自动转为检同期重合。试验可以参照本试验进行，不再赘述。

3. “单相重合闸检线路有压”控制字投入时，检“无压”为检定电压低于额定电压的30%，检“有压”门槛是额定电压的70%。试验均可以参照本试验进行，不再赘述。

5.2 PCS-921A 断路器保护装置调试技巧

5.2.1 装置介绍

1. PCS-921A 装置功能说明

PCS-921A 数字式断路器保护装置，主要适用于220kV及以上电压等级的3/2接线方式下的断路器保护的数字化变电站，包括失灵保护、死区保护、充电过电流保护、三相不一致保护、自动重合闸等功能元件，可以满足3/2接线中重合闸和断路器辅助保护按断路器装设的要求。此处我们以2016年华东电网第一届智能变继电保护技能竞赛装置配置为实例对装置配置及调试方法进行介绍。

2. 装置背板端子说明

PCS-921A 数字式断路器保护装置插件布置图如图5-4所示，本次主要对与单体调试相关度比较高的B07、B02/B03及B01板件做一个简单介绍。

B01 板件为CPU板件如图5-4所示：见装置提供两电两光共四组接口用于与站控层MMS网通信，除此外还具备打印、对时等接口。

B02/03 板件为模拟量交流采样板，2016年国网反措要求220kV枢纽站及500kV电压等级取消合并单元，因此此后投运500kV断路器保护应使用传统的模拟量交流采样。

B07 板件为GOOSE开出板件，装置支持8组GOOSE开入/开出光口。其中光口1为组网口，光口3为智能终端直跳口，如图5-5所示。

3. 装置虚端子说明

图5-6为某公司的SCD解析软件所读取的断路器保护基本的GOOSE连线，之后的列表中将详细列出该断路器保护的虚端子连线及相关的软压板。需注意的是，华东设备标准与福建省设计原则有少许不同，华东网调断路器保护无远传直跳虚端子，福建省远传功能在华东标准装置上均通过远跳来实现。

表5-11及表5-12以泉州电力技能学院实训室装置的配置为例进行说明。

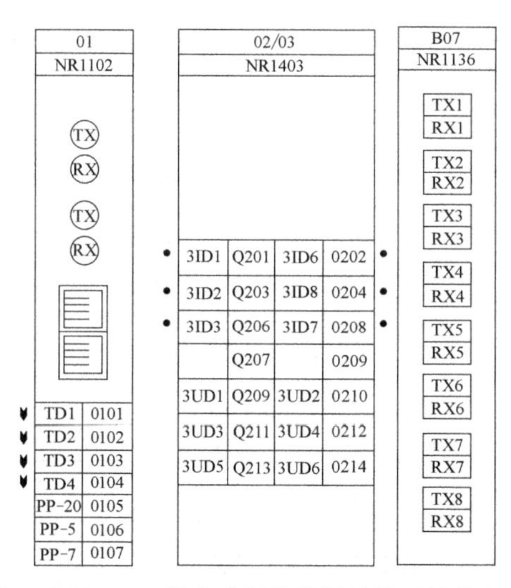

图 5-4 PCS-921A 数字式断路器保护装置插件布置图

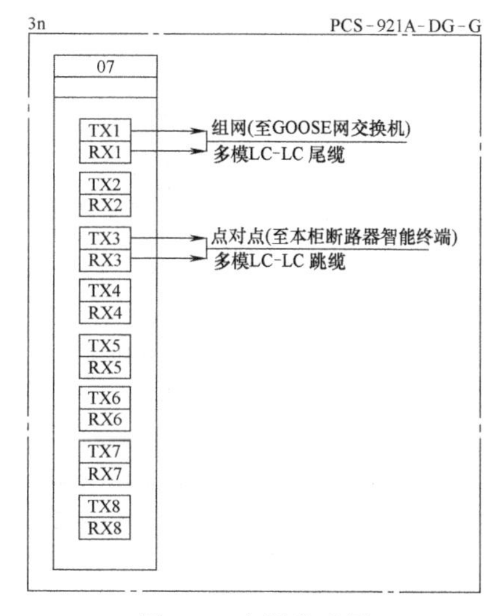

图 5-5 光纤联系图

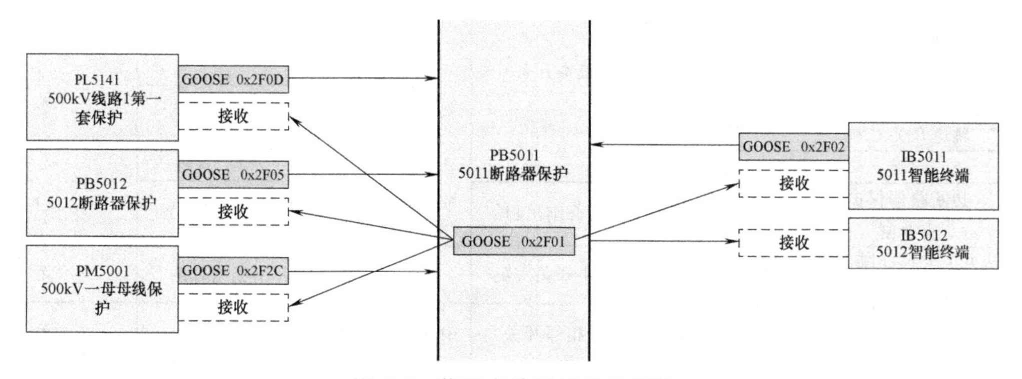

图 5-6 装置虚端子连接示意图

表 5-11 PCS-921A 装置 GOOSE 开入

序号	功能定义	终点设备:PCS-921A 断路器保护		起点设备		
		厂家虚端子定义	接收软压板	设备名称	厂家虚端子定义	发送软压板
1	500kV 线路保护跳闸启动边开关 A 相失灵	保护 A 相跳闸	无	500kV 线路保护	边断路器失灵	启动失灵软压板
2	500kV 线路保护跳闸启动边开关 B 相失灵	保护 B 相跳闸			边断路器失灵	
3	500kV 线路保护跳闸启动边开关 C 相失灵	保护 C 相跳闸			边断路器失灵	
4	500kV 线路保护闭锁重合闸	闭锁重合闸-1	线路保护远传接收压板		远传 1-1	闭锁边开关重合闸发布压板
5	500kV 母线保护跳闸启动失灵	保护三相跳闸-2	母差保护启动失灵接收压板	500kV 母线保护	支路 1_保护跳闸	母差保护跳闸压板
6	中断路器保护跳闸启动失灵	闭锁重合闸-2	中断路器保护启动失灵接收压板	中断路器保护	闭锁重合闸-2	中断路器保护跳闸压板

（续）

序号	功能定义	终点设备:PCS-921A 断路器保护		起点设备		
		厂家虚端子定义	接收软压板	设备名称	厂家虚端子定义	发送软压板
7	边开关 A 相位置	分相跳闸位置 TWJA	无	边断路器智能终端	断路器 A 相位置	无
8	边开关 B 相位置	分相跳闸位置 TWJB			断路器 B 相位置	
9	边开关 C 相位置	分相跳闸位置 TWJC			断路器 C 相位置	
10	边开关油压低闭锁重合闸	低气压闭锁重合闸			压力低闭锁重合	
11	边开关闭锁重合闸	闭锁重合闸-3			闭锁本套保护重合闸	

表 5-12　PCS-921A 装置 GOOSE 开出

序号	功能定义	终点设备:PCS-921A 断路器保护		终点设备		
		厂家虚端子定义	发送软压板	设备名称	厂家虚端子定义	接收软压板
1	边断路器保护跳边开关 A 相	1-跳断路器	跳本开关	边断路器智能终端	跳 A_直跳	无
2	边断路器保护跳边开关 B 相	2-跳断路器			跳 B_直跳	
3	边断路器保护跳边开关 C 相	3-跳断路器			跳 C_直跳	
4	永跳	4-永跳			永跳_直跳	
5	边断路器保护重合闸	5-重合闸	重合闸出口		合闸（重合）	
6	边开关失灵联跳启动中开关保护失灵	失灵跳闸 1	启中开关失灵	中开关保护	闭锁重合闸	无
7	边开关失灵联跳中开关	失灵跳闸 2	跳相邻开关	中开关智能终端	永跳_直跳	无
8	边开关失灵启动母线保护	失灵跳闸 3	启母差失灵	母线保护	闭锁重合闸	支路 x 失灵
9	边开关失灵启动线路远传开入	失灵跳闸 6	启线路远传	线路保护	重合 1	收开关保护启失灵

注：1. 除表 5-11、表 5-12 所列软压板外，本断路器保护内就出口回路还配置了“总出口”软压板，该压板分别与个出口启失灵等发布压板构成“与”回路实现 GOOSE 开出功能。

2. ①“投充电过电流保护”软压板，该压板的投退和相对应的控制字构成“与”的关系，即只有当软压板和控制字均投入时，才能投入充电过电流保护功能，一般远方可遥控。②“投停用重合闸”软压板，该压板的投退和相对应的控制字构成“或”的关系，即只要软压板和控制字中的任一个投入时，即投入停用重合闸功能，一般远方可遥控。③“远方修改定值”软压板，该压板投入时才能实现远方修改定值，一般只能在就地更改。④“远方切换定值区”软压板，该压板投入时才能实现远方切换定值区，一般只能在就地更改。⑤“远方控制”软压板，只有该压板投入时，才能实现远方控制软压板，该软压板只能在就地更改。

5.2.2　保护装置逻辑校验

1. 跟跳及联跳逻辑

（1）相关定值　保护定值栏中“失灵保护相定值”为 0.15A，“失灵保护零序定值”为 0.08A，“负序电流定值”为 0.08A，所加时间要小于等于 100ms，防止“失灵瞬跳本断路器三相”。重合闸方式为单重方式；单重时间为 1.30s。

（2）试验配置

1）光纤接线：用两对尾纤分别将测试仪的光口 1 与组网 GOOSE 口（B07 板的 RX1、TX1 口）连接，光口 2 与直跳 GOOSE 口（B07 板的 RX3、TX3 口）连接。

2）GOOSE 订阅配置：订阅本断路器保护 GOOSE 输出，并将保护的“跳本开关 A 相”“跳本开关 B”“跳本开关 C”“重合出口”分别映射到测试仪的 GOOSE 开入 A、B、C、D，对应“光口 1”或者“光口 2”接收口与保护 GOOSE 板上对应光口连接，之后选择 G1 口为“光口 1”或者“光口 2”，由于断路器保护默认设置为全发送（即所有口均发送相同的 GOOSE 包），因此光口 1 及光口 2 均可满足。具体配置方法请参照本书其他章节的软件配置介绍。

（3）GOOSE 发布配置

1）GOOSE 直跳发布。模拟本断路器保护对应智能终端 GOOSE 输出：选择发送光口为“光口 1”，则该对应发布将从“光口 1”发送，将相应的“断路器 A 相位置”“断路器 B 相位置”“断路器 C 相位置”“闭锁本套保护重合闸”“气压低闭锁重合闸”分别映射到仪器的开出 1~5。

2）GOOSE 组网发布。a. 模拟相邻开关断路器保护 GOOSE 输出：映射到“光口 2”，依调试仪型号不同可能需要将相应的“开关保护跳闸启动相邻断路器保护失灵”映射到仪器的开出 6；b. 模拟母线保护 GOOSE 输出：映射到“光口 2”，依调试仪型号不同可能需要将相应的“母线保护跳闸启动相对应断路器保护失灵”映射到仪器的开出 7；c. 模拟线路保护 GOOSE 输出：映射到“光口 2”，将相应的“线路保护跳闸启边开关 A 相失灵”“线路保护跳闸启边开关 B 相失灵”“线路保护跳闸启边开关 C 相失灵”“线路保护远传直跳启边开关失灵”映射到仪器的开出 8~11。（某些测试仪型号可能不具备 11 个开入，可根据个别逻辑需使用的开入合理分配序号）具体配置方法请参照本书其他章节的软件配置介绍。

（4）试验条件

1）软压板设置：无功能软压板；

2）GOOSE 发送软压板：投入“跳边开关 GOOSE 发布”软压板；

3）控制字设置：“跟跳本开关”置“1”，“三相跳闸方式”置“0”，“失灵保护”置“1”；

4）开关状态：合上开关；

5）开入量检查：A 相跳位为 0、A 相合位为 1、B 相跳位为 0、B 相合位为 1、C 相跳位为 0、C 相合位为 1、闭锁重合闸-1 为 0、闭锁重合闸-2 为 0、低气压闭锁重合闸为 0。

6）软压板设置：无；

7）开关状态：合上开关。

（5）跟跳及联跳逻辑调试方法　见表 5-13（仅以区内故障为例）。

表 5-13　跟跳及联跳逻辑调试方法

<table>
<tr><td rowspan="10">单相跟跳
（区内相电流）</td><td colspan="3">状态 1 参数设置(故障前状态)</td></tr>
<tr><td>U_a:0∠0.00°
U_b:0∠-120°
U_c:0∠120°</td><td>I_a:0.00∠0.00°
I_b:0.00∠0.00°
I_c:0.00∠0.00°</td><td>状态触发条件:手动触发
开出 1 打开(A 相 TWJ)
开出 2 打开(B 相 TWJ)
开出 3 打开(C 相 TWJ)
开出 8 打开(A 相跳闸开入)</td></tr>
<tr><td colspan="3">说明:三相 TWJ 均无开入 10s 后,充电灯亮,待充电灯亮后手动触发下一态</td></tr>
<tr><td colspan="3">状态 2 参数设置(故障状态)</td></tr>
<tr><td>U_a:0∠0.00°
U_b:0∠-120°
U_c:0∠120°</td><td>I_a:0.1575∠0°
I_b:0.1575∠-120°
I_c:0.1575∠120°</td><td>状态触发条件:时间控制为 0.1s
开出 1 打开(A 相 TWJ)
开出 2 打开(B 相 TWJ)
开出 3 打开(C 相 TWJ)
开出 8 闭合(A 相跳闸开入)</td></tr>
<tr><td colspan="3">说明:单相跟跳动作条件为单相跳令外加相电流满足条件后,跟跳跳令对应相,此处加入三相电流是为避免零序电流定值和负序电流定值抢动;跟跳逻辑无需电压</td></tr>
<tr><td>装置报文</td><td colspan="2">1. 保护启动 0ms;2. A 相跟跳动作 A 9ms</td></tr>
<tr><td>装置指示灯</td><td colspan="2">跳 A</td></tr>
<tr><td>注意</td><td colspan="2">921A 装置若需启动重合,则需加三态,第三态将跳闸开入复归,后经延时启动重合闸</td></tr>
</table>

（续）

<table>
<tr><td rowspan="8">两相联跳三相
（区内负序电流）</td><td colspan="3">状态 1 参数设置（故障前状态）</td></tr>
<tr><td>U_a:0∠0.00°
U_b:0∠-120°
U_c:0∠120°</td><td>I_a:0.00∠0.00°
I_b:0.00∠0.00°
I_c:0.00∠0.00°</td><td>状态触发条件:时间控制为 10s
开出 1 打开（A 相 TWJ）
开出 2 打开（B 相 TWJ）
开出 3 打开（C 相 TWJ）
开出 8 打开（A 相跳闸开入）
开出 9 打开（B 相跳闸开入）</td></tr>
<tr><td colspan="3">说明:三相 TWJ 均无开入 10s 后，充电灯亮，待充电灯亮后手动触发下一态</td></tr>
<tr><td colspan="3">状态 2 参数设置（故障状态）</td></tr>
<tr><td>U_a:0∠0.00°
U_b:0∠-120°
U_c:0∠120°</td><td>I_a:0.084∠0°
I_b:0.084∠120°
I_c:0.084∠-120°</td><td>状态触发条件:时间控制为 0.1s
开出 1 打开（A 相 TWJ）
开出 2 打开（B 相 TWJ）
开出 3 打开（C 相 TWJ）
开出 8 闭合（A 相跳闸开入）
开出 9 闭合（B 相跳闸开入）</td></tr>
<tr><td colspan="3">说明:两相跟跳动作条件为两相跳令外加负序电流满足条件后，先跟跳跳令对应相，后延时两相跟跳联跳三相，此处加入三相电流是为避免零序电流定值抢动，跟跳逻辑无须电压</td></tr>
<tr><td>装置报文</td><td colspan="2">1. 保护启动 0ms； 2. A 相跟跳动作 A 9ms；A 相跟跳动作 ABC； 3. 沟通三相跳闸动作 9ms； 4. 两相联跳三相动作 ABC 19ms</td></tr>
<tr><td>装置指示灯</td><td colspan="2">跳 A、跳 B、跳 C</td></tr>
<tr><td rowspan="8">三相联跳
（区内零序电流）</td><td colspan="3">状态 1 参数设置（故障前状态）</td></tr>
<tr><td>U_a:0∠0.00°
U_b:0∠-120°
U_c:0∠120°</td><td>I_a:0.00∠0.00°
I_b:0.00∠0.00°
I_c:0.00∠0.00°</td><td>状态触发条件:时间控制为 10s
开出 1 打开（A 相 TWJ）
开出 2 打开（B 相 TWJ）
开出 3 打开（C 相 TWJ）
开出 8 打开（A 相跳闸开入）
开出 9 打开（B 相跳闸开入）
开出 10 打开（C 相跳闸开入）</td></tr>
<tr><td colspan="3">说明:三相 TWJ 均无开入 10s 后，充电灯亮，待充电灯亮后手动触发下一态</td></tr>
<tr><td colspan="3">状态 2 参数设置（故障状态）</td></tr>
<tr><td>U_a:0∠0.00°
U_b:0∠-120°
U_c:0∠120°</td><td>I_a:0.084∠0°
I_b:0.00∠-120°
I_c:0.00∠120°</td><td>状态触发条件:时间控制为 0.1s
开出 1 打开（A 相 TWJ）
开出 2 打开（B 相 TWJ）
开出 3 打开（C 相 TWJ）
开出 8 闭合（A 相跳闸开入）
开出 9 闭合（B 相跳闸开入）
开出 10 闭合（C 相跳闸开入）</td></tr>
<tr><td colspan="3">说明:三相跟跳动作条件为三相跳令外加零序流满足条件后，直接联跳三相，此处加入三相同相位电流，幅值之和超过 0.084 也可动作，跟跳逻辑无须电压</td></tr>
<tr><td>装置报文</td><td colspan="2">1. 保护启动 0ms； 2. A 相跟跳动作 A 9ms；A 相跟跳动作 ABC； 3. 三相跟跳动作 ABC 9ms； 4. 沟通三相跳闸动作 ABC 19ms</td></tr>
<tr><td>装置指示灯</td><td colspan="2">跳 A、跳 B、跳 C</td></tr>
<tr><td colspan="4">说明:1. 故障试验仪器设置以 A 相故障为例，B、C 相类同； 2. 测量保护动作时间应取电流定值的 1.2 倍</td></tr>
</table>

2. 失灵保护定值检验

（1）相关定值　保护定值栏中“失灵电流定值”为 0.15A，“变化量启动电流定值”为 0.06A，“零序启动电流定值”为 0.06A，“失灵零序电流定值”为 0.08A，“失灵负序电流定值”为 0.08A。重合闸方式为单重方式；单重时间为 1.30s。低功率因数角为 60°。

（2）试验配置

（同跟跳试验）

（3）试验条件

1）软压板设置：无；

2）GOOSE 发送软压板：投入“跳边开关 GOOSE 发布”软压板及其他所有启失灵发布软压板；

3）控制字设置：“跟跳本开关”置“0”，“三相跳闸方式”置“0”，“失灵保护”置“1”。

4）开关状态：合上开关；

5）开入量检查：A 相跳位为 0、A 相合位为 1、B 相跳位为 0、B 相合位为 1、C 相跳位为 0、C 相合位为 1、闭锁重合闸-1 为 0、闭锁重合闸-2 为 0、低气压闭锁重合闸为 0。

（4）注意事项　待“充电”指示灯亮后加故障量，所加时间为 0.1s；

（5）失灵保护定值检验调试方法　见表 5-14（仅以区内故障为例）。

表 5-14　失灵保护定值检验调试方法

<table>
<tr><td rowspan="9">失灵相定值（区内）</td><td colspan="3">状态 1 参数设置（故障前状态）</td></tr>
<tr><td>U_a:0∠0.00°
U_b:0∠-120°
U_c:0∠120°</td><td>I_a:0.00∠0.00°
I_b:0.00∠0.00°
I_c:0.00∠0.00°</td><td>状态触发条件:手动触发
开出 1 打开（A 相 TWJ）
开出 2 打开（B 相 TWJ）
开出 3 打开（C 相 TWJ）
开出 8 打开（A 相跳闸开入）</td></tr>
<tr><td colspan="3">说明:三相 TWJ 均无开入 10s 后,充电灯亮,待充电灯亮后手动触发下一态</td></tr>
<tr><td colspan="3">状态 2 参数设置（故障状态）</td></tr>
<tr><td>U_a:0∠0.00°
U_b:0∠-120°
U_c:0∠120°</td><td>I_a:0.1575∠0°
I_b:0.1575∠-120°
I_c:0.1575∠120°</td><td>状态触发条件:时间控制为 0.4s
开出 1 打开（A 相 TWJ）
开出 2 打开（B 相 TWJ）
开出 3 打开（C 相 TWJ）
开出 8 闭合（A 相跳闸开入）</td></tr>
<tr><td colspan="3">说明:失灵动作条件为收到启失灵开入且相电流满足条件后,首先跳本断路器三相,延时跳相邻断路器及启动相关保护失灵联跳逻辑,此处加入三相电流是为避免零序电流定值和负序电流定值抢动;失灵逻辑无须电压</td></tr>
<tr><td>装置报文</td><td colspan="2">1. 保护启动 0ms；　2. 沟通三相跳闸动作 ABC 9ms；　3. 失灵跳本断路器 ABC 165ms；　4. 失灵保护动作 275ms</td></tr>
<tr><td>装置指示灯</td><td colspan="2">跳 A、跳 B、跳 C</td></tr>
<tr><td colspan="3"></td></tr>
<tr><td rowspan="8">失灵负序定值（区内）</td><td colspan="3">状态 1 参数设置（故障前状态）</td></tr>
<tr><td>U_a:0∠0.00°
U_b:0∠-120°
U_c:0∠120°</td><td>I_a:0.00∠0.00°
I_b:0.00∠0.00°
I_c:0.00∠0.00°</td><td>状态触发条件:时间控制为 10s
开出 1 打开（A 相 TWJ）
开出 2 打开（B 相 TWJ）
开出 3 打开（C 相 TWJ）
开出 8 打开（A 相跳闸开入）</td></tr>
<tr><td colspan="3">说明:三相 TWJ 均无开入 10s 后,充电灯亮,待充电灯亮后手动触发下一态</td></tr>
<tr><td colspan="3">状态 2 参数设置（故障状态）</td></tr>
<tr><td>U_a:0∠0.00°
U_b:0∠-120°
U_c:0∠120°</td><td>I_a:0.084∠0°
I_b:0.084∠120°
I_c:0.084∠-120°</td><td>状态触发条件:时间控制为 0.4s
开出 1 打开（A 相 TWJ）
开出 2 打开（B 相 TWJ）
开出 3 打开（C 相 TWJ）
开出 8 闭合（A 相跳闸开入）</td></tr>
<tr><td colspan="3">说明:失灵动作条件为收到启失灵开入且负序电流满足条件后,首先跳本断路器三相,延时跳相邻断路器及启动相关保护失灵联跳逻辑,此处加入三相负序电流验证负序电流定值;失灵逻辑无须电压</td></tr>
<tr><td>装置报文</td><td colspan="2">1. 保护启动 0ms；　2. 沟通三相跳闸动作 ABC 9ms；　3. 失灵跳本断路器 ABC 165ms；　4. 失灵保护动作 275ms</td></tr>
<tr><td>置指示灯</td><td colspan="2">跳 A、跳 B、跳 C</td></tr>
</table>

（续）

<table>
<tr><td rowspan="9">失灵零序定值
（区内）</td><td colspan="3">状态 1 参数设置（故障前状态）</td></tr>
<tr><td>U_a:0∠0.00°
U_b:0∠-120°
U_c:0∠120°</td><td>I_a:0.00∠0.00°
I_b:0.00∠0.00°
I_c:0.00∠0.00°</td><td>状态触发条件：时间控制为 10s
开出 1 打开（A 相 TWJ）
开出 2 打开（B 相 TWJ）
开出 3 打开（C 相 TWJ）
开出 8 打开（A 相跳闸开入）</td></tr>
<tr><td colspan="3">说明：三相 TWJ 均无开入 10s 后，充电灯亮，待充电灯亮后手动触发下一态</td></tr>
<tr><td colspan="3">状态 2 参数设置（故障状态）</td></tr>
<tr><td>U_a:0∠0.00°
U_b:0∠-120°
U_c:0∠120°</td><td>I_a:0.084∠0°
I_b:0.00∠-120°
I_c:0.00∠120°</td><td>状态触发条件：时间控制为 0.4s
开出 1 打开（A 相 TWJ）
开出 2 打开（B 相 TWJ）
开出 3 打开（C 相 TWJ）
开出 8 闭合（A 相跳闸开入）</td></tr>
<tr><td colspan="3">说明：失灵动作条件为收到启失灵开入且零序电流满足条件后，首先跳本断路器三相，延时跳相邻断路器及启动相关保护失灵联跳逻辑，此处加入零序电流验证零序电流定值；失灵逻辑无须电压</td></tr>
<tr><td>装置报文</td><td colspan="2">1. 保护启动 0ms； 2. 沟通三相跳闸动作 ABC 9ms； 3. 失灵跳本断路器 ABC 165ms； 4. 失灵保护动作 275ms</td></tr>
<tr><td>装置指示灯</td><td colspan="2">跳 A、跳 B、跳 C</td></tr>
<tr><td colspan="3"></td></tr>
<tr><td colspan="4">说明：1. 故障试验仪器设置以 A 相故障为例，B、C 相类同；2. 测量保护动作时间应取电流定值的 1.2 倍</td></tr>
<tr><td rowspan="8">发变三跳经低
功率因数</td><td colspan="3">状态 1 参数设置（故障前状态）</td></tr>
<tr><td>U_a:57.74∠0.00°
U_b:57.74∠-120°
U_c:57.74∠120°</td><td>I_a:0.00∠0.00°
I_b:0.00∠0.00°
I_c:0.00∠0.00°</td><td>状态触发条件：时间控制为 10s
开出 1 打开（A 相 TWJ）
开出 2 打开（B 相 TWJ）
开出 3 打开（C 相 TWJ）
开出 7 打开（母线跳闸开入）</td></tr>
<tr><td colspan="3">说明：三相 TWJ 均无开入 10s 后，充电灯亮，待充电灯亮后手动触发下一态；低功率因数控制字投入时，若开关合位，则装置判 PT 断线，验证低功率因数角 PT 断线需复归</td></tr>
<tr><td colspan="3">状态 2 参数设置（故障状态）</td></tr>
<tr><td>U_a:57.74∠0.00°
U_b:57.74∠-120°
U_c:57.74∠120°</td><td>I_a:0.084∠61°
I_b:0.00∠-120°
I_c:0.00∠120°</td><td>状态触发条件：时间控制为 0.4s
开出 1 打开（A 相 TWJ）
开出 2 打开（B 相 TWJ）
开出 3 打开（C 相 TWJ）
开出 7 打开（母线跳闸开入）</td></tr>
<tr><td colspan="3">说明：相电压压（>8V）和相电流（>$0.04I_n$）之间的角度 ϕ 称为功率因数角，归算到 0°~90°之间，当三相任一相低功率因数 $\cos\phi<\cos\phi_{set}$ 时，低功率因数满足；保护相电压小于 $0.3U_n$ 或 PT 断线时，低功率因数也满足。因此验证低功率因数角定值时需 PT 断线复归，且保证电压大于 $0.3U_n$。</td></tr>
<tr><td>装置报文</td><td colspan="2">1. 保护启动 4ms； 2. 失灵跳本断路器 ABC 165ms； 3. 失灵保护动作 275ms</td></tr>
<tr><td>装置指示灯</td><td colspan="2">跳 A、跳 B、跳 C</td></tr>
</table>

3. 死区保护定值检验

（1）相关定值　保护定值栏中“失灵保护相电流定值”为 0.15A，“死区时间定值”为 0.1s；重合闸方式为单重方式，单重时间为 1.30s。

（2）试验配置

（同跟跳试验）

（3）试验条件

1）功能软压板设置：无；

2）GOOSE 发送软压板：投入“跳边开关 GOOSE 发布”软压板及其他所有启失灵发布软压板；

3）控制字设置：“跟跳本开关”置“0”，“三相跳闸方式”置“0”，“死区保护”置“1”，“失灵保护”置“0”。

4）开关状态：合上开关；

5）开入量检查：A 相跳位为 1、A 相合位为 0、B 相跳位为 1、B 相合位为 0、C 相跳位为 1、C 相合位为 0、闭锁重合闸-1 为 0、闭锁重合闸-2 为 0、低气压闭锁重合闸为 0。

（4）死区保护定值检验调试方法　见表 5-15（仅以区内故障为例）。

表 5-15　死区保护定值检验调试方法

死区保护定值(区内)	状态 1 参数设置(故障前状态)		
	U_a:0∠0.00° U_b:0∠-120° U_c:0∠120°	I_a:0.1575∠0.00° I_b:0.1575∠-120.00° I_c:0.1575∠120.00°	状态触发条件:时间控制为 1s 开出 1 闭合(A 相 TWJ) 开出 2 闭合(A 相 TWJ) 开出 3 闭合(A 相 TWJ) 开出 8 打开(A 相跳闸开入) 开出 9 打开(B 相跳闸开入) 开出 10 打开(C 相跳闸开入)
	说明:三相 TWJ 均无开入 10s 后,充电灯亮,待充电灯亮后手动触发下一态,死区保护动作跳闸。		
	装置报文	1. 保护启动 0ms;2. 沟通三相跳闸动作 ABC 9ms;3. 死区保护动作 118m	
	装置指示灯	跳 A、跳 B、跳 C	
说明:1. 故障试验仪器设置以 A 相故障为例,B、C 相类同;　2. 测量保护动作时间应取电流定值的 1.2 倍			

4. 三相不一致保护逻辑检验

（1）相关定值　保护定值栏中“失灵保护零序定值”为 0.1A，“负序电流定值”为 0.1A，不一致保护动作时间为 2.5s。重合闸方式为单重方式，单重时间为 0.70s。

（2）试验配置

（同跟跳试验）

（3）试验条件

1）软压板设置：无；

2）GOOSE 发送软压板设置：投入所有有配置的 GOOSE 发送软压板软压板；

3）控制字设置：“三相不一致保护”置“1”，“不一致经零负序电流”置“1”；

4）开关状态：不一致（以 A 相合位，B、C 相分位为例）；

5）开入量检查：A 相跳位为 0、A 相合位为 1、B 相跳位为 0、B 相合位为 1、C 相跳位为 0、C 相合位为 1、闭锁重合闸为 0、低气压闭锁重合闸为 0。

（4）三相不一致保护逻辑检验调试方法　见表 5-16。

表 5-16　三相不一致保护逻辑检验调试方法

不一致保护经零序启动	状态 1 参数设置(故障前状态)		
	U_a:0∠0.00° U_b:0∠-120° U_c:0∠120°	I_a:0.00∠0.00° I_b:0.00∠0.00° I_c:0.00∠0.00°	状态触发条件:时间控制为 2s 开出 1 闭合(A 相 TWJ) 开出 2 闭合(A 相 TWJ) 开出 3 闭合(A 相 TWJ) 开出 8 打开(A 相跳闸开入) 开出 9 打开(B 相跳闸开入) 开出 10 打开(C 相跳闸开入)
	说明:三相 TWJ 均无开入 10s 后,充电灯亮,待充电灯亮后手动触发下一态		

（续）

不一致保护经零序启动	状态 2 参数设置（故障前状态）		
	U_a:0∠0.00° U_b:0∠-120° U_c:0∠120°	I_a:0.084∠0.00° I_b:0.00∠0.00° I_c:0.00∠0.00°	状态触发条件：时间控制为 3s 开出 1 打开（A 相 TWJ） 开出 2 闭合（A 相 TWJ） 开出 3 闭合（A 相 TWJ） 开出 8 打开（A 相跳闸开入） 开出 9 打开（B 相跳闸开入） 开出 10 打开（C 相跳闸开入）
	说明：投入不对应经零序控制字情况下，若 TWJ 不对应情况下满足装置零序定值，则装置即三相不一致保护动作出口跳本开关三相；不投入该控制字，则 TWJ 不对应情况下三相不一致保护动作装置直接出口跳本开关三相		
	装置报文	1. 保护启动 4ms；2. 不一致保护动作 ABC 2540ms	
	装置指示灯	跳 A、跳 B、跳 C	
说明：1. 故障试验仪器设置以 A 相故障为例，B、C 相类同；2. 测量保护动作时间应取电流定值的 1.2 倍			

5. 充电保护逻辑检验

（1）相关定值　保护定值栏中“充电保护Ⅱ段定值”为 0.5A，“充电保护Ⅱ段动作时间”为 0.01s；重合闸方式为单重方式，单重时间为 0.70s。

（2）试验配置

（同跟跳试验）

（3）试验条件

1）软压板设置：投入“跳边开关 GOOSE 开出”软压板，投入“充电过电流保护”软压板；

2）GOOSE 发送软压板设置：投入所有有配置的 GOOSE 发送软压板软压板；

3）控制字设置：“充电过电流保护Ⅱ段”置“1”；

4）开关状态：合上开关；

5）开入量检查：A 相跳位为 0、A 相合位为 1、B 相跳位为 0、B 相合位为 1、C 相跳位为 0、C 相合位为 1、闭锁重合闸为 0、低气压闭锁重合闸为 0。

（4）充电保护逻辑检验调试方法　见表 5-17（仅以区内故障为例）。

表 5-17　充电保护逻辑检验调试方法

充电保护逻辑检验	状态 1 参数设置（故障前状态）		
	U_a:0∠0.00° U_b:0∠-120° U_c:0∠120°	I_a:0.00∠0.00° I_b:0.00∠0.00° I_c:0.00∠0.00°	状态触发条件：时间控制为 10s
	说明：三相 TWJ 均无开入 10s 后，充电灯亮，待充电灯亮后手动触发下一态		
	状态 2 参数设置（故障前状态）		
	U_a:0∠0.00° U_b:0∠-120° U_c:0∠120°	I_a:0.525∠0° I_b:0.00∠0° I_c:0.00∠0°	状态触发条件：时间控制为 3s
	说明：充电过电流保护无其他判据，满足过电流条件下即可动作		
	装置报文	1. 保护启动 4ms；2. 充电过电流Ⅱ段动作 ABC 46ms	
	装置指示灯	跳 A、跳 B、跳 C	
说明：1. 故障试验仪器设置以 A 相故障为例，B、C 相类同；2. 测量保护动作时间应取电流定值的 1.2 倍			

5.3 PCS 923A 母联保护调试技巧

5.3.1 装置介绍

1. PCS-923A 装置功能说明

PCS-923A 是新一代全面支持数字化变电站的保护装置，可实现母联或分段开关的充电过电流保护，装置功能包括两段充电相过电流和一段充电零序过电流等功能。

2. 装置背板端子说明

PCS-923A 母联保护装置背板布置如图 5-7 所示，NR1101 是管理及监视插件（MON），NR1161 是保护计算及故障检测插件（DSP），NR1136 是 SV、GOOSE 插件（NET-DSP），NR1502 是开关量输入插件，NR1301 是电源管理插件（PWR）和人机接口插件（HMI）。

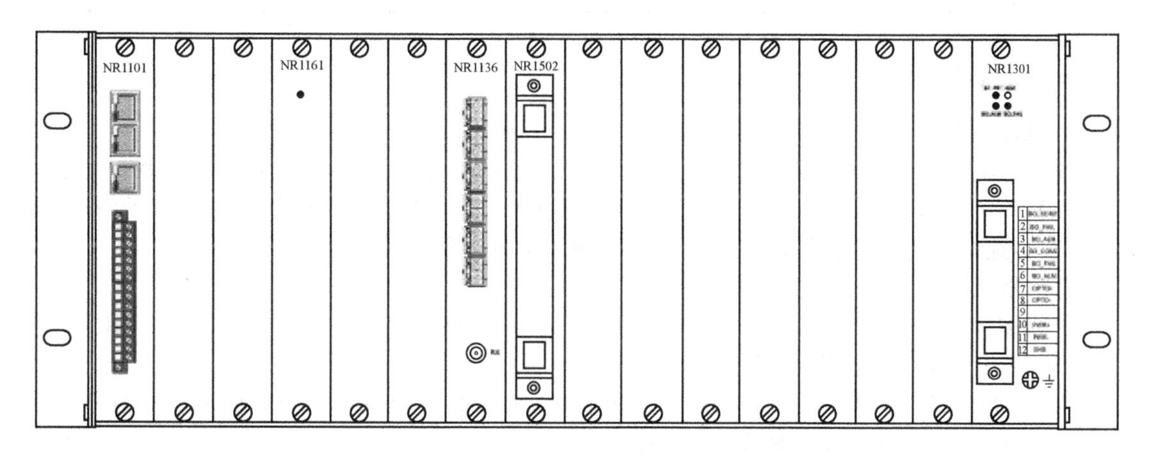

图 5-7 PCS 923A 母联保护装置背板布置图

图 5-7 中的 NR1136 板件光口功能具体定义如下：该板件共有 6 组光以太网，光口类型为 LC，其中光口 1 为母联保护 GOOSE 组网、光口 2 为母联保护 GOOSE 直跳、光口 3 为母联保护 SV 直采。

3. 装置虚端子及软压板配置

母联保护 PCS-923A 相关联的设备包含母联合并单元、母联智能终端以及母差保护，母联保护通过 SV 接收软压板接收来至母联合并单元的三相电流，包含主、副采；母联保护通过保护跳闸 GOOSE 发布软压板发布保护跳闸至母联智能终端，并闭锁重合闸；母联保护通过启动失灵 GOOSE 发布软压板发布启动失灵至母线保护，即母联三相启动失灵。图 5-8 展示母联保护相关联装置的虚端子联系，表 5-18 和表 5-19 分别列出了母联保护 GOOSE 输出和 SV 输入。

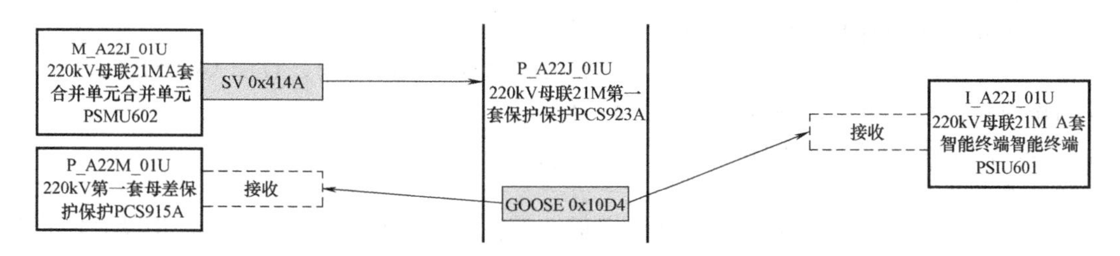

图 5-8 母联间隔保护相关联设备联系图

表 5-18 母联保护 PCS-923A 装置虚端子 GOOSE 输出表

序号	功能定义	起点设备：母联保护 PCS-923A		终点设备：母线保护/母线智能终端		
		厂家虚端子定义	发送软压板	设备名称	厂家虚端子定义	接收软压板
1	保护跳闸	保护跳闸	保护跳闸发送软压板	母联智能终端	闭锁三跳重合	无
2	启动失灵	启动失灵	启动失灵发送软压板	母线保护	母联三相启动失灵	无

表 5-19 母联保护 PCS-923A 装置虚端子 SV 输入表

序号	功能定义	终点设备：母联保护 PCS-923A		起点设备：母联合并单元		
		厂家虚端子定义	接收软压板	设备名称	厂家虚端子定义	发送软压板
1	A 相保护电流 1	保护 A 相电流 I_{a1}	SV 接收压板	母联合并单元	保护 A 相电流 I_{a1}	无
2	B 相保护电流 1	保护 B 相电流 I_{b1}			保护 B 相电流 I_{b1}	
3	C 相保护电流 1	保护 C 相电流 I_{c1}			保护 C 相电流 I_{c1}	
4	A 相保护电流 2	保护 A 相电流 I_{a2}			保护 A 相电流 I_{a2}	
5	B 相保护电流 2	保护 B 相电流 I_{b2}			保护 B 相电流 I_{b2}	
6	C 相保护电流 2	保护 C 相电流 I_{c2}			保护 C 相电流 I_{c2}	

5.3.2 调试方法

1. 试验接线及配置

（1）测试仪光纤接线 用 3 对尾纤（LC-LC）分别将测试仪的光口 1 接至母联保护直采 SV 的 RX 口，光口 2 与母联保护直跳 GOOSE 的 RX、TX 口连接，光口 3 与组网 GOOSE 的 RX、TX 口连接，并在试验尾纤上进行标识，便于调试过程中辨认。

（2）测试仪配置

1）系统参数：二次额定电流为 1A、额定频率为 50Hz、规约选择 IEC61850-9-2、PT 电压比为 220/100、CT 电流比为 4000/1。

2）SV 报文映射：查找对应母联合并单元 SV 输出，将合并单元 SV 输出三相保护电流（包括主、副采）分别映射到测试仪 I_a、I_b、I_c。

3）GOOSE 订阅：订阅母联保护 GOOSE 输出，并将保护跳闸出口、启动失灵分别绑定到测试仪的 GOOSE 开入 A 和 B，接收光口分别选择“光口 2”和“光口 3”。

2. 充电过流保护检验

（1）相关定值 保护定值栏中“充电过电流Ⅰ段电流定值” $3I_{0zdf}$ 为 1.0A，“充电过电流Ⅰ段时间定值”为 0.5s。（充电过电流Ⅰ段用于充主变时投 1.0A/0.5s。）

（2）试验条件

1）保护功能软压板：投入“充电过电流保护”软压板。

2）GOOSE 发送软压板：投入“GOOSE 跳闸出口”软压板，只有当该软压板投入，且虚端子中软压板关联正确，保护才能正常出口。

3）SV 软压板：投入“SV 接收”软压板，只有当该软压板投入，且虚端子中软压板关联正确，装置采样值有显示，否则为零。

4）“充电过电流保护Ⅰ段”控制字置“1”。

（3）试验方法 通过设置一个故障态，加入故障量、故障时间，订阅 GOOSE 跳闸，以时间控制做为状态触发条件，调试方法见表 5-20。

3. 充电零序过电流保护检验

（1）相关定值

保护定值栏中“充电零序过电流电流定值” $3I_0$ 为 0.08A，“充电过电流Ⅱ段时间定值”为 1s，所加时间小于 1200ms。

（2）试验条件

表 5-20　充电过电流保护检验调试方法

<table>
<tr><td rowspan="5">正向区内故障试验仪器设置</td><td colspan="3">状态 1 参数设置(故障状态)</td></tr>
<tr><td>U_a:00.00∠0.00°
U_b:00.00∠240.00°
U_c:00.00∠120.00°</td><td>I_a:1.05∠0.00°
I_b:1.05∠240.00°
I_c:1.05∠120.00°</td><td>状态触发条件:时间控制为 0.6s</td></tr>
<tr><td>装置报文</td><td colspan="2">0000ms 保护启动、500ms ABC 充电过电流 I 段动作</td></tr>
<tr><td>装置指示灯</td><td colspan="2">跳闸</td></tr>
<tr><td colspan="3"></td></tr>
<tr><td rowspan="4">正向区外故障试验仪器设置</td><td colspan="3">状态 1 参数设置(故障状态)</td></tr>
<tr><td>U_a:00.00∠0.00°
U_b:00.00∠240°
U_c:00.00∠120°</td><td>I_a:0.95∠0.00°
I_b:0.95∠240.00°
I_c:0.95∠120.00°</td><td>状态触发条件:时间控制为 0.6s</td></tr>
<tr><td>装置报文</td><td colspan="2">无</td></tr>
<tr><td>装置指示灯</td><td colspan="2">无</td></tr>
<tr><td colspan="4">说明:故障试验仪器设置以 A、B、C 三相均过电流,充电过电流Ⅱ段保护定值检验方法同Ⅰ段,只需要更改电流故障量、故障时间,并投入“充电过电流保护Ⅱ段”。</td></tr>
<tr><td colspan="4">思考:测试仪有输出,装置无采样,保护未动作,请分析原因?</td></tr>
</table>

1）保护功能软压板：投入“充电过电流保护”软压板。

2）GOOSE 发送软压板：投入“GOOSE 跳闸出口”软压板，只有当该软压板投入，且虚端子中软压板关联正确，保护才能正常出口。

3）SV 软压板：投入“SV 接收”软压板，只有当该软压板投入，且虚端子中软压板关联正确，装置才能接收到采样值。

4）“充电零序过电流”控制字置“1”。

（3）充电零序过电流保护检验调试方法　见表 5-21。

表 5-21　充电零序过电流保护检验调试方法

<table>
<tr><td rowspan="4">正向区内故障试验仪器设置</td><td colspan="3">状态 1 参数设置(故障状态)</td></tr>
<tr><td>U_a:00.00∠0.00°
U_b:00.00∠240°
U_c:00.00∠120°</td><td>I_a:0.084∠0.00°
I_b:0.00∠240.00°
I_c:0.00∠120.00°</td><td>状态触发条件:时间控制为 1.1s</td></tr>
<tr><td>装置报文</td><td colspan="2">0000ms 保护启动、1008ms ABC 充电零序过电流动作</td></tr>
<tr><td>装置指示灯</td><td colspan="2">跳闸</td></tr>
<tr><td rowspan="5">正向区外故障试验仪器设置</td><td colspan="3">状态 1 参数设置(故障状态)</td></tr>
<tr><td>U_a:00.00∠0.00°
U_b:00.00∠240°
U_c:00.00∠120°</td><td>I_a:0.076∠0.00°
I_b:0.00∠240.00°
I_c:0.00∠120.00°</td><td>状态触发条件:时间控制为 1.1s</td></tr>
<tr><td colspan="3">说明:m 取 0.95 倍计算</td></tr>
<tr><td>装置报文</td><td colspan="2">无</td></tr>
<tr><td>装置指示灯</td><td colspan="2">无</td></tr>
<tr><td colspan="4">说明:故障试验仪器设置以 A 相故障为例</td></tr>
</table>

5.4　PRS-723A 母联保护调试技巧

5.4.1　装置介绍

1. PRS-723A 装置功能说明

PRS-723A 装置功能包括两段充电相过电流和一段充电零序过电流，保护元件可经过软件或保护控制字分别选择投退。

2. 装置背板端子说明

PRS-723A 母联保护装置背板布置如图 5-9 所示，其中 WB8298 作为通信收发板和合并单元及智能终端通信、SV 采样以及 GOOSE 收发等；WB8251 完成管理、人机交互等功能；WB8620 提供工作电源。

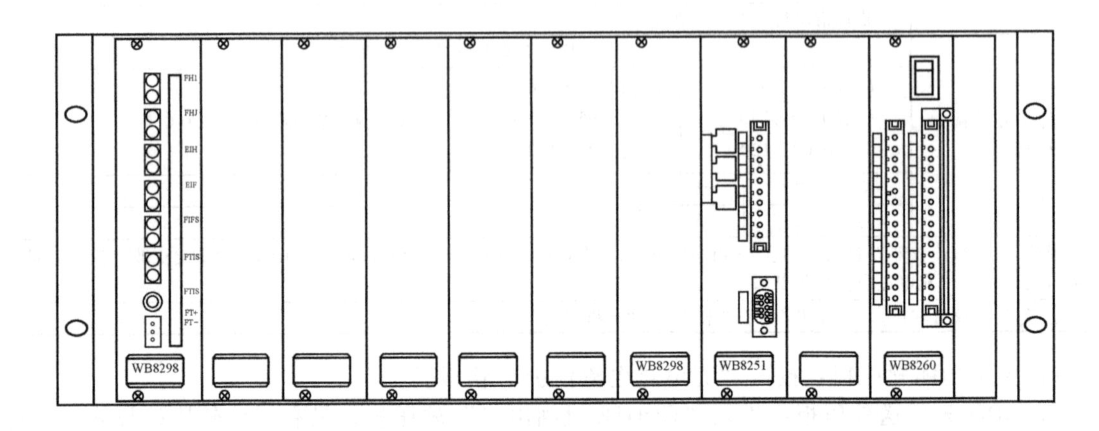

图 5-9 PRS-723A 母联保护装置背板布置图

WB8298 板件光口布置如图 5-9 所示，该板件共有 6 组光以太网，其中光口 ETH1 用于 GOOSE 组网，光口 ETH3 用于 GOOSE 直跳，光口 ETH4 用于 SV 直采。

3. 装置虚端子及软压板配置

母联保护 PRS-723A 相关联的设备包含母联合并单元、母联智能终端以及母差保护，母联保护通过 SV 接收软压板接收来至母联合并单元的三相电流，包含主、副采；母联保护通过保护跳闸 GOOSE 发布软压板发布保护跳闸至母联智能终端，并闭锁重合闸；母联保护通过启动失灵 GOOSE 发布软压板发布启动失灵至母线保护，即母联三相启动失灵。图 5-10 展示了母联保护相关联装置的虚端子联系，表 5-22 和表 5-23 分别列出了母联保护 GOOSE 输出和 SV 输入。

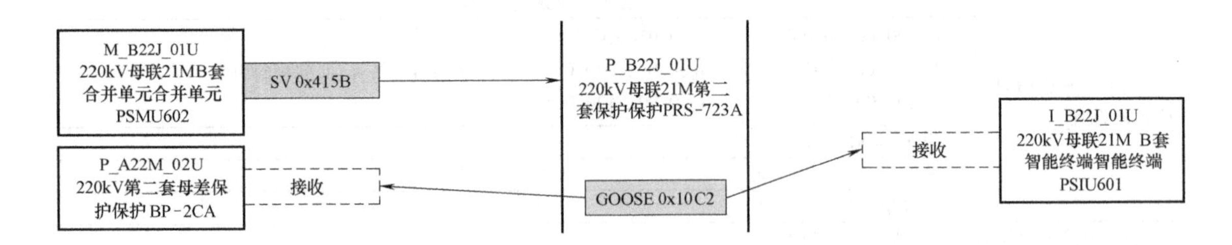

图 5-10 母联间隔保护相关联设备联系图

表 5-22 母联保护装置 PRS-723A 虚端子 GOOSE 输出表

序号	功能定义	起点设备:母联保护 PRS-723A		终点设备:母线保护/母线智能终端		
		厂家虚端子定义	发送软压板	设备名称	厂家虚端子定义	接收软压板
1	保护跳闸	保护跳闸	保护跳闸发送软压板	母联智能终端	闭锁三跳重合	无
2	启动失灵	启动失灵	启动失灵发送软压板	母线保护	母联三相启动失灵	无

表 5-23　母联保护装置虚端子 SV 输入表

序号	功能定义	终点设备:母联保护 PRS-723A		起点设备:母联合并单元		
		厂家虚端子定义	接收软压板	设备名称	厂家虚端子定义	发送软压板
1	A 相保护电流 1	保护 A 相电流 I_{a1}	SV 接收压板	母联合并单元	保护 A 相电流 I_{a1}	无
2	B 相保护电流 1	保护 B 相电流 I_{b1}			保护 B 相电流 I_{b1}	
3	C 相保护电流 1	保护 C 相电流 I_{c1}			保护 C 相电流 I_{c1}	
4	A 相保护电流 2	保护 A 相电流 I_{a2}			保护 A 相电流 I_{a2}	
5	B 相保护电流 2	保护 B 相电流 I_{b2}			保护 B 相电流 I_{b2}	
6	C 相保护电流 2	保护 C 相电流 I_{c2}			保护 C 相电流 I_{c2}	

5.4.2　调试方法

1. 试验接线及配置

（1）测试仪光纤接线　用三对尾纤（LC-LC）分别将测试仪的光口 1 接至母联保护光口 ETH4 RX SV 直采口，光口 2 与母联保护光口 ETH3 直跳 GOOSE 的 RX、TX 口连接，光口 3 与母联保护光口 ETH1 组网 GOOSE 的 RX、TX 口连接，并在试验尾纤上进行标识，便于调试过程中辨认。

（2）测试仪配置

1）系统参数：二次额定电流为 1A、额定频率为 50Hz、规约选择 IEC61850-9-2、第一 PT 电压比为 220/100、第一组 CT 电流比为 4000/1。

2）SV 报文映射：查找对应母联合并单元 SV 输出，将合并单元 SV 输出三相保护电流（包括主、副采）分别映射到测试仪 I_a、I_b、I_c。

3）GOOSE 订阅：订阅母联保护 GOOSE 输出，并将保护跳闸出口、启动失灵分别绑定到测试仪的 GOOSE 开入 A 和 B，接收光口分别选择“光口 2”和“光口 3”。

2. 充电过电流保护检验

（1）相关定值　保护定值栏中“充电过电流Ⅰ段电流定值”$3I_{0zdf}$为 0.3A，“充电过电流Ⅰ段时间定值”为 0.01s，所加时间要小于 100ms。（充电过电流Ⅰ段用于充线路时投 0.3A/0.01s。）

（2）试验条件

1）保护功能软压板：投入“充电过电流保护”软压板。

2）GOOSE 发送软压板：投入“GOOSE 跳闸出口”软压板，只有当该软压板投入，且虚端子中软压板关联正确，保护才能正常出口。

3）SV 软压板：投入“SV 接收”软压板，只有当该软压板投入，且虚端子中软压板关联正确，装置采样值有显示，否则为零。

4）“充电过电流保护Ⅰ段”控制字置“1”。

5）充电过电流保护检验调试方法　见表 5-24。

3. 充电零序过电流保护检验

（1）相关定值　保护定值栏中“充电零序过电流电流定值”$3I_0$ 为 0.08A，“充电过电流Ⅱ段时间定值”为 1s，所加时间小于 1200ms。

（2）试验条件

1）保护功能软压板：投入“充电过电流保护”软压板。

2）GOOSE 发送软压板：投入“GOOSE 跳闸出口”软压板，只有当该软压板投入，且虚端子中软压板关联正确，保护才能正常出口。

3）SV 软压板：投入“SV 接收”软压板，只有当该软压板投入，且虚端子中软压板关联正确，装置才能接收到采样值。

表 5-24　充电过电流保护检验调试方法

正向区内故障试验仪器设置	状态 1 参数设置（故障状态）		
	U_a:00.00∠0.00° U_b:00.00∠240° U_c:00.00∠120°	I_a:0.315∠0.00° I_b:0.315∠240.00° I_c:0.315∠120.00°	状态触发条件:时间控制为 0.05s
	装置报文	充电过电流Ⅰ段动作 ABC　20ms	
	装置指示灯	保护动作	
正向区外故障试验仪器设置	状态 1 参数设置（故障状态）		
	U_a:00.00∠0.00° U_b:00.00∠240° U_c:00.00∠120°	I_a:0.285∠0.00° I_b:0.285∠240.00° I_c:0.285∠120.00°	状态触发条件:时间控制为 0.05s
	装置报文	保护启动	
	装置指示灯	无	
说明:故障试验仪器设置以 A、B、C 三相均过电流，充电过电流Ⅱ段保护定值检验方法同Ⅰ段，只需更改故障电流、故障时间，并投入“充电过电流保护Ⅱ段”控制字			

4）“充电零序过电流”置“1”。

（3）试验方法　通过设置一个故障态，加入故障量、故障时间，订阅 GOOSE 跳闸，以时间控制作为状态触发条件，调试方法见表 5-25。

表 5-25　充电过电流保护检验调试方法

正向区内故障试验仪器设置	状态 1 参数设置（故障状态）		
	U_a:00.00∠0.00° U_b:00.00∠240° U_c:00.00∠120°	I_a:0.084∠0.00° I_b:0.00∠240.00° I_c:0.00∠120.00°	状态触发条件:时间控制为 1.1s
	装置报文	充电零序过电流动作 ABC　1010ms	
	装置指示灯	保护动作	
正向区外故障试验仪器设置	状态 1 参数设置（故障状态）		
	U_a:00.00∠0.00° U_b:00.00∠240° U_c:00.00∠120°	I_a:0.076∠0.00° I_b:0.00∠240.00° I_c:0.00∠120.00°	状态触发条件:时间控制为 1.1s
	装置报文	保护启动	
	装置指示灯	无	
说明:故障试验仪器设置以 A 相故障为例			

5.5　断路器保护装置特有保护逻辑检验技巧

5.5.1　GOOSE 检修逻辑检查

GOOSE 检修逻辑检查是为了验证不同装置的检修状态配合逻辑情况是否正确。GOOSE 接收侧和发送侧的检修状态一致时，即同时处于检修状态时或同时退出检修状态时，装置应能正确响应 GOOSE 变位。GOOSE 接收侧和发送侧的检修状态不一致时，即只有一侧处于检修状态时，装置应不对 GOOSE 变位进行响应，且稳态量开入保持检修不一致前的状态，暂态量开入清零状态。试验方法如下：

1）本章前面的内容均是介绍正常运行状态，即 GOOSE 数据集发布方及订阅方均退出检修时的状态，此时装置应能正确响应 GOOSE 变位。

2）模拟两侧均处于检修状态（以 CSC-121 保护装置为例）：保护装置的检修状态直接用“置检修状态”硬压板进行投切。

模拟智能终端检修状态有两种方式：①在 GOOSE 发布参数设置中，对来自于智能终端的数据集设置 GOOSE 报文的“测试（Test）”为“True”状态，如图 5-11 所示。设置后使用“通用试验”模块进行试验时，试验仪器的 GOOSE 发布均带检修品质位。②直接在测试窗口的“GOOSE 数据集”页面右下方的“检修位”前打勾，如图 5-12 所示，此方法适用于“状态序列”模块。

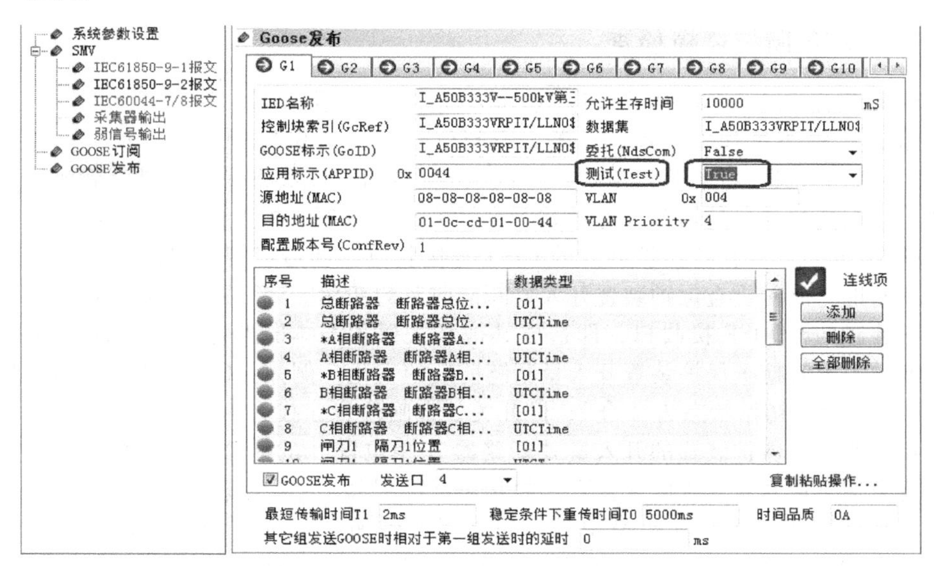

图 5-11 GOOSE 发布界面内数据集检修状态设置示例图

参数设置 | 评估 | 接线图 | GOOSE数据集 | GOOSE报文设置 | SV异常模拟 | 虚端子测试

MAC:01-0c-cd-01-00-44 1

序号	描述	数据类型
1	保护相关开入装置检修	FALSE
2	保护相关开入装置检修	UTCTIME
3	保护相关开入信号复归	FALSE
4	保护相关开入信号复归	UTCTIME
5	断路器1断路器开入总位置	[01]
6	断路器1断路器开入总位置	UTCTIME
7	断路器2断路器总位置串串	[01]
8	断路器2断路器总位置串串	UTCTIME

导入 添加 删除 全部删除 ☑检修位

图 5-12 状态序列测试界面内数据集检修状态设置示例图

图 5-11 及图 5-12 所示为模拟智能终端检修状态时对开关位置所在的数据集所进行的配置，其他智能终端数据集及相关联保护的数据集检修状态设置类似，此时装置应能正确响应 GOOSE 变位。

3）模拟一侧检修、一侧运行状态：以模拟智能终端检修，断路器保护装置正常运行时的逻辑为例进行说明：退出 CSC-121 断路器保护装置的“置检修状态”硬压板。在测试仪的 GOOSE 发布参数中将来自于智能终端的所有数据集置检修位（方法如图 5-11 及图 5-12 所示），用手动或状态序列设置 GOOSE 发布中对应设备的开出量状态变位，检查保护装置的开入量变位情况。例如：CSC-121 断路器保护装置的“断路器 A 相位置”初始状态为“合”，即开关处合闸位置，用在测试仪“通用试验”或“状态序列”模式中模拟开关 A 相位置由

“10”变“01”，检查CSC-121断路器保护装置的开入量“断路器A相位置”的变位情况，根据逻辑要求，因为开关位置为稳态量开入，所以保持之前的状态，即保持“合”，若保护之前为充满电状态，则变位不会导致保护放电。如果模拟的是暂态量，例如“低气压闭锁重合闸”开入，在测试仪“通用试验”或“状态序列”模式中模拟“低气压闭锁重合闸”开入由“False”变“True”，该开入量应该一直为“分”，若保护之前为充满电状态，则变位不会导致保护放电。同理，当与相关的其他保护检修状态不一致时，也可用相同的方法进行检验，并结合相应的现象进行判定。

5.5.2 GOOSE断链逻辑检查

GOOSE断链逻辑检查是为了验证GOOSE链路中断情况下，装置开入量的变位逻辑。GOOSE断链后，稳态量开入（如：开关、刀闸位置等）应保持断链前的状态，暂态量开入（如：闭重、启动失灵、跳闸等）应清零。试验方法如下：1）将保护装置中需要检验的数据集中有进行过配置的开入量均置位为“10”或“True”状态，检查保护开入量。2）拔开测试仪的GOOSE发布口3或拔开保护装置的GOOSE接收口，即造成智能终端与保护装置之间的点对点通信断链，此时检查保护装置开入量断链前后的变化。3）拔开测试仪GOOSE发布口4或拔开保护装置的GOOSE接收口，即造成其他相关保护与本断路器保护装置之间的GOOSE网络通信断链，此时检查保护装置开入量断链前后的变化。例如：CSC-121断路器保护装置的“断路器A相位置”初始状态为“合”，即开关处合闸位置，拔开GOOSE点对点通信光纤后，检查CSC-121断路器保护装置的开入量“断路器A相位置”的变位情况，根据逻辑要求，因为开关位置为稳态量开入，所以保持之前的状态，即保持“合”，若保护之前为充满电状态，则变位不会导致保护放电。如果模拟的是暂态量，例如“低气压闭锁重合闸”开入，拔开GOOSE点对点通信光纤后，该开入量应该会由“合”变为“分”，若保护之前为未充满电状态，则GOOSE断链后经延时保护会充满电。同理，当与相关的其他保护发生GOOSE断链时，也可用相同的方法进行检验，并结合相应的现象进行判定。

5.5.3 SV检修逻辑检查（针对数字采样）

SV检修逻辑检查是为了验证保护装置本身的检修状态和SV数据的检修状态之间的配合逻辑关系。电流通道检修不一致时，应闭锁所有保护。电压通道检修不一致时，按照PT断线逻辑处理。试验方法如下：

1）测试仪配置：结合软件配置介绍相关章节所述内容，在SV报文映射至如图5-13步骤时，单击“低位”下方“0000”，可出现下拉菜单“<编辑>品质因数”，在弹出的对话框（见图5-14）中将“测试（bit11）”选择为“1：测试”，并勾选“更改全部通道”，单击“确定”按钮后，发现“低位”下方“0000”变为“0800”，此时SV报文带检修位。

2）采样置检修后，装置会有检修不一致告警，且告警灯会常亮（每套保护的告警方式略有区别）。除此之外，通过对保护装置进行试验得到的不同结果更具有说服性。因此可选择本章前四节中所涉及的试验进行验证，试验加量如相关章节所述。断路器保护的试验大部分与电流量相关，涉及电压量的试验只有低功率因数部分及三相重合闸检同期部分。电流通道检修不一致时，应闭锁所有保护。电压通道检修不一致时，按照PT断线逻辑处理。

5.5.4 SV无效逻辑检查（针对数字采样）

SV无效逻辑检查是为了验证电子互感器或合并单元采样数据异常时保护装置的处理逻辑。电流通道品质位异常时，应闭锁所有保护。电压通道品质位异常时，按照PT断线逻辑处理。试验方法如下：

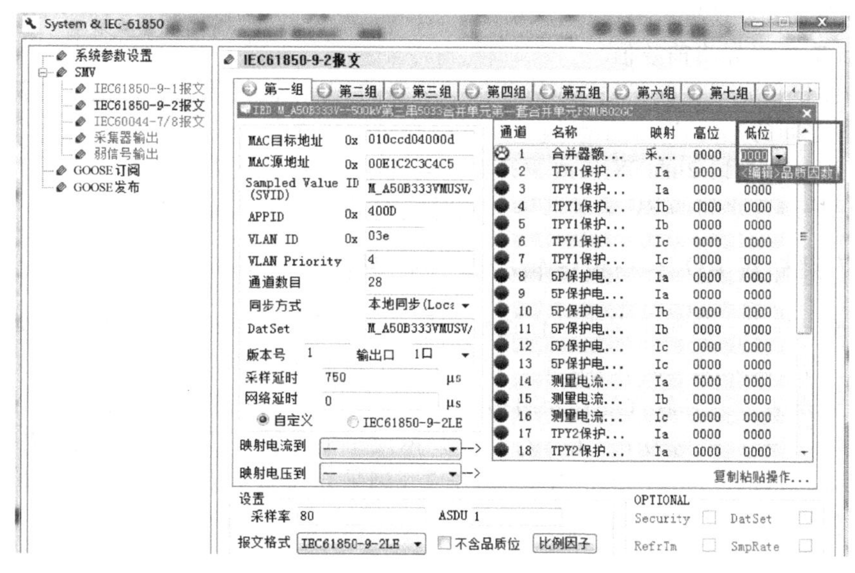

图 5-13　SV 检修品质位配置示例图

1）测试仪配置：结合软件配置介绍相关章节所述内容，在 SV 报文映射至如图 5-13 步骤时，点击“低位”下方“0000”，可出现下拉菜单“<编辑>品质因数”，在弹出的对话框（见图 5-15）中勾选“更改全部通道”，单击“确定”按钮后，发现“低位”下方“0000”变为“0001”，此时 SV 报文置无效位。

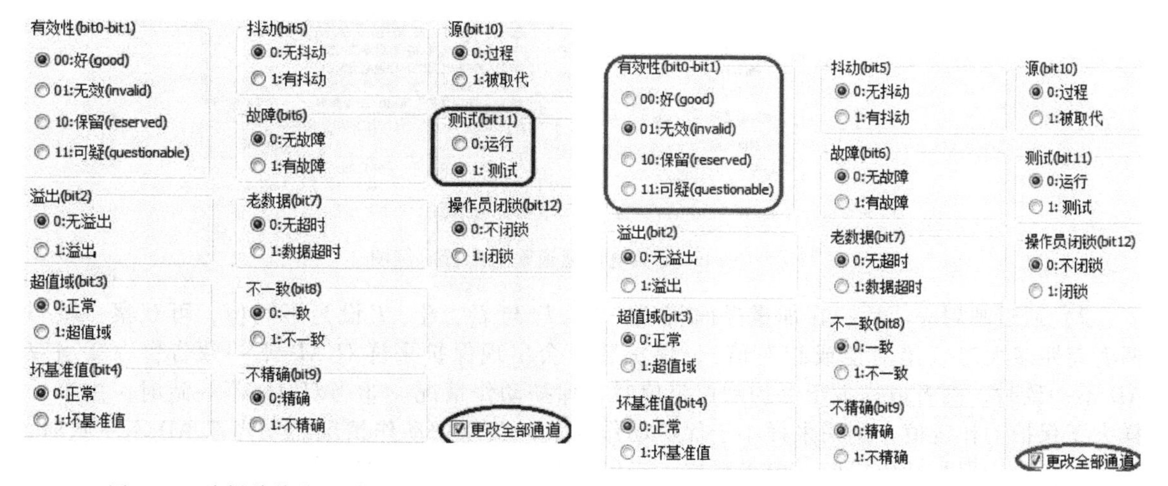

图 5-14　编辑检修位品质界面示例图　　图 5-15　编辑无效位品质界面示例图

2）采样置无效后，装置会有 SV 无效告警，且告警灯会常亮（每套保护的告警方式略有区别）。除此之外，通过对保护装置进行试验得到的不同结果更具有说服性。因此可选择本章前四节中所涉及的试验进行验证，试验加量如相关章节所述。断路器保护的试验大部分与电流量相关，涉及电压量的试验只有低功率因数部分及三相重合闸检同期部分。电流通道品质位异常时，应闭锁所有保护；电压通道品质位异常时，按照 PT 断线逻辑处理。

5.5.5　SV 断链逻辑检查（针对数字采样）

为了验证 SV 通道断链时，保护装置的动作逻辑是否正确。试验方法如下：

1）在对系统参数设置、SV 报文映射后，加入非零值的电压电流量，进入装置“交流采样”菜单中，查看采样当前数值。

2）拔开测试仪光口 1 的 TX 口或拔开保护装置的 SV 电流接收口，即造成电流 CT 合并单元与保护装置之间的电流 SV 直采断链，此时检查保护装置交流采样的变化。

3）拔开测试仪光口 2 的 TX 口或拔开保护装置的 SV 电压接收口，即造成电压 PT 合并单元与断路器保护装置之间的 SV 直采断链，此时检查保护装置交流采样的变化。

5.5.6 SV 采样双 AD 不一致逻辑检查（针对数字采样）

SV 采样双 AD 不一致对于保护动作逻辑的影响每个厂家都有各自的理解，以现场试验所得结果为准，此处仅提供验证双 AD 不一致逻辑的试验方法。试验方法如下：

1）测试仪配置：结合软件配置介绍相关章节所述内容，在 SV 报文映射至如图 5-16 步骤时，将电流 1（主采）映射为 I_a、I_b、I_c、$3I_0$，电流 2（副采）映射为 I'_a、I'_b、I'_c、$3I'_0$。将电压 1（主采）映射为 U_a、U_b、U_c、$3U_0$，电压 2（副采）映射为 U'_a、U'_b、U'_c、$3U'_0$。

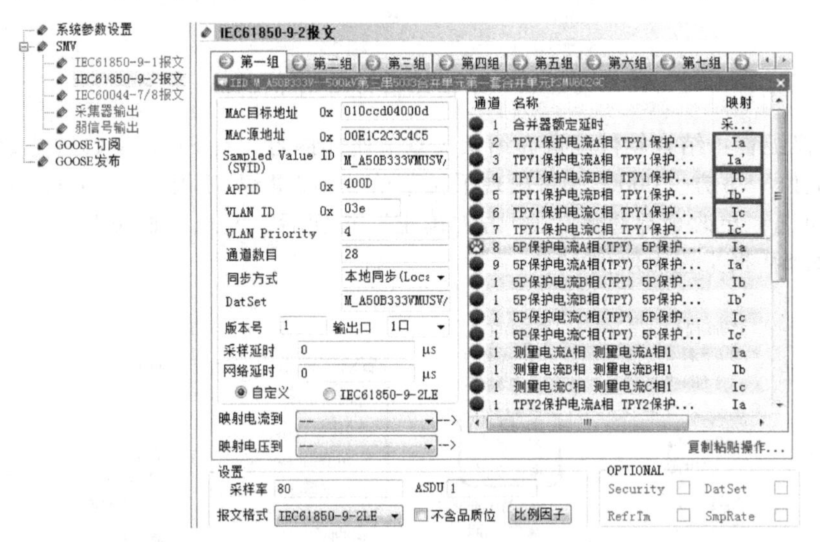

图 5-16 SV 电流电压通道映射配置示例图

2）通道映射完成后，在加量界面将 I_a、I_b、I_c 与 I'_a、I'_b、I'_c 设为不同值，可观察：①当两者差距多大时（绝对值或相对值），保护装置会出现保护采样双 AD 不一致告警。②当双 AD 不一致时，两者值均大于保护动作定值时，保护动作情况。③当双 AD 不一致时，主采采样大于保护动作定值，副采采样小于保护动作定值时，保护动作情况。④当双 AD 不一致时，主采采样小于保护动作定值，副采采样大于保护动作定值时，保护动作情况。

第6章 合并单元、智能终端

6.1 PCS-222CG 合并单元单体调试

6.1.1 光功率测试

PCS-222CG 合并单元装置上电，使用光功率计、光衰耗器对 PCS-222CG 合并单元装置背板有配置的光口进行光功率测试，光功率的测试通常选用 1310nm 的波长。

检验方法：

1）利用光功率计对合并单元接口光纤回路进行光功率检查，用一根跳纤连接设备光纤发送端口和光功率计接收端口，读取光功率计上的功率值。检测方法如图 6-1 所示。

2）利用光功率计对合并单元接口光纤回路进行接收功率检查，将待测合并单元光纤接收端口的尾纤拔下，插入到光功率计接收端口，读取光功率计上的功率值。检测方法如图 6-2 所示。

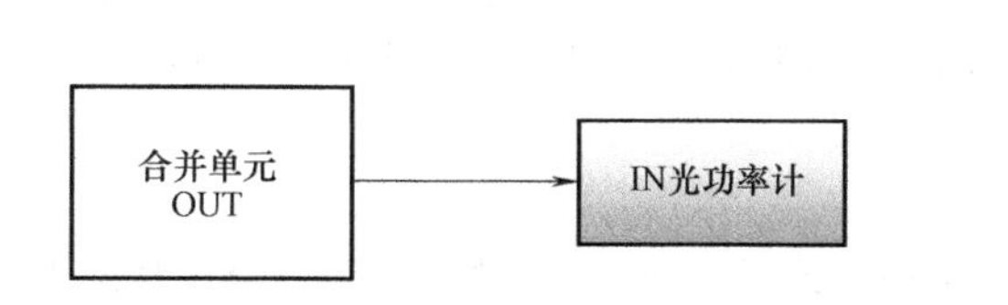

图 6-1 光纤端口发送功率检验方法

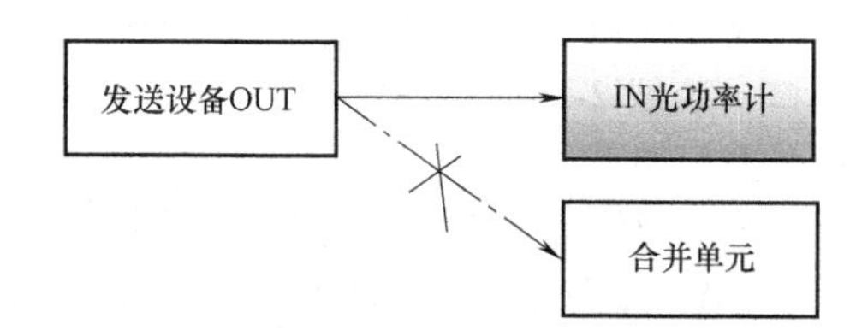

图 6-2 光纤端口接收功率检验方法

以装置背板 2-13n-3X 上光口 1 的光功率测试为例，测试内容及操作方法如下。

1）选择光功率计合适量程，将 2-13n-3X2-1-T 和 2-13n-3X2-1-R 一对光纤（至 220kV 线路保护柜组网交换机）取下，注意取下的光纤头应及时用防尘冒盖入，严禁用手触摸光纤头导光处。

2）对侧发送功率测试：可直接取用对侧装置对应 TX 口的光功率，如 2-13n-3X2-1-R 对侧是 220kV 线路保护组网交换机 1-40n-S3-TX2，在对侧装置处确认光纤标签标识正确后，取下 1-40n-S3-TX2 光纤，将光功率计通过尾纤，接入装置背板的 S3-TX2 光口处，此时显示的数值即为对侧发送功率。

3）本侧接收功率测试：对侧装置上电，同时确认光缆连接正确，将取下的 2-13n-3X2-1-R光纤接入光功率计，此时显示的数值即为本侧接收功率。

4）衰耗计算值：将测得的“对侧发送功率”减去“本侧接收功率”即为衰耗值。

5）灵敏启动功率：选择光衰耗器光功率发送量程，接入装置背板 2-13n-3X2-1-R 接口，逐步减少光功率输出，直到光口 1 通信中断时的临界数值即为灵敏启动功率。

6）本侧发送功率：将光功率计通过尾纤，接入装置背板的 2-13n-3X2-1-T 接口，此时显示的数值即为本侧发送功率。

要求：①接收功率、发送功率应在装置说明书规定的范围内，光功率裕度大于 5dB；②衰耗值不大于 5dB，通常一个熔点衰耗不大于 2dB；③测试结束恢复时应检查光纤接头是否清洁，若被污染，应在进行相应处理后方可接入装置，并核查关联报警信号已复归。

6.1.2　合并单元 MU 精度测试

合并单元 MU 主要测试项目包括所有通道的精度校验，电流电压通道应检验在 $0U_n/0I_n$、$1V/0.1I_n$、$30V/0.5I_n$、U_n/I_n、$70V/2I_n/5I_n$ 时的对应精度情况，角度应在 U_n/I_n 条件下测试电流电压之间 0°、45°、90°的角差精度。

要求：①MU 返校显示值与外部表计值的误差绝对值应小于 5%；②液晶测量或计量显示值的基本误差应小于 0.2%，应使用准确度为 0.05 的测试仪器；③MU 返校角度与外部表计值的误差应不小于±3°，具体试验步骤及操作方法如下：

以单相电流为例，电流采用常规调试仪串合并单元测试仪方法，试验接线方式有如图 6-3 和图 6-4 所示的两种。

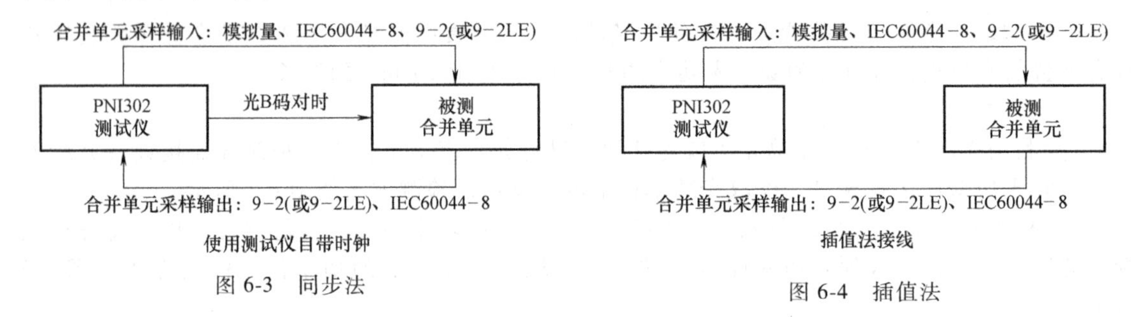

图 6-3　同步法　　　　图 6-4　插值法

试验接线以线路保护直采光口测试为例，将装置 2-13n-3X2-2-T 光口接至合并单元调试仪 SMV 口，装置 2-13n-3X-SYN 光口接至合并单元调试仪 IRIG-B 接口，打开 PNI-302 测试仪调试软件，进行如下设置。

1. IEC 配置（MU 输入配置，见图 6-5）

单击图 6-5 所示测试界面工具栏中的“IEC ”按钮，弹出图 6-6 所示界面，按以下步骤配置。

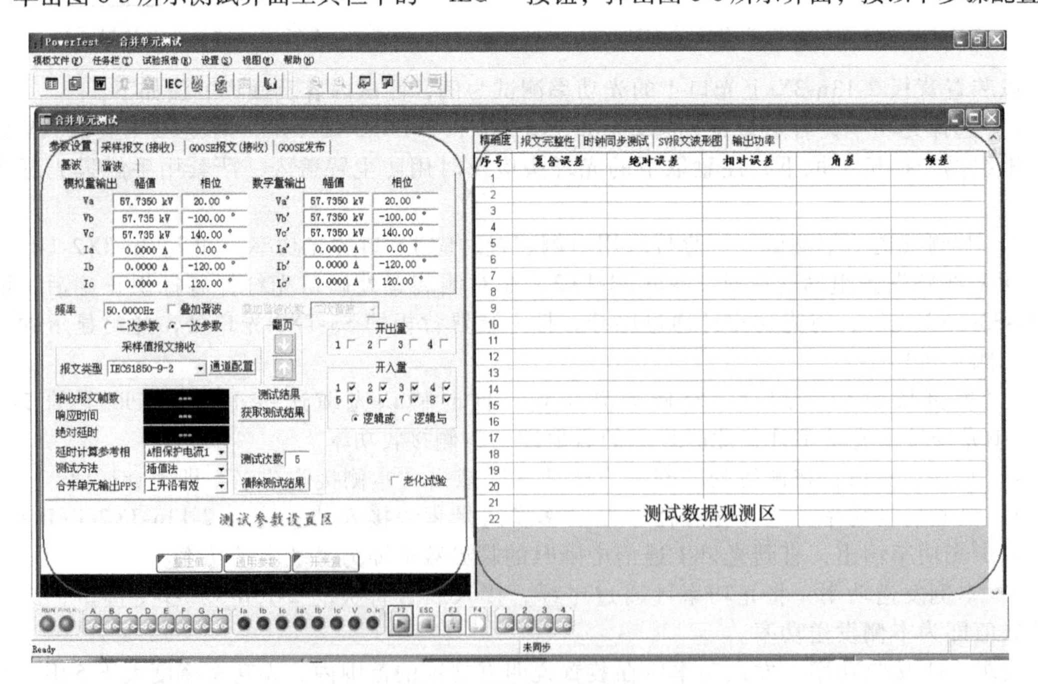

图 6-5　MU 输入配置 1

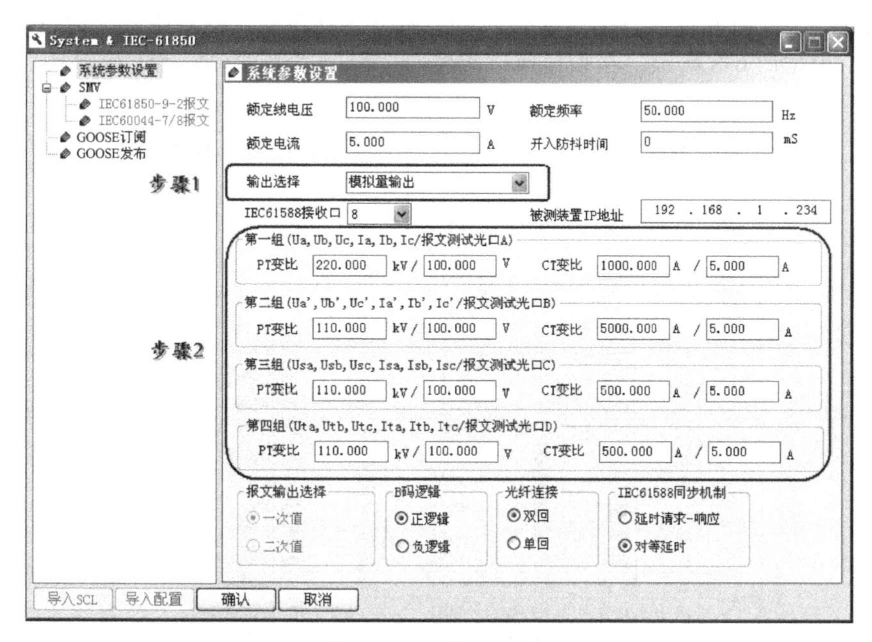

图 6-6　MU 输入配置 2

步骤 1：选择测试仪的输出类型，即合并单元的采样值输入类型。可选模拟量输出、IEC 61850-9-2，此时选择“模拟量输出”，选择模拟量输出时，可直接进行步骤 2。

步骤 2：设置测试仪电流输出通道的变比。

2. 测试仪报文接收类型及其通道配置（MU 输出配置，见图 6-7）

图 6-7　MU 输出配置 1

步骤 1：选择测试仪报文接收类型，此栏选择 IEC 61850-9-2 模式。

步骤 2：映射测试仪接收到的报文通道与测试仪输出通道。单击“通道配置”按钮，弹出通道配置界面，在该界面中单击“导入 SCD 文件”按钮，导入当前所测试的合并单元的采样值输出控制块，此时软件会自动匹配合并单元输出通道和输入控制通道（测试仪输出通道）的对应关系。根据图 6-8 所示，在采样通道配置勾选相应通道进行精确度检验。

采样通道配置

选择	序号	名称	输出量	准确级
☐	1	额定延时	延时	
☑	2	保护电流A相 电流采样值1	Ia	保护级(5P30)
☑	3	保护电流A相 电流采样值2	Ia	保护级(5P30)
☑	4	保护电流B相 电流采样值1	Ib	保护级(5P30)
☑	5	保护电流B相 电流采样值2	Ib	保护级(5P30)
☑	6	保护电流C相 电流采样值1	Ic	保护级(5P30)
☑	7	保护电流C相 电流采样值2	Ic	保护级(5P30)
☐	8	计量电流A相 电流采样值1	Ia	保护级(5P30)
☐	9	计量电流B相 电流采样值1	Ib	保护级(5P30)
☐	10	计量电流C相 电流采样值1	Ic	保护级(5P30)
☐	11	保护电压A相 电压采样值1	Ua	保护级(3P)
☐	12	保护电压A相 电压采样值2	Ua	保护级(3P)
☐	13	保护电压B相 电压采样值1	Ub	保护级(3P)
☐	14	保护电压B相 电压采样值2	Ub	保护级(3P)
☐	15	保护电压C相 电压采样值1	Uc	保护级(3P)
☐	16	保护电压C相 电压采样值2	Uc	保护级(3P)
☐	17	计量电压A相 电压采样值1	Ua	保护级(3P)
☐	18	计量电压B相 电压采样值1	Ub	保护级(3P)
☐	19	计量电压C相 电压采样值1	Uc	保护级(3P)
☐	20	零序电压 电压采样值1	3Uo	保护级(3P)
☐	21	零序电压 电压采样值2	3Uo	保护级(3P)

图 6-8 采样通道配置

图 6-9 所示为试验参数设置。

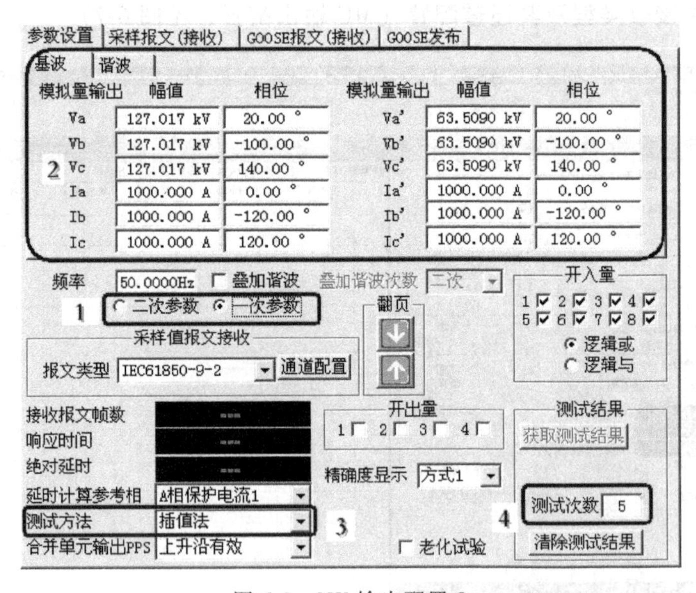

图 6-9 MU 输出配置 2

调试时，可选择界面参数按一次值还是二次值，同时通过该选项可以灵活的实现一、二次值依据 PT、CT 变比进行转换。设置电流输出值选择测试方法可选择同步法与插值法，注意同步法时，必须使用测试仪给合并单元对时。插值法可以不依赖于对时信号。试验时可以通过仪器来设置测试次数。

单击软件测试界面上的“开始”按钮，或 PNI302 自带工控机上的“开始”按钮，即可开始运行试验。

可通过图6-10中的选择框选择不同的显示方式。

序...	实测幅值	实测相位	复合误差	绝对误差	相对误差	角差
1	/	/	/	/	/	/
2	1.00020kA	-1.40°	2.85%	0.1968A	0.02%	4.64'
3	1.00015kA	-1.41°	2.84%	0.1537A	0.02%	4.79'
4	5.00589kA	-1.36°	0.39%	5.8936A	0.12%	1.05'
5	995.1893A	-121.38°	2.77%	-4.8107A	-0.48%	2.04'
6	995.0398A	-121.39°	2.82%	-4.9602A	-0.50%	2.48'
7	5.00549kA	-121.33°	0.35%	5.4917A	0.11%	-0.30'
8	997.6541A	118.61°	2.81%	-2.3459A	-0.23%	2.88'
9	997.6882A	118.56°	2.84%	-2.3118A	-0.23%	6.03'
10	5.00654kA	118.67°	0.34%	6.5352A	0.13%	-0.85'
11	/	/	/	/	/	/
12	/	/	/	/	/	/
13	126.99089kV	18.55°	0.39%	-26.3125V	-0.02%	2.01'
14	126.98855kV	18.55°	0.38%	-28.4453V	-0.02%	1.50'
15	126.98744kV	-101.44°	0.39%	-29.5625V	-0.02%	1.87'
16	126.97722kV	-101.44°	0.38%	-39.7813V	-0.03%	1.67'
17	127.07237kV	138.53°	0.42%	55.3672V	0.04%	2.89'
18	127.06351kV	138.53°	0.42%	46.6078V	0.04%	2.97'
19	/	/	/	/	/	/
20	/	/	/	/	/	/
21	/	/	/	/	/	/
22	/	/	/	/	/	/

图6-10 MU输出配置3

6.1.3 守时功能检查

使用测试仪自带的内置GPS模块，如图6-11所示。

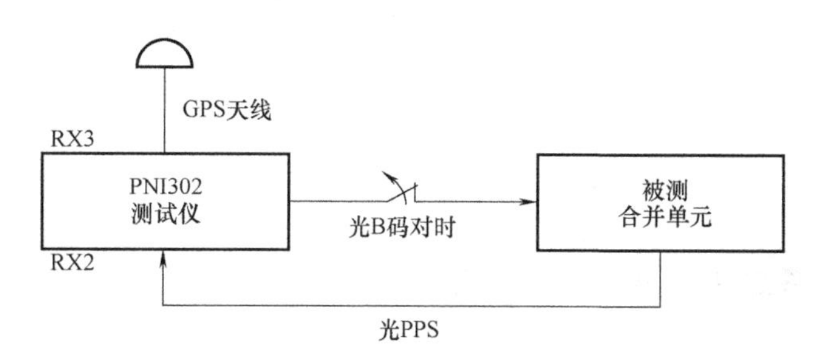

图6-11 守时功能原理图

注意，图6-11中RX3为B码接收口，TX5为B码输出口，RX2为PPS接收口。光B码对时线上的开关表示：在守时测试之前，必须先保证被测合并单元之前已稳定对时。待对时稳定后，再断开B码对时信号，进行守时功能的测试。

在图6-12所示的界面中选择“守时误差”，单击软件测试界面上的“开始”按钮，或PNI302自带工控机上的“开始”按钮，即可开始运行试验，如图6-13所示。

6.1.4 通道延时检测

进行通道延时检测时，可采用测试仪自带时钟来进行对时，如图6-14所示。

单击软件测试界面上的“开始”按钮，或PNI302自带工控机上的“开始”按钮，即可开始运行试验。在试验功能选择中，选择时间同步测试，启动试验，查看通道的延时情况，如图6-15所示。

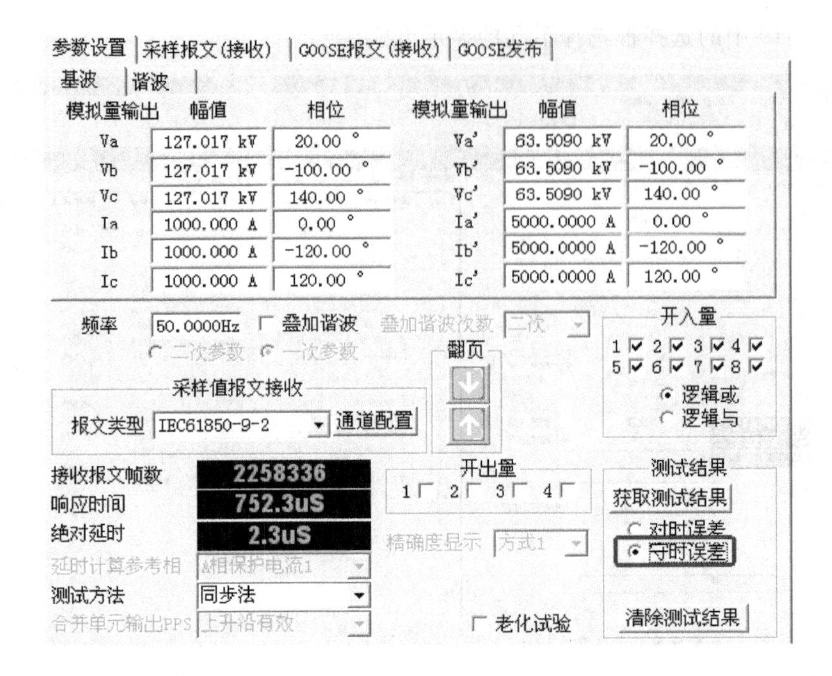

图 6-12　守时误差

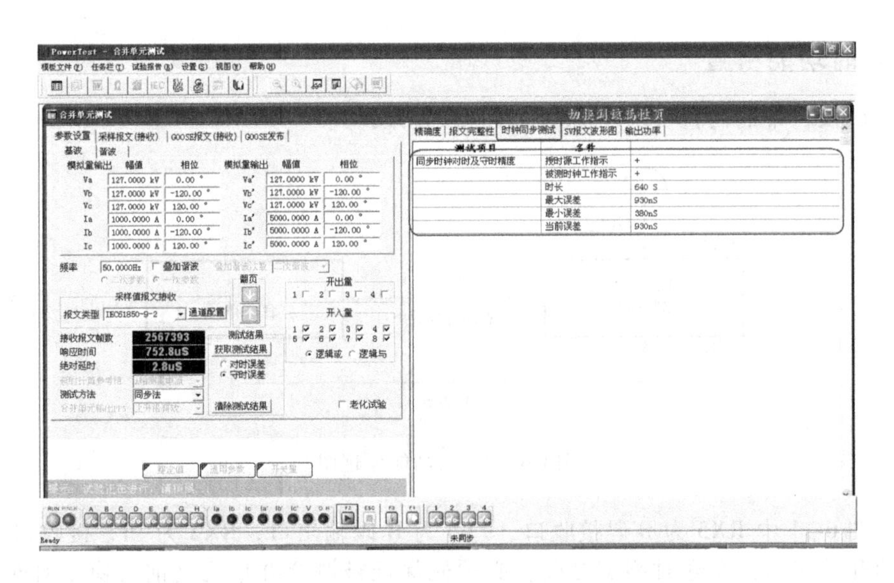

图 6-13　运行试验

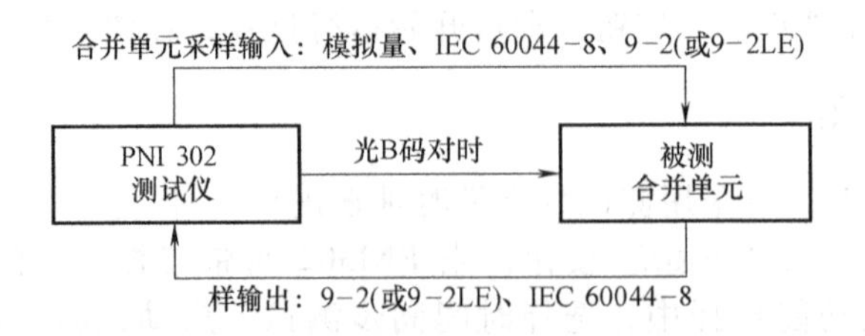

图 6-14　通道延时检测原理图

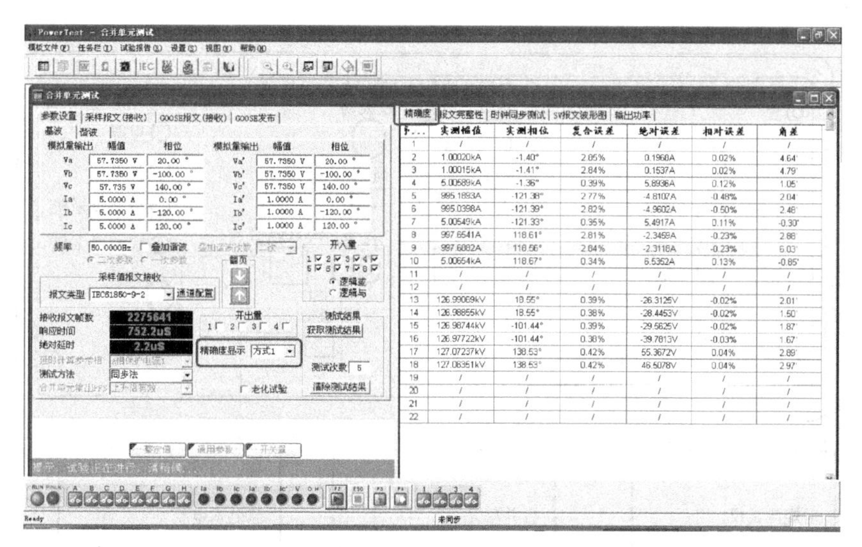

图 6-15 运行试验

6.2 PSMU-602 合并单元单体调试

下面以 PSMU-602 合并单元应用于 220kV 双母线接线方式的母线合并单元为例进行介绍。

6.2.1 光功率测试

PSMU-602 合并单元装置上电，使用光功率计、光衰耗器对 PSMU-602 合并单元装置背板有配置的光口进行光功率测试，光功率的测试通常选用 1310nm 的波长。

要求：光功率裕度大于 5dB，衰耗值不大于 5dB。

以装置背板 2-13n-3X 上光口 1 的光功率测试为例，测试内容及操作方法与 6.1.1 节“光功率测试”相同。

6.2.2 电压合并单元 MU 精度测试

电压合并单元 MU 主要测试项目包括所有通道的精度校验，电流电压通道应检验在 $0U_n/0I_n$、$1V/0.1I_n$、$30V/0.5I_n$、U_n/I_n、$70V/2I_n/5I_n$ 时的对应精度情况，角度应在 U_n/I_n 条件下测试电流电压之间 0°、45°、90°的角差精度。要求：①MU 返校显示值与外部表计值的误差绝对值应小于 5%；②液晶测量或计量显示值的基本误差应小于 0.2%，应使用准确度为 0.05 的测试仪器；③MU 返校角度与外部表计值的误差应不小于±3°。

测试仪器采用常规调试仪 PW31 与 NT785 合并单元系统级测试仪，如图 6-16 所示，以测试单相电流为例，采用常规调试仪串合并单元测试仪方法：

试验接线以线路保护直采光口测试为例，将装置 2-13n-3X2-2-T 光口接至合并单元调试仪 SMV 口，装置 2-13n-3X-SYN 光口接至合并单元调试仪 IRIG-B 接口，用网线及 USB 线将合并单元调试仪与调试电脑连接，合并单元测试仪面板上的内接/外接、FT3/光以太网选择把手分别切至内接、光以太网，电压/电流切换根据现场测试进行切换。打开 NT780 调试软件进行设置。

注意：内接是指模拟信号源二次输出，接至校验仪的“5A”端子，或“1A”端子，使用了校验仪内置的 I/V 转换器，或者模拟信号源二次输出，接至校验仪的“100V”端子，使用

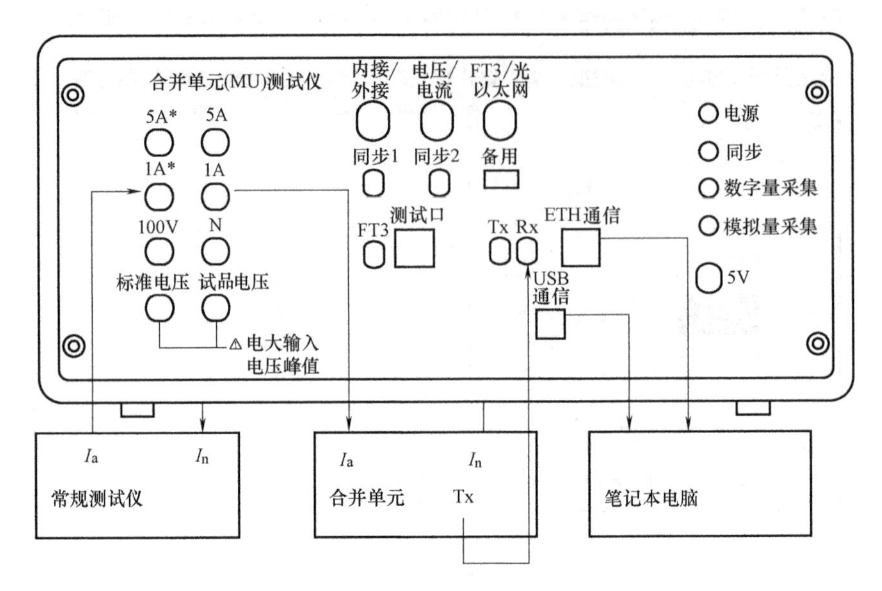

图 6-16　MU 精度测试

了校验仪内置的 V/V 转换器。外接是指模拟信号源已经在校验仪外部转换成了峰值 10V 以内的小电压信号（整个试验过程中需确保峰值在 10V 以内），该信号直接从校验仪的“标准电压”端子接入。

1. 系统参数设置

开始试验前，被测试 MU 类型应选择“IEC61850-9-2 输出式”，该配置选项在程序启动后，会进入灰色显示状态，不允许改变，如图 6-17 所示。

图 6-17　系统参数设置

2. 试验功能选择

时间特性测试，当进行互感器绝对延时测试、额定延时时间测试、报文抖动时间测试时，选择此功能。选择后该按钮将会点亮变绿，时间特性测试的子界面自动弹出；打开“时间特性测试”功能，校验系统为“绝对延时法”测试模式；关闭“时间特性测试”功能，校验系统为“同步法”测试模式。

复合误差测试，当试验需要测试复合误差值时，选择此功能，选择后该按钮将会点亮变绿。复合误差的统计数据将显示在界面上，通过显示结果分析合并单元采样值的正确性。如图 6-18 所示。

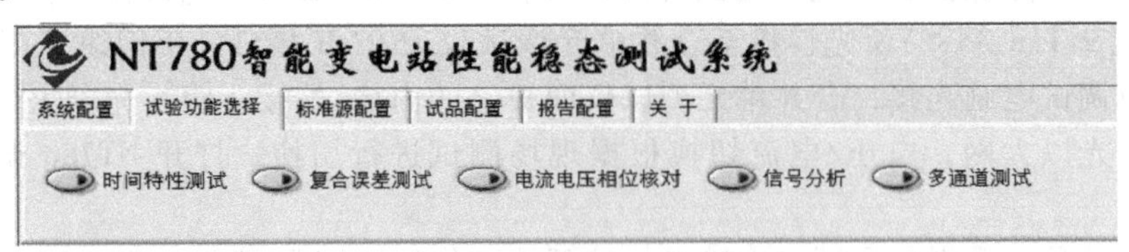

图 6-18　试验功能选择

3. 标准源配置

接线方式选择“内接”，类型选择“电流”，额定一、二次值设置根据间隔 CT 电流比设置，输出显示方式选择“一次值”，如图 6-19 所示。

图 6-19　标准源配置

4. 试品配置

通道号根据 SCD 文件配置，通道配置根据电压/电流类型选择。

配置后，采用常规调试仪分相加电流，根据 SCD 文件变换电流通道，启动测试，通过测试画面可以看到角比差，频差，相位误差，复合误差；根据检验细则要求监视合并单元在零漂、1V/0.1I_n、30V/0.5I_n、U_n/I_n、70V/2I_n/5I_n 及 U_n/I_n 下是否满足规程的精度要求，如图 6-20 所示。

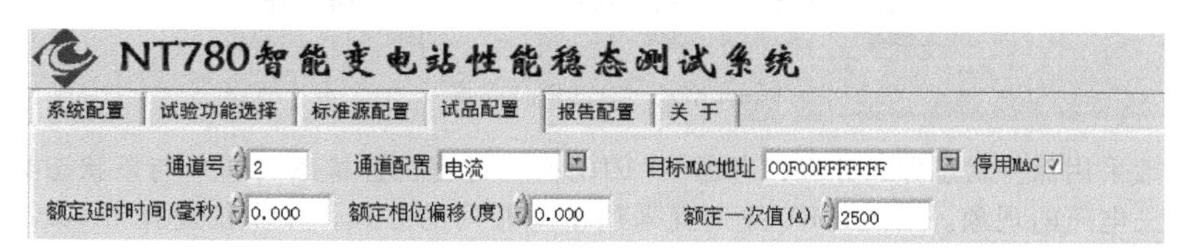

图 6-20　试品配置

6.2.3　守时功能检查

在试验功能中选择时间特性测试，将测试仪 B 码对时（IRIG-B）接入装置对时口，待合并单元输出的 1PPS 信号与测试仪时钟源的 1PPS 同步上（大约 2min），再断开测试仪的授时，通过分析工具对比合并单元输出报文的时标与其他正常合并单元的时标，图 6-20 试验结果表明该合并单元 10min 内满足 4μs 同步精度要求，测试结果如图 6-21 所示。

同步守时测试　起始额定延时时间(ms) 1.3084

	当前	最大守时误差	4us守时误差	10分钟守时误差	同步标变位
时间(分钟)	11.19	11.16		10.00	9.46
守时误差(微秒)	-0.42	-0.42		-0.33	-0.31

图 6-21　守时功能检查

6.2.4　通道延时检测

在试验功能中选择时间特性测试，启动试验，查看通道的延时情况，如图 6-22 所示。

6.2.5　电压并列功能检验

1. 电压并列逻辑

双母线 PT 并列功能在母线合并单元实现。程序对 PT 刀闸位置接点异常造成的状态

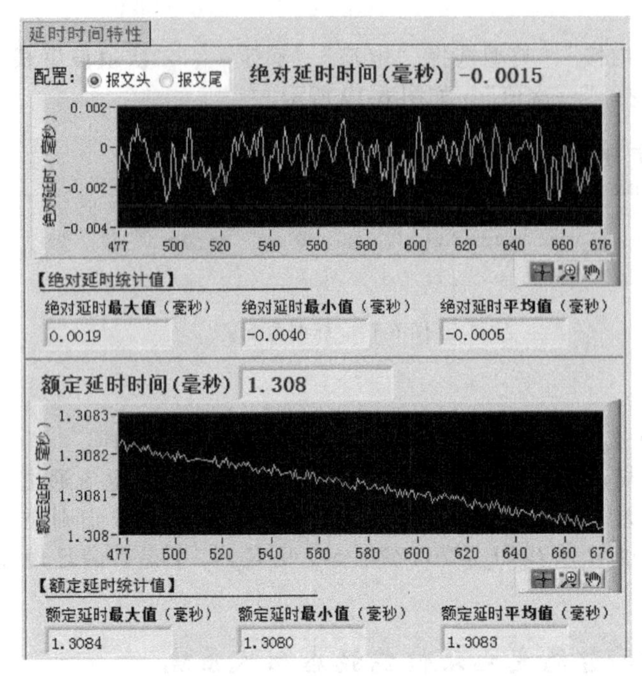

图 6-22 通道延时检测

(00) 一般采用保持状态方式处理，考虑 PT 刀闸操作过程位置状态 (00) 与该状态类似，易造成 PT 失电压的现象。因此，PT 并列宜采用手动并列的方式，母联位置宜由 GOOSE 网传送，220kV 双母线电压推荐并列逻辑（手动方式）。

220kV 双母线电压并列母联位置定义采用母联开关和母联两侧刀闸串联逻辑，分别为母联“有效合位”（对应刀闸及母联的双位置辅助接点为有效合）、母联“有效分位”（对应母联双位置辅助接点为有效分）和母联“非法状态”三种位置定义，若为“非法状态”，则维持原并列状态，GOOSE 输出“母联位置告警”；若初始上电即为该状态，则电压通道无效。

双母 PT 并列逻辑采用手动并列方式，通过“Ⅰ母强制用Ⅱ母”“Ⅱ母强制用Ⅰ母”“不并”三个命令信号和母联位置来判别。当把手处于“不并”状态时，按分母线正常输出；当处于“Ⅰ母强制用Ⅱ母”或“Ⅱ母强制用Ⅰ母”且母联位置在合位时，则依据电压切换把手位置决定电压输出；在电压切换强制把手位置异常时，保持原电压输出，发 PT 并列把手异常告警信号；若母联位置在分位，按母线正常输出；若母联位置异常，保持原电压输出，发母联位置异常告警信号。

逻辑检查测试见表 6-1。

表 6-1 电压并列逻辑检查测试表

序号	状态				并列结果
	Ⅰ母强制用Ⅱ母	Ⅱ母强制用Ⅰ母	不并	分段位置(开关、刀闸串联逻辑)	
1	—	—	—	有效分位	分母线输出
2	1	0	0	有效合位	Ⅱ母输出
3	0	1	0	有效合位	Ⅰ母输出
4	0	0	1	有效合位	分母线输出
5	其他			有效合位	保持原输出
6	—	—	—	非法状态	保持原输出
备注	若初始上电即为非法状态,则电压通道无效				

2. 检验方法

用数字化测试仪将隔刀位置发送给合并单元，同时，常规测试仪加入不同的母线电压模拟量或数字化测试仪输出数字 SV 级联电压，同时监视合并单元输出 SV 是否正确切换，品质位是否正常，以及 GOOSE 信号是否正确。模拟量试验参数如图 6-23 所示，测试仪光口 3 接至合并单元组网口，母联开关刀闸位置配置如图 6-24 所示。测试报文接收类型为 IEC61850-9-2，其通道配置如图 6-25 所示。

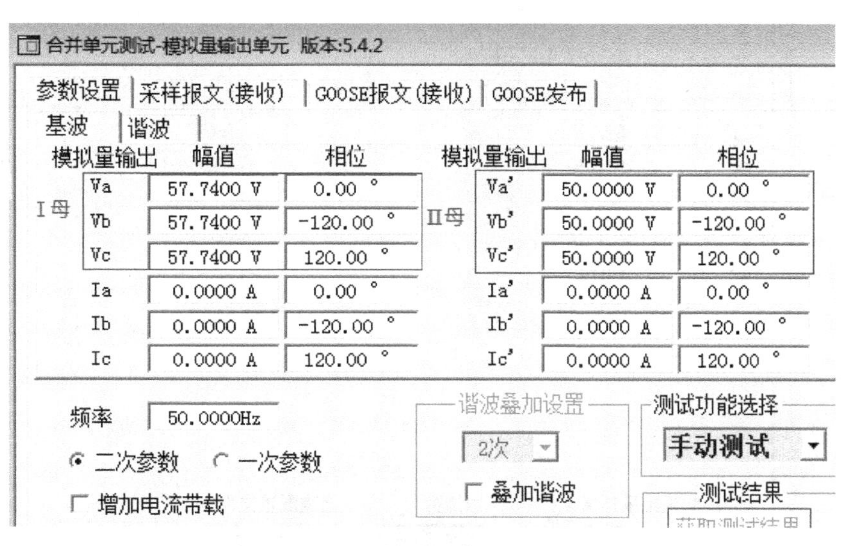

图 6-23　电压模拟量设置

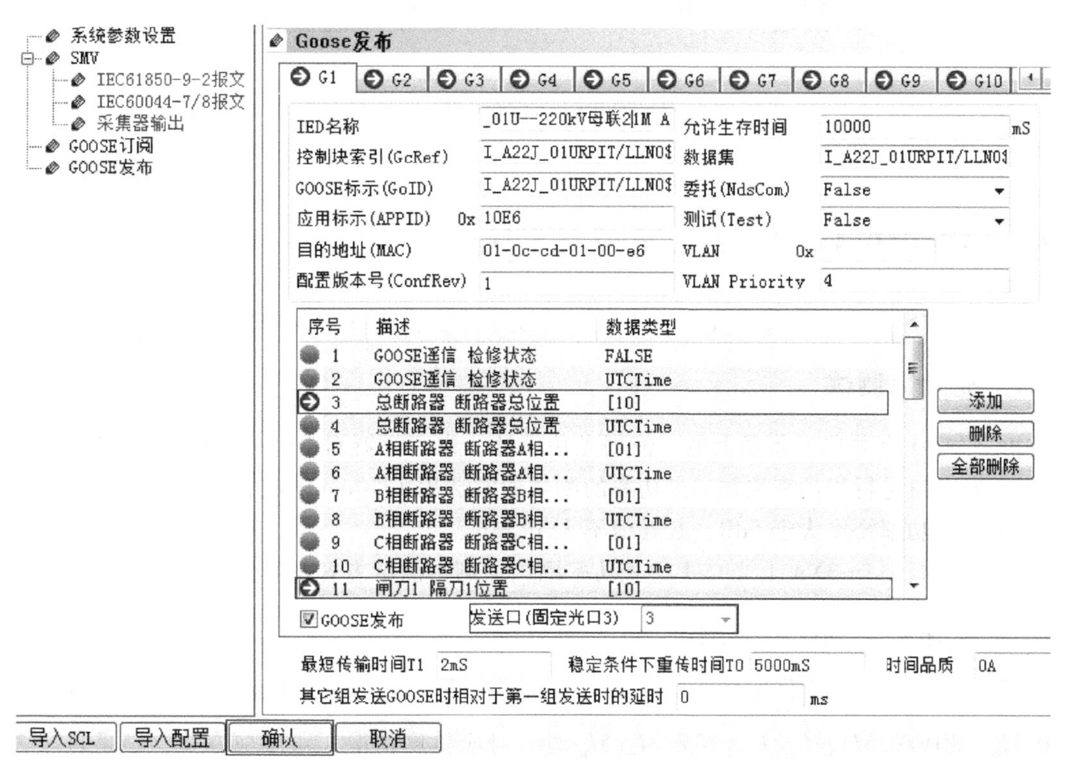

图 6-24　母联开关刀闸位置配置

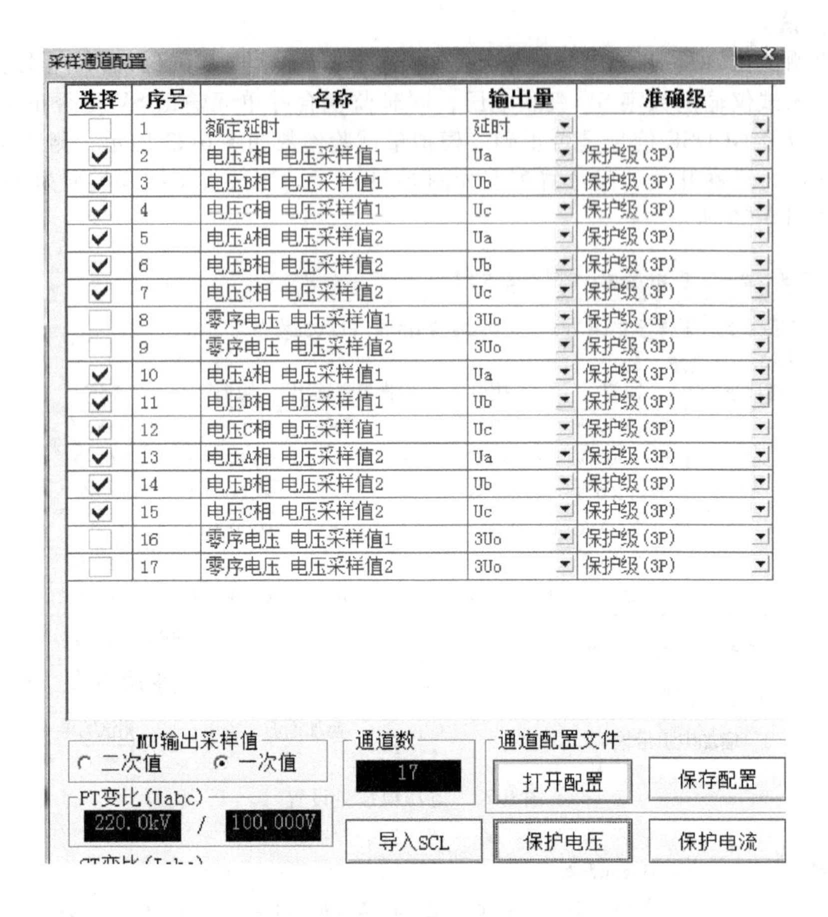

图 6-25　通道配置

6.3　PRS-7393-1 合并单元单体调试

下面以 PRS-7393-1 合并单元应用于 220kV 主变中压侧合并单元为例进行说明。

6.3.1　光功率测试

PRS-7393-1 合并单元装置上电，使用光功率计、光衰耗器对 PRS-7393-1 合并单元装置背板有配置的光口进行光功率测试，光功率的测试通常选用 1310nm 的波长。

要求：光功率裕度大于 5dB，衰耗值不大于 5dB。

以装置背板 1-1n-3XA 上光口 1 的光功率测试为例，测试内容及操作方法同 6.1.1 节。

6.3.2　合并单元 MU 精度测试

合并单元 MU 主要测试项目包括所有通道的精度校验，电流电压通道应检验在 $0U_n/0I_n$、1V/0.1I_n、30V/0.5I_n、U_n/I_n、70V/2I_n/5I_n 时的对应精度情况，角度应在 U_n/I_n 条件下测试电流电压之间 0°、45°、90°的角差精度。要求：①MU 返校显示值与外部表计值的误差绝对值应小于 5%；②液晶测量或计量显示值的基本误差应小于 0.2%，应使用准确度为 0.05 的测试仪器；③MU 返校角度与外部表计值的误差应不小于±3°，具体试验步骤及操作方法见6.1.2节。

6.3.3 守时功能检查

通过分析工具对比合并单元输出报文的时标与其他正常合并单元的时标，通过分析10min内满足4μs同步精度要求；守时功能检查方法同6.1.3节。

6.3.4 通道延时检测

通道延时检测方法同6.1.4节。

6.3.5 电压切换功能检验

1. 电压切换逻辑

间隔合并单元通过级联光纤连接接收母线PT合并单元电压（含双母线电压），同时从GOOSE网络接收本间隔刀闸双位置用于电压自动切换。

首先采用继保测试仪将GOOSE刀闸信号开入进合并单元，同时监视合并单元的刀闸位置灯是否能正确变位。

一般情况下，220kV双母接线的电压切换采取逻辑如下：

当“Ⅰ母隔刀”和“Ⅱ母隔刀”都处在合位状态时，母线电压输出“Ⅰ母电压”，发“刀闸同时动作”信号。

当“Ⅰ母隔刀”和“Ⅱ母隔刀”都处在分位状态时，母线电压输出为“0”，状态有效，发“母线失压”信号。

当只有某母线隔刀合位时，输出该母线电压，若另一母隔刀位置状态错误（即为00或11），则延时发“刀闸位置异常”信号。

当本间隔除了以上情况外的其他状态时，则母线电压输出维持原状态，延时发“刀闸位置异常”信号。

当间隔MU上电后，未收到刀闸位置信息时，则输出的母线电压带“无效”品质标志。

逻辑检查测试见表6-2。

表6-2 220kV主变中压侧合并单元逻辑检查测试表

序号	状态			输出电压
	1G	2G	分段位置（开关、刀闸串联逻辑）	
1	0	0	有效分位	不输出
2	1	0	有效合位	Ⅰ母
3	0	1	有效合位	Ⅱ母

2. 检验方法

用数字化测试仪将隔刀位置发送给合并单元，同时，常规测试仪加入不同的母线电压模拟量或数字化测试仪输出数字SV级联电压，监视合并单元输出SV是否正确切换，品质位是否正常，以及GOOSE信号是否正确。通过PNI302输出IEC61850-9-2报文，配置SV级联电压，如图6-26所示。测试仪光口3接至合并单元组网口，刀闸配置如图6-27所示。测试报文接收类型及其通道配置同精度校验，试验参数如图6-28所示。

图 6-26　IEC61850-9-2 报文配置

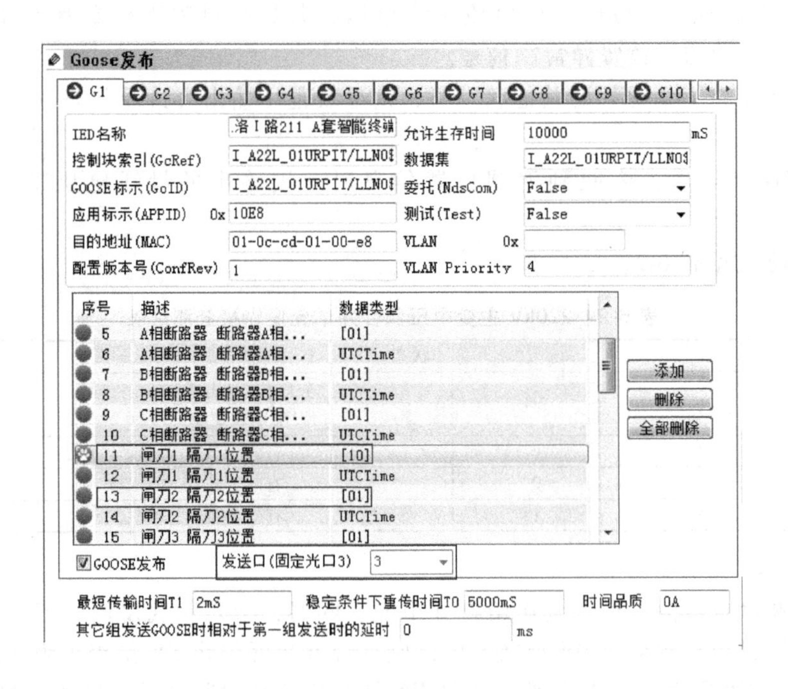

图 6-27　刀闸位置配置

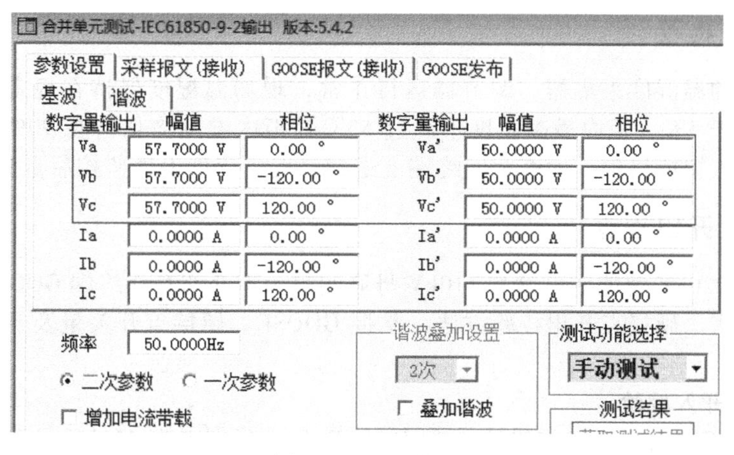

图 6-28　电压设置

6.4　PCS-222 智能终端单体调试

下面以 PCS-222 智能终端应用于 110kV 母联间隔智能终端为例来进行说明。

6.4.1　尾纤及光功率检查

1. 尾纤检查

1）检查现场尾纤标识的正确性，并与设计图样相符。尾纤应标识规范：标签应有四重编号［线芯编号或回路号/连接的本柜装置及端口/光缆编号/光缆去向（对侧装置及端口号）］，例如，GOOSE 光纤采用红色标签标识；SV 光纤采用黄色标签标识；SV 与 GOOSE 共网采用黄色标签标识；同步对时光纤采用蓝色标签标识；MMS 网采用白色标签标识，打印两遍对折粘至相应尾纤上，字迹清晰且不易脱色，不得采用手写。

2）备用尾纤应有三重编号（线芯编号/光缆编号/光缆去向），采用白色标签标识，且备用纤芯均应布至正常使用端口旁。

3）尾纤的连接应完整且预留一定长度，多余的部分应采用弧形缠绕，尾纤在屏内的弯曲内径大于 6cm（光缆的弯曲内径大于 70cm），不出现存在弯折、窝折的现象，并不得承受较大外力的挤压或牵引，严禁采用硬绑扎带直接固定尾纤，尾纤表皮应完好无损。

4）光纤头无裸露，无虚接或未插牢，备用的光纤端口、尾纤应带防尘帽。

2. 光功率检查

利用光功率计对智能终端接口光纤回路进行功率检查，记录智能终端本、对侧的接收、发送功率、灵敏启动功率、光衰耗值，测试光纤回路的衰耗是否正常。波长为 1310nm 和 850nm 光纤回路，（包括光纤熔接盒）的衰耗不应大于 5dB，检查记录见表 6-3。

表 6-3　智能终端光功率检查表

序号	间隔/光口	链路类型	对侧发送功率	本侧接收功率	衰耗计算值	灵敏启动功率	本侧发送功率
1	保护直跳	GOOSE					
2	母差保护直跳	GOOSE					
3	组网	GOOSE					
结论							

注：要求光功率裕度大于 5dB；衰耗值不大于 5dB；光功率单位为 dB；测试内容应包括备用光口的发送功率和备用尾纤的接收功率。

6.4.2 直流量检验

智能控制柜的温湿度采集器、调节器运行正常，现场温湿度保持在规定的范围内，柜内最低温度应不低于5℃，柜内最高温度不超过55℃，柜内湿度应保持在90%以下，采用调试仪模拟电流量输入智能终端，检查智能终端上送的温度、湿度上送监控后台应正确。

6.4.3 开入及开出检查

本部分以某220kV智能变电站的110kV母联间隔为例介绍智能终端GOOSE开入、GOOSE开出、硬接点开入、硬接点开出校验方法，掌握GOOSE、硬接点开关量及开入量动作电压的校验方法。

1. GOOSE开入校验

从图6-29中可以看出，智能终端A的GOOSE开入分别来自110kV母联开关保护、母线保护、主变保护及线路测控。单击相应GOOSE开入的连线，可以看到装置之间虚端子联系图，智能终端A接收测控发送的GOOSE开出，实现对断路器、刀闸的控制，同时接收母联开关保护、主变保护的跳闸，以及母线保护的跳闸出口等。

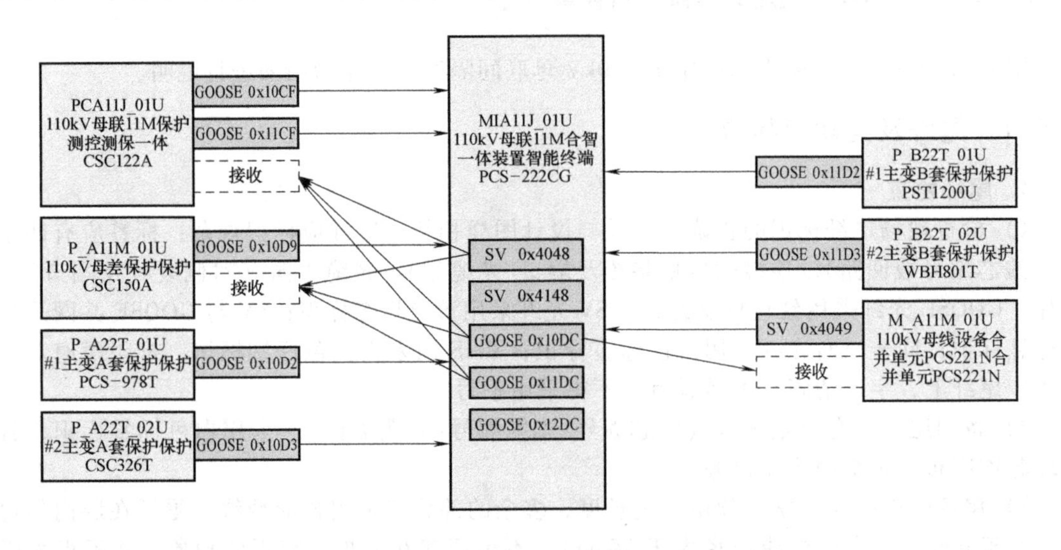

图6-29 110kV母联智能终端虚端子联系图

进行GOOSE开入校验时，利用数字化继电保护测试仪的GOOSE发布功能，模拟智能终端GOOSE开入的发布设备，按照虚端子联系表向智能终端逐一发布GOOSE开入，测试智能终端对应硬接点开出来判断GOOSE开入的正确性。采用此方法进行GOOSE开入校验时，同时也进行了相应硬接点的开出校验。

GOOSE开入校验原理及接线如图6-30所示，以利用数字化测试仪模拟110kV母联保测一体CSC122A装置的跳闸GOOSE开出为例，配置完成的数字化测试仪界面如图6-31所示。并将智能终端的跳闸硬接点开出引入测试仪硬接点开入A，监视其变位情况。开始试验后，按照图6-32打开“GOOSE数据发送”选项卡，单击开始试验，测试仪发送跳闸GOOSE报文，智能终端面板跳闸灯点亮，测试仪硬接点开入A动作，从而验证了110kV母联保测一体CSC122A装置出口至智能终端跳闸GOOSE开入及智能终端跳闸出口硬接点开出的正确性。

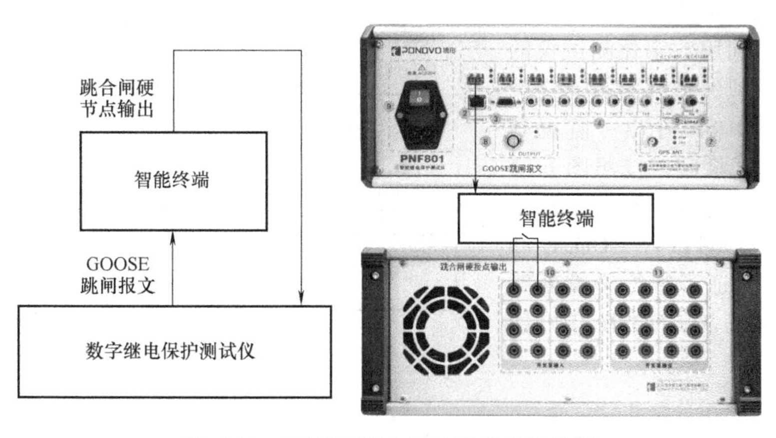

图 6-30　GOOSE 开入校验原理及接线图

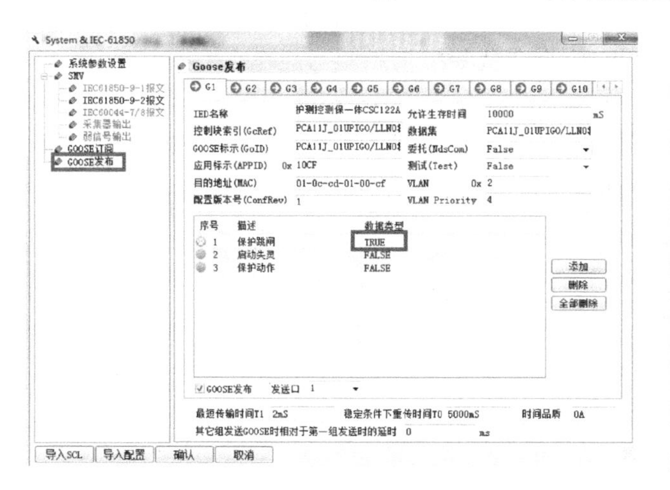

图 6-31　GOOSE 开入校验配置图

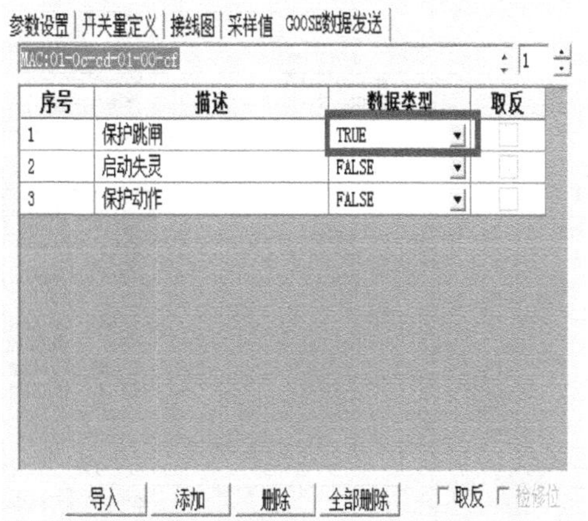

图 6-32　GOOSE 开入校验测试图

利用同样的方法，根据图 6-29 所示的 110kV 母联智能终端虚端子联系图，逐一检查智能终端所有 GOOSE 开入及硬接点开出，见表 6-4。

表 6-4　智能终端 GOOSE 开入校验结果

序号	对侧装置	虚端子定义	内部虚端子	外部虚端子	检验结果
1	保护	跳闸	PRIT/GOINGGIO1. SPCS03. stVal	PCA11J_01U. PIGO/goPTRC2. Tr. general	
2	母差保护	母差保护跳闸	PRIT/GOINGGIO1. SPCS04. stVal	P_A11M_01U. PIGO/goPTRC2. Tr. general	
…	…	…	…	…	

注：应根据现场实际配置图填写“内部虚端子”“外部虚端子”，检查所有 GOOSE 开入量，同时配合硬接点开出试验一起检查。

2. GOOSE 开出校验

进行 GOOSE 开出校验时，根据设计图样通过数字化测试仪 GOOSE 订阅功能向智能终端逐一输出相应的硬接点分、合信号，模拟智能终端 GOOSE 开出的订阅设备，按照虚端子联系表逐一校验测试仪的 GOOSE 开入。GOOSE 开出测试时，可以同时进行相应硬接点开入检查。

GOOSE 开出校验原理及接线如图 6-33 所示，以模拟 110kV 母联智能终端的断路器位置硬接点开入为例，配置好数字化测试仪如图 6-34 所示，利用数字化测试仪的 GOOSE 开入 1 模拟保护订阅智能终端的断路器位置 GOOSE 开出，监视其变位情况。开始试验后，按照图 6-35 单击开始试验，智能终端面板断路器位置指示灯点亮，测试仪 GOOSE 开入 1 动作，从而验证了智能终端断路器位置硬接点开入及 GOOSE 开出的正确性。

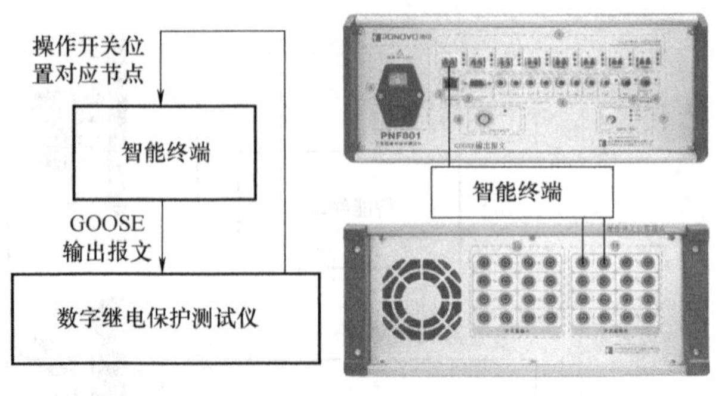

图 6-33 GOOSE 开出校验原理及接线图

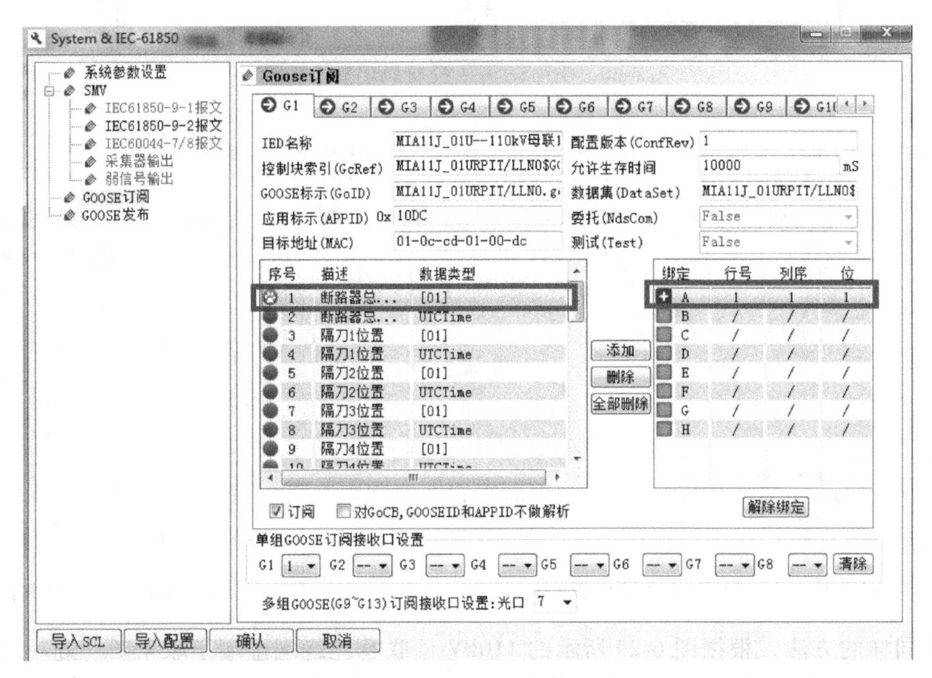

图 6-34 GOOSE 开出校验配置图

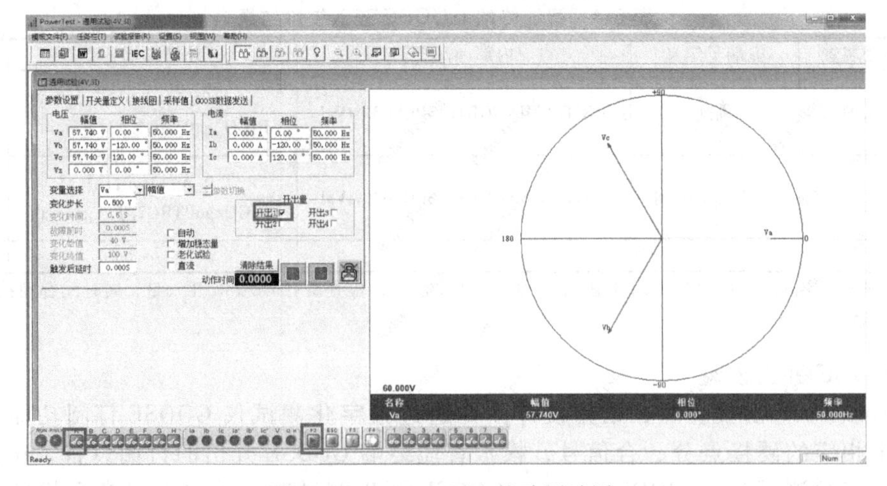

图 6-35 GOOSE 开入校验测试图

根据图 6-29 所示的 110kV 母联智能终端虚端子联系图，利用同样的方法，逐一校验智能终端所有 GOOSE 开出及硬接点的对应正确性，见表 6-5。

表 6-5　智能终端 GOOSE 开出校验结果

序号	对应装置	虚端子定义	测试端子	内部虚端子	检查结果
1	母差	开关合位	1-4Q1D1—1-4Q1D3	P_A11M_01U. PIGO/GOINGGIO1. DPCS01. stVal	
2	110kV 母设合并单元	刀闸 1	1-4Q1D1—1-4Q1D5	M_A11M_01U. PIGO/GOINGGIO1. DPCS02. stVal	
3		刀闸 2	1-4Q1D1—1-4Q1D6	M_A11M_01U. PIGO/GOINGGIO1. DPCS03. stVal	

注：应根据现场实际配置，检查所有 GOOSE 开出量。硬接点转换而成的信号应从源头模拟，智能终端软件内部生成的信号可使用厂家联机软件强制模拟，可以配合硬接点开入一起检查；包括失电告警、同步告警等异常告警信号测试。

3. 硬接点开出校验

在校验智能终端所有 GOOSE 开入时，可以同时进行相应的硬接点开出检查。根据图 6-29 所示的 110kV 母联智能终端虚端子联系图，通过数字化测试仪向智能终端发布 GOOSE 开入，测试智能终端对应硬接点开出来校验 GOOSE 开入的正确性，校验结果见表 6-6。

表 6-6　硬接点开出校验结果

序号	开出量名称	回路号	测试端子	检查结果
1	保护跳闸	133	1-4Q1D10—1-4C1D5	
…	…	…	…	…

注：应根据现场实际接线，检查所有硬接点开出量。

6.4.4　控制试验（远方控制命令及动作时间）

1. 动作时间测试

按照检验规程规定，智能终端在接收 GOOSE 跳合命令后 7ms 内可靠动作，其测试原理如图 6-36 所示。利用数字化测试仪分别发送一组 GOOSE 跳、合闸命令，接收智能终端的跳、合闸硬接点开入信息，并记录报文发送与硬接点开入的时间差。

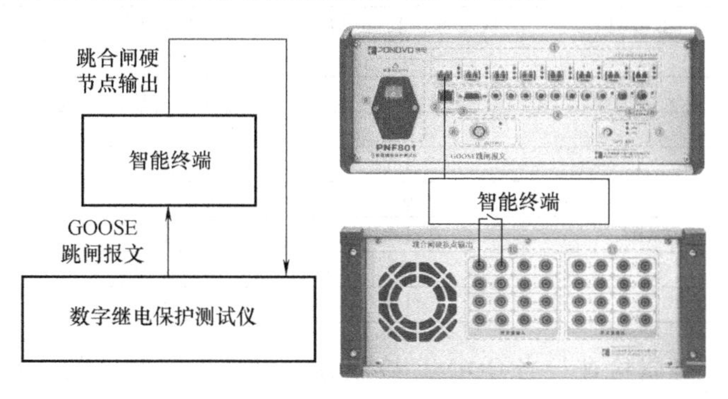

图 6-36　智能终端动作时间测试原理

2. 整组传动

在光纤链路及装置配置正确的条件下，利用数字化测试仪向智能终端发送 GOOSE 跳闸报文，进行智能终端压力闭锁回路及跳合闸出口压板检查，校验闭锁功能、出口硬压板二次回路及开关整组传动结果的正确性，确保智能终端的相关回路和功能满足运行要求。通过短接压力闭锁硬接点开入，验证合闸（含重合闸）、跳闸回路动作逻辑；逐一投退分相跳闸出口压板或重合闸出口压板，验证跳、合闸二次回路正确性。

6.4.5 回路逻辑功能检查

1. GOOSE 异常逻辑检查

GOOSE 检修和断链是智能变电站的特有逻辑，其正确性将影响二次设备的稳定运行，因此必须对其逻辑进行检查。

（1）GOOSE 检修逻辑检查　GOOSE 检修逻辑主要是检查智能终端发出的 GOOSE 报文“TEST”品质位状态与检修压板状态一致性。测试时，投入或退出智能终端检修压板，利用数字化测试仪订阅智能终端 GOOSE 报文中“TEST”品质位变化为 1 或 0 且带时标，并结合装置的逻辑检查验证检修机制，检查结果见表 6-7。

表 6-7　GOOSE 检修逻辑检查结果

对侧装置			本装置检修位	
			0	1
装置名称	GOOSE 类型	检修位	装置逻辑检查结果	装置逻辑检查结果
测控	暂态开入量	0	正常	清零
		1	清零	正常
保护	暂态开入量	0	正常	清零
		1	清零	正常
母差	暂态开入量	0	正常	清零
		1	清零	正常

注：稳态开入量包括开关、刀闸等位置信号，暂态开入量包括闭重、失灵、跳闸等信号；GOOSE 检修状态不一致时，开关、刀闸、合后位置等稳态开入量保持上一态，闭锁重合、启动失灵等暂态开入量清零，保护不应误动作且告警灯亮，发送正确告警信号至监控后台。

此外，在变电站调试验收阶段，光纤链路及装置配置正确的条件下，通过实际投退线路保护、合并单元、智能终端的检修压板，并在汇控柜加故障模拟量，查看线路保护、智能终端以及开关实际动作情况，来校验线路间隔的检修机制。表 6-8 为某条 220kV 线路检修机制的正确校验结果，其中“1”表示检修压板投入，“0”表示检修压板退出。

表 6-8　某条 220kV 线路间隔对应的保护、合并单元、智能终端检修机制检查表

合并单元检修	智能终端检修	线路保护装置检修	保护装置动作情况	开关动作情况
0	0	0	动作	动作
0	0	1	闭锁保护	不动作
0	1	0	动作	不动作
0	1	1	闭锁保护	不动作
1	0	0	闭锁保护	不动作
1	0	1	动作	不动作
1	1	0	闭锁保护	不动作
1	1	1	动作	动作

（2）GOOSE 断链逻辑检查　当 GOOSE 接收方在允许生存时间的 2 倍时间内没有收到下一帧 GOOSE 报文即判断为中断，此时该链路将出现 GOOSE 断链。测试时，应通过验证与智能终端有虚端子连接的装置逻辑，才能验证 GOOSE 断链逻辑的正确性，检查结果见表 6-9。

表 6-9　GOOSE 断链逻辑检查结果

对侧装置	GOOSE 类型	装置逻辑检查结果
保护 A	暂态开入量	清零
母差	暂态开入量	清零
测控	暂态开入量	清零

注：稳态开入量包括开关、刀闸等位置信号，暂态开入量包括闭重、失灵、跳闸等信号；GOOSE 断链时，开关、刀闸、合后位置等稳态开入量保持上一态，闭锁重合、启动失灵等暂态开入量清零，保护不应误动作且告警灯亮，发送正确告警信号至监控后台。

2. 整体性检查

整体性检查包括智能终端GOOSE断链信息检查和GOOSE通信检查，并校验GOOSE异常及恢复情况下，监控后台，装置、保护显示情况。检验规程要求GOOSE链路异常报警和恢复时间均小于15s，LED断链灯显示正常，在装置与GOOSE网络通信恢复正常后，能够正确发送和接收数据。在光纤链路及装置配置正确的条件下，可以通过拔出或恢复GOOSE端口接收光纤，观察合并单元、保护装置、监控后台相关显示情况，详见表6-10。

表6-10 整体性检查结果

序号	测试项目	装置显示情况检查	相关装置显示情况检查	综自后台显示情况检查
1	拔出GOOSE端口1接收口光纤	正确	正确	正确
2	恢复GOOSE端口1接收口光纤	正确	正确	正确
3	拔出GOOSE端口2接收口光纤	正确	正确	正确
4	恢复GOOSE端口2接收口光纤	正确	正确	正确

注：可结合执行和恢复安措一并进行；应根据现场装置实际配置，检查所有光纤GOOSE断链信息。

6.5 PSIU-601智能终端单体调试

下面以PSIU-601智能终端应用于220kV线路间隔智能终端为例进行说明。

6.5.1 尾纤及光功率检查

尾纤及光功率检查方法及要求同6.4.1节，检查结果见表6-11。

表6-11 智能终端光功率检查表

序号	间隔/光口	链路类型	对侧发送功率	本侧接收功率	衰耗计算值	灵敏启动功率	本侧发送功率
1	线路保护1直跳	GOOSE					
2	母差保护1直跳	GOOSE					
3	组网	GOOSE					
结论							

6.5.2 直流量检验

方法及要求同6.4.2节。

6.5.3 开入及开出检查

1. GOOSE开入校验

从图6-37中可以看出，智能终端A的GOOSE开入分别来自线路保护A、母线保护A及线路测控。单击相应GOOSE开入的连线，可以看到装置之间虚端子联系图，智能终端A接收测控发送的GOOSE开出，实现对断路器、刀闸的控制，同时接收线路保护A的跳闸、重合闸及闭锁重合闸出口，以及母线保护A的跳闸出口等。

试验配置、方法同6.4.3节的1，检查结果见表6-12。

2. GOOSE开出校验

GOOSE开出校验原理、接线、配置及测试方法同6.4.3节的2，根据图6-37所示的220kV泉洛Ⅰ路智能终端虚端子联系图，逐一校验智能终端所有GOOSE开出及硬接点开入，见表6-13。

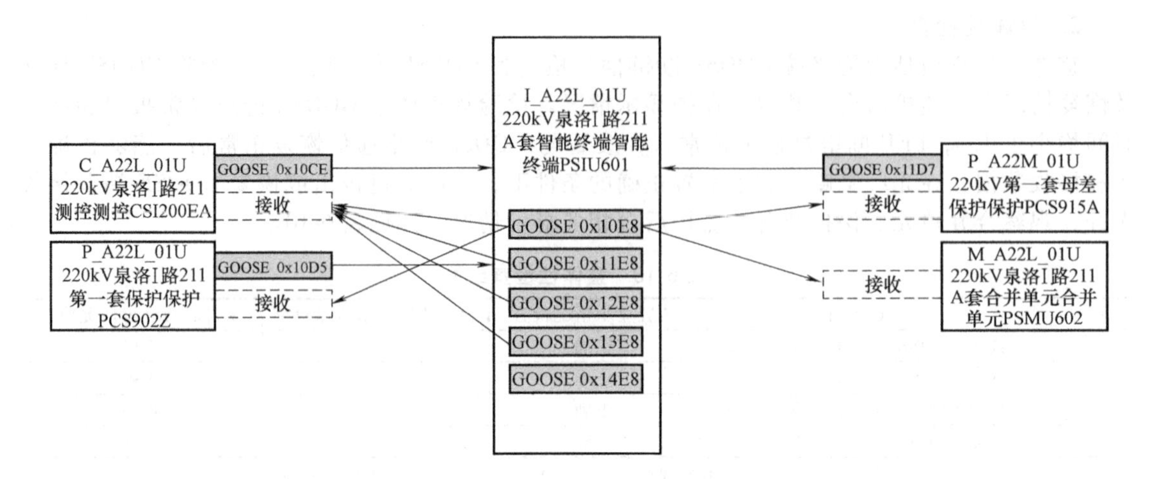

图 6-37　220kV 泉洛 I 路智能终端虚端子联系图

表 6-12　GOOSE 开入校验结果

序号	对侧装置	虚端子定义	内部虚端子	外部虚端子	检验结果
1	220kV 线路泉洛 I 路 A 套保护	A 跳 1	PRIT/GOINGGIO1. SPCS01. stVal	P_A22L_01U. PIGO/PTRC3. Tr. phsA	
2		B 跳 1	PRIT/GOINGGIO1. SPCS06. stVal	P_A22L_01U. PIGO/PTRC3. Tr. phsB	
3		C 跳 1	PRIT/GOINGGIO1. SPCS011. stVal	P_A22L_01U. PIGO/PTRC3. Tr. phsC	
4		闭重 1	PRIT/GOINGGIO1. SPCS016. stVal	P_A22L_01U. PIGO/PTRC3. BlkRecST. stVal	
5		重合 1	PRIT/GOINGGIO1. SPCS031. stVal	P_A22L_01U. PIGO/PREC1. OP. Tr. general	
6	220kV 母差保护	母差保护跳闸	PRIT/GOINGGIO1. SPCS021. stVal	P_A22M_01U. PIGO/PREC15. Tr. general	
…	…	…	…	…	

注：应根据现场实际填写“内部虚端子”“外部虚端子”，检查所有 GOOSE 开入量，同时配合硬接点开出试验一起检查。

表 6-13　GOOSE 开出校验结果

序号	对应装置	虚端子定义	测试端子	内部虚端子	检查结果
1	220kV 线路泉洛 I 路 A 套保护	开关 A 相合位	1-4Q2D1～1-4Q2D3	C_A22L_01U. PIGO/GOINGGIO1. DPCS02. stVal	
2		开关 A 相合位	1-4Q2D1～1-4Q2D4	P_A22L_01U. PIGO/GOINGGIO1. DPCS01. stVal	
3		开关 B 相合位	1-4Q2D1～1-4Q2D5	C_A22L_01U. PIGO/GOINGGIO1. DPCS03. stVal	
4		开关 B 相合位	1-4Q2D1～1-4Q2D6	P_A22L_01U. PIGO/GOINGGIO1. DPCS02. stVal	
…		…	…	…	…
1	母差 A	刀闸 1	1-4Q2D1～1-4Q2D10	P_A22M_01U. PIGO/GOINGGIO5. DPCS06. stVal	
2		刀闸 2	1-4Q2D1～1-4Q2D12	P_A22M_01U. PIGO/GOINGGIO5. DPCS07. stVal	

（续）

序号	对应装置	虚端子定义	测试端子	内部虚端子	检查结果
3	220kV 线路泉洛Ⅰ路 A 合并单元	刀闸 1	1-4Q2D1~1-4Q2D10	M_A22L_01U. PIGO/GOINGGIO1. DPCS01. stVal	
4		刀闸 2	1-4Q2D1~1-4Q2D12	M_A22L_01U. PIGO/GOINGGIO1. DPCS02. stVal	
…		…	…	…	…

3. 硬接点开出校验

在校验智能终端所有 GOOSE 开入时，可以同时进行相应的硬接点开出检查。接线、配置及测试方法同 6.4.3 节的“3. 硬接点开出校验”，校验结果见表 6-14。

表 6-14　硬接点开出校验结果

序号	开出量名称	回路号	测试端子	检查结果
1	保护 A 相跳闸	133A	1-4Q1D18—1-4C1D7	
2	保护 B 相跳闸	133B	1-4Q1D20—1-4C1D9	
3	保护 C 相跳闸	133C	1-4Q1D22—1-4C1D11	
…	…	…	…	…

6.5.4　控制试验（远方控制命令及动作时间）

1. 动作时间测试

试验接线、配置、方法同 6.4.4 节的“1. 动作时间测试”。

2. 整组传动

试验方法、要求同 6.4.4 节的“2. 整组传动”。

6.5.5　回路逻辑功能检查

1. GOOSE 异常逻辑检查

（1）GOOSE 检修逻辑检查　试验方法、要求及检查结果同 6.4.5 节的“1. GOOSE 异常逻辑检查”中的“（1）GOOSE 检修逻辑检查”，校验结果见表 6-15。

表 6-15　GOOSE 检修逻辑检查结果

对侧装置			本装置检修位	
			0	1
装置名称	GOOSE 类型	检修位	装置逻辑检查结果	装置逻辑检查结果
测控	暂态开入量	0	正常	清零
		1	清零	正常
保护	暂态开入量	0	正常	清零
		1	清零	正常
母差	暂态开入量	0	正常	清零
		1	清零	正常

（2）GOOSE 断链逻辑检查　试验方法、要求及检查结果同 6.4.5 节的“1. GOOSE 异常逻辑检查”中的“（2）GOOSE 断链逻辑检查”。

2. 整体性检查

试验方法、要求及检查结果同 6.4.5 节的“2. 整体性检查”

6.6 PRS-7789智能终端单体调试

下面以PRS-7789智能终端应用于#1主变中压侧智能终端为例进行说明。

6.6.1 尾纤及光功率检查

尾纤及光功率检查方法及要求同6.4.1节，检查结果见表6-16。

表6-16 智能终端光功率检查表

序号	间隔/光口	链路类型	对侧发送功率	本侧接收功率	衰耗计算值	灵敏启动功率	本侧发送功率
1	#1主变保护A直跳	GOOSE					
2	#2主变中压侧合并单元A组网	GOOSE					
3	110kV母差保护直跳	GOOSE					
…	…	…	…	…	…	…	…
结论							

6.6.2 直流量检验

方法及要求同6.4.2节。

6.6.3 开入及开出检查

1. GOOSE开入校验

从图6-38中可以看出，智能终端A的GOOSE开入分别来自#1主变保护、母线保护A及线路测控。单击相应GOOSE开入的连线，可以看到装置之间虚端子联系图，智能终端A接收

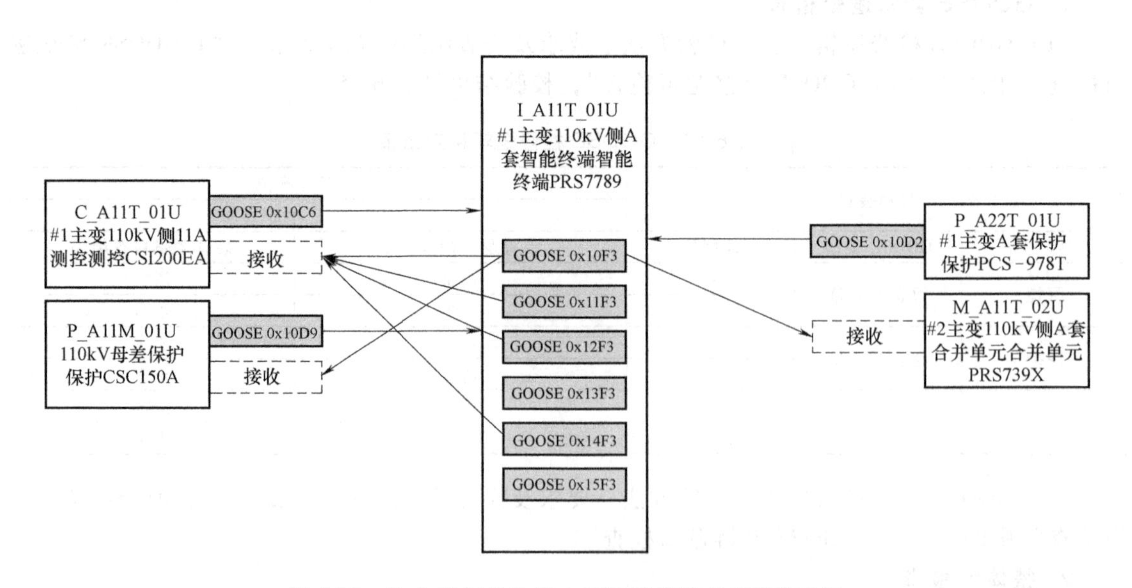

图6-38 #1主变110kV侧A套智能终端虚端子联系图

测控发送的GOOSE开出，实现对断路器、刀闸的控制，同时接收#1主变跳闸出口，以及母线保护A的跳闸出口等。

试验配置、方法同6.4.3节的“1. GOOSE开入校验”，检查结果见表6-17。

表6-17 GOOSE开入校验结果

序号	对侧装置	虚端子定义	内部虚端子	外部虚端子	装置检验结果
1	#1主变保护A	跳中压侧断路器	TEMPLATERPIT/GOINGGIO1. SPCS01. stVal	PIGO/PTRC7. Tr. general	正确
2	#1主变保护B	跳中压侧断路器	TEMPLATERPIT/GOINGGIO1. SPCS04. stVal	PIGO/MPTRC1. Tr. general	正确
3	110kV母差保护	母差保护跳闸	TEMPLATERPIT/GOINGGIO1. SPCS07. stVal	PIGO/goPTRC7. Tr. general	正确
…	…	…	…	…	…

注：应根据现场实际填写“内部虚端子”“外部虚端子”，检查所有GOOSE开入量，同时配合硬接点开出试验一起检查。

2. GOOSE开出校验

GOOSE开出校验原理、接线、配置及测试方法同6.4.3节的“2. GOOSE开出校验”。根据图6-38所示的#1主变110kV侧A套智能终端虚端子联系图，逐一校验智能终端所有GOOSE开出及硬接点开入，见表6-18。

表6-18 GOOSE开出校验结果

序号	对应装置	虚端子定义	测试端子	内部虚端子	检查结果
1	#1主变中压侧测控装置	断路器位置	1-4Q1D1—1-4Q1D28	TEMPLATERPIT/QXCBR1. Pos. stVal	正确
2		刀闸1位置	1-4Q1D1—1-4Q1D32	TEMPLATERPIT/QG1XSWI1. Pos. stVal	正确
3		刀闸2位置	1-4Q1D1—1-4Q1D34	TEMPLATERPIT/QG2XSWI1. Pos. stVal	正确
4		刀闸3位置	1-4Q1D1—1-4Q1D36	TEMPLATERPIT/QG3XSWI1. Pos. stVal	正确
…		…	…	…	…

注：应根据现场实际配置，检查所有GOOSE开出量。硬接点转换而成的信号应从源头模拟，智能终端软件内部生成的信号可使用厂家联机软件强制模拟，可以配合硬接点开入一起检查；包括失电告警、同步告警等异常告警信号测试。

3. 硬接点开出校验

在校验智能终端所有GOOSE开入时，可以同时进行相应的硬接点开出检查。接线、配置及测试方法同6.4.3节的“3. 硬接点开出校验”，校验结果见表6-19。

表6-19 硬接点开出校验结果

序号	开出量名称	回路号	测试端子	检查结果
1	保护跳闸	137	1-4C1D1—1-4C1D20	正确
2	刀闸1遥分	—	1-4C3D6A—1-4C3D7	正确
3	刀闸1遥合	—	1-4C3D6A—1-4C3D8	正确
…	…	…	…	…

注：应根据现场实际接线，检查所有硬接点开出量。

6.6.4 控制试验（远方控制命令及动作时间）

1. 动作时间测试

试验接线、配置、方法同6.4.4节的“1. 动作时间测试”。

2. 整组传动

试验方法、要求同6.4.4节的“2. 整组传动”。

6.6.5 回路逻辑功能检查

1. GOOSE 异常逻辑检查

（1）GOOSE 检修逻辑检查　试验方法、要求及检查结果同 6.4.5 节的“1. GOOSE 异常逻辑检查”中的“（1）GOOSE 检修逻辑检查”，校验结果见表 6-20。

表 6-20　GOOSE 检修逻辑检查结果

对侧装置			本装置检修位	
			0	1
装置名称	GOOSE 类型	检修位	装置逻辑检查结果	装置逻辑检查结果
测控	暂态开入量	0	正常	清零
		1	清零	正常

（2）GOOSE 断链逻辑检查　试验方法、要求及检查结果同 6.4.5 节的“1. GOOSE 检修逻辑检查”中的“（2）GOOSE 断链逻辑检查”，校验结果见表 6-21。

表 6-21　GOOSE 断链逻辑检查结果

对侧装置	GOOSE 类型	装置逻辑检查结果
#1 主变保护 A	暂态开入量	清零
#1 主变保护 B	暂态开入量	清零
测控	暂态开入量	清零

2. 整体性检查

试验方法、要求及检查结果同 6.4.5 节的“2. 整体性检查”。

6.7 SDL-9001 故障录波及网络分析装置单体调试

下面以 SDL-9001 故障录波及网络分析装置为例进行说明。

6.7.1 外观及光功率检查

1. 外观检查

1）装置应固定良好，无明显变形及损坏现象，各部件安装端正牢固。

2）切换开关、按钮、键盘等应操作灵活、手感良好，装置液晶显示对比度合理。

3）各插件插、拔灵活，各插件和插座之间定位良好，插入深度合适。

4）各插件上的元器件的外观质量、焊接质量应良好，所有芯片应插紧，型号正确，芯片放置位置正确。

5）插件印制电路板应没有损伤或变形，连线是否良好。

6）各插件上变换器、继电器应固定良好，没有松动。

7）检查装置内、外部是否清洁无积尘，各部件应清洁良好，面板标识清晰。

2. 尾纤检查

1）检查现场尾纤标识的正确性，并与设计图样相符。尾纤的标识规范：标签应有四重编号（线芯编号或回路号/连接的本柜装置及端口/光缆编号/光缆去向（对侧装置及端口号），如 GOOSE 光纤采用红色标签标识；SV 光纤采用黄色标签标识；SV 与 GOOSE 共网采用黄色标签标识；同步对时光纤采用蓝色标签标识；MMS 网采用白色标签标识，打印两遍对折粘至相应尾纤，字迹清晰且不易脱色，不得采用手写。

2）备用尾纤应有三重编号（线芯编号，光缆编号/光缆去向），采用白色标签标识，且备用纤芯均应布至正常使用端口旁。

3）尾纤的连接应完整且预留一定长度，多余的部分应采用弧形缠绕，尾纤在屏内的弯曲内径大于 6cm（光缆的弯曲内径大于 70cm），不出现存在弯折、窝折的现象，并不得承受较大外力的挤压或牵引，严禁采用硬绑扎带直接固定尾纤，尾纤表皮应完好无损。

4）光纤头无裸露，无虚接或未插牢，备用的光纤端口、尾纤应带防尘帽。

3. 装置逆变电源、上电检查

1）直流电源缓慢升至80%U_e，装置自启动正常，无异常信号；80%U_e拉合直流电源，装置无异常信号。

2）装置通电后，运行灯亮，无其他告警。

4. 光功率检查

利用光功率计对录波装置接口光纤回路进行功率检查，记录录波装置本、对侧的接收、发送功率、灵敏启动功率、光衰耗值，测试光纤回路的衰耗是否正常。波长为1310nm和850nm光纤回路，（包括光纤熔接盒）的衰耗不应大于5dB。方法、配置及要求同6.4.1节。

6.7.2 定值整定说明

按定值单要求输入定值：在“参数设置”中配置各网口；定义模拟量和开关量的最大通道数；输入线路参数及启动定值。

按照定值单要求，分别输入对应通道定值。

1. 模拟量录波定值整定说明（见表6-22）

表6-22 模拟量录波定值整定说明

序号	模拟量	PT或CT一次变比值	启动量	启动量是否屏蔽	整定范围及步长	厂家参考值	说明
1	相电压		上限启动	屏蔽/不屏蔽	0~120V,0.01V	115%U_n	
			下限启动	屏蔽/不屏蔽	0~120V,0.01V	90%U_n	★
			突变启动	屏蔽/不屏蔽	0~120V,0.01V	10%U_n	★
			非周期量启动	屏蔽/不屏蔽	0~120V,0.01V	10%U_n	
			二次谐波上限启动	屏蔽/不屏蔽	0~120V,0.01V	20%U_n	
			三次谐波上限启动	屏蔽/不屏蔽	0~120V,0.01V	20%U_n	
			五次谐波上限启动	屏蔽/不屏蔽	0~120V,0.01V	20%U_n	
			七次谐波上限启动	屏蔽/不屏蔽	0~120V,0.01V	20%U_n	
2	电压$3U_0$		上限启动	屏蔽/不屏蔽	0~180V,0.01V	10%U_n	★
			下限启动	屏蔽	0~180V,0.01V	屏蔽	
			突变启动	屏蔽/不屏蔽	0~180V,0.01V	10%U_n	★
			非周期量启动	屏蔽/不屏蔽	0~180V,0.01V	10%U_n	
			二次谐波上限启动	屏蔽/不屏蔽	0~180V,0.01V	20%U_n	
			三次谐波上限启动	屏蔽/不屏蔽	0~180V,0.01V	20%U_n	
			五次谐波上限启动	屏蔽/不屏蔽	0~180V,0.01V	20%U_n	
			七次谐波上限启动	屏蔽/不屏蔽	0~180V,0.01V	20%U_n	
3	相电流、电流$3I_0$或中性点电流		上限启动	屏蔽/不屏蔽	0~20I_n,0.01A	110%I_n	★
			突变启动	屏蔽/不屏蔽	0~20I_n,0.01A	10%I_n	★
			电流变差	屏蔽/不屏蔽	0~100%,0.1%	20%	@
			非周期量启动	屏蔽/不屏蔽	0~20I_n,0.01A	10%I_n	
			二次谐波上限启动	屏蔽/不屏蔽	0~20I_n,0.01A	20%I_n	
			三次谐波上限启动	屏蔽/不屏蔽	0~20I_n,0.01A	20%I_n	
			五次谐波上限启动	屏蔽/不屏蔽	0~20I_n,0.01A	20%I_n	
			七次谐波上限启动	屏蔽/不屏蔽	0~20I_n,0.01A	20%I_n	
4	直流量(如高频通道)		上限启动	屏蔽/不屏蔽	按实际量程		
			下限启动	屏蔽/不屏蔽	按实际量程		
			突变启动	屏蔽/不屏蔽	按实际量程		

注：标★的为必选值，其他为可选值；表内U_n指二次额定相电压（57.7V），I_n指二次额定电流（5A或1A）；对于由合并单元采集的电压/电流通道，可按照合适的比例折算到相应的二次额定值再进行配置；直流通道的定值，按照额定值的绝对值进行配置；@表示躲过负荷电流变化比，按百分数设置。

2. 组设置（序分量启动）整定说明（见表 6-23）

表 6-23 组设置（序分量启动）整定说明

序号	名称	启动量	启动量是否屏蔽	整定范围及步长	厂家参考值	说明
1	电压	正序上限启动	屏蔽/不屏蔽	0~120V,0.01V	115%U_n	
		正序下限启动	屏蔽/不屏蔽	0~120V,0.01V	90%U_n	
		正序突变启动	屏蔽/不屏蔽	0~120V,0.01V	10%U_n	
		负序上限启动	屏蔽/不屏蔽	0~120V,0.01V	10%U_n	
		负序突变启动	屏蔽/不屏蔽	0~120V,0.01V	10%U_n	
		零序上限启动	屏蔽/不屏蔽	0~120V,0.01V	4%U_n	
		零序突变启动	屏蔽/不屏蔽	0~120V,0.01V	4%U_n	
2	电流	正序上限启动	屏蔽/不屏蔽	0~20I_n,0.01A	110%I_n	
		正序突变启动	屏蔽/不屏蔽	0~20I_n,0.01A	10%I_n	
		负序上限启动	屏蔽/不屏蔽	0~20I_n,0.01A	10%I_n	
		负序突变启动	屏蔽/不屏蔽	0~20I_n,0.01A	10%I_n	
		零序上限启动	屏蔽/不屏蔽	0~20I_n,0.01A	10%I_n	
		零序突变启动	屏蔽/不屏蔽	0~20I_n,0.01A	10%I_n	

3. 测距参数整定说明（见表 6-24）

表 6-24 测距参数整定说明

序号	线路名称	长度(km)	每公里正序阻抗值(Ω/km)	每公里零序阻抗值(Ω/km)	每公里正序导纳值(μs/km)	每公里零序导纳值(μs/km)	是否测距
1	××线电流	××	××+j××	××+j××	××+j××	××+j××	

注：其中每公里正序导纳、每公里零序导纳 200km 内可忽略不计，按默认为零即可；表中值为一次值，长度精度为小数点后两位，阻抗小数点后四位。

4. 其他启动方式整定说明（见表 6-25）

表 6-25 其他启动方式整定说明

序号	名 称	启动方式	启动量是否屏蔽	整定范围及步长	厂家参考值	说 明
1	频率越限	上限启动	屏蔽/不屏蔽	50~60Hz,0.1Hz	50.5Hz	
		下限启动	屏蔽/不屏蔽	45~50Hz,0.1Hz	49.5Hz	
2	频率变差	判定时间	屏蔽/不屏蔽	5~25 个	10 个	
		变差定值	屏蔽/不屏蔽	0.1~0.5Hz,0.01Hz	0.1Hz/s	
3	过励磁设定	上限启动	屏蔽/不屏蔽	0.5~2,0.1	1.1	按标幺值(U^*/F^*)设定
4	逆功率设定	下限启动	屏蔽/不屏蔽	-0.5~0.5,0.01	-0.05	按标幺值(p^*)设定,可为负值
5	失磁/无功功率反向	下限启动	屏蔽/不屏蔽	-0.5~0.5,0.01	-0.05	按标幺值(Q^*)设定,可为负值
6	负序方向启动	上限启动	屏蔽/不屏蔽	0~0.5,0.01	0.01	按标幺值($\Delta P_2{}^*$)设定
7	低频过流设定	上限启动	屏蔽/不屏蔽	0~20I_n,0.01A	2A	
8	功角测量					输入交轴同步电抗标幺值 X_q^*
9	差动设定	上限启动	屏蔽/不屏蔽	0~20I_n,0.01A	10%I_n	定值按低压侧二次值设定,提供变压器各侧额定电压,接线方式,要求各侧电流均接入

5. 开关量启动整定说明（见表 6-26）

表 6-26 开关量启动整定说明

序号	名称	启动量是否屏蔽	厂家默认值	说明
1	开关量	屏蔽/不屏蔽	不屏蔽	

6.7.3　输入量启动校验

采用数字化保护测试仪分别加上额定电压、额定电流，并进入录波监测界面，检查各通道幅值和相位是否正常。

将各通道加上额定值，按“试验启动”键，待故障文件传完以后，打开故障文件，观察故障波形中各通道幅值和相位是否正常。

突变量启动录波检查：分别在各电流、电压通道上突然增加电流、电压，使增加量大于整定的突变量启动值，装置启动录波，查看波形分析波形正确。

越限量启动录波检查：分别在各电流、电压通道上加入电流、电压使其值大于越限量启动值，装置启动录波，查看波形分析波形正确。

6.7.4　GOOSE 启动量检测

进行 GOOSE 启动量检测时，利用数字化继电保护测试仪的 GOOSE 发布功能，模拟故障录波 GOOSE 开入的发布设备。按照虚端子联系表向故障录波逐一发布 GOOSE 开入。按照图 6-39 所示故障录波装置 GOOSE 开入校验原理及接线图完成接线；打开软件界面后，按照图 6-40 GOOSE 开入校验配置图完成配置所示；开始试验后，按照图 6-41 所示打开“GOOSE 数据发送”选项卡，单击开始试验，测试仪发送跳闸 GOOSE 报文；故障录波面板“录波启动”灯点亮。

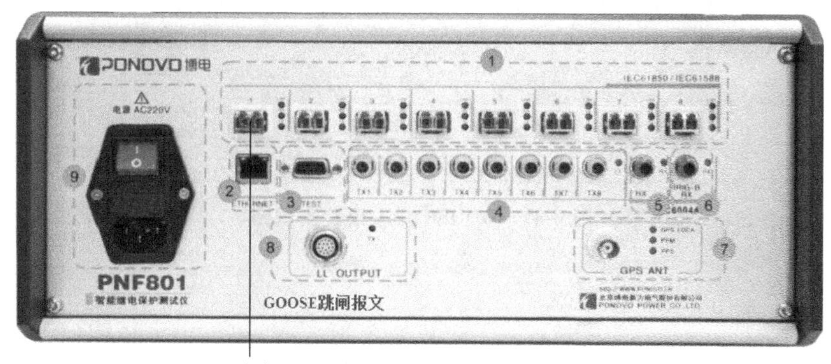

图 6-39　故障录波装置 GOOSE 开入校验原理及接线图

按照现场实际配置逐一检查故障录波所有 GOOSE 开入，校验结果见表 6-27。

表 6-27　GOOSE 开入校验结果

序号	对侧装置	虚端子定义	内部虚端子	外部虚端子	装置检验结果
1	保护	跳闸	PRIT/GOINGGIO1. SPCS03. stVal	PCA11J_01U. PIGO/goPTRC2. Tr. general	
2	母差保护	母差保护跳闸	PRIT/GOINGGIO1. SPCS04. stVal	P_A11M_01U. PIGO/goPTRC2. Tr. general	
…	…	…	…	…	

注：应根据现场实际填写“内部虚端子”“外部虚端子”，检查所有 GOOSE 开入量，同时配合硬接点开出试验一起检查。

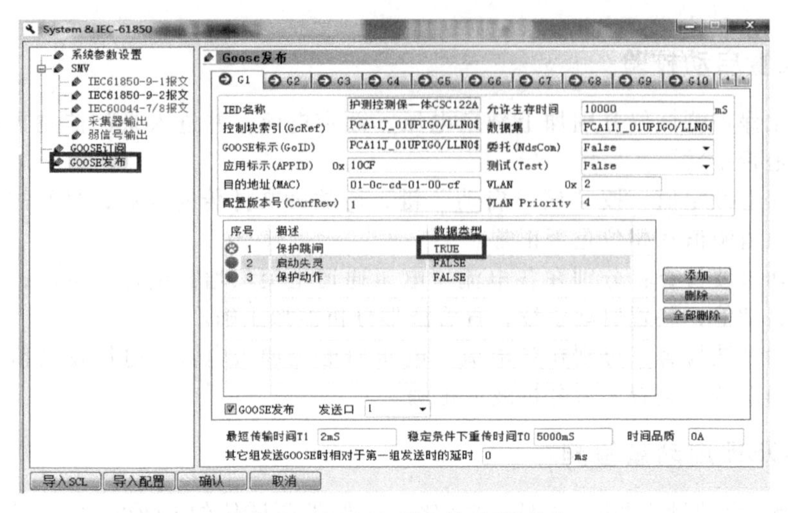

图 6-40　GOOSE 开入校验配置图

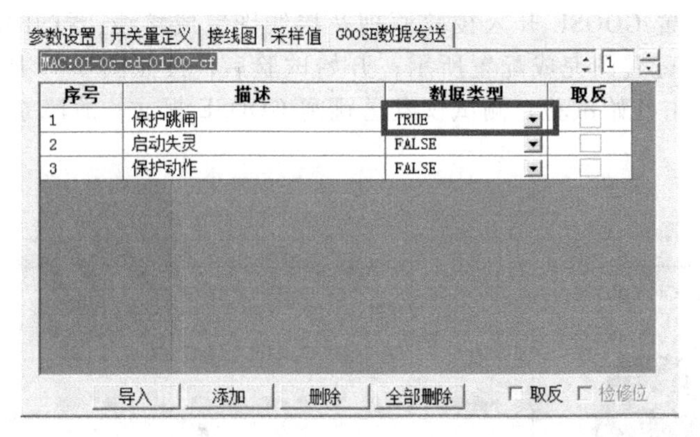

图 6-41　GOOSE 开入校验测试图

第7章 系统联调

7.1 线路间隔联调

7.1.1 联调准备

1. 线路间隔设备配置情况

以 220kV 典型线路间隔为例，一次主接线为双母线结构，一次 CT、PT 为常规电流、电压互感器，母线 PT 采样通过母线合并单元，母线电压从母线合并单元级联到线路合并单元，线路合并单元采样 4 路线路 CT、线路电压和级联的母线电压，母线电压切换功能在线路合并单元实现。线路间隔配置四组 CT，2 组 5P30 的 CT 用于线路保护、母线保护、故障录波等，2 组 0.2s 的 CT 分别用于测量和计量。

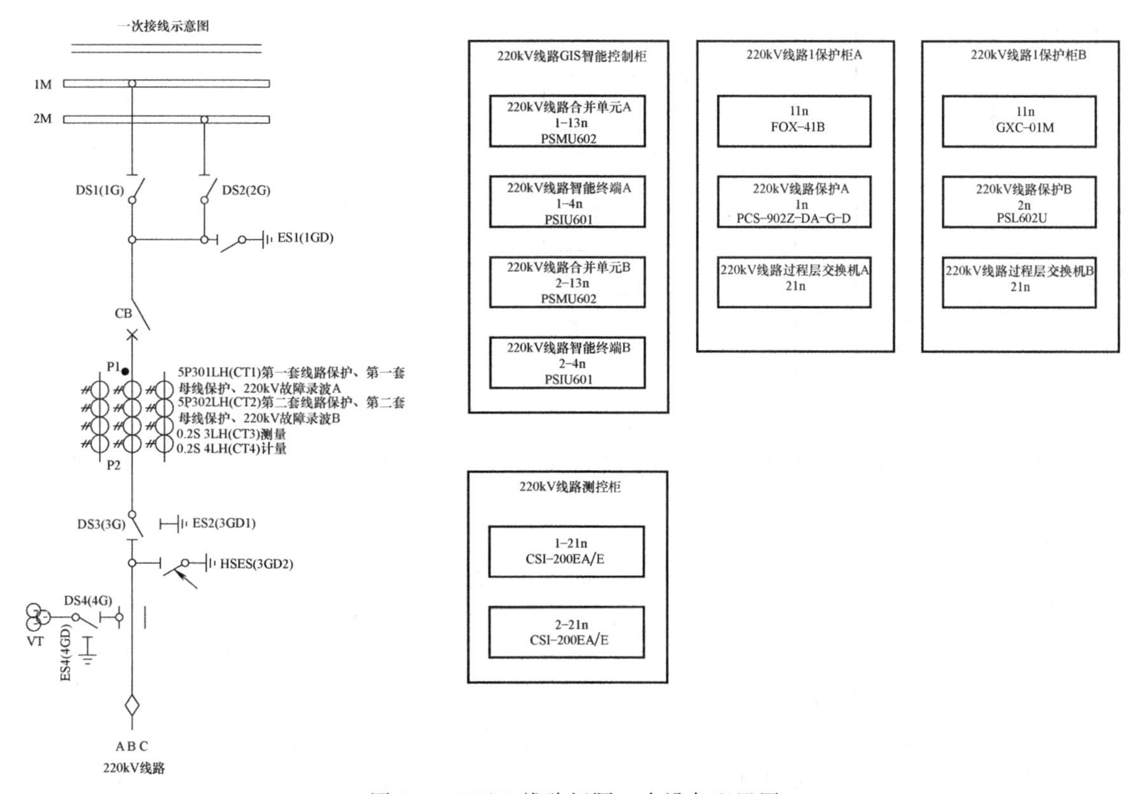

图 7-1 220kV 线路间隔二次设备配置图

如图 7-1 所示，线路间隔二次设备采用双重化配置，两套系统完全独立，包括以下设备：

1）间隔共配置户外柜一面，配置了 2 套线路合并单元、2 套线路智能终端，线路保护屏两面，每面屏配置了线路保护、通道接口装置和过程层交换机各一套。

2）线路测控屏 1 面，内行两套线路测控装置，两个线路间隔公用一面线路保护屏。

3）另外与本线路间隔相关的公用设备包括：两套 220kV 母线差动保护、两套 220kV 线路故障录波装置、网络分析仪器等。

2. 线路间隔 SV 信息流（如图 7-2 所示）

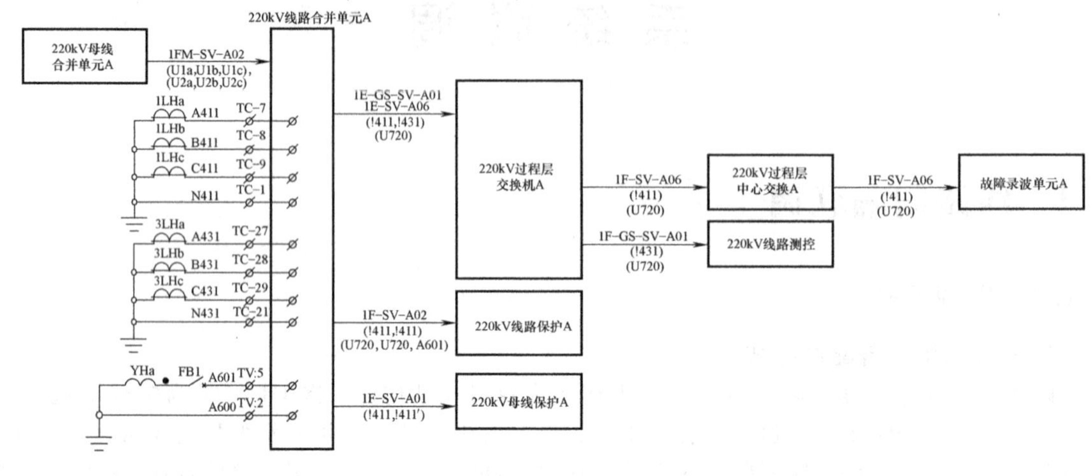

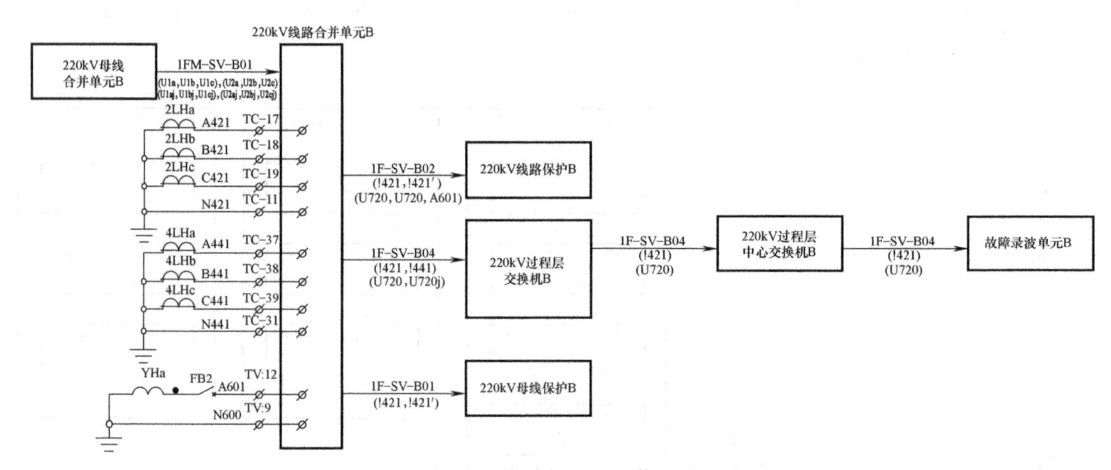

图 7-2　线路间隔 SV 信息流

其中线路两套线路保护装置设置了 SV 接收软压板，可以实现 SV 信息流的隔断，其余设备不具备 SV 软压板。

具体信息流内容见表 7-1。

表 7-1　SV 信息流表

SV 信息流图			
发送	接收	SV 信息内容表表号	说明
220kV 线路合并单元 A	220kV 线路测控	1E-GS-SV-A01	线路测量电流、切换后的测量电压以及合并单元告警信号
220kV 线路合并单元 A	220kV 故障录波器 A	1E-SV-A06	线路保护电流
220kV 线路合并单元 A	220kV 线路保护 A	1E-SV-A02	线路保护电流、切换后的母线电压
220kV 线路合并单元 A	220kV 母线保护 A	1E-SV-A01	线路保护电流
220kV 母线合并单元 A	220kV 线路合并单元 A	1EM-SV-A01	220kV 母线电压（含并列）
220kV 线路合并单元 B	220kV 线路保护 B	1E-SV-B02	线路保护电流、切换后的母线电压
220kV 线路合并单元 B	220kV 故障录波器 B	1E-SV-B04	线路保护电流
220kV 线路合并单元 B	220kV 母线保护 B	1E-SV-B01	线路保护电流
220kV 母线合并单元 B	220kV 线路合并单元 B	1EM-SV-B01	220kV 母线电压（含并列）

双重化配置的两套二次设备 SV 信息流相同。线路合并单元采集 7 路模拟量信息，分别是保护电流 A、B、C 和测量电流 A、B、C 以及线路 A 相电压，其中保护电流进行双 A/D 采样。母线合并单元采集的Ⅰ段母线 A、B、C 相电压和Ⅱ段母线 A、B、C 相电压，均为双 A/D 采样。线路合并单元接母线合并单元级联输入的 SV 母线电压，GOOSE 输入线路智能终端采集的线路刀闸位置状态，在合并单元进行母线电压切换，将切换后的母线电压输出线路合并单元的 SV 输出信息流中。最终线路合并单元输出的 SV 采样内容见表 7-2，所有 SV 输出端口的输出数据相同。

表 7-2 线路合并单元的 SV 采样输出

通道序号	类型	相别	描述	通道序号	类型	相别	描述
1	时间	—	合并单元固定延时	15	电流	B	测量电流 A 相
2	电流	A	保护电流 A 相主采	16	电流	C	测量电流 A 相
3	电流	B	保护电流 B 相主采	17	电压	A	电压 A 相主采
4	电流	C	保护电流 C 相主采	18	电压	B	电压 B 相主采
5	电流	A	保护电流 A 相副采	19	电压	C	电压 C 相主采
6	电流	B	保护电流 B 相副采	20	电压	A	电压 A 相副采
7	电流	C	保护电流 C 相副采	21	电压	B	电压 B 相副采
8~13	电流	A~C	保护电流采样通道	22	电压	C	电压 C 相副采
14	电流	A	测量电流 A 相	23	电压	A	线路抽取电压

3. 线路间隔 GOOSE 信息流

线路间隔 GOOSE 信息流如图 7-3 所示。

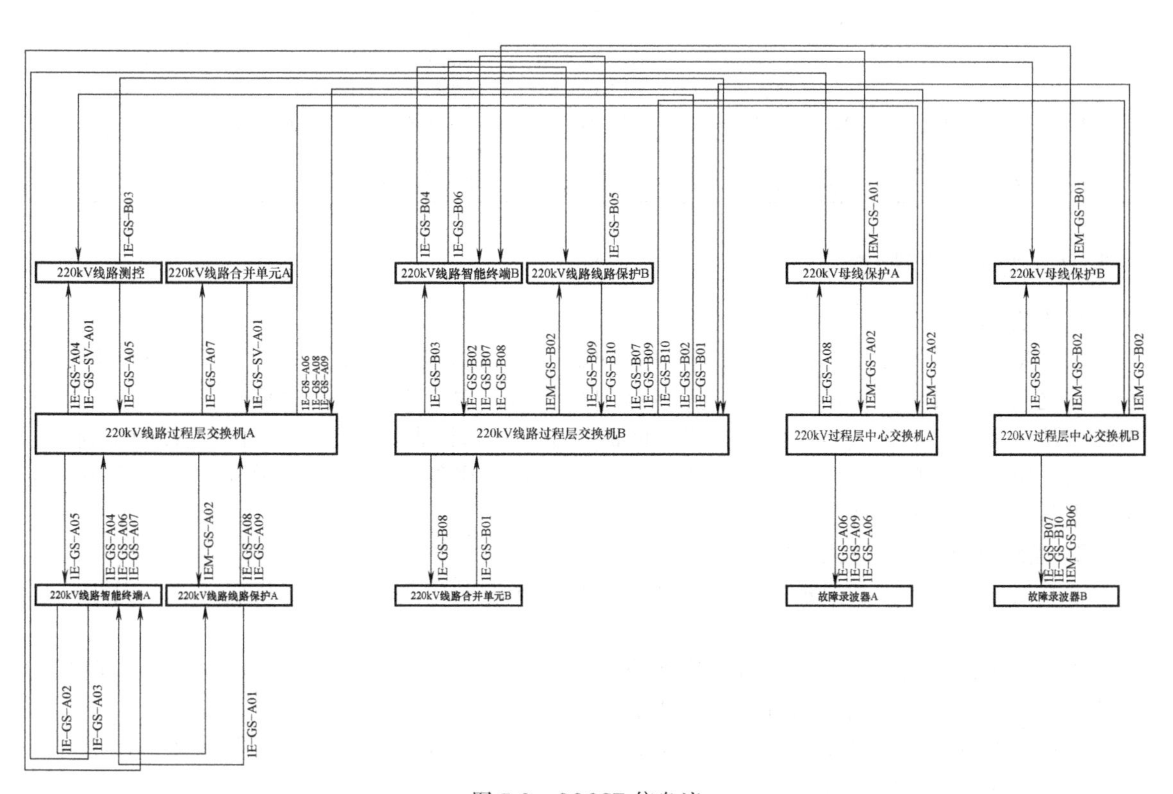

图 7-3 GOOSE 信息流

GOOSE 信息流的具体定义见表 7-3。

表 7-3 GOOSE 信息流表

GOOSE 信息流图			
发送	接收	GOOSE 信息内容表表号	说明
220kV 线路保护 A	220kV 线路智能终端 A	1E-GS-A01	线路保护动作跳闸、重合闸、闭锁智能终端 B 重合闸
220kV 线路智能终端 A	220kV 线路保护 A	1E-GS-A02	断路器位置、闭锁重合闸、低气压闭锁重合闸
220kV 线路智能终端 A	220kV 母线保护 A	1E-GS-A03	隔离刀闸位置(1G/2G)、三相跳闸启动失灵
220kV 线路智能终端 A	220kV 线路测控	1E-GS-A04	断路器、刀闸位置、GIS 本体信号及智能终端 B、合并单元 A 告警/闭锁信号
220kV 线路测控	220kV 线路智能终端 A	1E-GS-A05	断路器、刀闸遥控令出口 A
220kV 线路智能终端 A	220kV 故障录波器 A	1E-GS-A06	断路器位置录波信息
220kV 线路智能终端 A	220kV 线路合并单元 A	1E-GS-A07	隔离刀闸位置(1G/2G)
220kV 线路保护 A	220kV 母线保护 A	1E-GS-A08	线路保护动作分相/三相跳闸启动失灵
220kV 线路保护 A	220kV 故障录波器 A	1E-GS-A09	线路保护动作录波
220kV 线路合并单元 B	220kV 线路测控	1E-GS-B01	合并单元 B 告警信号
220kV 线路智能终端 B	220kV 线路测控	1E-GS-B02	智能终端 B、合并单元 B 告警/闭锁信号
220kV 线路测控	220kV 线路智能终端 B	1E-GS-B03	断路器、刀闸遥控令出口 B
220kV 线路智能终端 B	220kV 线路保护 B	1E-GS-B04	断路器位置、闭锁重合闸、低气压闭锁重合闸
220kV 线路保护 B	220kV 线路智能终端 B	1E-GS-B05	线路保护动作跳闸、重合闸、闭锁智能终端 A 重合闸
220kV 线路智能终端 B	220kV 母线保护 B	1E-GS-B06	隔离刀闸位置(1G/2G)、三相跳闸启动失灵
220kV 线路智能终端 B	220kV 故障录波器 B	1E-GS-B07	断路器位置录波信息
220kV 线路智能终端 B	220kV 线路合并单元 B	1E-GS-B08	隔离刀闸位置(1G/2G)
220kV 线路保护 B	220kV 母线保护 B	1E-GS-B09	线路保护动作分相/三相跳闸启动失灵
220kV 线路保护 B	220kV 故障录波器 B	1E-GS-B10	线路保护动作录波
220kV 线路合并单元 A	220kV 线路测控	1E-GS-SV-A01	线路 SV、合并单元 A 告警信号
220kV 母线保护 A	220kV 线路智能终端 A	1EM-GS-A01	母线保护 A 跳闸
220kV 母线保护 A	220kV 线路保护 A	1EM-GS-A02	母线保护动作起动远跳、闭锁重合闸
220kV 母线保护 B	220kV 线路智能终端 B	1EM-GS-B01	母线保护 B 跳闸
220kV 母线保护 B	220kV 线路保护 B	1EM-GS-B02	母线保护动作起动远跳、闭锁重合闸

7.1.2 光纤回路检查

1. 接线检查

按照设计图样检查所有设备连接光纤的正确性，包括保护设备、合并单元、交换机、智能终端之间的光纤。可采用激光笔，照亮待测光纤的一端而在另外一端检查正确性。也可在光纤连接后，对其进行拔插操作，在装置面板的通信状态检查中确定光纤通道连接的正确性。

光纤尾纤应呈现自然弯曲，尾纤表皮应完好无损。尾纤接头应干净无异物，尾纤接头连接应牢靠，不应有松动现象。

2. 光纤链路光功率检验方法

检查通信接口种类和数量是否满足要求，检查光纤端口发送功率、接收功率、灵敏启动功率。

用一根跳线（衰耗小于 0.5dB）连接设备光纤发送端口和光功率计接收端口，读取光功率计上的功率值，即为光纤端口的发送功率。

将待测设备光纤接收端口的尾纤拔下，插入到光功率计接收端口，读取光功率计上的功率值，即为光纤端口的接收功率。

用一根跳线连接数字信号输出仪器（如数字继电保护测试仪）的输出网口与光衰耗计，再用一根跳线连接光衰耗计和待测设备的对应网口。数字继电保护测试仪网口输出报文包含有效数据（采样值报文数据为额定值，GOOSE 报文为开关位置）。从0开始缓慢增大调节光衰耗计衰耗值，观察待测设备液晶面板（指示灯）或网口指示灯。优先观察液晶面板的报文数值显示；如设备液晶面板不能显示报文数值，观察液晶面板的通信状态显示或通信状态指示灯；如设备面板没有通信状态显示，观察通信网口的物理连接指示灯。当上述显示出现异常时，停止调节光衰耗计，将待测设备网口跳线接头拔下，插到光功率计上读出此时的功率值，即为待测设备网口的灵敏启动功率。

1310nm 和 850nm 光纤回路（包括光纤熔接盒）的衰耗不应大于 3dB。

光波长 1310nm 光纤：光纤发送功率：-20～-14dBm，光接收灵敏度：-31～-14dBm；光波长 850nm 光纤：光纤发送功率：-19～-10dBm，光接收灵敏度：-24～-10dBm。

3. 光纤链路光功率检验内容

检查内容以线路保护为例，检查内容见表 7-4。

表 7-4　光纤链路光功率检查

序号	间隔/光口	链路类型	对侧发送功率/dBm	本侧接收功率/dBm	衰耗计算值/dB	灵敏启动功率/dBm	本侧发送功率/dBm
1	线路保护 SV 直采	SV	-10.6	-10.08	0.52	-23.4	—
2	线路保护 GOOSE 直调	GOOSE	-11.54	-10.98	0.56	-23.6	-11.54
3	线路保护 GOOSE 组网	GOOSE	-12.25	-11.62	0.63	-22.9	-12.25
4	波长/nm	850					
结论	合格						

7.1.3　逻辑调试

为了进行完整间隔联调逻辑的校验，本文按照全站基建环境安排线路间隔联调相关逻辑检验，主要包括以下几项检验内容：

1）SV 信息流检查及相关检修逻辑、链路逻辑、压板投退功能检查。

2）GOOSE 信息流检查及相关检修逻辑、链路逻辑、压板投退功能检查。

进行系统联调前需要具备的基本条件：联调范围内的设备配置已下装、单体调试已完成，联调范围相关的链路已测试合格并接入，一次设备具备整组传动的条件，相关主站、对侧保护装置已完成配置、调试且通道已接入。

1. SV 信息流检查（二次通流试验）

在合并单元模拟量输入端逐路加入模拟量（如果三相同时加量，应加不平衡量，确保三相能区分开），检查对应接受侧装置的采样情况，确保组别和相别对应，同时进行检修逻辑、链路逻辑和相关压板的校验。已发送侧为基准，检查所有相关接收装置的响应情况。检验项目见表 7-5，以第一套线路合并单元为例，第二套线路合并单元类似。保护电压取级联母线电压，在母线合并单元检查部分检验。

表 7-5　SV 信息流检查表

序号	通道名称	测试端子	相关设备的采样					
			线路保护 A	母线保护 A	故障录波 A	测控装置	监控后台	网分
1	保护 IA	ID1-4	正确	正确	正确	—	—	正确
2	保护 IB	ID2-4	正确	正确	正确	—	—	正确
3	保护 IC	ID3-4	正确	正确	正确	—	—	正确
4	测量 IA	ID5-8	—	—	—	正确	正确	正确

（续）

序号	通道名称	测试端子	相关设备的采样					
			线路保护 A	母线保护 A	故障录波 A	测控装置	监控后台	网分
5	测量 IB	ID6-8	—	—	—	正确	正确	正确
6	测量 IC	ID7-8	—	—	—	正确	正确	正确

2. GOOSE 信息流检查

在各个 GOOSE 信息发送端模拟 GOOSE 信息的变位，在各个订阅端检查 GOOSE 开入的变位情况。同时进行检修逻辑、链路逻辑和相关压板的校验。检验项目见表 7-6，以第一套智能终端为例。

表 7-6　GOOSE 信息流检查表

序号	信号名称	测试端子	相关设备的状态显示				
			线路保护 A	母线保护 A	故障录波 A	监控后台	网分
1	检修状态	ID1-4	正确	正确	正确	正确	正确
2	断路器总位置	ID2-4	—	—	正确	正确	正确
3	断路器 A 相位置	ID3-4	正确	—	正确	正确	正确
4	断路器 B 相位置	ID5-8	正确	—	正确	正确	正确
5	断路器 C 相位置	ID6-8	正确	—	正确	正确	正确
6	隔刀 1 位置	ID7-8	—	正确	—	正确	正确
7	隔刀 2 位置		—	正确	—	正确	正确
8	隔刀 3 位置		—	正确	—	正确	正确
9	地刀 1 位置		—	正确	—	正确	正确
10	地刀 2 位置		—	正确	—	正确	正确
11	地刀 3 位置		—	正确	—	正确	正确
12	控制回路断线		—	正确	—	正确	正确
13	控制回路失电		—	正确	—	正确	正确
14	非全相动作		—	正确		正确	正确
15	闭锁重合炸(另一套智能终端)		正确	正确	—	正确	正确
16	重合闸压力低		正确	正确	—	正确	正确
17	另一套智能终端告警		—	正确	—	正确	正确
18	另一套智能终端闭锁		—	正确	—	正确	正确

3. 断链检查

（1）SV 断链检查　恢复所有 SV 光纤连接，确认通讯恢复后逐一断开表 7-7 中所示的光纤链路，检查接收端装置液晶面板、监控后台及调控主站告警信息是否正确，并做好记录。

表 7-7　SV 断链检查表

序号	发送端设备	接收端设备	接收端断链告警	监控后台告警	调控主站告警
1	220kV 线路合并单元 A	220kV 线路测控	正确	正确	正确
2	220kV 线路合并单元 A	220kV 故障录波单元 A	正确	正确	正确
3	220kV 线路合并单元 A	220kV 线路保护 A	正确	正确	正确
4	220kV 线路合并单元 A	220kV 母差保护 A	正确	正确	正确
5	220kV 母线合并单元 A	220kV 线路合并单元 A	正确	正确	正确
6	220kV 线路合并单元 B	220kV 线路保护 B	正确	正确	正确
7	220kV 线路合并单元 B	220kV 故障录波单元 B	正确	正确	正确
8	220kV 线路合并单元 B	220kV 母差保护 B	正确	正确	正确
9	220kV 线路合并单元 B	220kV 线路合并单元 B	正确	正确	正确

（2）GOOSE 断链检查　恢复所有 GOOSE 光纤连接，确认通讯恢复后逐一断开表 7-8 中所示的光纤链路，检查接收端装置液晶面板、监控后台及调控主站告警信息是否正确，并做好记录。

表 7-8 GOOSE 断链检查表

序号	发送端设备	接收端设备	接收端断链告警	监控后台告警	调控主站告警
1	220kV 线路保护 A	220kV 线路智能终端 A	正确	正确	正确
2	220kV 线路终端 A	220kV 线路保护 A	正确	正确	正确
3	220kV 线路智能终端 A	220kV 母线保护 A	正确	正确	正确
4	220kV 线路智能终端 A	220kV 线路测控	正确	正确	正确
5	220kV 线路测控	220kV 线路智能终端 A	正确	正确	正确
6	220kV 线路智能终端 A	220kV 故障录波器 A	正确	正确	正确
7	220kV 线路智能终端 A	220kV 线路合并单元 A	正确	正确	正确
8	220kV 线路智能终端 A	220kV 故障录波器 A	正确	正确	正确
9	220kV 线路保护 A	220kV 母线保护 A	正确	正确	正确
10	220kV 线路保护 A	220kV 故障录波器 A	正确	正确	正确
11	220kV 线路合并单元 B	220kV 线路测控	正确	正确	正确
12	220kV 线路智能终端 B	220kV 线路测控	正确	正确	正确
13	220kV 线路测控	220kV 线路智能终端 B	正确	正确	正确
14	220kV 线路智能终端 B	220kV 线路保护 B	正确	正确	正确
15	220kV 线路保护 B	220kV 线路智能终端 B	正确	正确	正确
16	220kV 线路智能终端 B	220kV 母线保护 B	正确	正确	正确
17	220kV 线路智能终端 B	220kV 故障录波器 B	正确	正确	正确
18	220kV 线路智能终端 B	220kV 线路合并单元 B	正确	正确	正确
19	220kV 线路保护 B	220kV 母线保护 B	正确	正确	正确
20	220kV 线路保护 B	220kV 故障录波器 B	正确	正确	正确
21	220kV 线路合并单元 A	220kV 线路测控	正确	正确	正确
22	220kV 母线保护 A	220kV 线路智能终端 A	正确	正确	正确
23	220kV 母线保护 A	220kV 线路保护 A	正确	正确	正确
24	220kV 母线保护 B	220kV 线路智能终端 B	正确	正确	正确
25	220kV 母线保护 B	220kV 线路保护 B	正确	正确	正确

7.1.4 整组传动

1. 保护带开关整组传动

1）线路保护间隔恢复正常方式，投入正常运行时所有软、硬压板；母差保护等公用设备应逐套退出运行，进行整组传动。

2）故障量采样值应从合并单元前端加入，带上整个回路进行整组传动。

3）动作情况应与设计单位的 GOOSE 虚端子连接图（表）一致。

4）进行各间隔的传动需检查全站所有间隔的断路器动作情况，无关间隔不应误动。

5）实测动作时间为保护测试仪模拟故障输出时刻到智能终端跳闸节点闭合时刻的时间。

6）出口硬软压板唯一性检查结合整组传动一并测试。

7）A、B 套保护分别进行整组传动，检查两套保护及相关设备回路独立性。

带开关整组传动检验内容见表 7-9。

2. 监控后台遥控测试

（1）远方遥控间隔开关、刀闸　带开关整组传动，应按调度测控装置调试定值单设置测控同期参数定值，模拟开关远方合闸。检查见表 7-10。

1）开关、刀闸遥控为从监控后台实际遥控出口。

2）就地操作为从测控装置使用开关操作把手或装置开出传动开关及刀闸。

3）保护、测控装置软压板遥控从后台实际操作，并观察软压板状态。

表 7-9　开关整组传动检验内容

序号	测试项目	间隔	本装置显示	综自后台显示	智能终端动作情况		母线差动保护装置 GOOSE 接收情况	断路器动作情况检查
					LED 显示	实测动作时间/ms		
1	单相瞬时接地	A 相	距离Ⅰ段动作 A 相，重合闸动作	线路保护距离Ⅰ段动作，智能终端 A 相出口、重合出口	保护跳 A、重合闸	46	A 相启动失灵开入 0→1	A 相动作、A 相重合
2		B 相	距离Ⅰ段动作 B 相，重合闸动作	线路保护距离Ⅰ段动作，智能终端 B 相出口、重合出口	保护跳 B、重合闸	45	B 相启动失灵开入 0→1	C 相动作、C 相重合
3		C 相	距离Ⅰ段动作 C 相，重合闸动作	线路保护距离Ⅰ段动作，智能终端 C 相出口、重合出口	保护跳 C、重合闸	47	C 相启动失灵开入 0→1	C 相动作、C 相重合
4	相间瞬时故障	BC 相	距离Ⅰ段动作 BC 相，重合闸动作	线路保护距离Ⅰ段动作，智能终端 A 相出口、B 相出口、C 相出口	保护跳 A、保护跳 B、保护跳 C	—	三相失灵开入 0→1	A、B、C 相动作
5	单相永久性故障	A 相	距离Ⅰ段动作 A 相，重合闸动作，距离加速动作	线路保护距离Ⅰ段动作、重合闸动作、距离加速动作，智能终端 A 相出口、B 相出口、C 相出口、重合闸动作	保护跳 A、保护跳 B、保护跳 C,重合闸	—	—	A 相动作、A 相重合、三相动作
6	沟通三跳	C 相	距离Ⅰ段动作 C	线路保护距离Ⅰ段动作，智能终端 A 相出口、B 相出口、C 相出口	保护跳 A、保护跳 B、保护跳 C	—	—	三相动作
条件	新安装检验以及首检时，在 80% U_N 条件下进行带开关整组传动试验。(　　) 部检以及传动时，在 100% U_N 条件下进行带开关整组传动试验。(　　)							

表 7-10　遥控检查表

遥控对象	控制性质	“就地/ 远控”开关位置		出口压板位置	
				退出	投入
220kV 线路 1 开关	分	失败	成功	失败	成功
	合	失败	成功	失败	成功
220kV 线路 1 隔刀 01G	分	失败	成功	失败	成功
	合	失败	成功	失败	成功
220kV 线路 1 隔刀 02G	分	失败	成功	失败	成功
	合	失败	成功	失败	成功
220kV 线路 1 隔刀 03G	分	失败	成功	失败	成功
	合	失败	成功	失败	成功
结论	合格				

断路器可靠合闸条件：

1）压差条件：压差为 $0.95\Delta u_{max}$ 时应可靠合闸；压差为 $1.05\Delta u_{max}$ 时应可靠闭锁合闸。低电压闭锁定值为 $1.05U_{bs}$ 时应可靠合闸；低电压闭锁定值为 $0.95U_{bs}$ 时应可靠闭锁合闸。

试验条件：母线侧相角 = 线路侧相角 = 0°，母线侧频率 = 线路侧频率 = 50Hz。

2）频差条件：频差为 $0.95\Delta f_{max}$ 应可靠合闸；频差为 $1.05\Delta f_{max}$ 时应可靠闭锁合闸。

试验条件：母线侧电压 = 线路侧电压 = 57.7V，母线侧相角 = 线路侧相角 = 0°。

3）角差条件：角差为 $(\phi_{max}-3)$ 时应可靠合闸；角差为 $(\phi_{max}+3)$ 时应可靠闭锁合闸。

试验条件：母线侧电压 = 线路侧电压 = 57.7V，母线侧频率 = 线路侧频率 = 50Hz。

4）检无压条件：线路侧电压 $0.95U_{wy}$ 时应可靠合闸；线路侧电压 $1.05U_{wy}$ 时应可靠闭锁合闸。

试验条件：母线侧相角 = 线路侧相角 = 0°，母线侧频率 = 线路侧频率 = 50Hz

（2）保护和测控装置软压板遥控　软压板遥控检查见表 7-11。

表 7-11　软压板遥控检查表

软压板名称	控制性质	软压板状态
220kV 线路 1 测控装置检同期软压板	投入	正确
	退出	正确
220kV 线路 1 测控装置检无压软压板	投入	正确
	退出	正确
220kV 线路 1 测控装置不检同期软压板	投入	正确
	退出	正确
220kV 线路 1 保护装置 A 主保护软压板	投入	正确
	退出	正确
220kV 线路 1 保护装置 B 主保护软压板	投入	正确
	退出	正确
⋮	⋮	⋮
220kV 线路 1 保护装置 A 闭锁重合闸软压板	投入	正确
	退出	正确
220kV 线路 1 保护装置 B 闭锁重合闸软压板	投入	正确
	退出	正确
结论	合格	

3. 检修机制检查

1）投入正常运行时所有软、硬压板。

2）合并单元处于检修状态时，发送的 SV 报文应打上检修状态标志，则相关联的设备在运行状态应不响应接收到的 SV 报文，只有亦处检修状态时才能正常响应。

3）合并单元、智能终端、保护装置、测控装置等 IED 处于检修状态时，发送的 GOOSE 报文应打上检修状态标志，则相关联的设备在运行状态应不响应接收到的 GOOSE 报文，只有亦处检修状态时才能正常响应。

4）保护和测控装置处于检修状态时，发出的 MMS 报文应打上检修状态标志，综自系统把该报文列入检修窗口显示。

5）检修机制配合应检查发送和接收双向数据传输。

检修机制检验内容见线路保护检修机制检验内容表 7-12。

表 7-12　线路保护检修机制检验内容

序号		间隔	合并单元 1		智能终端 1		线路保护 1		母差保护 1		综自后台情况检查
			投检修	退检修	投检修	退检修	投检修	退检修	投检修	退检修	
1	投检修	合并单元 1	—	—	—	—	保护动作	保护闭锁	保护动作	保护闭锁	信号正确
2		智能终端 1	响应变位	不响应	—	—	响应变位	不响应	响应变位	不响应	信号正确
3		线路保护 1	—	—	响应变位	不响应	—	—	响应变位	不响应	信号正确
4		母线保护 1	—	—	响应变位	不响应	响应变位	不响应	—	—	信号正确
5	退检修	合并单元 1	—	—	—	—	保护闭锁	保护动作	保护闭锁	保护动作	信号正确
6		智能终端 1	不响应	响应变位	—	—	不响应	响应变位	不响应	响应变位	信号正确
7		线路保护 1	—	—	不响应	响应变位	—	—	不响应	响应变位	信号正确
8		母线保护 1	—	—	不响应	响应变位	不响应	响应变位	—	—	信号正确
9	间隔内所有设备处检修状态进行传动试验，开关应正确动作（✓）										

7.2 主变间隔联调

7.2.1 联调准备

1. 间隔设备配置情况

主变间隔一般包含主变保护装置、各侧合并单元、各侧智能终端、本体智能终端等设备。对于110kV及以上电压等级变压器一般配置两套含有完整主、后备保护功能的变压器电量保护装置，各侧对应的合并单元、各侧智能终端等设备均采用双重化配置，本体智能终端一般采用单套配置。

以220kV自耦变间隔为例，高压侧和中压侧均采用双母线结构，低压侧为单母线或单母线分段接线，其一次接线图如图7-4所示。一次侧PT、CT为常规电压、电流互感器。高、中

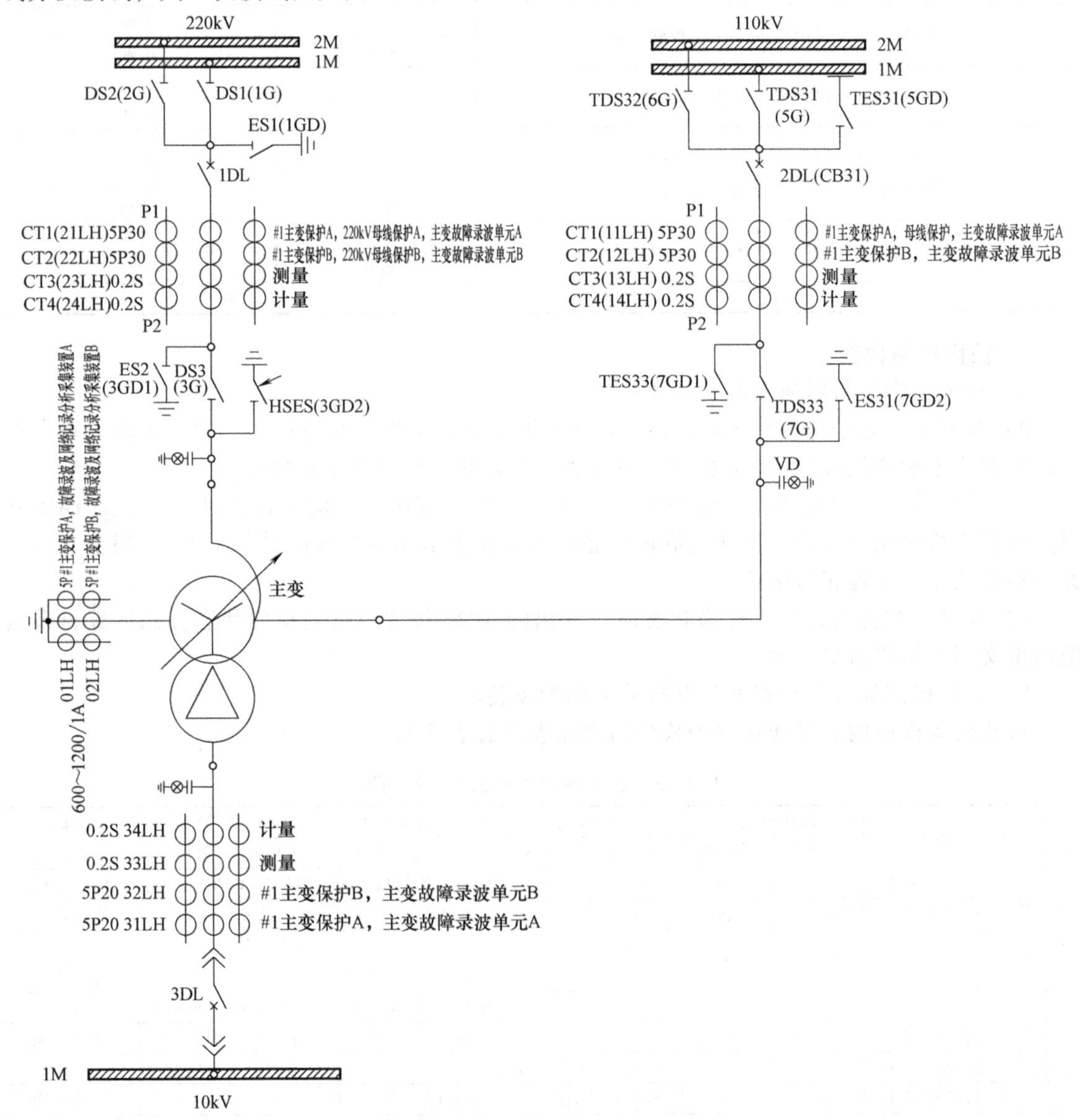

图7-4 一次接线及CT配置图

压侧母线电压从母线合并单元级联到本侧合并单元，低压侧母线电压直接接入低压侧合并单元。高、中压侧母线电压切换功能在对应侧合并单元实现。主变三侧均配置双重化的合并单元，各侧电流互感器均配置 4 组，如图 7-4 所示，其中第 1、2 组电流互感器为 P 级，用于主变保护 A、B 套保护，还兼用于母线保护或者故障录波；第 3、4 组电流互感器为 0.2s 级，分别用于测量和计量装置。另外，主变保护还配置本体合并单元，接入主变公共绕组电流；中性点配置两组 P 级 CT，用于主变保护 A、B 套和故障录波及网络分析采集装置。

双重化配置的主变保护，两套系统完全独立，一般采用如下组屏方式：

1）配置两面主变保护屏，主变保护 A、B 套单独配置屏柜。

2）配置主变 220kV 侧智能柜，柜内包含两套高压侧合并单元、两套高压侧智能终端、一套本体智能终端。

3）配置主变 110kV 侧智能柜，柜内包含两套中压侧合并单元、两套中压侧智能终端。

4）配置主变 10kV 侧智能柜，柜内包含两套低压侧合并单元、两套低压侧智能终端。

5）配置主变测控柜，柜内包含一套高压侧测控装置、一套中压侧测控装置、一套低压侧测控装置、一套本体及公用测控装置。

在联调过程中，与主变保护关联的设备还包含母线保护、故障录波与网络分析仪、保护故障信息系统等，需要结合调试的具体任务合理确定联调的范围。

2. SV 信息流

以 A 套系统为例，高压侧 SV 信息流如图 7-5 所示。高压侧合并单元接入 P 级、0.2s 级绕组各一组，还级联接收 220kV 母线电压。合并单元数据通过点对点方式发送给主变保护和母线保护；通过组网方式将采样值和合并单元 GOOSE 信号送给本侧测控装置和主变录波单元。

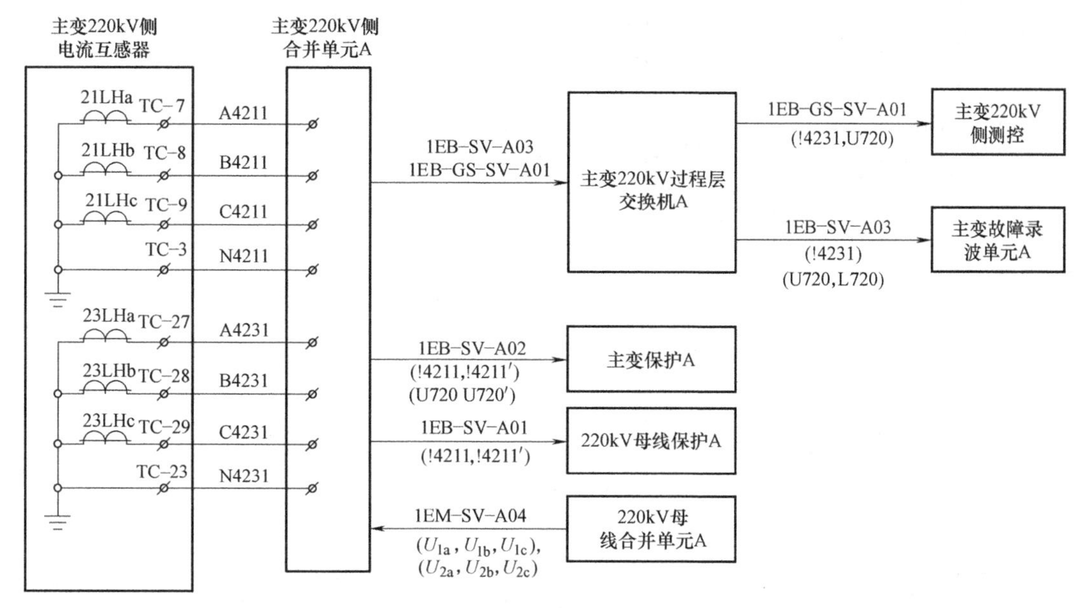

图 7-5　高压侧 SV 信息流图

双重化配置的两套二次设备 SV 信息流相同。主变合并单元采集 9 路模拟量信息，分别是保护电流 A/B/C、测量电流 A/B/C、以及级联母线 A/B/C 相电压，各模拟量均为双 A/D 采样。母线合并单元采集的Ⅰ段母线 A、B、C 相电压和Ⅱ段母线 A、B、C 相电压，均为双 A/D 采样。高压侧合并单元级联输入的 SV 母线电压，GOOSE 输入该侧智能终端采集的高压侧刀闸位置状态，在合并单元进行母线电压切换，将切换后的母线电压输出到合并单元的 SV 输出信息流中。高压侧合并单元输出的 SV 采样见表 7-13，所有 SV 输出端口的输出数据相同。

表 7-13　高压侧 SV 通道定义

通道序号	类型	相别	描述	通道序号	类型	相别	描述
1	时间	—	合并单元固定延时	15	电流	B	测量电流 A 相
2	电流	A	保护电流 A 相主采	16	电流	C	测量电流 A 相
3	电流	B	保护电流 B 相主采	17	电压	A	电压 A 相主采
4	电流	C	保护电流 C 相主采	18	电压	B	电压 B 相主采
5	电流	A	保护电流 A 相副采	19	电压	C	电压 C 相主采
6	电流	B	保护电流 B 相副采	20	电压	A	电压 A 相副采
7	电流	C	保护电流 C 相副采	21	电压	B	电压 B 相副采
8~13	电流	A~C	保护电流采样通道(备用)	22	电压	C	电压 C 相副采
14	电流	A	测量电流 A 相	23	电压	A	(备用)

中压侧 SV 信息流、公共绕组 SV 信息流分别如图 7-6、图 7-7 所示，均高压侧 SV 信息流类似，在此不再赘述。特别需要说明的是，公共绕组电流 SV 通道定义与高压侧 SV 通道定义类似，但仅使用第一组保护电流通道（通道 2~通道 7），未接入的通道均为备用。

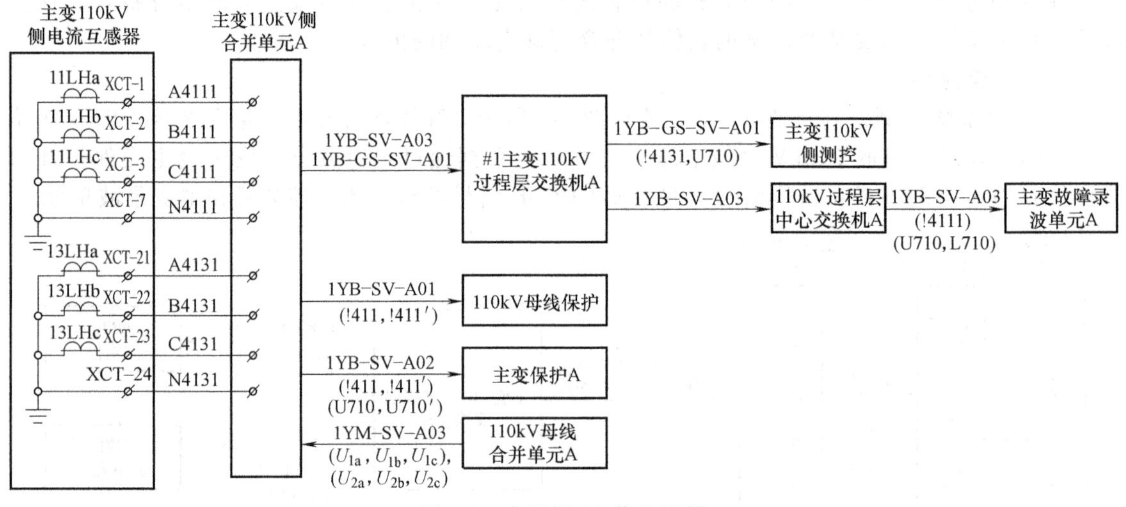

图 7-6　中压侧 SV 信息流图

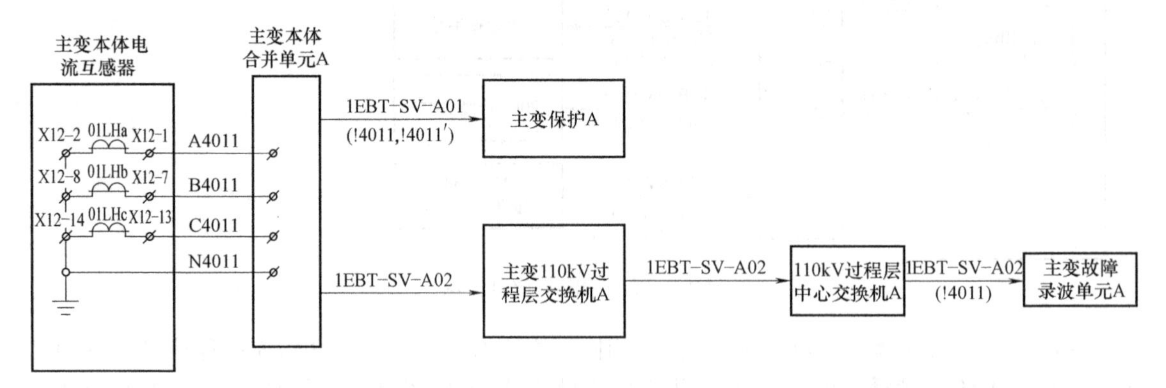

图 7-7　公共绕组 SV 信息流图

低压侧合并单元 SV 信息流如图 7-8 所示。低压侧电压直接接入合并单元，通道定义与高压侧通道定义类似。值得注意的是，低压侧合并单元采样值及 GOOSE 告警信息通过中压侧交换机组网，送给低压侧测控装置和主变录波单元。

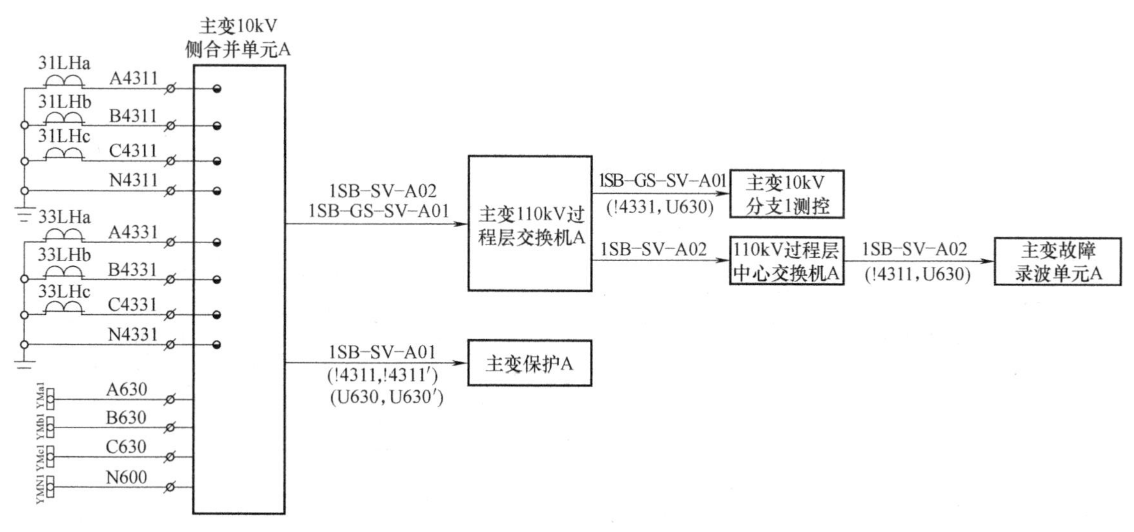

图 7-8 低压侧 SV 信息流图

3. GOOSE 信息流

以主变保护 A 套为例，说明主变 GOOSE 信息流。表 7-14 为主变间隔 A 网 GOOSE 信息流，其信息流主要分为以下两类：

1）主变保护 GOOSE 信息流。包括主变保护发布给三侧智能终端的跳闸信号，采用直跳的方式；高、中压侧母联以及低压侧母分智能终端的跳闸信号，启动 220kV 母线失灵保护、解除电压闭锁信号，闭锁低压侧备自投信号和发送给主变录波的 GOOSE 信号，均采用 GOOSE 组网的方式。主变保护通过 GOOSE 组网方式订阅由母线保护发布的主变高压侧失灵联跳三侧的信号。

2）主变测控 GOOSE 信息流。均采用 GOOSE 网络方式传输，主要分为 3 类。第 1 类是各侧测控装置发布给相应智能终端的遥控分合 GOOSE 命令，主变本体测控发布给本体智能终端的有载开关调档命令和相关闭锁信号等。第 2 类是三侧智能终端及本体智能终端发布给对应测控装置和故障录波的 GOOSE 信号（开关刀闸位置信号、各类告警信号等），以及高压侧、中压侧智能终端发布给对应侧母线保护及合并单元的隔离刀闸位置信号。第 3 类是三侧合并单元及本体合并单元上送给对应侧测控的 GOOSE 信号，包含合并单元各类状态及告警信号。

另外，非电量保护就地布置，采用直接电缆跳闸方式，有关非电量保护时延均在就地实现，现场配置的变压器本体智能终端上传非电量动作报文和调档及接地刀闸控制信息，用于测控及故障录波。

表 7-14 主变 GOOSE 信息流表（A 网）

发送	接收	GOOSE 信息内容	说明
#1 主变保护 A	#1 主变 220kV 侧智能终端 A	1EB-GS-A09	#1 主变保护 A 跳 220kV 侧断路器
#1 主变保护 A	#1 主变 110kV 侧智能终端 A	1EB-GS-A08	#1 主变保护 A 跳 110kV 侧断路器
#1 主变保护 A	#1 主变 10kV 侧智能终端 A	1EB-GS-A11	#1 主变保护 A 跳 10kV 侧断路器
#1 主变保护 A	220kV 母联智能终端 A	1EB-GS-A06	#1 主变保护 A 跳 220kV 母联
#1 主变保护 A	110kV 母联智能终端 A	1EB-GS-A12	#1 主变保护 A 跳 110kV 母联
#1 主变保护 A	220kV 母线保护 A	1EB-GS-A07	#1 主变启失灵、解除复压闭锁
#1 主变保护 A	#1 主变故障录波 A	1EB-GS-A13	#1 主变保护 A 录波
#1 主变保护 A	10kV 2M/3M 分段保护测控	1EB-GS-A14	#1 主变保护 A 跳 10kV 分段
#1 主变保护 A	10kV 备自投保护装置	1EB-GS-A16	#1 主变后备保护闭锁备自投
220kV 母线保护 A	#1 主变保护 A	1EM-GS-A05	失灵联跳#1 主变三侧

（续）

发送	接收	GOOSE 信息内容	说明
#1 主变 220kV 侧测控	#1 主变 220kV 侧智能终端 A	1EB-GS-A01	#1 主变 220kV 侧开关、刀闸及智能终端复归遥控
#1 主变 110kV 侧测控	#1 主变 110kV 侧智能终端 A	1YB-GS-A01	#1 主变 110kV 侧开关、刀闸及智能终端复归遥控
#1 主变 10kV 侧测控	#1 主变 10kV 侧智能终端 A	1SB-GS-A02	#1 主变 10kV 侧开关及智能终端复归遥控
#1 主变 220kV 侧智能终端 A	#1 主变 220kV 侧测控	1EB-GS-A02	#1 主变 220kV 侧智能终端 A 信号
#1 主变 220kV 侧智能终端 A	220kV 母线保护 A	1EB-GS-A03	#1 主变 220kV 侧刀闸位置
#1 主变 220kV 侧智能终端 A	#1 主变 220kV 侧合并单元 A	1EB-GS-A04	#1 主变 220kV 侧 1 刀闸、2 刀闸位置
#1 主变 220kV 侧智能终端 A	#1 主变故障录波 A	1EB-GS-A05	#1 主变 220kV 侧智能终端 A 录波
#1 主变 110kV 侧智能终端 A	#1 主变 110kV 侧测控	1YB-GS-A02	#1 主变 110kV 侧智能终端 A 信号
#1 主变 110kV 侧智能终端 A	110kV 母线保护	1YB-GS-A03	#1 主变 110kV 侧刀闸位置
#1 主变 110kV 侧智能终端 A	#1 主变 110kV 侧合并单元 A	1YB-GS-A05	#1 主变 110kV 侧 1 刀闸、2 刀闸位置
#1 主变 110kV 侧智能终端 A	#1 主变故障录波 A	1YB-GS-A06	#1 主变 110kV 侧智能终端 A 录波
#1 主变 10kV 侧智能终端 A	#1 主变 10kV 侧测控	1SB-GS-A01	#1 主变 10kV 侧智能终端 A 信号
#1 主变 10kV 侧智能终端 A	#1 主变故障录波 A	1SB-GS-A03	#1 主变 10kV 侧智能终端 A 录波
#1 主变本体智能终端	#1 主变本体测控	1EBT-GS-002	#1 主变本体智能终端信号、#1 主变三侧专用接地装置位置信号
#1 主变本体智能终端	#1 主变故障录波 A	1YGL-GS-A01	#1 主变本体智能终端录波
#1 主变 220kV 侧合并单元 A	#1 主变 220kV 侧测控	1EB-GS-SV-A01	#1 主变 220kV 侧测控 SV、合并单元 A 信号
#1 主变 110kV 侧合并单元 A	#1 主变 110kV 侧测控	1YB-GS-SV-A01	#1 主变 110kV 侧测控 SV、合并单元 A 信号
#1 主变 10kV 侧合并单元 A	#1 主变 10kV 侧测控	1SB-GS-SV-A01	#1 主变 10kV 侧测控 SV、合并单元 A 信号
#1 主变本体合并单元 A	#1 主变本体测控	1EBT-GS-A01	#1 主变本体合并单元 A 信号
#1 主变本体测控	#1 主变本体智能终端	1EBT-GS-001	遥控有载开关、#1 主变三侧专用接地装置闭锁信号

7.2.2 光纤回路检查

1. 接线检查

按照设计图样检查所有设备连接光纤的正确性，包括保护设备、合并单元、交换机、智能终端之间的光纤。可采用激光笔，照亮待测光纤的一端而在另外一端检查正确性。也可在光纤连接后，对其进行拔插操作，在装置面板的通信状态检查中确定光纤通道连接的正确性。

光纤尾纤应呈现自然弯曲状态，尾纤表皮应完好无损。尾纤接头应干净无异物，接头连接应牢靠，不应有松动现象。

2. 光纤链路光功率检验

检查通信接口种类和数量是否满足要求，检查光纤端口发送功率、接收功率、灵敏启动功率。

用一根跳线（衰耗小于 0.5dB）连接设备光纤发送端口和光功率计接收端口，读取光功率计上的功率值，即为光纤端口的发送功率。

将待测设备光纤接收端口的尾纤拔下，插入到光功率计接收端口，读取光功率计上的功率值，即为光纤端口的接收功率。

用一根跳线连接数字信号输出仪器（如数字继电保护测试仪）的输出网口与光衰耗计，再用一根跳线连接光衰耗计和待测设备的对应网口。数字继电保护测试仪网口输出报文包含有效数据（采样值报文数据为额定值，GOOSE 报文为开关位置）。从 0 开始缓慢增大调节光衰耗计衰耗，观察待测设备液晶面板（指示灯）或网口指示灯。优先观察液晶面板的报文数值显示；如设备液晶面板不能显示报文数值，观察液晶面板的通信状态显示或通信状态指示灯；如设备面板没有通信状态显示，观察通信网口的物理连接指示灯。当上述显示出现异常时，停止调节光衰耗计，将待测设备网口跳线接头拔下，插到光功率计上读出此时的功率值，即为待测设备网口的灵敏启动功率。

光功率检查表见表7-15检查标准如下：

1310nm和850nm光纤回路（包括光纤熔接盒）的衰耗不应大于3dB。光波长1310nm光纤：光纤发送功率：-20～-14dBm，光接收灵敏度：-31～-14dBm；光波长850nm光纤：光纤发送功率：-19～-10dBm，光接收灵敏度：-24～-10dBm。

表7-15 光纤链路光功率检查表（示例）

序号	间隔/光口	链路类型	对侧发送功率/dBm	本侧接收功率/dBm	衰耗计算值/dB	灵敏启动功率/dBm	本侧发送功率/dBm
1	B07-RX4	SV	-17.09	-18.44	1.35	-30.15	—
2	B07-RX3	GOOSE	-16.84	-18.68	1.84	-30.83	—
3	B07-TX3	GOOSE	—	—	—	—	-16.91
…	…	…	…	…	…	…	…
	波长/nm	1310					

7.2.3 逻辑调试

为了进行完整间隔联调逻辑的校验，本文按照全站基建环境安排主变间隔联调相关逻辑检验，主要包括以下几项检验内容：

1）SV信息流检查及相关检修逻辑、链路逻辑、压板投退功能检查。

2）GOOSE信息流检查及相关检修逻辑、链路逻辑、压板投退功能检查。

进行系统联调前需要具备的基本条件：联调范围内的相关设备配置已下装、单体调试已完成，联调范围相关的链路已测试合格并接入，光纤链路无告警，一次设备具备整组传动的条件。

1. 联调试验接线

进行主变间隔联调试验，可按图7-9连接各设备，在就地控制柜处用继电保护测试仪对合并单元施加电气量，在保护小室检查保护、测控等设备的采样值；投入保护装置功能压板和出口软压板，模拟故障电流，使保护装置动作，可在就地控制柜将智能终端开出的跳闸接点接入保护测试仪，从而测得保护系统的整组动作时间。

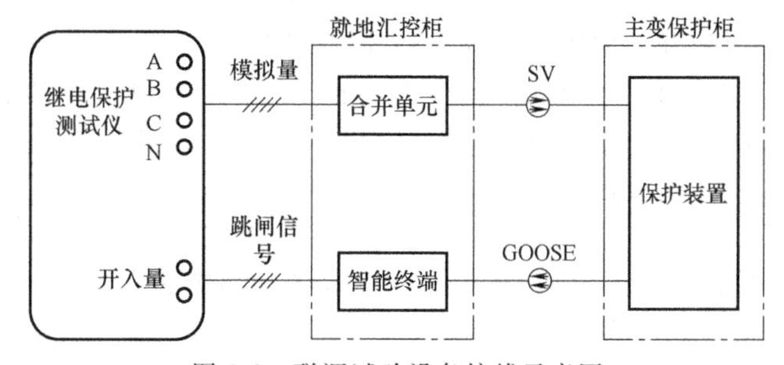

图7-9 联调试验设备接线示意图

2. SV信息流检查（二次通流通压试验）

在合并单元模拟量输入端逐路加入模拟量（如果三相同时加量，应加不平衡量，确保三相能区分开），检查对应接受侧装置的采样情况，确保组别和相别对应。以发送侧为基准，检查所有相关接收装置的响应情况。以高压侧第一套合并单元为例，检验相关设备的采样情况见表7-16。

SV接收软压板检查。通过图7-9所示的设备接线图施加电气信号，投入SV接收软压板，设备显示的SV数值应满足精度要求；退出SV接收软压板，设备显示SV数值应为0。

表 7-16 二次通流试验表格

序号	通道名称	测试端子	相关设备的采样					
			主变保护 A	母线保护 A	故障录波 A	测控装置	监控后台	网分
1	保护 IA	2-13ID1	正确	正确	正确	—	—	正确
2	保护 IB	2-13ID2	正确	正确	正确	—	—	正确
3	保护 IC	2-13ID3	正确	正确	正确	—	—	正确
4	测量 IA	2-13ID17	—	—	—	正确	正确	正确
5	测量 IB	2-13ID18	—	—	—	正确	正确	正确
6	测量 IC	2-13ID19	—	—	—	正确	正确	正确

3. GOOSE 信息流检查

在各个 GOOSE 信息发送端模拟 GOOSE 信息的变位，在各个订阅端检查 GOOSE 开入的变位情况。以高压侧第一套智能终端为例，模拟开入测试端子闭合，逐一检验相关设备 GOOSE 状态，将检查结果记入表 7-17。

表 7-17 高压侧第一套智能终端 GOOSE 信号检查

序号	信号名称	测试端子	相关设备的状态显示				
			主变保护 A	母线保护 A	故障录波 A	监控后台	网分
1	检修状态	1LP1	正确	正确	正确	正确	正确
2	断路器总位置	2-4Q2D1~2	—	—	正确	正确	正确
3	断路器 A 相位置	2-4Q2D3~4	—	—	正确	正确	正确
4	断路器 B 相位置	2-4Q2D5~6	—	—	正确	正确	正确
5	断路器 C 相位置	2-4Q2D7~8	—	—	正确	正确	正确
6	隔刀 1 位置	2-4Q2D9~10	—	正确	—	正确	正确
7	隔刀 2 位置	2-4Q2D11~12	—	正确	—	正确	正确
8	隔刀 3 位置	2-4Q2D13~14	—	—	—	正确	正确
9	地刀 1 位置	2-4Q2D15~16	—	—	—	正确	正确
10	地刀 2 位置	2-4Q2D17~18	—	—	—	正确	正确
11	地刀 3 位置	2-4Q2D19~20	—	—	—	正确	正确
…	…	…	…	…	…	…	…

GOOSE 开入软压板检查。投入 GOOSE 接收压板，设备显示 GOOSE 数据正确；退出 GOOSE 开入软压板，设备不处理 GOOSE 数据。

GOOSE 输出软压板检查。投入 GOOSE 输出软压板，设备发送相应 GOOSE 信号；退出 GOOSE 输出软压板，模拟保护元件动作，应该监视到正确的相应保护未跳闸的 GOOSE 报文。

4. 断链检查

（1）SV 断链检查　SV 链路连接正常后，应检查装置与 SV 网络（含直采回路）通信是否正常；断开 SV 端口光纤，检查相关设备能否正确告警。以主变高压侧合并单元为例，将试验结果记入表 7-18。

表 7-18 SV 断链检查试验记录表

序号	发送端设备	接收端设备	接收端断链告警	监控后台告警	调控主站告警
1	主变 220kV 侧合并单元 A	主变 220kV 侧测控	正确	正确	正确
2	主变 220kV 侧合并单元 A	主变保护	正确	正确	正确
3	主变 220kV 侧合并单元 A	主变故障录波单元	正确	正确	正确
4	主变 220kV 侧合并单元 A	220kV 母线保护 A	正确	正确	正确
5	主变 220kV 侧合并单元 A	主变 220kV 侧电能表	正确	正确	正确
6	主变 220kV 侧合并单元 B	主变保护 B	正确	正确	正确
7	主变 220kV 侧合并单元 B	主变故障录波单元 B	正确	正确	正确
8	主变 220kV 侧合并单元 B	220kV 母线保护 B	正确	正确	正确
…	…	…	…	…	…

（2）GOOSE断链检查 GOOSE链路连接正常后，应检查装置与GOOSE网络（含直跳）通信是否正常；断开GOOSE端口光纤，检查相关设备能否正确告警。以主变保护第一套为例，将试验结果记入表7-19。

表7-19 GOOSE断链检查试验记录表

序号	发送端设备	接收端设备	接收端断链告警	监控后台告警	调控主站告警
1	主变保护A(直跳)	主变220kV侧智能终端A	正确	正确	正确
2	主变保护A(直跳)	主变110kV侧智能终端A	正确	正确	正确
3	主变保护A(直跳)	主变10kV侧智能终端A	正确	正确	正确
4	主变保护A(组网1)	220kV母联智能终端A	正确	正确	正确
5		220kV母线保护A	正确	正确	正确
6	主变保护A(组网2)	主变故障录波A	正确	正确	正确
7		110kV母联智能终端	正确	正确	正确
8		10kV 2M/3M分段保护测控	正确	正确	正确
9		10kV备自投保护测控装置	正确	正确	正确
…	…	…	…	…	…

5. 同步检查

主变保护各侧电流的同步性测试试验是检验各侧合并单元通道延时设置是否正确的重要手段，同时该试验还可检验变压器差动保护电流相角补偿算法的正确性。本试验宜在工厂联调阶段进行。

以220kV变压器保护为例，在进行该项试验时，可按照图7-10连接好测试系统，各侧的电流采样串联的方式输入，同时将各侧合并单元外部对时信号接入。以主变高压侧电压U_a为基准，同时给变压器各侧合并单元通入同一相电流；每个间隔合并单元施加额定电流时，要求差流显示值与计算值之差不大于$0.04I_n$，各侧电流相位差显示应正确。

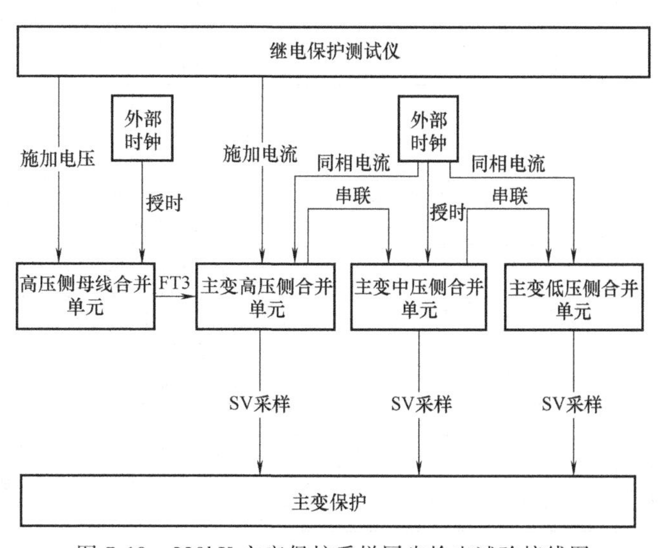

图7-10 220kV主变保护采样同步检查试验接线图

7.2.4 整组试验

主变保护带开关整组传动试验项目及试验方法见表7-20，需要注意以下事项：

1）主变保护间隔恢复正常方式，投入正常运行时所有软、硬压板；母差保护等公用设备应逐套退出运行，进行整组传动。

2）故障量采样值应从合并单元前端加入，带上整个回路进行整组传动。

3）动作情况应与设计单位的GOOSE虚端子连接图（表）一致。

4）进行各间隔的传动需检查全站所有间隔的断路器动作情况，无关间隔不应误动。

5）实测动作时间为保护测试仪模拟故障输出时刻到智能终端跳闸节点闭合时刻的时间；变压器保护差动速断整组动作延时不大于29ms（大于2倍整定值）；比率差动动作延时时间不大于39ms（大于2倍整定值）。

6）出口硬软压板唯一性检查结合整组传动一并测试。

7）A、B套保护分别进行整组传动，检查两套保护及相关设备回路独立性。

表 7-20 整组传动试验项目及试验方法表

序号	试验项目	试验方法
1	带开关传动试验，核对两套保护装置压板、智能终端、开关唯一性对应正确	1）合上主变各侧开关及相关开关 2）仅投两套保护功能压板，模拟瞬时故障，保护跳闸信号正确，开关不跳闸 3）在2）基础上增投第一套保护的高压侧开关出口压板，断操作Ⅱ组直流，模拟瞬时故障，保护装置及智能终端上应有动作信号，开关跳闸出口正确；并与开关就地现场人员核对所跳开关正确 4）在2）基础上增投第二套保护的高压侧开关出口压板，断操作Ⅰ组直流，模拟瞬时故障，保护装置及智能终端上应有动作信号，开关跳闸出口正确；并与开关就地现场人员核对所跳开关正确 注：第3）、4）条对应不同的跳闸开关（高压侧、中压侧、低压侧开关等）应分别模拟 5）两套保护电流回路串联（任一相），两套保护均投入与运行方式完全相同的状态（包括压板、切换把手、直流电源、控制电源等），模拟瞬时故障，差动保护动作，开关动作正确，信号正确，装置打印报告正确、打印波形正确 6）确认主变各侧开关、高中压母联开关、旁路开关、低压分段开关跳闸出口、失灵启动出口、解除失灵保护复压闭锁出口、闭锁备自投装置出口、闭锁有载调压等均正确 7）在变压器本体实际模拟变压器本体、有载重瓦动作，开关跳闸正确，信号正确
2	校验母差保护动作跳本开关逻辑	将数字保护测试仪接入智能终端的母差保护 GOOSE 直跳口，模拟母线保护动作跳该间隔，开关应跳闸（仅限于扩建、技改）
3	校验失灵保护动作跳本开关逻辑	将数字保护测试仪接入智能终端失灵保护 GOOSE 直跳口（或 GOOSE 网络口），模拟失灵保护动作跳该间隔，开关应跳闸（仅限于扩建、技改）
4	主变跳母联母分（网跳）	退出单套母联/母分智能终端出口压板，在主变保护屏模拟故障，检查本套智能终端动作情况
5	校验失灵联跳三侧开关逻辑	将数字保护测试仪接入主变保护 GOOSE 网络口，模拟失灵联跳开入，若主变保护施加该侧电流，主变三侧开关跳闸；若主变该侧无电流，保护不动作（仅限于扩建、技改）
6	校验解除复压闭锁回路（220kV）	投主变解除失灵保护复压闭锁压板，在主变保护屏模拟故障，检查母线保护有复压闭锁开入指示
7	校验失灵启动回路	失灵启动回路接入完整，投主变失灵启动压板，退出开关跳闸出口软压板，在主变保护屏模拟永久性故障，同时在失灵保护恒加主变开关电流，此时主变保护装置动作、开关未跳；失灵保护屏上的失灵保护动作。若失灵屏上不加电流，则失灵应不会动作
8	启动通风检查	模拟温度、负荷接点动作，检查风扇运行情况
9	闭锁有载调压回路检查	模拟过负荷动作，调压功能应被闭锁
10	闭锁低压侧备自投	在主变保护屏模拟故障，检查备自投装置闭锁开入
11	跳闸出口矩阵检查	跳闸矩阵控制字各数据位与现场各出口对象吻合，各保护跳闸矩阵控制字设置正确、合理

1. 带开关整组传动（见表 7-21）

表 7-21 带开关整组传动试验表

序号	测试项目	相别	本装置显示	综自后台显示检查	智能终端动作情况		相关联装置 GOOSE 接收情况	断路器动作情况检查
					LED 显示	实测动作时间/ms		
1	内部故障	A	差动保护动作	主变保护差动保护动作、智能终端出口	保护动作	36	母线保护启动失灵 0→1，解除电压闭锁 0→1	断路器三相跳闸
2		…						
条件	新安装检验时，在 80%UN 条件下进行带开关整组传动试验。 其余检验在 100%UN 条件下进行带开关整组传动试验。							

2. 监控后台遥控测试

(1) 开关/刀闸远方遥控试验　对开关、刀闸等设备进行远方遥控试验，在“就地/远控”开关位置置“远控”位置时且出口压板投入时，相关设备才能正确操作，操作记录表格见表7-22。

表7-22　开关/刀闸远方遥控试验表

遥控对象	控制性质	“就地/远控”开关位置		出口压板位置	
		就地	远控	退出	投入
高压侧开关	分	不动作	动作	不动作	动作
	合	不动作	动作	不动作	动作
…					
结论					
备注	此处遥控指的是在综自后台的遥控操作				

(2) 遥控软压板试验　在保护装置上将“远方控制软压板”置1，在监控后台投退软压板，分别检查保护装置和监控后台的变位状况，操作记录表格见表7-23。

表7-23　遥控软压板试验表

编号	名称	后台显示状态	保护显示状态	检查结果
1	主保护	1LP1-投差动保护	主保护	正确
2	高压侧后备保护	1LP2-投高压侧后备保护	高压侧后备保护	正确
3	高压侧电压	1LP4-投高压侧电压	高压侧电压	正确
4	中压侧后备保护	1LP5-投中压侧后备保护	中压侧后备保护	正确
5	中压侧电压	1LP6-投中压侧电压	中压侧电压	正确
6	低压侧后备保护	1LP7-投低压侧后备保护	低压侧后备保护	正确
7	低压侧电压	1LP8-投低压侧电压	低压侧电压	正确
8	公共绕组后备保护	1LP9-投公共绕组后备保护	公共绕组后备保护	正确
9	高压侧边开关SV接收压板	高压侧开关电流采样投入	高压侧开关SV接收压板	正确
…	…	…	…	…

3. 检修机制检查

保护装置输出报文的检修品质应能正确反映保护装置检修压板的投退。保护装置检修压板投入后，发送的MMS和GOOSE报文检修品质应置位，同时面板应有显示；保护装置检修压板打开后，发送的MMS和GOOSE报文检修品质应不置位，同时面板应有显示。

输入的GOOSE信号检修品质与保护装置检修状态不对应时，保护装置应正确处理该GOOSE信号，同时不影响运行设备的正常运行。

在测试仪与保护检修状态一致的情况下，保护动作行为正常。

输入的SV报文检修品质与保护装置检修状不对应时，保护应报警并闭锁。

在试验时，应分别投退保护装置、合并单元和智能终端的检修压板，检查保护在各种检修状态下的动作行为，将结果记入表7-24。

表7-24　检修机制试验表格

序号	测试项目		间隔	合并单元		智能终端		母线保护		综自后台情况检查
				投检修	退检修	投检修	退检修	投检修	退检修	
1	本装置	投检修	高压侧	保护动作	保护闭锁	保护动作	保护不动作	保护动作	保护闭锁	信号正确
2			中压侧							
3			低压侧							
4			本体							
5		退检修	高压侧							
6			中压侧							
7			低压侧							
8			本体							

（续）

序号	测试项目	间隔	合并单元		智能终端		母线保护		综自后台情况检查
			投检修	退检修	投检修	退检修	投检修	退检修	
9	间隔内所有设备处检修状态进行传动试验，开关应正确动作（ ）								
备注	投入正常运行时所有软、硬压板； 合并单元处于检修状态时，发送的 SV 报文应打上检修状态标志，则相关联的设备在运行状态应不响应接收到的 SV 报文，只有亦处检修状态时才能正常响应； 合并单元、智能终端、保护装置、测控装置等 IED 处于检修状态时，发送的 GOOSE 报文应打上检修状态标志，则相关联的设备在运行状态应不响应接收到的 GOOSE 报文，只有亦处检修状态时才能正常响应； 保护和测控装置处于检修状态时，发出的 MMS 报文应打上检修状态标志，综自系统把该报文列入检修窗口显示； 检修机制配合应检查发送和接收双向数据传输								

7.3 母差间隔联调

7.3.1 联调准备

1. 母差间隔设备配置情况

以图 7-11 所示的 220kV 典型双母线结构为例，一次 CT、PT 为常规电流、电压互感器，母差保护从母线合并单元点对点直采母线电压，点对点直采母联、主变与各线路合并单元的电流以及点对点直采母联、主变与各线路的智能终端刀闸位置，并点对点直跳各支路开关。

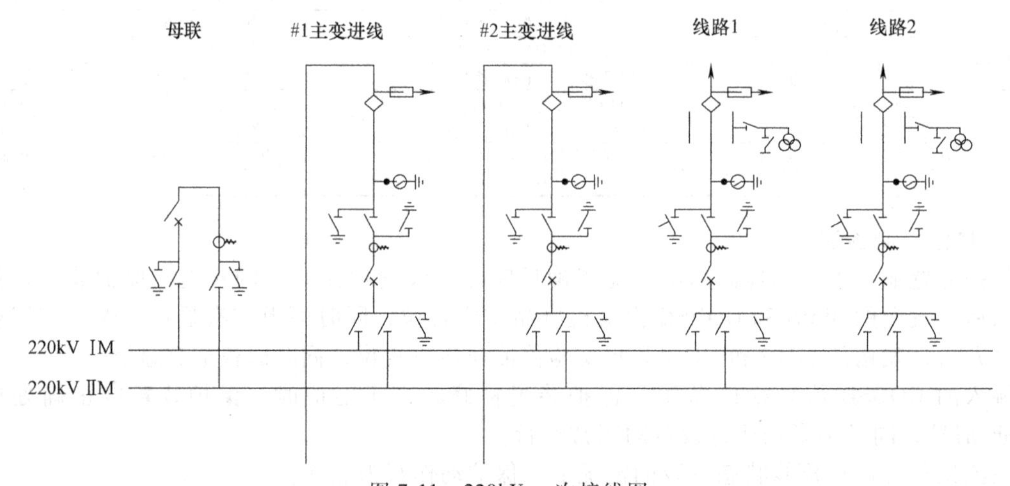

图 7-11 220kV 一次接线图

母差间隔二次设备采用双重化配置，两套系统完全独立，包括以下设备：母差保护屏两面，每面屏各配置了一套母线保护装置和两套过程层中心交换机。另外与母差间隔相关的设备包括：220kV 线路保护装置、故障录波及网络分析仪等。母差间隔典型二次信息联系图如图 7-12 所示。

2. 母差间隔 SV 信息流

以 220kV 母差保护 A 套为例，母差间隔 SV 联系如图 7-13 所示。

母差保护装置设置了 SV 接收软压板，用于某支路检修，退出运行时，实现该检修间隔 SV 信息流的隔断，从而保证母差保护不受检修间隔影响。

双重化母差保护配置的 SV 信息流向相同，在此以 A 网为例（母差采样值信息流向见表 7-25）：

1）母差保护直采母线合并单元的Ⅰ段母线 A、B、C 三相电压和Ⅱ段母线 A、B、C 三相电压，且均为双 A/D 采样。

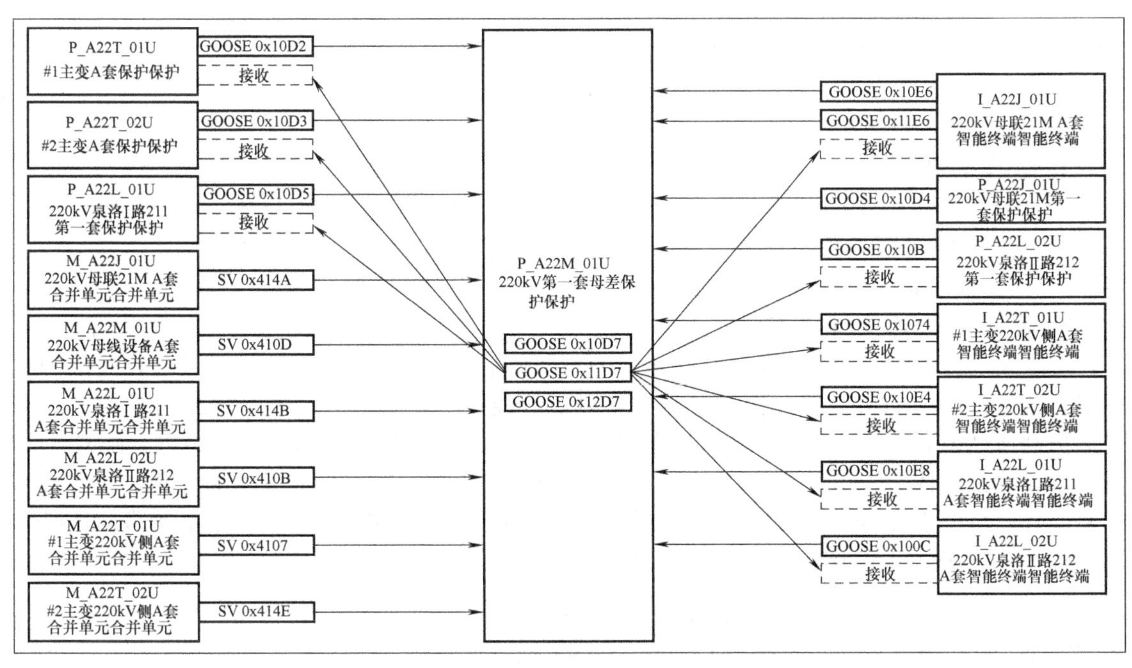

图 7-12 母差保护典型二次信息联系图

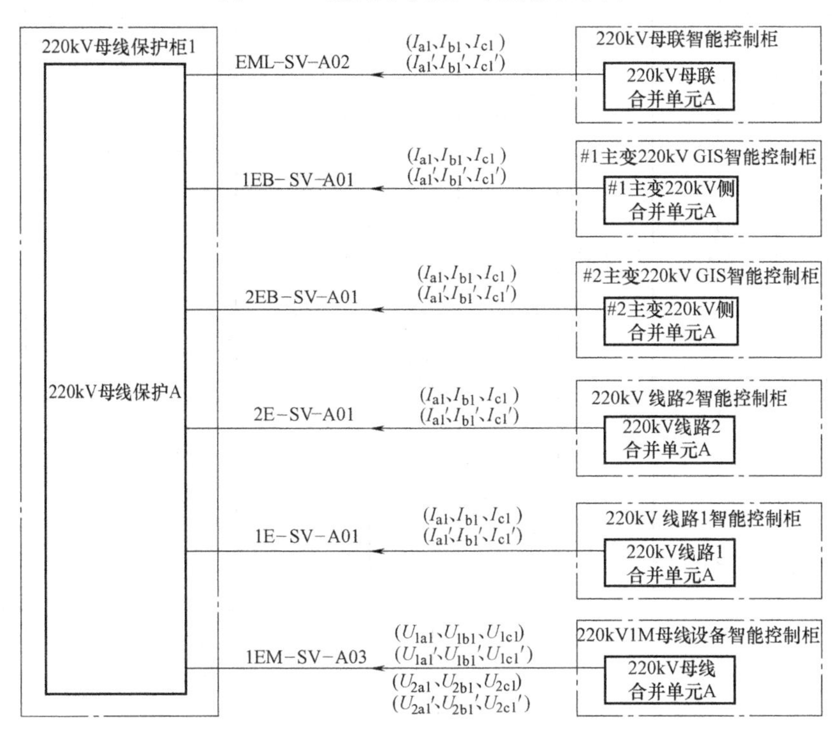

图 7-13 母差 SV 联系

表 7-25 母差保护采样值信息流向表

220kV 母差采样值信息流向表(A 网)		
发送装置	接收装置	说明
220kV 母线合并单元 A	220kV 母线保护 A	220kV 母线电压
220kV 母联合并单元 A	220kV 母线保护 A	母联保护电流
1 号主变 220kV 侧合并单元 A	220kV 母线保护 A	1 号主变 220kV 侧保护电流

（续）

220kV 母差采样值信息流向表（A 网）		
发送装置	接收装置	说明
2 号主变 220kV 侧合并单元 A	220kV 母线保护 A	2 号主变 220kV 侧保护电流
220kV 线路 1 合并单元 A	220kV 母线保护 A	线路 1 保护电流
220kV 线路 2 合并单元 A	220kV 母线保护 A	线路 2 保护电流

2）母差保护直采各个支路的 A、B、C 三相电流，且均为双 A/D 采样。

3）各支路的额定延时各作为一路通道提供给母差保护。

3. 母差间隔 GOOSE 信息流

母差间隔 GOOSE 联系如图 7-14 所示，各间隔的启动失灵 GOOSE 信号通过各自间隔的过程层交换机传输给 220kV 的过程层中心交换机后，经过交换机级联，再传输给母差保护，母差保护则通过中心交换机向各间隔的保护装置发送失灵联跳 GOOSE 信号和闭锁重合闸 GOOSE 信号（仅线路间隔）；同时，母差保护与各个间隔的智能终端采用直采直跳的方式，采集母联开关位置、母联手合 GOOSE 信号及各间隔刀闸位置和在故障时向各间隔智能终端发送跳闸 GOOSE 信号实现开关跳闸，具体信息流见表 7-26。

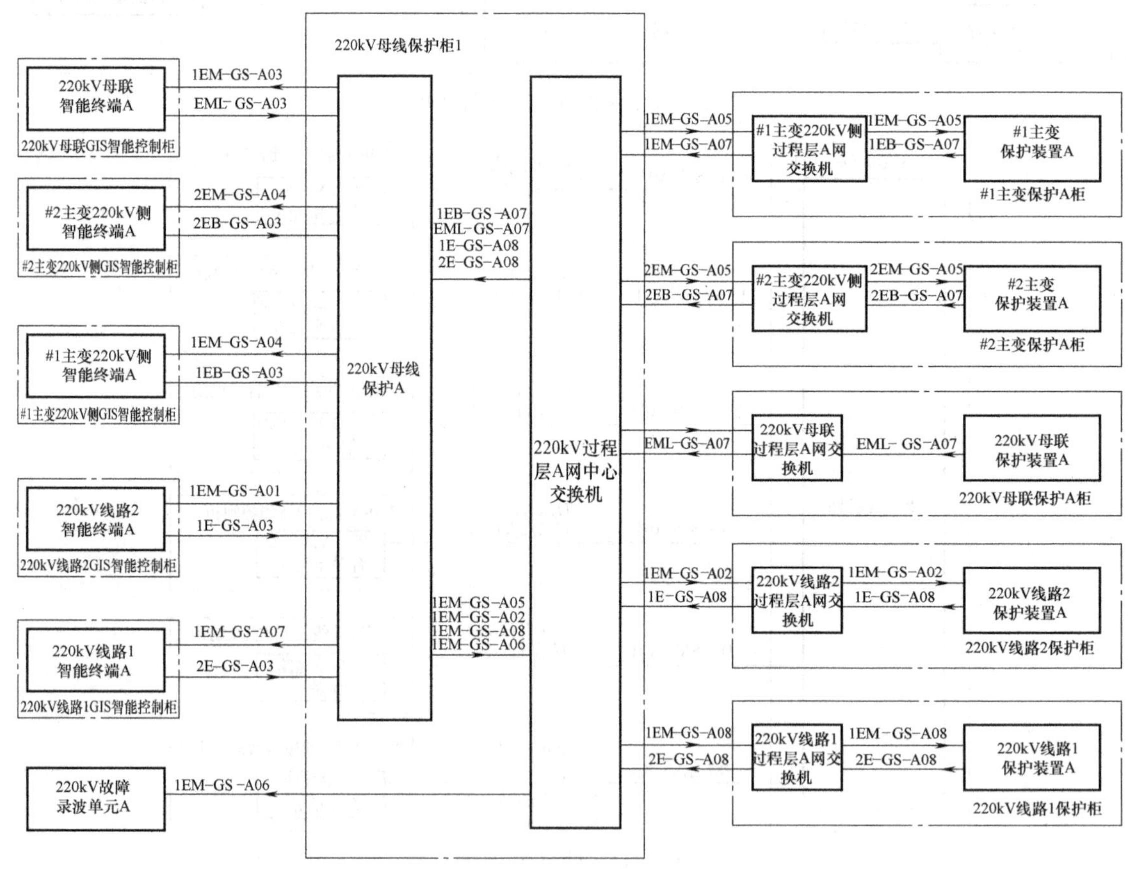

图 7-14 母差间隔 GOOSE 联系

7.3.2 光纤回路检查

1. 接线检查

按照设计图样检查所有设备连接光纤的正确性，包括保护装置、合并单元、交换机、智能终端之间的光纤。

表 7-26　母差间隔 GOOSE 信息流向表

220kV 母差 GOOSE 信息流向表(A 网)			
单元名称	发送	接收	说明
1 号主变 220kV 侧	220kV 母差保护 A	1 号主变 220kV 侧智能终端	母差保护 A 直跳高压侧开关
	1 号主变 220kV 侧智能终端	220kV 母差保护 A	1 号主变 220kV 侧刀闸位置
	220kV 母差保护 A	1 号主变保护 A	启动主变失灵联跳
	1 号主变保护 A	220kV 母差保护 A	1 号主变保护 A 启动失灵、解除复压闭锁
2 号主变 220kV 侧	220kV 母差保护 A	2 号主变 220kV 侧智能终端	母差保护直跳高压侧开关
	2 号主变 220kV 侧智能终端	220kV 母差保护 A	2 号主变 220kV 侧刀闸位置
	220kV 母差保护 A	2 号主变保护 A	启动主变失灵联跳
	2 号主变保护 A	220kV 母差保护 A	2 号主变保护 A 启动失灵、解除复压闭锁
220kV 母联	220kV 母差保护 A	220kV 母联智能终端 A	母差保护 A 跳母联开关
	220kV 母联保护 A	220kV 母差保护 A	母联保护 A 启动失灵
	220kV 母联智能终端 A	220kV 母差保护 A	母联开关位置、刀闸位置、母联手合开入
220kV 线路 1	220kV 母差保护 A	220kV 线路 1 智能终端 A	母差保护 A 直跳线路 1 开关
	220kV 母差保护 A	220kV 线路 1 保护装置 A	母线保护启动线路 1 远跳、闭锁重合闸
	220kV 线路 1 智能终端 A	220kV 母差保护 A	线路 1 刀闸位置
	220kV 线路 1 保护装置 A	220kV 母差保护 A	线路 1 保护动作启动失灵
220kV 线路 2	220kV 母差保护 A	220kV 线路 2 智能终端 A	母差保护 A 直跳线路 2 开关
	220kV 母差保护 A	220kV 线路 2 保护装置 A	母线保护启动线路 2 远跳、闭锁重合闸
	220kV 线路 2 智能终端 A	220kV 母差保护 A	线路 2 刀闸位置
	220kV 线路 2 保护装置 A	220kV 母差保护 A	线路 2 保护动作启动失灵
220kV 故障录波单元 A	220kV 母差保护 A	220kV 故障录波单元 A	母差保护 A 动作录波

利用激光笔，照亮待测光纤的一端，在另外一端观察被测光纤是否被点亮，同时核对被测光纤的标签，以此检查光纤连接的正确性。尾纤、尾缆布置合理，无挤压，光纤连接应呈自然弯曲。尾纤接头连接应牢靠，不应有松动、虚接现象。光纤线径宜采用 62.5/125μm；多模光缆芯数不宜超过 24 芯，每根光缆至少备用 20%，最少不低于 2 芯。光纤外观无破损，吊牌清晰明确，折弯半径符合相关标准要求外观无破损，吊牌清晰明确，折弯半径符合相关标准要求（尾纤弯曲半径大于 5cm、光缆弯曲半径大于 70cm）。光纤熔接后应采用热熔套管保护。备用光纤端口及备用光纤有防尘护套。

2. 光纤链路光功率检验

检查通信接口种类和数量是否满足要求，检查光纤端口发送功率、接收功率、灵敏启动功率，光纤检查表见表 7-27。

用一根跳线（衰耗小于 0.5dB）连接设备光纤发送端口和光功率计接收端口，读取光功率计上的功率值，即为光纤端口的发送功率。

将待测设备光纤接收端口的尾纤拔下，插入到光功率计接收端口，读取光功率计上的功率值，即为光纤端口的接收功率。

在光纤回路一端加光源，另一端接光功率计，通过光源发送的功率减去光功率计上所测到的功率值，则为光纤的衰耗。

用一根跳线连接数字信号输出仪器（如：数字继电保护测试仪）的输出网口与光衰耗计，再用一根跳线连接光衰耗计和待测设备的对应网口。数字继电保护测试仪网口输出报文包含有效数据（采样值报文数据为额定值，GOOSE 报文为开关位置）。从 0 开始缓慢增大调节光衰耗计衰耗，观察待测设备液晶面板（指示灯）或网口指示灯。优先观察液晶面板的报文数值显示；如设备液晶面板不能显示报文数值，观察液晶面板的通信状态显示或通信状态指示灯；如设备面板没有通信状态显示，观察通信网口的物理连接指示灯。当上述显示出现异常时，停止调节光衰耗计，将待测设备网口跳线接头拔下，插到光功率计上读出此时的功率值，即为待测设备网口的灵敏启动功率。

光纤功率检查标准如下：

1）1310nm 和 850nm 光纤回路（包括光纤熔接盒）的衰耗不应大于 3dB。

2）光波长 1310nm 光纤：光纤发送功率：-20～-14dBm，光接收灵敏度：-31～-14dBm。

3）光波长 850nm 光纤：光纤发送功率：-19～-10dBm，光接收灵敏度：-24～-10dBm。

表 7-27 光纤链路光功率检查表

序号	间隔	链路类型	对侧发送功率/dBm	本侧接收功率/dBm	衰耗计算值/dB	灵敏启动功率/dBm	本侧发送功率/dBm
1	母线 PT	SV	-18.23	-18.88	0.65	-39.87	—
2	母联	SV	-18.31	-18.90	0.59	-40.01	—
		GOOSE	-17.57	-18.19	0.62	-39.93	-18.33
3	1 号主变	SV	-19.02	-19.95	0.93	-39.89	—
		GOOSE	-18.89	-19.65	0.76	-39.92	-18.33
4	2 号主变	SV	-17.67	-18.16	0.49	-39.91	—
		GOOSE	-16.53	-17.05	0.52	-39.87	-17.42
5	线路 1	SV	-17.77	-18.30	0.53	-39.84	—
		GOOSE	-17.96	-18.42	0.46	-39.79	-17.55
6	线路 2	SV	-17.64	-18.15	0.51	-39.84	—
		GOOSE	-17.88	-18.32	0.44	-39.86	-17.63
7	波长/nm	1310					
8	结论	合格					

7.3.3 逻辑调试

进行母差联调前需要具备的基本条件：联调范围内的设备配置已下装、单体调试已完成，联调范围相关的链路已测试合格并接入，一次设备具备整组传动的条件，相关主站已完成配置、调试且通道已接入。

为了进行完整的间隔联调逻辑校验，本文按照全站基建环境安排母差间隔联调相关逻辑检验，主要包括以下几项检验内容：

1）SV 信息流检查及相关同步测试、检修逻辑、链路逻辑、压板投退功能检查。

2）GOOSE 信息流检查及相关检修逻辑、链路逻辑、压板投退功能检查。

1. SV 信息流检查（二次通流试验）

在各间隔的合并单元模拟量输入端逐相加入模拟量（如果三相同时加量，应加不平衡量，确保三相能区分开），检查母差保护装置的采样情况，确保组别和相别对应，以第一套合并单元为例，第二套合并单元类似，检查表见表 7-28。检查过程中应在母差保护装置处按间隔逐个检查，同时，还要检查母差保护 SV 接收压板功能是否可靠，即先投入所有 SV 接收压板，检查所加采样间隔电流相别、数值是否正确，其他间隔不应有采样，再退出该间隔的 SV 接收压板，装置应无该间隔采样，则证明 SV 接收压板的隔离功能正确。

表 7-28 220kV 母差 SV 信息流检查表（A 网）

序号	支路间隔	通道名称	母差保护采样显示结果
1	母线 PT	Ⅰ母 A 相电压	正确
2	母线 PT	Ⅰ母 B 相电压	正确
3	母线 PT	Ⅰ母 C 相电压	正确
4	母线 PT	Ⅱ母 A 相电压	正确

（续）

序号	支路间隔	通道名称	母差保护采样显示结果
5	母线 PT	Ⅱ母 B 相电压	正确
6	母线 PT	Ⅱ母 C 相电压	正确
7	母联	母联 A 相保护电流	正确
8	母联	母联 B 相保护电流	正确
9	母联	母联 C 相保护电流	正确
10	1 号主变	1 号主变 A 相保护电流	正确
11	1 号主变	1 号主变 B 相保护电流	正确
12	1 号主变	1 号主变 C 相保护电流	正确
13	2 号主变	2 号主变 A 相保护电流	正确
…	⋮	⋮	⋮
…	线路 1	线路 1 A 相保护电流	正确
…	⋮	⋮	⋮
…	线路 2	线路 2 C 相保护电流	正确

2. 同步测试

因母差保护装置各支路的电流均由各间隔的合并单元提供，而不同间隔合并单元的通道延时不一定相同，若通道延时设置错误，将导致母差保护产生差流。因此，母差同步性测试是检验接入母差保护装置各支路合并单元通道延时设置的重要手段，也是检验母差差流计算的正确性。同步测试要求每个间隔合并单元施加额定电流时，母差保护的差流不大于 $0.04I_n$ 则证明母差同步测试符合要求。

在此，以 220kV 母差保护为例，试验时，用继保测试仪向母线合并单元加入母线电压，再向某个支路合并单元加入电流，并通过电流串联接法，将电流串入其他支路合并单元，接线原理见图 7-15。接线时，按照一次设备运行状态，进行各间隔电流的串接，同时应根据电流方向进行串接接线（A 进 N 出或 N 进 A 出），若 CT 变比不同，可只加入单相电流，将继保测试仪其他相别设置为符合 CT 变比不同间隔的数值，并将此相别接入该间隔，以此实现母线电流的平衡。该方法因为接线方式较为复杂，因此建议在出厂联调时进行。

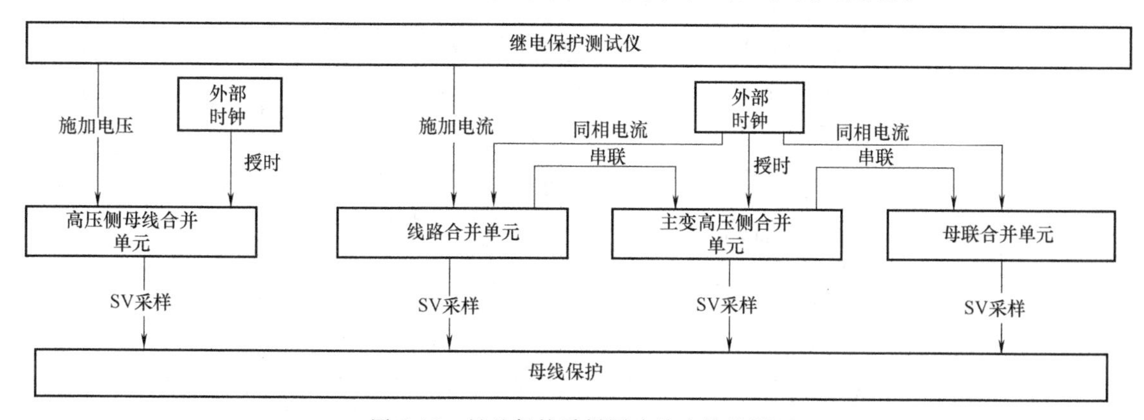

图 7-15　母差保护采样同步检查接线原理

另外，还可以利用继保测试仪共有 6 相电流输出的特性，将 6 相电流根据计算后的数值，分别接入不同间隔，实现同步性能测试，若间隔数大于 6 个间隔，那么，此时还可以采用互相比较的方法，即先进行两个间隔的同步测试，测试结果正确后，再以测试后两个间隔中的一个间隔作为基准，与其他待测间隔进行同步测试，每次测试可自行决定测试几个间隔，直到所有间隔都测试完毕。因现场设备安装距离较远，该方法接线方式较为简单，并且较符合现场实际，所以该方法更适合现场调试。

3. GOOSE 信息流检查

在各个 GOOSE 信息发送端模拟 GOOSE 信息的实际变位，在各个 GOOSE 信息接收端检查 GOOSE 开入的变位情况，同时进行检修逻辑、链路逻辑和相关压板的校验；出厂联调或基建现场调试时，试验应使被测信号实际发生变位，如是开关刀闸，应使其实际合分，以此检查接收装置的开入变位，禁止在端子排短接正电进行检查，如是保护失灵信号，可采用装置的信号发送测试方法进行测试。现场不具备实际变位条件的，如在平时年检过程中，一次设备没有停电，则可根据现场情况采用端子排短接正电的方法或采用保护测试仪 GOOSE 发送的方法进行。以 A 网为例，检验具体项目见表 7-29，检查过程中，还要一并检查母差保护装置的 GOOSE 接收压板功能是否正确，即将测试的母差保护装置中 GOOSE 接收压板退出，母差保护应不接收 GOOSE 信号。（目前新的保护装置已取消 GOOSE 接收压板，仅在发送端设置 GOOSE 发送压板，因此部分保护装置中没有 GOOSE 接收压板。）

表 7-29　220kV 母差 GOOSE 信息流检查表（A 网）

220kV 母差保护 A GOOSE 信息流检查表					
序号	间隔	发送装置	信号名称	接收装置	检查结果
1	220kV 母联	母联 A 套智能终端	断路器 A 相位置	母差保护 A	正确
2		母联 A 套智能终端	断路器 B 相位置	母差保护 A	正确
3		母联 A 套智能终端	断路器 C 相位置	母差保护 A	正确
4		母联 A 套智能终端	隔刀 1 位置	母差保护 A	正确
5		母联 A 套智能终端	隔刀 2 位置	母差保护 A	正确
6		母联第一套保护装置	启动失灵	母差保护 A	正确
7		母联 A 套智能终端	母联手合开入	母差保护 A	正确
8		母差保护 A	母差跳母联	母联 A 套智能终端	正确
9	1 号主变	1 号主变 A 套保护	启动高压 1 侧断路器失灵	母差保护 A	正确
10		1 号主变 220kV 侧 A 套智能终端	隔刀 1 位置	母差保护 A	正确
11		1 号主变 220kV 侧 A 套智能终端	隔刀 2 位置	母差保护 A	正确
12		母差保护 A	失灵联跳 1 号主变	1 号主变 A 套保护	正确
13		母差保护 A	母差跳 1 号主变高压侧	1 号主变 220kV 侧 A 套智能终端	正确
14	2 号主变	2 号主变 A 套保护	高压 1 侧断路器失灵	母差保护 A	正确
15		2 号主变 220kV 侧 A 套智能终端	隔刀 1 位置	母差保护 A	正确
16		2 号主变 220kV 侧 A 套智能终端	隔刀 2 位置	母差保护 A	正确
17		母差保护 A	失灵联跳 2 号主变	2 号主变 A 套保护	正确
18		母差保护 A	母差跳 2 号主变高压侧	2 号主变 220kV 侧 A 套智能终端	正确
19	220kV 线路 1	220kV 线路 1 第一套保护	启动 A 相失灵	母差保护 A	正确
20		220kV 线路 1 第一套保护	启动 B 相失灵	母差保护 A	正确
21		220kV 线路 1 第一套保护	启动 C 相失灵	母差保护 A	正确
22		220kV 线路 1 A 套智能终端	隔刀 1 位置	母差保护 A	正确
23		220kV 线路 1 A 套智能终端	隔刀 2 位置	母差保护 A	正确
24		母差保护 A	母差保护动作启动 220kV 线路 1 远跳	220kV 线路 1 第一套保护	正确
25		母差保护 A	母差保护动作闭锁线路重合闸	220kV 线路 1 第一套保护	正确
26		母差保护 A	母差跳 220kV 线路 1	220kV 线路 1A 套智能终端	正确

（续）

序号	间隔	发送装置	信号名称	接收装置	检查结果
220kV 母差保护 A GOOSE 信息流检查表					
27	220kV 线路 2	220kV 线路 2 第一套保护	启动 A 相失灵	母差保护 A	正确
28		220kV 线路 2 第一套保护	启动 B 相失灵	母差保护 A	正确
29		220kV 线路 2 第一套保护	启动 C 相失灵	母差保护 A	正确
30		220kV 线路 2A 套智能终端	隔刀 1 位置	母差保护 A	正确
31		220kV 线路 2A 套智能终端	隔刀 2 位置	母差保护 A	正确
32		母差保护 A	母差保护动作启动 220kV 线路 2 远跳	220kV 线路 2 第一套保护	正确
33		母差保护 A	母差保护动作闭锁线路重合闸	220kV 线路 2 第一套保护	正确
34		母差保护 A	母差跳 220kV 线路 2	220kV 线路 2 A 套智能终端	正确

4. 断链检查

在光纤连接正确性检查完毕后，应对光纤其进行拔插操作，在后台及装置面板的通信状态检查中确定光纤通道连接的正确性及后台断链表的正确性，断链表点亮原则：与保护装置有联系的光纤中断后，由接收信息方通过 MMS 网报断链信号；如拔出某线路保护 GOOSE 组网发送光纤，则后台应显示“母差接收线路保护 GOOSE 中断”。

（1）SV 断链检查　SV 断链逻辑验证已在母差保护单体调试部分中有详细说明，在此仅检查 SV 光纤链路连接和综自后台断链表的正确性。试验时应先恢复所有 SV 光纤连接，确认通信恢复正常后逐一断开 SV 光纤（可在母差保护装置背板处进行），检查母差保护装置液晶面板、监控后台及调控主站告警信息是否正确，并做好记录。具体检查内容见表 7-30。

表 7-30　220kV 母差 SV 断链检查表（A 网）

序号	发送端设备	接收端设备	接收端断链告警	监控后台告警	调控主站告警
1	220kV 线路 1 合并单元 A	220kV 母差保护 A	正确	正确	正确
2	220kV 线路 2 合并单元 A	220kV 母差保护 A	正确	正确	正确
3	220kV 母联合并单元 A	220kV 母差保护 A	正确	正确	正确
4	1 号主变 220kV 侧合并单元 A	220kV 母差保护 A	正确	正确	正确
5	2 号主变 220kV 侧合并单元 A	220kV 母差保护 A	正确	正确	正确
6	220kV Ⅰ 母 PT 合并单元 A	220kV 母差保护 A	正确	正确	正确

（2）GOOSE 断链检查　试验时，先恢复所有 GOOSE 光纤连接，确认通信恢复正常后逐一断开各发送方的 GOOSE 发送光纤，检查接收端装置液晶面板、监控后台及调控主站告警信息是否正确，并做好记录，具体断链检查表见表 7-31。同时，GOOSE 的断链逻辑满足暂态清零，稳态保持上一态的要求，在联调试验的 GOOSE 断链检查中，基本不存在暂态量，因此在联调试验中仅做稳态量的检查，可在事先合上母联开关及各支路的刀闸，在拔除测试间隔智能终端的 GOOSE 发生光纤时，母差保护应保持原来的开关或刀闸位置，不会发生变位。

表 7-31　220kV 母差 GOOSE 断链检查表（A 网）

间隔名称	发送端设备	接收端设备	接收端告警	监控后台告警	调控主站告警
220kV 母联	220kV 母联 A 套智能终端	220kV 母差保护 A	正确	正确	正确
	220kV 母联保护 A	220kV 母差保护 A	正确	正确	正确
	220kV 母差保护 A	220kV 母联 A 套智能终端	正确	正确	正确
1 号主变	1 号主变 220kV 侧 A 套智能终端	220kV 母差保护 A	正确	正确	正确
	1 号主变第一套保护	220kV 母差保护 A	正确	正确	正确
	220kV 母差保护 A	1 号主变 220kV 侧 A 套智能终端	正确	正确	正确
	220kV 母差保护 A	1 号主变第一套保护	正确	正确	正确

（续）

间隔名称	发送端设备	接收端设备	接收端告警	监控后台告警	调控主站告警
2号主变	2号主变220kV侧A套智能终端	220kV母差保护A	正确	正确	正确
	2号主变第一套保护	220kV母差保护A	正确	正确	正确
	220kV母差保护A	2号主变220kV侧A套智能终端	正确	正确	正确
	220kV母差保护A	2号主变第一套保护	正确	正确	正确
220kV线路1	220kV线路1A套智能终端	220kV母差保护A	正确	正确	正确
	220kV线路1第一套保护装置	220kV母线保护A	正确	正确	正确
	220kV母线保护A	220kV线路1A套智能终端	正确	正确	正确
	220kV母线保护A	220kV线路1第一套保护装置	正确	正确	正确
220kV线路2	220kV线路2A套智能终端	220kV母差保护A	正确	正确	正确
	220kV线路2第一套保护装置	220kV母线保护A	正确	正确	正确
	220kV母线保护A	220kV线路2A套智能终端	正确	正确	正确
	220kV母线保护A	220kV线路2第一套保护装置	正确	正确	正确

7.3.4 整组传动

1. 保护带开关整组传动

母差保护的开关整组传动是检验母差保护所有虚端子及各支路二次回路正确性的最后手段，是验证各间隔与母差保护之间互联互通正确性的重要手段，因此，整组传动至关重要，检查表见表7-32。

表7-32 整组传动检查表

测试项目	间隔	本装置显示	综自后台显示	智能终端动作情况		相关联装置GOOSE接收情况	断路器动作情况检查
				出口硬压板投入LED显示	实测动作时间/ms		
母差保护	母联	母差差动保护动作	母差保护动作	跳A、跳B、跳C	22	合格	合格
	1号主变	母差差动保护动作	母差保护动作	跳A、跳B、跳C	23	合格	合格
	2号主变	母差差动保护动作	母差保护动作	跳A、跳B、跳C	22	合格	合格
	线路1	母差差动保护动作	母差保护动作	跳A、跳B、跳C	22	合格	合格
	线路2	母差差动保护动作	母差保护动作	跳A、跳B、跳C	23	合格	合格
失灵保护	母联	失灵保护动作、失灵开入	失灵保护动作	跳A、跳B、跳C	322	合格	合格
	1号主变	失灵保护动作、失灵开入	失灵保护动作	跳A、跳B、跳C	322	合格	合格
	2号主变	失灵保护动作、失灵开入	失灵保护动作	跳A、跳B、跳C	323	合格	合格
	线路1	失灵保护动作、失灵开入	失灵保护动作	跳A、跳B、跳C	323	合格	合格
	线路2	失灵保护动作、失灵开入	失灵保护动作	跳A、跳B、跳C	322	合格	合格

整组传动试验方法及要求如下：

1）母线保护所接所有间隔恢复正常方式，恢复母差保护及各间隔正常运行时所有软、硬压板，为了能保证开关的动作确实是由母差保护动作完成的，线路保护的GOOSE跳闸软压板及失灵GOOSE软压板应退出；模拟实际运行时可能存在的故障情况进行试验。

2）故障量采样值应从各间隔合并单元前端加入，带上整个回路进行整组传动。

3）动作情况应与设计单位的GOOSE虚端子连接图（表）一致。

4）进行各间隔的传动需检查全站所有间隔的断路器动作情况，无关间隔不应误动。

5）传动试验时还应进行整组动作延时检查，试验时由保护测试仪从合并单元处施加电压、电流，使被测母差保护动作，将智能终端动作接点接入保护测试仪，当测试仪记录故障发生时刻与智能终端返回的硬接点时间差即为母差保护的动作延时，母差保护动作延时要求不大于 29ms。动作延时试验接线见图 7-16。

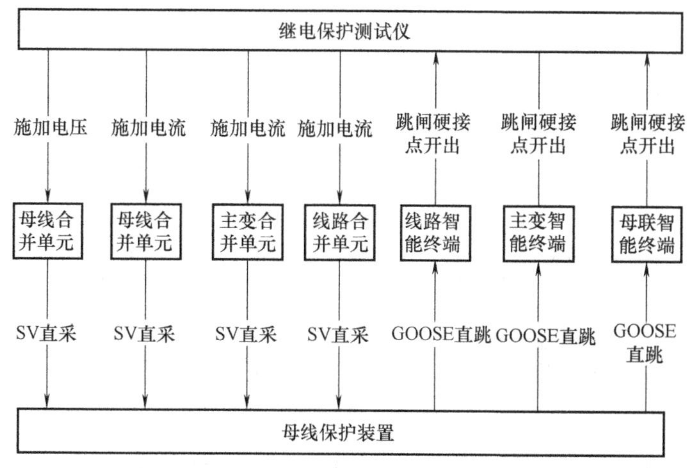

图 7-16　母差保护整组动作延时测试接线图

6）传动试验还应进行失灵回路延时性能测试（失灵回路信息交互如图 7-17 所示）。

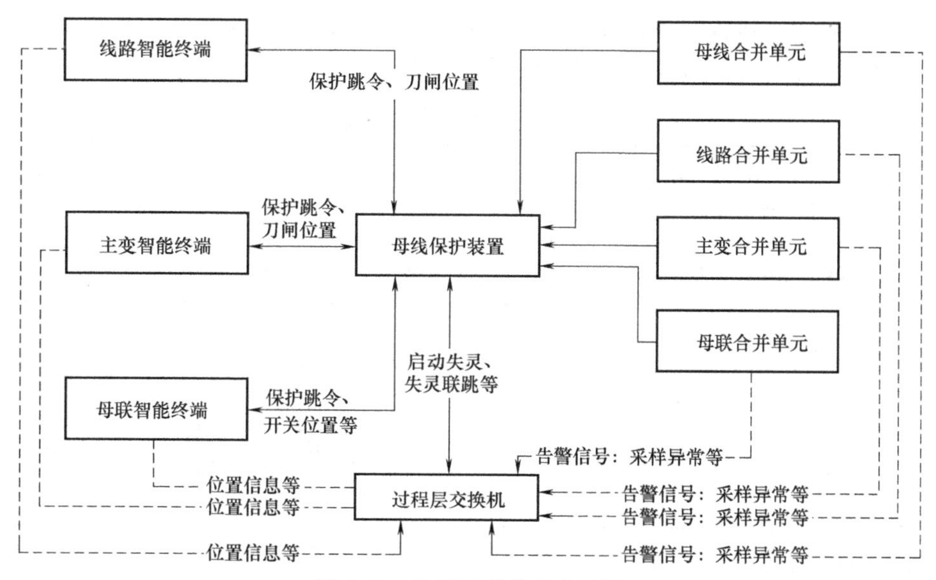

图 7-17　失灵回路信息交互图

试验时，先恢复间隔内失灵 GOOSE 发生软压板，再用保护测试仪从间隔合并单元处施加电压、电流，并保证故障电流大于失灵保护的整定时间，使间隔内的保护动作；间隔内的保护通过 GOOSE 网络即过程层交换机启动母差失灵保护，失灵保护动作跳各间隔的智能终端，最后，将动作接点接入保护测试仪，测试仪的故障发生时间与智能终端接点动作时间差即为失灵保护跳闸延时。失灵延时试验接线如图 7-18 所示。

7）出口软、硬压板唯一性检查结合整组传动一并测试，测试时，先退出出口硬压板，再投入对应软压板，智能终端应能正确收到跳闸命令并点量面板跳闸灯；正确之后，再投入出口硬压板。

8）A、B 套保护分别进行整组传动，检查两套保护及相关设备回路独立性。

2. 母差保护监控后台遥控测试

根据二次远控大修要求，保护装置应具备保护功能软压板、SV 接收软压板、GOOSE 软压

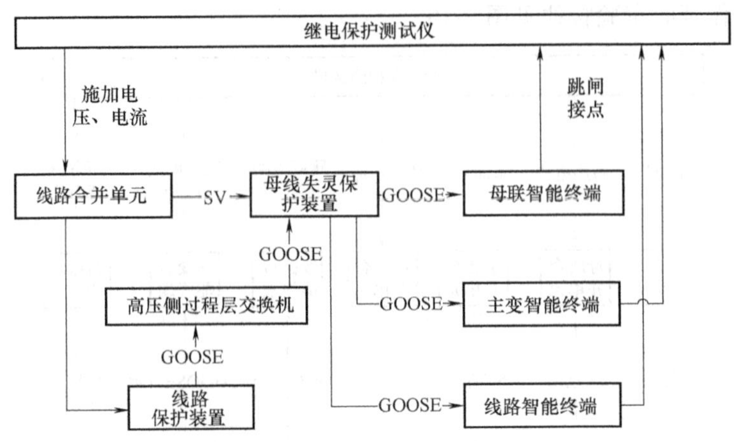

图 7-18 失灵延时试验接线图

板及保护装置复归的遥控功能，因此，母差间隔联调时应进行相关遥控测试，检查后台及主站遥控功能是否正确，遥控内容见表 7-33。遥控时应在后台处进行实际的压板遥控，并在装置与后台检查压板变位是否正确；主站遥控应另外进行，在已经做过后台遥控测试检查的前提下，可只在后台检查压板变位情况。在日常年检中，一次设备没停电，关联间隔在运行中的情况下，应先做好防止误遥控措施后再进行遥控测试。

表 7-33 母差间隔遥控表

软压板名称	控制性质	软压板状态
220kV 母差保护 A 差动保护软压板	投入	正确
	退出	正确
220kV 母差保护 A 失灵保护软压板	投入	正确
	退出	正确
220kV 母差保护 A 母线互联软压板	投入	正确
	退出	正确
220kV 母差保护 A PT 投入软压板	投入	正确
	退出	正确
220kV 母差保护 A 母联 SV 接收软压板	投入	正确
	退出	正确
⋮	⋮	⋮

3. 检修机制检查

1）投入正常运行时所有软、硬压板。

2）合并单元处于检修状态时，发送的 SV 报文应打上检修状态标志，则相关联的设备在运行状态应仅显示采样但不将接收到的 SV 报文列入逻辑计算，只有亦处检修状态时才能正常响应。

3）合并单元、智能终端、保护装置、测控装置等 IED 处于检修状态时，发送的 GOOSE 报文应打上检修状态标志，相关联的设备在运行状态时应按稳态量保持上一态，暂态量仅在开入量中显示变位情况而逻辑上进行清零处理的检修逻辑处理方式进行处理，只有关联设备亦处在检修状态时才能正常响应。

4）各装置检修压板投入后，后台应正确显示装置检修压板位置，检修不一致信号应能正确上送后台，保护和测控装置处于检修状态时，发出的 MMS 报文应打上检修状态标志，综自系统把该报文列入检修窗口显示，保证检修信号不会将运行信号覆盖，影响监控人员监控。

5）检修机制应检查 SV、GOOSE 检修状态下各装置的动作情况，并应检查发送和接收双向数据传输情况。具体检查内容见表 7-34。

表 7-34　母差联调检修机制检查表（A 网）

测试项目		间隔	合并单元 A		智能终端 A		保护装置 A		综自后台情况检查
			投检修	退检修	投检修	退检修	投检修	退检修	
220kV 母差保护 A	投检修	母线 PT	电压可闭锁	同 PT 断线	—	—	—	—	正确
		母联	动作	同母联 CT 断线	响应	不响应	响应	不响应	正确
		1 号主变	动作	不动作	响应	不响应	响应	不响应	正确
		2 号主变	动作	不动作	响应	不响应	响应	不响应	正确
		线路 1	动作	不动作	响应	不响应	响应	不响应	正确
		线路 2	动作	不动作	响应	不响应	响应	不响应	正确
	退检修	母线 PT	同 PT 断线	电压可闭锁	—	—	—	—	正确
		母联	同母联 CT 断线	动作	不响应	响应	不响应	响应	正确
		1 号主变	不动作	动作	不响应	响应	不响应	响应	正确
		2 号主变	不动作	动作	不响应	响应	不响应	响应	正确
		线路 1	不动作	动作	不响应	响应	不响应	响应	正确
		线路 2	不动作	动作	不响应	响应	不响应	响应	正确
间隔内所有设备处检修状态进行传动试验，开关应正确动作									

7.4　系统联调

7.4.1　联调准备

本节介绍的智能变电站系统联调包括：监控后台、远动、保信子站、故障录波等。要使联调具备条件同时也需要对交换机、同步时钟进行调试。保信子站、远动主机、监控后台均处于站控层的位置，通过 MMS 网络获取所需要的数据上送调控端。故障录波系统则主要是获取过程层（SMV、GOOSE）数据，依据起动条件进行录波及上传调控端。智能站保信子站、远动主机、监控后台、故障录波网络简图如图 7-19所示。

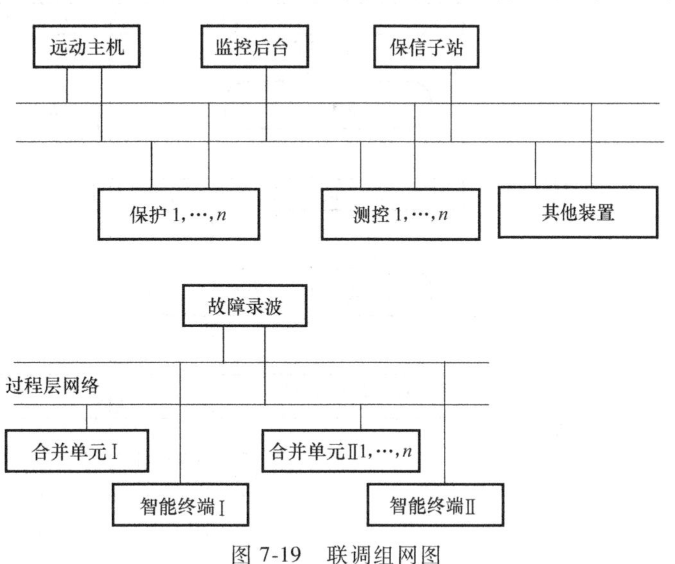

图 7-19　联调组网图

如联调组网图所示，远动主机、监控后台、保信子站需要将各个间隔保护装置、测控装置、其他装置（一体化电源等）接入站控层网络。保护、测控装置对间隔层的网络接法符合“直采”“网采”等规则。故障录波则直接接入过程层网络获得 GOOSE、SMV 报文，订阅所设置的间隔信息。

远动主机、监控后台、保信子站、故障录波联调需要具备的条件如下：

1）各个设备状态检查：装置完好，带电启动后无异常信号，设备运行正常。

2）系统主机桌面检查：检查主机桌面是否功能完备，操作灵活，操作画面是否合理。

3）远动主机、监控后台、保信子站、故障录波是否按照要求配置完毕，必要时进行检查。

4）各个保护、测控、合并单元、智能终端、交换机、同步时钟装置单体测试完毕正确、对时正确。

5）远动主机、监控后台、保信子站、故障录波网络连接正确，并且与下级装置通讯正常。

6）各个间隔合并单元、智能终端等二次回路检查正常、校核正常。

7.4.2 交换机系统联调

目前智能变电站内的网络通信设备主要是以太网交换机，按智能站“三层两网”的划分方法，分为站控层交换机和过程层交换机。交换机和二次网络作为智能变电站中非常重要的设备，特别是网采网跳或直采直跳的模式，对交换机的要求更高。目前，虽然保护采用直采直跳的模式，但一些间隔层设备间的重要信号，比如启动失灵、主变压器保护跳分段或母联断路器等信息通过交换机进行数据传输。网络交换机承载着间隔内及跨间隔的信息传输，运行过程中交换机的安全稳定性涉及调度四遥、变电站二次设备的安全可靠运行等。一旦出现问题，可能引起保护拒动，造成事故范围扩大等后果，因此需要将交换机列入正常检验设备并制定有序有效的更换和试验方法来保障。智能变电站交换机配置方案如图7-20所示。

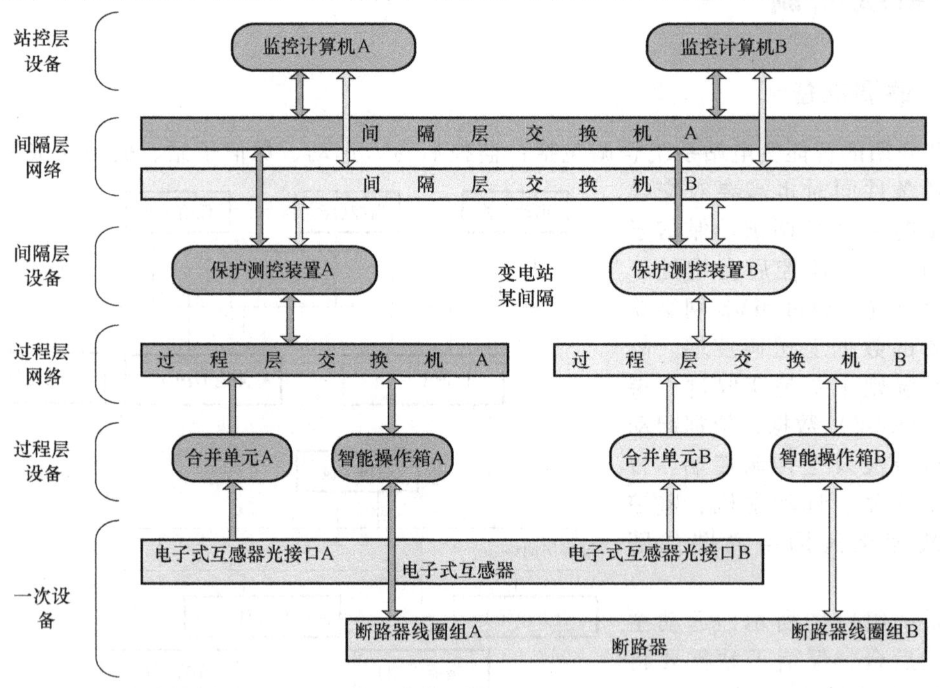

图7-20　交换机配置方案

1. 智能变电站中心交换机

（1）智能站过程层组网模式　除规定的点对点通信需求外，110kV及以上电压等级按电压等级组过程层网络，组网拓扑采用星形联结。220kV及以上电压等级的过程层常采用100Mbit/s星型双以太网结构。

根据承载业务的不同，常见的智能站中心交换机组网方式主要有两种，主要区别在于SV是否参与组网。

第一种组网方式（如图7-21所示）是SV不进行组网，各装置（保护、测控、录波、PMU、电能计量等）采样值均采用点对点方式。500kV、220kV 过程层 GOOSE 信息单独组网，保护跳闸采用点对点方式，保护之间的联闭锁信息、失灵启动等信息采用 GOOSE 网络传输方式。

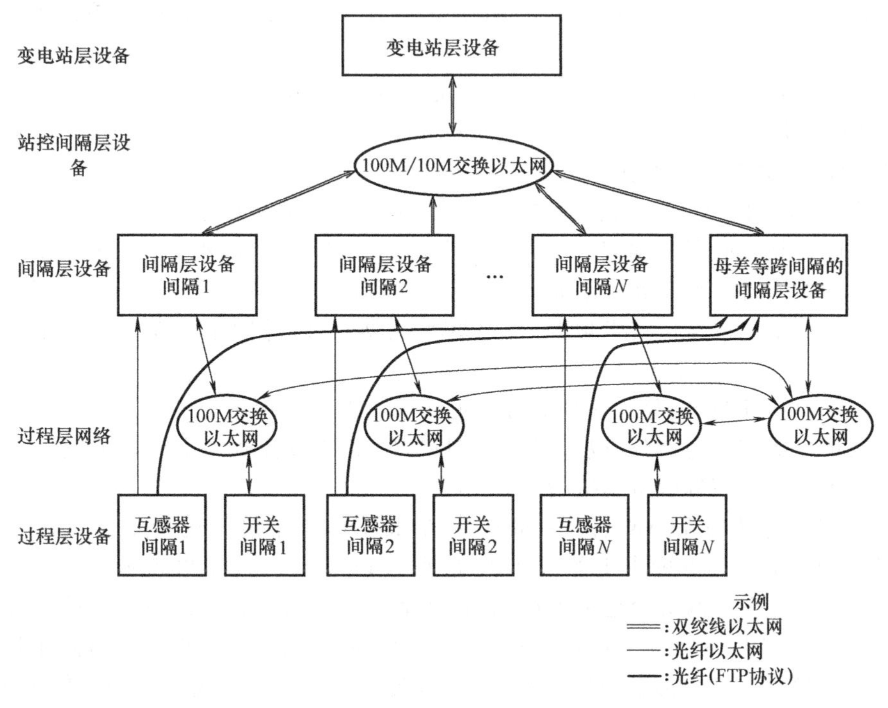

图 7-21　过程层 GOOSE 网

第二种组网方式是测控及跨间隔 SV 报文（包括线路 SV 发往线路测控装置、母线保护以及网络分析仪等），采用网络传输方式。传输时可以跟过程层 GOOSE 网络共网，也可以独立组网，如图 7-22 所示。

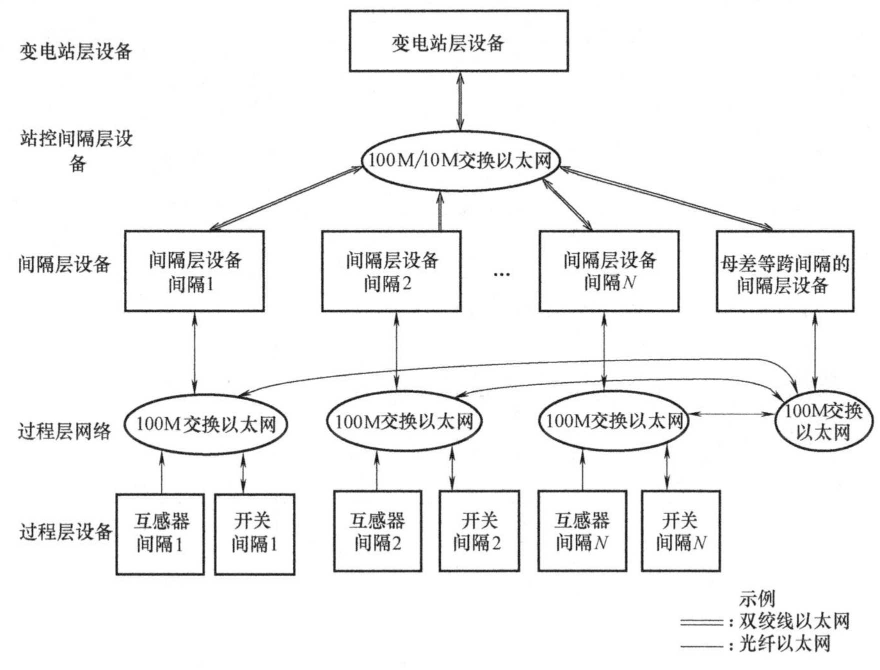

图 7-22　过程层 GOOSE、SV 网

（2）智能站中心交换机承载业务　根据福建省网智能变电站二次系统功能回路技术规定规定，线路收远跳、启动失灵开入、失灵跳相邻开关、主变失灵联跳、主变跳母联母分等跨间隔跳闸、联跳、启失灵等信息均采用 GOOSE 网络方式传输，这些跨间隔信息均需要通过中心交换机。

另外，在 SV 与 GOOSE 共网的情况下，中心交换机还承载着发往网络分析仪、故障录波器的各间隔 SV 报文，以及发往公用测控装置的母线间隔 SV 报文。

2. 智能变电站站交换机系统调试

VLAN 虚拟局域网，是指在交换局域网的基础上，采用网络管理软件构建的可跨越不同网段、不同网络的端到端的逻辑网络。一个 VLAN 组成一个逻辑子网，即一个逻辑广播域，它可以覆盖多个网络设备，允许处于不同地理位置的网络用户加入到一个逻辑子网中。

划分 VLAN 的基本策略从技术角度讲，VLAN 的划分可依据不同原则，一般有以下三种划分方法：

1）基于端口的 VLAN 划分：这种划分是把一个或多个交换机上的几个端口划分一个逻辑组，这是最简单、最有效的划分方法。该方法只需网络管理员对网络设备的交换端口进行重新分配即可，不用考虑该端口所连接的设备。

2）基于 MAC 地址的 VLAN 划分：MAC 地址其实就是指网卡的标识符，每一块网卡的 MAC 地址都是唯一且固化在网卡上的。MAC 地址由 12 位十六进制数表示，前 8 位为厂商标识，后 4 位为网卡标识。网络管理员可按 MAC 地址把一些站点划分为一个逻辑子网。

3）基于路由的 VLAN 划分：路由协议工作在网络层，相应的工作设备有路由器和路由交换机（即三层交换机）。该方式允许一个 VLAN 跨越多个交换机，或一个端口位于多个 VLAN 中。就目前来说，对于 VLAN 的划分主要采取上述第 1、3 种方式，第 2 种方式为辅助性的方案。

在一个新的智能站在基建联调初期，集成商会首先分配一张 EXCEL 表格如图 7-23 所示，然后交换机厂家会根据该表进行 VLAN 划分，以下就是各个网口与 VLAN 的关系。

220kV线路保护A柜220kV过程层A网交换机			220kV线路保护A柜220kV过程层B网交换机			220kV母线保护A柜220kV过程层A网中心交换机			220kV母线保护A柜220kV过程层A网中心交换机		
网口	VLAN	接入设备	网口	VLAN		网口	VLAN		网口	VLAN	
1	2\14	220kV线路一测控柜	1	2\14	220kV线路一测控柜	1	2	220kV母线保护A	1	2	220kV母线保护B
2	2\24	220kV线路二测控柜	2	2\24	220kV线路二测控柜	2	2\13\14\17\24	220kV线路保护A交换机	2	2\13\14\17\24	220kV线路保护B交换机
3	2	220kV线路1保护A GOOSE组网口	3	2	220kV线路一保护B	3	2\15\16\17	220kV1号主变保护A交换机	3	2\15\16\17	220kV1号主变保护B交换机
4	2	220kV线路2保护A GOOSE组网口	4	2	220kV线路二保护B	4	2\17	220kV公用测控柜	4	2\17	
5	2	220kV线路2智能柜智能终端A	5	2	220kV线路2智能柜智能终端B	5	2	220kV母线智能柜智能终端A	5	2	220kV母线智能柜智能终端B
6	2\24	220kV线路2智能柜合并单元A	6	2\24	220kV线路2智能柜合并单元B	6	2\17	220kV母线智能柜合并单元A	6	2\17	220kV母线智能柜合并单元B
7	2	220kV母联保护A	7	2	220kV母联保护柜B	7	2\13\14\15\16\17\24	故障录波	7	2\13\14\15\16\17\24	故障录波
8	2\13\14\17\24	220kV母线保护柜中心交换机A	8	2\13\14\17\24	220kV母线保护柜中心交换机B	8	2		8		
9			9			9	2		9		
10	2\13	220kV母联测控GOSV	10	2\13	220kV母联测控柜gosv	10	2		10		
11	2	220kV线路1智能柜智能终端A	11	2	220kV线路1智能柜智能终端B	11	2		11		
12	14	220kV线路1智能柜合并单元A	12	14	220kV线路1智能柜合并单元B	12	2		12		
13	2	220kV母联智能柜智能终端A	13	2	220kV母联智能柜智能终端B	13	2		13		
14	13	220kV母联智能柜合并单元A	14	13	220kV母联智能柜合并单元B	14	2		14		
15	2		15	2		15	2		15		
16	2		16	2		16	2		16		
17	2		17	2		17	2		17		
18	2		18	2		18	2		18		
19	2		19	2		19	2		19		
20	2		20	2		20	2		20		
21	2		21	2		21	2		21		
22	2\13\14\17\24		22	2\13\14\17\2		22	2\13\14\15\16\17\24		22	2\13\14\15\16\17\24	

图 7-23　VLAN 表图

以“220kV 线路保护 A 柜 220kV 过程层 A 网交换机”为例：根据厂家提供的 VLAN 配置表，从网口 1 进入的报文只有携带 VLAN 2 或者 VLAN 14，才能正常转发，其他 VLAN 报文均无法正常转发，同理从网口 8 进入的报文只有携带 VLAN 2、VLAN 13、VLAN 14、VLAN 17 或者 VLAN 24，才能正常转发，其他 VLAN 均无法正常转发。

根据各交换机厂家登入方法，进入“A 柜 220kV 过程层 A 网交换机”管理界面，找到网口 8，如图 7-24 所示，该网口 VLAN 的配置为 2，13，14，17，24，则可判断该网口配置正确。

(-=无关端口, M=成员端口, U=Untagged端口, F=Forbidden端口)

GE1/1/1	GE1/1/2	GE1/2/1	GE1/2/2	FE1/3/1	FE1/3/2	FE1/3/3	FE1/3/4	FE1/4/1	FE1/4/2	FE1/4/3	FE1/4/4
U	U	U	U	U	U	U	U	U	U	U	U
FE1/5/1	FE1/5/2	FE1/5/3	FE1/5/4	FE1/7/1	FE1/7/2	FE1/7/3	FE1/7/4	FE1/8/1	FE1/8/2	FE1/8/3	FE1/8/4
U	U	U	U	U	U	U	U	U	U	U	U

VLAN配置信息

VLANs	2, 13, 14, 17, 24 *(2-4094) 添加 删除 挂起
已经创建的VLANs	1, 4093
活动的VLANs	1, 4093
集群VLAN	4093

备注：如果配置集群VLAN或者配置其它VLANs失败，直接跳过，不提示失败。

图 7-24 交换机网口 8 配置界面

7.4.3 同步时钟设备联调

全球定位系统（Global Positioning System，GPS），是通过位于地面的接收机同时接收 4 颗以上卫星信号，测量卫星到接收机之间的距离，确定接收机点位坐标。根据定位的准确度，GPS 接收机分为导航型和测量型。根据所能接收的卫星信号 GPS 接收机可分为单频型和双频型。测量型接收机由软件和硬件两大部分组成，硬件包括天线、主机和电源，软件功能包括卫星预报、基线解算、网平差等功能，在智能电网生产运行中发挥着重要作用。GPS 接收机的基本结构框图如图 7-25 所示。

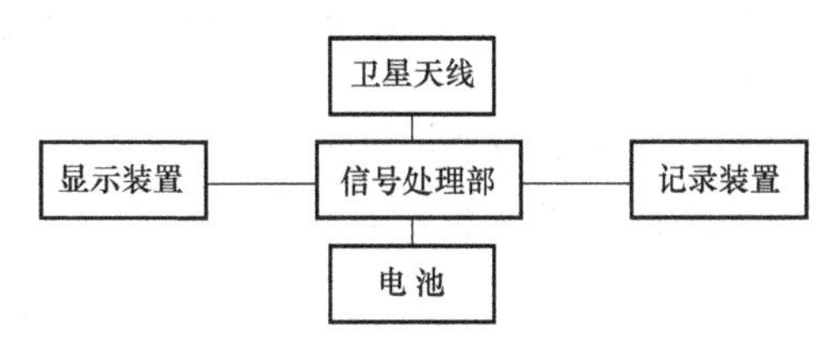

图 7-25 GPS 接收机基本结构

各变电站内计算机监控系统、保护装置、故障录波器 、事件顺序记录装置、安全自动装置、远动 RTU 及各级能量管理系统、调度自动化系统、配电网自动化系统、用电负荷管理系统、通信网监控系统、电能量计费系统、电网频率按秒考核系统、功角测量装置、线路故障行波测距装置、雷电定位装置、调度录音电话、各类信息管理系统 MIS 等设备应接入 GPS 同步时钟装置系统，如图 7-26 所示。

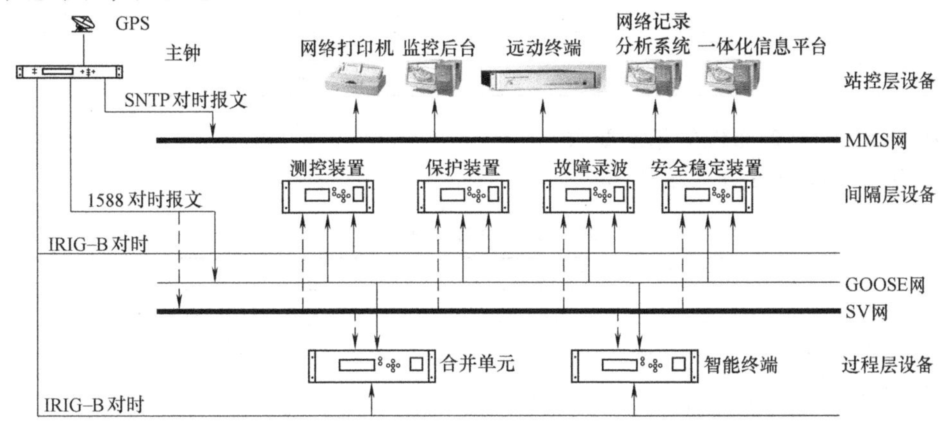

图 7-26 智能变电站对时系统图

1. 智能变电站的对时方式介绍

智能变电站的对时方式有：脉冲对时、IRIG-B码对时、网络对时、NTP/SNTP对时等。

目前使用最多的三种对时方式的比较如下：

1）IEEE1588：技术基本成熟，成本较高，不需要单独的对时网络，但主钟与交换机可靠性还有待提高，应用中会出现抖动等异常现象，可用于全站所有设备的对时。

2）IRIG-B：技术成熟，在系统中应用多年，需要单独的对时网络，可用于全站所有设备的对时。

3）1PPS：主要应用于脉冲同步，无法传输绝对时间报文。

2. GPS装置调试

GPS装置调试的合格参数限制如下：

1）开关量变位传送时间不大于1s（至站控层显示屏）。

2）开关量信号输入至画面显示的响应时间不大于2s。

3）事件顺序记录分辨率（SOE）不大于2ms。

4）整个系统对时精度误差应不大于1ms。

3. 对时装置检查

对时装置检查如下操作：

1）断开GPS主时钟电源，监控后台应正确显示“GPS主时钟电源失电告警”。

2）拔除GPS对时天线，监控后台应正确显示“GPS对时主时钟失步告警”。

3）断开GPS扩展时钟电源，监控后台应正确显示“GPS扩展时钟电源失电告警”。

4）拔除GPS扩展时钟与主时钟对时尾纤，监控后台应正确显示“GPS对时扩展时钟失步告警”。

4. 对时链路检查

按照表7-35进行对时链路检查。

表7-35　对时链路检查表

对时地点	对时类型	检查情况
×××公用测控	B码	合格
×××保护A柜	B码	合格
×××保护B柜	B码	合格
⋮	⋮	⋮
×××线路保护测控柜	B码	合格
×××高压侧智能柜	B码	合格
×××中压侧智能柜	B码	合格
×××低压侧智能柜	B码	合格
×××本体侧智能柜	B码	合格
×××线路智能柜	B码	合格

5. 系统设备对对时系统的精度要求

同步时钟联调精度要求见表7-36。

表7-36　对时精度要求

序号	电力系统常用设备或系统	时间同步准确度
1	合并单元	优于1μs
2	同步相量测量装置	优于1μs
3	故障录波器	优于1ms
4	电气测控单元、远方终端、保护测控一体化装置	优于1ms
5	微机保护装置	优于10ms

（续）

序号	电力系统常用设备或系统	时间同步准确度
6	安全自动装置	优于 10ms
7	配电网终端装置、配电网自动化系统	优于 10ms
8	电能量采集装置	优于 1s
9	火电厂、水电厂、变电站计算机监控系统主站	优于 1s

7.4.4 与主站系统联调

与主站系统（调控系统）的联调，实际上就是实现系统功能的一个过程。每一个系统都有自己的输入、处理、输出部分。根据这个原则理清楚各个部分的原理就可以做到顺利联调。下面介绍四遥、保信、故障录波等系统与主站系统（调控系统）联调。

1. 四遥联调

（1）联调原理　四遥的联调包括：遥信、遥测、遥控、遥调。对于监控后台和远动主机的四遥联调大体方式一致，区别在于信号的不同和系统查看及组态设置的不同。监控后台一般取全站所有数据，远动主机则根据调控端需要选取。本节按照信号传送方向来介绍联调方法。

1）信号上送联调：信号上送包括遥信、遥测的上送。对于测控装置获取信号的流程如图7-27所示。对于保护装置上送的信号流程如图7-28所示。其他装置上送信号方式与保护装置类似。

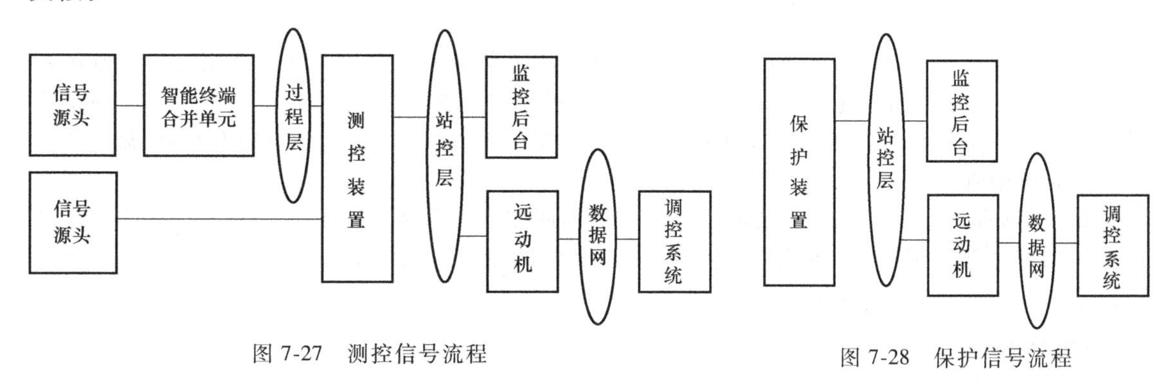

图7-27　测控信号流程　　图7-28　保护信号流程

测控信号联调流程中，信号的源头是指信号的发起端，如开关、刀闸及有关告警的辅助节点、PT/CT等遥测的采集端。这些遥信、遥测经过智能终端、合并单元的采集变成数字信号通过网络最终传到监控后台及远动主机处理并展示、上传。其中有些信号源头并没有直接接入智能终端或合并单元，而是直接接入测控装置（如同个保护小室的装置告警、保护动作信号）上传。对于这些测控信号（遥信、遥测）的联调，需要在源头实际模拟，用短接或实际测试仪加量的方法可以完成这些工作，最后在监控后台或调度端（省调D5000系统）核对信号。

对于保护装置的信号主要是保护动作的软报文信号，这些信号直接通过MMS上传至监控后台或远动机。保护装置信号的联调比较简单，目前大多数保护装置都支持在线软报文发送，在保护装置上就可以直接联调，不必再次模拟相关保护动作。

2）信号下传联调：信号下传包括遥控、遥调的命令下传，遥控、遥调的联调流程如图7-29所示。

信号传递的方向与遥信上传联调类似，只是最后的到达的是执行结构。而执行机构基本上由智能终端的开出控制（如开关/刀闸的分合、档位的调整等）。

对于遥控的联调还包括保护装置的压板投退、定值修改等。这个流程是与保护装置信号上送联调图是相同的，保护装置既是信号的发起端也是遥控的执行端。

在四遥信号的联调过程中，有些信号的遥信与遥控是有关联的，如开关、刀闸位置等，这些信号可以通过先遥控，在遥信的方法进行联调，以提高工作效率。

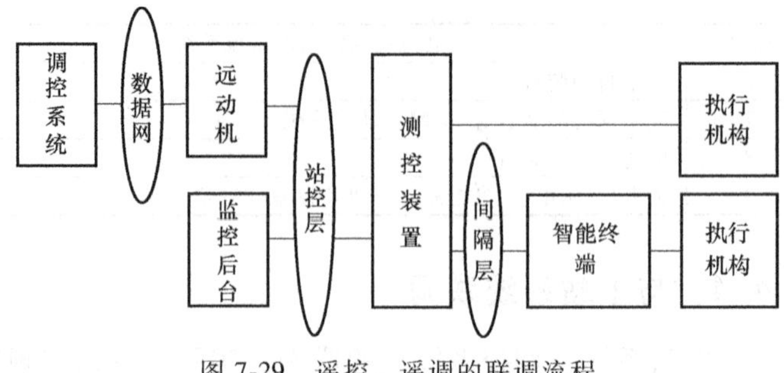

图 7-29　遥控、遥调的联调流程

（2）联调关键点。

1）调控系统编制及导入：主站系统编辑主画面图形和接收厂站信号，需要子站提供点表，称为调控点表。如图 7-30 所示。

保护类型	保护序号	原始名称	规范后名称	状态	描述
1	1	全站事故总信号	事故总信号	值	福建.园顶/./.事故总信号/值
0	5	园顶变5011开关测控5011 A相开关位置	A相位置		福建.园顶/500kV.莆顶Ⅰ路5011开关/A相位置
0	7	园顶变5011开关测控5011 B相开关位置	B相位置		福建.园顶/500kV.莆顶Ⅰ路5011开关/B相位置
0	9	园顶变5011开关测控5011 C相开关位置	C相位置		福建.园顶/500kV.莆顶Ⅰ路5011开关/C相位置
0	11	园顶变5011开关测控50111 A相隔离刀闸位置	A相位置		福建.园顶/500kV.莆顶Ⅰ路50111刀闸/A相位置
0	13	园顶变5011开关测控50111 B相隔离刀闸位置	B相位置		福建.园顶/500kV.莆顶Ⅰ路50111刀闸/B相位置
0	15	园顶变5011开关测控50111 C相隔离刀闸位置	C相位置		福建.园顶/500kV.莆顶Ⅰ路50111刀闸/C相位置
0	17	园顶变5011开关测控501117接地刀闸位置	遥信值		福建.园顶/500kV.莆顶Ⅰ路501117接地刀闸/遥信值
0	18	园顶变5011开关测控501117接地刀闸位置	辅遥信值		福建.园顶/500kV.莆顶Ⅰ路501117接地刀闸/辅遥信值

图 7-30　调控点表

调控点表实际上就是 EXCEL 表格，上面有厂站所有信息的描述，必须严格按照规则编制才不会出错。重点几个信息列是“保护类型、保护序号、描述、源 4 控制点号、源 4 通信点号 1、源 4 通信点号 2”。其中“源 4 通信点号 1、源 4 通信点号 2”就是对应 IEC104 规约中的点号，系统中唯一。

2）子站远动点表编制：子站远动点表是根据调控点表编制，如图 7-31 所示。每个厂家的点表编制方法都有所不同，但相同点就是：都根据调控点表来编制。点表编制完毕，设置好调控主站端地址后就可以进行连接、调试。

省调调控YX2<遥信> 全局　搜索

	地址	组号	条目号	FUN	INF	描述
1	65531	10	1	0	0	[复合信号虚装置]事故总信号
2	11	1	11	1	11	[5011开关测控]单元就地控制(测控屏)
3	65532	4	50	0	0	[自定义装置]保留点
4	65532	4	50	0	0	[自定义装置]保留点
5	11	1	23	1	23	[5011开关测控]5011 A相开关合闸位置
6	11	1	24	1	24	[5011开关测控]5011 A相开关分闸位置
7	11	1	25	1	25	[5011开关测控]5011 B相开关合闸位置
8	11	1	26	1	26	[5011开关测控]5011 B相开关分闸位置
9	11	1	27	1	27	[5011开关测控]5011 C相开关合闸位置
10	11	1	28	1	28	[5011开关测控]5011 C相开关分闸位置
11	11	1	29	1	29	[5011开关测控]50111 A相隔离刀闸合闸位置
12	11	1	30	1	30	[5011开关测控]50111 A相隔离刀闸分闸位置

图 7-31　子站点表

3）四遥信号核对：对于信号上送、下传联调需要实际的核对。然而，在实际的联调试验中为避免重复工作，信号的实际传送可以只核对一次（站内监控后台的核对），对于调控端可以用模拟终端、或非源端模拟的方法进行联调，如图 7-32 所示。

非源端模拟核对：即是在测控装置或保护装置上模拟产生信号。对于遥信、遥测在间隔层用 GOOSE 报文发生器发送信号给测控。对于遥控、遥调则可以截取测控发送的 GOOSE 报文来判断，但这种截取报文方式不太可取，为了安全，还是需要进行实际的传动测试。

模拟终端核对：即是用专门模拟软件接入站控层，然后用模拟软件发送信号。这种联调方法好处是可以离线核对遥信、遥测，但是需要确保监控后台的信号已经全部核对完毕并且无误。对于遥控、遥调该软件虽然有接收遥控并判断是否正确的功能，但为了安全，还是需要进行实际的传动测试。

4）联调结束后数据备份：系统联调后对远动机和监控后台都要进行数据备份，确保系统故障时能正常恢复。

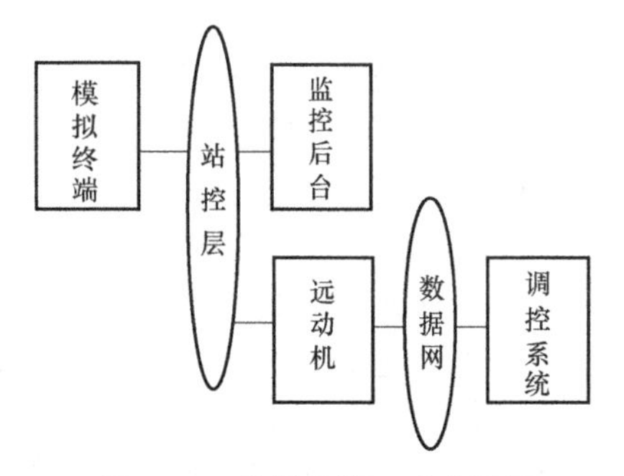

图 7-32 模拟终端、或非源端模拟联调原理

2. 保信子站联调

（1）联调原理 保信子站的信号接入端比较单一，都是站内的保护装置。保信子站从保护装置采集并上送给主站系统的信息包括如下：故障录波简报、继电保护装置有关动作信息、继电保护装置有关告警信息、继电保护装置故障参数信息、继电保护装置和故障录波器的运行状态、通讯状态、正常运行参数（当前定值、定值区号、压板状态、开关量状态、模拟量采样值等）、符合 ANSI/IEEE C37. 111-1991/1999 COMTRADE 标准的故障录波文件，并支持修改定值、切换定值区、遥控等下行命令处理，依据需求选择是否开放。

保信子站的联调重点是网络接入的正确性核对，即要确保所有保护装置与保信子站都能够网络互联。保信子站联调图如图 7-33 所示。

保信子站联调要注意一下几个方面：

1）子站 SCD 导入系统后，生成保护信息、设备列表以及主接线图等。

2）保证保护信息子站系统与各个保护装置通信正常，能够召定值、模拟量等常规运行操作。

3）模拟保护装置动作，在保护信息子站能够召唤小录波，保护装置能够主动上传。

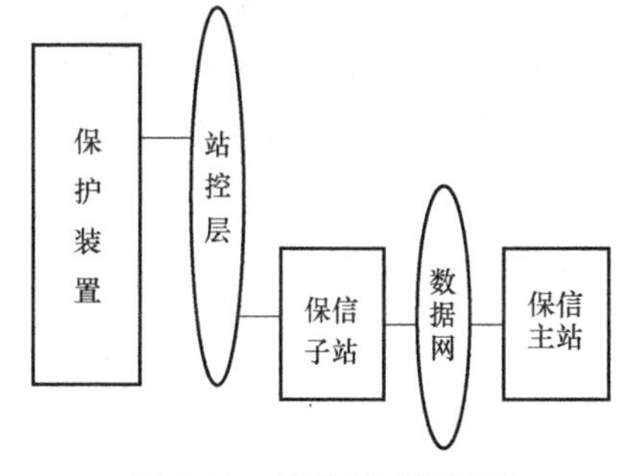

图 7-33 保信子站联调图

4）与主站联调：与主站通信正常后，需要先在主站确认各个保护装置正常，再按照子站联调的要求进行联调，确保子站能够主动上传保信子站接收到的信息。

（2）联调关键点。

1）保信子站做好后启动后台软件，确保保信子站系统正常运行。

2）调控端对厂站端进行召唤测试，确保召唤数据正确。

3）有必要时对保信子站系统的信号主动上传进行测试。

4）联调结束后进行数据备份。

3. 故障录波联调

（1）联调原理 故障录波联调首先要了解故障录波的信息获取方式和上送方式，如图 7-34 所示：

故障录波与远动机和保信子站有所不同，子站没有统一故障录波管理设备，对于省调故障录波主站来说变电站的每台故障录波都是它的接入端。大部分故障录波

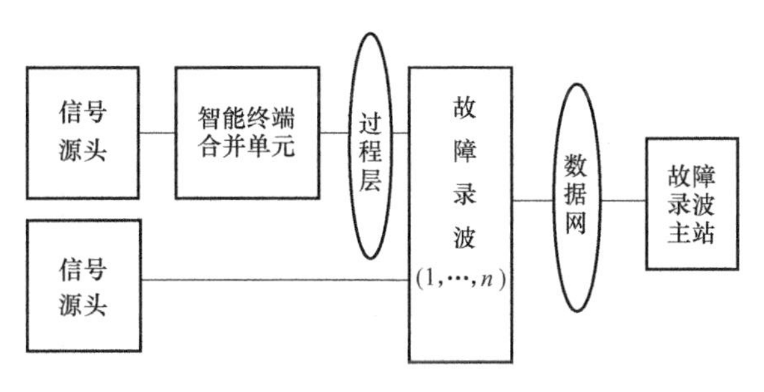

图 7-34 故障录波联调图

器都是通过过程层网络获取录波数据，部分录波器（500kV 的录波器）由于没有合并单元，交流采样还是常规站的模式。

故障录波的联调要注意以下几个方面

1）连接端口检查：检查通信连接的端口正确性。

2）设备端口地址设置检查：检查设备端口地址设置文本文件，避免设错。

3）GOOSE 信息传输检查：检查故障录波器接收、GOOSE 报文的正确性。

4）SV 信息传输检查：检查故障录波器接收 SV 信息的正确性。

5）交流采样的检查：加交流量检查采样正确性及是否符合规程规定。

6）故障录波画面检查：根据故障录波常用操作进行一一联调：

① 提取报文记录；

② 提取暂态记录文件；

③ 实时状态量监视；

④ 报文分析。

综上，在信号源头模拟故障录波需要的数据，在故障录波展示画面查看符合要求的波形，这是故障录波联调的核心内容。当然，要联调成功，需要确保网络及设备配置的正确，联调前需要认真检查这些才能做到事半功倍。

（2）联调关键点。

1）每台故障录波做好后启动后台软件，确保录波系统正常运行。

2）调控端对厂站端进行召唤测试，确保召唤数据正确。

3）有必要时对各个故障录波装置的信号主动上传进行测试。

4）联调结束后进行数据备份。

参考文献

[1] 许继电气股份有限公司. WBH-801T2-DA-G微机变压器保护装置技术及使用说明书及图纸[Z]. 2015.

[2] 北京四方继保自动化股份有限公司. CSC-161（163）A（X）-DA（FA）-G数字式线路保护装置说明书及图纸[Z]. 2015.

[3] 北京四方继保自动化股份有限公司. CSC-326T2-DA-G数字式变压器保护装置说明书及图纸[Z]. 2013.

[4] 国电南京自动化股份有限公司. PSL 601U/602U系列线路保护装置（智能站）说明书（国网标准版）及图纸[Z]. 2012.

[5] 南京南瑞继保电气有限公司. PCS-923-G系列断路器失灵启动及辅助保护装置说明书及图纸[Z]. 2015.

[6] 南京南瑞继保电气有限公司. PCS-902-G系列超高压线路成套保护装置说明书及图纸[Z]. 2015.

[7] 南京南瑞继保电气有限公司. PCS-915A-DA（FA）-G母线保护装置说明书及图纸[Z]. 2014.

[8] 南京南瑞继保电气有限公司. PCS-943-G系列高压输电线路成套保护装置说明书及图纸[Z]. 2015.

[9] 国网福建省电力有限公. 220kV及以上微机保护装置检修实用技术[M]. 北京：中国电力出版社. 2014.

[10] 国网福建省电力有限公司. 110kV及以下微机保护装置检修实用技术[M]. 北京：中国电力出版社. 2014.

参考文献